普通高等教育"十一五"国家级规划教材
"双一流"高校本科规划教材

智能仪表原理与设计技术

(第三版)

叶西宁　凌志浩　主编
吴勤勤　主审
王华忠　刘　笛　参编

華東理工大學出版社
EAST CHINA UNIVERSITY OF SCIENCE AND TECHNOLOGY PRESS
·上海·

图书在版编目(CIP)数据

智能仪表原理与设计技术/叶西宁,凌志浩主编
.—3版.—上海:华东理工大学出版社,2021.2
ISBN 978-7-5628-6366-3

Ⅰ.①智… Ⅱ.①叶… ②凌… Ⅲ.①智能仪器—高
等学校—教材 Ⅳ.①TP216

中国版本图书馆CIP数据核字(2020)第238523号

项目统筹/吴蒙蒙
责任编辑/李甜禄 赵子艳
装帧设计/徐 蓉
出版发行/华东理工大学出版社有限公司
地址:上海市梅陇路130号,200237
电话:021-64250306
网址:www.ecustpress.cn
邮箱:zongbianban@ecustpress.cn
印 刷/常熟市华顺印刷有限公司
开 本/787 mm×1092 mm 1/16
印 张/23
字 数/574千字
版 次/2021年2月第3版
印 次/2021年2月第1次
定 价/58.00元

前　言

智能仪表在工业生产中的应用越来越广泛，大规模生产对智能仪表的功能和性能要求也越来越高。而微电子技术的快速发展、现场总线及无线传感器技术的工业应用给智能仪表的设计提供了新的实施手段。国内许多高校为测控技术与仪器及相关专业的本科生开设了智能仪表设计的相关课程。作者根据华东理工大学本科教材建设规划，充分借鉴了国内外相关教材和资料文献，结合多年的教学及科研实践体会，精选内容，编写了本书。

本书基于智能仪表的基本原理及设计技术，结合行业最新发展技术，阐述智能仪表的具体设计过程。全书共9章，第1章简要介绍智能仪表的概念及功能和组成、仪器仪表的发展过程及相关技术。第2～5章阐述智能仪表的硬件设计，主要包括智能仪表的主机电路、过程输入/输出通道、人机接口、通信原理与接口设计。第6～7章阐述智能仪表的软件设计，主要介绍软件设计方法、智能仪表的监控程序、中断处理程序、测控算法等功能模块的设计。第8章介绍智能仪表的可靠性设计，主要阐述可靠性的概念、影响智能仪表可靠性的因素以及智能仪表可靠性设计的具体方法。第9章介绍智能仪表的设计准则和调试方法，通过若干设计实例，全面阐述智能仪表的开发过程、实施技术及注意事项。

本书由叶西宁，凌志浩主编，吴勤勤主审。叶西宁编写了第3、4、6、7、8章；凌志浩编写了第1、9章；王华忠编写了第5章；刘笛编写了第2章。书中插图由杨涛及本课题组其他研究生共同绘制。

本书是作为普通高等教育应用型本科教材编写的，在体系上注重理论原理与实际应用相结合，突出应用性，尽量在有限的篇幅内拓宽读者的知识领域和思维广度。

本书可作为高等院校测控技术与仪器、自动化、电子信息工程和机电一体化等专业的教材，也可作为从事智能仪表设计、制造、使用的工程技术人员的参考书。

在本书编著过程中，编者为汲取各家之长，参阅了大量资料，对书末所列参考文献的所有作者的辛勤劳动和贡献致以真诚的谢意。本书得到了华东理工大学教材建设与评审委员会的资助以及华东理工大学出版社有关同志的大力支持，在此，对支持和帮助本书出版的单位和个人表示衷心的感谢！

由于编者的学识及教学经验有限，书中难免存在错误和不足，恳请读者批评指正。

编　者

2019年10月于上海，华东理工大学

目　录

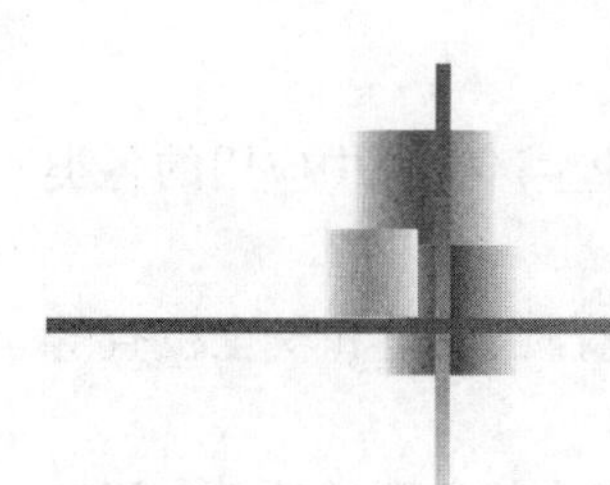

第1章 概 述

嵌入式系统(Embedded System)、网络技术和通信技术的发展,使人们开始考虑如何将各类仪器设备变得更加智能化、数字化、网络化,从而使各种仪器设备具备轻巧便利、易于控制、能够联网等功能。为了满足人们对仪器设备提出的新要求,嵌入式技术(Embedded Technology)提供了一种灵活、高效、高性价比的解决方案,成为目前互联网技术(Internet Technology,IT)领域发展的主力军。

嵌入式系统的发展,引起了仪器仪表结构的根本性变革。以单片机等嵌入式系统为主体,代替传统仪表的常规电子线路,成为新一代仪表的设计特点。这类仪表的设计重点,已经从逻辑电路的模拟和设计转向专用的嵌入式模板或嵌入式功能部件、接口电路和输入输出通道的设计,以及应用软件的开发。传统模拟式仪表的各种功能是由单元电路实现的,而在以嵌入式处理器为主体的仪表中,则由软件完成众多的数据处理和控制任务。

在测量、控制仪表中引入单片机等嵌入式系统,不仅能解决传统仪表无法解决或不易解决的问题,而且能简化电路、增加功能、提高精度和可靠性、降低成本、加快新产品的开发速度。由于这类仪表已经可实现四则运算、逻辑判断、命令识别等功能,并具备自校正、自诊断、自适应、自学习的能力,因此人们习惯上将其称为智能仪表。当然,它们的智能水平高低不一,目前大部分这类产品的智能化程度还有待进一步改进和完善。随着人工智能等科学技术的不断发展,这类仪表所具有的智能化水平将会不断提高。

微控制器(Microcontroller Unit,MCU)或单片机、数字信号处理器(Digital Signal Processor,DSP)、片上系统(System-on-a-chip, SoC)等嵌入式系统的问世和性能的不断改善,大大加快了仪器仪表的智能化进程。它们具有体积小、功耗低、价格便宜等优点,另外用它们开发各类智能产品周期短、成本低,在计算机和仪表的一体化设计中有着更大的优势和潜力。事实上,嵌入式系统在应用数量上已远远超过各种通用计算机。如一台通用计算机的外部设备中就可能包含 5～10 个嵌入式微处理器,键盘、鼠标、软驱、硬盘、显示卡、显示器、调制解调器(Modem)、网卡、声卡、打印机、扫描仪、数字相机、通用串行总线(Universal Serial Bus,USB)集线器等均是由嵌入式处理器控制的。嵌入式系统广泛应用于制造工业、过程控制、通信、仪器、仪表、汽车、船舶、航空航天、军事装备、消费类产品等领域。

1.1 仪器仪表的技术发展

1.1.1 现代仪器仪表的分类

根据国际发展潮流和我国的现状,现代仪器仪表按其应用领域和自身技术特性大致划分为如下六大类。

(1) 工业自动化仪表与控制系统：主要指工业，尤其是流程产业生产过程中应用的各类检测仪表、执行机构与自动控制系统装置。

(2) 科学仪器：指应用于科学研究、教学实验、计量测试、环境监测、质量和安全检查等各个方面的仪器仪表。

(3) 电子与电工测量仪器：主要指低频、高频、超高频、微波等各个频段测试计量专用和通用仪器仪表。

(4) 医疗仪器：主要指用于生命科学研究和临床诊断治疗的仪器。

(5) 各类专用仪器：指应用于农业、气象、水文、地质、海洋、核工业、航空航天等各个领域的专用仪器。

(6) 传感器与仪器仪表元器件及材料。

虽然对现代仪器仪表做了大致分类，但实际上各类别间存在着许多交叉，且都与嵌入式系统密切相关。

1.1.2 现代仪器仪表的发展趋势

近年来，国际仪器仪表发展极为迅速，其主要趋势是：数字技术的出现把模拟仪器的精度、分辨率与测量速度提高了几个量级，为实现测试自动化打下了良好的基础；嵌入式系统的引入，使仪器仪表的功能发生了质的变化，从个别参量的测量转变成测量整个系统的特征参数，从单纯的接收、显示转变为控制、分析、处理、计算与显示输出，从用单个仪器进行测量转变成用测量系统进行测量；嵌入式技术在仪器仪表中的进一步渗透，使电子仪器在传统的时域与频域之外，又出现了数据域测试；人工智能、仪器仪表与测量科学技术的突破性进展又使仪器仪表智能化程度得到提高；DSP 芯片的大量问世，使仪器仪表数字信号处理功能大大加强；嵌入式系统的发展，使仪器仪表具有更强的数据处理能力和图像处理功能；现场总线技术的迅速发展，提供了一种用于各种现场自动化设备及其控制系统的网络通信技术，并使互联网(Internet)和企业内部网(Intranet)技术也进入控制领域；工业无线通信技术和无线传感器网络的发展和应用，不仅提供了对有线通信的延伸和补充，而且为实现泛在感知、更新信息获取模式、推动工业测控模式变革提供了现实可行性，为一些由于环境、成本等因素不能进行实时在线测控的应用提供了解决方案。

现代仪器仪表产品将向着智能化、网络化、多功能化的方向发展，跨学科的综合设计、高精尖的制造技术使其能更高速、更灵敏、更可靠、更简捷地获取被分析、检测、控制对象的全方位信息。而更高程度的智能化包括理解、推理、判断与分析等一系列功能，是数值、逻辑与知识结合分析的结果，智能化的标志是知识的表达与应用。嵌入式系统已成为真正实现光、机、电、算(计算机)一体化和自动化的结构，走向更名副其实的智能系统(带有自诊断、自控、自调、自决策等高智能功能)的基本保证。

根据上述仪器仪表国际发展的趋势，可以清楚地看出现代仪器仪表发展具有以下主要特点。

(1) 技术指标不断提高。提高仪器仪表的检测、控制技术指标是永远的追求，包括仪器仪表的测量控制的技术范围指标、测量精度指标、测量灵敏度、可靠性、稳定性、产品的环境适应性等。

(2) 率先应用新的科学研究成果和高新技术。现代仪器仪表作为人类认识物质世界、改造物质世界的第一手工具,是人类进行科学研究和工程技术开发的最基本工具。人类很早就懂得"工欲善其事,必先利其器"的道理,新的科学研究成果和发现(如信息论、控制论、系统工程理论)、微观和宏观世界研究成果及大量高新技术(如微弱信号提取技术、嵌入式技术、网络技术、激光技术、超导技术、纳米技术等)均成为仪器仪表和测量控制科学技术发展的重要动力,现代仪器仪表不仅本身已成为高技术的新产品,而且其利用新原理、新概念、新技术、新材料和新工艺等最新科技成果集成的装置和系统也层出不穷。

(3) 单个装置微小型化、智能化,可独立使用、嵌入式使用和联网使用。测量控制仪器仪表大量采用新的传感器、大规模和超大规模集成电路、嵌入式技术及专家系统等信息技术产品,不断向微小型化、智能化发展,从目前出现的"芯片式仪器仪表""芯片实验室"等来看,单个装置的微小型化和智能化将是长期的发展趋势。从应用技术看,微小型化和智能化装置的嵌入式连接和联网应用技术必将得到重视和发展。

(4) 测控范围向工作方式立体化、全球化发展,测量控制向系统化、网络化发展。随着测控仪表所测控的既定区域不断向立体化、全球化发展,测控仪表已不再局限于单个装置形式,它必然向测控装置系统化、网络化方向发展。

(5) 便携式、手持式乃至个性化仪器仪表大量发展。随着生产的发展和人民生活水平的提高,人们对自己的生活质量和健康水平日益关注,检测与人们生活密切相关的各类商品、食品质量的仪器仪表,预防和治疗疾病的各种医疗仪器将是今后发展的一个重要趋势。科学仪器的现场、实时在线化,特别是家庭和个人使用的健康状况和疾病警示仪器仪表将会有极大的发展空间。

1.1.3 现代仪器仪表发展的关键技术

根据现代仪器仪表科学技术的发展趋势和特点,可以列出如下一些反映仪器仪表发展的关键技术。

(1) 传感技术。传感技术不仅是仪器仪表实现检测的基础,也是仪器仪表实现控制的关键。这是因为控制必须以检测输入的信息为依据,而且应对控制所达到的精度和状态进行感知,否则不明确控制效果的控制是盲目的控制。

广义而言,传感技术必须感知三方面的信息,它们是客观世界的状态和信息、被控对象的状态和信息以及操作人员需了解的状态信息和操控指示。在这里应注意到客观世界无穷无尽,测控系统对客观世界的感知主要集中在与目标相关的客观环境(简称既定目标环境),而既定目标环境之外的环境信息可通过其他方法采集。狭义而言,传感技术主要是对客观世界有用信息的检测,它包括被测量感知技术,涉及各学科工作原理、遥感遥测、新材料等技术;信息融合技术,涉及传感器分布、微弱信号提取、传感信息融合、成像等技术;传感器制造技术,涉及微加工、生物芯片、新工艺等技术。

(2) 系统集成技术。系统集成技术直接影响仪器仪表和测量控制科学技术的应用广度和水平,特别是对大工程、大系统、大型装置的自动化程度和效益有着决定性影响,它是系统级的信息融合控制技术,包括对系统的需求分析和建模技术、物理层配置技术、系统各部分信息通信和转换技术、应用层控制策略实施技术等。

(3) 智能控制技术。智能控制技术是人类通过测控系统以接近最佳方式监控智能化工具、装备、系统以达到既定目标的技术，是直接涉及测控系统效益发挥的技术，是从信息技术向知识经济技术发展的关键。智能控制技术可以说是测控系统中最重要和最关键的软件资源，包括仿人特征提取技术、目标自动辨识技术、知识自学习技术、环境自适应技术、最佳决策技术等。

(4) 人机界面技术。人机界面技术主要为仪器仪表操作人员或配有仪器仪表的主设备、主系统的操作员操作仪器仪表或其主设备、主系统服务。它使仪器仪表成为人类认识世界、改造世界的直接操作工具。仪器仪表，配有仪器仪表的主设备、主系统的可操作性、可维护性主要由人机界面技术完成。仪器仪表具有一个美观、精致、操作简单、维护方便的人机界面，其往往成为人们选用仪器仪表及配有仪器仪表的主设备、主系统的一个重要依据。

人机界面技术包括显示技术、硬拷贝技术、人机对话技术、故障人工干预技术等。考虑到操作人员从单机单人向系统化、网络化环境下的许多不同岗位的操作人员群体发展，人机界面技术正向人机大系统技术发展。此外，随着仪器仪表的系统化、网络化发展，识别特定操作人员、防止非操作人员的介入技术也日益受到重视。

(5) 可靠性技术。随着仪器仪表装置和测控系统应用领域的日益扩大，可靠性技术在一些军事、航空航天、电力、核工业设施、大型工程和工业生产中起到提高战斗力和维护正常工作的重要作用。这些部门一旦出现故障，将导致灾难性的后果。因此，测控仪表和测控系统的可靠性、安全性、可维护性就显得特别重要。通常，测控仪表和测控系统的可靠性包括故障自诊断和自隔离技术、故障自修复技术、容错技术、可靠性设计技术、可靠性制造技术等。

(6) 现场总线技术。现场总线技术的推出，使测控系统能采用现场总线这一开放的、可互联的网络技术，实现将现场各种控制器和仪表设备相互连接，把控制功能彻底下放到现场，形成一种开放的、可以互联的、低成本的、彻底分散的分布式测控系统，构成企业信息化建设的底层工程网络，降低安装成本和维护费用。

(7) 工业无线通信技术。随着计算机网络技术、无线技术以及智能感知技术的相互渗透、结合，产生了基于无线技术的网络化智能传感器的全新概念。这种基于无线技术的网络化智能传感器，使得工业现场的数据能够通过无线链路直接在网络上传输、发布和共享。无线通信技术能够在工厂环境下，为各种智能现场设备、移动机器人以及各种自动化设备之间的通信提供高带宽的无线数据链路和灵活的网络拓扑结构，在一些特殊环境下有效地弥补了有线网络的不足，进一步完善了工业控制网络的通信性能。

(8) 网络技术已成为测控技术满足实际需求的关键支撑。以互联网为代表的计算机网络的迅速发展及相关技术的日益完善，突破了传统通信方式的时空限制和地域障碍，使更大范围内的通信变得十分容易，互联网拥有的硬件和软件资源正在越来越多的领域中得到应用，如远程数据采集与控制、高档测量仪器设备资源的远程实时调用、远程设备故障诊断等。与此同时，高性能、高可靠性、低成本的网关、路由器、中继器及网络接口芯片等网络互联设备的不断发展，又方便了互联网、不同类型测控网络、企业内部网间的互联。利用现有互联网资源而不需建立专门的拓扑网络，使组建测控网络、企业内部网以及它们与互联网的互联都十分方便，这就为测控网络的普遍建立和广泛应用铺平了道路。

嵌入式技术、传感器技术、网络技术与测量技术、控制技术的结合，使网络化、分布式测控系统的组建更为方便。以互联网为代表的计算机网络技术的迅猛发展及相关技术的不断完善，使得计算机网络的规模更大、应用更广。在国防、通信、航空航天、气象、制造等领域，对大范围的网络化测控将提出更迫切的需求，网络技术也必将在测控领域得到广泛的应用；

网络化仪器将很快发展并成熟起来，从而有力地带动和促进现代测量技术（即网络测量技术）的进步。把传输控制协议/网际协议（Transmission Control Protocol/Internet Protocol，TCP/IP）作为一种嵌入式的应用，嵌入现场智能仪器（主要是传感器）的只读存储器（Read-Only Memory，ROM）中，使信号的收/发都以TCP/IP方式进行。如此，测控系统在数据采集、信息发布、系统集成等方面都以企业内部网为依托，将测控网、企业内部网和互联网三者互联，便于实现测控网和信息网的统一。在以这种方式构成的测控网络中，传统仪器设备充当着网络中独立节点的角色，信息可跨越网络传输至所及的任何领域，使实时、动态（包括远程）的在线测控成为现实。将这样的测量技术与过去的测控、测试技术相比不难发现，今天的测控能节约大量现场布线、扩大测控系统所及地域范围。使系统扩充和维护都极大便利的原因，就是因为在这种现代测量任务的执行和完成过程中，网络发挥了不可替代的关键作用，即网络实实在在地介入了现代测量与控制的全过程。"网络就是仪器"的概念确切地概括了仪器网络化发展的趋势。

1.2 智能仪表的功能和组成

1.2.1 智能仪表的主要功能

将数字信号处理器、嵌入式系统引入仪表中后，能解决许多方面的问题，至少可实现如下一些功能。

（1）自动校正零点、满度和切换量程。自校正功能大大降低了因仪表零漂和特性变化造成的误差，而量程的自动切换又给使用带来了方便，并可提高读数的分辨率。

（2）多点快速检测。能对多个参数进行快速、实时检测，以便及时了解生产过程的瞬变工况。

（3）自动修正各类测量误差。许多传感器的特性是非线性的，且受环境温度、压力等参数变化的影响，从而给测量带来误差。在智能仪表中，只要掌握这些误差的变化规律，就可依靠软件进行修正。常见的有测温元件的非线性校正、热电偶冷端温度补偿、气体流量的温度压力补偿等。

（4）数字滤波。通过对主要干扰信号特性的分析，采用适当的数字滤波算法，可抑制各种干扰（例如低频干扰、脉冲干扰等）的影响。

（5）数据处理。能实现各种复杂运算，对测量数据进行整理和加工处理，例如统计分析、查找排序、标度变换、函数逼近和频谱分析等。

（6）多种控制规律。能实现比例积分微分（PID）控制及各种复杂控制规律，例如可进行前馈、解耦、非线性、纯滞后、自适应、模糊等控制，以满足不同控制系统的需求。

（7）多种输出形式。输出形式有数字显示（或指针指示）、打印记录、声光报警，也可以输出多点模拟量或数字量信号。

（8）数据通信。能与其他仪表（或计算机）进行数据通信，以便构成不同规模的计算机测量控制系统。

（9）自诊断。在运行过程中，可对仪表本身各组成部分进行一系列测试，一旦发现故障即告警，并显示出故障类型及位置，以便及时正确地处理。

(10) 掉电保护。仪表内装有后备电池和电源自动切换电路。掉电时,能自动将电池接向随机存取存储器(Random Access Memory,RAM),使数据不致丢失。也可采用 Flash 存储器来替代 RAM,存储重要数据,以实现掉电保护功能。

在一些不带微机的常规仪表中,通过增加器件和变换电路,也能或多或少地实现上述的某些功能,但往往要付出较大的代价;另外,性能上的少许提高,会使仪表的成本增加很多。而在智能仪表中,性能的提高、功能的扩充相对比较容易实现,低廉的微机芯片可使这类仪表具有较高的性价比。

为对传统仪表更新换代,近年来,国内各仪表研制和使用单位正致力于各种智能仪表的开发与应用研究工作。例如开发出能自动进行温度、压力补偿的节流式流量计,能对测量元件、检测装置或执行机构进行快速测试和校核的各种校验设备,能对各种图谱进行分析和数据处理的色谱数据处理仪,能进行程序控温的多段温度控制仪以及能实现 PID 和智能控制规律的数字式调节器、智能式控制器等。

与此同时,一些厂家也从国外引进了新的产品。例如美国 Honeywell 公司的 DSTJ-3000 系列智能变送器,在半导体硅单晶片上配置了差压、静压和温度三种传感元件,进行差压值状态的复合测量,可对温度、静压实现自动补偿,从而获得较高的测量精度(±0.1% FS)。该变送器还可用遥控操作器远距离地进行零位校正、阻尼调整、测量范围的变更以及线性或平方根的选择,使用和维护十分方便。近年来,又推出了一批现场总线智能仪表和无线智能仪表。

美国 Foxboro 公司的数字化自整定调节器,能自动计算 PID 参数,并使过程的调节时间减到最小值。该调节器具有人工智能式的控制方法,采用"专家系统"技术,像有经验的控制工程师那样,能运用操作经验来整定调节器,工作迅速、正确。自整定调节器组态灵活、操作方便,节省了控制系统的投入时间,特别是当对象特性变化频繁或在非线性系统中,由于它能自动改变参数,并始终保持系统品质最佳,因此大大提高了系统运行的经济效率。

1.2.2 智能仪表的基本组成

通常,智能仪表由硬件和软件两大部分组成。

硬件部分包括主机电路、过程输入/输出通道(模拟量输入/输出通道和开关量输入/输出通道)、人机联系部件、数据通信接口及其他接口电路等。主机电路用来存储程序、数据,并进行一系列数据运算和处理,通常由微处理器、ROM、RAM、I/O 接口和定时/计数器电路等芯片组成,或者它本身就是一个嵌入式系统。模拟量输入/输出通道用来完成模拟量的输入和输出;而开关量输入/输出通道则用来完成开关量的输入和输出。人机联系部件用于操作者与仪表之间的联系沟通。通信接口则用来实现仪表与外部装置的数据交换,满足网络化互联的需求。

由图 1-1 可知,输入信号先在过程输入通道的预处理电路中进行变换、放大、整形、补偿等处理。对于模拟信号,尚需经模拟量输入通道模/数转换器(即 A/D 转换器)转换为数字信号,再通过输入接口送入缓冲寄存器,以保存输入数据;然后由中央处理器(Central Processing Unit,CPU)对输入数据进行加工处理、计算分析等一系列工作,并将运算结果存储在 RAM 中;同时可通过输出接口由输出缓冲器送至显示器或打印机,也可输出开关量信号和经模拟量输出通道的数/模转换器(即 D/A 转换器)转换成模拟量的输出信号。还可通

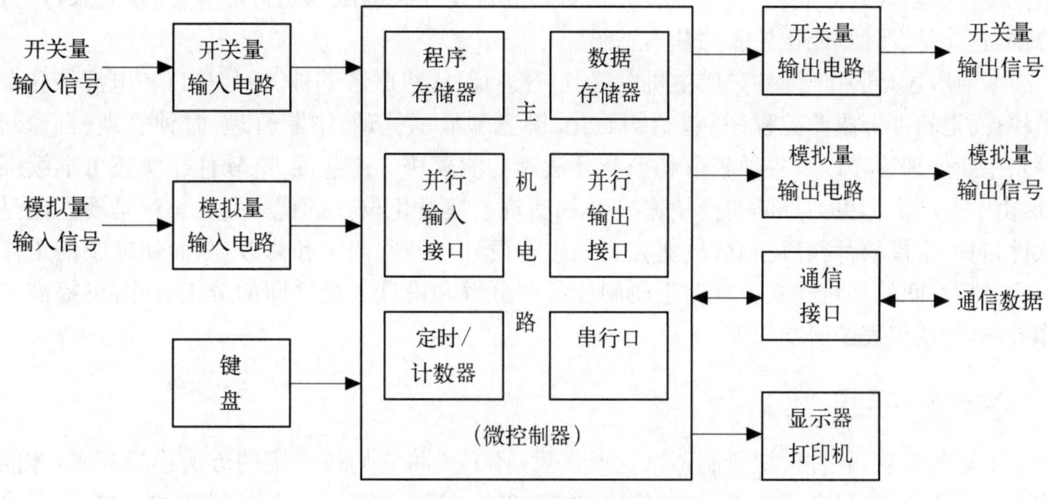

图 1-1 智能仪表硬件的基本组成

过各种通信接口实现数据通信,完成更为复杂的测量、控制任务。智能仪表的整体工作在软件控制下进行,需将工作程序预先编制好并写入非易失性存储器(如 EPROM[①]、Flash 存储器等)中。所需的参数、命令可通过键盘输入,并存于可读写的存储器(如 RAM、Flash 存储器等)中。

智能仪表的软件通常包括监控程序、中断处理(或服务)程序以及实现各种功能的算法模块。监控程序是仪表软件的管理者,它接收和分析各种命令,管理和协调仪表全部程序的执行;中断处理程序是在人机联系部件或其他外围设备提出中断申请,并为主机响应后直接转去执行的程序,以便及时完成实时处理任务;功能算法模块用来实现仪表的数据处理和控制功能,包括各种测量算法和控制算法。

以上只是智能仪表的大致组成,至于仪表内部的具体硬件、软件设计方法,将在后续章节中详细阐述。

1.3 智能仪表的设计思想和研制步骤

研制一台智能仪表是一个复杂的过程,包括分析仪表的功能需求和拟定总体设计方案,确定硬件结构和软件算法,研制逻辑电路和编制程序,以及仪表调试及其性能测试等。为保证仪表质量和提高研制效率,设计人员应在规范的设计思想指导下进行仪表研制的各项工作。

1.3.1 智能仪表的基本设计思想

1. 模块化设计

根据仪表的功能要求和技术经济指标,自顶向下(由大到小、由粗到细)地按仪表功能层

① EPROM 是可擦除可编程只读存储器的英文缩写,英文全称为 Erasable Programmable Read-Only Memory。

次把硬件和软件划分成若干个模块，分别对其进行设计和调试，然后把它们连接起来，进行总调，这就是设计智能化仪表的基本思想。

如前所述，通常把硬件分成主机电路、过程通道、人机联系部件、通信接口和电源等几个模块；而把软件分成监控程序(包括初始化、键盘和显示管理、中断管理、时钟管理、自诊断等)、中断处理程序以及各种测量和控制算法等功能模块。这些硬件、软件模块还可继续细分，由下一层次的更为具体的模块来支持和实现。模块化设计的优点是：无论是硬件还是软件，每一个模块都相对独立，故能独立地进行设计、研制、调试和修改，从而使复杂的工作简化。模块间的相对独立也有助于研制任务的分解和设计人员之间的分工合作，可提高工作效率，加快仪表的研制速度。

2. 模块的连接

上述各种软、硬件模块研制调试完成之后，还需要将它们按一定的方法连接起来，才能构成完整的仪表，以实现数据采集、传输、处理和输出等各项功能。软件模块的连接，一般是通过监控主程序调用各种功能模块，或采用中断方式实时地执行相应的服务模块来实现，并且按功能层次继续调用下一级模块。模块之间的联系需要由数据接口(数据缓冲器和标志状态)来实现。

硬件模块的连接有两种方法：一种是以主机模块为核心，通过设计者自行定义的内部总线(数据总线、地址总线和控制总线)连接其他模块；另一种是采用标准总线(例如 ISA 总线、PCI 总线①)来连接所有模块。第一种方法由设计人员自行研制模板，电路结构简单，硬件成本低；第二种方法一般选购商品化的模板(当然也可自行研制开发)，配接灵活方便，研制周期更短，但硬件成本稍高。DSP 芯片和嵌入式系统的推出为智能仪表的设计提供了更好的开发平台和更简洁的实现手段。

1.3.2 智能仪表的设计、研制步骤

设计、研制一台智能仪表的基本过程大致上可以分为图 1-2 所示的三个阶段：确定任务、拟定设计方案阶段，硬件、软件研制及仪表结构设计阶段，仪表总调、性能测试阶段。以下对各阶段的工作内容和设计原则进行简要叙述。

1. 确定任务、拟定设计方案

(1) 确定设计任务和仪表功能

首先要确定仪表所完成的任务和应具备的功能。如仪表是用于过程控制还是数据处理，其功能和精度如何；仪表输入信号的类型、范围和处理方法如何；过程通道为何种结构形式，通道数需要多少，是否需要隔离；仪表的显示格式如何，是否需要打印输出；仪表是否需要通信功能，若需要，采用何种通信方式；仪表的成本应控制在什么范围等。上述这些均为仪表软、硬件设计的依据。另外，对仪表的使用环境情况及制造维修的方便性也应给予充分重视。

---

① ISA 总线是工业标准体系结构的简称，英文全称为 Industry Standard Architecture；PCI 总线是外设部件互联标准的简称，英文全称为 Peripheral Component Interconnect。

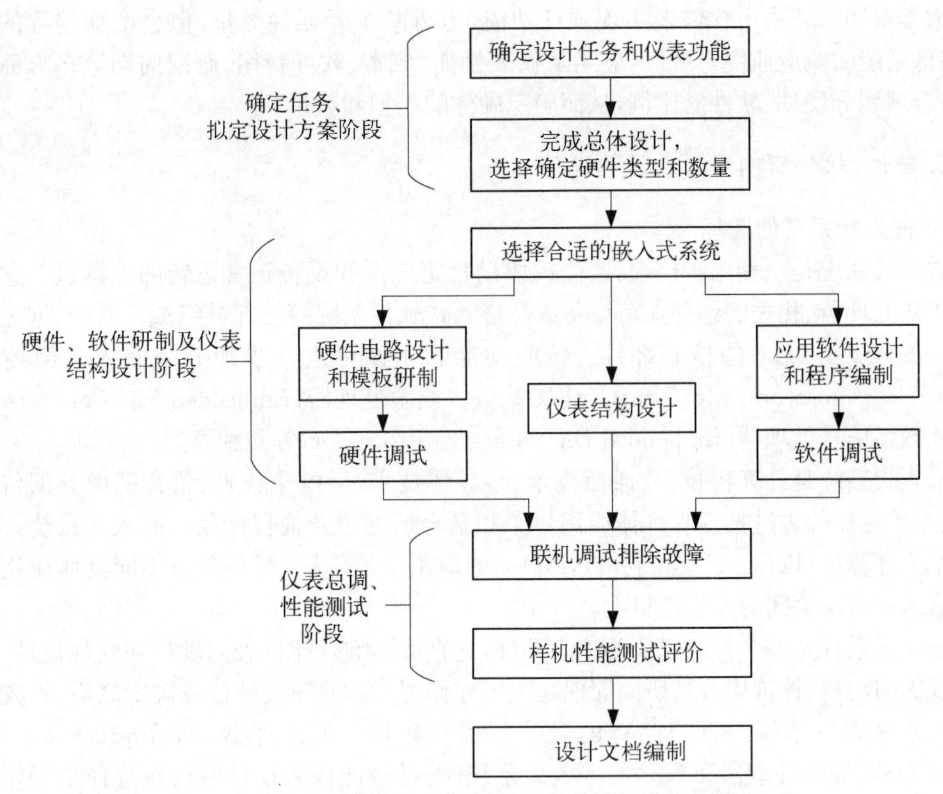

图 1-2 设计、研制智能仪表的基本过程

设计人员在对仪表的功能、可维护性、可靠性及性价比等综合考虑的基础上，提出仪表设计的初步方案，并将其整理成"仪表功能说明书(或设计任务书)"的书面形式。功能说明书主要有以下三个作用：① 作为用户与研制单位之间的合约，或研制单位设计开发仪表的依据；② 规定仪表的功能和结构，作为研制人员设计硬件、编制软件的基础；③ 作为验收的依据。

(2) 完成总体设计，选择确定硬件类型和数量

通过调查研究及方案论证，以完成智能仪表的总体设计工作。在此期间应绘制仪表系统总图和软件总框图，拟定详细的工作计划。完成总体设计之后，便可将仪表的研制任务按功能模块分解成若干子任务，再去做具体的设计。

主机电路是智能仪表的核心，为确保仪表的性能指标，在选择嵌入式系统时，需考虑字长和指令功能、寻址范围与寻址方式、位处理和中断处理能力、定时计数和通信功能、内部存储器容量的大小、硬件配套是否齐全、芯片的价格以及开发平台等。在内存容量要求不大、外部设备要求不多的智能仪表中，可采用常用的 8 位单片机；若要求仪表运算功能强、处理精度高、运行速度快，则可选用功能强的嵌入式系统；若有一些特殊要求，也可选择 DSP 芯片。

在智能仪表的硬件中，输入/输出通道往往占有很大的比例，因此在估计和选择输入/输出通道所需的硬件时，应全盘考虑输入/输出通道数，串行操作还是并行操作，数据的字长，传输速率和传输方式等。

由于硬件和软件具有互换性，设计人员要反复权衡仪表硬件与软件的比例。适当地多用硬件可简化软件设计工作，并使装置的性能得到改善。然而，这样会增加元器件数量，使

仪表成本增加。若采用软件来实现硬件功能,虽可减少元器件数量,但会增加编程的复杂性,降低系统的响应速度。所以,应当从仪表性能、成本、软件费用、研制周期等多方面综合考虑,合理划分硬件、软件的比例,从而确定硬件的类型和数量。

2. 硬件、软件研制及仪表结构设计

1) 嵌入式系统的选择

嵌入式系统是一种用于控制、监测或协助特定机器和设备正常运转的计算机。它通常由嵌入式处理器、相关的硬件支持设备以及嵌入式软件系统等三部分组成。其中,嵌入式处理器是嵌入式系统中的核心部件。按照功能和用途可进一步细分为嵌入式微控制器(Embedded Microcontroller Unit,EMCU)、嵌入式微处理器(Embedded Microprocessor)和嵌入式数字信号处理器(Embedded Digital Signal Processor)等几种类型。

嵌入式系统是计算机技术、通信技术、半导体技术、微电子技术、语音图像数据传输技术,甚至传感器等先进技术和具体应用对象相结合后的更新换代产品。嵌入式系统不仅与一般个人计算机(Personal Computer,PC)上的应用系统不同,而且针对不同具体应用而设计的嵌入式系统之间的差别也很大。

嵌入式系统是整个智能仪表的核心部件,它直接影响智能仪表的硬件和软件设计,它对智能仪表的功能、性价比及其研制周期起决定性作用。因此在设计任务确定之后,首先应对嵌入式系统进行选择。目前流行的微控制器(MCU)、微处理器(Microprocessor Unit,MPU)、DSP、混合处理器和 SoC 等嵌入式系统,均是智能仪表设计时可供选择来制作主机电路的核心部件。下面对嵌入式系统的概念、体系结构及其适用性等内容进行简单介绍。

(1) 嵌入式系统的概念

嵌入式系统是计算机的一种应用形式,通常指嵌入在宿主设备中的微处理机系统。它所强调的要点是,计算机不为表现自己,而是辅助它所在的宿主设备,使宿主设备的功能智能化、网络化。据此,通常把嵌入式系统定义为一种以应用为中心,以计算机为基础,软硬件可剪裁,适用于系统对功能、可靠性、成本、体积、功耗等有严格要求的专用计算机系统。因此,在嵌入式系统中,操作系统和应用软件常被集成于计算机硬件系统之中,使系统的应用软件与硬件一体化。这样,嵌入式系统的硬件与软件需要高效率的协同设计,以做到量体裁衣、去除冗余,在同样的系统配置上实现最佳的性能。

(2) 嵌入式系统的体系结构

嵌入式系统是集软硬件于一体的可独立工作的“器件”,主要包括嵌入式微处理器、外围硬件设备、嵌入式操作系统以及应用软件系统四个部分。根据应用方式的不同,可将嵌入式系统分为知识产权核(Intellectual Property Core)级、芯片级和模块级三种不同的体系结构形式,它们均采用“量体裁衣”的方式,把所需的功能或模块嵌入各种应用系统、智能仪表或 IT 产品中。

(3) 嵌入式系统的适用性

嵌入式系统是面向用户、面向产品、面向应用的,其在功耗、体积、成本、可靠性、速度、处理能力、电磁兼容性等方面均受到应用要求的制约。由嵌入式系统组成的应用系统,其最明显的优势就是可将其嵌入任何微型或小型仪器、设备中。

① IP 级。IP 是目前电子技术中的一个新技术,其含义是“知识产权”,是对专门硬件核或软件核固件的知识、专长和革新的拥有,运用这些核可以完成某种系统功能。这里的“核”

意指用于芯片中的一个子模块(或子系统)。通常,IP 核不仅指数字 IP 核,同时也包括模拟 IP 核;同时,IP 核还分为硬核、软核和固核。硬 IP 核有 16/32/64 位精简指令集计算机/复杂指令集计算机(Reduced Instruction Set Computer/Complex Instruction Set Computer, RISC/CISC)结构的 MPU 核、8/16/32 位 MCU 核、16/32/64 位 DSP 核、存储器单元、标准逻辑宏单元、特殊逻辑宏单元、模拟器件模块、MPEG/JPEG 模块、网络单元、标准接口单元(如 USB)等;软 IP 核有图像编译码器(Coder-Decoder,CODEC)、声音 CODEC、软调制解调器(MODEM)单元、软传真(Facsimile,FAX)单元等。因此,上述提及的核可能是芯片设计者选取的某一过程中所使用的软核,也可能是针对原创者为保证技术需求而设定的专门过程的硬核。随着电子数据交换(Electronic Data Interchange,EDI)的推广、超大规模集成电路(Very Large Scale Integration,VLSI)设计的普及化以及半导体工艺的迅速发展,当今时代越来越需要根据应用需求将不同的 IP 核集成在一块芯片上,实现一个更复杂的系统,这个系统就是系统级芯片片上系统(System on Chip,SoC)。各种通用处理器内核将作为 SoC 设计公司的标准库,与许多其他嵌入式系统外设一样,成为 VLSI 设计中一种标准器件,用标准的超高速集成电路硬件描述语言(Very-High-Speed Integrated Circuit Hardware Description Language,VHDL)等描述,存储在器件库中。用户只需定义出整个应用系统,仿真通过后就可以将设计图交给半导体工厂制作样品。这样除个别无法集成的器件以外,整个嵌入式系统大部分均可集成到一块或几块芯片中去,应用系统的电路板将变得十分简洁,对于减小体积和功耗、提高可靠性非常有利。

SoC 可以分为通用和专用两类。通用系列包括 Siemens 的 TriCore、Motorola 的 M-Core、某些 ARM 系列器件、Echelon 和 Motorola 联合研制的 Neuron 芯片等。专用 SoC 一般专门用于某个或某类系统中,不为一般用户所知。一个有代表性的产品是 Philips 的 Smart XA,它将 XA 单片机内核和支持超过 2048 位复杂 RSA 算法①的通信控制器(Communication Control Unit,CCU)单元制作在一块硅片上,形成一个可加载 Java 或 C 语言的专用 SoC,可用于公众互联网安全方面。

SoC 的核心技术是 IP 核模块。IP 核有硬核、软核和固件核。硬核直接给的是版图或网表,对于用户没有灵活性,但是可靠;软核有灵活性,但是会因用户使用不当而降低可靠性;固件核则介于硬核和软核两者之间。

另外,各种嵌入式软件也能以 IP 的方式集成在芯片中。这样 SoC 就成了一个最终产品,是一个有专用目标的集成电路,其中包含完整系统所需的硬件和嵌入式软件的全部内容。据此,人们常把 SoC 译为"系统芯片集成",意指它是一种特定的技术,用以实现从确定系统功能开始,到软/硬件划分,并完成设计的整个过程。采用 IP 核的集成复用技术,使用类似于积木式的部件——IP 核来设计 SoC 芯片,不仅能大幅度减轻设计者的负担,帮助设计者快捷方便地开发出完整的系统(包括硬件和软件);而且对缩短设计周期、提升产品的市场竞争力有利。

② 芯片级。根据各种应用系统或 IT 产品的要求,人们常会选用相应的处理器(如 MCU、DSP、RISC 型的 MPU 等)芯片、存储器(RAM、ROM、Flash 存储器等)芯片、输入/输出接口(并行接口、串行接口、定时/计数器、键盘/显示接口等)芯片组成嵌入式系统,并将相

---

① RSA 算法是一种非对称加密算法,1977 年由罗纳德·李维斯特(Ron Rivest)、阿迪·萨莫尔(Adi Shamir)和伦纳德·阿德曼(Leonard Ademan)一起提出,RSA 是由三位教授姓氏的首字母组成。

应的系统软件/应用软件以固件形式固化在非易失性的存储器芯片中。目前，这还是嵌入式系统应用的主要形式，其中的核心由相应的处理器构成。根据其发展现状，常见的嵌入式芯片可以分成下面几类。

a. 嵌入式微处理器(Embedded Microprocessor Unit，EMPU)，嵌入式微处理器的基础是通用计算机中的CPU。在应用中，将微处理器装配在专门设计的电路板上，并配上必不可少的ROM、RAM、总线接口、各种外设等器件，仅保留与嵌入式应用有关的功能，以大幅度减小系统体积和功耗。

b. 嵌入式微控制器(Embedded Microcontroller Unit，EMCU)，又称单片机，它将整个计算机系统集成到一块芯片中，一般以某一种微处理器内核为核心，并在芯片内部集成ROM、EPROM、RAM、总线、总线逻辑、定时/计数器、看门狗(WatchDog)、I/O、串行口、脉宽调制输出(Pulse Width Modulation，PWM)、A/D、D/A等部件。微控制器作为嵌入式系统工业的主流，其芯片上所提供的外设资源比较丰富，尤其适合于仪器仪表与控制方面的应用。

c. 嵌入式DSP处理器，DSP处理器对系统结构和指令进行了专门设计，使其更适合于执行DSP算法，并使编译效率提高、指令执行速度加快。在数字滤波、快速傅里叶变换(Fast Fourier Transform，FFT)、频谱分析等领域正在大量引入嵌入式系统。目前，DSP应用正在从通用单片机以普通指令实现DSP功能，过渡到采用嵌入式DSP处理器。

③ 模块级。将以x86处理器构成的计算机系统模块嵌入应用系统中，这样可充分利用目前常用PC机的通用性和便利性。此种方式的嵌入式系统要求缩小体积、增加可靠性，并把通用操作系统改造为嵌入式操作系统，把应用软件固化在固态盘中，尤其适用于工业控制和仪器仪表。如嵌入式PC以PC104总线为系统结构，在90 mm×96 mm大小的模板上集成了微型计算机最基本的功能，去掉了PC底板及ISA(PCI)总线等的卡槽式结构，节省空间；同时因全部使用互补金属氧化物半导体(Complementary Metal Oxide Semiconductor，CMOS)器件并减少了元器件的数量，使整个模板的功耗更低。PC104总线也是专为嵌入式系统应用而设计的总线规范，系统设计以功能模板为基本组件，通过PC104总线完成PC104功能模块之间的任意搭接，以灵活实现系统功能的扩充。另外，它与PC机的硬件、软件相兼容，用户基础广泛，软硬件资源丰富。

④ 现场可编程外围芯片。现场可编程外围芯片(Programmable System Device，PSD)是一种特别适用于单片机系统的器件，芯片中集成了EPROM、静态随机存取存储器(Static Random-Access Memory，SRAM)、通用I/O口和诸如译码可编程逻辑器件(Programmable Logic Device，PLD)、通用PLD、外设PLD等多种可编程逻辑器件，还集成了电源管理、中断控制、定时器等功能部件，它能与当今流行的8/16位单片机总线直接连接，可支持Motorola、Intel、Philips、TI、Zilog、National等系列微控制器，采用PSD组成的应用系统会大大简化硬件电路，使系统的设计、修改和扩展变得十分灵活方便，常被广泛应用于计算机的硬盘控制、调制解调器、图像系统和激光打印机控制；应用于远程通信的调制解调器、蜂窝电话、数字语音和数字信号处理系统；应用于各种控制系统、便携式工业测量仪器和数据记录仪。

这样，智能仪表的设计者可根据实际需求综合考虑，合理选择适当的嵌入式系统作为智能仪表主机电路的核心部件，从而简化硬件和软件设计，缩短开发周期，优化系统结构和性能，提高系统的可靠性。

2）硬件电路设计、研制和调试

硬件电路的设计主要包括主机电路、过程输入/输出通道、人机接口电路和通信接口电路等功能模块。为提高设计质量，缩短研制周期，通常采用计算机辅助设计（Computer Aided Design，CAD）方法绘制电路逻辑图和布线图。设计电路时，尽可能采用典型的线路，力求标准化；电路中的相关器件性能须匹配；扩展器件较多时须设置线路驱动器；为确保仪表能长期可靠运行，还须采取相应的抗干扰措施，包括去耦滤波、合理走线、通道隔离等。

完成电路设计、绘制好布线图后，应反复核对，待确认线路无差错后方可加工印刷电路板。制成电路板后仍需仔细核对，以免发生差错，损坏器件。

由于主机电路部分是通过各种接口与键盘、显示器、打印机等部件相连接的，并通过输入/输出通道，经测量元件和执行器直接连至被测和被控对象。因此，人机接口电路和输入/输出通道的设计是研制仪表的重要环节，力求可靠实用。

如果逻辑电路设计正确无误，印刷电路板加工完好，那么功能模块的调试一般来说比较方便。模块运行是否正常，可通过测定一些重要的波形来确定。例如可检查单片机及扩展器件若干控制信号的波形是否与硬件手册所规定的指标相符，由此可断定其工作是否正常。

通常采用开发装置来调试硬件，将其与功能模块相连，再编制一些调试程序，即可迅速排除故障，较方便地完成硬件部分的查错和调试任务。

3）仪表结构设计

结构设计是研制智能仪表的重要内容，包括仪表造型、壳体结构、外形尺寸、面板布置、模板固定和连接方式等。尽可能做到标准化、规范化、模块化。若采用CAD方法进行仪表结构设计，则可取得较好的效果。此外，对仪表使用的环境情况以及制造维护的方便性也应给予充分的注意，使制成的产品既美观大方、又便于用户操作和维护。

4）应用软件设计、程序编制和调试

应用软件设计其实就是将软件总框图中的各个功能模块具体化，逐级画出详细的流程框图，作为编制程序的依据。编写程序可以用机器语言、汇编语言，甚至高级语言。究竟采用何种语言则由程序长度、仪表的实时性要求及所具备的研制工具或开发平台而定。对于规模不大的应用软件，大多数采用汇编语言来编写，这样可减少存储容量、降低器件成本、节省机器时间、提高实时性能。研制复杂的软件且运算任务较重时，可考虑采用高级语言来编程，这样编程方便、软件可读性强、易于修改和扩充。

软件设计要注意结构清晰、存储区域划分合理、编程规范化，以便于调试和移植。同时，为提高仪表可靠性，应采用软件抗干扰措施。在程序编制过程中，还必须进行优化工作，即仔细推敲、合理安排，采用各种程序设计技巧，使编制的程序执行时空效率高，即程序运行时间短、所占内存空间小。

编制和调试应用软件同样需要开发工具，利用开发工具提供的丰富资源及便利条件，可大大提高工作效率及应用软件的质量。

3. 仪表总调、性能测试

研制阶段只是对硬件和软件进行了初步调试和模拟试验。样机装配完成后，还必须进行联机试验，识别和排除样机中硬件和软件两方面的故障，使其能正常运行。待工作正常后，便可投入现场试用，使系统处于实际应用环境中，以考验其适用性和可靠性。在总调中还必须对设计所要求的全部功能进行测试和评价，以确定仪表是否符合预定性能指标，并写出性能测试报告。若发现某一项功能或指标达不到要求时,则应修改硬件或软件,重新调试,直至满足要求为止。

研制一台智能仪表大致需要经历上述几个阶段。实践经验表明,仪表性能的优劣和研制周期的长短与总体设计的合理性、硬件选择的适当性、程序结构的优劣性、开发工具的完善性以及设计人员对仪表结构、电路、测控技术、微机硬件和软件的熟悉程度等众多因素有关。在仪表开发过程中,软件设计的工作量往往比较大,且容易发生差错,应当尽可能采用模块化与结构化的设计方法,这有利于对程序的调试、查错、增删。实践证明,设计人员如能在研制阶段把住硬、软件的质量关,则总调阶段就会顺利进行,从而可缩短产品的研发周期。

在完成样机之后,还要编制设计文档。这项工作十分重要,因为这不仅是对仪表研制工作的总结,而且能满足以后仪表使用、维修、改进和升级的需要。因此,人们通常把这一技术文档列入智能仪表的重要软件资料。

设计文档应包括:设计任务和仪表功能描述;设计方案的论证;性能测定和现场使用报告;使用操作说明;硬件资料(包括硬件逻辑图、电路原理图、元件布置和接线图、接插件引脚图和印刷线路版图);程序资料(包括软件框图和说明、标号和子程序名称清单、参量定义清单、存储单元和输入/输出口地址分配表以及程序清单)。

1.4 智能仪表的开发工具

单片机等本身并无开发能力,需要借助开发工具来研制、调试智能仪表的硬件和软件。开发工具性能的优劣将影响仪表的设计水平和研制工作效率。开发工具通常由主处理机、显示器、键盘、在线仿真器、编程器、打印机以及开发用软件等组成,因而又称为开发系统。

1.4.1 开发系统的功能

开发系统具有如下基本功能。

(1) 编程能力。开发系统配备有编辑、汇编、反汇编、编译等软件,用户可方便使用多种语言(如机器语言、汇编语言、高级语言)编制源程序,并能自动生成目标码,也可将目标程序转换成汇编语言程序。

(2) 调试、运行能力。开发系统具有调试、排错(包括符号化调试)的功能和控制程序运行的能力,可单步运行、设置断点运行及全速运行。在程序运行过程中,还能监视样机中存储器、输入/输出端口和总线上信息的变化。

(3) 仿真功能。仿真就是“真实”地模拟被开发样机系统(目标系统)的运行环境。在线仿真时,开发系统将仿真器中的单片机完整地出借给样机,使样机在联机仿真时同脱机运行时的环境完全一致。这样,用户可在开发的实际硬件环境下调试程序。

1.4.2 嵌入式系统的软件技术和开发工具平台

1. 嵌入式系统的软件技术

嵌入式系统作为计算机的一种应用形式,其最主要的特征表现在网络嵌入功能方面。

这对嵌入式系统技术，特别是软件技术提出了新的挑战，主要包括：支持日趋增长的功能密度、灵活的网络连接、轻便的移动应用和多媒体的信息处理等；此外，还需应对更加激烈的市场竞争。

(1) 嵌入式软件技术面临的挑战

① 嵌入式应用软件的开发需要得到强大的开发工具和操作系统的支持。随着互联网技术的成熟、带宽的提高，互联网内容供应商(Internet Content Provider，ICP)和应用服务供应商(Application Service Provider，ASP)在网上提供的信息内容日趋丰富，应用项目多种多样。移动电话、电话座机及电冰箱、微波炉等嵌入式电子设备的功能不再单一，电气结构也更为复杂。为了满足应用功能的升级，设计师们一方面采用更强大的嵌入式处理器(如32位、64位RISC芯片)或信号处理器DSP增强处理能力；同时还采用实时多任务编程技术和交叉开发工具技术来控制功能复杂性、简化应用程序设计、保障软件质量和缩短开发周期。

② 联网成为必然趋势。为适应嵌入式分布处理结构和上网应用需求，嵌入式系统要求配备一种(或多种)标准的网络通信接口。针对外部联网要求，嵌入式设备必须配有通信接口，相应需要TCP/IP协议栈和软件支持；由于家用电器有相互关联(如防盗报警、灯光能源控制、影视设备和信息终端交换信息)及实现现场仪器的协调工作等要求，新一代嵌入式设备还需具备IEEE1394、USB、控制器局域网络(Controller Area Network，CAN)、蓝牙(Bluetooth)或红外数据组织(Infrared Data Association，IrDA)等通信接口，同时也需要提供相应的通信组网协议软件和物理层驱动软件。为了支持应用软件的特定编程模式，如Web或无线Web编程模式，还需要相应的浏览器[如超文本标记语言(Hyper Text Markup Language，HTML)、无线标记语言(Wireless Markup Language，WML)等]。

③ 支持小型电子设备实现小尺寸、微功耗和低成本。为满足这种特性，要求嵌入式产品设计者相应地降低处理器的性能，限制内存容量和复用接口芯片，这就相应提高了对嵌入式软件设计的技术要求，如选用最佳的编程模型和不断改进算法，采用Java编程模式，优化编译器性能。因此既要求软件人员有丰富经验，更需要发展先进嵌入式软件技术(如Java、Web和WAP等)。

④ 提供精巧的多媒体人机界面。嵌入式设备之所以易于被用户接受，重要因素之一是它们与使用者之间的高亲和力以及自然方便的人机交互界面。人们与信息终端的交互要求采用以图形用户界面(Graphical User Interface，GUI)为中心的多媒体界面。手写文字输入，语音拨号上网，收发彩色图形、图像、电子邮件已取得很好成效。目前一些先进的掌上电脑(Personal Digital Assistant，PDA)在显示屏幕上已实现汉字写入、短消息语音发布，但距掌式语言同声翻译的普及还有一定距离。

(2) 影响未来的若干软件新技术

目前，嵌入式系统设计师们已利用现行嵌入式软件技术和PC机积累的技术迎接新一代嵌入式系统的应用；同时，不断发展影响深远的一些新的软件技术，如行业性编程接口应用程序接口(Application Programming Interface，API)规范、无线网络操作系统、IP构件库和嵌入式Java等。

① 日趋流行的行业性开放系统和备受青睐的自由软件技术。为了适应日趋激烈的国际市场竞争态势，设计技术共享、软件重用、构件兼容、维护方便和合作生产是增强行业性产品竞争能力的有效手段。近年来，一些地区和国家的若干行业协会纷纷制定嵌入式产品标准，特别是软件编程接口API规范。我国数字产业联盟，也在制定本行业的开放式软件标

准,以提高中国数字产品的竞争能力。由此看来,走行业开放系统道路是加快嵌入式软件技术发展的捷径之一。

此外,值得指出,国际上自由软件运动的顺利发展,GNU 通用公共许可协议(General Public License,GPL)概念正对嵌入式软件产生着深远的影响。嵌入式 Linux 多种原型的提出,和 GNU 软件开发工具软件的实用化进展,正为我国加快发展嵌入式软件技术提供非常好的机遇和条件。

② 无线网络操作系统初见端倪。未来移动通信网络不仅能够提供丰富的多媒体数据业务,而且能够支持更多功能和更强的移动终端设备。为了有效发挥移动通信系统的优势,许多设备厂商针对未来移动设备的特点,努力开发无线网络操作系统。

③ IP 构件库技术正在造就一个新兴的软件行业。嵌入式系统实现的最高形式是片上系统 SoC,而 SoC 的核心技术是 IP 核构件。硬件核供应商以数据软件库的形式,将其久经验证的处理器逻辑和芯片版图数据提供给电子设计自动化(Electronics Design Automation,EDA)工具调用,从而在芯片上直接配置 MPU/DSP 功能单元;而软件核则是软件提供商将 SoC 所需的实时多任务操作系统(Real Time Multi-tasking Operating System,RTOS)内核软件或其他功能软件(如通信协议软件、FAX 功能软件等构件)以标准 API 方式和 IP 核构件形式供集成开发环境(Integrated Development Environment,IDE)和 EDA 工具调用,以制成 Flash 或 ROM 可执行代码单元,加速 SoC 嵌入式系统定制或开发。目前一些嵌入式软件供应商纷纷把成熟的 RTOS 内核和功能扩展件以软件 IP 核构件形式出售。正在兴起的 IP 构件软件技术正在为一大批软件公司提供发展机遇。

④ J2ME 技术将对嵌入式软件的发展产生深远影响。众所周知,"一次编程,到处使用"的 Java 软件概念原本就是针对网上嵌入式小设备提出的。几经周折,目前 SUN 公司已推出了针对信息家电的 Java 版本——J2ME(Java 2 Platform Micro Edition),其技术日趋成熟,开始投入使用。SUN 公司 Java 虚拟机(Java Virtual Machine,JVM)技术的有序开放,使得 Java 软件可真正实现跨平台运行,即 Java 应用小程序能够在带有 JVM 的任何硬、软件系统上执行。这对实现"瘦身"上网的信息家电等网络设备十分有利。这一技术势必对其他嵌入式设备(特别是需要上网的设备)的软件编程技术产生重大影响。

2. 嵌入式系统的开发工具平台

通用计算机具有完善的人机接口界面,在其上面只需增加一些开发应用程序和环境即可进行对自身的开发。而嵌入式系统本身不具备自主开发能力,设计完成以后用户通常也不能对其中的程序功能进行直接修改,必须借助一套开发工具和环境才能进行开发,这些工具和环境一般是基于通用计算机上的软硬件设备以及各种逻辑分析仪、混合信号示波器等。

从事嵌入式开发的往往是非计算机专业人士,面对成百上千种处理器,选择是一个问题,学习掌握处理器结构及其应用更需要时间,因此迫切需要以开发工具和技术咨询为基础的整体解决方案。好的开发工具除了能够开发出处理器的全部功能以外,还应当对用户友好。目前,嵌入式系统的开发工具平台主要包括以下几类。

(1) 实时在线仿真系统(In-Circuit Emulator,ICE)

尽管今天的计算机辅助设计非常盛行,然而 ICE 仍是进行嵌入式应用系统调试的最有效开发工具。ICE 首先可以通过实际执行,对应用程序进行原理性检验,排除以人的思维难以发现的逻辑设计错误。ICE 的另一个主要功能是在应用系统中仿真微控制器的实时执行，发现和排除由于硬件干扰等引起的异常执行行为。此外，高级的ICE带有完善的跟踪功能，可以将应用系统的实际状态变化、微控制器对状态变化的反应以及应用系统对控制的响应等以一种录像的方式连续记录下来，通过分析再去优化控制过程。很多机电系统难以建立一个精确有效的数学模型，或是建立模型需要大量人力，这时，采用ICE的跟踪功能对系统进行记录和分析是一个有效的途径。

嵌入式系统应用的特点是其性能与其现实世界实际应用系统所需的软硬件有关，存在着各种事先未知的变化，这给微控制器的指令执行带来了各种不确定性，这种不确定性只有通过ICE的实时在线仿真才能得以发现，特别是在分析可靠性时，需要在同样条件下多次仿真，以发现偶然出现的错误。

ICE不仅是软件、硬件调试的工具，同时也是提高和优化系统性能指标的工具。高档ICE工具(如美国NOHAU公司的产品)是可根据用户投资裁剪功能的系统，亦可根据需要选择配置各种档次的实时逻辑跟踪器(Tracer)、实时映像存储器(Shadow RAM)以及程序效率实时分析功能(Program Efficiency Analysis，PEA)。实时在线仿真系统有以下4种类型。

① 简易型开发系统。这种开发系统通常为单板机形式，其单片机类型与被开发样机中的相同，所配置的监控程序能满足开发硬、软件的基本要求，既能输入程序、单步或设断点运行、修改程序，又能查询各寄存器、存储器单元、输入/输出端口的状态和内容。

简易型开发装置结构简单、价格便宜，但一般只能在机器语言水平上进行开发，故操作不方便，开发效率低。若在单板机上配置通信接口，与通用微机相连，则可在通用机上编程，汇编成目标码后再输入单板机进行调试。

② 通用型开发系统。通用型开发系统由通用微机系统、在线仿真器、EPROM或带电可擦可编程只读存储器(Electrically Erasable Programmable Read Only Memory，EEPROM)写入器等部分组成，如图1-3所示。这是目前使用较多的一种开发系统，它充分利用计算机的硬、软件资源以及仿真器的在线仿真功能，可方便地进行编程、汇编(或编译)、程序调试和运行等工作，操作较方便，开发效率较高。如SUPER ICE16通用仿真器，它将通用仿真器和编程器融为一体，可支持对MCS-51系列、MCS-96系列、PIC系列等单片机的仿真。

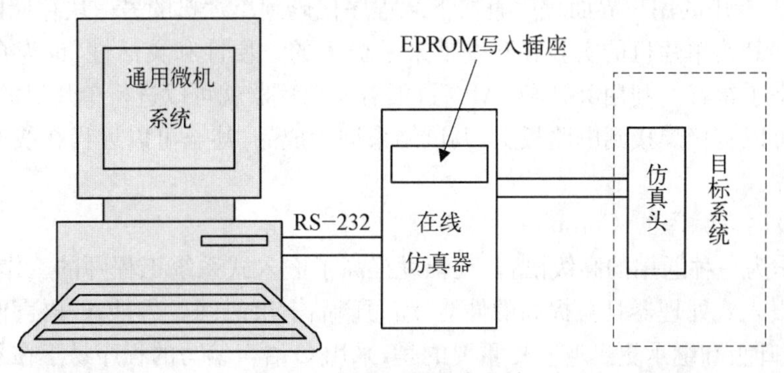

图1-3 通用型开发系统

通用型开发系统的仿真器具有完善的仿真功能，在线调试用户样机时，不占用样机系统的资源和存储器空间。它具有诊断硬件故障的命令和单步、设断点、全速运行用户程序的命令，排除硬、软件故障方便。

另外，随着通用微机系统的普及，出现了一种在通用机中加接开发模板的开发系统，开发模板或是插在通用机的扩展槽中,或是以总线连接方式安放在外部。如 ARM DVK－S3C44B0X(以下简称 DVK)开发板是一款以 S3C44B0X 为核心的 ARM 系统开发平台。在该平台上开发者可针对智能手持设备、PDA、工控系统、仪器仪表等领域迅速地开发出功能强大、价格低廉、具有竞争力的产品。

③ 专用开发系统。这是专用于开发某一类单片机或微处理器的计算机系统,该系统配置齐全,仿真功能完善,能高效率地完成开发任务。典型的开发系统有 E51/L/T/S 系列 51 专用仿真器,它可仿真 51 全系列,覆盖 Intel、ATMEL、LG、Winbond(8X5X、97C5X、89C5X、78E5X、89C/97CX051)等;其软件支持 Windows95/98/2000 及 DOS 双平台,实现真正 32 位运行操作方式;支持自动存储管理(Automatic Storage Management,ASM)、产品生命周期管理(Product Lifecycle Management,PLM)、C 语言多模块混合源程序调试;将仿真器、跟踪仪(Tracer)、逻辑分析仪、计时器、电源融于一体,既能高效地仿真调试,又能便捷地进行在线检测分析;源程序可在线直接修改、编译、调试、执行;对错误准确定位、并指出错误类型;具有单步、跟踪、断点管理、全速运行等功能。

④ 单片机的在线编程技术。通常在进行单片机的实验或开发时,编程器是必不可少的。仿真、调试完的程序需要借助编程器烧到单片机内部或外接的程序存储器中。另外,在开发过程中,程序每改动一次就要拔下电路板上的芯片,编程后再插上,操作起来比较麻烦。

随着单片机技术的发展,出现了可以在线编程的单片机。这种在线编程目前有两种实现方法,包括在系统编程(In-System Programming,ISP)和在应用编程(In-Application Programming,IAP)。ISP 一般是通过单片机专用的串行编程接口对单片机内部的 Flash 存储器进行编程;而 IAP 技术是从结构上将 Flash 存储器映射为两个存储体,当运行一个存储体上的用户程序时,可对另一个存储体重新编程,之后将控制从一个存储体转向另一个。ISP 的实现一般需要很少的外部电路辅助实现,而 IAP 的实现更加灵活,通常可利用单片机的串行口接到计算机的 RS－232 口,通过专门设计的固件程序来对内部存储器进行编程。例如:ATMEL 公司的单片机 AT89S8252 就提供了一个串行外设接口(Serial Peripheral Interface,SPI)对内部程序存储器编程(ISP),而 SST 公司的单片机 SST89C54 内部包含两块独立的存储区,通过预先编制在其中一块存储区中的程序,就可以通过串行口与计算机相连,使用 PC 上专用的用户界面程序直接下载程序代码到单片机的另一块存储区中。

ISP 和 IAP 为单片机的实验和开发带来了极大的方便性和灵活性,也为众多单片机应用开发者带来了福音。利用 ISP 和 IAP 后,不需要编程器就可以进行单片机的实验和开发,单片机芯片可以直接焊接到电路板上,调试结束即为成品,甚至可以远程在线升级或改变单片机中的程序。

(2) 高级语言编译器(Compiler Tools)

C 语言作为一种通用的高级语言,大幅度提高了嵌入式系统工程师的工作效率,使其能够充分发挥嵌入式处理器日益提高的性能,缩短产品上市时间。另外,C 语言便于移植和修改,使产品的升级和继承更迅速。更重要的是,采用 C 语言编写的程序易于在不同的开发者之间进行交流,从而促进嵌入式系统开发的产业化。

区别于一般计算机中的 C 语言编译器,嵌入式系统中的 C 语言编译器做了专门优化,能提高编译效率。优秀的嵌入式系统 C 编译器代码长度和执行时间仅比以汇编语言编写的同样功能程序长 5%～20%。编译质量的不同,是区别嵌入式 C 编译器工具的重要指标。而 C 编译器与汇编语言工具相比,残余的 5%～20%效率差别,完全可以由现代微控制器的高速度、大存储器空间以及产品提前进入市场的优势来弥补。

新型的微控制器指令及SoC速度不断提高，存储器空间也相应加大，已经达到甚至超过了目前的通用计算机中的微处理器，为嵌入式系统工程师采用过去一直不敢问津的C++语言创造了条件。C++语言强大的类、继承等功能更便于实现复杂的程序功能。但是，C++语言为了支持复杂的语法，在代码生成效率方面不免有所下降。为此，1995年初在日本成立的嵌入式C++技术委员会经过多年的研究，针对嵌入式应用制定了减小代码尺寸的EC++标准。EC++保留了C++的主要优点，提供对C++的向上兼容性，并满足嵌入式系统设计的一些特殊要求。

将C/C++/EC++引入嵌入式系统，使得嵌入式开发与个人计算机、小型机等之间在开发上的差别正在逐渐消除，软件工程中的很多经验、方法乃至库函数可以移植到嵌入式系统中。在嵌入式开发中采用高级语言，还使得硬件开发和软件开发可以分工，从事嵌入式软件开发不再必须精通系统硬件和相应的汇编语言指令集。

(3) 源程序模拟器(Simulator)

源程序模拟器是广泛使用在人机接口完备的工作平台上(如小型机和PC)，通过软件手段模拟执行为某种嵌入式处理器内核编写的源程序测试工具。简单的模拟器可以通过指令解释方式逐条执行源程序，分配虚拟存储空间和外设，供程序员检查；高级的模拟器可以利用计算机的外部接口模拟出处理器的I/O电气信号。

模拟器软件独立于处理器硬件，一般与编译器集成在同一环境中，是一种有效的源程序检验和测试工具。值得注意的是，模拟器毕竟是以一种处理器模拟另一种处理器的运行，在指令执行时间、中断响应、定时器等方面很可能与实际处理器有所差别。另外，它无法像ICE那样，仿真嵌入式系统在应用系统中的实际执行情况。

源程序模拟器是一种完全依靠软件进行开发的系统。它利用模拟开发软件在通用微机上实现对单片机的硬件模拟、指令模拟、运行状态模拟，从而完成应用软件开发的全过程。该开发系统不需要附加硬件，在开发软件的支持下，可方便地进行编程、单步或设断点运行、修改程序等软件调试工作。调试过程中，各寄存器及端口的状态和内容都可以在阴极射线显像管(Cathode Ray Tube，CRT)指定的窗口区域显示出来，以确定程序运行正确与否。

模拟开发软件的成本不高，但该开发系统不能进行硬件系统的诊断和实时在线仿真。

(4) 实时多任务操作系统(Real Time Multi-tasking Operation System，RTOS)

RTOS是针对不同处理器优化设计的高效率实时多任务内核，优秀商品化的RTOS可以为几十个系列的嵌入式MPU、MCU、DSP、SoC芯片等提供类似的API接口，这是RTOS基于设备独立的应用程序开发基础。因此，基于RTOS上的C语言程序具有极大的可移植性。据专家测算，优秀RTOS上跨处理器平台的程序移植只需要修改1%～5%的内容。在RTOS基础上，可以编写出各种硬件驱动程序、专家库函数、行业库函数、产品库函数，与通用性的应用程序一起，可以作为产品销售，促进行业内的知识产权交流。不但如此，RTOS还是一个可靠性和可信性很高的实时内核，将CPU时间、中断、I/O、定时器等资源都包装起来，留给用户一个标准的API，并根据各个任务的优先级，合理地在不同任务之间分配CPU时间。

RTOS最关键的部分是实时多任务内核，它的基本功能包括任务管理、定时器管理、存储器管理、资源管理、事件管理、系统管理、消息管理、队列管理、旗语管理等，这些管理功能是通过内核服务函数形式交给用户调用的，也就是RTOS的API。RTOS的引入，解决了嵌入式软件开发标准化的难题。随着嵌入式系统中软件比例不断上升、应用程序越来越大，对开发人员、应用程序接口、程序文档的组织管理成为一个大的课题。引入 RTOS 相当于引入了一种新的管理模式,对于开发单位和开发人员都是一个提高。因此,RTOS 又是一个软件开发平台。

习题与思考题

1-1 智能仪表的特点是什么?

1-2 嵌入式系统在智能仪表中的作用是什么?简述智能仪表的发展趋势。

1-3 简述智能仪表的组成以及各组成部分的作用。

1-4 简述智能仪表的设计思想和研制步骤。

1-5 设计智能仪表的依据有哪些?

1-6 简述嵌入式系统的基本结构体系和软件特征。

1-7 影响和促进智能仪表发展的关键技术有哪些?

1-8 简述用于智能仪表研发的常用开发工具。

第2章 智能仪表的主机电路

设计智能仪表时，首先要根据智能仪表的功能和性能设计要求，选择合适的嵌入式系统及其外围芯片，然后根据所选定的嵌入式系统及外围芯片所具有的性能，着手进行硬件电路的设计和制作，主要涉及智能仪表的主机电路、过程输入输出通道、人机接口电路、通信接口电路以及可靠性等方面的内容。

主机电路是智能仪表硬件部分的核心。设计这一电路的主要任务是将嵌入式系统与扩展芯片正确地连接起来，从而组成一个智能部件，以实现仪表所需的数据采集、处理和控制等要求。本章将介绍 AT89C52 单片机、支持现场总线仪表设计的 Neuron 芯片以及支持无线仪表设计的芯片。

2.1 AT89C52 单片机

2.1.1 AT89C52 单片机的主要特性和基本结构

AT89C52 单片机是美国 ATMEL 公司生产的低电压、高性能的 8 位 CMOS 单片机，它基于标准的 MCS－51 单片机体系结构和指令系统，是标准的 MCS－51 的高密度互补金属氧化物半导体(High-density Complementary Metal Oxide Semiconductor，HCMOS)产品。

AT89C52 单片机是面向控制的 8 位 CPU，与 MCS－51 产品指令和引脚完全兼容，其内部资源有：1 个片内振荡器和时钟产生电路，振荡频率为 0～24 MHz；8 KB 可反复擦写(＞1 000 次)的 Flash ROM 程序存储器；256 B 的片内数据存储器；具有可寻址 64 KB 的片外程序存储器和 64 KB 的片外数据存储器的控制电路；3 个 16 位可编程定时/计数器；4 个并行 I/O 口，共 32 条可单独编程的 I/O 线；6 个中断源，2 个中断优先级；1 个全双工的异步串行口；27 个特殊功能寄存器；具有低功耗空闲和掉电模式。

图 2－1 为 AT89C52 单片机的基本结构。它主要由中央处理器(CPU)、片内数据存储器、片内程序存储器、输入/输出(Input/Output)接口(简称 I/O 口)、可编程串行口、定时/计数器、中断系统和特殊功能寄存器(Special Function Register，SFR)等部分组成，各部分通过内部总线相连。其基本结构采用通用 CPU 加上外围芯片的结构模式，在功能单元的控制上采用了 SFR 的集中控制方法。

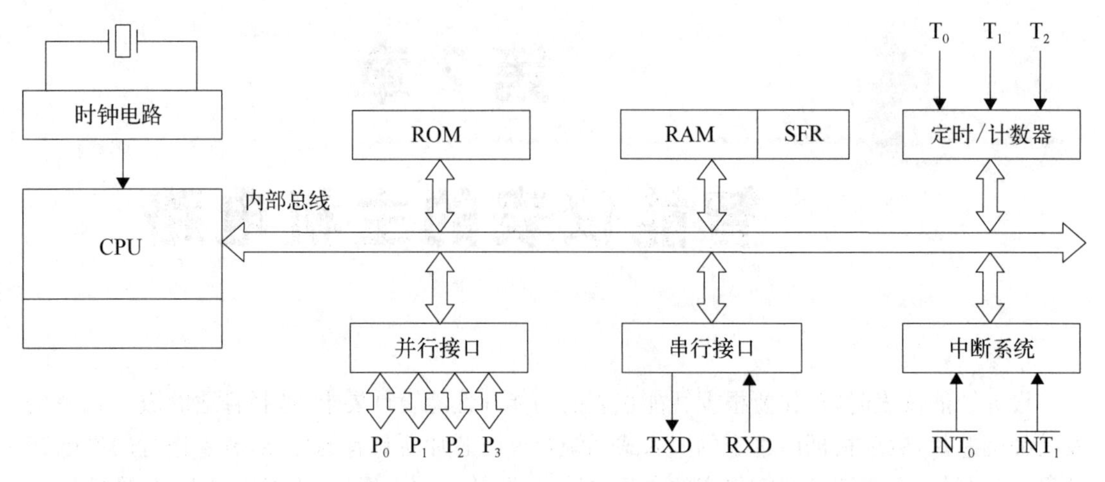

图 2-1 AT89C52 单片机的基本结构

2.1.2 AT89C52 单片机的引脚功能

为适应不同产品的应用需求，AT89C52 单片机提供有塑料双列直插式封装(Plastic Dual In-Line Package，PDIP)、塑料四侧引脚扁平封装/薄型四侧引脚扁平封装(Plastic Quad Flat Package/Thin Quad Flat Package，PQFP/TQFP)及带引线的塑料芯片载体(Plastic Leaded Chip Carrier，PLCC)3 种封装形式，如图 2-2(a)～(c)所示，它们的引脚完全一样，只是排列不同。

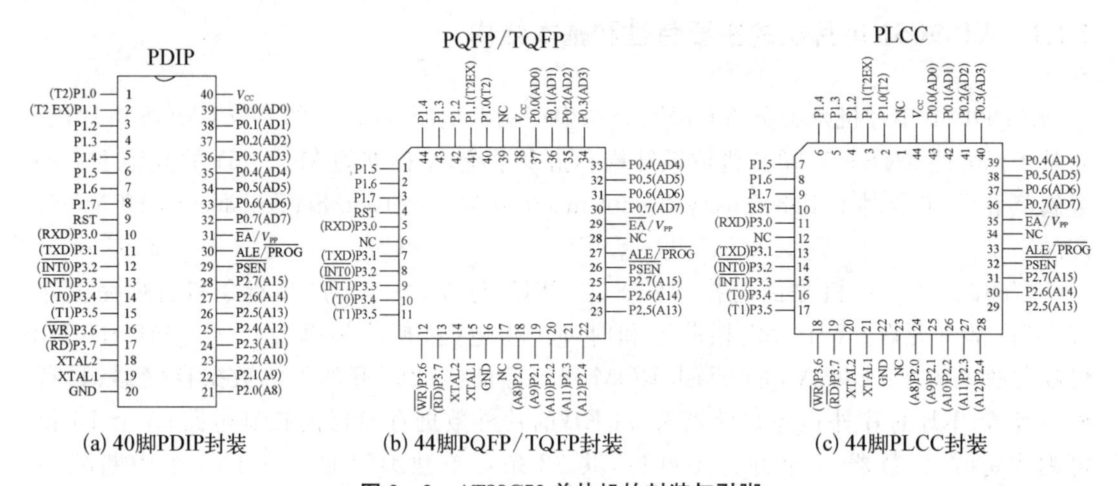

(a) 40脚PDIP封装　(b) 44脚PQFP/TQFP封装　(c) 44脚PLCC封装

图 2-2 AT89C52 单片机的封装与引脚

PDIP 为双列直插式封装，是一种最简单的芯片封装形式，适合在印制电路板(Printed Circuit Board，PCB)上穿孔焊接，操作方便。

QFP 为四侧引脚扁平封装，表面贴装型封装之一，引脚从四个侧面引出，呈海鸥翼(L)形。PQFP 和 TQFP 的区别在于封装本体厚度不同。

PLCC 为带引线的塑料芯片载体，和 QFP 一样也是表面贴装型封装之一，引脚从封装的四个侧面引出，呈丁字形。

下面以图 2－2(a)所示的 PDIP 封装为例说明其 40 条引脚的功能。其中有 2 条主电源引脚、2 条外接晶体引脚、4 条控制或与其他电源复用的引脚、32 条 I/O 引脚。

1. 电源引脚 V_{CC} 和 GND

V_{CC}(40 脚)：电源端。正常操作及对 Flash ROM 编程和验证时接＋5 V 电源。

GND(20 脚)：接地端。

2. 外接晶体引脚 XTAL1 和 XTAL2

XTAL1(19 脚)：接外部晶体和微调电容的一端。在 AT89C52 片内，它是振荡电路反向放大器的输入端及内部时钟发生器的输入端，振荡电路的频率就是晶体的固有频率。当采用外部振荡器时，此引脚为外部时钟脉冲的输入端。

XTAL2(18 脚)：接外部晶体和微调电容的另一端。在 AT89C52 片内，它是振荡电路反向放大器的输出端。在采用外部振荡器时，此引脚应悬浮。

3. 控制信号引脚 RST、ALE/$\overline{\text{PROG}}$、$\overline{\text{PSEN}}$和$\overline{\text{EA}}$/V_{PP}

RST(9 脚)：复位信号输入端，高电平有效。当振荡器工作时，此引脚上出现两个机器周期以上的高电平，将使单片机复位。

ALE/$\overline{\text{PROG}}$(30 脚)：地址锁存允许信号。当 AT89C52 上电正常工作后，地址锁存允许信号(Address Latch Enable，ALE)端不断向外输出正脉冲信号，此信号频率为振荡器频率的 1/6。

AT89C52 在并行扩展外部存储器(包括并行扩展 I/O 口)时，P0 口用于分时传送低 8 位地址和数据信号。当 ALE 信号有效时，P0 口传送的是低 8 位地址信号；ALE 信号无效时，P0 口传送的是 8 位数据信号。在 ALE 信号的下降沿，锁定 P0 口传送的低 8 位地址信号。这样，可以实现低 8 位地址与数据的分离。

ALE 信号可以用作对外输出的时钟或定时信号。需注意的是，每当访问外部数据存储器时，将跳过一个 ALE 脉冲。ALE 端可驱动(吸收或输出电流)8 个晶体管—晶体管逻辑(Transistor Transistor Logic，TTL)门电路。

在对 AT89C52 片内 8 KB Flash ROM 编程(固化)时，此引脚用于输入编程脉冲$\overline{\text{PROG}}$。

$\overline{\text{PSEN}}$(29 脚)：外部程序存储器的读选通信号。当 AT89C52 单片机由外部程序存储器取指令(或常数)时，每个机器周期内$\overline{\text{PSEN}}$有两次有效输出。当访问外部数据存储器时，这两次有效的$\overline{\text{PSEN}}$信号将不出现。

$\overline{\text{EA}}$/V_{PP}(31 脚)：内/外 ROM 选择端。$\overline{\text{EA}}$端接低电平时，CPU 仅执行外部程序存储器中的程序。$\overline{\text{EA}}$端接高电平时，CPU 执行内部程序存储器中的程序，但当程序计数器(Program Counter，PC)值超过 8 KB(1FFFH)时，将自动转去执行外部程序存储器中的程序。

在对 AT89C52 片内的 Flash ROM 编程(固化)时，此引脚用于施加编程电源 V_{PP}。高电压编程时，V_{PP} 为＋12 V，低电压编程时，V_{PP} 为＋5 V。

对上述 4 个控制引脚，应熟记其第一功能，了解其第二功能。

4. 输入/输出引脚P0口、P1口、P2口、P3口

P0口(P0.0～P0.7共8条引脚,即39～32脚):是双向8位三态I/O口,也是地址/数据总线复用口。在访问外部数据存储器或程序存储器时,可分时用作低8位地址线和8位数据线;在Flash ROM编程时,P0口接收指令字节;而在验证程序时,P0口输出指令字节。P0口可驱动8个TTL门电路。

P1口(P1.0～P1.7共8条引脚,即1～8脚):P1口是一个带内部上拉电阻的8位双向I/O口,P1口的输出缓冲级可驱动(吸收或输出电流)4个TTL门电路。对端口写"1",可通过内部的上拉电阻把端口拉到高电平,此时可作输入口。作输入口使用时,因为内部存在上拉电阻,某个引脚被外部信号拉低时会输出一个电流(I_{IL})。与8051不同,P1.0和P1.1还可分别作为定时/计数器2的外部计数脉冲输入端(P1.0/T2)和捕捉方式时的外部输入端(P1.1/T2EX),P1.0和P1.1的第二功能见表2-1。

Flash编程和程序校验期间,P1口接收低8位地址。

表2-1 P1.0和P1.1的第二功能

引脚号	功能特性
P1.0	T2(定时/计数器2外部计数脉冲输入),时钟输入
P1.1	T2EX(定时/计数器2捕获/重装载触发和方向控制)

P2口(P2.0～P2.7共8条引脚,即21～28脚):P2口是一个带有内部上拉电阻的8位双向I/O口,P2口的输出缓冲级可驱动(吸收或输出电流)4个TTL门电路。对端口P2口写"1",可通过内部上拉电阻把端口拉到高电平,此时可作输入口。作输入口使用时,因为内部存在上拉电阻,某个引脚被外部信号拉低时会输出一个电流I_{IL}。

在访问外部程序存储器或16位地址的外部数据存储器(例如执行MOVX @DPTR,A指令)时,P2口送出高8位地址数据。在访问8位地址的外部数据存储器(如执行MOVX @Ri,A指令)时,P2口输出P2锁存器的内容。

Flash编程或校验时,P2口也接收高位地址和一些控制信号。

P3口(P3.0～P3.7共8条引脚,即10～17脚):P3口是一个带有内部上拉电阻的8位双向I/O口。P3口可驱动4个TTL门电路,这8个引脚都有各自的第二功能,P3口的第二功能如表2-2所示,在实际工作中,多数情况下使用P3口的第二功能。

表2-2 P3口的第二功能

口线	第二功能	名称
P3.0	RXD	串行数据接收端
P3.1	TXD	串行数据发送端
P3.2	$\overline{INT0}$	外部中断0申请输入端
P3.3	$\overline{INT1}$	外部中断1申请输入端
P3.4	T0	定时器0计数输入端
P3.5	T1	定时器1计数输入端
P3.6	$\overline{WR}$	外部RAM写选通
P3.7	$\overline{RD}$	外部RAM读选通

此外，P3 口还接收一些用于 Flash 编程和程序校验的控制信号。

2.1.3　AT89C52 单片机的主要组成

微型计算机一般由中央处理器、存储器和 I/O 接口等组成，AT89C52 单片机也不例外。图 2-3 为 AT89C52 单片机的内部结构，其主要组成包括：内核 CPU、存储器、I/O 接口、定时/计数器、中断控制等部分。

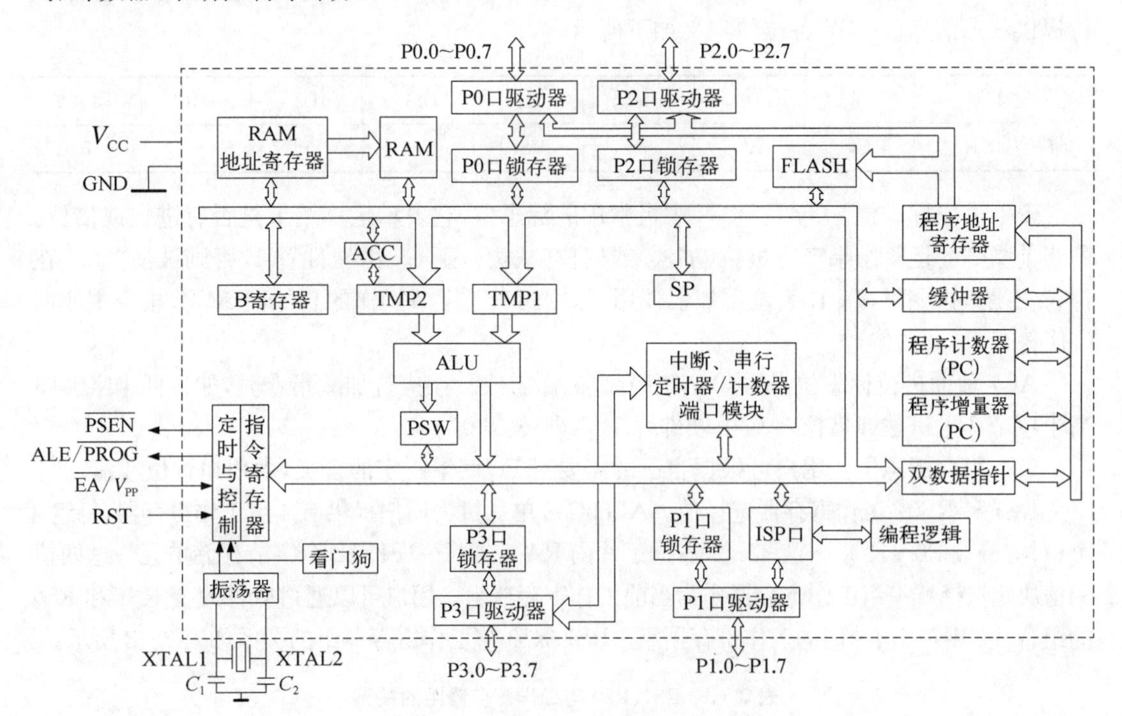

图 2-3　AT89C52 单片机的内部结构

1. 中央处理器 CPU

CPU 是单片机内部的核心部件，它决定了单片机的主要功能特性，由运算器和控制器两大部分组成。

1) 运算器

运算器是计算机的运算部件，用于实现算术逻辑运算、位变量处理、移位和数据传送等操作。它以算术逻辑单元(Arithmetic and Logic Unit，ALU)为核心，由累加器(Accumulator，ACC)、寄存器 B、暂存器 TMP1 和 TMP2、程序状态字(Program Status Word，PSW)以及十进制调整电路和专门用于位处理的布尔处理器组成。

(1) ALU

ALU(8 位)用来完成基本的算术运算、逻辑运算和位处理操作。通过对运算结果的判断，影响程序状态字 PSW 的相关标志位。

(2) ACC

ACC(8 位)是 CPU 工作过程中使用最频繁的寄存器，它既可用于存放操作数，也可用于存放运算的中间结果。单片机中大部分单操作数指令的操作数都是取自累加器 ACC，许多双操作数指令中的其中一个操作数也取自累加器 ACC。

(3) 寄存器 B

寄存器 B(8 位)主要是为 ALU 进行乘除运算设置的。在执行乘除指令前,寄存器 B 用来存放乘数或除数,执行指令后,寄存器 B 用来存放乘积的高 8 位或相除后的余数。此外,它也可以作为一般用途的寄存器使用。

(4) PSW

PSW 是一个 8 位的特殊功能寄存器,主要用于存放指令执行后的有关状态,为程序执行提供状态信息。PSW 各位的定义如下所示。

地址位	D7	D6	D5	D4	D3	D2	D1	D0
PSW(D0H)	Cy	AC	F0	RS1	RS0	OV	—	P

Cy:进位标志位。Cy 是 PSW 中最常用的标志位,它表示运算结果是否有进位或借位。若当前指令的运算结果产生进位(加法)或借位(减法),则 Cy 由硬件置 1,否则被清"0"。在执行位操作指令时,Cy 作为位累加器使用,作用相当于字节操作的累加器 ACC,指令中使用 C 代替 Cy。

AC:辅助进位标志位,又称为半字节进位标志位。在执行加减指令时,如果低半字节向高半字节产生进位或借位,AC 由硬件置 1,否则被清"0"。

F0:用户标志位。用户可根据自己的需要对 F0 赋予一定的含义,由用户置位或清"0"。

RS1 和 RS0:工作寄存器选择位。AT89C52 单片机为用户提供有 4 组工作寄存器,每组 8 个(对应符号 R0～R7),一共 32 个,占据了片内 RAM 00H～1FH 32 个字节存储单元。这两位的值决定选择哪一组工作寄存器作为当前工作寄存器组。用户可以通过软件改变 RS1 和 RS0 的组合,以切换当前选用的工作寄存器组。RS1、RS0 与工作寄存器组的关系如表 2-3 所示。

表 2-3 RS1、RS0 与工作寄存器组的关系

RS1	RS0	当前寄存器组	对应的 RAM 地址
0	0	第 0 组	00H～07H
0	1	第 1 组	08H～0FH
1	0	第 2 组	10H～17H
1	1	第 3 组	18H～1FH

OV:溢出标志位。所谓溢出是指运算结果超出其所能表示的数值范围,该标志位用来表示带符号数运算时是否产生了溢出。执行运算指令时,如果运算结果超出了累加器 A 所能够表示的符号数范围(－127～＋127),硬件自动置位溢出标志位,即 OV＝1;否则 OV＝0。该标志位的意义在于执行运算指令后,可根据该标志位的值判断累加器中的结果是否正确。

—:保留位,无定义。

P:奇偶标志位。用来指示累加器 ACC 中 1 的个数的奇偶性,在每条指令执行完后,单片机根据累加器 ACC 的内容对 P 自动置位或清"0"。若累加器 ACC 中 1 的个数为奇数,则 P＝1,否则 P＝0。

2) 控制器

控制器是计算机的指挥控制部件,用于控制读取指令、识别指令,并根据指令的性质协调、控制单片机各组成部件有序工作，是 CPU 乃至整个单片机的中枢神经。控制器由程序计数器（Program Counter，PC）、指令寄存器（Instruction Register，IR）、指令译码器（Instruction Decoder，ID）、堆栈指针（Stack Pointer，SP）、数据指针（Data Pointer，DPTR）、定时及控制逻辑电路等组成。

(1) PC

PC(16 位)是程序的字节地址计数器，是控制器中最重要和最基本的寄存器。其内容是将要执行的下一条指令的地址，寻址范围达 64 KB。PC 具有自动加 1 功能，也可以通过转移、调用、返回等指令改变其内容，以实现程序的跳转。

上电或复位后，PC 初值为 0000H，这意味着 CPU 总是从 0000H 单元开始执行程序。

(2) IR

IR 是专门用来存放指令代码的专用寄存器。从程序存储器读出指令代码后，被送至指令寄存器中暂时存放，等待送至指令译码器中进行译码。

(3) ID

ID 对指令进行译码，即把指令转变成所需的电平信号。CPU 根据 ID 输出的电平信号使定时控制电路定时地产生执行该指令所需的各种控制信号，以使计算机能正确执行程序所要求的各种操作。

(4) SP

在单片机应用中，堆栈是个特殊的存储区，主要功能是暂时存放数据和地址，通常用来保护断点和现场。AT89C52 单片机在片内数据存储器 RAM 中开辟堆栈区。堆栈指针 SP 是一个 8 位的特殊功能寄存器，用于指示堆栈栈顶的存储单元地址。

上电或复位后，SP 初值为 07H。实际应用中，为了方便统一管理，通常在主程序开始处对堆栈指针 SP 进行重新定义。

(5) DPTR

DPTR 是一个 16 位的特殊功能寄存器，其高位字节寄存器用 DPH 表示，低位字节寄存器用 DPL 表示。DPTR 既可作为一个 16 位的寄存器来处理，也可作为两个独立的 8 位寄存器来使用。

DPTR 主要功能是存放 16 位地址，作为片外数据存储器寻址用的地址寄存器，故称数据指针。另一个作用是作为变址寻址中的基址寄存器，访问程序存储器。

2. 存储器

单片机的存储器结构和通用计算机不同，分为程序存储器和数据存储器，并且两类存储器独立编址。

AT89C52 单片机片内配置有 8 KB(0000H～1FFFH)的 Flash 程序存储器和 256 字节(00H～FFH)的数据存储器，并均可根据需要外扩到最大 64 KB。因此，AT89C52 的存储器结构可分为 4 个部分：片内程序存储器、片外程序存储器、片内数据存储器和片外数据存储器。

AT89C52 单片机的存储空间分布如图 2-4 所示。

1) 程序存储器

AT89C52 单片机片内自带 8 KB Flash 程序存储器，地址范围是 0000H～1FFFH。使用时，引脚 $\overline{EA}$ 接高电平(+5 V)。这时，复位后 CPU 从片内程序存储器区的 0000H 单元开

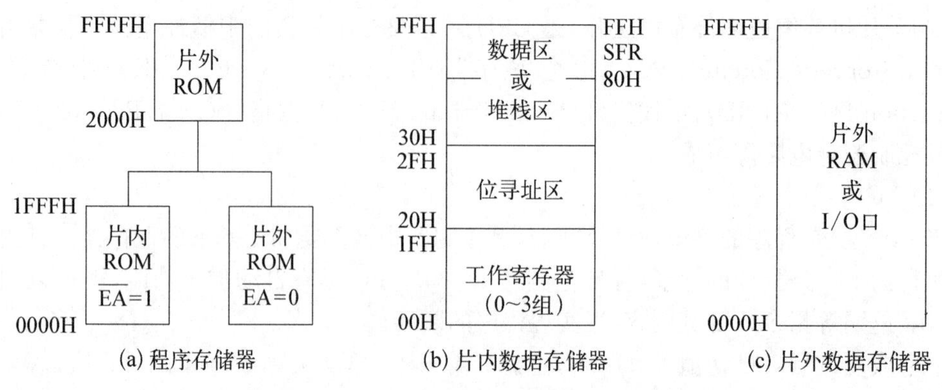

图 2-4　AT89C52 单片机的存储空间分布图

始读取指令。如外扩有程序存储器,当 PC 大于 1FFFH 后,CPU 会自动转向片外程序存储器空间读取。

在片内程序存储器 8 KB 的空间中,前 50 个为特殊单元,它们分别是

0000H～0002H：开机复位单元。

0003H～000AH：外部中断 0 中断地址区。

000BH～0012H：定时器 0 中断地址区。

0013H～001AH：外部中断 1 中断地址区。

001BH～0022H：定时器 1 中断地址区。

0023H～002AH：串行口中断地址区。

002BH～0032H：定时器 2 中断地址区。

实际使用时,如果程序不是从 0000H 开始,应在 0000H～0002H 这三个单元中存放一条无条件跳转指令,使程序跳转到用户设计的程序入口地址。

中断地址区理应存放中断服务程序。但通常情况下,八个单元难以存放完整的中断服务程序,因此可以在此地址区的开始存放一条无条件跳转指令,使程序跳转到用户安排的中断程序起始地址。

2) 数据存储器

AT89C52 单片机片内具有 256 B 的数据存储器,地址为 00H～FFH。其中,地址为 80H～FFH 的高 128 B 数据存储器与特殊功能寄存器(SFR)的地址是重叠的,但物理上它们是分开的。

片内 256 B 的数据存储器按其用途还可以分为三个区域。图 2-5 为内部 RAM 分配及位寻址区域。

(1) 工作寄存器区

内部 RAM 的 00～1FH 为工作寄存器区,共设置 4 组工作寄存器,每组 8 个,记为 R0～R7。在某一时刻,CPU 只能使用其中一组工作寄存器。工作寄存器组的选择由程序状态字 PSW 寄存器中的 RS1、RS0 两位来确定。工作寄存器的作用相当于一般微处理器中的通用寄存器。

(2) 位寻址区

内部 RAM 的 20～2FH 为位寻址区,共 16 个字节,128 位。这个区域既可以作为一般 RAM 单元进行读写,也可以对每一位进行操作,并且对这些位都规定了固定的位地址,从

图 2－5　内部 RAM 分配及位寻址区域

20H 单元的第 0 位起到 2FH 单元的第 7 位共 128 位，用位地址 00H～7FH 分别与之对应。对于需要进行按位操作的数据，可以存放到该区域。

(3) 用户 RAM 区

内部 RAM 的 30H～FFH 为用户 RAM 区，用户按字节寻址的方式对该区域进行访问。该区域主要用来存放随机数据及运算的中间结果，另外也常把堆栈开辟在该区域中。

当一条指令访问地址为 7FH 以上的内部 RAM 单元时，由寻址方式决定是访问高 128 B RAM 单元，还是访问特殊功能寄存器。

如果指令采用直接寻址方式，则访问的是特殊功能寄存器。如 MOV 0A0H，# data 访问特殊功能寄存器 A0H 地址单元(即 P2 口)。

如果指令采用间接寻址方式，则访问的是高 128 B RAM。如 MOV @R0，# data(假设 R0 的内容为 0A0H)，访问的是片内 RAM A0H 地址单元，而不是 P2 口。表 2－4 列出了 AT89C52 单片机特殊功能寄存器 SFR 的符号、功能名称和物理地址。

表 2－4　特殊功能寄存器 SFR

符　号	功 能 名 称	物理地址	是否位寻址
B	寄存器	F0H	Y
ACC	累加器	E0H	Y
PSW	程序状态字寄存器	D0H	Y
TH2	T2 计数器高 8 位寄存器	CDH	N
TL2	T2 计数器低 8 位寄存器	CCH	N

(续表)

符　号	功 能 名 称	物理地址	是否位寻址
RCAP2H	T2 捕获/重装载高 8 位寄存器	CBH	N
RCAP2L	T2 捕获/重装载低 8 位寄存器	CAH	N
T2MOD	定时/计数器 2 方式控制寄存器	C9H	N
T2CON	定时/计数器 2 控制寄存器	C8H	Y
IP	中断优先控制寄存器	B8H	Y
P3	P3 口锁存器	B0H	Y
IE	中断允许控制寄存器	A8H	Y
P2	P2 口锁存器	A0H	Y
SBUF	串行数据缓冲器	99H	N
SCON	串行接口控制寄存器	98H	Y
P1	P1 口锁存器	90H	Y
TH1	T1 计数器高 8 位寄存器	8DH	N
TH0	T0 计数器高 8 位寄存器	8CH	N
TL1	T1 计数器低 8 位寄存器	8BH	N
TL0	T0 计数器低 8 位寄存器	8AH	N
TMOD	定时器/计数器方式控制寄存器	89H	N
TCON	定时器控制寄存器	88H	Y
PCON	电源控制寄存器	87H	N
DPH	数据指针高 8 位	83H	N
DPL	数据指针低 8 位	82H	N
SP	堆栈指针寄存器	81H	N
P0	P0 口锁存器	80H	Y

在程序设计中,可直接使用特殊功能寄存器名作为该寄存器的符号地址使用,如下面两句汇编语言是等效的。

```
MOV   P1, A
MOV   90H, A
```

3. AT89C52 单片机的 I/O 接口

AT89C52 单片机具有并行和串行两种 I/O 接口。4 个可编程的并行 I/O 接口为 P0～P3,每个接口电路都具有锁存器和驱动器,输入接口电路具有三态门控制。P0～P3 口与 RAM 统一编址,可以当作特殊功能寄存器 SFR 来寻址。AT89C52 单片机可以利用其 I/O 接口直接与外围电路相连,在实际使用中要注意,P0～P3 口在开机或复位时均呈现为高电平。一个串行 I/O 接口主要用于与外部设备的串行通信。

1) 并行 I/O 口

AT89C52 单片机有 4 个 8 位并行 I/O 口,记作 P0、P1、P2 和 P3,共 32 根线。实际上它们就是特殊功能寄存器中的 4 个。每个并行 I/O 口都可用作输入和输出,所以称它们为双向 I/O 口。但这 4 个通道的功能不完全相同,因此它们的结构也不同。在此,详细介绍这些

I/O 口的结构，以便于读者掌握它们的结构特点，在使用中采取合适的策略。

(1) P0 口

P0 口有两个用途，第一是作为普通 I/O 口使用；第二是作为地址/数据总线使用。当用作第二个用途时，在这个口上分时送出低 8 位地址和数据，这种地址与数据采用同一个 I/O 口传送的方式，称为总线复用方式。

图 2-6 是 P0 口线逻辑电路图。它由一个锁存器、三态输入缓冲器 1 和 2、场效应管 T1 和 T2、控制与门、反相器和转换开关 MUX 组成。当控制线 C=0 时，MUX 开关向下，P0 口作为普通 I/O 口使用；当 C=1 时，MUX 开关向上，P0 口作为地址/数据总线使用。

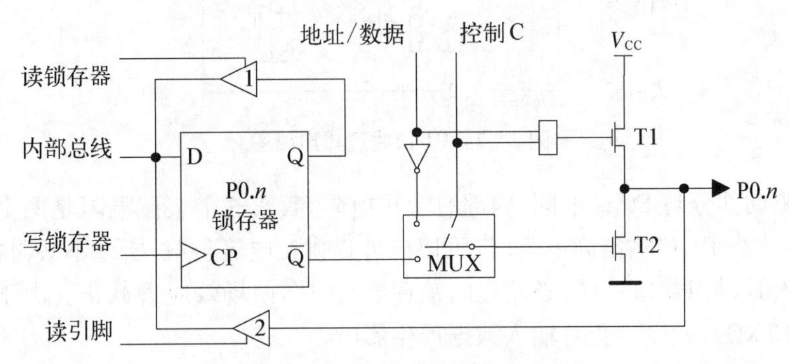

图 2-6 P0 口线逻辑电路图

① P0 口作为普通 I/O 口使用

当控制线 C=0 时，MUX 开关向下，P0 口作为普通 I/O 口使用。这时与门输出为 0，场效应管 T1 截止。

a. P0 口用作输出口。当 CPU 在 P0 口执行输出指令时，写脉冲加在锁存器的 CP 端，这样与内部数据总线相连的 D 端数据经锁存器 Q 端反相，再经场效应管 T2 反相，在 P0 端口出现的数据正好是内部数据总线的数据，实现了数据输出。值得注意的是，P0 作为 I/O 口使用时场效应管 T1 是截止的，当从 P0 口输出时，必须外接上拉电阻才能有高电平输出。

b. P0 口用作输入口。当 P0 口作为输入口使用时，应区分读引脚和读端口两种情况。所谓读引脚，就是读芯片引脚的数据，这时使用缓冲器 2，由读引脚信号将缓冲器打开，把引脚上的数据经缓冲器通过内部总线读进来；所谓读端口，则是指通过缓冲器 1 读锁存器 Q 端的状态。提供读引脚和读端口两种方式，主要是为了适应对端口进行"读—修改—写"类指令的需要。例如，执行指令"ANL P0，A"时，先读 P0 口的数据，再与 A 的内容进行逻辑与，然后把结果送回 P0 口。不直接读引脚而读锁存器是为了避免可能出现的错误，因为在端口处于输出的情况下，如果端口的负载是一个晶体管基极，导通的 PN 结就会把端口引脚的高电平拉低，而直接读引脚会使原来的"1"误读为"0"。如果读锁存器的 Q 端，就不会产生这样的错误。

由于 P0 口作为 I/O 使用时场效应管 T1 是截止的，当 P0 口作为 I/O 口输入时，必须先向锁存器写"1"，使场效应管 T2 截止（即 P0 口处于悬浮状态，变为高阻抗），以避免锁存器为"0"状态时对引脚读入的干扰。这一点对 P1、P2、P3 口同样适用。

② P0 口作为地址/数据总线使用

在实际应用中，P0 口大多数情况下作为地址/数据总线使用。这时控制线 C=1，MUX 开关向上，使地址/数据线经反相器与场效应管 T2 接通，形成上下两个场效应管推拉输出电路（T1 导通时上拉，T2 导通时下拉），大大增加了负载能力，而当输入数据时，数据信号仍然从引脚通过输入缓冲器 2 进入内部总线。

(2) P1 口

P1 口只用作普通 I/O 口,所以它没有转换开关 MUX,其结构见图 2-7。

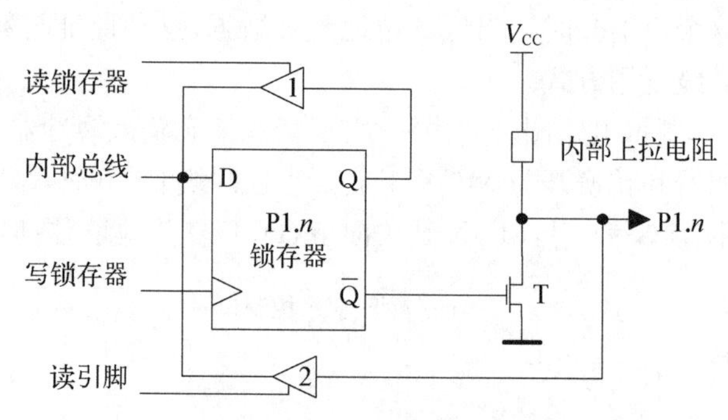

图 2-7 P1 口线逻辑电路图

P1 口的驱动部分与 P0 口不同,内部有上拉电阻,其实这个上拉电阻是两个场效应管并在一起形成的。当 P1 口输出高电平时,可以向外提供拉电流负载,所以不必再接上拉电阻,P1 口作为输入时,与 P0 口一样,必须先向锁存器写“1”,使场效应管截止。由于片内负载电阻较大(20～40 kΩ),所以不会对输入数据产生影响。

(3) P2 口

P2 口也有两种用途:一是作为普通 I/O 口;二是作为高 8 位地址线。P2 口线逻辑电路图见图 2-8。

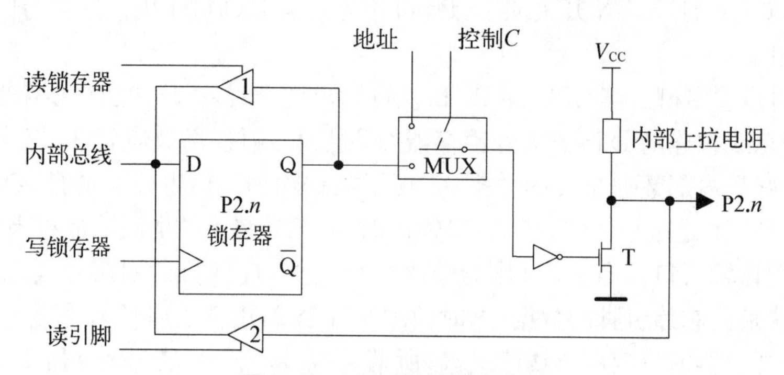

图 2-8 P2 口线逻辑电路图

P2 口的位结构比 P1 口多了一个转换控制部分。当 P2 口作为通用 I/O 口时,多路开关 MUX 倒向锁存器输出 Q 端,其操作与 P1 口相同。

在系统扩展外部程序存储器时,由 P2 口输出高 8 位地址(低 8 位地址由 P0 口输出)。此时 MUX 在 CPU 的控制下,转向内部地址线的一端。因为访问外部程序存储器的操作往往连续不断,P2 口要不断送出高 8 位地址,所以这时 P2 口无法再做通用 I/O 口。

在不需要外接程序存储器而只需扩展较小容量的外部数据存储器的系统中,使用“MOVX @Ri”类指令访问片外 RAM 时,若寻址范围是 256 B,则只需低 8 位地址线即可实现。P2 口不受该指令影响,仍可做通用 I/O 口。若扩展的数据存储器容量超过 256 B,则使用“MOVX @DPTR”指令,寻址范围是 64 KB,此时高 8 位地址总线由 P2 口输出。在读/写周期内,P2 口锁存器仍保持原来端口的数据,在访问片外 RAM 周期结束后,多路开关自动切换到锁存器 Q 端。由于 CPU 对 RAM 的访问不是经常的,在这种情况下,P2 口在一定限度内仍可用作通用 I/O 口。

(4) P3 口

P3 口是一个多功能端口，其逻辑电路图见图 2-9。与 P1 口相比，P3 口增加了与非门和缓冲器 3，它们使 P3 口除了有准双向 I/O 功能外，还具有第二功能。

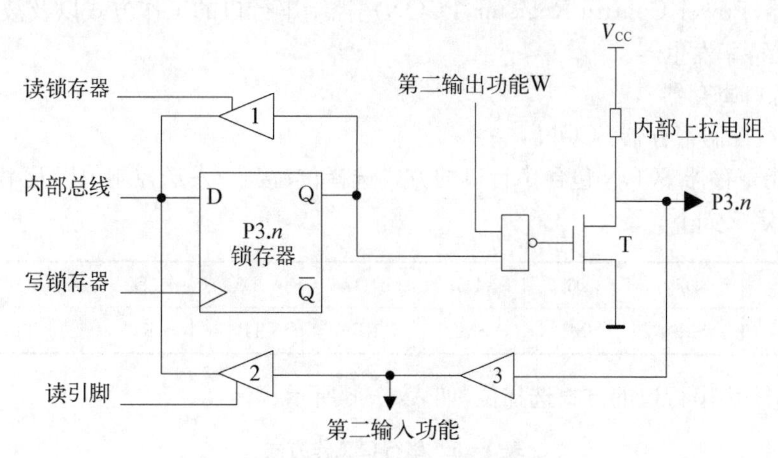

图 2-9　P3 口线逻辑电路图

与非门的作用实际上是一个开关，它决定是输出锁存器上的数据，还是输出第二功能 W 的信号。当输出锁存器 Q 端的信号时，W=1；当输出第二功能 W 的信号时，锁存器 Q 端为 1。

通过缓冲器 3，可以获得引脚的第二功能输入。不管是作为 I/O 口的输入，还是作为第二功能的输入，此时锁存器的 D 端和第二功能线 W 都应同时保持高电平。

不用考虑如何设置 P3 口的第一功能或第二功能。当 CPU 把 P3 口当作专用寄存器进行寻址时(包括位寻址)，内部硬件自动将第二功能线 W 置 1，这时 P3 口为普通 I/O 口；当 CPU 不把 P3 口当成专用寄存器使用时，内部硬件自动使锁存器 Q 端置 1，P3 口成为第二功能端口。

P3 口为双功能口。P3 口作为第一功能使用时，其变异功能的控制线为高电平，此时 P3 口的结构和功能与 P1 相同。当作为第二功能使用时，相应的口线锁存器必须是"1"状态，此时，P3 口的口线状态取决于第二功能线的电平。P3 口的第二功能定义如表 2-5 所示。

表 2-5　P3 口的第二功能定义

端口引脚	变 异 功 能	端口引脚	变 异 功 能
P3.0	RXD(串行输入口)	P3.4	T0(定时器 0 外部输入)
P3.1	TXD(串行输出口)	P3.5	T1(定时器 1 外部输入)
P3.2	(外部中断 0 输入)	P3.6	(外部写脉冲输出线)
P3.3	(外部中断 1 输入)	P3.7	(外部读脉冲输出线)

由上述可知，P2 口可以作为输入口或输出口使用，其操作与 P1 口相同。也可以作为扩展系统的地址总线口，输出高 8 位地址 A8～A15。对于 8031 来说，P2 口一般只作为地址总线口使用，而不作为 I/O 端口直接连接外部的设备。

P0 既可作为输入/输出口，也可以用作地址/数据总线口。对于第二种情况，P0 口分时输出外部存储器的低 8 位地址 A0～A7 和传输数据信息。低 8 位地址由 ALE 信号的负跳变将其锁存到外部地址锁存器中。对 8031 来说，P0 口只能作为地址/数据的分时复用总线。

2）串行 I/O 口

AT89C52 内部的串行口具有两个在物理地址上独立的缓冲器，一个是发送缓冲器，一个是接收缓冲器，两个缓冲器合用一个地址，合称为串行数据缓冲器(Serial Data Buffer，SBUF)。由两个特殊功能寄存器[串行口控制寄存器(Serial Control Register，SCON)和电源控制寄存器(Power Control Register，PCON)]控制串行口的工作方式以及波特率。定时器 T1 作为波特率发生器。

(1）串行口寄存器

① 串行口控制寄存器 SCON

特殊功能寄存器 SCON 包含串行口的方式选择位、接收/发送控制位以及串行口的状态标志位，各位定义如下。

地址位	D7	D6	D5	D4	D3	D2	D1	D0
SCON(98H)	SM0	SM1	SM2	REN	TB8	RB8	TI	RI

SM0、SM1 为串行口的方式选择位，如表 2-6 所示。

表 2-6 串行口工作方式

SM0	SM1	功 能 说 明
0	0	移位寄存器方式(用于 I/O 口扩展)
0	1	8 位通用异步收发传输器(Universal Asynchronous Receiver/Transmitter，UART)，波特率可变(T1 溢出率/n)
1	0	9 位 UART，波特率为 $f_{osc}/64$ 或 $f_{osc}/32$
1	1	9 位 UART，波特率可变(T1 溢出率/n)

SM2 为方式 2、3 时的多机通信控制位。在方式 2 或方式 3 中，若 SM2 置为"1"，则接收到的第 9 位数据(RB8)为 0 时不激活 RI。在方式 1 中，若 SM2=1，则只有收到有效的停止位时才会激活 RI。在方式 0 时，SM2 应该为 0。

REN 为允许串行接收位。由软件置位以允许接收；由软件清"0"来禁止接收。

TB8 在方式 2 和方式 3 时，为发送的第 9 位数据，需要时由软件置位或复位。

RB8 在方式 2 和方式 3 时，为接收到的第 9 位数据；方式 1 时，若 SM2=0，RB8 是接收到的停止位；在方式 0 时，不使用 RB8。

TI 为发送中断标志。由硬件在方式 0 串行发送第 8 位结束时置位，或在其他方式串行发送停止位开始时置位。必须由软件清"0"。

RI 为接收中断标志。由硬件在方式 0 串行接收到第 8 位结束时置位，或在其他方式串行接收到停止位中间时置位。必须由软件清"0"。

② 电源控制寄存器 PCON

PCON 是单片机的电源控制专用寄存器，PCON 的格式如下。

地址位	D7	D6	D5	D4	D3	D2	D1	D0
PCON(87H)	Smod							

PCON 的最高位 Smod 是串行口波特率系数的控制位，当 Smod=1 时，波特率加倍。系统复位默认为 Smod=0。

(2) 串行口工作方式

① 方式0

串行口以方式0工作时，可外接移位寄存器(例如74LS164，74LS165)，以扩展I/O口，也可外接同步输入/输出设备。

串行数据由RXD(P3.0)端输入或输出(接收时REN=1)，而同步移位时钟由TXD端输出，波特率固定为振荡频率的1/12。在接收或发送完8位数据时，中断标志RI或TI被置“1”。

② 方式1

串行口的工作方式1为8位异步通信接口，传送一帧信息共10位，1位起始位、8位数据位和1位停止位，波特率为

$$\frac{2^{S_{\text{mod}}}}{32}\times(\text{T1 溢出率})$$

通常T1设置为工作方式2，若TH1为方式2时的初始值，则T1溢出率为$f_{\text{osc}}/[12\times(256-(\text{TH1}))]$，此时波特率可按下式求取

$$\text{波特率}=\frac{2^{S_{\text{mod}}}}{32}\times\frac{f_{\text{osc}}}{12\times[256-(\text{TH1})]}$$

发送时，数据由TXD端输出。当数据写入发送缓冲器SBUF后，便启动串行口发送器发送，待一帧信息发送完毕，发送中断标志TI被置“1”。

接收时，数据从RXD端输入。在REN置“1”后，接收器就以所选波特率16倍的速率采样RXD端的电平。当检测到起始位有效时，开始接收一帧数据的其余信息。当RI=0，并且接收到的停止位为1(或SM2=0)时，停止位进入RB8，接收到的8位数据进入接收缓冲器，且置位RI中断标志，若两个条件不满足，信息将丢失。

③ 方式2和方式3

串行口以方式2或3工作时为9位异步通信接口。传送一帧信息共11位，1位起始位、8位数据位、1位可程控为1或0的第9位数据和1位停止位，方式2与方式3的差别仅在于波特率不同，方式2的波特率是固定的，为

$$\frac{2^{S_{\text{mod}}}}{64}\times(\text{振荡器频率})$$

方式3的波特率是可变的，为

$$\frac{2^{S_{\text{mod}}}}{32}\times(\text{T1 溢出率})$$

发送时，数据由TXD端输出，附加的第9位数据是SCON中的TB8，当数据写入SBUF后，就启动发送器发送，发送完一帧信息，将中断标志T1置“1”。接收时，从RXD端输入数据，当RI=0，并且SM2=0或接收到的第9位数据为1时，8位数据装入接收缓冲器，附加的第9位数据送入RB8，且置位RI中断标志。若两个条件不满足，接收的信息将丢失。

在方式2和方式3工作时，利用SCON中的SM2，可实现多机通信。例如，当主机要向某一个从机发送一组数据时，地址字节第9位是1，数据字节第9位是0。所有从机先置SM2为“1”，主机向从机发送地址，因第9位为1，中断标志RI置“1”，于是所有从机中断，执

行中断服务程序,判断主机送来的地址是否与本机地址相符,若为本机地址,则置 SM2 为"0",准备接收主机的数据,若地址不一致则仍保持 SM2 为"1"的状态。接着主机发送数据,第 9 位为 0,只有地址相符的从机(SM2 已为 0)才能接收数据。其余从机因 SM2=1,不能进行中断处理,从而可实现主机与从机的一对一通信。

3) 编程举例

要求将 40H～4FH 的 16 字节数据从串行口输出。设串行口工作于方式 2,TB8 作奇偶校验位。在数据写入发送缓冲器之前,先将数据的奇偶位写入 TB8。程序如下

```
TRT:    MOV   SCON, #80H      ;串行口初始化
        MOV   PCON, #80H
        MOV   R0, #40H        ;置数据指针
        MOV   R7, #10H        ;置字节长度
LOOP:   MOV   A,  @R0         ;数据→A
        MOV   C,  P           ;P→TB8
        MOV   TB8, C
        MOV   SBUF, A         ;数据→SBUF,启动发送
WAIT:   JBC   TI, CONT        ;判断发送中断标志
        SJMP  WAIT
CONT:   INC   R0
        DJNZ  R7, LOOP        ;判断发送是否结束
        RET
```

若要求从串行口输入 16 个数据,接收到的数据存入 40H～4FH 中,工作方式同上,则接收程序如下

```
REC:    MOV   SCON, #90H      ;串行口初始化
        MOV   PCON, #80H
        MOV   R0, #40H        ;置数据指针
        MOV   R7, #10H        ;置字节长度
WAIT:   JBC   RI, CONT        ;判断接收中断标志
        SJMP  WAIT
CONT:   MOV   A, SBUF         ;接收数据
        JNB   PSW.0, CONT1    ;判 P=RB8?
        JNB   RB8, ERR
        SJMP  RIGHT
CONT1:  JB    RB8, ERR
RIGHT:  MOV   @R0, A          ;存数据
        INC   R0
        DJNZ  R7,  WAIT       ;判断接收是否结束
        CLR   PSW.5           ;置正确接收完标志
        RET
ERR:    SETB  PSW.5           ;置出错标志
        RET
```

4. 定时/计数器

AT89C52 单片机有三个 16 位的可编程定时/计数器，即定时/计数器 0(T0)、定时/计数器 1(T1)和定时/计数器 2(T2)，可由程序设定作为定时器或计数器使用，同时还可以设定定时时间或计数值，也可作为串行口的波特率发生器。

定时/计数器的结构框图如图 2-10 所示。T0 和 T1 是两个 16 位的加 1 计数器，T0 由 2 个特殊功能寄存器 TH0 和 TL0 构成，T1 由 2 个特殊功能寄存器 TH1 和 TL1 构成。T2 既可以作 16 位的加 1 计数器，又可作 16 位的减 1 计数器，T2 由 2 个特殊功能寄存器 TH2 和 TL2 构成。T0、T1 和 T2 的定时/计数功能由特殊功能寄存器 TMOD、TCON、T2MOD 和 T2CON 控制。

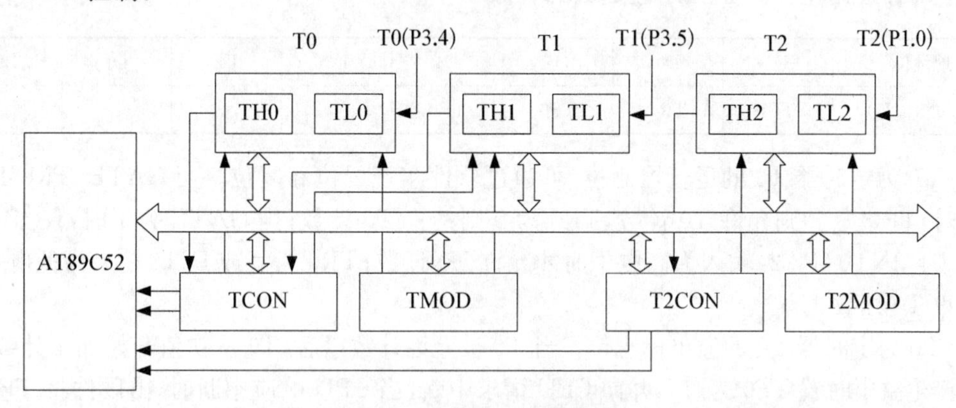

图 2-10　定时/计数器结构

1) 定时/计数器 T0 和 T1 的控制

定时器 T0 由特殊功能寄存器 TL0 和 TH0 构成，定时器 T1 由 TL1 和 TH1 构成。特殊功能寄存器 TMOD 控制定时器的工作方式，TCON 控制定时器的运行。通过对 T0 和 T1 的初始化编程来确定其计数初值；对 TMOD、TCON 进行初始化编程，可选择 T0 和 T1 的工作方式和控制 T0 和 T1 的计数。

(1) 定时器/计数器方式控制寄存器(Timer/Counter Mode Control Register，TMOD)

地址位	D7	D6	D5	D4	D3	D2	D1	D0
TMOD(89H)	GATE	$C/\overline{T}$	M1	M0	GATE	$C/\overline{T}$	M1	M0
	T1 方式字段				T0 方式字段			

低 4 位为 T0 的方式控制字段，高 4 位为 T1 的方式控制字段。定时器的工作方式由 M1、M0 两位来确定，对应关系如表 2-7 所示。

表 2-7　定时器的工作方式选择

M1	M0	功　能　说　明
0	0	方式 0，为 13 位定时/计数器
0	1	方式 1，为 16 位定时/计数器
1	0	方式 2，为常数自动重新装入的 8 位定时/计数器
1	1	方式 3，仅适用于 T0，分为两个 8 位定时/计数器

$C/\overline{T}$ 为定时器或计数器的方式选择位。$C/\overline{T}=0$ 为定时器方式，采用晶振脉冲的 12 分频信号作为计数器的计数信号，亦即对机器周期进行计数，若选择 12 MHz 晶振，则定时器的计数频率为 1 MHz，从定时器的计数值便可求得定时的时间。$C/\overline{T}=1$ 为计数器方式，采用外部引脚的(T0 为 P3.4，T1 为 P3.5)的输入脉冲作为计数脉冲，当 T0(或 T1)输入发生由高到低的跳变时，计数器加 1。最高计数频率为晶振频率的 1/24。

GATE 为门控位。GATE=1 时，定时器、计数器的计数受外部引脚输入电平($\overline{INT0}$ 控制 T0 运行，$\overline{INT1}$ 控制 T1 运行)的控制。GATE=0 时，定时器、计数器的运行不受外部输入引脚的控制。

(2) 定时器控制寄存器(Timer Control Register，TCON)

定时器控制寄存器各位的定义及格式如下。

地址位	D7	D6	D5	D4	D3	D2	D1	D0
TCON(88H)	TF1	TR1	TF0	TR0				

TR0 为定时器 T0 的运行控制位，可通过软件实现置位和复位。当 GATE(TMOD.3)为 0 时，TR0 为 1，则允许 T0 计数，TR0 为 0 则禁止 T0 计数；当 GATE 为 1 时，仅当 TR0 等于 1 且 $\overline{INT0}$(P3.2)输入为高电平时才允许 T0 计数；TR0 为 0 或 $\overline{INT0}$ 输入为低电平时都禁止 T0 计数。

TF0 为定时器 T0 的溢出标志位。当 T0 被允许计数以后，T0 从初值开始加 1 计数，最高位产生溢出时置 TF0 为"1"，并向 CPU 请求中断，当 CPU 响应中断时，由硬件将 TF0 清"0"。TF0 也可以由程序查询和清"0"。

TR1 为定时器 T1 的运行控制位，其功能与 TR0 相同。

TF1 为定时器 T1 的溢出标志位，其功能与 TF0 相同。

TCON 的低 4 位与外部中断有关，将在中断部分叙述。

2) 定时/计数器 T0 和 T1 的工作方式

(1) 方式 0

方式 0 为 13 位定时器/计数器，由 TLx 的低 5 位和 THx 的 8 位构成($x=0,1$)。图 2-11 为定时器 T1 在方式 0 和方式 1 时的逻辑结构。

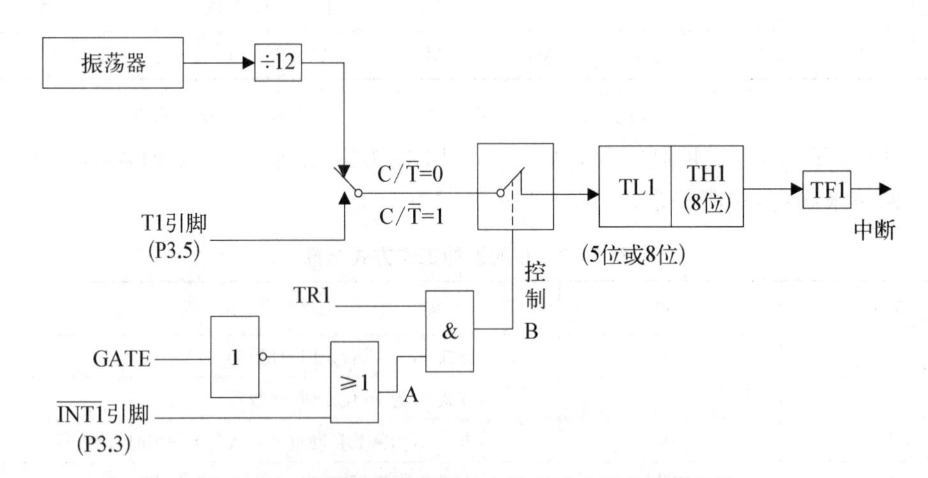

图 2-11　定时器 T1 在方式 0 和方式 1 时的逻辑结构

图 2-11 中 TL1 低 5 位加 1 计数溢出时，向 TH1 进位，TH1 加 1 计数溢出时，溢出中断标志置 TF1 被置"1"。C/$\overline{T}$ 为 0 时，电子开关打在上面，振荡器的 12 分频信号（$1/12f_{osc}$）作为计数信号，此时 T1 用作定时器。C/$\overline{T}$ 为 1 时，电子开关打在下面，计数脉冲为 P3.5 上的外部输入脉冲，当 P3.5 发生由高到低的跳变时，计数器加 1，这时 T1 用作外部事件计数器。

GATE 为 0 时，A 点电位常为"1"，B 点电位取决于 TR1 的状态。TR1 为"1"，B 点为高电平，电子开关闭合，计数脉冲加到 T1，允许 T1 计数；TR1 为"0"，B 点为低电平，电子开关断开，禁止 T1 计数。当 GATE 为 1 时，A 点电位由 $\overline{INT1}$（P3.3）的输入电平确定，仅当 $\overline{INT1}$ 输入为高且 TR1 为"1"时，B 点才为高电平，使电子开关闭合，允许 T1 计数。

(2) 方式 1

方式 1 和方式 0 的差别仅在于计数器的位数不同。方式 1 的 THx 和 TLx 均为 8 位，见图 2-11。有关控制位的作用和功能与方式 0 相同。

(3) 方式 2

方式 2 为自动恢复初值（初始常数自动装入）的 8 位定时/计数器。TL1 作为 8 位计数器，TH1 作为常数缓冲器。当 TL1 计数溢出时，在溢出中断标志 TF1 被置"1"的同时，自动将 TH1 中的常数送至 TL1，使 TL1 从初值开始重新计数。定时器 T1 在方式 2 时的逻辑结构如图 2-12 所示。

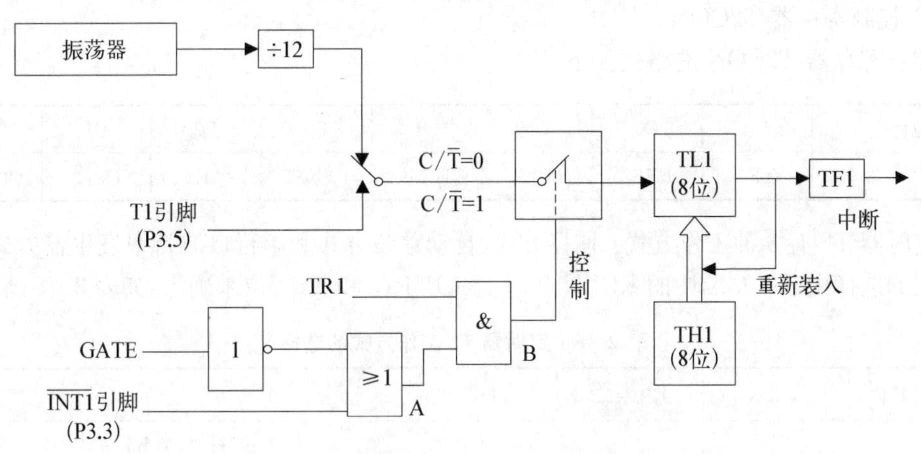

图 2-12　定时器 T1 在方式 2 时的逻辑结构

(4) 方式 3

方式 3 是为了增加一个附加的 8 位定时/计数器而提供的，它使 AT89C52 增加了一个定时器/计数器。方式 3 仅适用于 T0，此时定时器 T0 的逻辑结构如图 2-13 所示。T0 分为两个独立的 8 位计数器 TL0 和 TH0，TL0 使用 T0 的状态控制位 C/$\overline{T}$、GATE、TR0、$\overline{INT0}$，而 TH0 被固定为一个 8 位的定时器（不能用作外部计数方式），并使用定时器 T1 的状态控制位 TR1 和 TF1，同时占用定时器 T1 的中断源。

一般情况下，当定时器 T1 作为串行口波特率发生器时，定时器 T0 才定义为方式 3，以增加一个 8 位计数器。当 T0 定义为方式 3 时，定时器 T1 可定义为方式 0、方式 1 和方式 2。

3) 定时/计数器 T2

(1) 定时/计数器 T2 的控制

AT89C52 的 T2 是一个 16 位的定时/计数器。与 T2 相关的特殊功能寄存器有 TL2、

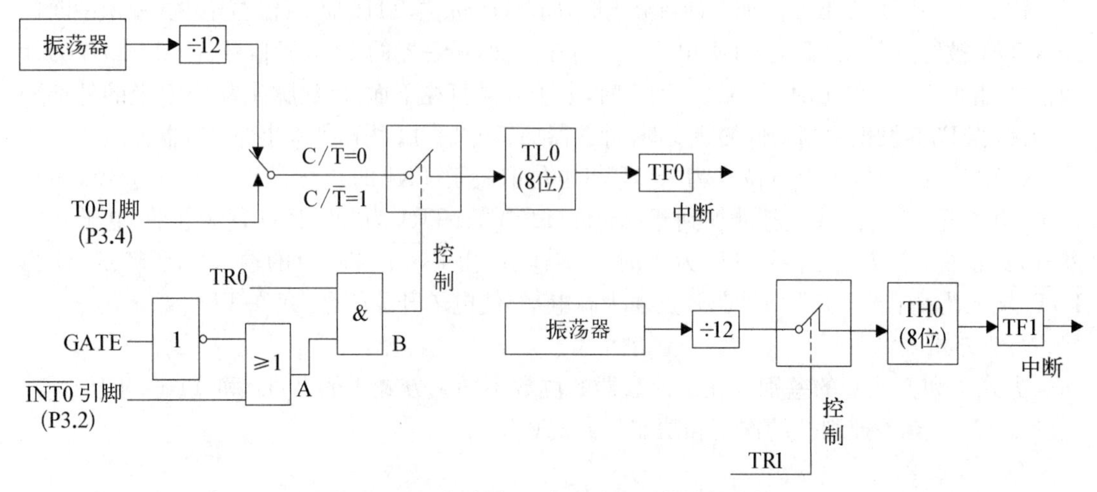

图 2-13 定时器 T0 在方式 3 时的逻辑结构

TH2、RCAP2L、RCAP2H、T2MOD 和 T2CON 等。T2 具有三种操作方式：捕捉方式(也称陷阱方式)，常数自动重装方式和串行口波特率发生器方式。TL2、TH2 构成 16 位的计数器，RCAP2L、RCAP2H 构成 16 位的寄存器。

① 控制寄存器 T2CON

控制寄存器 T2CON 的格式如下。

地址位	D7	D6	D5	D4	D3	D2	D1	D0
T2CON(C8H)	TF2	EXF2	RCLK	TCLK	EXEN2	TR2	C/$\overline{T2}$	CP/$\overline{RL2}$

定时器 T2 有 3 种工作方式：捕捉方式、自动重装方式和串行口波特率发生器方式。工作方式的选择由 T2CON 中的 RCLK、TCLK、CP/$\overline{RL2}$和 TR2 位来确定，如表 2-8 所示。

表 2-8 定时器 T2 工作方式的选择

RCLK	TCLK	CP/$\overline{RL2}$	TR2	方　　式
0	0	0	1	16 位常数自动重装方式
0	0	1	1	16 位捕捉方式
1	0	×	1	波特率发生器
0	1	×	1	波特率发生器
1	1	×	1	波特率发生器
×	×	×	1	停止

TF2 为 T2 的溢出中断标志。当 T2 加 1 计数溢出时，TF2 被置“1”，该标志须由软件清“0”。当 T2 作为串行口波特率发生器时，TF2 不会被置“1”。

EXF2 为 T2 的外部中断标志，当 EXEN2 为 1 且 T2EX(P1.1)引脚发生负跳变时，EXF2 被置“1”，该标志也须由软件清“0”。

RCLK 为串行口的接收时钟选择标志。若为“1”，串行口用 T2 的溢出脉冲作为其方式 1、方式 3 时的接收时钟；若为“0”，用 T1 的溢出脉冲作为接收时钟。

TCLK 为串行口的发送时钟选择标志。若为“1”，串行口用 T2 的溢出脉冲作为其方式

1、方式3时的发送时钟；若为"0"，用T1的溢出脉冲作为发送时钟。

EXEN2为T2的外部允许标志。T2工作于捕捉方式，EXEN2为1时，T2EX(P1.1)引脚的负跳变信号将TL2和TH2的当前值自动捕捉到RCAP2L和RCAP2H中，同时将中断标志EXF2置"1"；T2工作于常数自动重装方式，EXEN2为"1"时，T2EX引脚的负跳变信号将RCAP2L和RCAP2H的值自动装入TL2、TH2，同时将中断标志EXF2置"1"。EXEN2为"0"时，T2EX引脚上的信号不起作用。

$C/\overline{T2}$为定时/计数器的标志位。$C/\overline{T2}=0$时，T2为定时器，振荡脉冲的12分频信号作为计数信号；$C/\overline{T2}=1$时，T2为外部事件计数器，计数脉冲来自T2的外部输入引脚(P1.0)。

TR2为T2的运行控制位，TR2=1时，允许计数；TR2=0时，禁止计数。

$CP/\overline{RL2}$为捕捉和常数自动重装标志位。$CP/\overline{RL2}=1$时，T2为16位捕捉方式；$CP/\overline{RL2}=0$时，T2为16位常数自动重装方式。

② 方式寄存器T2MOD

T2MOD为定时/计数器T2的方式寄存器，字节地址为C9H，不可位寻址。T2还有可编程的时钟输出方式，在16位常数自动重装方式中可控制为加1计数或减1计数，它们由T2MOD控制，各位含义如下。

地址位	D7	D6	D5	D4	D3	D2	D1	D0
T2MOD(C9H)							T2OE	DCEN

T2OE为定时/计数器T2的输出允许控制位。当T2OE=1时，启动T2的可编程时钟输出功能，允许时钟输出至引脚T2(P1.0)；当T2OE=0时，禁止引脚T2(P1.0)输出。

DCEN为定时/计数器T2加/减计数控制位。当DCEN=1时，允许T2作为加/减计数器使用。计数方向由T2EX引脚控制，当T2EX=1时，T2进行加"1"计数；当T2EX=0时，T2进行减"1"计数。DCEN=0时，T2自动向上计数。

(2) 定时/计数器T2的工作方式

① 捕捉方式

若RCLK和TCLK都没有置位，且$CP/\overline{RL2}=1$，定时器/计数器T2工作于16位捕捉方式，其结构如图2-14所示。在捕捉方式下，通过T2CON中的T2外部允许控制位EXEN2选择两种不同的方式。

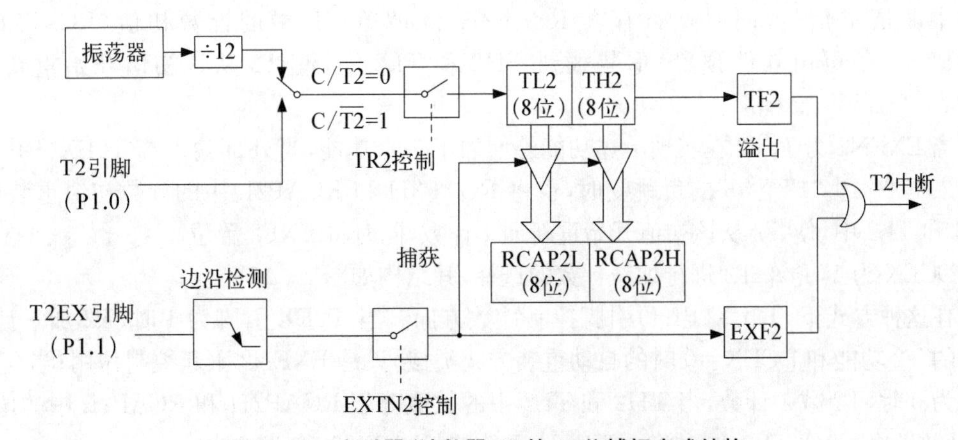

图2-14 定时器/计数器T2的16位捕捉方式结构

EXEN2 为 0,T2 作为普通的 16 位定时/计数器使用,当 $C/\overline{T2}=0$ 时,T2 为定时器;当 $C/\overline{T2}=1$ 时,T2 为外部事件计数器。计数溢出时,将 T2CON 中的 TF2 置位,同时向 CPU 发出中断请求信号。

EXEN2 为 1,T2 在实现上述定时和计数功能外增加了一个捕捉功能,即当 T2EX(P1.1)引脚的输入信号发生负跳变时,将发生捕捉操作,即把 TH2 和 TL2 的当前内容锁存到捕获寄存器 RCAP2H 和 RCAP2L 中。另外,T2EX(P1.1)引脚信号的负跳变将 T2CON 中的 EXF2 置位,并向 CPU 发出中断请求信号。

T2 的 16 位捕捉方式主要用于测试外部事件的发生时间,可用于测试输入脉冲的频率、周期等。工作于捕捉方式时,T2 计数初值一般取 0,使 T2 循环地从 0 开始计数,每次溢出会对 TF2 置"1",溢出周期固定。

② 常数自动重装方式

若 RCLK 和 TCLK 都没有被置位,且 $CP/\overline{RL2}=0$,定时/计数器 T2 工作于 16 位常数自动重装方式,且能通过编程将其设定为加 1 计数或减 1 计数,这个功能可通过 T2 方式寄存器 T2MOD 中的 DCEN 位选择。

复位后 DCEN 为 0,关闭加减计数选择的功能,T2 工作在默认的加 1 计数方式,其结构如图 2-15 所示。

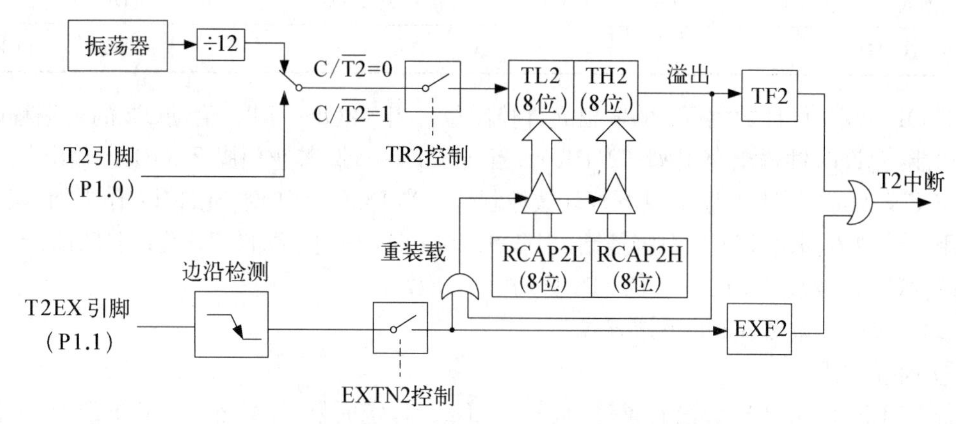

图 2-15 定时器/计数器 T2 的 16 位自动重装方式结构(DCEN=0)

当 EXEN2 为 0,T2 从初值开始加 1 计数,计数溢出,置"1"溢出标志位 TF2,向 CPU 发出中断请求信号,同时把寄存器 RCAP2H 和 RCAP2L 中的计数初值(RCAP2H 和 RCAP2L 的值可由软件预置)重装载到 TH2 和 TL2 中,使 T2 从该初值开始重新加 1 计数。

当 EXEN2 为 1,T2 在实现上述功能外增加了一个功能,当外部输入端 T2EX(P1.1)引脚输入电平发生"1"至"0"的负跳变时,也将 RCAP2H 和 RCAP2L 中的计数初值重装载到 TH2 和 TL2 中,使 T2 从该初值开始重新加 1 计数,同时将 EXF2 置位。

DCEN 为 1,允许 T2 进行加减计数的选择,其结构如图 2-16 所示。

在这种方式下,T2EX(P1.1)引脚控制计数方向。当 T2EX 引脚为 1 时,T2 加 1 计数,这时的 T2 功能和 DCEN=0 时的自动重装方式类似,只是 EXEN2 不起控制作用;当 T2EX 引脚为 0 时,T2 减 1 计数,当 TH2 和 TL2 中的数值等于 RCAP2H 和 RCAP2L 中的值时,T2 计数溢出,置位 TF2,同时将 0FFFFH 重新装载到 TH2 和 TL2 中。

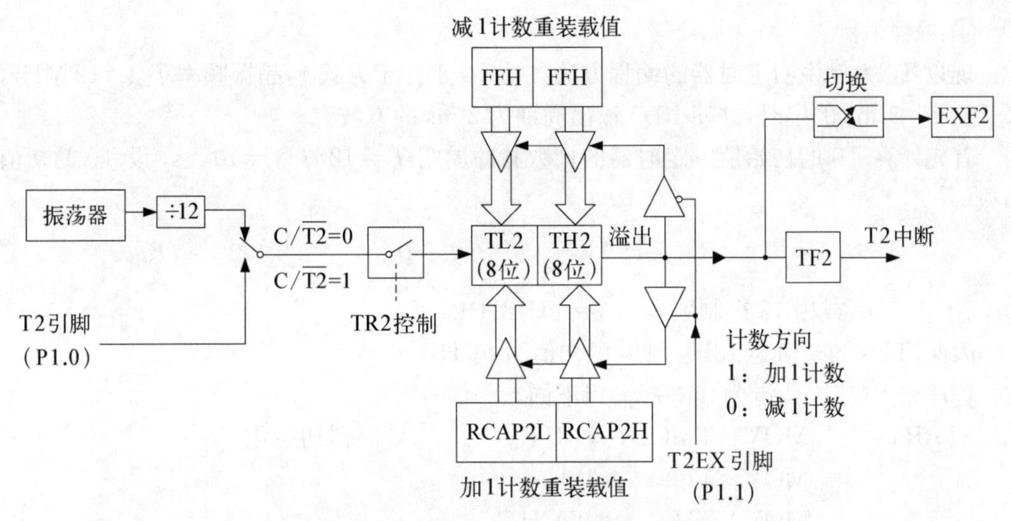

图2-16 定时器/计数器T2的16位自动重装方式结构(DCEN=1)

当T2加1计数或减1计数发生溢出时，EXF2标志位的内容都会被改变，所以此时EXF2不再是中断标志，在此方式下，它也可用作增加计数器分辨率的第17个计数位使用。

③ 波特率发生器方式

若RCLK和TCLK中的某一位被置位，或者两位同时被置位时，定时器/计数器T2工作于波特率发生器方式，其结构如图2-17所示。

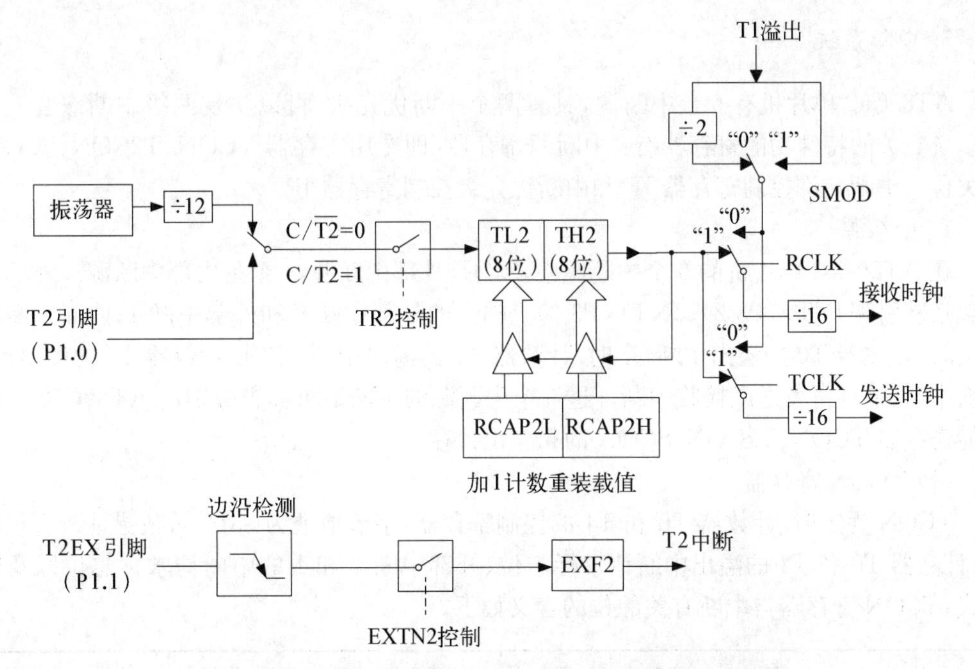

图2-17 定时器/计数器T2工作于波特率发生器方式结构

由图2-17可见，RCLK和TCLK用来控制两个模拟开关的位置，可以选择从T1或T2获得串行口发送和接收的波特率。如果其值为0，选用T1作为串行口波特率发生器；如果其值为1，则选用T2作为串行口波特率发生器。发送和接收的波特率可以不同。

④ 编程举例

现以 T0 为例说明定时器的编程方法。设 T0 工作于方式 1,晶振频率 $f_{osc}=12\text{ MHz}$,要求 T0 产生 1 ms 的定时,并使 P1.0 输出周期为 2 ms 的方波。

首先计算 T0 的初始值。定时器的计数脉冲周期 $T=12/f_{osc}=10^{-6}$ s,设 T0 的初值为 x,则

$$(2^{16}-x)\times 10^{-6}=10^{-3}$$

$x=64\,536$(或用 16 进制数表示 $x=$FC18H)。

因此,TL0 的初值为 18H,TH0 的初值为 FCH。

程序如下(略去伪指令 ORG 等,以下同)。

```
START:    MOV   TMOD, #01H         ;定时器初始化
          MOV   TL0,  #18H
          MOV   TH0,  #0FCH
          SETB  TR0                ;启动 T0
LOOP:     JBC   TF0,  CONT         ;查询 TF0
          SJMP  LOOP
CONT:     MOV   TL0, #18H          ;重置 T0 初值
          MOV   TH0, #0FCH
          CPL   P1.0               ;将 P1.0 取反
          SJMP  LOOP
```

5. 中断系统

AT89C52 单片机有 6 个中断源,具有两个中断优先级,可以实现两级中断嵌套。与中断系统有关的特殊功能寄存器有:中断源寄存器(即专用寄存器 TCON、T2CON、SCON 的相关位)、中断允许控制寄存器 IE 和中断优先级控制寄存器 IP。

1) 中断源

在 AT89C52 单片机的 6 个中断源中,2 个是外部中断源,4 个是内部中断源。外部中断源包括从引脚 $\overline{\text{INT0}}$(P3.2)、$\overline{\text{INT1}}$(P3.3)上输入的外部中断 0 和外部中断 1;内部中断源包括定时/计数器 T0 的溢出中断、定时/计数器 T1 的溢出中断、定时/计数器 T2 的溢出或 T2 外部中断、串行口发送或接收中断。这 6 个中断源的中断请求标志分别由 AT89C52 的特殊功能寄存器 TCON、T2CON、SCON 的相应位锁存。

(1) TCON 寄存器

TCON 为定时/计数器 T0 和 T1 的控制寄存器,字节地址为 88H,可位寻址。它包括定时/计数器 T0 和 T1 的溢出中断请求标志位、外部中断 0 和 1 的中断请求标志位以及触发方式,TCON 寄存器与中断有关的位的含义如下。

地址位	D7	D6	D5	D4	D3	D2	D1	D0
TCON(88H)	TF1		TF0		IE1	IT1	IE0	IT0

TF1 为定时/计数器 T1 的溢出中断请求标志位。当启动 T1 计数后,T1 从初值开始加 1 计数,当计数器最高位产生溢出时,由硬件将 TF1 置“1”,向 CPU 请求中断。当 CPU 响应

中断时，硬件自动将 TF1 清“0”。也可用软件查询 TF1 标志，并由软件将 TF1 清“0”。

TF0 为定时/计数器 T0 的溢出中断请求标志位，含义与 TF1 相同。

IE1 为外部中断 1 的中断请求标志位。当 CPU 检测到 $\overline{INT1}$ 上存在有效的中断请求时，由硬件将 IE1 置“1”，并向 CPU 请求中断。当 CPU 响应该中断请求时，由硬件将 IE1 清“0”。

IT1 为外部中断 1 的中断触发方式控制位。IT1＝0，$\overline{INT1}$ 为电平触发方式，CPU 在每个机器周期 S5P2 期间采样外部中断 1 引脚的输入电平。若为低电平，则将 IE1 置“1”；若为高电平，则将 IE1 清“0”。采用电平触发方式时，外部中断请求信号必须保持低电平有效，直到中断被 CPU 响应，同时在该中断服务程序执行完之前，外部中断请求信号必须予以清除，否则将产生另一次中断。IT1＝1，$\overline{INT1}$ 为边沿触发方式，CPU 在每个机器周期 S5P2 期间采样外部中断 1 引脚的输入电平，如果在相继的两个机器周期采样过程中，一个机器周期采样到外部中断 1 为高电平，接着的下一个机器周期采样到外部中断 1 为低电平，则使 IE1 置“1”，直到 CPU 响应该中断请求时，才由硬件使 IE1 清“0”。

IE0 为外部中断 0 的中断请求标志位，含义与 IE1 相同。

IT0 为外部中断 0 的中断触发方式控制位，含义与 IT1 相同。

(2) T2CON 寄存器

T2CON 为定时器/计数器 T2 的控制寄存器，字节地址为 C8H，可位寻址。它包括定时/计数器 T2 的溢出中断请求标志位和 T2 的外部中断请求标志位，与中断有关位的含义如下。

地址位	D7	D6	D5	D4	D3	D2	D1	D0
T2CON(C8H)	TF2	EXF2						

TF2 为定时/计数器 T2 的溢出中断请求标志位。当计数器 T2 最高位产生溢出时，由硬件将 TF2 置“1”，向 CPU 请求中断。必须由软件对 TF2 清“0”。

EXF2 为定时/计数器 T2 的外部中断请求标志位。EXEN2 为 1，且当 T2EX(P1.1) 发生负跳变时将中断标志 EXF2 置“1”，向 CPU 请求中断。必须由软件对 EXF2 清“0”。

T2 的溢出中断请求标志 TF2 与外部中断请求标志 EXF2 逻辑或以后作为一个中断源。

(3) SCON 寄存器

SCON 为串行口控制寄存器，字节地址为 98H，可位寻址。其低 2 位锁存串行口的接收中断标志 RI 和发送中断标志 TI，有关位含义如下。

地址位	D7	D6	D5	D4	D3	D2	D1	D0
SCON(98H)							TI	RI

TI 为串行口发送中断请求标志。CPU 将一个数据写入发送缓冲器 SBUF 时，启动发送。每发送完一帧串行数据后，硬件自动置位 TI。但 CPU 响应中断时，并不清除 TI，必须在中断服务程序中由软件将 TI 清“0”。

RI 为串行口接收中断请求标志。在串行口允许接收时，每接收完一帧串行数据，硬件自动将 RI 置“1”。同样 CPU 响应中断时不会自动清除 RI，必须由软件将其清“0”。

串行口接收中断标志 RI 与发送中断标志 TI 逻辑或以后作为一个中断源。

2）中断控制

中断允许控制和中断优先级控制分别由特殊功能寄存器中的中断允许寄存器 IE 和中断优先级控制寄存器 IP 来实现。

(1) 中断允许控制

AT89C52 对中断源的开放或屏蔽，由中断允许寄存器 IE 控制。IE 的字节地址为 A8H，可位寻址，其各位的含义如下。

地址位	D7	D6	D5	D4	D3	D2	D1	D0
IE(A8H)	EA		ET2	ES	ET1	EX1	ET0	EX0

中断允许寄存器 IE 对中断的开放或关闭实现两级控制。所谓两级控制，就是有一个总的中断控制位 EA，当 EA=0 时，屏蔽所有中断请求；当 EA=1 时，CPU 开放中断。但 6 个中断源的中断请求是否被允许，还要由 IE 低 6 位所对应的 6 个中断请求允许控制位的状态进行控制，ET2、ES、ET1、EX1、ET0 和 EX0 分别为定时器 2、串行口、定时器 1、外部中断 1、定时器 0 和外部中断 0 的中断允许控制位，当各位为 1 时允许中断，当各位为 0 时禁止中断。

(2) 中断优先级控制

AT89C52 有两个中断优先级，每一个中断源均可编程设置为高优先级中断或低优先级中断，并可实现两级中断嵌套。AT89C52 正在执行低优先级中断服务程序时，可被高优先级的中断请求所中断，待高优先级中断处理完毕后，再返回低优先级中断服务程序继续执行。同级或低优先级的中断源不能中断正在执行的中断服务程序。各中断的优先级由寄存器 IP 控制，其字节地址为 B8H，可位寻址，各位的含义如下。

地址位	D7	D6	D5	D4	D3	D2	D1	D0
IP(B8H)			PT2	PS	PT1	PX1	PT0	PX0

PT2、PS、PT1、PX1、PT0 和 PX0 分别为定时器 2、串行口、定时器 1、外部中断 1、定时器 0 和外部中断 0 的优先级控制位。当某位为 1 时，定义该位所对应的中断源为高优先级中断；当此位为 0 时，则定义为低优先级中断。

中断允许寄存器 IE 和中断优先级寄存器 IP 中的各位由软件置位或复位，可用位操作指令或字节操作指令来更新它们的内容。

如果 CPU 同时接到几个同优先级中断源的中断请求，响应哪个中断源的中断请求，取决于内部硬件的查询顺序，其查询顺序如表 2-9 所示。

表 2-9 查询顺序

中断源	同级内的中断优先级
外部中断 0	最高
定时器 0 中断	↓
外部中断 1	↓
定时器 1 中断	↓
串行口中断	↓
定时器 2 中断	最低

AT89C52 单片机复位以后，特殊功能寄存器 IE、IP 的各位均为“0”，用户必须通过初始化程序对 IE、IP 进行设置，以开放 CPU 中断、允许某些中断源中断和设置中断优先级。

3）中断响应和处理过程

CPU 响应中断请求的条件有以下几点。

① 有中断源发出中断请求；

② 中断允许总控位 EA=1；

③ 申请中断的中断源的中断允许位为 1；

④ CPU 没有正在处理同级或更高优先级的中断服务；

⑤ 当前正在执行指令的指令周期已经完成；

⑥ 正在执行的指令是中断返回(Return Interrupt，RETI)指令或者是访问 IE、IP 的指令时，则在执行完这些指令后，需要再执行完一条其他指令，才能响应新的中断请求。

CPU 响应中断时，首先置位相应的中断"优先级生效"触发器，然后由硬件自动生成一条长调用指令 LCALL。此指令把当前 PC 值压入堆栈，以保护断点，将被响应的中断服务程序的入口地址送入 PC，使 CPU 转向执行中断服务程序。AT89C52 各中断源的中断服务程序的入口地址及操作如表 2-10 所示。

表 2-10 AT89C52 各中断源的中断服务程序的入口地址及操作

中断源	入口地址	优先级	说 明
外部中断 0	0003H	最高	来自 P3.2 的外部中断请求
定时器 0	000BH	↓	T0 溢出使中断请求标志位 TF0 有效
外部中断 1	0013H		来自 P3.3 的外部中断请求
定时器 1	001BH		T1 溢出使中断请求标志位 TF1 有效
串行口	0023H		发送/接收一帧信息后使 TI/RI 有效
定时器 2	002BH	最低	T2 溢出使中断请求标志位 TF2 有效

中断服务程序从入口地址开始执行，直到执行返回指令 RETI 为止。RETI 指令表示中断服务程序结束。CPU 执行该指令时，一方面清除中断响应时置位的"优先级生效"触发器，另一方面由栈顶弹出断点地址送入 PC，从而返回主程序。中断服务程序由 4 个部分组成：保护现场、中断服务、恢复现场及中断返回。

在编写中断服务程序时应注意以下两点。

① 单片机响应中断后，不会自动关闭中断系统。如果用户程序不希望出现中断嵌套，则必须在中断服务程序的开始处关闭中断，禁止更高优先级的中断请求中断当前的服务程序。

② 为了保证保护现场和恢复现场能够连续进行，可在保护现场和恢复现场之前先关中断；当保护现场或恢复现场结束后，再根据实际需要决定是否需要开中断。

4) 中断请求的撤除

一旦某个中断请求得到响应，CPU 必须在中断返回前，把它相应的中断标志位复位成"0"的状态，否则将会因中断标志未得到及时撤除而重复响应同一中断请求。中断请求的撤除方式有 3 种。

(1) 内部硬件自动清除

对于定时/计数器 T0 和 T1 的溢出中断和采用下降沿触发方式的外部中断请求，在 CPU 响应中断后，内部硬件会自动清除中断请求标志位 TF0 和 TF1、IE0 和 IE1。

(2) 应用软件清除

对于串行口的接收和发送中断请求，由于使用相同的中断入口地址，CPU 响应中断后首先检测这两个标志位以判断是发送中断还是接收中断，然后通过软件将标志清"0"。对于定时器/计数器 T2 的溢出中断请求和 T2 的外部中断请求，也是在 CPU 响应中断后由软件进行清除。

(3) 软件结合外部硬件清除

对于采用电平触发方式的外部中断请求，中断请求标志IE0和IE1是自动清除的，但若外部中断源不能及时撤除$\overline{INT0}$或$\overline{INT1}$上的低电平，在以后的机器周期采样时，又会使已经变"0"的中断标志IE0或IE1置位，再次申请中断。所以，要撤除电平触发的外部中断请求，必须在中断被响应后使$\overline{INT0}$或$\overline{INT1}$上的低电平变为高电平。撤除电平触发方式的中断请求应由软件和外部硬件电路共同完成。

5) 编程举例

现举一以定时器0为中断源的例子。前述的应用T0产生1 ms定时(f_{osc}=12 MHz)，并使P1.0输出周期为2 ms方波的程序，也可采用中断方法来实现，此时无须查询TF0标志。具体程序如下。

```
START:      MOV   TMOD, #01H      ;定时器初始化
            MOV   TL0,  #18H
            MOV   TH0,  #0FCH
            MOV   IE,   #82H      ;允许T0中断
            SETB  TR0   ;启动T0
LOOP:       SJMP  LOOP  ;等待中断
000BH:      LJMP  ICONT
中断服务程序
ICONT:    MOV   TL0,  #18H      ;重置定时器初值
          MOV   TH0,  #0FCH
          CPL   P1.0
          RETI
```

2.2 主机电路设计

在设计主机电路时，对功能单一、规模较小的简单仪表可直接采用AT89C52或MCS-51单片机的最小系统构成主机电路；而对功能丰富、规模较大、复杂程度较高的仪表，由于单片机内部所提供的存储器和输入输出接口等资源有限，在研制需要较大存储容量和功能需求的智能仪表时需要加以扩展。智能仪表的主机电路设计可采用并行扩展和串行扩展两种方式。

2.2.1 并行扩展的主机电路

采用并行扩展方式设计智能仪表的主机电路时，如果需要外接EPROM，P0和P2口就不能作为I/O端口使用了。P3口往往用于控制功能，一般也不用作I/O端口。真正能用于I/O端口的只有P1口，在许多场合这是不够的。因此，在用AT89C52或MCS-51单片机作为主机电路时，通常需要外接存储器和接口电路。单片机的并行扩展采用地址总线、数据总线、控制总线三总线结构。由于8031单片机内部没有程序存储器，使用其构成主机电路

时必须扩展，所以下面以 8031 构成的主机电路为例进行介绍。

图 2－18 是由 8031 单片机加接其他芯片构成的一种并行扩展的主机电路。由图可见，8031 扩展了 1 片 2764（EPROM），2 片 6116（RAM）和 1 片 8155（并行接口芯片），选片采用线选方式。其中 6116 也可用 EEPROM 2816（引脚和 6116 相同）代换，以防止掉电时数据丢失。

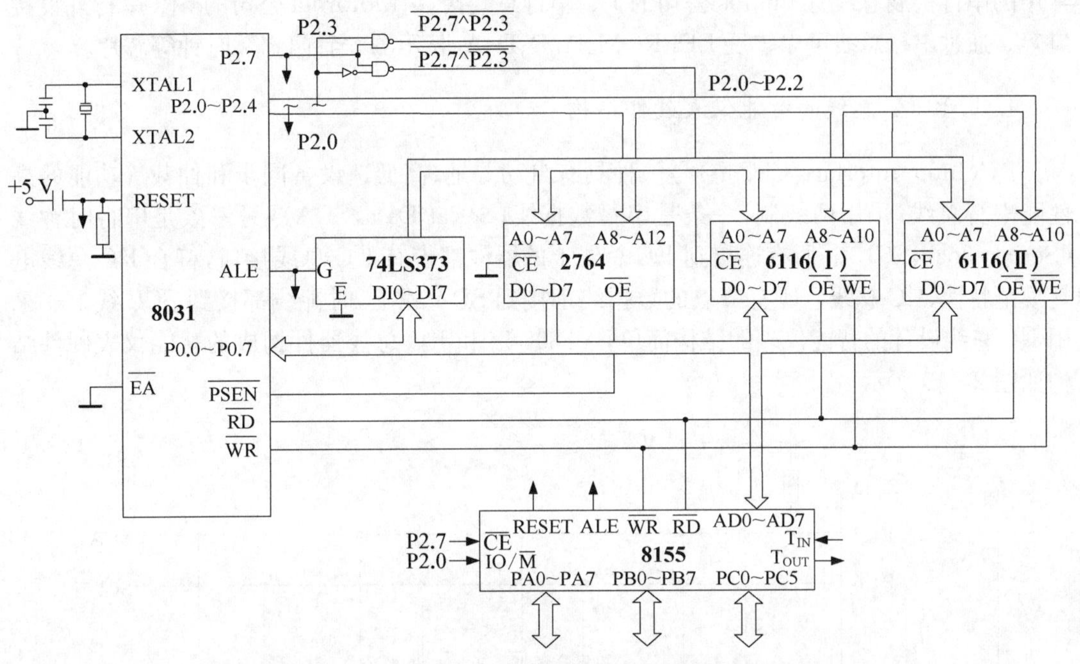

图 2－18　由 8031 单片机加接其他芯片构成的主机电路

8031 的 P0 口输出的低 8 位地址信号，经 74LS373 锁存送至各存储器的 A0～A7；P2 输出的高位地址信号（P2.0～P2.4 和 P2.0～P2.2）分别送至 2764 的 A8～A12 和 6116 的 A8～A10。P2.7、P2.3 和 P2.7、$\overline{\text{P2.3}}$经与非门输出的信号分别作为 6116（I）和 6116（II）的选片信号。8031 的 P0 口直接连至 8155 的 AD0～AD7，P2.7 和 P2.0 与 8155 的$\overline{\text{CE}}$和 IO/$\overline{\text{M}}$分别相连。存储器和 8155 的控制信号线分别与 8031 的相应端连接，从而可实现对各器件的读/写操作。

EPROM、RAM 和 I/O 口的地址分配如表 2－11。

表 2－11　EPROM、RAM 和 I/O 口的地址分配

芯片名称	起始地址				终止地址			
EPROM(2764)	XXX0	0000	0000	0000B	XXX1	1111	1111	1111B
RAM(6116)	1XXX	0000	0000	0000B	1XXX	1111	1111	1111B
RAM(8155)	0XXX	XXX0	0000	0000B	0XXX	XXX0	1111	1111B
I/O(8155)	0XXX	XXX1	XXXX	X000B	0XXX	XXX1	XXXX	X101B

由上可知，由于采用线选控制方式，各芯片的寻址范围存在重叠区，编程时必须对此予以注意。

2.2.2 串行扩展的主机电路

单片机的串行扩展占用的I/O口线少,可大大简化单片机应用系统的硬件设计,提高系统的可靠性。串行接口器件体积小,可明显减少电路板的空间和成本,编程也方便。目前,常用的串行扩展总线有Philips公司的I^2C串行总线接口、Motorola公司的SPI串行外设接口等。通过串行总线可以扩展EEPROM、A/D、D/A、显示器、“看门狗”、时钟等芯片。

1. 基于I^2C总线的智能仪表硬件结构

I^2C(Inter Interface Circuit)是一种具有自动寻址、高低速设备同步和仲裁等功能的高性能串行总线,采用两线制,一条是串行数据线(Serial Data,SDA),另一条是串行时钟线(Serial Clock,SCL)。所有连接到I^2C总线上的器件都带有I^2C总线接口,符合I^2C总线电气规范特性,I^2C总线上所有节点的数据线都接到SDA线上,时钟线都接到SCL线上。采用I^2C总线设计的智能仪表的结构简单,AT89C52和I^2C总线器件构成的智能仪表硬件结构如图2-19所示。

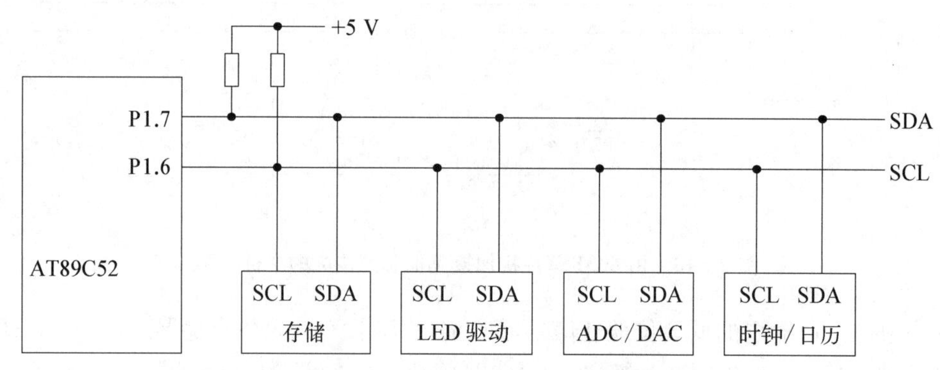

图2-19 AT89C52与I^2C总线器件构成的智能仪表硬件结构

I^2C总线的SDA和SCL是双向的,带有I^2C总线接口器件的SDA和SCL引脚都为漏极开路,故SDA和SCL需分别接上拉电阻。

数据传送采用主从方式,I^2C总线上的器件,根据其功能可分为两种:主器件和从器件。主器件控制总线存取,产生串行时钟信号,并产生启动数据传送及结束数据传送的信号。从器件在总线上被主器件寻址,它们根据主器件的命令来接收和发送数据。I^2C总线是多主机总线,可以存在多个主器件。在多主方式中,通过硬件和软件仲裁,主控制器取得总线控制权。

在标准I^2C模式下数据的传输速率为100 Kb/s,高速模式下可达400 Kb/s。总线负载能力为400 pF(通过驱动扩展可达4 000 pF),据此可计算出总线长度及连接器件的数量。每个连到I^2C总线上的器件都有唯一的地址,扩展器件的数量受器件地址数目的限制。

2. 基于SPI总线的智能仪表硬件结构

串行外设接口(Serial Peripheral Interface,SPI)总线是一种同步串行外设接口,它用于

MCU与各种外围设备，以串行方式进行通信。数据传送采用主从方式，它使用4个I/O引脚：串行数据线[主机输入从机输出(Master Input Slave Output，MISO)，主机输出从机输入(Master Output Slave Input，MOSI)]、串行时钟线(SCLK)和从器件使能信号(Slave Select，$\overline{SS}$)：系统可配置为主或从操作模式，系统中只有一台主器件，从器件通常是外围接口器件，如存储器、I/O接口、A/D、D/A、键盘、日历/时钟和显示驱动等。

SPI总线在速度要求不高、低功耗、需保存少量参数的智能化仪器仪表及控制系统中得到了广泛应用。

1) I/O引脚功能介绍

(1) 串行数据线

MISO是主器件输入/从器件输出数据线，MOSI是主器件输出/从器件输入数据线，用于串行数据的发送和接收。数据发送时，先传送最高有效位(Most Significant Bit，MSB)(高位)，后传送最低有效位(Least Significant Bit，LSB)(低位)。

(2) 串行时钟线

SCLK是串行时钟线，用于从MISO和MOSI引脚输入和输出数据的传送。在SPI设置为主机方式时，SCLK为输出；在SPI设置为从机方式时，SCLK为输入。

在SPI设置为主机方式时，主机启动一次传送时，自动在SCLK引脚产生8个时钟周期。在主机和从机SPI器件中，在SCLK信号的一个跳变时进行数据移位，在数据稳定后的另一个跳变时进行采样。

(3) 从器件使能信号

$\overline{SS}$是从器件使能信号，由主器件控制。对于从器件，$\overline{SS}$脚是输入端，用于使能SPI从器件进行数据传送；对于主器件，$\overline{SS}$一般由外部置为高电平。

2) 采用SPI总线的智能仪表硬件结构

带有SPI接口的单片机与带有SPI总线接口的外围扩展器件连接时，SCLK、MOSI、MISO上都是同名端相连。但是ST89C52本身不带SPI接口，需要用软件模拟SPI的时序操作，所以在设计智能仪表时，硬件设计简单，软件编程工作量大。在扩展多个SPI外围器件时，从器件使能信号$\overline{SS}$可以由单片机通过I/O口线来控制，以分时选通外围器件。采用AT89C52与SPI总线外围器件构成的智能仪表硬件结构如图2-20所示。

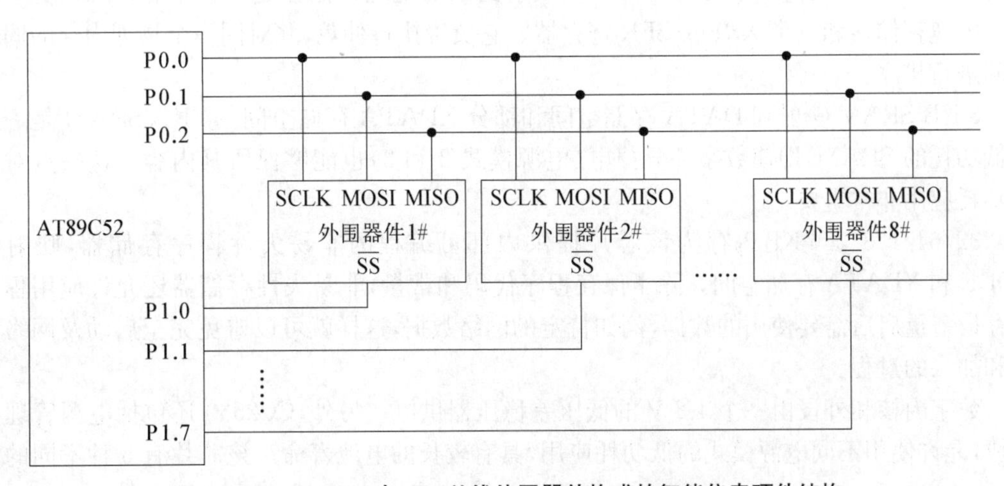

图2-20　AT89C52与SPI总线外围器件构成的智能仪表硬件结构

2.3 CC2530 芯片

CC2530 芯片是美国 TI 公司生产的、符合 ZigBee 技术的一款 2.4 GHz 射频的 SoC 芯片，适用于各种 ZigBee 或类似 ZigBee 的无线网络产品，包括协调器、路由器和诸如仪器、仪表等无线终端设备。该芯片结合先进的 ZigBee 协议栈、工具包和参考设计，展示了完整的 ZigBee 解决方案，其产品被广泛应用于汽车、智能家居、工控系统和无线传感器网络等领域。

CC2530 作为 ZigBee 无线单片机系列芯片，是一款真正符合 IEEE 802.15.4 标准的片上 ZigBee 产品，其结合了射频(Radio Frequency，RF)收发器、增强型 8051 CPU、系统内可编程闪存、8 KB 静态数据存储器(Static Random Access Memory，SRAM)及强大的外围模块，有四种不同的闪存版本，分别具有 32/64/128/256 KB 的闪存。

2.3.1 CC2530 的内部结构

CC2530 芯片的内部结构如图 2-21 所示。模块大致可以分为三种类型：CPU 和内存相关模块；外设、时钟和电源管理的相关模块；无线电相关模块。

1. *CPU 和存储器*

CC2530 使用的 8051 CPU 内核是一个单周期的 8051 兼容内核。它有三个不同的存储器访问总线(SFR、DATA 和 CODE/XDATA)，以单周期访问 SFR、DATA 和主 SRAM。它还包括一个调试接口和一个 18 输入的扩展中断单元。

中断控制器共控制 18 个中断源，分为 6 个中断组，每组与 4 个中断优先级相关。当设备处于空闲模式时，任何中断服务请求也会通过回到活动模式而得到服务，一些中断还可以从睡眠模式唤醒设备(供电模式 1～3)。

内存仲裁器位于系统的中心，它通过 SFR 总线，把 CPU 和直接存储器访问(Direct Memory Access，DMA)控制器与物理存储器及所有外设连接在一起。内存仲裁器有 4 个存取访问点，对其中任何一个的访问都可以映射到三个物理存储器之一：一个 8 KB SRAM，一个闪速存储器和一个 XREG/SFR 寄存器。它负责执行仲裁，并对同一个物理内存的同时访问进行排序。

8 KB SRAM 映射到 DATA 存储空间和部分 XDATA 存储空间。8 KB SRAM 是一个超低功耗的 SRAM，即使数字部分掉电(电源模式 2 和 3)也能够保留其内容。这一点对于低功耗应用非常重要。

32/64/128/256 KB 闪存为该芯片提供内部可编程的非易失性程序存储器，映射到 CODE 和 XDATA 存储空间。除了保存程序代码和常量，非易失性存储器还允许应用程序保存设备重启后需要使用的数据，例如特定的网络数据，这样就可以避免完全启动及网络寻找和加入的过程。

数字内核和外设由一个 1.8 V 的低压差稳压器供电。另外，CC2530 还包括电源管理功能块，允许使用不同电源模式的低功耗应用，具有较长的电池寿命。该芯片有 5 种不同的复位源。

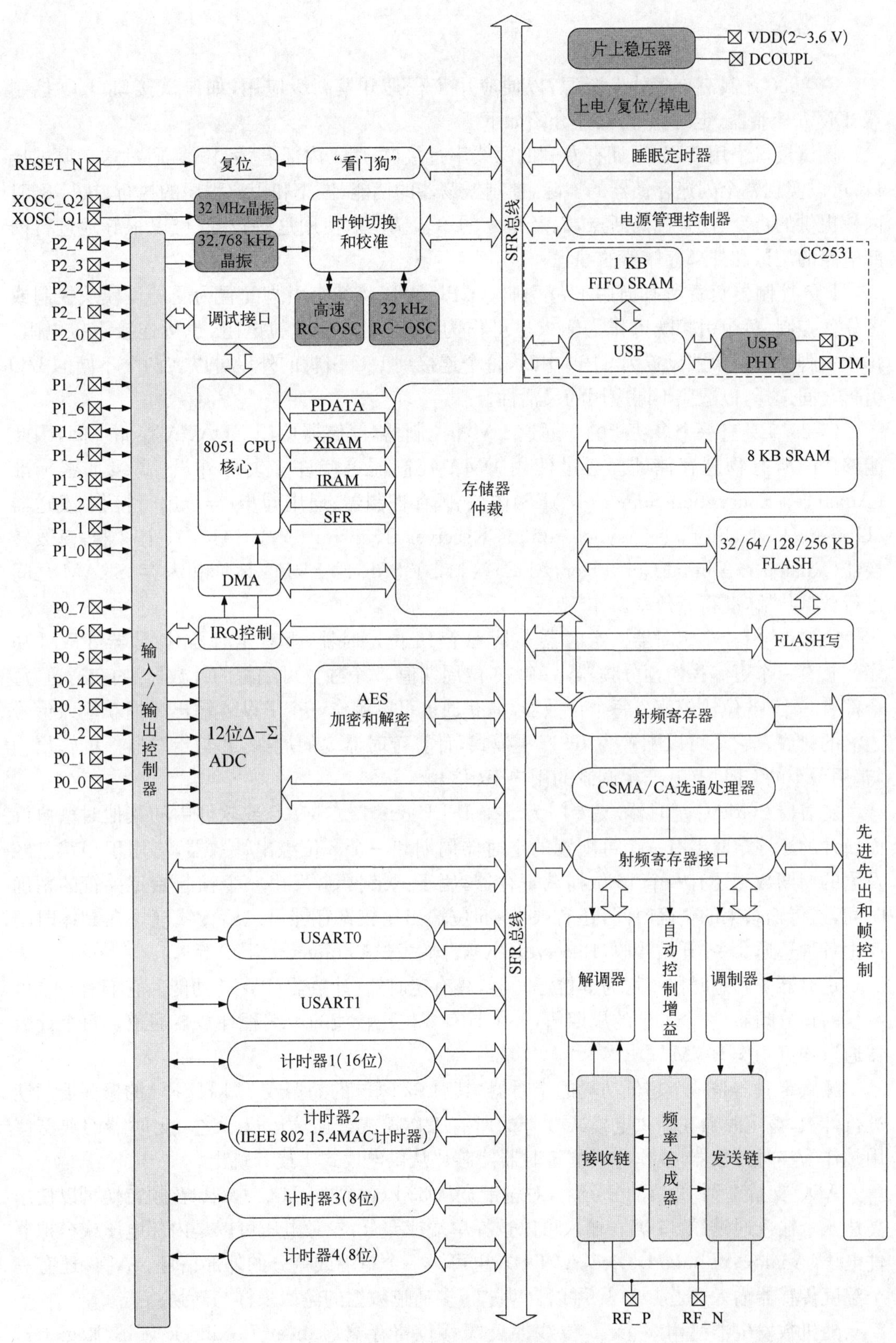

图2-21 CC2530芯片的内部结构

2. 外设资源

CC2530还具有许多外设资源,以便应用工程师开发高级应用,如调试接口、I/O控制器、DMA控制器、定时器等,具体介绍如下。

调试接口采用TI公司拥有专利的两线串行接口,用于内部电路调试。通过这个调试接口,可以实现整个闪速存储器的擦除,控制振荡器的使能、停止和用户程序的执行、执行8051内核提供的指令、设置代码断点,以及指令的单步调试。使用这些技术,可以很好地进行内部电路的调试和外部存储器的编程。

I/O控制器负责所有通用I/O引脚。CPU可以将特定引脚配置为受外设模块控制或者软件控制,每个引脚既可作为输入也可作为输出,可连接上拉电阻,也可连接下拉电阻。每个引脚都可以单独设置为CPU中断,每个连接到I/O引脚的外设可以在两个不同的I/O引脚之间选择,以适应不同应用的灵活性。

CC2530具有一个多功能的5通道DMA控制器,存储器使用XDATA存储空间,因此能够访问所有物理存储器。通过使用DMA控制器可使许多硬件外设[高级加密标准(Advanced Encryption Standard,AES)内核、闪存控制器、通用同步/异步串行接收/发送器(Universal Synchronous/Asynch ronous Receiver/Transmitter,USART)、定时器、模数转换器(Analog-to-Digital Converter,ADC)接口]在SFR或XREG地址和闪存/SRAM之间进行数据传输,获得高效率操作。

CC2530有4个定时器。定时器1是一个16位定时器,具有定时器/计数器/PWM功能。它有一个可编程的预分频器,一个16位周期值,5个独立可编程的计数器/捕获通道,每个都有一个16位比较值。每个计数器/捕获通道可以用作一个PWM输出或捕获输入信号边沿的时序。它还可以配置为IR产生模式,计算定时器3的周期,并与定时器3的输出相与,用最小的CPU交互产生调制的用户IR信号。

定时器2(MAC定时器)是专门为支持IEEE 802.15.4 MAC或软件中的其他时槽协议而设计的。该定时器有一个可配置的定时器周期和一个8位溢出计数器,可用于跟踪已经发生的周期数。还有一个16位捕获寄存器,用于记录收到/发出一个帧起始定界符的精确时间,或传输结束的精确时间,还有一个16位输出比较寄存器可以给无线模块在具体时间产生各种选通命令[开始接收(Receive,RX),开始发送(Transmit,TX)等]。

定时器3和定时器4均为8位定时器,具有定时器/计数器/PWM功能。它们有一个可编程的预分频器,一个8位的周期值,一个具有8位比较值的可编程计数器通道。每个计数器通道均可用作PWM输出。

睡眠定时器是一个超低功耗的定时器,其对32 kHz的晶振或32 kHz RC的振荡器周期进行计数,该定时器在除供电模式3外的所有工作模式下连续运行。这一定时器的典型应用是作为实时计数器,或作为唤醒定时器使芯片从供电模式1或2跳出。

ADC支持7到12位的分辨率,对应带宽从30 kHz到4 kHz。DC和音频转换可以使用高达八个输入通道(端口0)。输入可以选择单端或差分,参考电压可以是内部电压或模拟器件电压(Analog Voltage Device,AVDD),也可为一个单端或差分的外部信号。ADC还有一个温度传感器输入通道。ADC可以自动进行多通道数据的轮回采样与转换。

随机数发生器使用一个16位线性反馈移位寄存器(Linear Feedback Shift Register,LFSR)来产生伪随机数,由CPU读取或被命令选通处理器直接使用,产生的随机数可用来生成用于安全的随机密钥。

AES 协处理器允许用户使用带有 128 位密钥的 AES 算法加密和解密数据。能够支持 IEEE 802.15.4 MAC 安全、ZigBee 网络层和应用层需要的 AES 操作。

CC2530 有一个内置的"看门狗"定时器，允许设备在固件挂起的情况下自动复位。当"看门狗"定时器由软件使能后，必须对其进行定期清除，一旦未清除，芯片就会自动复位。它也可以作为一个通用的 32 kHz 的定时器使用。

CC2530 有两个 USART，分别为 USART0 和 USART1，均可配置为 SPI 主/从模式或 UART 模式。它们为 RX 和 TX 提供双缓冲及硬件流控制，特别适合于高吞吐量的全双工应用。每个都有自己的高精度波特率发生器，可以使普通定时器空闲出来作其他用途。

CC2530 提供一个 IEEE 802.15.4 兼容的无线收发器。RF 内核控制模拟无线模块。另外，它提供一个 MCU 与无线设备的连接接口，使其可以发出命令、读取状态、自动操作和确定无线设备事件的顺序。无线设备还包括一个数据包过滤和地址识别模块。

2.3.2　CC2530 芯片的引脚功能

芯片采用 6 mm×6 mm QFN 40 封装，其芯片引脚如图 2－22 所示。它共有 40 个引脚，分为 I/O 端口引脚、电源引脚和控制引脚 3 类。其中 21 个为可编程的 I/O 端口引脚，P0、P1 口是完全的 8 位口，P2 口只有 5 位可使用。通过软件设定一组 SFR 寄存器的位或字节，可使这些引脚作为普通 I/O 口或作为连接 ADC、计时器或 USART 部件的外围设备 I/O 口使用。

I/O 口的主要特性如下。

① 可设置为通常的 I/O 口，也可设置为外围 I/O 口使用。

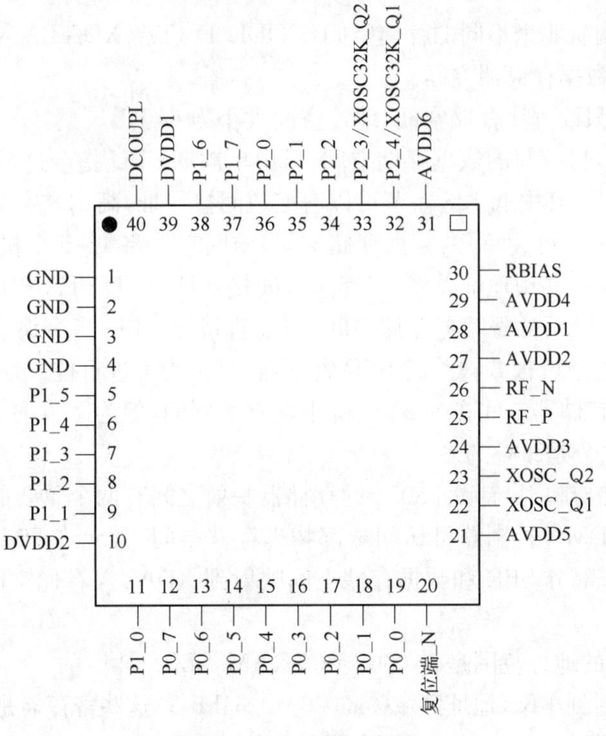

图 2－22　芯片引脚图

② 在输入时有上拉和下拉能力。

③ 全部21个数字I/O引脚都具有响应外部事件的中断能力。如果需要外部设备，可对I/O端口引脚产生中断，同时外部的中断事件也能被用来唤醒休眠模式。

各引脚说明如下。

AVDD1～AVDD6(28、27、24、29、21、31)：2～3.6 V的模拟电源输入端。

DVDD1～DVDD2(39、10)：2～3.6 V的数字电源输入端。

GND(1～4)：未使用引脚，接地。

DCOUPL(40)：1.8 V数字电路去耦电容连接端。

RBIAS(30)：参考电流的外部精密偏置电阻。

RESET_N(20)：复位端。

RF_N(26)：在RX期间向低噪声放大器(Low Noise Amplifier，LNA)输入正向射频信号；在TX期间接收来自功率放大器(Power Amplifier，PA)的输入正向射频信号。

RF_P(25)：在RX期间向LNA输入负向射频信号；在TX期间接收来自PA的输入负向射频信号。

XOSC_Q1(22)：32 MHz晶振引脚1或外部时钟输入引脚。

XOSC_Q2(23)：32 MHz晶振引脚2。

P0、P1、P2(P2.0～P2.2)：I/O端口。

P2.3：32.768 kHz的引脚2，也可作I/O端口。

P2.4：32.768 kHz的引脚1，也可作I/O端口。

2.3.3 CC2530芯片的存储器和存储器映射

8051 CPU结构有4个不同的存储空间(CODE、DATA、XDATA及SFR)，具有独立的程序存储器空间和数据存储器空间。

CODE是一个只读程序存储空间，地址空间大小为64 KB。

DATA是一个可读/写的数据存储空间，可由单周期CPU指令进行直接或间接访问，存储空间共256个字节，其中低128字节可以直接或间接寻址，高128字节只能间接寻址。

XDATA也是一个可读/写的数据存储空间，访问它需要4～5个机器指令周期，空间大小为64 KB，与CODE共用地址总线，只能进行间接寻址，与DATA相比访问速度较慢。

SFR是一个可读/写的寄存器存储空间，可以直接被CPU指令访问。这一存储空间有128个字节。对于地址可被8整除的SFR寄存器，每位均可进行位寻址。

这4个不同的存储器空间在8051结构中是有区别的，但为了方便DMA传输和硬件调试，它们的空间有部分是重叠的。

CC2530的存储器映射与标准8051的存储器映射之间有两个重要的不同。

(1) 为了使得DMA控制器可访问全部物理存储空间，且允许DMA在不同8051存储空间之间进行传输，部分SFR和数据存储空间映射到XDATA存储空间。XDATA存储映射如图2-23所示。

SRAM映射到的地址范围是0x0000到(SRAM_SIZE-1)。

XREG区域映射到1 KB地址区域(0x6000～0x63FF)。这些寄存器是另外的寄存器，可有效扩展SFR的寄存器空间。一些外设寄存器和大多数无线电控制与数据寄存器均映射到这里。

SFR 寄存器映射到地址区域(0x7080～0x70FF)。

闪存信息页面(2 KB)映射到地址区域(0x7800～0x7FFF)。这是一个只读区域,包含有关芯片的各种信息。

XDATA 存储空间(0x8000～0xFFFF)的高 32 KB 是一个只读的闪存代码区(XBANK),可以使用 MEMCTR.XBANK[2∶0]位映射到任何一个可用的闪存区。这可使软件访问整个闪存空间。

闪速存储器、SRAM 及寄存器到 XDATA 的映射可使 DMA 控制器和 CPU 访问在同一个地址空间内的所有物理存储器。

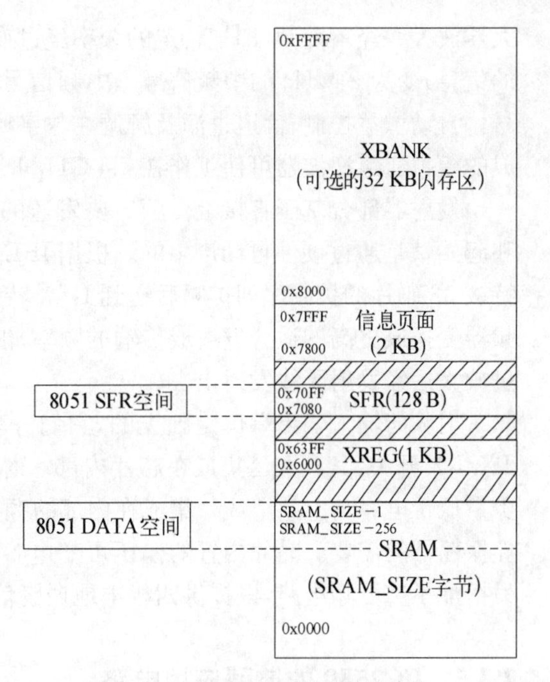

图 2-23　XDATA 存储空间(显示 SFR 和 DATA 映射)

(2) 有两种 CODE 存储空间映射结构可供选择和使用。第一种结构是标准的 8051 映射,即只有程序存储空间被映射到 CODE 存储空间,如图 2-24 所示;第二种结构用于从 SRAM 中执行指令,在这种模式下,SRAM 被映射到 0x8000～(0x8000＋SRAM_SIZE-1)的区域。用于运行来自 SRAM 的代码的 CODE 存储空间如图 2-25。

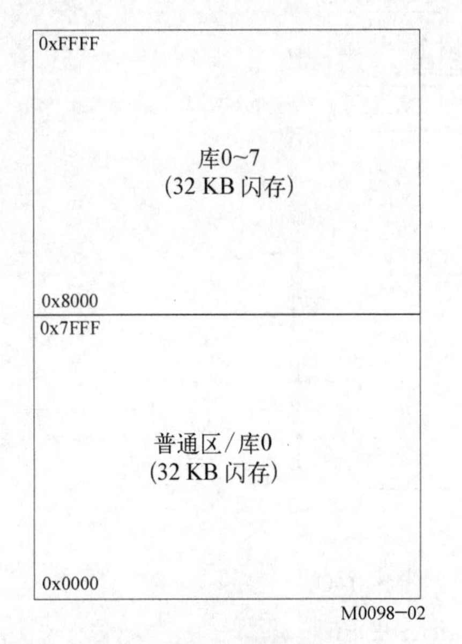

图 2-24　只有程序存储空间被映射到 CODE 存储空间

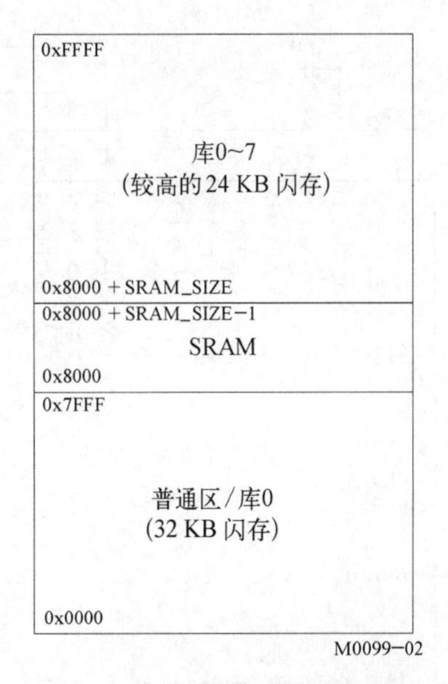

图 2-25　用于运行来自 SRAM 的代码的 CODE 存储空间

2.3.4　射频及模拟收发器

CC2530 的接收器是基于低—中频结构的,从天线接收的无线射频(RF)信号经低噪声放大器放大并经下变频(即把特定的频率经过变频器变换成比较低的频率,以利于解调出载有的信息)变为 2 MHz 的中频信号。中频信号经滤波、放大,再通过 A/D 转换器变为数字信号。自动增益控制、信道过滤及解调在数字域完成,这样可获得高精确度及空间利用率。集成的模拟通道滤波器可使工作在 2.4 GHz ISM 频段①的不同系统良好地共存。

发射器部分基于直接上变频。要发送的数据先被送入 128 字节的发送缓存器中,头帧和起始帧是通过硬件自动产生的。根据 IEEE 802.15.4 标准,所要发送的数据流的每 4 个比特被 32 码片的扩频序列扩频后送到 D/A 转换器。然后,经过低通滤波和上变频(即经过变频器变换成更高的适合发射或传输的频率)混频后的射频信号最终被调制到 2.4 GHz,并经过放大后经发射天线发射出去。

射频的输入输出端口是独立的,它们分享两个普通的 PIN 引脚。CC2530 不需要外部 TX/RX 开关,其开关已集成在芯片内部。芯片至天线之间电路的构架由平衡/非平衡器与少量低价电容与电感组成。集成在内部的频率合成器可去除对环路滤波器和外部被动式压控振荡器的需要。晶片内置的偏压可变电容压控振荡器在一倍本地振荡频率范围内工作,另搭配了二分频电路,以提供四相本地振荡信号给上、下变频综合混频器使用。

2.3.5 CC2530 的典型应用电路

CC2530 只需要很少的外围电路就能实现信号的收发功能,CC2530 无线收发信号的典型应用电路如图 2-26 所示。

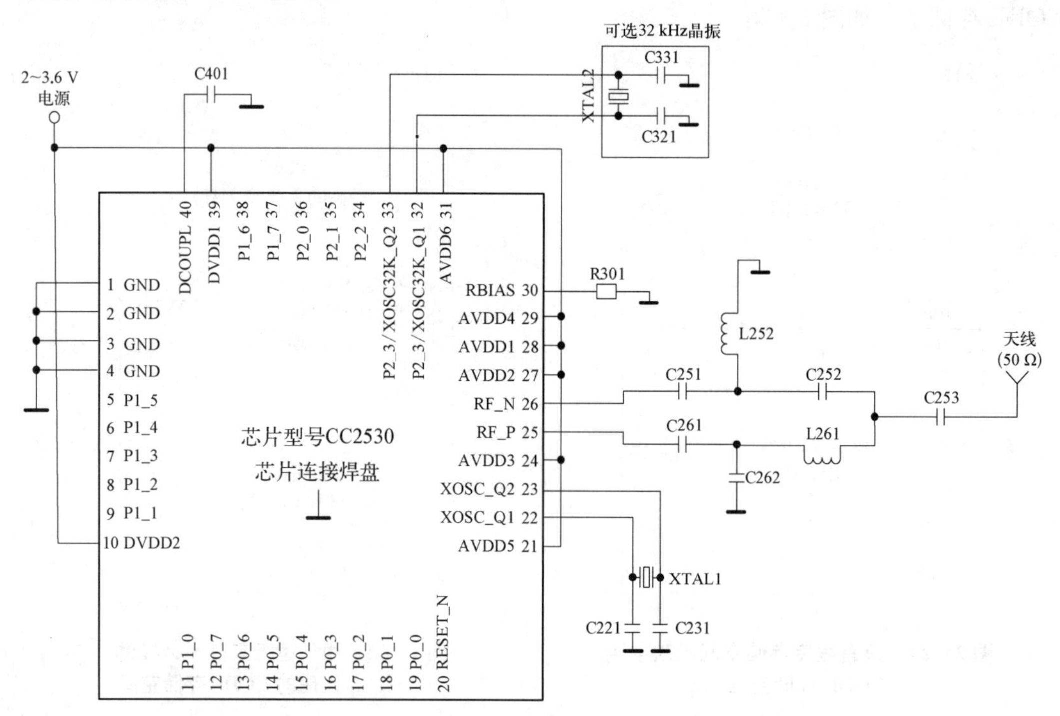

图 2-26 CC2530 无线收发信号的典型应用电路

① ISM 频段:Industrial Scientific Medical Band,主要开放给工业(Industrial)、科学(Scientific)和医学(Medical)机构使用的频段。

在图 2 - 26 中，32 MHz 的石英谐振器（XTAL1）和电容（C221 和 C231）构成一个 32 MHz的晶振电路；32.768 kHz 的石英谐振器（XTAL2）和电容（C321 和 C331）构成一个 32.768 kHz 的晶振电路。

电路使用一个非平衡天线，连接非平衡变压器可使天线性能更好。电路中的非平衡变压器由电容 C251、C252、C253、C261、C262 和电感 L252、L261 以及一个 PCB 微波传输线组成，整个结构满足 RF 输入/输出匹配电阻(50 Ω)的要求。

电压调节器为所有要求 1.8 V 电压的引脚和内部电源供电，C401 是去耦合电容，用于电源滤波，以提高芯片工作的稳定性。R301 为偏置电阻。

习题与思考题

2 - 1　AT89C52 单片机包括哪些主要部件？各自的功能是什么？

2 - 2　在 8031 扩展系统中，片外程序存储器和片外数据存储器共处同一地址空间，为什么不会发生总线冲突？

2 - 3　AT89C52 单片机内部的 4 个并行 I/O 口在使用上有哪些分工和特点？使用时应注意什么？

2 - 4　什么叫中断源？AT89C52 有哪些中断源？各有什么特点？AT89C52 单片机的中断系统有几个优先级？如何设定？

2 - 5　AT89C52 单片机中的 T0、T1，其定时器方式和计数器方式的差别是什么？试举例说明这两种方式的用途。

2 - 6　AT89C52 单片机的 T2 有哪几种工作方式，各有什么特点？

2 - 7　当使用一个定时器时，如何通过软硬件结合的方法来实现较长时间的定时？

2 - 8　试述 AT89C52 单片机串行口的 4 种工作方式、工作原理、字符格式及波特率的产生方法。

2 - 9　串行口多机通信的原理是什么？其中 SM2 的作用是什么？与双机通信的区别是什么？

2 - 10　8031 单片机在进行系统扩展时，需要扩展 1 片 6264(8 KB RAM)芯片、1 片 2764(8 KB ROM)芯片。分别画出采用线选法或译码法实现的扩展电路逻辑图，写出各芯片的地址范围。

2 - 11　为什么说 CC2530 是一款 SoC 芯片？CC2530 中集成了哪些资源？为无线仪表开发提供了哪方面的技术支持？

2 - 12　无线智能仪表主要包括哪些基本模块？各模块分别实现什么基本功能？

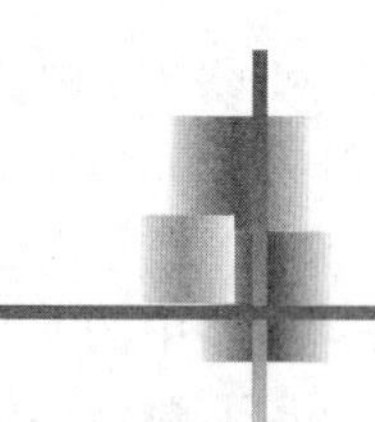

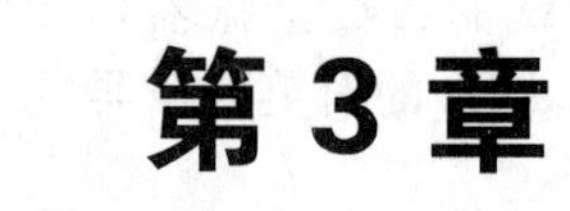

第3章 过程输入/输出通道

过程输入/输出通道是智能仪表的重要组成部分。对象的过程参数由传感器获得，经由仪表的输入通道进入主机电路，而仪表的控制信息则通过输出通道传递给执行机构。因此，仪表的测量、控制精度与通道的质量密切相关。设计者应根据仪表的功能、技术要求选择适当的通道结构，恰当选用商品化的大规模集成电路，并将它们与主机电路正确连接，以达到仪表的设计要求。

过程输入/输出通道包括模拟量通道和开关量通道两部分。本章将依次介绍模拟量输入通道、模拟量输出通道和开关量输入/输出通道的电路设计，并配以相关程序对实现过程进行说明。

3.1 模拟量输入通道

工业生产变量大多为模拟量，而智能仪表的主机电路只能接收和处理数字信号，所以需要先将模拟量转化为数字量再进行处理，因此输入通道的关键器件就是A/D转换器。智能仪表的模拟量输入通道一般由滤波电路、多路模拟开关、放大器、采样保持电路(S/H)和A/D转换器组成。本节重点阐述不同结构A/D芯片的使用方法及其与单片机的接口电路，而对模拟量输入通道的其他器件做一般介绍。

当模拟量输入通道的输入信号为较高电平(例如输入信号来自温度、压力等参数的变送器)时，不必使用放大器；如果输入信号的变化速度比A/D转换速率慢得多，则可以不用S/H。因此，在模拟量输入通道中，除了A/D转换器不可或缺外，是否需要使用放大器等其他部件，取决于输入信号的类型、范围及通道的结构形式。

3.1.1 模拟输入通道的结构

模拟量输入通道有单通道和多通道之分，多通道结构可以分为以下两种。

(1) 多通道独立器件结构：每个通道有独自的放大器、S/H和A/D转换器，结构如图3-1所示。这种形式通常用于高速数据采集系统，它允许各通道同时进行A/D转换。

(2) 多通道共享器件结构：多个通道共享放大器、S/H和A/D转换器，其结构见图3-2。这种形式通常用于对速度要求不高的数据采集系统。由多路模拟开关轮流采集各通道模拟信号，经放大、保持和A/D转换后，送入主机电路。

单通道结构就是只有一路输入信号，形式为多通道共享器件结构去掉前面的多路模拟开关后的通道结构。

如前所述，对于变化缓慢的模拟信号，通常可以不用 S/H，这时模拟输入电压的最大变化率与 A/D 的转换时间满足如下关系。

$$\left.\frac{\mathrm{d}V}{\mathrm{d}t}\right|_{\max}=\frac{2^{-n}V_{\mathrm{FS}}}{T_{\mathrm{CONV}}}$$

式中，V_{FS} 为 A/D 的满度值；T_{CONV} 为 A/D 的转换时间；n 为 A/D 的分辨率。

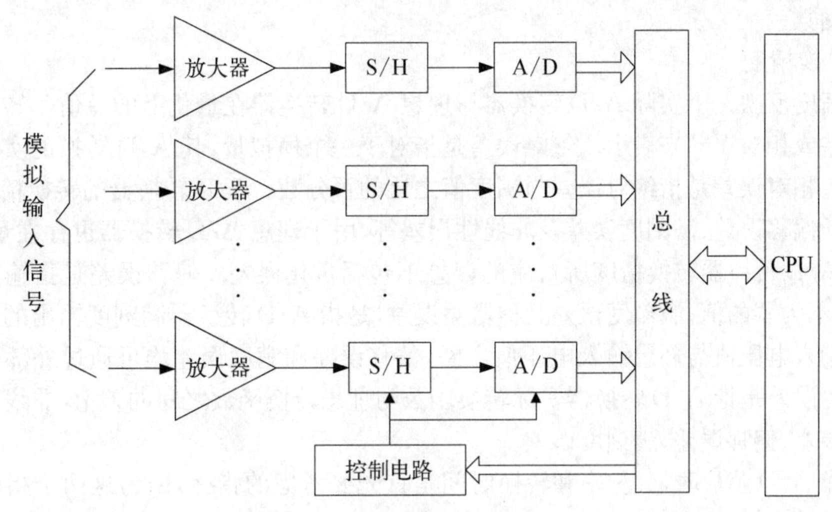

图 3－1　多通道独立器件结构

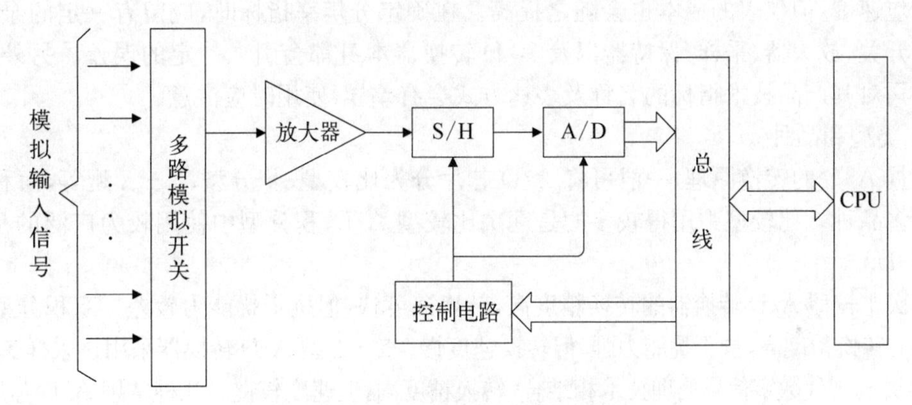

图 3－2　多通道共享器件结构

3.1.2　A/D 转换芯片及其与单片机的接口

1. A/D 转换芯片概述

1）主要技术指标

(1) 分辨率及量化误差

分辨率是衡量 A/D 转换器对模拟信号的分辨能力，是指 A/D 的输出数码变动一个 LSB 时输入模拟信号的最小变化量。在一个 n 位的 A/D 中，分辨率等于最大容许的模拟输入量(满度值)除以 2^n。可见，A/D 转换器的分辨率取决于 A/D 的位数 n，因此，习惯用转换器输出数字位数 n 来表示其分辨率。

量化误差是由于 A/D 转换器利用有限字长的数字量对输入模拟量进行离散化取样(量化)引起的误差,其大小理论上为 1 LSB。量化误差是由分辨率有限引起的,因此它与分辨率是统一的,提高分辨率即可减小量化误差。

(2) 转换时间

转换时间是指 A/D 转换器从启动转换到转换结束(即完成一次 A/D 转换)所需的时间。这个指标也可表述为转换速率,即 A/D 在每秒钟所完成的转换次数。转换时间与转换速率互为倒数。

(3) 转换精度

转换精度反映一个实际 A/D 转换器与理想 A/D 转换器在量化上的差值。转换精度可用绝对误差或相对误差来表示。绝对误差是指对于一个模拟量,其 A/D 转换的实际值与理论值之差。相对误差是指绝对误差与满度值之比的百分数。A/D 转换器的转换精度所对应的误差包括偏移误差、满刻度误差及非线性误差等,由于理想 A/D 转换器也存在量化误差,所以实际 A/D 转换器转换精度所对应的误差不包括量化误差。偏移误差是指输入信号为零时,输出不为零的值;满刻度误差又称增益误差,是指 A/D 转换器满刻度输出的代码所对应的实际输入电压值与理想输入电压值之差,偏移误差和满度误差均可通过外部电路来修正。非线性误差是指 A/D 转换器实际转换函数与理想转换函数之间的差值,非线性误差不包括量化误差、偏移误差、满刻度误差。

在选择 A/D 芯片时,分辨率和转换时间是首先要考虑的指标,因为这两个指标直接影响仪表的测量、控制精度和响应速度。选用高分辨率和转换时间短的 A/D,可提高仪表的精度和响应速度,但仪表的成本也会随之提高。在确定分辨率指标时,应留有一定的余量,因为多路开关、放大器、采样/保持器以及 A/D 转换器本身都会引入一定的误差。另外,世界不同公司对其产品技术指标的名称及表达方式会有差异,使用时应注意。

2) 类型和品种

根据 A/D 的转换原理,一般可将 A/D 芯片分为比较型、积分型、Σ－Δ 型等,每种类型又有许多品种。比较型中用得较多的是逐次比较型 A/D;积分型中使用较为广泛的是双积分式 A/D。

逐次比较型 A/D 转换器的转换精度高,转换速度快,但抗干扰能力较差。双积分型 A/D 转换器的转换精度高,抗干扰能力强,但转换速度慢。Σ－Δ 型 A/D 转换器采用过采样 Σ－Δ转换技术,并与现代数字信号处理技术相结合,转换精度高,但速度较慢。几种常用 A/D 芯片的特点和性能如表 3－1 所示(表中带"*"的为双积分型 A/D 芯片,其余均是逐次比较型 A/D 芯片)。

表 3－1 几种常用 A/D 芯片的特点和性能

芯片型号	分辨率(位数)	转换时间	转换误差	模拟输入范围	数字输出电平	是否外部时钟	工作电压(V_{CC})	基准电压(V_{REF})
ADC0801、0802、0803、0804	8 位	100 μS	$\pm\frac{1}{2}$ LSB ～±1 LSB	0～+5 V	TTL 电平	可以不要	单电源 +5 V	可不外接或 V_{REF} 为 $\frac{1}{2}$ 量程值
ADC0808、0809、0816、0817	8 位	100 μS	$\pm\frac{1}{2}$ LSB ～±1 LSB	0～+5 V 0808、0809:8 通道;0816、0817:16 通道	TTL 电平	要	单电源 +5 V	$V_{REF}(+)\leqslant V_{CC}$ $V_{REF}(+)\geqslant 0$

（续表）

芯片型号	分辨率（位数）	转换时间	转换误差	模拟输入范围	数字输出电平	是否外部时钟	工作电压（V_{CC}）	基准电压（V_{REF}）
ADC1210	12位或（10位）	100 μS（12位）30 μS（10位）	$\pm\frac{1}{2}$ LSB（非线性误差）	0～+5 V 0～+10 V −5～+5 V	CMOS电平（由V_{REF}决定）	要	+5 V～±15 V	+5 V或+15 V
AD571	10位	25 μS	±1 LSB	0～+10 V −5～+5 V	TTL电平	不要	+5 V（+15 V）和−15 V	不需外供
AD574	12位或8位	25 μS	±1 LSB（非线性误差）	0～+10 V 0～+20 V −5～+5 V −10～+10 V	TTL电平	不要	±15 V或±12 V和+5 V	不需外供
*7109	12位	≥30 ms	±2 LSB	−10～+10 V	TTL电平	可以不要	+5 V和−5 V	V_{REF}为$\frac{1}{2}$量程值
*14433	$3\frac{1}{2}$位（BCD①码）	≥100 ms	±1 LSB	−0.2～+0.2 V −2～+2 V	TTL电平	可以不要	+5 V和−5 V	V_{REF}为量程值
*7135	$4\frac{1}{2}$位（BCD码）	100 ms左右	±1 LSB	−2～+2 V	TTL电平	要	+5 V和−5 V	V_{REF}为量程值

① BCD：Binary Coded Decimal。

设计者应根据仪表设计要求，综合考虑各种指标，选用合适类型的A/D芯片。例如某测温系统的输入范围为0～500℃，要求可分辨的最小温度为2.5℃，转换时间在1 ms之内，可选用分辨率为8位的逐次比较型A/D（例如ADC0804、ADC0809等）；如果要求测温的分辨率为0.5℃（即满量程的1/1000），转换时间为0.5s，则可选用双积分型A/D芯片MC14433。

3）输入、输出方式和控制信号

不同A/D转换器的输入、输出方式和控制信号不同，决定了其与CPU连接方式的不同。

A/D芯片的信号输入方式有单端输入、差动输入两种，差动输入方式有利于克服共模干扰。输入信号的极性也有两种：单极性和双极性。有些芯片既可以单极性输入，也可以双极性输入，由芯片极性控制端的不同接法来实现。

A/D芯片的输出方式有以下两种。

① 数据输出寄存器具备可控的三态门。此时芯片的输出线允许与CPU的数据总线直接相连，并在转换结束后直接利用读信号$\overline{RD}$控制三态门，将数据送上总线。

② 数据输出寄存器不具备可控的三态门，或者根本没有门控电路，数据输出寄存器直接与芯片管脚相连，此时，芯片输出线不可与CPU的数据总线直接相连，中间必须增加缓冲器（例如74LS244、74LS273等）。

A/D的启动转换信号有电位和脉冲两种形式。设计时应特别注意：对要求用电位启动的芯片，在转换过程中不允许将启动信号撤去，否则会停止转换而得到错误的结果。

A/D转换结束后，会发出结束信号，以示CPU可以从转换器读取数据。CPU读取数据可采用延时等待方式、查询方式以及中断方式。

逐次逼近型常用的芯片有 ADC0809、AD774、AD674、ADC1140、ADS7815 等。

2. 常用类型 A/D 芯片的转换原理

1) 逐次比较型 A/D 转换器原理

一个 n 位的逐次比较型 A/D 转换器的工作原理如图 3-3 所示,它由 n 位逐次逼近寄存器(Successive Approximation Register,SAR)、n 位 D/A 转换器、比较器、逻辑控制电路及输出缓冲寄存器等构成。其转换原理为:初始化时将逐次逼近寄存器 SAR 的各位清 0;启动信号作用后,时钟信号通过逻辑控制电路先将 SAR 的最高位置 1(此时其他位均为 0),送入 D/A 转换器,经 D/A 转换为模拟量 V_o,然后将其送入比较器与待转换的模拟输入电压 V_i进行比较。若 $V_i<V_o$,则保留该位为 1;若 $V_i>V_o$,则将该位清为 0。然后再将 SAR 的次高位置为 1,将寄存器中新的数字量送入 D/A 转换器,将转换后的模拟量 V_o再次与 V_i进行比较。若 $V_i<V_o$,则保留该位为 1;若 $V_i>V_o$,则将该位清为 0。接着对剩余的位依次按从高到低的次序进行同样的重复操作,直到 n 位的最后一位确定为止,此时 A/D 转换结束,将 SAR 中的数字量送入输出缓冲寄存器,得到与模拟量 V_i对应的数字量。

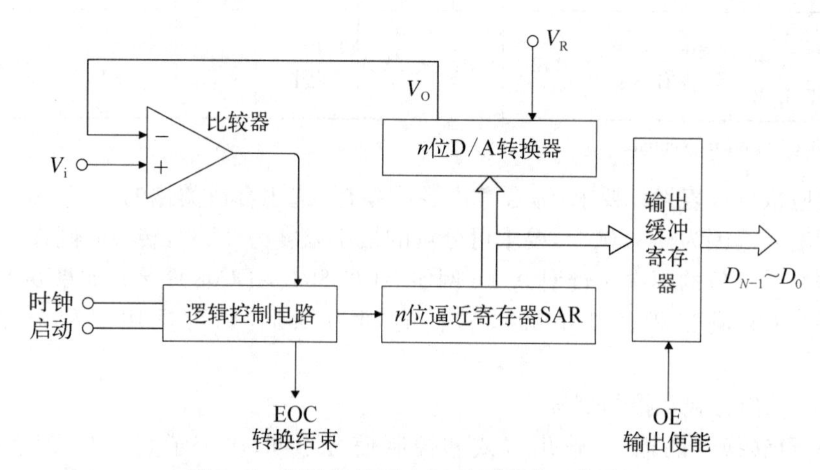

图 3-3 逐次比较型 A/D 转换器的工作原理

目前,逐次比较型 A/D 转换器基本都做成了单片集成电路,使用时只需要向 A/D 芯片发出启动信号,然后在 EOC① 端查询是否转换结束,等转换结束时取出数据即可。

2) 双积分型 A/D 转换器原理

双积分型 A/D 转换器是一种间接式 A/D 转换器,其工作原理(图 3-4)是先用积分器将输入模拟电压 V_i转换为与之成比例的时间间隔 Δt,然后在 Δt 时间内,用恒定频率的脉冲去计数,就将时间 Δt 转换为数字 N。其主要由积分器(由集成运算放大器 A 组成)、过零比较器(C)、时钟脉冲控制门(G)及计数器($FF_0 \sim FF_n$)等组成。

双积分型转换器的转换过程分为三个阶段,准备阶段、定时积分阶段及定值积分阶段。双积分型 A/D 转换器的工作波形如图 3-5 所示。

① EOC:End of Convertion 的简称,转换结束。

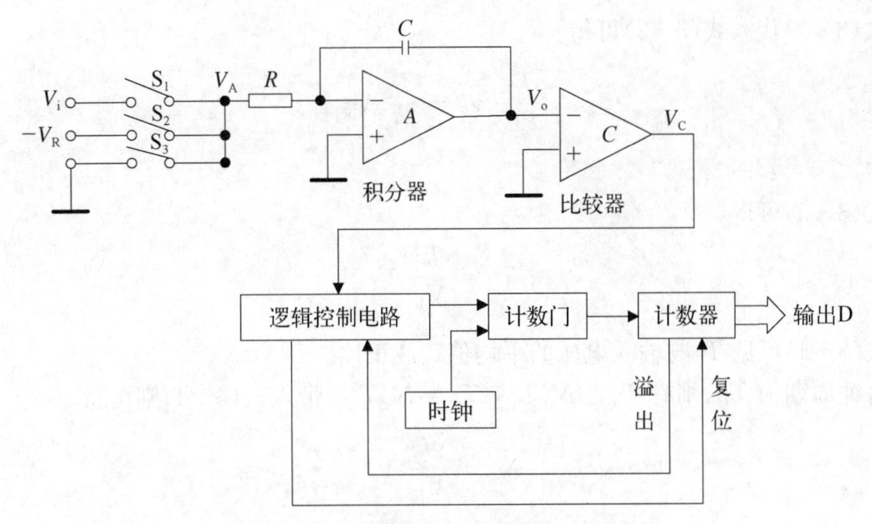

图 3-4　双积分型 A/D 转换器的工作原理

(1) 准备阶段

逻辑控制电路提供 CR 信号使计数器清零，同时将 S_3 闭合，待积分电容放电完毕，积分器的输入/输出都为零，然后 S_3 断开。

(2) 定时积分阶段

转换过程开始时 ($t=0$)，开关 S_1 接通，正的输入电压 V_i 被加到积分器的输入端，积分器从 0 V开始对 V_i 进行积分，同时打开计数门使计数器开始计数，当到达 t_1 时刻，计数器计满 N_1 时，计数器的溢出脉冲使逻辑控制电路发出信号使 S_1 断开，定时积分阶段 T_1 结束。其波形如图 3-5 中 $O-V_P$ 线段所示。此时积分器的输出电压 V_O 为

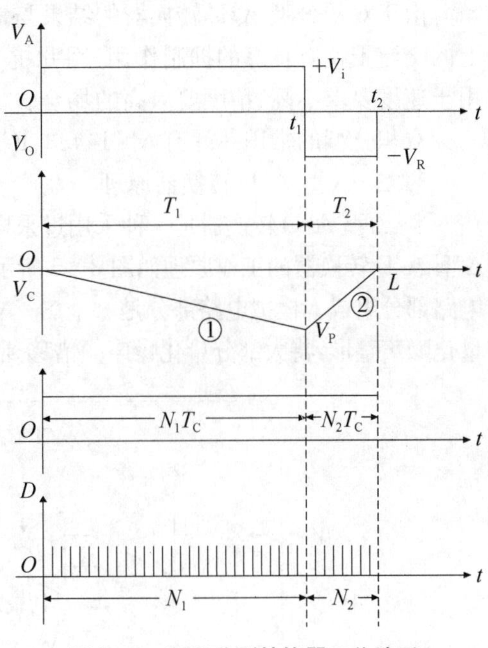

图 3-5　双积分型转换器工作波形

$$V_o(t_1)=-\frac{1}{RC}\int_0^{t_1}V_i\mathrm{d}t=-\frac{T_1}{RC}\overline{V_i}=V_P \tag{3-1}$$

式中，$T_1=t_1-0$；$\overline{V_i}$为输入电压 V_i在 T_1内的平均值；R 为电阻；C 为电容。

(3) 定值积分阶段

当 $t=t_1$ 时，逻辑控制将 S_1 断开，并同时将 S_2 接通，具有与 V_i 相反极性的基准电压 V_R 被加到积分器的输入端，积分器开始向相反方向进行积分，与此同时，计数器也从零开始计数，当 $t=t_2$ 时，积分器输出电压 $V_O\geqslant 0$，比较器输出 $V_C=0$，比较器翻转，逻辑控制电路发出关门信号，计数器停止计数，定值积分阶段结束，其波形如图 3-5 中的 V_P-L 线段所示。此时积分器的输出电压 V_O 为

$$V_o(t_2)=V_P+\frac{1}{RC}\int_{t_1}^{t_2}(-V_R)\mathrm{d}t \tag{3-2}$$

将式(3-1)代入式(3-2)可得

$$\frac{T_1}{RC}\overline{V_i}=\frac{T_2}{RC}V_R \tag{3-3}$$

式中，$T_2=t_2-t_1$。

由式(3-3)可得

$$T_2=\frac{T_1}{V_R}\overline{V_i} \tag{3-4}$$

由式(3-4)可见 T_2与输入电压的平均值$\overline{V_i}$成正比。

设时钟周期为 T_C,则有 $T_1=N_1T_C$，$T_2=N_2T_C$，带入式(3-4)则可得

$$N_2=\frac{N_1}{V_R}\overline{V_i} \tag{3-5}$$

这样就完成了一次模拟量 V_i到数字量 N_2的转换过程,N_2即为输出数字量。

由于双积分型 A/D 转换器的结果与输入信号的平均值成正比,因而对叠加在输入信号上的交流干扰有良好的抑制作用,因此抗干扰能力强。其转换精度也高,但是速度较低,常用于速度要求不高、精度要求高的场合。

双积分型的常用芯片有 MC14433、ICL7135、ICL7109 等。

3) Σ-Δ 型 A/D 转换器原理

Σ-Δ型 A/D 转换器是一种采用过采样技术来提高分辨率的 A/D 转换芯片,一个一阶 Σ-Δ 型 A/D 转换器的工作原理如图 3-6 所示,它由模拟电路部分(图中的虚线框内电路)和数字电路部分组成。模拟电路部分是一个 Σ-Δ 调制器,其作用是对输入信号进行过采样,并进行量化噪声整形,将大部分量化噪声频谱移到基带之外的高频段,以待数字电路予以滤波消除。

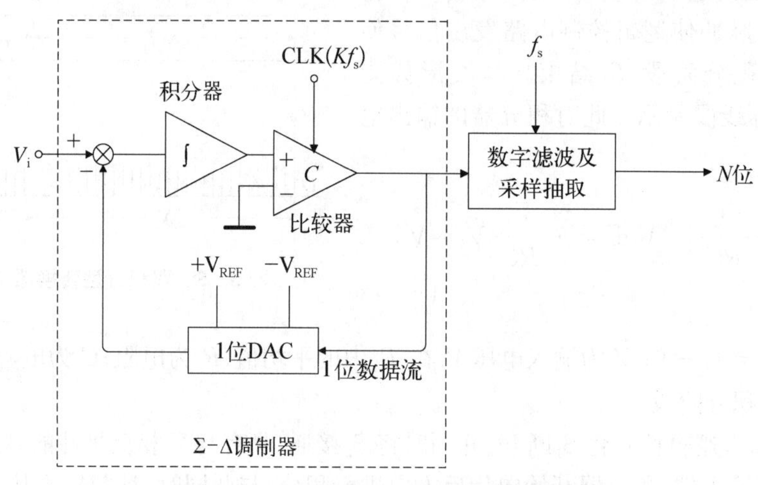

图 3-6　Σ-Δ 型 A/D 转换器的工作原理

Σ-Δ 调制器由积分器、锁存比较器、1 位 D/A 转换器及模拟求和电路组成,并且构成一个闭环负反馈回路。模拟输入信号与反馈信号在求和电路中进行差分(Δ)运算,将结果输出到积分器进行积分(Σ),接着锁存比较器以远高于奈奎斯特采样频率的速率 Kf_s对积分器的输出进行采样,并转换成由 1 和 0 构成的连续串行数据流,该数据流送入数字电路部分以待处理,并同时负反馈到输入端与输入信号求和。

数字电路部分由数字滤波器和采样抽取电路构成。数字滤波器的作用是滤除高频段的量化噪声，使信号基带附近的量化噪声大大降低，提高信噪比，从而提高输出数据的分辨率。数字滤波器滤波的同时也降低了带宽，因此必须降低数据输出速率才可以满足采样定理，以便不失真地恢复原始信号，这里采用每输出 M 个数据抽取一个数据的重采样方法，由采样抽取电路来实现。下面详细阐述其转换过程。

(1) 过采样

一个理想的常规 n 位 A/D 转换器的采样量化噪声功率在直流至其信号最高频率的频带内是均匀分布的，设 f_s 为采样频率，则量化噪声频谱如图 3－7(a)所示。如果用 Kf_s 的采样速率对输入信号进行采样(K 为过采样倍数)，由于量化噪声的总功率不变，所以量化噪声的频谱如图 3－7(b)所示。由图可以看出，采用过采样技术之后，量化噪声功率降为原来的 $1/K$。

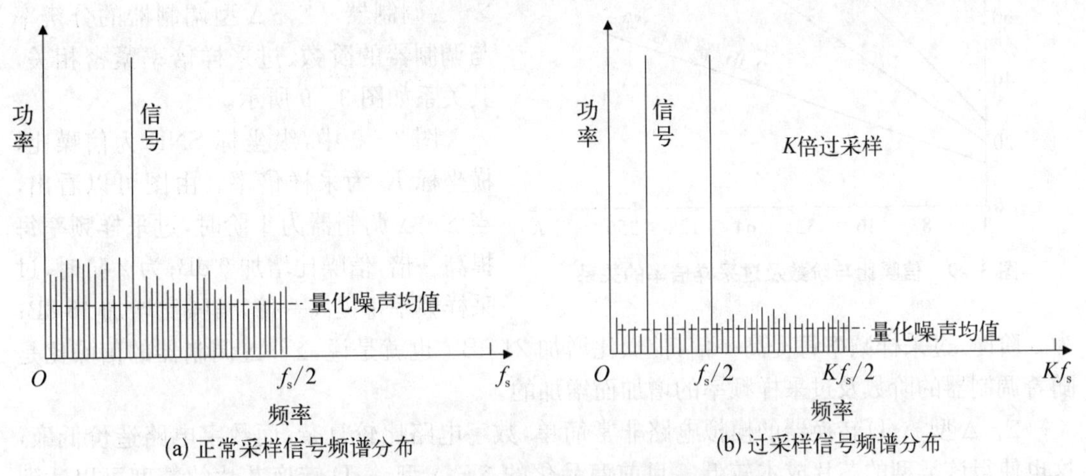

图 3－7　正常采样及过采样信号频谱分布

(2) 噪声整形及数字滤波

Σ－Δ 调制器中的积分器对量化噪声的分布具有整形的效果，整形及滤波后信号频谱分布如图 3－8 所示。对图 3－7(b)经过 Σ－Δ 调制器整形处理后的输出信号频谱分布如图 3－8(a)所示。

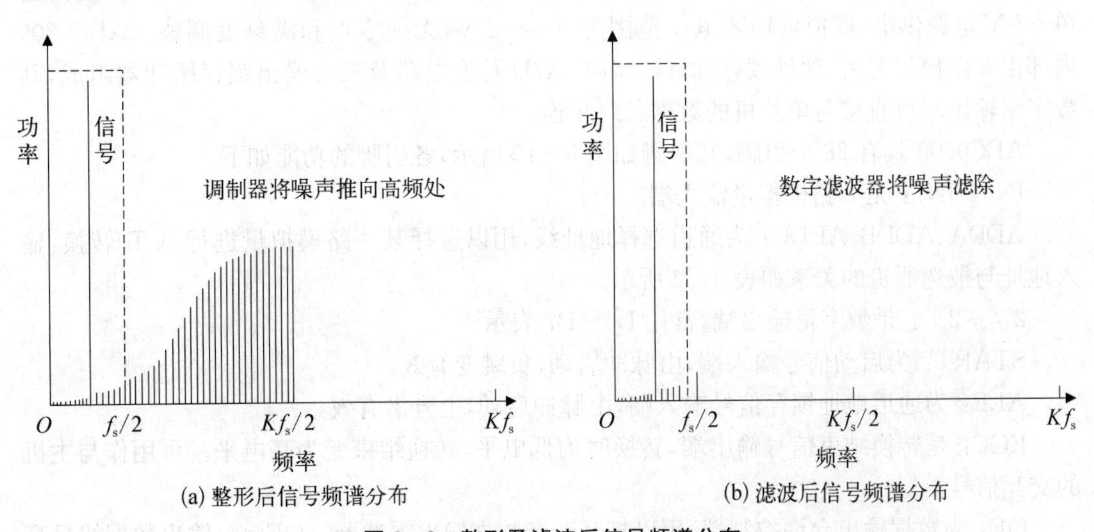

图 3－8　整形及滤波后信号频谱分布

由图 3－8 可以看出，整形后量化噪声的总功率没有变化，但频率分布发生了变化，大部分量化噪声被整形到大于频率 $f_s/2$ 的高频段，仅有很少部分还留在直流到 $f_s/2$ 的频段内。经过整形后的信号被送入数字滤波电路，滤波电路将大于频率 $f_s/2$ 的量化噪声信号滤除，滤波后的信号频谱如图 3－8(b)所示，由图可以看出滤波后留在信号频谱范围内的量化噪声平均功率非常低，使总信噪比大大提高。

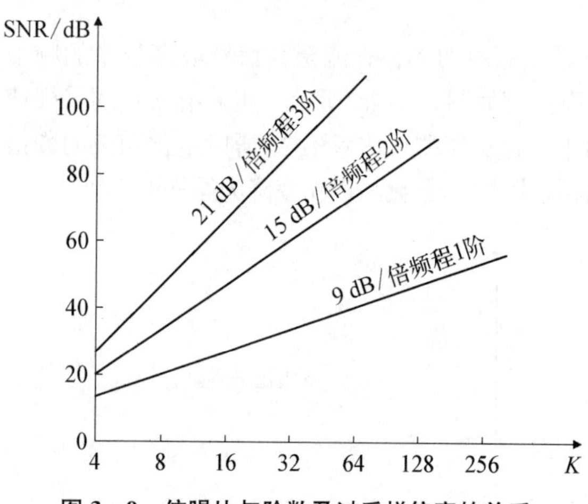

图 3－9　信噪比与阶数及过采样倍率的关系

图 3－8(a)是采用一阶 Σ－Δ 调制器信号的整形效果，由图 3－8(b)可以看出，整形效果越好，滤波效果越好，芯片的信噪比越高，分辨率也就越高，如果想进一步提高芯片的分辨率，可以采用高阶的 Σ－Δ 调制器。Σ－Δ 型调制器的分辨率与调制器的阶数、过采样倍率紧密相关，其关系如图 3－9 所示。

图 3－9 中，纵坐标 SNR 为信噪比，横坐标 K 为采样倍率。由图可以看出，当 Σ－Δ 调制器为 1 阶时，过采样频率每提高一倍，信噪比增加 9 dB；为 2 阶时，过采样频率每提高一倍，信噪比增加 15 dB；为 3 阶时，过采样频率每提高一倍，信噪比增加 21 dB。也就是说，Σ－Δ 调制器的信噪比是随着调制器的阶数及过采样频率的增加而增加的。

Σ－Δ 型 A/D 转换器的模拟电路非常简单，数字电路比较复杂，而数字电路造价低廉，这也使得该类型的芯片成本较低。目前商品化的 Σ－Δ 型 A/D 转换芯片的精度可以达到 16～24 位，占据了高分辨率 A/D 转换器的大部分市场。

3. 常用 A/D 转换器及接口电路

1) ADC0809

ADC0809 是 8 位 A/D 转换器，转换时间为 100 μS，转换误差为±1 LSB。转换器由单＋5 V 电源供电，模拟量输入电压范围为 0～＋5 V，无须零点和满刻度调整。ADC0809 内部由 8 路模拟开关、地址锁存和译码电路、A/D 转换电路及三态输出锁存缓冲器组成，其数字量输出端可直接与单片机的数据总线相连。

ADC0809 具有 28 个引脚，其引脚如图 3－10 所示，各引脚的功能如下。

IN0～IN7：是 8 路模拟量输入端。

ADDA、ADDB、ADDC：为通道选择地址线，用以选择某一路模拟量进行 A/D 转换，输入地址与被选通道的关系如表 3－2 所示。

2^{-8}～2^{-1}：是数字量输出端，常用 D0～D7 表示。

START：为启动信号输入端，由脉冲启动，负跳变有效。

ALE：为通道地址锁存信号输入端，由脉冲启动，上升沿有效。

EOC：是转换结束信号输出端，转换时为低电平，转换结束变为高电平。可用作与主机的交互信号。

OE：为数据输出允许控制端，用以打开三态数据输出缓冲器。OE＝0，输出数据线呈高阻态；OE＝1，输出转换得到的数据。

CLK：为时钟信号输入端，要求频率最高不超过 640 kHz。

V_{ref+}、V_{ref-}：参考电压的正、负端，参考电压用来与输入的模拟信号进行比较，作为逐次逼近的基准。其典型值为＋5 V（V_{ref+} ＝＋5 V，V_{ref-} ＝0 V）。

引脚	编号	编号	引脚
IN3	1	28	IN2
IN4	2	27	IN1
IN5	3	26	IN0
IN6	4	25	ADD A
IN7	5	24	ADD B
START	6	23	ADD C
EOC	7	22	ALE
2^{-5}	8	21	2^{-1}(MSB)
OE	9	20	2^{-2}
CLOCK	10	19	2^{-3}
V_{CC}	11	18	2^{-4}
$V_{REF}(+)$	12	17	2^{-8}(LSB)
GND	13	16	$V_{REF}(-)$
2^{-7}	14	15	2^{-6}

图 3－10　ADC0809 的引脚图

表 3－2　输入地址与被选通道的关系

被选通道	地 址 线		
	ADDC	ADDB	ADDA
IN0	0	0	0
IN1	0	0	1
IN2	0	1	0
IN3	0	1	1
IN4	1	0	0
IN5	1	0	1
IN6	1	1	0
IN7	1	1	1

CPU 用写信号启动转换器，用读信号取出转换结果。ADC0809 的工作时序图如图 3－11所示，地址锁存信号 ALE 在上升沿将三位通道地址锁存，相应通道的模拟量经多路模

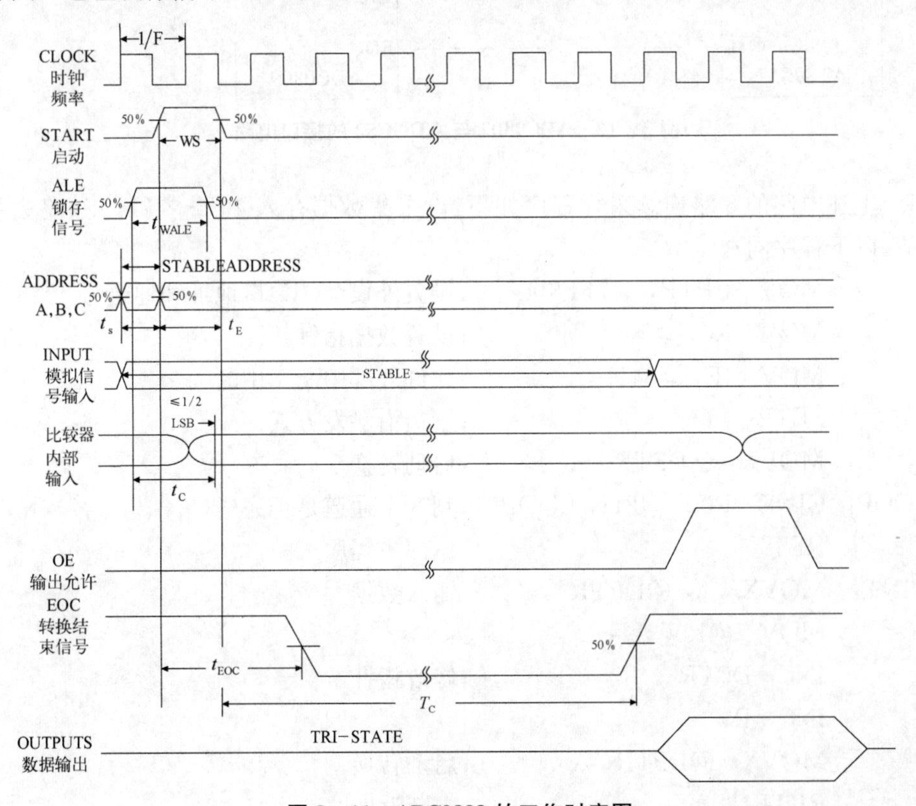

图 3－11　ADC0809 的工作时序图

拟开关送到A/D转换器。启动信号START的上升沿复位内部电路,START的下降沿启动转换,此时转换结束信号EOC呈低电平状态,由于逐次逼近需要一定时间,所以,在此期间,模拟输入量应维持不变,比较器要一次次比较,直到转换结束,EOC变为高电平。若CPU发出输出允许信号OE(输出允许信号为高电平),则可读出数据。另外,ADC0809具有较高的转换速率和精度,同时受温度影响也较小

ADC0809与AT89C52的连接方式有查询方式、延时等待方式及中断方式,本例采用中断方式,其接口电路如图3-12所示。A/D的时钟信号(CLK)由AT89C52的ALE输出脉冲(其频率为AT89C52时钟频率的1/6)经二分频后得到。AT89C52的P0口输出低3位地址信号经74LS373送至ADDA、ADDB、ADDC。$\overline{WR}$和P2.7经或非门启动A/D,$\overline{RD}$和P2.7经或非门输出作为读出数据的控制信号。A/D转换结束信号EOC经反相后连至AT89C52的$\overline{INT1}$端,作为中断请求信号。

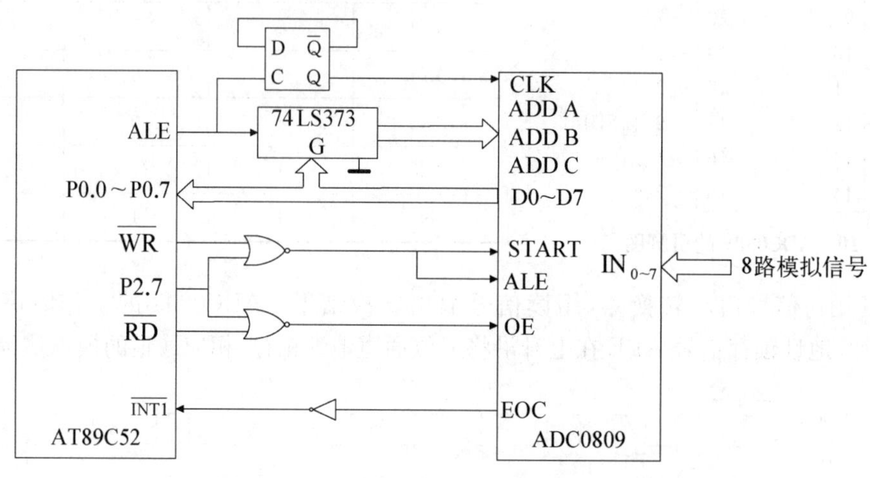

图3-12　ADC0809与AT89C52的接口电路

基于上述电路的8路连续采样程序如下,设采集数据存入40H～47H中(略去伪指令ORG等,以下程序同)。

```
        MOV   DPTR, #7FF8H        ;设置外设(A/D)口地址和通道号
        MOV   R0, #40H            ;设置数据指针
        MOV   IE, #84H            ;允许外部中断1中断
        SETB  IT1                 ;置边沿触发方式
        MOVX  @DPTR, A            ;启动转换
LOOP:   CJNE  R0, #48H, LOOP      ;判8个通道是否完毕
        RET                       ;返回主程序
AINT:   MOVX  A, @DPTR            ;输入数据
        MOV   @R0, A
        INC   DPTR                ;修改指针
        INC   R0
        MOVX  @DPTR, A            ;启动转换
        RETI                      ;中断返回
```

2）AD774

AD774 是 12 位的 A/D 芯片，转换时间 8 μS，转换误差±1 LSB。供电电源为+5 V、±12 V（或±15 V）。片内提供基准电压源及时钟，并具有输出三态缓冲器，它可与 8 位或 16 位字长的微处理器直接相连，输出数据可 12 位一次读出，也可分两次读出。输入模拟信号可以是单极性 0～10 V 或 0～20 V，也可以是双极性±5 V 或±10 V。

AD774 的引脚图见图 3－13。

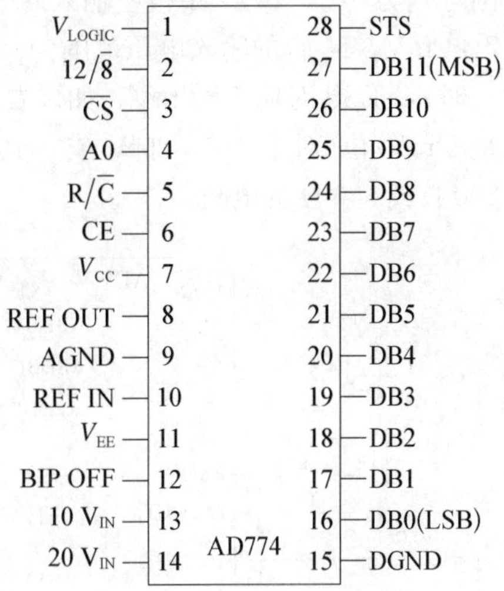

V_{LOGIC}：5 V 逻辑电平输入端。

12/$\overline{8}$：数据输出模式选择端，通过此引脚可选择数据是按 12 位一次输出还是按 8 位分两次输出。

$\overline{CS}$：片选端，低电平有效。

A0：控制数据的转换位数，0 为 12 位，1 为 8 位，并与 12/$\overline{8}$ 一起控制数据的输出格式。

R/$\overline{C}$：读/转换数据控制端。

CE：使能端，高电平有效，用于初始化转换和数据输出。

V_{CC}：正电源输入端，接+15 V 或+12 V 电源。

REF OUT：10 V 参考电压输出端。

AGND：模拟地端。

REF IN：参考电压输入端。

V_{EE}：负电源输入端，接－15 V 或－12 V 电源。

BIF OFF：双极性偏移端。

10 V_{IN}：10 V 量程模拟电压输入端。

20 V_{IN}：20 V 量程模拟电压输入端。

DGND：数字地端。

信号	引脚	引脚	信号
V_{LOGIC}	1	28	STS
12/$\overline{8}$	2	27	DB11(MSB)
$\overline{CS}$	3	26	DB10
A0	4	25	DB9
R/$\overline{C}$	5	24	DB8
CE	6	23	DB7
V_{CC}	7	22	DB6
REF OUT	8	21	DB5
AGND	9	20	DB4
REF IN	10	19	DB3
V_{EE}	11	18	DB2
BIP OFF	12	17	DB1
10 V_{IN}	13	16	DB0(LSB)
20 V_{IN}	14	15	DGND

AD774

图 3－13　AD774 的引脚图

DB3～DB0：低 4 位数字量的输出端。

DB7～DB4：中间 4 位数字量的输出端。在 12 位输出模式时，该 4 位数据为 12 位数字量的中间 4 位；在 8 位输出模式时，A0 为低时输出中间 4 位数字量，A0 为高时输出 0。

DB11～DB8：高四位数字量的输出端。在 8 位输出模式时，A0 为低时输出高 4 位数字量。

STS：工作状态指示端信号。STS=1，表示转换正在进行，STS=0，表示转换结束。通过此引脚可判断 A/D 的工作状态，可作为 CPU 的中断或查询信号。

AD774 芯片利用 R/$\overline{C}$、A0 和 12/$\overline{8}$ 共同控制转换数据的长度为 12 位或 8 位以及数据的输出格式。AD774 的转换方式和数据输出格式如表 3－3 所示。

表 3－3　AD774 的转换方式和数据输出格式

CE	$\overline{CS}$	R/$\overline{C}$	12/$\overline{8}$	A0	功　　能
1	0	0	×	0	12 位转换
1	0	0	×	1	8 位转换
1	0	1	接+5 V	×	输出数据格式为并行 12 位
1	0	1	接地	0	输出数据是 8 位最高有效位（由 20～27 脚输出）
1	0	1	接地	1	输出数据是 4 位最低有效位（由 16～19 脚输出）加 4 位“0”（由 20～23 脚输出）

由表 3－3 可知，在 CE＝1 且 $\overline{CS}$＝0(大于 300 ns 的脉冲宽度)时，才启动转换或读出数据，因此，启动 A/D 或读数可用 CE 或 $\overline{CS}$ 信号来触发。在启动信号有效前，R/$\overline{C}$ 必须为低电平，否则将产生读数据的操作。启动转换后，STS 输出引脚变为高电平，表示转换正在进行，转换结束后，STS 为低电平。

AD774 单极性模拟输入和双极性模拟输入连线如图 3－14 所示。13 脚的输入电压范围分别为 0～＋10 V(单极性输入时)或－5 V～＋5 V(双极性输入时)，1 LSB 对应模拟电压 2.44 mV。14 脚的输入电压范围为 0～＋20 V(单极性输入时)或－10 V～＋10 V(双极性输入时)，1 LSB 对应 4.88 mV。如果要求 2.5 mV/位(对于 0～＋10 V 或－5 V～＋5 V)或者是 5 mV/位(对于 0～＋20 V 或－10 V～＋10 V)，则在模拟电压输入回路中应分别串联 200 Ω 或 500 Ω 的电阻。

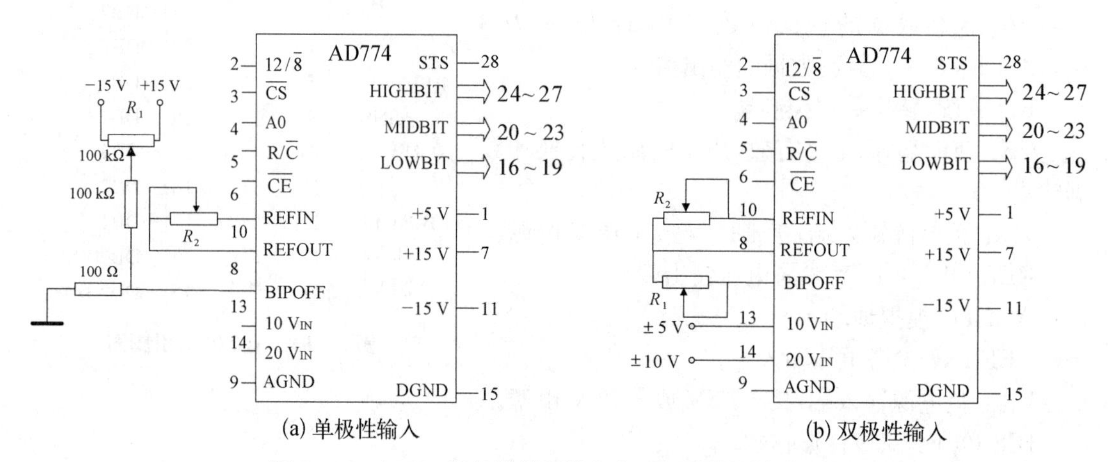

图 3－14　AD774 单极性模拟输入和双极性模拟输入连线

图 3－14(a)中，R_1 用于零点调整。方法为：调整 R_1，使得输入模拟电压为 1.22 mV$\left(\text{即对于 0～+10 V，是}\frac{1}{2}\text{ LSB}\right)$时，输出数字量从 000000000000 变到 000000000001。R_2 用于校准满度，对于 0～＋10 V，调整 R_2，使得对应输入电压为 9.9963 V$\left(\text{即电压变化 }1\frac{1}{2}\text{ LSB}\right)$时，数字量从 111111111110 变到 111111111111。

双极性输入时的零点及满度校准见图 3－14(b)。其方法为：调整 R_1，使得模拟电压变化 $\frac{1}{2}$ LSB(即对于－5 V～＋5 V，是－4.998 8 V)时，输出数字量从 000000000000 变到 000000000001。调整 R_2，使得模拟电压变化 $1\frac{1}{2}$ LSB(即对于－5 V～＋5 V，是＋4.996 3 V)时，输出数字量从 111111111110 变到 111111111111。

AD774 与 AT89C52 的接口电路如图 3－15 所示。单片机的读写信号用于控制 AD774 的 CE 和 R/$\overline{C}$ 端，而 P2.7 和 P2.0 则分别连至 AD774 的 $\overline{CS}$ 和 A0 端。

AT89C52 的调试程序如下。

```
        MOV   DPTR, #7EFFH
        MOVX  @DPTR, A              ;启动 A/D
        MOV   R7, #20H
```

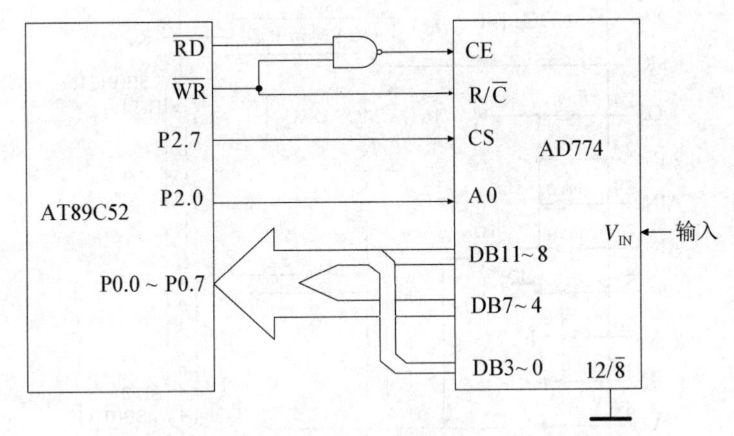

图 3-15 AD774 与 AT89C52 的接口电路

```
LOOP： DJNZ   R7, LOOP              ;延时
       MOVX   A, @DPTR
       MOV    R0, A                 ;读高位数据,存 R0 中
       INC    DPH
       MOVX   A, @DPTR
       MOV    R1, A                 ;读低位数据,存 R1 中
       RET
```

3) ADC1140

ADC1140 是 16 位的逐次逼近型 A/D 芯片,转换时间为 35 μs,具有低功耗、高精度、高稳定性,非线性误差≤±0.003%FSR。片内将模拟器件公司的薄膜电阻专利技术与 CMOS 电流导引专利技术相结合,由低噪声的时钟发生器、低功率比较器及低功率逐次逼近寄存器(SAR)等组成,并提供 10 V 的低噪声基准电压源,无输出三态门。该芯片与 8 位外部数据总线的单片机相连时,其 16 位数据分两次读入主机电路。它可输出二进制(或偏移二进制)数据,也可串行输出。供电电压范围为±12 V～±17 V。其模拟输入电压可单极性输入,也可双极性输入,模拟量输入范围有±5 V、±10 V、0～+5 V,0～+10 V 4 种,并可给其他芯片提供一个 10 V 的参考电压。

ADC1140 共有 32 个引脚,封装在正方形的芯片内,其功能框图及引脚如图 3-16 所示,有关引脚功能分述如下。

BIT1～BIT16：并行数字量输出端。

$\overline{\text{MSB}}$：为二进制补码输出符号位,具有数据锁存功能,但无三态控制。

SO：串行输出端,每位保持一个时钟周期。

AIN1、AIN2、AIN3：模拟电压输入端,输入电压范围可通过引脚的不同连接来选择,ADC1140 模拟输入范围引脚编程表如表 3-4 所示。

RO：10 V 参考电压输出端。

RI：参考电压输入端,如用内基准电压源,可将 REFOUT 与 REFIN 通过 100 Ω 精密电位器相连,以便于增益校准。

V_{A+}、V_{A-}：为正负模拟电压端。

V_D：数字电压端。

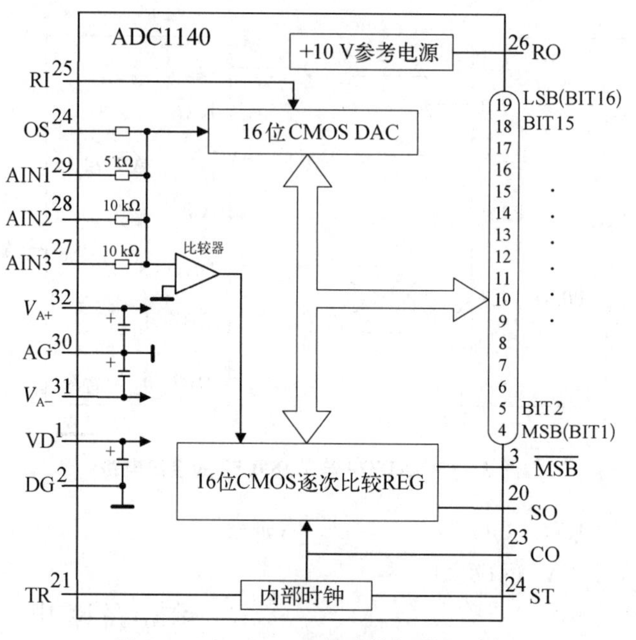

图 3-16 ADC1140 的功能框图及引脚

AG、DG：分别为模拟地和数字地。

ST：转换状态输出端，用以判断转换是否结束，也可用作中断请求信号。

CC：启动转换指令输入端，要求启动脉冲宽度不小于 35 μs，其下降沿复位所有内部逻辑。并且一旦启动转换，在转换结束之前不可被再次触发。

OA：偏移校正输入端，用于零输入校正。

CO：内部时钟输出端。

表 3-4 ADC1140 模拟输入范围引脚编程表

输入信号范围	输出码制	模拟电压引入脚	26 脚连接情况	30 脚连接情况
0～+5 V	二进制	27、28、29	断开	2
0～+10 V	二进制	27、28	断开	29、2
±5 V	二进制补码	29	27	28、2
±10 V	二进制补码	28	27	29、2

ADC1140 的转换时序如图 3-17 所示。ADC1140 由转换控制信号 CC 的下降沿启动转换，启动脉冲宽度最少为 100 ns，一旦转换开始，在转换结束之前不可被再次触发。转换控制信号的下降沿复位内部逻辑，MSB 被置为低电平，其他位均被置为高电平，同时状态信号 ST 被置为高，并在转换期间保持为高，转换结束后，ST 变为低，通过查询该信号读取数据。

ADC1140 与 AT89C52 的接口电路如图 3-18 所示。A/D 转换器输出的 16 位数据经两片缓冲器 74LS244 与单片机的数据线相连，并通过 P2.6 和 P2.7 分别选通高位缓冲器和低位缓冲器，读取高、低 8 位数据。启动命令由 P0.0 输出，延时 35 ns 后输入转换结果。该芯片需要进行零点校准与满度校准，在图 3-18 中，R1、R2 分别为偏移校准和增益校准电位器。模拟输入电压范围编程为±10 V，在校准偏移时，调整 R1，使得模拟量输入为－9.999 847 V时，输出偏移二进制码由 00…0 变到 00…1；校准增益则调整 W2，使得模拟量输入为＋9.999 542 V时，偏移二进制码由 11…10 变到 11…11。

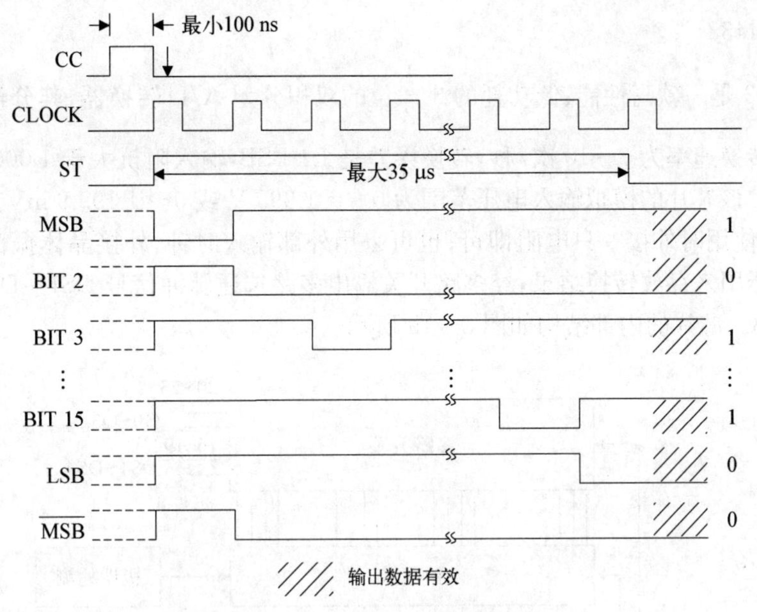

图3-17 ADC1140的转换时序

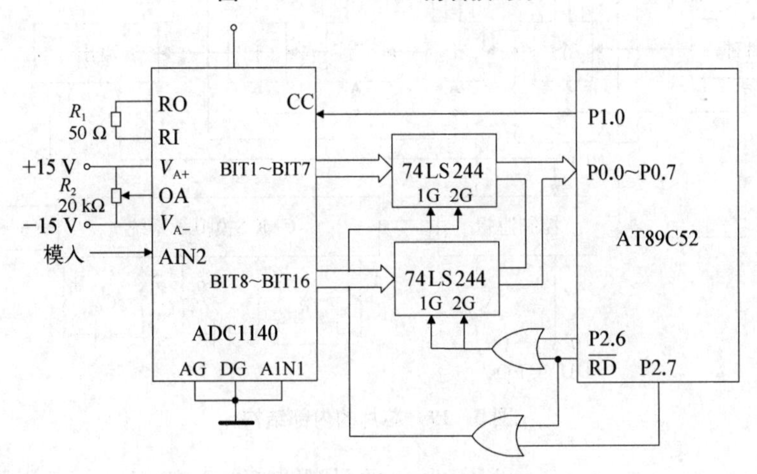

图3-18 ADC1140与AT89C52的接口电路

AT89C52的调试程序如下。

```
        SETB  P1.0                  ;启动转换
        NOP
        CLR  P1.0
        MOV  R1，#20H
LOOP：  DJNZ  R1，LOOP              ;延时
        MOV  DPTR，#0BFFFH
        MOVX  A，@DPTR
        MOV  R0，A                  ;读高8位数据,存R0中
        MOV  DPTR，#7FFFH
        MOVX  A，@DPTR
        MOV  R1，A                  ;读低8位数据,存R1中
        RET
```

4) MC14433

MC14433 是一款高性能、低功耗的 $3\frac{1}{2}$ 位的双积分型 A/D 转换器,其分辨率相当于二进制 11 位,转换速率为 3～10 次/秒,转换误差是±1 LSB,输入阻抗大于 1 000 MΩ,自带零点校准功能。该芯片的模拟输入电压范围为 0～±1.999 V 或 0～±199.9 mV。片内提供时钟发生电路,使用时外接一只电阻即可;也可采用外部输入时钟,外接晶体振荡电路。片内的输出锁存器用来存放转换结果,经多路开关输出多路选通脉冲信号 DS1～DS4 及 BCD 码数据 Q0～Q3。芯片的内部结构如图 3-19 所示。

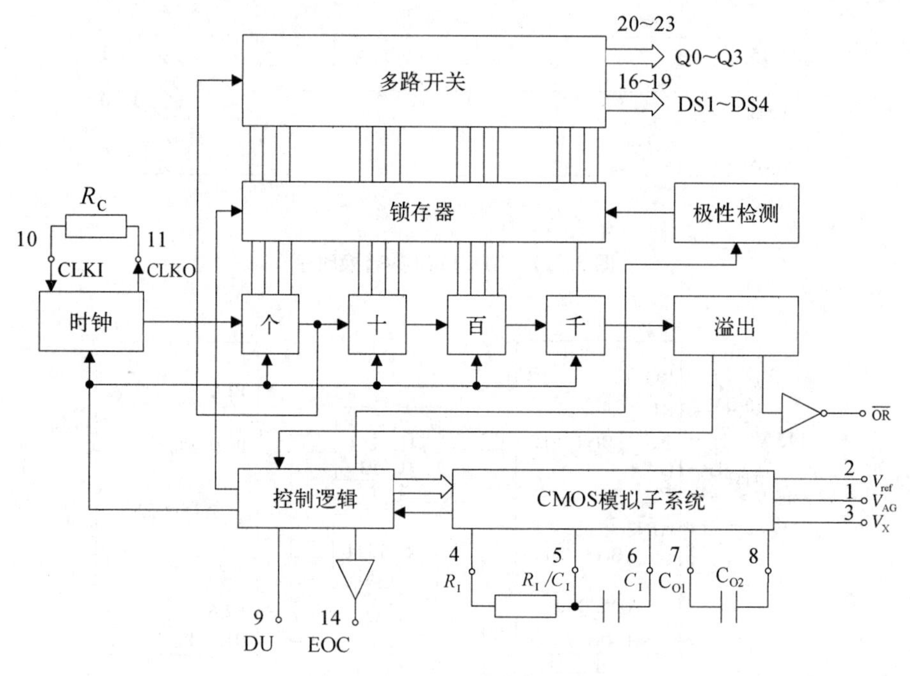

图 3-19　芯片的内部结构

MC14433 的引脚图如图 3-20 所示,各引脚的功能说明如下。

引脚	名称	名称	引脚
1	V_{AG}	V_{DD}	24
2	V_{ref}	Q3	23
3	V_X	Q2	22
4	R_1	Q1	21
5	R_1/C_1	Q0	20
6	C_1	DS1	19
7	C_{01}	DS2	18
8	C_{02}	DS3	17
9	DU	DS4	16
10	CLKI	$\overline{OR}$	15
11	CLKO	EOC	14
12	V_{EE}	V_{SS}	13

图 3-20　MC14433 的引脚图

V_{DD}、V_{EE}:分别为正、负电源端。

V_{SS}:输出引脚的低电平基准。当 V_{SS} 接 V_{AG} 时,输出电压幅度为 $V_{AG}\sim V_{DD}$;当 V_{SS} 接 V_{EE} 时,输出电压幅度为 $V_{EE}\sim V_{DD}$。

V_x:模拟信号的输入端。

V_{AG}:输入信号的模拟地。

V_{ref}:外接基准电压。输入量程为 1.999 V 时,$V_{ref}=2$ V;输入量程为 199.9 mV 时,$V_{ref}=200$ mV。

R_1、C_1、R_1/C_1:外接积分元件的端子。R_1、C_1 的选取公式如下:

$$R_1=\frac{V_{XMAX}}{C_1}\times\frac{T}{\Delta V}$$

式中，V_{XMAX}为输入电压量程；ΔV 为积分器电容上的充电电压幅度，其值为 $\Delta V = V_{DD} - V_{XMAX} - 0.5\ \text{V}$；$T$ 为常数，$T = 4\,000 \times \frac{1}{f_{CLK}}$。

若 $C_1 = 0.1\ \mu\text{F}$，$V_{DD} = 5\ \text{V}$，$f_{CLK} = 66\ \text{kHz}$，则当 $V_{XMAX} = 2\ \text{V}$ 时，$R_1 = 480\ \text{k}\Omega$（取 $470\ \text{k}\Omega$）；当 $V_{XMAX} = 200\ \text{mV}$ 时，$R_1 = 28\ \text{k}\Omega$（取 $27\ \text{k}\Omega$）。

C_{01}、C_{02}：外接失调补偿电容端，$C_0 = 0.1\ \mu\text{F}$。

CLKI、CLKO：外接钟频电阻 R_C的时钟端。$R_C = 470\ \text{k}\Omega$ 时，$f_{CLK} \approx 66\ \text{kHz}$；$R_C = 200\ \text{k}\Omega$时，$f_{CLK} \approx 140\ \text{kHz}$。

EOC：每一转换周期结束，该端输出一正脉冲，脉宽为 1/2 时钟周期。

DU：当向该端输入一正脉冲，则当前转换周期的转换结果将被送入输出锁存器，经多路开关输出，否则输出锁存器中为原来的转换结果。若 DU 与 EOC 连接，则每一次的转换结果都将被输出。

$\overline{\text{OR}}$：溢出标志。正常为高电平，当 $|V_X| > V_R$ 时，输出低电平。

DS1、DS2、DS3、DS4：为输出数字的位选通端。

Q0、Q1、Q2、Q3：为 BCD 码的数据输出端。

MC14433 转换输出时序如图 3－21 所示。该芯片在 DS2、DS3、DS4 选通期间，Q0～Q3 端输出 3 个全位 BCD 码，分别代表百位、十位、个位的信息。在 DS1 选通期间，Q0～Q3 端输出千位数的 0 或 1，以及过量程、欠量程和极性标志信号。其中，Q3 代表千位数的内容，Q3＝“0”（低电平）时，代表千位数为 1；Q3＝“1”（高电平）时，代表千位数为 0。Q2 代表被测电压的极性，“1”代表正，“0”代表负。Q0＝“1”表示被测电压在量程之外，用于自动量程转换。当 $|V_X| > V_R$ 时，为过量程，读数为 1 999；当输出读数小于等于 179，为欠量程。

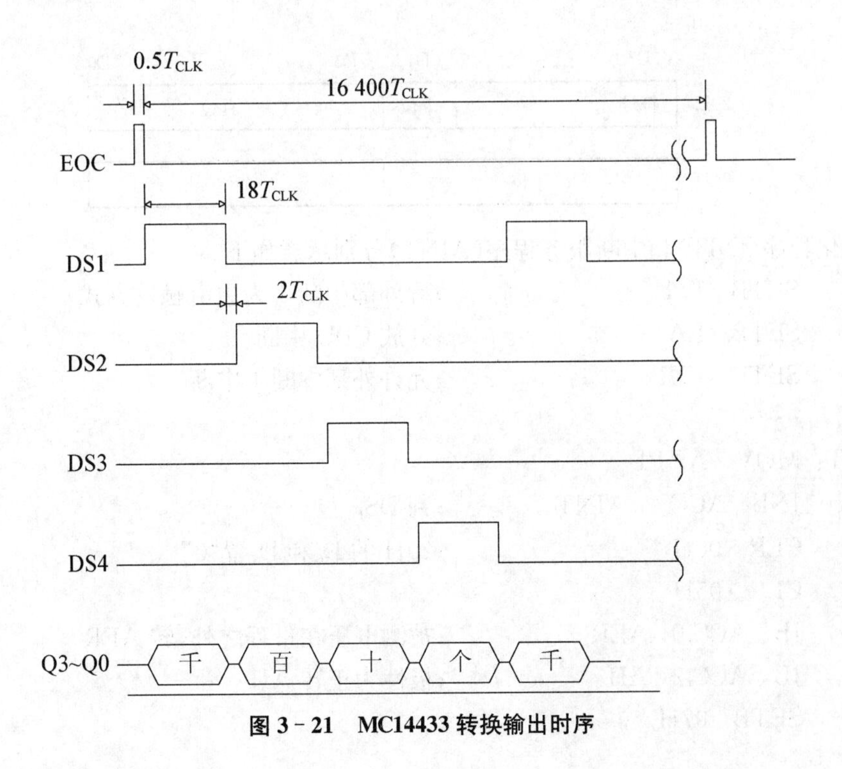

图 3－21　MC14433 转换输出时序

MC14433 与 AT89C52 的接口电路如图 3-22 所示。

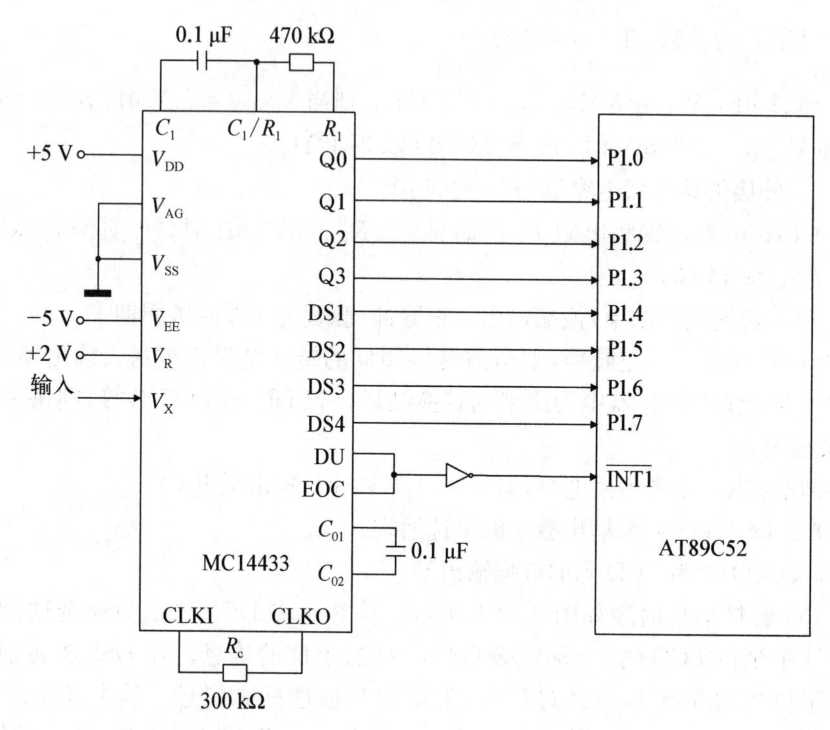

图 3-22　MC14433 与 AT89C52 的接口电路

转换器的输出端与 AT89C52 的 P1 口相连,EOC 经反相后与 AT89C52 的 INT1 相连,作为联络信号送给 AT89C52 的中断请求信号。假设将转换结果存放在缓冲器 20H、21H,其格式为

	D7		D4	D3　　　　D0
20H	符号		千位	百位
21H	十位			个位

初始化程序(INIT)和中断服务程序(AINT)分别示意如下。

```
INIT:  SETB  IT1              ;置外部中断 1 为边沿触发方式
       SETB  EA               ;开放 CPU 中断
       SETB  EX1              ;允许外部中断 1 中断
       ……
AINT:  MOV   A, P1
       JNB   ACC.4, AINT      ;判 DS1
       CLR   06H              ;20H 的 D6 和 D5 置“0”
       CLR   05H
       JB    ACC.0, AER       ;被测电压在量程之外,转 AER
       JB    ACC.2, AI1       ;极性为正转 AI1
       SETB  07H
```

```
         AJMP   AI2
AI1:     CLR    07H              ;20H 单元的第 7 位置"0"
AI2:     JB     ACC.3, AI3       ;千位为零转 AI3
         SETB   04H              ;千位为 1,20H 单元的第 4 位置"1"
         AJMP   AI4
AI3:     CLR    04H              ;20H 单元的第 4 位置"0"
AI4:     MOV    A, P1
         JNB    ACC.5, AI4       ;判 DS2
         MOV    R0, #20H
         XCHD   A, @R0           ;百位数→20H 的 D0～D3 位
AI5:     MOV    A, P1
         JNB    ACC.6, AI5       ;判 DS3
         SWAP   A
         INC    R0
         MOV    @R0, A           ;十位数→21H 的 D4～D7 位
AI6:     MOV    A, P1
         JNB    ACC.7, AI6       ;判 DS4
         XCHD   A, @R0           ;个位数→21H 的 D0～D3 位
         RETI
AER:     SETB   10H              ;置量程错误标志
         RETI
```

5) ICL7135

ICL7135 是 $4\frac{1}{2}$ 位高精度的双积分 A/D 转换器，分辨率相当于二进制 14 位，转换误差为±1 LSB，输入电压范围为 0～±1.999 9 V。同 MC14433 一样，转换结束后，数据输出端依次送出各位 BCD 码。ICL7135 提供有"忙(BUSY)""选通($\overline{STB}$)""运行/保持(R/$\overline{H}$)"等信号，用于与单片机的连接，其引脚如图 3-23 所示。

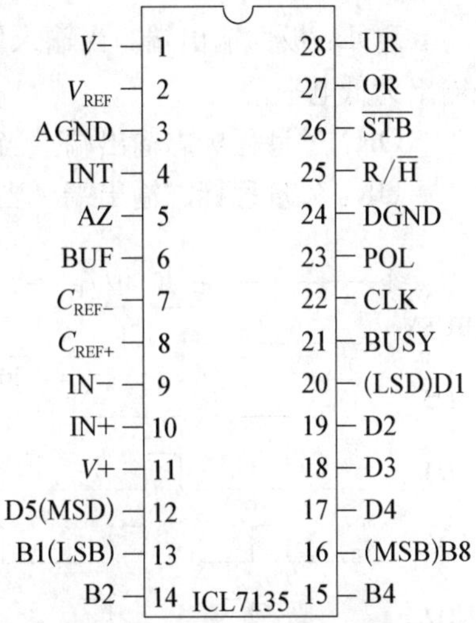

引脚名	引脚号	引脚号	引脚名
V−	1	28	UR
V_{REF}	2	27	OR
AGND	3	26	$\overline{STB}$
INT	4	25	R/$\overline{H}$
AZ	5	24	DGND
BUF	6	23	POL
C_{REF-}	7	22	CLK
C_{REF+}	8	21	BUSY
IN−	9	20	(LSD)D1
IN+	10	19	D2
V+	11	18	D3
D5(MSD)	12	17	D4
B1(LSB)	13	16	(MSB)B8
B2	14	15	B4

ICL7135

图 3-23　ICL7135 的引脚图

$V+$、$V-$：电源的正、负输入端。

IN+、IN−：模拟电压差分输入端。输入电压应在放大器的共模电压范围内，即从低于正电源 0.5 V 到高于负电压 1 V。单端输入时，通常 IN−与模拟地(AGND)连在一起。

V_{REF}：基准电压端，其值为 $\frac{1}{2}V_{IN}$，一般为 1 V。V_{REF} 的稳定性对 A/D 转换精度有很大的影响，应当采用高精度稳压源。

INT、AZ、BUF：分别为积分电容器的输出端、自动校零端和缓冲放大器输出端。这三个端子用来外接积分电阻、电容以及校零电容。

积分电阻 R_{INT} 的计算公式为

$$R_{INT}=\frac{满度电压}{20\ \mu A}$$

积分电容 C_{INT}的计算公式为

$$C_{INT}=\frac{10^5\times\frac{1}{f_{CLK}}\times 20\ \mu A}{积分器输出摆幅}$$

如果电源电压取±5 V,电路的模拟地端接 0 V,则积分器输出范围取±4 V 较合适,校零电容 C_{AZ}可取 1 μF。

C_{REF-}/C_{REF+}:基准电容端。电容值可取 1 μF。

CLK:时钟输入端。工作于双极性情况下,时钟最高频率为 125 kHz,这时转换速率为 3 次/秒左右;如果输入信号为单极性,则时钟频率可增加到 1 MHz,这时转换速率为 25 次/秒左右。

R/$\overline{H}$:启动 A/D 转换控制端。该端接高电平时,ICL7135 连续自动转换,每隔 40 002 个时钟完成一次 A/D 转换;该端为低电平时,转换结束后保持转换结果,若输入一个正脉冲(大于 30 ns),启动 A/D 进入新的转换周期。

BUSY:输出状态信号端。积分器在对信号积分和反向积分过程中(表示 A/D 转换正在进行),BUSY 输出高电平;积分器反向积分过零后(表示转换已经结束)输出低电平。

$\overline{STB}$:选通脉冲输出端。脉冲宽度是时钟脉冲宽度的 1/2,A/D 转换结束后,该端输出 5 个负脉冲,分别选通高位到低位的 BCD 码输出。$\overline{STB}$也可作为中断请求信号,向主机申请中断。

POL:极性输出端。当输入信号为正时,POL 输出为高电平;当输入信号为负时,POL 输出为低电平。

OR:过量程标志输出端。当输入信号超过转换器计数范围(19 999),OR 输出高电平。

UR:欠量程标志输出端。当输入信号小于量程的 9%(1 800),该端输出高电平。

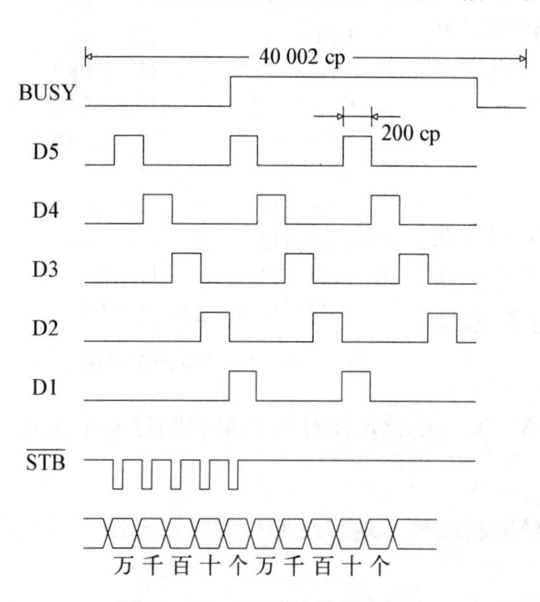

图 3 - 24　ICL7135 的输出时序

B8、B4、B2、B1:BCD 码数据输出线,其中 B8 为最高位,B1 为最低位。

D5、D4、D3、D2、D1:BCD 码数据的位驱动信号输出端,分别选通万、千、百、十、个位。

AGND:模拟地。

DGND:数字地。

ICL7135 的输出时序如图 3 - 24 所示。

ICL7135 与 AT89C52 的接口可由 8155 来实现,其接口电路如图 3 - 25 所示。转换器的输出端 B1、B2、B4、B8 和 D1～D4 接 8155 的 PA 口,D5、极性、过量程和欠量程标志端接 PB 口的 PB0～PB3。8155 的定时器作为方波发生器,单片机晶振取 12 MHz,8155 定时器输入时钟频率为 2 MHz,经 16 分频后,定时器输出频率为 125 kHz,作为

ICL7135 的时钟脉冲。ICL7135 的选通脉冲线 $\overline{STB}$ 接至单片机的中断信号输入端，A/D 转换结束后，$\overline{STB}$ 端输出负脉冲信号向主机电路请求中断。

ICL7135 的工作原理与 MC14433 相仿，读者可参照前述例子自行编制接口电路的调试程序。

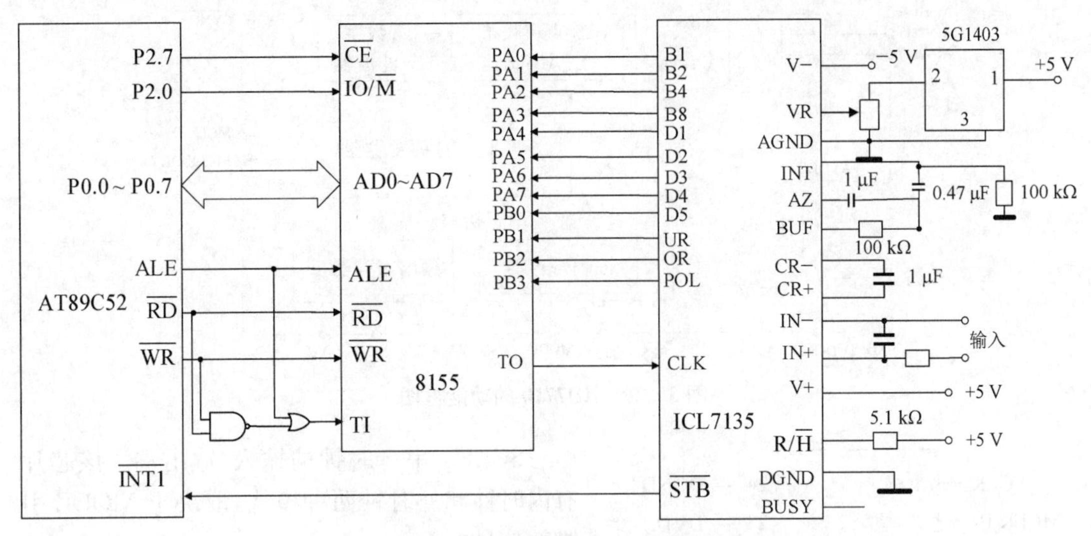

图 3－25　ICL7135 与 AT89C52 的接口电路

6）AD7710

AD7710 是美国 AD 公司推出的一款电荷平衡式 A/D 转换器，其具有分辨率高、线性度好、功耗低等特点。分辨率为 24 位，线性度为±0.001 5%，具有两通道前端增益可编程差动输入，增益范围为 1～128，且有省电模式。广泛应用于工业控制、过程控制、智能变送器等方面。

AD7710 对于低电平信号的测量来说是一个理想的模拟前端器件。该转换器可直接接收传感器的低电平信号并以串行方式输出数字量。它采用 Σ－Δ 转换技术，可达到 24 位分辨率而无丢码。基于模拟调制器，输入信号施加到专有的模拟前端。调制器的输出通过片上滤波器进行处理，数字滤波器的第一陷波可通过片上控制寄存器进行编程设置，可调整滤波截止频率及建立时间。

该芯片在转换时，Σ－Δ 调制器不断地对模拟输入信号进行采样，将模拟输入电压转换为数字脉冲序列，这个脉冲序列的占空比与模拟输入信号的幅度有关。数字滤波器对 Σ－Δ 调制器的输出信号进行滤波，滤波器输出作为转换结果并以固定的速率刷新输出寄存器。由于 Σ－Δ 转换器连续不断地转换，以固定的速率刷新输出寄存器，因此不需要转换启动命令。

该转换器具有两路差动输入及 1 路差动参考输入，可单电源供电。AD7710 的功能框图如图 3－26 所示。

通道选择、增益设置以及信号极性设置均可利用软件通过双向串口进行。该转换器具有自校准、系统校准及背景校准多种校准模式，用户通过控制寄存器可选择适当的校准模式，校准结束后校准数据进入片上校准寄存器，还允许用户对片上校准寄存器内容进行读写。

CMOS 结构使得其功耗非常低，而且省电模式使其待机功耗减小到了 7 mW。AD7710 的引脚如图 3－27 所示，下面对各引脚功能进行说明。

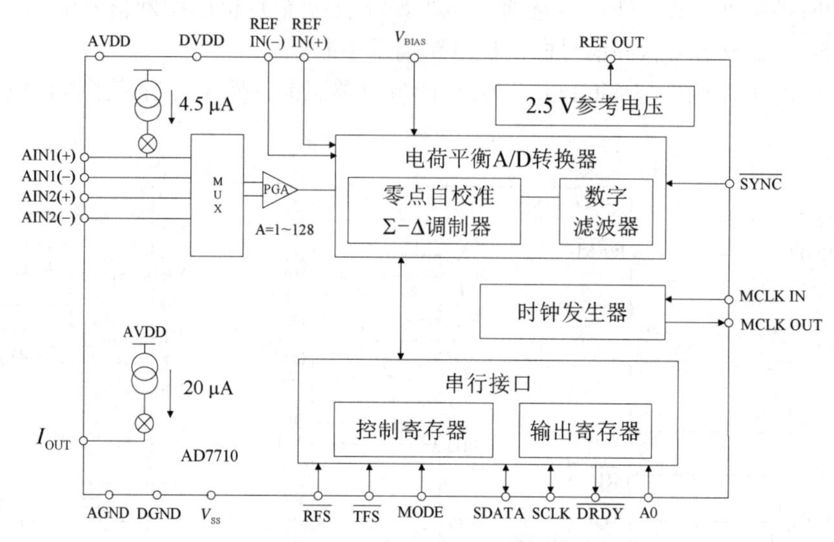

图 3－26　AD7710 的功能框图

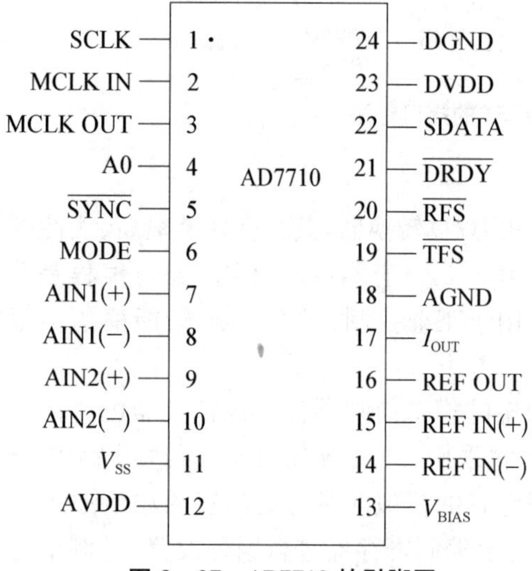

图 3－27　AD7710 的引脚图

SCLK：串行时钟的输入/输出端。该芯片有内时钟和外时钟两种模式，取决于 MODE 引脚的信号电平。

MCLK IN、MCLK OUT：芯片的主时钟信号产生端。在 MCLK IN 与 MCLK OUT 之间接晶振可产生时钟；也可在 MCLK IN 端接一外部时钟，此时 MCLK OUT 悬空，输入时钟频率一般为 10 MHz。

A0：内部寄存器地址的选择端，A0＝0，选控制寄存器，A0＝1，选输出寄存器或校准寄存器。

$\overline{\text{SYNC}}$：逻辑输入。当使用多个 AD7710 时，该信号用于多个 AD7710 的数字滤波器的同步。

MODE：逻辑输入。用于选择芯片的工作时钟方式。MODE＝1，该芯片工作于内时钟方式，该端为串行时钟的输出端；MODE＝0，该芯片工作于外时钟方式，该端为串行时钟的输入端。

AIN1＋：模拟通道 1 的正信号输入端。该引脚接一外部电流源可用于检测外部传感器的短路与断路，该电流源的开关可通过控制寄存器进行控制。

AIN1－：模拟通道 1 的负信号输入端。

AIN2＋、AIN2－：分别为模拟通道 2 的正、负信号输入端。

V_{SS}：模拟电源的负端，信号范围为 0～＋5 V。单电源供电时，该端与 AGND 连接。

AVDD：模拟电源的正端，信号范围为＋5～＋10 V。

V_{BIAS}：输入偏置电压，当参考电压为 REF IN(＋)－REF IN(－)时，该电压信号应该满足的条件为：$V_{BIAS}+0.85\times V_{REF}<A_{VDD}$，$V_{BIAS}-0.85\times V_{REF}>V_{SS}$。理想情况下，该电压应该

为 AVDD$-V_{SS}$的一半。

REF IN(+)：参考电压输入正端。该信号范围在 AVDD 与V_{SS}之间。

REF IN(−)：参考电压输入负端。该信号范围在 AVDD 与V_{SS}之间。

REF OUT：2.5 V 参考电压的输出端，信号参考端为 AGND 的单端输出。

I_{OUT}：补偿电流输出端。该引脚提供 20 μA 的恒定电流，用于热电偶应用中的冷端补偿。

AGND：模拟地端。

$\overline{TFS}$：发送帧同步端。用于往该芯片写入数据，当工作于内时钟方式时，该信号变低后，串行时钟被激活；当工作于外时钟方式时，数据的第一个 bit 被写入该芯片之前，该信号必须变低。

$\overline{RFS}$：接收帧同步端。用于从该芯片读取数据，当工作于内时钟方式时，该信号变低后，SCLK 和 SDATA 线同时被激活；当工作于外时钟方式时，该信号变低后，SDATA 被激活。

$\overline{DRDY}$：逻辑输出。当 AD7710 在进行 A/D 转换时，或在进行片上校准时，该信号为高，当 A/D 转换结束或片上校准结束后，该信号为低。

SDATA 为串行数据的输入/输出端。

DVDD：数字电压端，接+5 V。

DGND：数字地端。

AD7710 有一个 24 位的控制寄存器，用于确定芯片的工作方式、放大器的放大倍数等，该寄存器可通过串口进行读、写。该控制寄存器的内容格式如图 3-28 所示。

D23(MSB)	D22	D21	D20	D19	D18	D17	D16	D15	D14	D13	D12
MD2	MD1	MD0	G2	G1	G0	CH	PD	WL	IO	BO	B/U

D11	D10	D9	D8	D7	D6	D5	D4	D3	D2	D1	D0(LSB)
FS11	FS10	FS9	FS8	FS7	FS6	FS5	FS4	FS3	FS2	FS1	FS0

图 3-28 AD7710 24 位控制寄存器的内容格式

MD2、MD1、MD0：运行模式选择。运行模式选择表如表 3-5 所示。

表 3-5 运行模式选择表

MD2	MD1	MD0	运 行 模 式
0	0	0	正常模式。A_0 为高时从其输出寄存器读取 A/D 转换后的数据。此模式为芯片上电后的缺省模式
0	0	1	激活自校准模式。激活某一通道的自校准，通道号由控制寄存器的 CH 来确定。这是一个一步校准序列，一次完成零点和满度校准，校准完成后回到正常模式，通过查询$\overline{DRDY}$可确定校准是否结束
0	1	0	激活系统校准模式。激活某一通道的系统校准，通道号由控制寄存器的 CH 来确定。这是一个两步校准序列，先进行零点校准，校准完成后回到正常模式，通过查询$\overline{DRDY}$可确定校准是否结束
0	1	1	激活系统校准模式。这是系统校准的第二步，进行满度校准，校准完成后回到正常模式，通过查询$\overline{DRDY}$可确定校准是否结束
1	0	0	激活系统偏移校准模式。激活某一通道的偏移校准，通道号由控制寄存器的 CH 来确定。这是一个一步校准序列，一次完成零点和满度校准，校准完成后回到正常模式，通过查询$\overline{DRDY}$可确定校准是否结束

(续表)

MD2	MD1	MD0	运 行 模 式
1	0	1	激活背景校准模式。激活某一通道的系统校准,通道号由控制寄存器的CH来确定。在该模式下,AD7710在A/D转换期间周期性地进行零点和满度校准,并自动更新校准寄存器的值
1	1	0	读/写零点校准系数。通道号由控制寄存器的CH来确定。在该模式下,A0为高时,可读校准寄存器的零点校准系数,也可往校准寄存器写入零点校准系数,读/写的数据长度固定为24位,与WL确定的A/D输出长度无关。如果写入的数据位数不是24位的,新的数据不会被写入校准寄存器
1	1	1	读/写满度校准系数。通道号由控制寄存器的CH来确定。在该模式下,A0为高时,可读校准寄存器的满度校准系数,也可往校准寄存器写入满度校准系数,读/写的数据长度固定为24位,与WL确定的A/D输出长度无关。如果写入的数据位数不是24位的,新的数据不会被写入校准寄存器

AD7710有自校准、系统校准、系统偏移校准、背景校准四种校准模式,这四种校准模式的区别在于,自校准及背景校准是一步校准,系统会测量内部的固定电压自动进行零点及满度校准;系统校准是两步校准,需要从模拟通道外接校准电压,分两步进行零点校准及满度校准,而且要先进行零点校准。系统偏移校准虽是一步校准,但零电压需要从模拟通道接入。四种校准模式的区别见表3-6。

表3-6 四种校准模式的区别

校准模式	MD2, MD1, MD0	零点校准	满度校准	序 列
自校准	0, 0, 1	输入短接	V_{REF}	一 步
系统校准	0, 1, 0	外部输入		两 步
系统校准	0, 1, 1		外部输入	两 步
系统偏移校准	1, 0, 0	外部输入	V_{REF}	一 步
背景校准	1, 0, 1	输入短接	V_{REF}	一 步

G2、G1、G0:放大器放大倍数选择,放大倍数为1～128,具体见表3-7。

控制寄存器中的D17～D12位的含义见表3-8。

表3-7 放大倍数选择表

G2	G1	G0	放大倍数
0	0	0	1
0	0	1	2
0	1	0	4
0	1	1	8
1	0	0	16
1	0	1	32
1	1	0	64
1	1	1	128

表3-8 控制寄存器D17～D12位的含义

控制位名称	功 能 描 述	说 明
CH	物理通道选择位	0:通道1(缺省设置) 1:通道2
PD	电源省电方式控制位	0:正常模式(缺省设置) 1:省电模式
WL	输出字长控制位	0:16位(缺省设置) 1:24位
IO	输出电流补偿控制位	0:关(缺省设置) 1:开
BO	熔断电流控制位	0:关(缺省设置) 1:开
B/U	输入信号极性控制位	0:双极性(缺省设置) 1:单极性

其中，IO 控制输出的补偿电流用于热电偶的参比端温度补偿。BO 控制输出的熔断电流可用于对外部连接的传感器短路与断路的检测。

FS11 - FS0：用于设置滤波器的滤波参数。确定滤波器的截止频率、第一陷波频率及数据传输率。

AD7710 的串口配置灵活，可与多种标准总线的微处理器连接。为了方便不同的应用，AD7710 提供两种运行模式以供选择，主时钟模式和从时钟模式，主时钟模式也称为内时钟模式，从时钟模式也称为外时钟模式。

在内时钟模式，由 AD7710 提供用于传输数据的串行时钟，时钟信号由 SCLK 输出，内时钟模式可用于允许外部装置控制串行口的处理器，如一些 DSP 芯片和微控制器。在外时钟模式，由外部设备提供时钟给 AD7710，时钟信号由 SCLK 输入，外时钟方式用于与一些可以提供串行时钟输出的系统的直接连接，包括大部分的 DSP 芯片以及 80C51、87C51、68HC11 等。这里以外时钟模式为例，说明 AD7710 与处理器的连接方式、A/D 转换过程以及结果读取。

AD7710 工作于外时钟模式时，可以读取输出寄存器、控制寄存器或校准寄存器的数据，由 A0 决定读取的目的寄存器，A0 为高，读取输出寄存器或校准寄存器的数据；A0 为低，读取控制寄存器的数据。在读操作的整个过程中，A0 信号要保持有效。

外时钟模式读数据的时序图如图 3 - 29 所示。所有数据在一次读操作中全部读出，在读数据过程中，$\overline{\text{RFS}}$保持为低。SCLK 信号在读写操作之间应该为低，$\overline{\text{RFS}}$变为低，数据的最高位 MSB 出现在串行数据线上，然后数据的其他位由高到低依次出现在串行数据线上，并在每个时钟信号的下降沿之前有效。倒数第二个时钟的下降沿锁定 LSB，最后一个时钟的下降沿将$\overline{\text{DRDY}}$置为高，$\overline{\text{DRDY}}$的上升沿关掉串行数据输出。

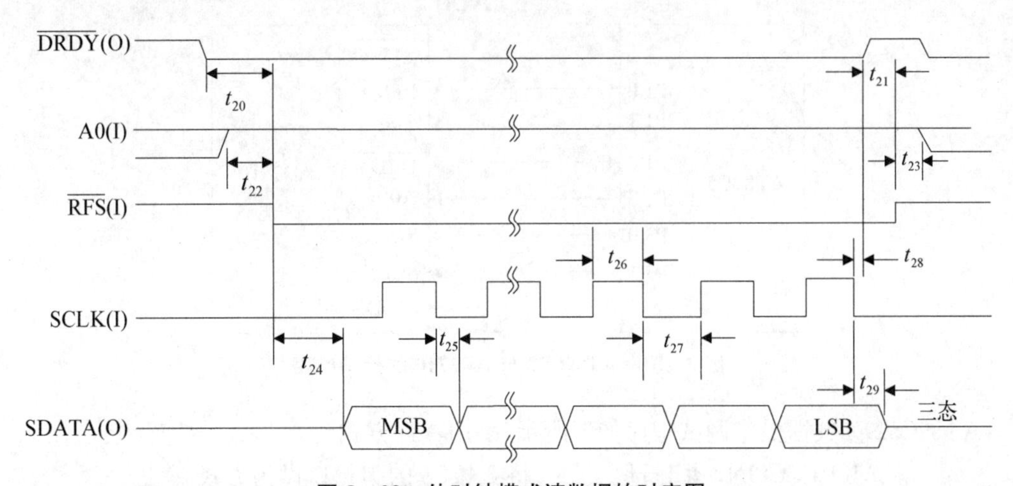

图 3 - 29　外时钟模式读数据的时序图

$\overline{\text{DRDY}}$信号取决于 AD7710 的输出数据更新率以及输出数据寄存器的读操作。当一个新的数据进入输出数据寄存器后，$\overline{\text{DRDY}}$变为低，当数据的最后一位被读出后，该信号变为高。如果数据未被读取，$\overline{\text{DRDY}}$保持为低，输出数据寄存器的值会被持续更新，但$\overline{\text{DRDY}}$并不会表明。如果正在读数据时一个新的数据产生，那么$\overline{\text{DRDY}}$也不会表明，并且新的数据不会进入输出寄存器，而是会丢失。在从控制寄存器或校准寄存器读数据时，$\overline{\text{DRDY}}$信号不受影响。

外时钟方式写数据的时序图如图 3 - 30 所示。数据既可以被写入控制寄存器，也可以被写入校准寄存器。由A0决定写入的目的寄存器,A0为高,数据被写入校准寄存器,A0为低,数据被写入控制寄存器。在写操作的整个过程中,A0信号要保持有效。

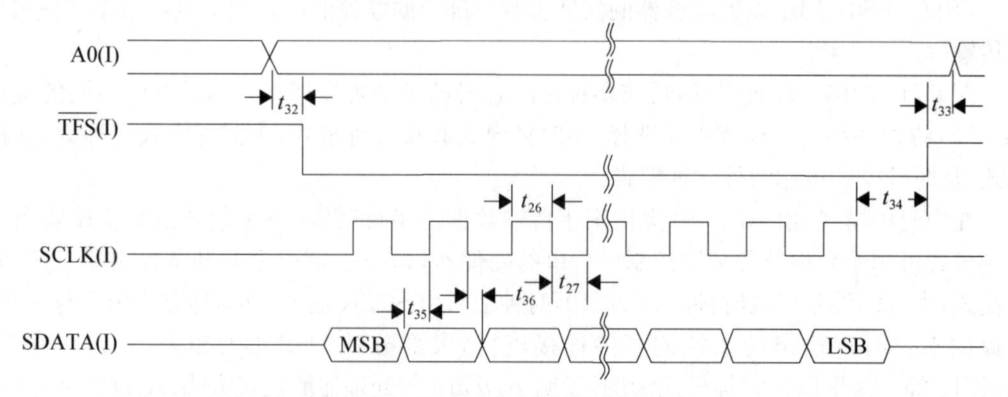

图3-30 外时钟方式写数据的时序图

写操作不会受$\overline{\text{DRDY}}$状态的影响,也不会影响$\overline{\text{DRDY}}$的状态。写入的数据必须是24位的。在写数据过程中,$\overline{\text{TFS}}$保持为低。串行时钟在读写操作之间应该为低。串行数据在SCLK信号为高时有效。SCLK信号在读写操作之间应该为低,数据在SCLK信号为高时被写入AD7710,最先写入数据的最高位,最后一个时钟有效时写入LSB。

图3-31为AT89C52与AD7710的接口电路。AD7710工作于外时钟方式,AT89C52的串行口工作于0方式,时钟由AT89C52的P3.1提供,AD7710的$\overline{\text{DRDY}}$与AT89C52的P1.2连接,AT89C52用查询方式来读数据,并将读到的数据放入40H起始的内存单元。

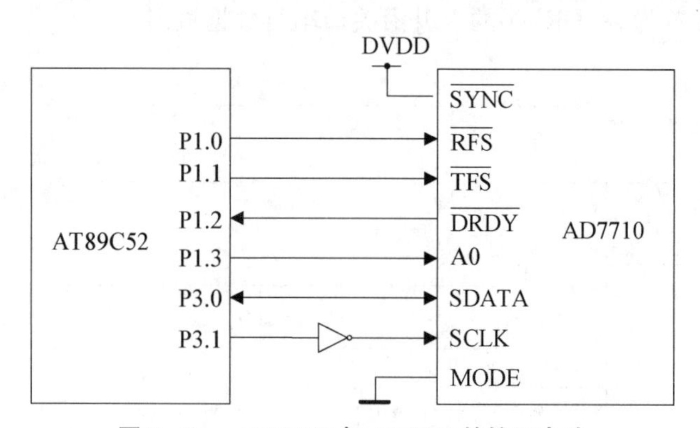

图3-31 AT89C52与AD7710的接口电路

AT89C52读数据操作调试程序如下所示(采用查询方式)。

```
MOV SCON, #11H        ;将8XC51的串行口设为方式0
MOV IE, #00H          ;关闭所有中断
SETB  90H             ;设置RFS
SETB  91H             ;设置TFS
SETB  93H             ;设置A0
MOV R1, #003H         ;设置读操作的数据个数
MOV R0, #040H         ;设置存放数据的起始地址
MOV R7, #004H         ;设置DRDY
```

```
WAIT： NOP
       MOV A，P1              ;读P1口
       ANL A，R7              ;屏蔽掉除DRDY之外的所有位
       JZ READ                ;转换结束,读数据
       SJMP WAIT              ;转换未完成,继续等待
READ： CLR 90H                ;将RFS置低
       CLR 98H                ;清楚接收中断标志
POLL： JB 98H，READ1          ;接收到数据,取数据
       SJMP POLL              ;继续查询
READ1：MOV A，SBUF            ;读接收缓冲器
       RLC A                  ;带循环左移
       MOV B.0，C             ;数据倒序
       RLC A；MOV B.1，C；RLC A；MOV B.2，C；RLC A；MOV B.3，C；
       RLC A；MOV B.4，C；RLC A；MOV B.5，C；RLC A；MOV B.6，C；
       RLC A；MOV B.7，C；
       MOV A，B
       MOV @R0，A             ;将数据写入存储单元
       INC R0
       DEC R1
       MOV A，R1
       JZ END                 ;数据读完,结束
       JMP WAIT               ;取下一个数据
END：  SETB 90H               ;将RFS置高
```

AD7710上电后,需要改变工作模式时,要向内部的控制寄存器写入数据。要想人工改变校准寄存器内容时也需要向校准寄存器写入校准数据,下面为用中断方式向内部控制寄存器写数据的程序,设需写入的数据存放在40H起始的单元,写数据操作调试程序如下所示。

```
       MOV SCON，#00H         ;将8XC51的串行口设为方式0
       MOV IE，#90H           ;允许串口中断
       MOV IP，#10H           ;将串口中断的优先级设为高
       SETB  90H              ;设置RFS
       SETB  91H              ;设置TFS
       MOV R1，#003H          ;设置要写入的数据个数
       MOV R0，#040H          ;设置写入数据存储地址的首地址
       MOV A，#00H            ;清累加器A
       MOV SBUF，A            ;初始化串口
WAIT： JMP WAIT               ;等待中断
INT：  NOP
       MOV A，R1
       JZ DONE                ;写操作完成则结束
```

```
        DEC R1                  ;未完成写入数据个数减 1
        MOV A, @ R0             ;将要写入数据放入累加器
        INC R0                  ;数据地址加 1
        RLC A                   ;数据倒序
        MOV B.0, C
        RLC A; MOV B.1, C; RLC A; MOV B.2, C; RLC A; MOV B.3, C;
        RLC A; MOV B.4, C; RLC A; MOV B.5, C; RLC A; MOV B.6, C;
        RLC A; MOV B.7, C;
        MOV A, B
        CLR 93H                 ;将 A0 置为 0
        CLR 91H                 ;将 TFS 置为低
        MOV SBUF, A             ;将数据写入串行口
        RETI                    ;中断返回
DONE:   SETB 91H                ;将 TFS 置为高
        SETB 93H                ;将 A0 置为高
        RETI                    ;中断返回
```

7) TLV2543

TLV2543 是 TI 公司推出的具有 11 个模拟量输入通道的 12 位、串行接口 A/D 转换器，转换速率为 10 μs，误差为±1 LSB，具有内部时钟，自带采样保持电路，模拟信号可单端输入也可差动输入。内置三种自检模式，串行输出数据顺序可编程选择，可选择高位先出或低位先出，具有三态输出数据寄存器，且具有省电模式。其内部功能框图如图 3-32 所示，由 14 路多路模拟开关电路、自检参考电路、采样保持电路、控制逻辑和 I/O 计数电路、输入地址寄存器、12 位 A/D 转换器、输出数据寄存器及并—串转换器组成。

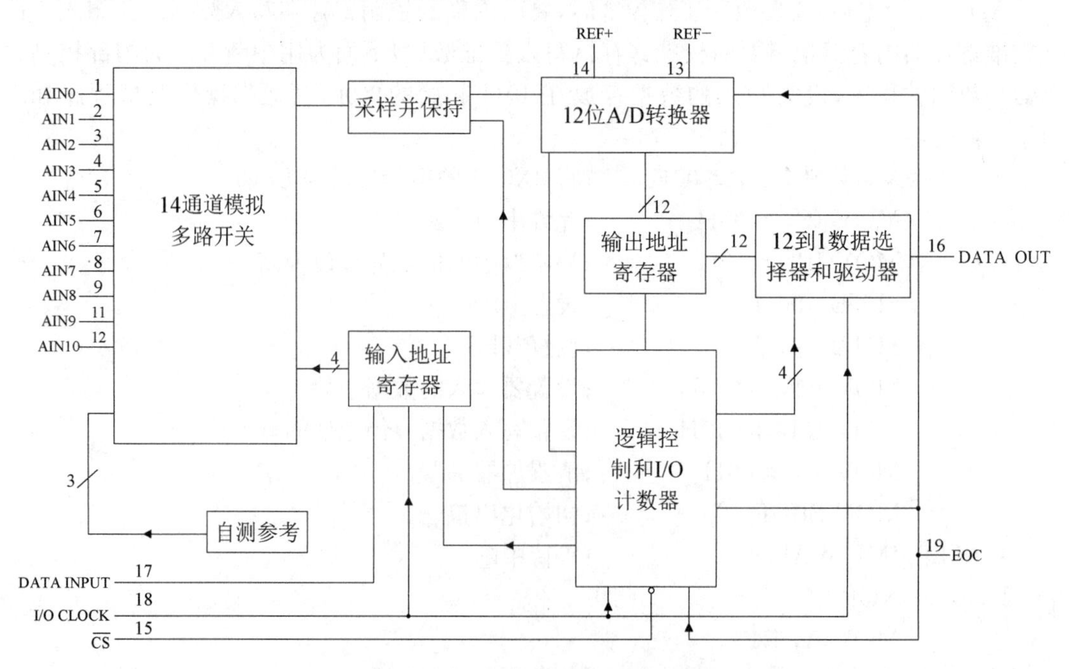

图 3-32 TLV2543 内部功能框图

TLV2543是12位逐次逼近型的A/D转换器，其有三个控制信号：片选信号($\overline{CS}$)、输入/输出时钟(I/O CLOCK)、数据输入端(DATA INPUT)。片内具有一个14通道的多路开关，可从11个模拟输入通道或三个内部自检电压中任选一个输入。信号的采样保持由其内部电路自动完成，转换结束后，EOC输出高电平表示转换结束。

TLV2543的引脚图如图3－33所示，各引脚功能如下。

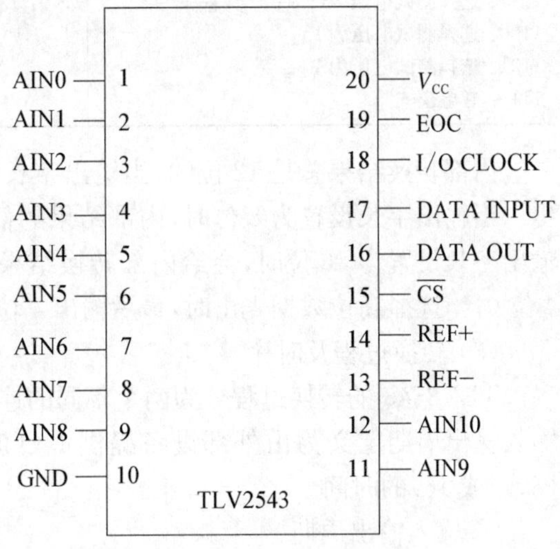

图3－33　TLV2543引脚图

AIN0～AIN10：模拟量输入通道，由内部自带的多路开关选择。

$\overline{CS}$信号的下降沿复位内部计数器及控制逻辑，并使能DATA OUT、DATA INPUT和I/O CLOCK信号。

DATA INPUT：串行数据输入端。高位字节在前，串行时钟的上升沿将数据锁存，前四个时钟先读入4位通道选择地址信号，当地址信号进入地址寄存器后，再读入要转换的模拟量。

DATA OUT：串行数据的输出端。转换结束的数据存在三态缓冲输出寄存器中，当$\overline{CS}$为高电平时，DATA OUT处于高阻状态，当$\overline{CS}$为低电平时，DATA OUT被激活，输出转换结果。串行时钟的下降沿将数据输出。

EOC：转换结束信号。EOC信号在芯片进行A/D转换时为低电平，转换结束后变为高电平。

GND：内部电路的基准地。

I/O CLOCK：输入/输出时钟。

REF＋：正参考电压端。

REF－：负参考电压端。模拟量的最大输入范围由参考电压决定，即(REF＋)～(REF－)。

V_{CC}：正电源电压端。

(1) 上电和初始化

上电后，必须将$\overline{CS}$信号由高变为低以开始一次I/O周期。最初EOC为高，输入数据寄存器各位被清“0”。输出数据寄存器的内容是随机的，第一次转换结果应该被忽略。在操作中进行初始化时，先将$\overline{CS}$拉高，然后变为低以开始下一次I/O周期。

(2) 数据输入

数据输入端与8位串行输入地址及输入寄存器相连，输入数据进入输入寄存器，该寄存器定义了转换器的操作以及输出数据的长度。该转换器先输出高位数据，每个数据在串行时钟的上升沿被锁存。输入寄存器格式如表3－9所示。

其中，输入寄存器的D7～D4用来选择11个模入通道、三个参考测试电压或省电模式中的其中一个。D3和D2用来确定输出数据的长度，可选择8、12或16位，推荐使用12位。D1用来确定输出二进制数据的顺序，D1设为零，高位先出，D1设为1，低位先出。D0用于确定输入电压的极性，D0设为0代表输入电压为单极性，D0设为1代表输入电压为双极性。

表 3-9　输入寄存器格式

D7	D6	D5	D4	D3	D2	D1	D0
输入通道地址、测试电压、工作模式选择				输出数据长度选择		输出格式选择	输入数据极性选择
0000～1010：选择 11 个通道中的某一通道 1011：选择测试电压为$(V_{REF+}-V_{REF-})/2$ 1100：选择测试电压为V_{REF-} 1101：选择测试电压为V_{REF+} 1110：省电模式				0 1：8 位 ×0：12 位 1 1：16 位		0：高位先出 1：低位先出	0：单极性输入(二进制码) 1：双极性输入(二进制补码)

内部转换结果总是 12 位的，当输出字长设置为 12 位时，所有的字节都是有效的，都输出。当输出字长设置为 8 位时，内部结果的低 4 位被丢弃以提供一个字节的快速传输。当输出字长设置为 16 位时，会给内部转换结果补上低 4 位，当选择低位先出模式时，先输出 4 位 0；当选择高位数据先出时，最后输出 4 位 0。

(3) 转换过程及时序

TLV2543 的转换过程分为两个不同的连续周期：① 输入输出周期；② 实际转换周期。输入输出周期定义为由外部设备提供 I/O 时钟并持续所选择数据长度需要的时钟长度(8、12或 16)的时间。

① 输入输出周期

在该周期，同时进行两个操作。(a) 首先给 DATA INPUT 提供包含地址与控制信息的 8 位控制字节。该数据在前 8 个时钟的上升沿被移入转换器。在前 8 个时钟之后，DATA INPUT 被忽略。(b) 输出数据以串行方式提供给 DATA OUT。当$\overline{CS}$保持为低时，输出数据的第 1 位在 EOC 信号的上升沿出现在数据线上。当$\overline{CS}$在两次转换期间被拉低时，输出数据的第 1 位在$\overline{CS}$的下降沿出现。该数据是前一次的转换结果，之后，其他位的数据按顺序在每一个时钟的上升沿被锁存。

② 转换周期

转换周期对用户是透明的，由与 I/O CLOCK 同步的内部时钟控制。在转换期间，转换器对模拟输入电压进行逐次逼近转换。转换开始时，EOC 变低，转换结束后变高，并将数据锁存到输出数据寄存器。转换周期只有在输入输出周期结束后才能开始，这样将外部数字噪声对转换精度的影响降到了最低。

以 12 位时钟传输数据、高位先出的时序图如图 3-34 所示。

一开始，$\overline{CS}$为高，I/O CLOCK 及 DATA INPUT 被禁止，DATA OUT 处于高阻状态。$\overline{CS}$变低，使能 I/O CLOCK 及 DATA INPUT，启动转换过程，并使 DATA OUT 脱离高阻状态。

输入数据是一个 8 位的控制字节，其中，包括 4 位模拟通道地址位(D7～D4)、2 位数据长度选择位(D3～D2)、1 位确定高位先出或低位先出的选择位(D1，可为 MSB 或 LSB)，以及 1 位代表输入电压是单极性或双极性的选择位(D0)。数据由 DATA INPUT 端进入，时钟序列将该数据存入输入寄存器。

该芯片在转换过程中，时钟序列同时将前一次的转换结果从输出数据寄存器移到 DATA OUT 端。I/O CLOCK 输出 8、12 或 16 的输出数据序列，该数据序列长度由输入数据寄存器的数据长度选择位确定。在第 4 个输入时钟的下降沿开始对模拟输入信号进行采样，并保持直到 I/O CLOCK 时钟序列的最后一个下降沿之后。最后一个时钟的下降沿将 EOC 信号拉低并启动转换。

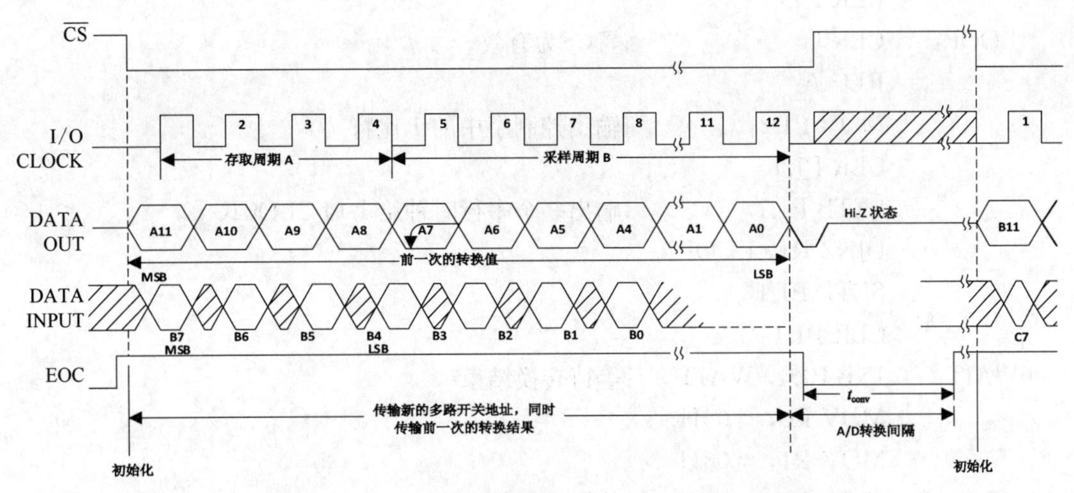

图 3－34　以 12 位时钟传输数据、高位先出的时序图

TLV2543 与 AT89C52 的接口电路如图 3－35 所示。TLV2543 的片选 $\overline{CS}$、I/O 时钟、数据输入信号由单片机的双向口 P1 的引脚 P1.0、P1.1、P1.2 来提供，TLV2543 的转换结果通过 P1 口的 P1.3 来接收，转换结束信号 EOC 与 P1 口的 P1.4 相连。

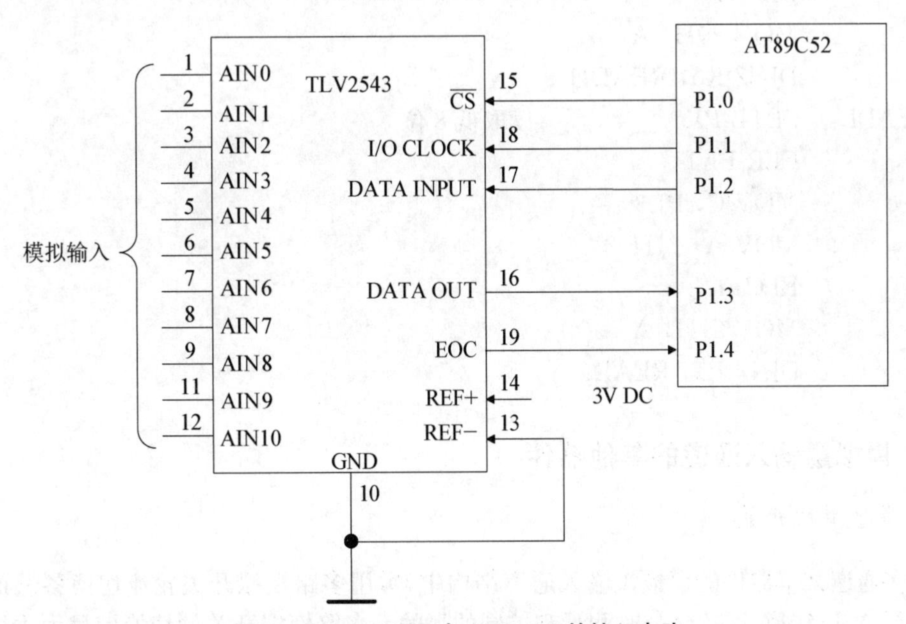

图 3－35　TLV2543 与 AT89C52 的接口电路

假设将采集的某一通道的数据存放在 20H、21H 中，调试程序如下。

```
MOV 20H，＃00H      ;清转换结果低 8 位地址
MOV 21H，＃00H      ;清转换结果高 8 位地址
MOV A，＃00H        ;写控制字，第 0 通道，12 位数据输出，高位先出，单极
                    性输入
MOV R1，＃08H       ;依次输出 8 比特控制字，并同时接收上一次转换结果
                    高 8 位有效位
```

```
        CLR P1.0
LOOP：   CLR C            ;置CS为有效
        RLC A
        MOV P1.2，C       ;输出控制字中的 1 比特
        CLR P1.1
        SETB P1.1         ;输出一个串行时钟给 I/O CLOCK
        DJNZ R1，LOOP
        SETB P1.1
        CLR P1.1
WAIT：   JNB P1.4，WAIT    ;等待转换结束
        MOV R0，#04H
        MOV R1，#08H
READH：  SETB P1.1         ;读取高 4 位
        CLR P1.1
        MOV C，P1.3
        MOV A，20H
        RLC A
        MOV 20H，A
        DJNZ R0，READH
READL：  SETB P1.1         ;读取低 8 位
        CLR P1.1
        MOV C，P1.3
        MOV A，21H
        RLC A
        MOV 21H，A
        DJNZ R1，READL
```

3.1.3 模拟量输入通道的其他器件

1. 多路模拟开关

在多通道共享器件的模拟量输入通道结构中，常用多路模拟开关轮流切换各通道模拟信号进行 A/D 转换，以达到分时测量和控制的目的。多路模拟开关的切换信号由主机电路发出。

常用的多路模拟开关有 CD4051、CD4052、CD4067、AD7501、AD7502、AD7503 等。选用时要考虑开关的接通电阻、温度漂移(简称温漂)、开关漏电流、对地电容、开关接通时延、开关断开时延和切换时间等参数，还要注意避免各通道之间的相互干扰。下面以 CD4051、CD4052 为例进行介绍。

CD4051、CD4052 是美国仙童(Fairchild)半导体公司生产的多路模拟开关。CD4051 具有单端 8 路输入/输出通道、1 路公共输出/输入通道，由 3 根地址线(A、B、C)的状态及禁止信号(INH)来选择 8 路中的某一路进行输入/输出，其功能结构及引脚如图 3 - 36 所示。

CD4052 具有差动 4 路输入/输出通道、1 路公共输出/输入通道，由 2 根地址线(A、B)的状态及禁止信号(INH)来选择 4 路中的某一路进行输入/输出，其功能结构及引脚如图 3－37 所示。CD4051 及 CD4052 的真值表如表 3－10 所示。

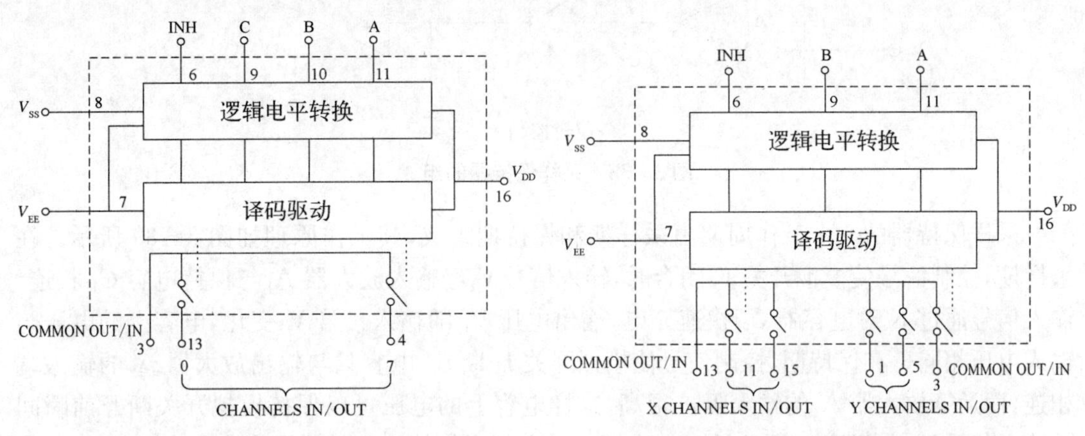

图 3－36　CD4051 的功能结构及引脚　　**图 3－37　CD4052 的功能结构及引脚**

表 3－10　CD4051 与 CD4052 的真值表

输入状态				"ON"通道	
INH	C	B	A	CD4051	CD4052
0	0	0	0	0	0X&0Y
0	0	0	1	1	1X&1Y
0	0	1	0	2	2X&2Y
0	0	1	1	3	3X&3Y
0	1	0	0	4	
0	1	0	1	5	
0	1	1	0	6	
0	1	1	1	7	
1	×	×	×	NONE	NONE

AD7501、AD7502、AD7503 只能单项导通，也就是只能用于模拟量输入通道，而 CD4051、CD4052 可以双向导通，既可以用于模拟量输入通道，也可以用于模拟量输出通道。

各种多路模拟开关的功能和使用方法基本相同，但引出端不同，某些技术指标也不同，相应地，价格有较大差别。模拟开关的接通电阻一般在 100 Ω 以上，在要求开关接通电阻很小的场合，应当采用小型继电器(例如 JAG－4 舌簧继电器等)。

2. 采样保持器

A/D 转换器在进行模—数转换时，从启动转换到转换结束需要一定的时间，在此期间要保证输入信号基本不变，才能保证转换精度。采样保持器(Sample and Hold Amplifier，S/H)可以使信号保持不变，所以一般在 A/D 转换器之前要加采样保持器，针对直流信号或频率较低的信号，该器件可省略。

采样保持器通常由输入放大器 A_1、模拟开关 K、保持电容 C_H 和运算放大器 A_2 组成，如图 3－38 所示。

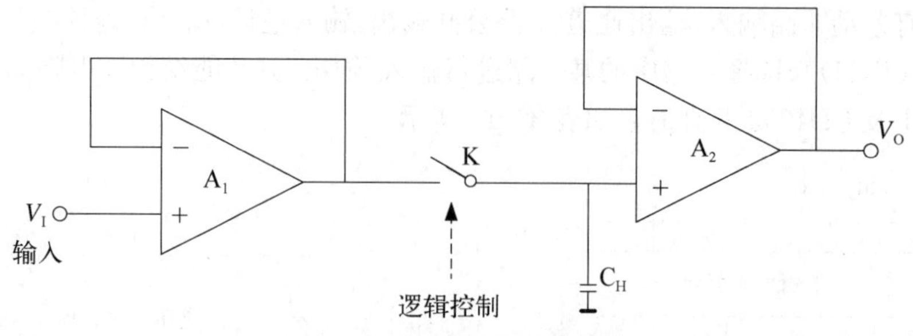

图 3-38 采样保持器的组成

采样保持器的一个工作周期由采样期和保持期组成,其工作原理如图 3-39 所示。在采样期,控制信号使模拟开关 K 闭合时,输入信号 V_I经输入放大器 A_1与保持电容 C_H相连,输入信号通过 K 对电容器 C_H快速充电,输出电压 V_O随输入信号 V_I变化,电容上的电压与输入电压相同。在保持期,控制信号使模拟开关 K 断开,电容只与输出放大器 A_2的输入端相连,而运算放大器 A_2的输入阻抗很高,这样电容上的电压可以保持模拟开关断开前瞬间的输入信号 V_I的值不变,因此输出放大器也可在相当长的一段时间保持输出值恒定不变,直至模拟开关 K 再次闭合,进入另一个周期。

采样保持器在实际工作中有各种非理想状态,会影响采样保持器的质量,如图 3-40 所示。

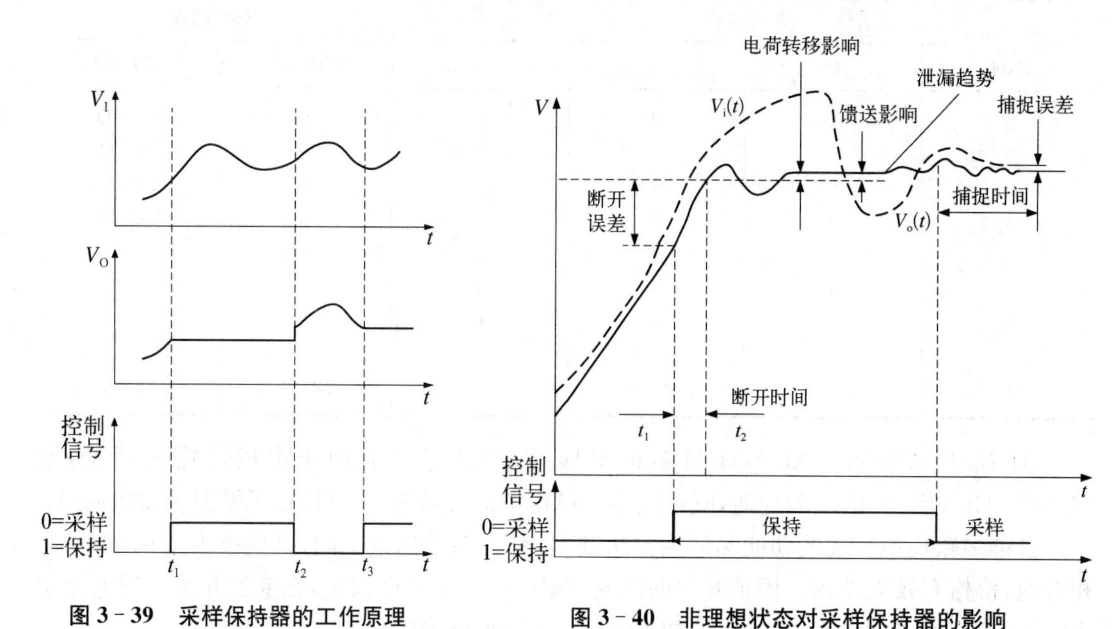

图 3-39 采样保持器的工作原理　　图 3-40 非理想状态对采样保持器的影响

采样保持器主要有以下性能指标。

1) 孔径时间

采样保持器的孔径时间是指,在保持命令发出后到逻辑输入控制开关完全断开所需的时间。如图 3-40 所示,在 t_1时刻,虽然控制信号已发生跳变,但由于电路的延时作用,模拟开关在 t_2时刻才完全断开,因此电容 C_H保持的是 t_2时刻的输入信号值,与 t_1时刻的输入信号有误差。t_2与 t_1之差称为断开时间,也称为孔径时间。

2) 捕捉时间

捕捉时间是指当由保持状态切换到采样状态时,采样保持器的电容电压从所保持的数值跟踪输入信号达到规定的采样精度所需的最小时间。捕捉时间与输入放大器的响应时间、电容充放电的时间常数、输入信号的变化率以及捕捉精度有关，如图 3-40 所示。

3）保持电压下降率

由于开关的关断电阻、运算放大器的输入电阻以及电容本身的介质电阻都是有限的，所以会引起电容上电荷的泄漏而使保持电压不断下降。保持电压下降率与泄漏电流 I_S 有关，其关系如公式(3-6)所示。

$$\frac{\Delta V}{\Delta T}=\frac{I_S}{C_H} \tag{3-6}$$

4）馈送影响

由于模拟开关的断开电阻不是无穷大，并且受开关极间电容影响，所以采样保持器在保持期间，输入信号会耦合到保持电容上引起输出信号的微小变化。

5）瞬变效应对保持电压的影响

当控制信号产生由采样到保持的跳变时，驱动电路的瞬变电压会通过模拟开关的极间电容和驱动线与保持电容的杂散电容耦合，使电荷转移到保持电容上，对保持电压产生影响，其值如公式(3-7)所示。

$$\Delta V_H=\frac{\Delta V_G C_{GD}}{C_H} \tag{3-7}$$

式中，ΔV_H 为保持电压的变化；ΔV_G 为控制信号的跳变电压，通常为+5 V；C_{GD} 为模拟开关极间电容量；C_H 为保持电容量。

集成采样/保持器的芯片内不含有保持电容，该电容由用户根据需要选择。

常用的集成采样保持器有 AD582、LF398 等。

AD582 是高性能的采样保持器，泄漏电流小，具有放大功能，有两个逻辑控制输入端(LOGICIN+及 LOGICIN−)。AD582 在 LOGICIN+＝“1”且 LOGICIN−＝“0”时处于保持模式，其他任何状态都处于采样模式。典型用法是将 LOGICIN−接地，用 LOGICIN+来进行逻辑控制，LOGICIN+为低时，AD582 处于采样模式；LOGICIN+为高时，AD582 处于保持模式。

LF398 具有采样速率高、保持电压下降慢、精度高的特点，但不具备放大功能，并且采样保持模式所需的控制电平与 AD582 相反。LF398 的 LOGICIN−为参考输入端，LOGICIN+为逻辑控制端。当 LOGICIN−＝“0”时处于保持状态；当 LOGICIN−＝“1”时，转换到采样模式。

AD582 和 LF398 的引脚和典型接法如图 3-41 所示。

3. 前置放大电路

当输入信号较小时，需用放大器将小信号放大到与 A/D 电路输入电压相匹配的电平，才能进行 A/D 转换。前置放大电路通常采用集成运算放大器(以下简称运放)。集成运算放大器分为通用型[例如 F007(5G24)、μA741、DG741]和专用型两类。专用型有低漂移型(例如 DG725、ADOP-07、ICL7650、5G7650)、高阻型(例如 LF356、CA3140、5G28)、低功耗型(例如 LM4250、μA735)等。此外，还有单电源的集成运放(LM324、DG324)等。

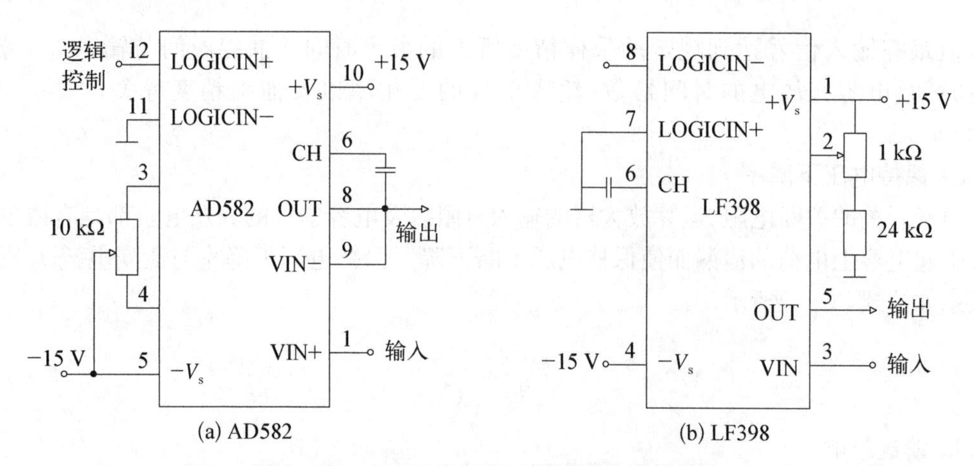

图 3 - 41　AD582 和 LF398 的引脚和典型接法

使用时,应根据实际需要来选择集成运算放大器的类型。一般应首先考虑选择通用型的,因为它们既容易购得,售价也较低。只在有特殊要求时才考虑其他类型的运放电路。选择集成运放的依据是其性能参数,运放的主要参数有:差模输入电阻、输出电阻、输入失调电压、电流及温漂、开环差模增益、共模抑制比和最大输出电压幅度等,这些参数均可在有关手册中查得。

下面介绍几种典型运放电路的接法。

1) 高精度、低漂移运放电路

ICL7650(国产型号为 5G7650)具有极低的失调电压和偏置电流,温漂系数小于 0.1 μV/℃,电源电压范围为±3～±8 V。图 3 - 42 为 ICL7650 放大器电路的一种接法,调

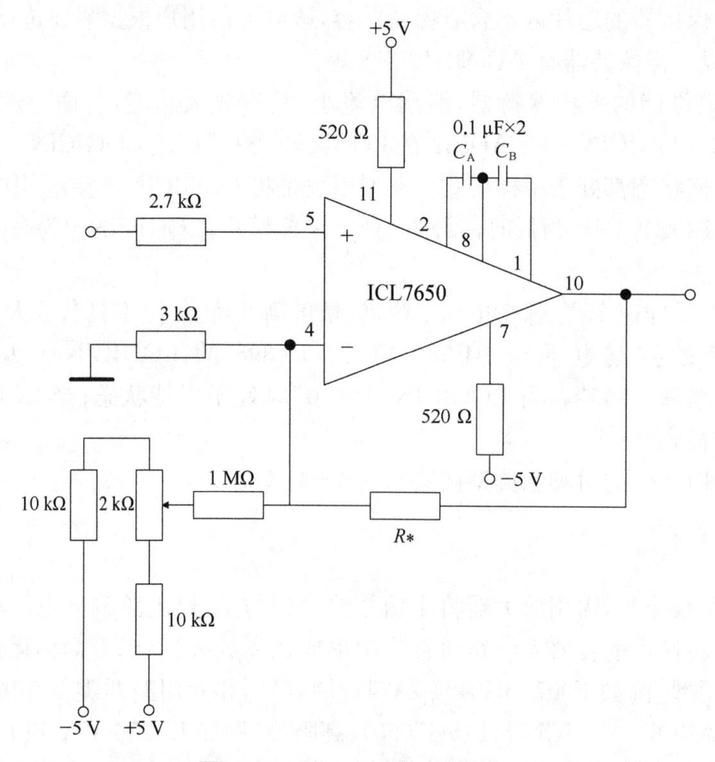

图 3 - 42　ICL7650 放大器电路

零信号从 2 kΩ 的电位器引出，输入运放的反相端。C_A 和 C_B 应采用优质电容。ICL7650 用作直流低电平放大时，输出端可接 RC 低通滤波器。

ADOP－07 也是低漂移运放，其温度系数为 0.2 μV/℃。它还具有较高的共模输入电压范围（±14 V）和共模抑制比（126 dB），电源电压范围从±3～±18 V。该运放的一种接法如图 3－43 所示。

2）高输入阻抗运放电路

CA3140 是高输入阻抗集成运放，其输入阻抗达 10^{12} Ω，开环增益和共模抑制比也较高，电源电压为±15 V。图 3－44 为 CA3140 放大器电路的一种接法。

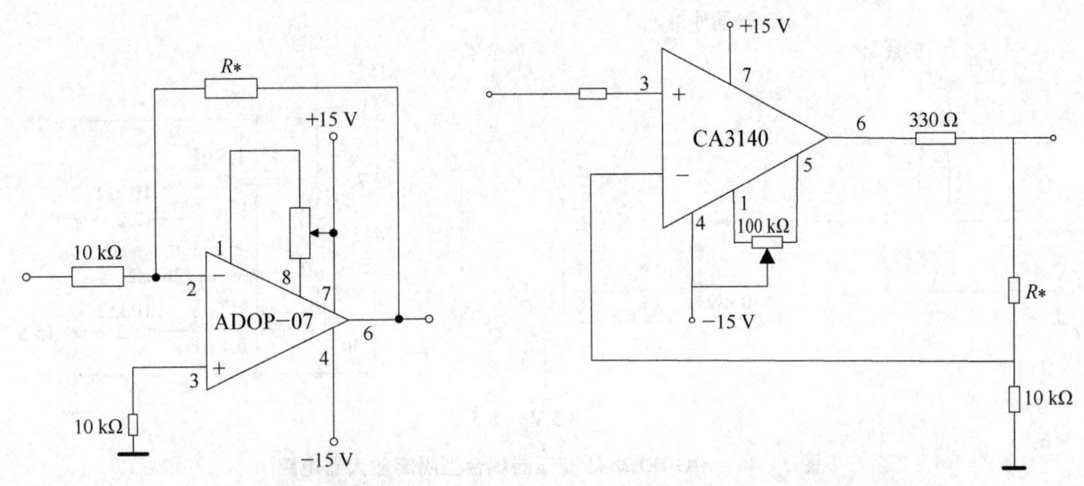

图 3－43　ADOP－07 放大器电路　　**图 3－44　CA3140 放大器电路**

在模拟放大电路中，常采用由三个运放构成的对称式差动放大器来提高输入阻抗和共模抑制比，其电路如图 3－45 所示。放大器的差动输入端 VIN＋和 VIN－，分别是两个运放

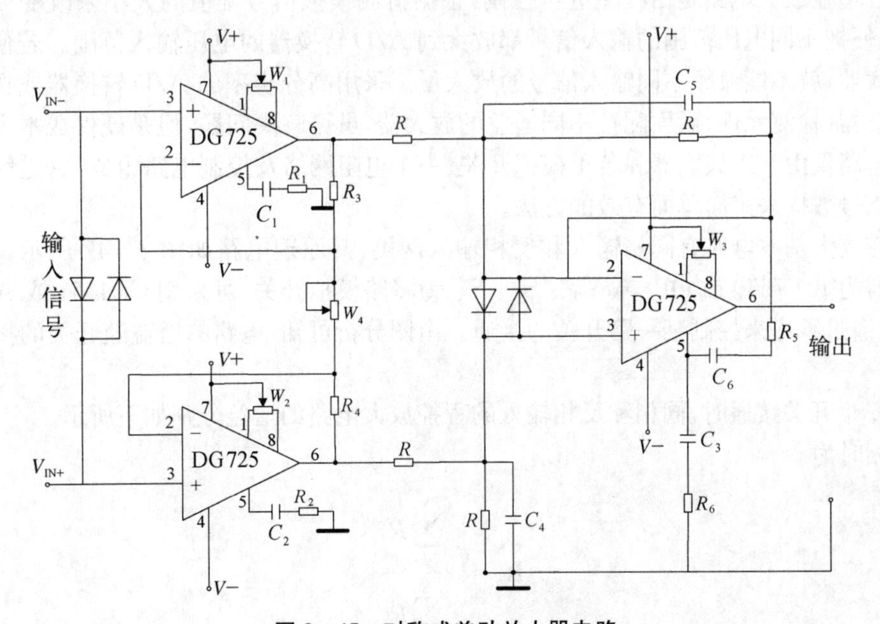

图 3－45　对称式差动放大器电路

DG725的同相输入端，因此输入阻抗很高，而且电路的对称结构保证了抑制共模信号的能力。图中W_4用以调整放大倍数，二极管用来限幅。

3）隔离放大电路

在测量系统中，有时需要将仪表与现场相隔离(指无电气上的联系)，这时可采用隔离放大器。这种放大器能完成小信号的放大任务，但在电路的输入端与输出端之间没有直接电气联系，因而具有很强的抗共模干扰的能力。隔离放大器有变压器耦合型和光电耦合型两类，用于小信号放大的隔离放大器通常采用变压器耦合形式，例如MODEL284J，其内部包括输入放大器、调制器、变压器、解调器和振荡器等部分，接法见图3-46。

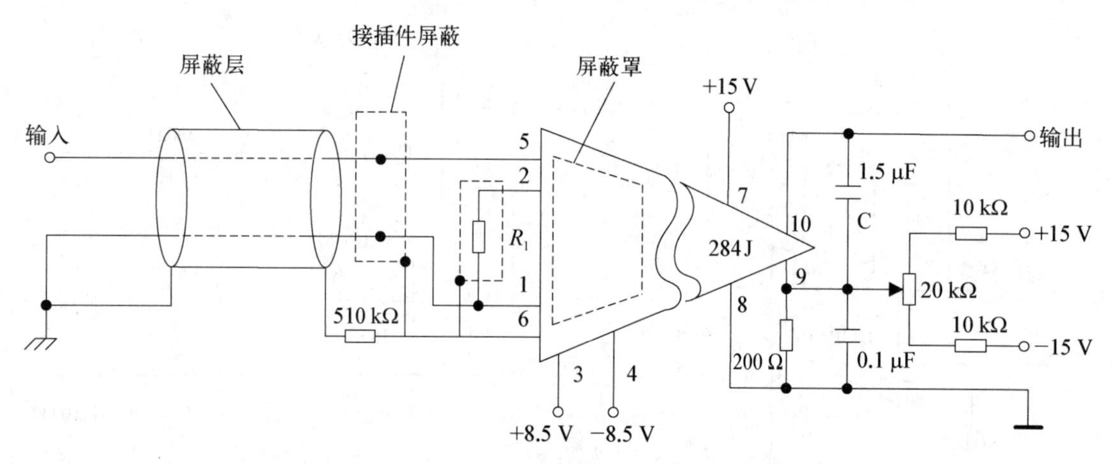

图3-46　MODEL284J变压器耦合型隔离放大器电路

284J的输入放大器被接成同相输入形式，端子1、2之间的电阻R_1与输入电阻串在一起，调整R_1可改变放大器的增益。图中20 kΩ电位器用来调整零点，C为滤波电容。

4）程控增益放大电路

程控增益放大电路是由程序进行控制，根据待测模拟信号幅值的大小来改变放大器的增益，以便把不同电压范围的输入信号都放大到A/D转换器的电压输入范围。若使用固定增益放大器，就不能兼顾不同输入信号的放大量。采用高分辨率的A/D转换器或在不同信号的传感器(检测元件)后面配接不同增益的放大器，虽可解决问题，但是硬件成本太高。程控放大电路仅由一组放大器和若干模拟开关、一个电阻网络及控制电路组成，它是解决宽范围模拟信号数据采集简单而有效的方法。

程控放大基本电路有同相输入和反相输入两类，其原理电路如图3-47所示。图中运算放大器为ICL7650或OP-07等。$S_1 \sim S_N$为多路模拟开关，可采用CD4051或AD7501，由CPU通过程序来控制某一路开关的接通。由图分析可知，电路的增益随开关的接通情况而异。

第n个开关接通时，同相和反相输入的程控放大电路的增益分别如下所示。

同相时为

$$K_n = \frac{\sum_{i=1}^{N} R_i}{\sum_{i=n}^{N} R_i} \tag{3-8}$$

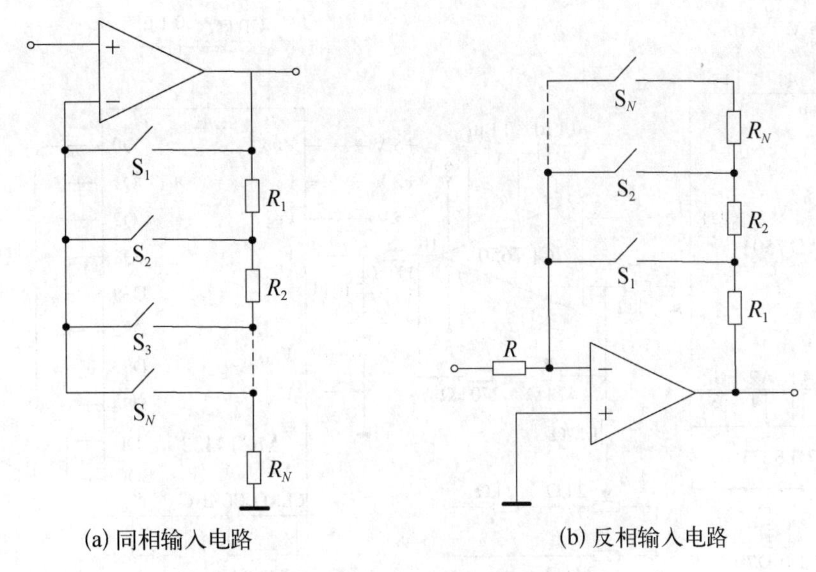

(a) 同相输入电路　　　　(b) 反相输入电路

图 3-47　程控放大基本电路原理电路

反相时为

$$K_n = \frac{\sum_{i=1}^{N} R_i}{R_1} \tag{3-9}$$

3.1.4　模拟量输入通道设计举例

模拟量输入通道的设计步骤是：根据仪表性能要求，选择合适的 A/D 转换器、多路开关、采样/保持器和放大器。器件选定之后，进行电路设计和编制调试程序。电路正确无误时，方可进行布线和加工印刷电路板。

下面给出以 AT89C52 单片机为处理器所设计的模入通道实例。

设计要求：8 路模拟量输入(信号变化缓慢)，电压范围 0～20 mV，转换时间 0.5 s，分辨率 20 μV，通道误差小于 0.1%。

按此要求，A/D 选用 MC14433，多路开关选用 AD7501，因为输入为低电平缓变信号，不必使用采样保持器，但需用放大电路 ICL7650 将信号放大到 0～2 V，使与 A/D 的输入电压范围相匹配。

模拟通道的逻辑线路见图 3-48。多路开关 AD7501 的输入信号经 ICL7650 放大(放大倍数为 100)、阻容滤波后送入 MC14433，MC14433 采取连续自动转换方式，其输出端 Q0～Q3、DS1～DS4 与 AT89C52 的 P1 口直接相连，结束信号 EOC 接至 AT89C52 的 $\overline{\text{INT1}}$，单片机采用中断方式读取数据。

设采样数据存放在 40H～4FH，读取 A/D 转换结果的子程序为 AINT(参见本章 MC14433 部分)，则数据采集的调试程序如下(注意：第一次采样应在两次中断之后，这样才能采集到完整的数据)。

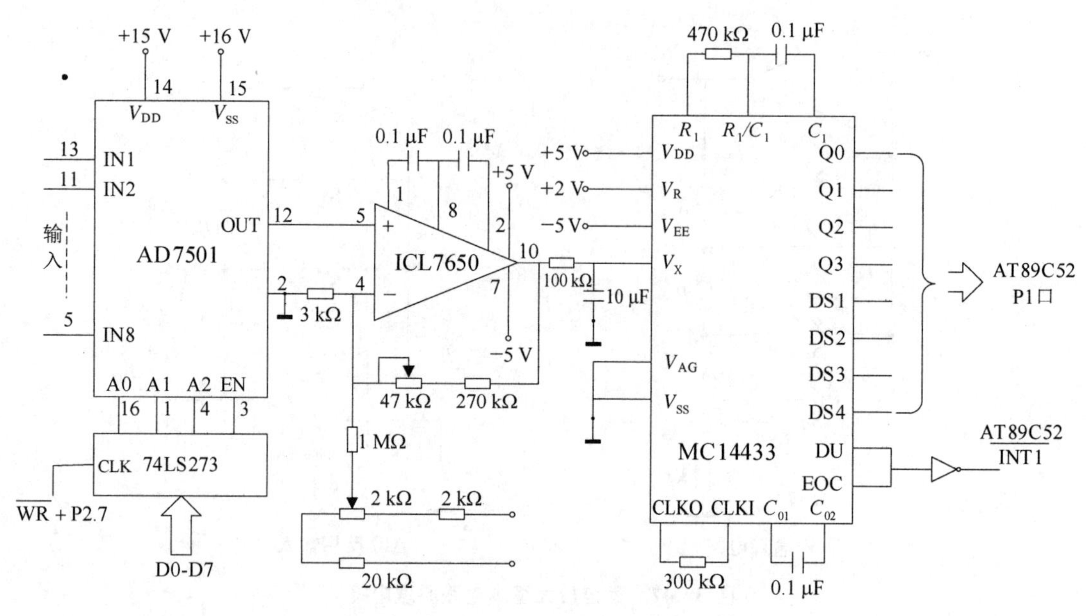

图 3-48　模拟通道逻辑线路

初始化程序为

```
INIT:   MOV   DPTR, #7FFFH          ;设置设备号
        MOV   R0, #40H              ;设置数据指针
        MOV   R1, #07H              ;设置通道号(有效的 0 通道号减 1)
        SETB  IT1                   ;置边沿触发方式
        SETB  EA                    ;开放 CPU 中断
        SETB  EX1                   ;允许外部中断 1 中断
LOOP:   CJNE  R0, #50H, LOOP        ;判是否结束,等待中断
        RET                         ;采样结束返回
```

中断服务程序为

```
ADINTR: INC   R1                    ;通道号加 1
        MOV   A, R1
        MOVX  @DPTR, A              ;接通下一通道
        CJNE  R1, #08H, NEXT        ;若不是 0 通道,转 NEXT
        RETI                        ;若是 0 通道,则返回
NEXT:   ACALL AINT                  ;读转换结果
        MOV   A, 20H
        MOV   @R0, A                ;存千位、百位数
        INC   R0
        MOV   A, 20H
        MOV   @R0, A                ;存十位、个位数
        INC   R0
        RETI
```

3.2　模拟量输出通道

模拟量输出通道一般由 D/A 转换器、多路模拟开关、采样保持器等组成，其中 D/A 转换器是完成数/模转换的主要器件。本节着重讨论 D/A 芯片的使用方法及其与单片机的接口电路。

3.2.1　模拟量输出通道的结构

模拟量输出通道也有单通道和多通道之分，多通道结构通常又分为以下两种。

(1) 多通道独立器件结构(图 3-49)。这种形式通常用于各个模拟量可分别刷新的快速输出通道。

(2) 多通道共享器件结构(图 3-50)。这种形式通常用于输出通道不太多，对速度要求不太高的场合。多路开关轮流接通各个保持器，予以刷新，而且每个通道要有足够的接通时间，以保证有稳定的模拟量输出。

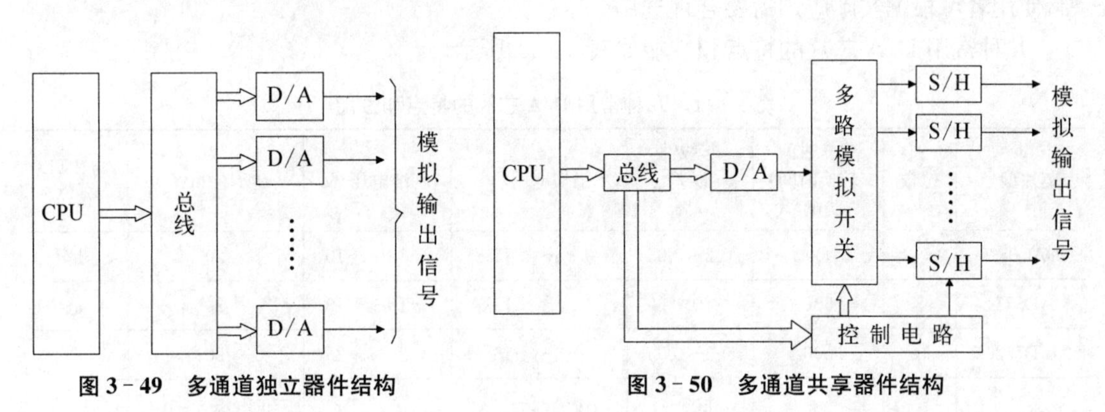

图 3-49　多通道独立器件结构　　图 3-50　多通道共享器件结构

3.2.2　D/A 转换芯片及其与单片机的接口

1. D/A 转换芯片概述

1) 主要性能指标

与 A/D 芯片类似，D/A 芯片的主要性能指标参数有分辨率、精度、建立时间等。选用 D/A 时，分辨率是首先要考虑的指标，因为它影响仪表的控制精度。

(1) 分辨率

D/A 转换器的分辨率定义为最小输出电压(输出数字量只有最低有效位为 1)与最大输出电压(输出数字量所有位全部为 1)之比。若 D/A 的位数为 n，则根据定义可得其分辨率为

$$分辨率=\frac{1}{2^n-1} \tag{3-10}$$

由式(3-10)可以看出,D/A 转换器的分辨率取决于其位数,位数越多,分辨率越高,所以通常用 D/A 转换器的位数 n 来表示其分辨率。

(2) 转换精度

D/A 转换器的转换精度以最大静态转换误差来表示,是指输入满量程数字量时,D/A 转换器的实际输出电压与理论输出电压之间的偏差。常用相对误差来表示,相对精度是指绝对误差与满量程输出值的比值,以百分数来表示。

(3) 建立时间

建立时间是指 D/A 转换器的输入数码满量程变化时,其输出模拟量精度达到±LSB/2 所需要的时间。表示了 D/A 转换器的转换速度,也称为转换时间。

(4) 线性度

D/A 转换器的线性度常用非线性误差的大小来表示。非线性误差是指其实际转换特性曲线与理想转换特性曲线之间的最大偏差与满刻度输出之比的百分数。理想转换特性曲线是指零点及满度校准后,由模拟量输出零点与满量程点建立的一条直线。

2) 类型

D/A 芯片种类繁多,有通用廉价的 D/A 转换器(AD7521、DAC0830)、高速和高精度的 D/A 转换器(AD562、AD7521)、高分辨率的 D/A 转换器(DAC1230、DAC1136、AD5320)等,使用者可根据实际应用需要合理选用。

几种常用 D/A 芯片的特点和性能如表 3-11 所示。

表 3-11 几种常用 D/A 芯片的特点和性能

芯片型号	位数	建立时间(转换时间)/ns	非线性误差/%	工作电压/V	基准电压/V	功耗/mW	与 TTL 兼容
DAC0830	8	1 000	0.2～0.05	+5～+15	−10～+10	20	是
AD5724	8	500	0.1	+5～+15	−10～+10	20	是
AD7520	10	500	0.2～0.05	+5～+15	−25～+25	20	是
AD561	10	250	0.05～0.025	V_{CC}为+5～+16 V_{EE}为−10～−16	—	正电源 8～10 负电源 12～14	是
AD7521	12	500	0.2～0.05	+5～+15	−25～+25	20	是
DAC1230	12	1 000	0.05	+5～+15	−10～+10	20	是

各种类型的 D/A 芯片,其管脚功能基本相同,都包括数字量输入端和模拟量输出端及基准电压端等。

3) 输入、输出方式

依据数字量输入端的特点可将 D/A 转换器分为:没有数据锁存器的、有单数据锁存器的、有双数据锁存器的并行数字输入芯片以及串行数字输入芯片,并行数字输入芯片为大多数。没有数据锁存器的 D/A 芯片与微机连接时要加数据锁存器;有数据锁存器的 D/A 芯片可与微机的 I/O 口直接相连,有双数据锁存器的 D/A 芯片还可用于多个 D/A 转换器同时转换输出的场合;串行数字输入 D/A 转换器接收数据较慢,但适用于远距离现场控制的场合。

D/A 转换器的模拟量输出有两种方式(图 3-51):电压输出及电流输出。

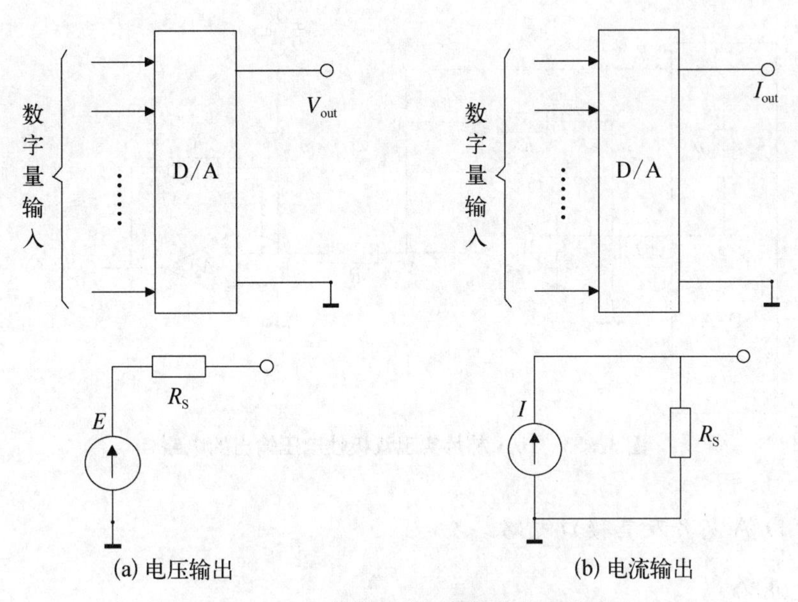

图 3-51 D/A 转换器模拟量输出的两种方式

电压输出的 D/A 芯片相当于一个电压源，其内阻 R_S 很小，选用这种芯片时，与它匹配的负载电阻应较大。电流输出的芯片相当于电流源，其内阻 R_S 较大，选用这种芯片时，负载电阻不可太大。

在实际应用中，常选用电流输出的 D/A 芯片实现电压输出，其方式如图 3-52 所示。图 3-52(a)是反相电压输出，输出电压 $V_{OUT}=-iR$；图 3-52(b)是同相电压输出，输出电压 $V_{OUT}=iR\left(1+\frac{R_2}{R_1}\right)$。

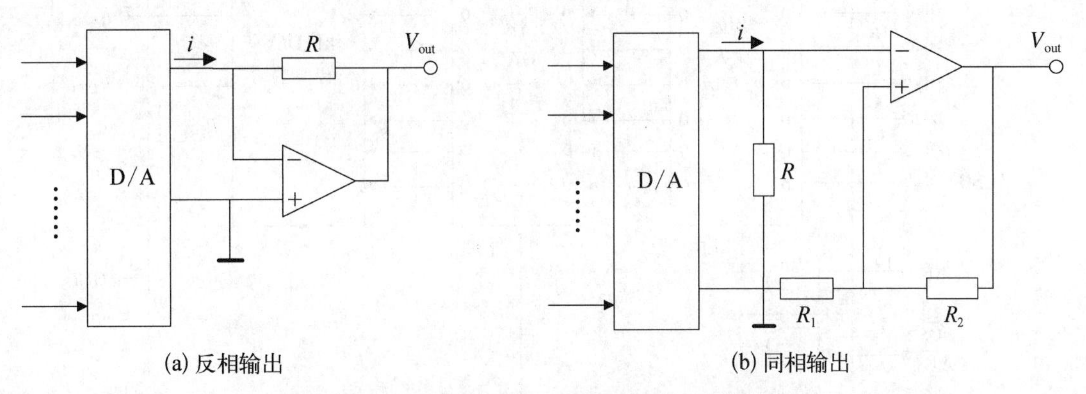

图 3-52 电流输出的 D/A 芯片实现电压输出的方式

上述两种电路均是单极性输出，如 0～+5 V、0～+10 V。在实际使用中，有时还需要双极性输出，如±5 V、±10 V。图 3-53 为 D/A 芯片实现双极性电压输出的电路。图中 $R_3=R_4=2R_2$，输出电压 V_{OUT} 与基准电压 V_{REF} 及第一级运放 A_1 输出电压 V_1 的关系是 $V_{OUT}=-(2V_1+V_{REF})$。V_{REF} 通常就是芯片的电源电压或基准电压，它的极性可正可负。对于有内部反馈电阻 R_{FB} 的芯片，R_1 可以不要，常将 b 点直接连接到芯片的反馈电阻引出脚 R_{FB} 端(图 3-53 中虚线)。

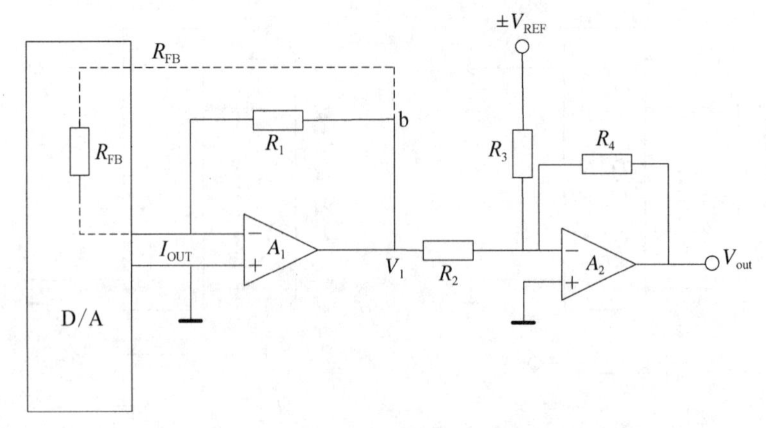

图 3-53　D/A 芯片实现双极性电压输出的电路

2. 几种 D/A 芯片及其接口电路

1) DAC0830

DAC0830 是一个具有双数据缓冲器、低功耗的 8 位 D/A 芯片，功耗为 20 mW，电源供电电压为+5 V～+15 V，参考电压范围为−10 V<V_{REF}<+10 V。由于具有双数据缓冲器，容易实现多种方式连接，可连接成双缓冲器、单缓冲器或直通方式，以适应不同的应用。特别地，可实现多通道模拟量需同时输出的系统，此时每通道模拟量需一个 DAC0830，以形成多个 D/A 同步输出的系统。DAC0830 的内部功能框图及引脚如图 3-54 所示。

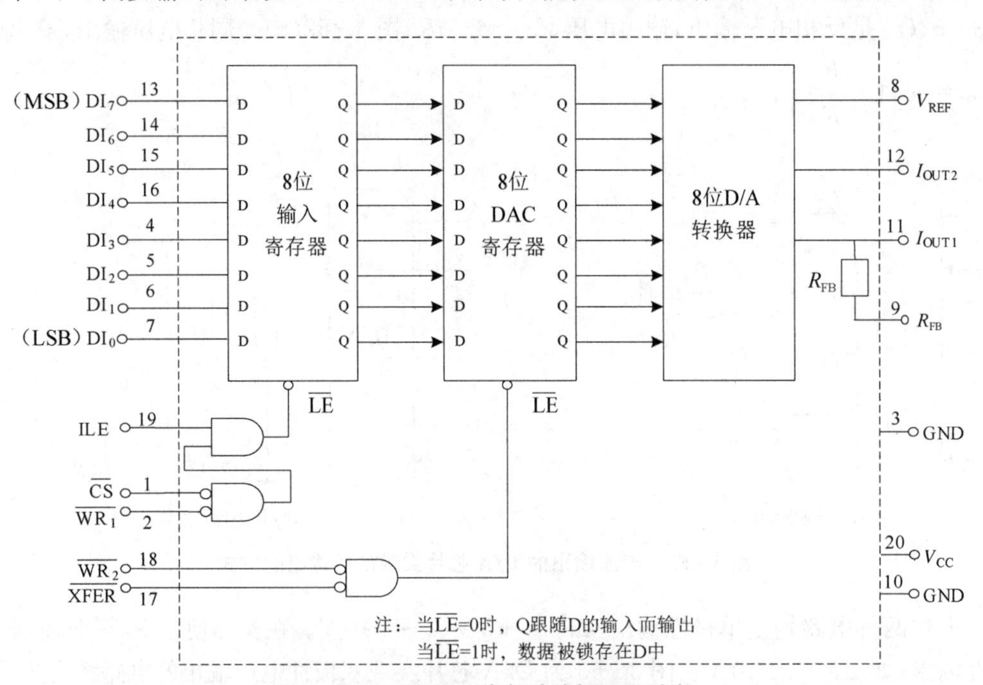

图 3-54　DAC0830 内部功能框图及引脚

图 3-54 中 $\overline{LE}$ 是数据锁存控制信号，当 $\overline{LE}$=1 时，寄存器的输出随输入变化；当 $\overline{LE}$=0 时，数据锁存在寄存器中，而不再随寄存器输入数据的变化而变化。当 ILE 端为高电平，$\overline{CS}$ 与 $\overline{WR_1}$ 同时为低电平时，使得 $\overline{LE}$=1；当 $\overline{WR_1}$ 变为高电平时，$\overline{LE}$ 变为 0，输入寄存器便将输

入数据锁存。当$\overline{XFER}$与$\overline{WR_2}$同时为低电平时，使得$\overline{LE}=1$，DAC寄存器的输出随寄存器的输入而变化，$\overline{WR_2}$的上升沿将输入寄存器的信息锁存在DAC寄存器中，D/A转换器开始转换。

DAC0830共有20个引脚，各引脚的功能如下。

$\overline{CS}$：片选信号，低电平有效。

ILE：输入锁存使能，高电平有效。

$\overline{WR_1}$：有效的低电平$\overline{WR_1}$用于装载数据到输入锁存器，当该信号变为高时将数据锁存。

$\overline{WR_2}$：$\overline{WR_2}$与$\overline{XFER}$共同作用将输入锁存器的数据送入DAC寄存器。

$\overline{XFER}$：数据传输控制信号，该信号使能$\overline{WR_2}$，低电平有效。

$DI_0 \sim DI_7$：数字量输入端。DI_0是最低位，DI_7是最高位。

R_{FB}：为外部运算放大器提供的并联反馈电阻。

V_{REF}：参考电压端，由外部电路为芯片提供一个+10 V到−10 V的高精度基准电源。

V_{CC}：数字电源端，供电电压为+5～+15 V，+15 V时效果最佳。

GND：基准地。

I_{OUT1}、I_{OUT2}：D/A的两个电流输出端，它们的值分别为

$$I_{OUT1}=\frac{V_{REF}}{15\ \text{k}\Omega}\times\frac{\text{数字输入}}{256}$$

$$I_{OUT2}=\frac{V_{REF}}{15\ \text{k}\Omega}\times\frac{255-\text{数字输入}}{256}$$

DAC0830特有的内部双缓冲器结构使得其可适用于不同的应用，下面分别讨论。

(1) 双缓冲方式

当需要多路信号同时输出时，利用DAC0830可方便地实现，此时要利用其双缓冲器的特性，对每片0830实现两次写操作，双缓冲写操作时序图如图3－55所示。

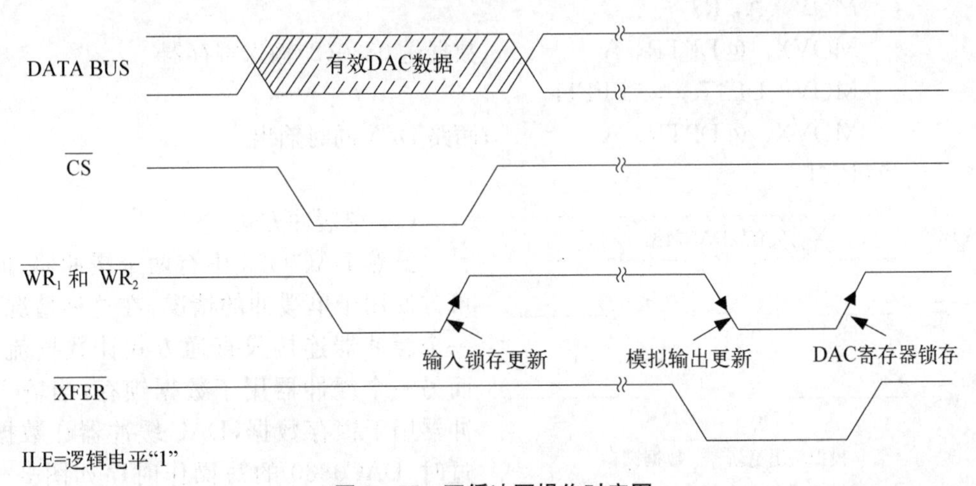

图3－55　双缓冲写操作时序图

现以两路信号同时输出的情况为例。利用DAC0830与AT89C52单片机实现两路信号同时输出的数模转换。DAC0830与AT89C52构成的双缓冲接口电路如图3－56所示。AT89C52的$\overline{WR}$和P2.0、P2.7分别作为片选信号和控制信号，两片DAC0830输入寄存器的地址分别是FEFFH和FFFFH，DAC寄存器的地址为7FFFH。

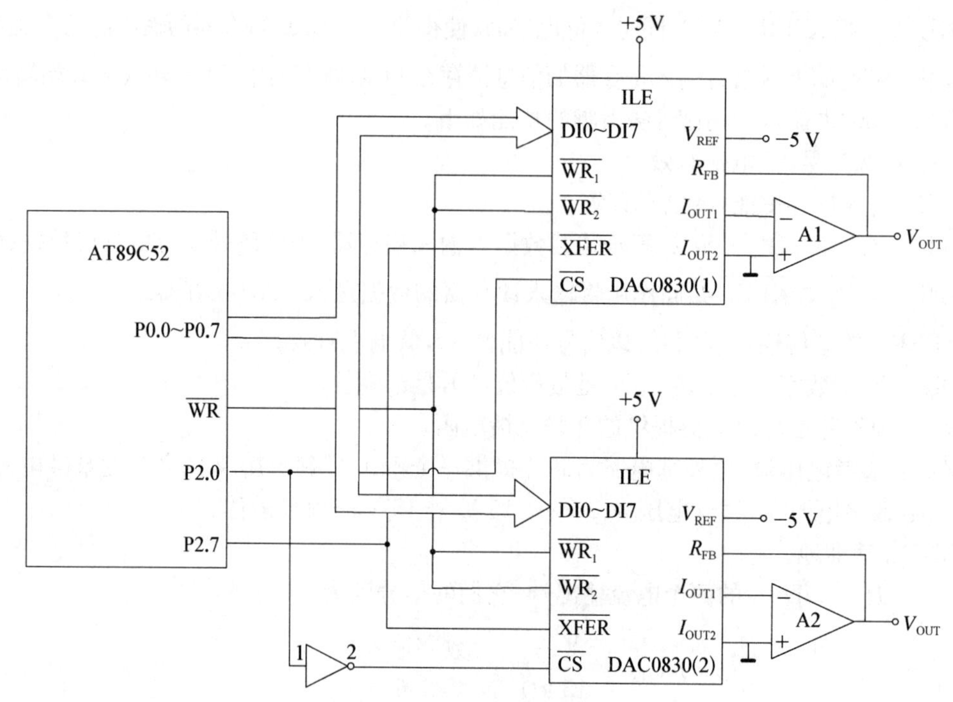

图 3-56 DAC0830 与 AT89C52 构成的双缓冲接口电路

设欲输出的数据置于 R_2、R_3 中,则 D/A 转换程序如下。

```
MOV   DPTR, #0FEFFH
MOV   A, R2
MOVX  @DPTR, A          ;数据送 0830(1)输入寄存器
INC   DPH
MOV   A, R3
MOVX  @DPTR, A          ;数据送 0830(2)输入寄存器
MOV   DPTR, #7FFFH
MOVX  @DPTR, A          ;两路 D/A 同时输出
RET
```

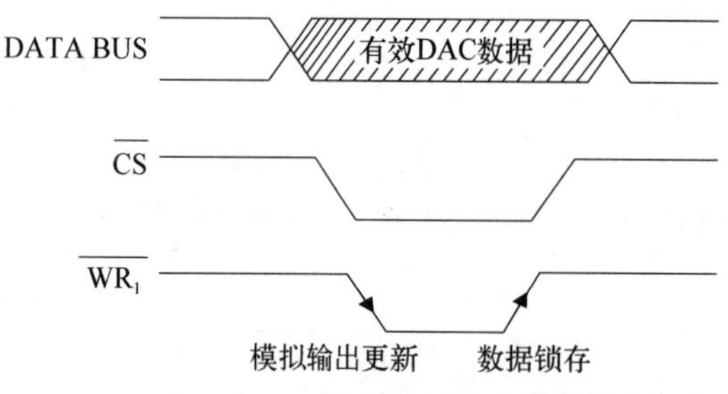

图 3-57 单缓冲写操作时序图

(2) 单缓冲方式

虽然 DAC0830 中有两个缓冲器,但也可方便用于单缓冲的情况,在这种情况下,一个缓冲器连接成直通方式让数据流过,而另一个缓冲器用于数据锁存,当输入缓冲器用于锁存数据,DAC 缓冲器让数据流过时,DAC0830 的写操作时序如图 3-57 所示。

利用 DAC0830 与 AT89C52 实现一路数模转换。两者单缓冲应用接口电路如图 3-58 所示。AT89C52 的$\overline{WR}$和 P2.0 分别作为控制信号和片选信号,该片 DAC0830 输入寄存器的地址是 FEFFH,DAC 寄存器直通,只需要一次写操作就可把数字量打入 DAC0830 的数字输入端,启动 D/A 转换。

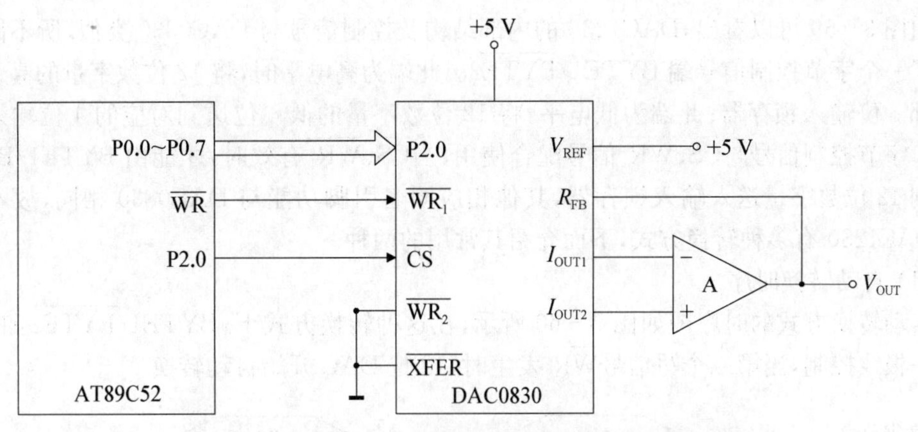

图 3-58　DAC0830 与 AT89C52 的单缓冲应用接口电路

设欲输出的数据置于 R2 中，则 D/A 转换程序如下。

```
MOV   DPTR，#0FEFFH
MOV   A，R2
MOVX  @DPTR，A            ;数据送 DAC0830 输入寄存器
```

(3) 直通方式

虽然该芯片具有两个数据缓冲器，但也可以与处理器连接成数据直通方式，此时只需要将 $\overline{CS}$、$\overline{WR_1}$、$\overline{WR_2}$ 与 $\overline{XFER}$ 接地，ILE 接高电平就可实现，图略。

2) DAC1230

DAC1230 是一种高性能的双缓冲 12 位 D/A 转换器，它包含 2 个输入寄存器(8 位和 4 位)、一个 12 位的 DAC 寄存器和一个 12 位的 D/A 转换器，功耗为 20 mW，电源供电电压为+5 V～+15 V，参考电压范围为$-10\ V<V_{REF}<+10\ V$，其内部功能框图及引脚如图 3-59 所示，由图可以看出，该芯片的数字量输入端 DI_0～DI_3 与 DI_8～DI_{11} 是分时复用的。

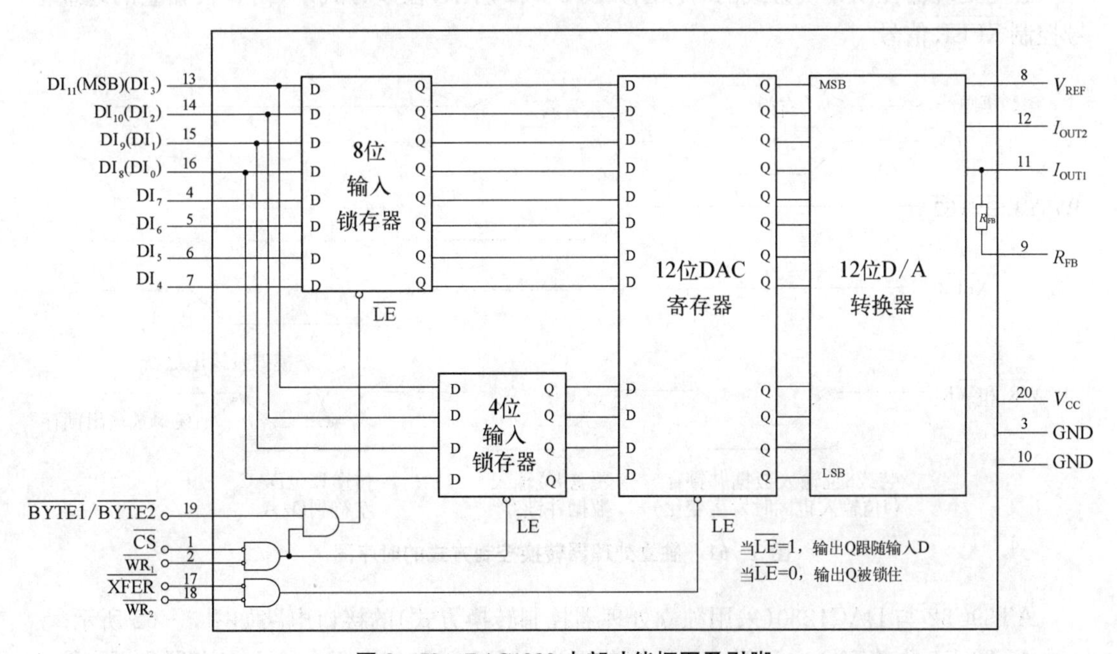

图 3-59　DAC1230 内部功能框图及引脚

由图 3-59 可以看出,DAC1230 的内部结构及控制信号与 DAC0830 类似,所不同的是增加了一个字节控制信号端 BYTE1/$\overline{\text{BYTE2}}$。此端为高电平时,将 12 位数字量的高 8 位送入内部 8 位输入锁存器;此端为低电平,将 12 位数字量的低 4 位送到对应的 4 位输入锁存器中。字节控制信号与$\overline{\text{CS}}$、$\overline{\text{WR}_1}$信号配合使用,当$\overline{\text{CS}}$、$\overline{\text{WR}_1}$有效时,才能由 BYTE1/$\overline{\text{BYTE2}}$端控制 12 位数字量送入输入锁存器,其他相应同名引脚功能与 DAC0830 相同,故不再赘述。DAC1230 有多种转换方式,下面介绍其常用的两种。

(1) 自动转换时序

自动转换方式的时序图如图 3-60 所示,在这种转换方式下,BYTE1/$\overline{\text{BYTE2}}$和$\overline{\text{XFER}}$用同一根线控制,当第二个写信号$\overline{\text{WR}_2}$发生时,12 位 DAC 开始自动转换。

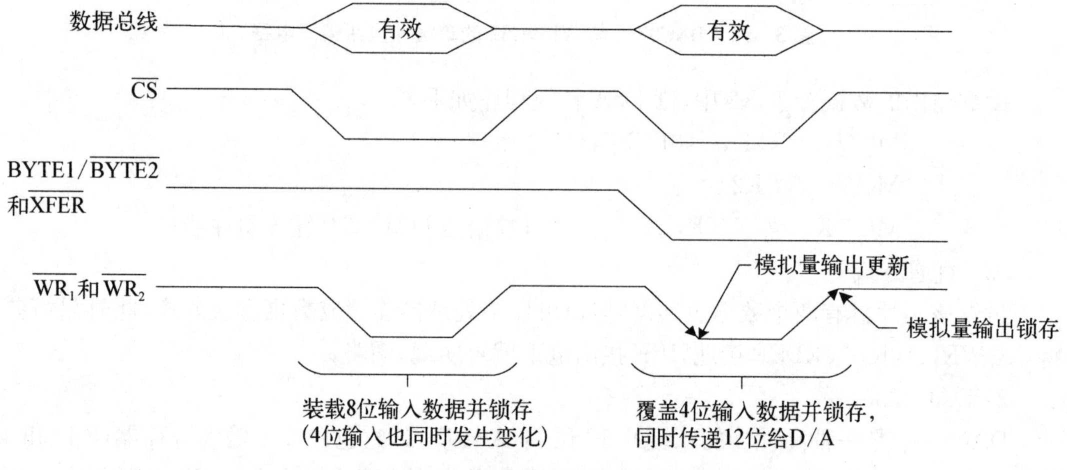

图 3-60　自动转换方式的时序图

(2) 独立处理器控制转换时序

独立处理器控制转换方式的时序图如图 3-61 所示,在该方式下,由一根独立的地址信号控制$\overline{\text{XFER}}$信号。

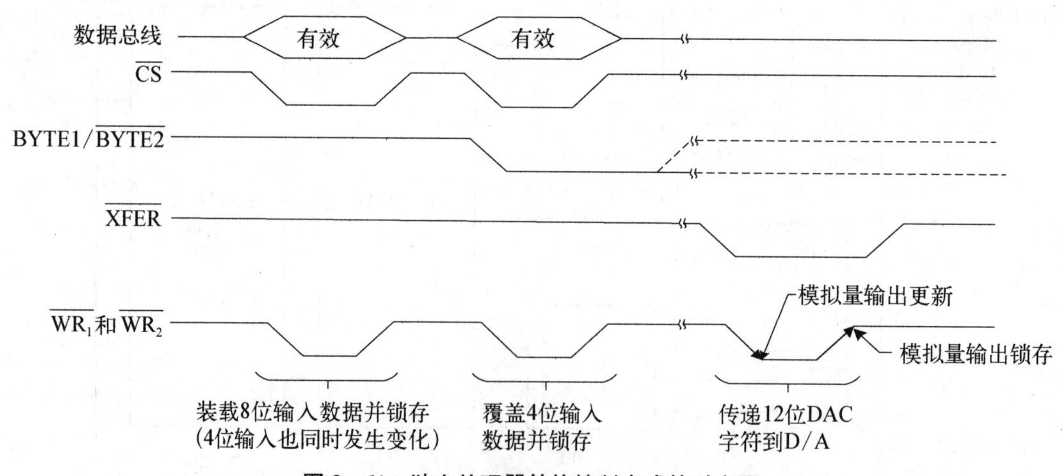

图 3-61　独立处理器转换控制方式的时序图

AT89C52 与 DAC1230(采用独立处理器控制转换方式)的接口电路如图 3-62 所示。

AT89C52 先将高 8 位和低 4 位数据分别送入 DAC1230 的两个输入寄存器中,再将 12

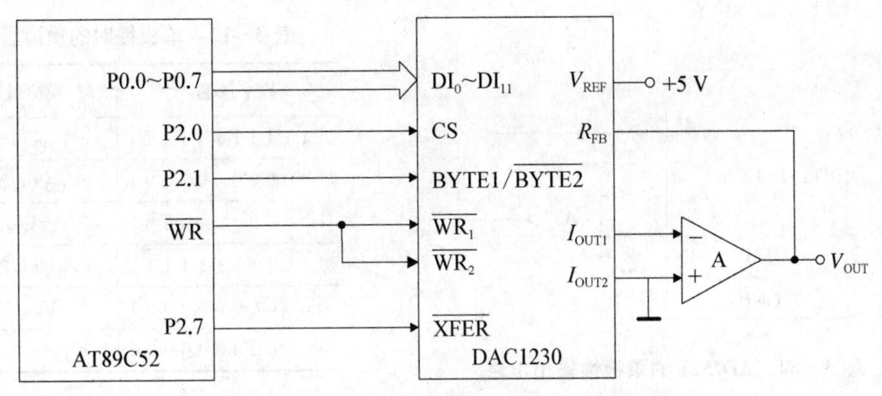

图3-62　AT89C52与DAC1230的接口电路

位数据送入DAC寄存器，根据图3-62，高8位输入锁存器的地址为FEFFH，低4位输入锁存器的地址为FCFFH，12位DAC寄存器的地址为7FFFH。设欲输出的数据存于R2(高8位)和R3(低4位)，相应的输出程序如下。

```
MOV   DPTR, #0FEFFH
MOV   A, R2
MOVX  @DPTR, A            ;输出高8位数据
MOV   DPTR, #0FCFFH
MOV   A, R3
MOVX  @DPTR, A            ;输出低4位数据
MOV   DPTR, #7FFFH
MOVX  @DPTR, A            ;12位数据送DAC寄存器
RET
```

3) AD7521

AD7521是不带数据锁存器的12位D/A转换器，其引脚见图3-63。

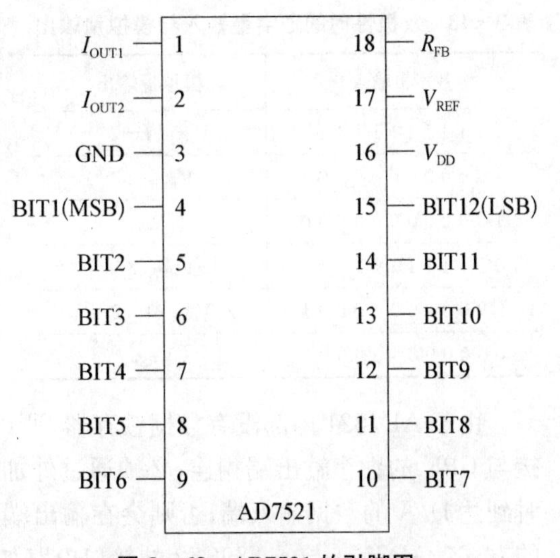

图3-63　AD7521的引脚图

V_{DD}：电源输入端(+5 V～+15 V)。

V_{REF}：参考电压输入端(−10 V～+10 V)。

R_{FB}：反馈电阻。

BIT1～BIT12：是12位数字输入端，BIT1是最高位，BIT12为最低位。

I_{OUT1}、I_{OUT2}：是两个电流输出端。

AD7521的输出可为单极性，也可为双极性，图3-64为其单极性输出电路。

针对图3-64的单极性输出电路，零点调整方法为：所有的数字输入引脚接低电平0，调整输出放大器的漂移电压，使得V_{OUT}端输出为0 V±1 mV。增益调整方法为：将所有的数字量输入引脚接15 V电压，想要增大V_{OUT}，在V_{OUT}端和R_{FB}端之间串联一电阻R；想要减小V_{OUT}，在参考电压V_{REF}端串联一电阻R，R的大小为0～500 Ω。单极性情况下，模拟量输出与数字量输入的关系见表3-12。

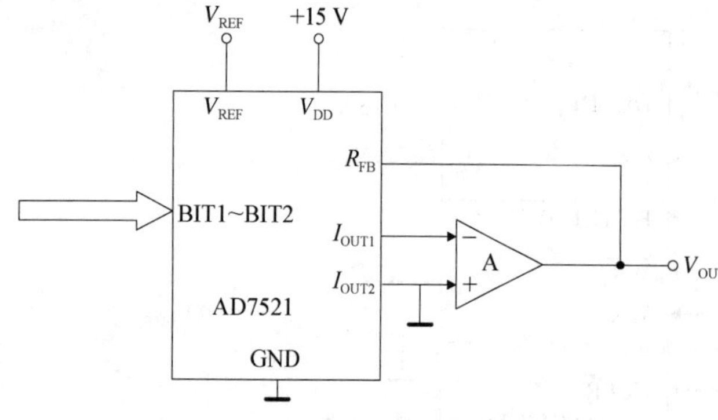

图 3-64　AD7521 的单极性输出电路

表 3-12　单极性时的模拟量输出

数字量输入	模拟量输出
1 1 1 1 1 1 1 1 1 1 1 1	$-V_{REF}(1-2^{-12})$
1 0 0 0 0 0 0 0 0 0 0 1	$-V_{REF}(1/2+2^{-12})$
1 0 0 0 0 0 0 0 0 0 0 0	$-V_{REF}/2$
0 1 1 1 1 1 1 1 1 1 1 1	$-V_{REF}(1/2-2^{-12})$
0 0 0 0 0 0 0 0 0 0 0 1	$-V_{REF}(2^{-12})$
0 0 0 0 0 0 0 0 0 0 0 0	0

图 3-65 为 AD7521 双极性输出电路图。

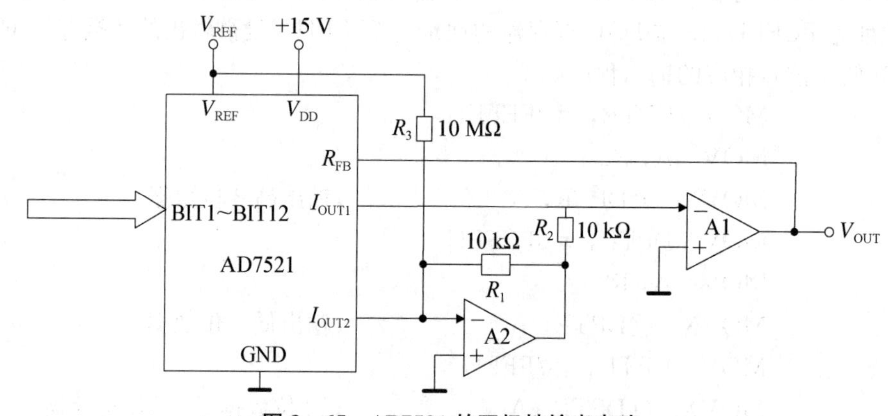

图 3-65　AD7521 的双极性输出电路

表 3-13　双极性时的数字量输入与模拟量输出

数字量输入	模拟量输出
1 1 1 1 1 1 1 1 1 1 1 1	$-V_{REF}(1-2^{-11})$
1 0 0 0 0 0 0 0 0 0 0 1	$-V_{REF}(2^{-11})$
1 0 0 0 0 0 0 0 0 0 0 0	0
0 1 1 1 1 1 1 1 1 1 1 1	$-V_{REF}(2^{-11})$
0 0 0 0 0 0 0 0 0 0 0 1	$-V_{REF}(1-2^{-11})$
0 0 0 0 0 0 0 0 0 0 0 0	V_{REF}

针对图 3-65 的双极性输出电路，零点调整方法为：将 V_{REF} 接 10 V 电压，所有的数字输入端接＋15 V(逻辑“1”)；调整 A2 的漂移电压，使得输出端电压为 0 V±1 mV；然后把 MSB 接＋15 V，其他数字量输入引脚接地，调整 A1 的漂移电压，使得输出端电压为 0 V±1 mV。双极性的增益调整方法与单极性的一样。双极性时数字量输入与模拟量输出的关系见表 3-13。

由于 AD7521 内部没有数据锁存器，所以不能像 DAC0830 那样，可将数字量输入端直接与 CPU 的数字输出端相连，必须通过外加锁存器与 CPU 连接，而且要求 12 位数字量同时到达 D/A 的数据输入端，否则会在输出端的模拟电压上产生毛刺，为此应采用双缓冲器的方式。AD7521 与 AT89C52 的接口电路如图 3-66 所示。

图 3-66 中，74LS273(1)的地址为 BFFFH，74LS273(2)和 74LS273(3)的地址为 7FFFH。AT89C52 先将存放在 R2 中的高 4 位数据输出到 74LS273(1)，接着把存放在 R3 中的低 8 位数据输出到 74LS273(3)，同时把 74LS273(1)的内容传送到 74LS273(2)，从而实现 AT89C52 输出的 12 位数据同时到达 AD7521 的数据输入线。相应的调试程序如下。

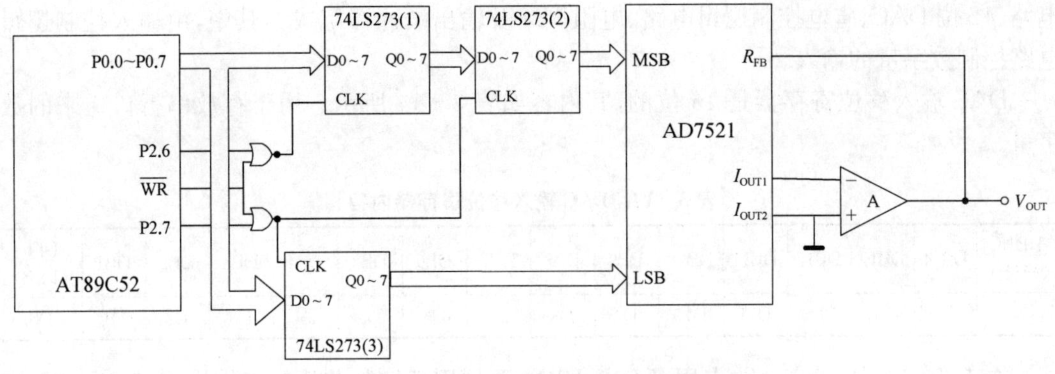

图 3-66　AD7521 与 AT89C52 的接口电路

```
MOV   DPTR, #0BFFFH
MOV   A, R2
MOVX  @DPTR, A                ;高 4 位数据→74LS273(1)
MOV   DPTR, #7FFFH
MOV   A, R3
MOVX  @DPTR, A                ;低 8 位数据→74LS273(3),同时
RET                           74LS273(1)→74LS273(2)
```

4) AD5320

AD5320 是具有单缓冲器的串行数字量输入的 12 位电压输出 D/A 转换器,供电电压为+2.7 V～+5.5 V。该芯片无参考电压输入引脚,其参考电压由电源电压提供,因此可使输出有较宽的动态范围,功耗低,且具有省电模式。当供电电压为+5 V 时,正常工作模式时的功耗为 0.7 mW,而在省电模式下,同样条件下的功耗只有 1 μW,低功耗使其特别适用于电池供电的便携式仪表装置。该芯片具有 4 种工作模式：正常工作模式及 3 种省电模式。

AD5320 的功能框图如图 3-67 所示,其由输入控制逻辑电路、DAC 寄存器、上电复位

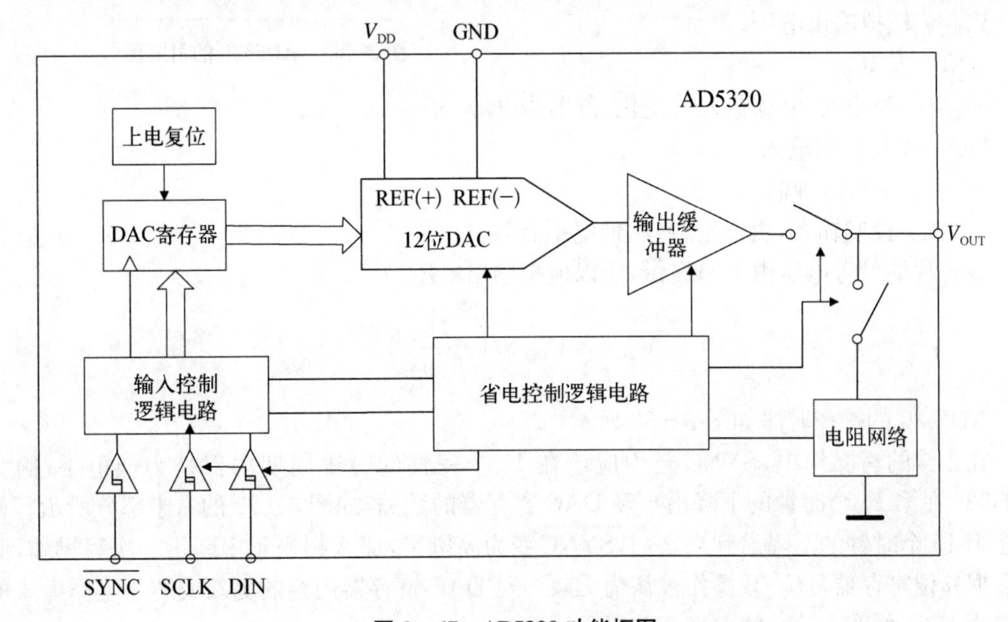

图 3-67　AD5320 功能框图

电路、12 位 DAC、省电控制逻辑电路、电阻网络及输出缓冲器组成。其中,由输入控制逻辑电路控制数字量的输入。

DAC 输入移位寄存器是 16 位的,其内容如表 3－14 所示。用于存放串行口送来的数字量。

表 3－14　DAC 输入移位寄存器内容

DB15 (MSB)	DB14	DB13	DB12	DB11	DB10	DB9	DB8	DB7	DB6	DB5	DB4	DB3	DB2	DB1	DB0 (LSB)
×	×	PD1	PD0	D11	D10	D9	D8	D7	D6	D5	D4	D3	D2	D1	D0

在表 3－14 中,最高两位未用;DB13、DB12 两位用于控制芯片的工作模式,00 为正常工作模式,其他三种为省电模式;剩下的 12 位 DB11～DB0 为输入数据位。

上电复位功能:AD5320 内部的上电复位电路控制芯片上电时的输出电压。上电时,DAC 寄存器中的内容为 0,因此芯片输出电压为 0,并一直保持为零直到有效数字被写入 DAC 寄存器。

省电模式:AD5320 有三种省电模式,由输入寄存器的 DB13、DB12 两位控制。具体省电模式与控制信号的对应关系如表 3－15 所示。三种省电模式由省电逻辑电路控制内部电阻网络实现,用户通过编程操作。

表 3－15　AD5320 的省电模式与控制信号的对应关系

DB13	DB12	省 电 模 式
0	1	与地之间接 1 kΩ 电阻
1	0	与地之间接 100 kΩ 电阻
1	1	三态状态

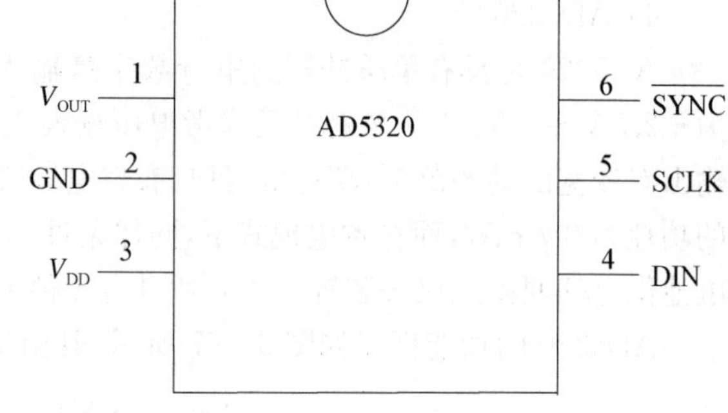

图 3－68　AD5320 的引脚图

AD5320 的引脚如图 3－68 所示。

V_{OUT}:模拟输出电压。

GND:基准地。

V_{DD}:电源输入,电源输入可变化,范围为＋2.7 V～＋5.5 V。

DIN:串行数据输入。

SCLK:串行时钟输入。

$\overline{SYNC}$:控制输入,由电平触发,低电平有效。

该芯片的参考电压由电源提供,所以模拟输出电压为

$$V_{OUT}=V_{DD}\times\left(\frac{D}{4\,096}\right)$$

AD5320 的操作时序如图 3－69 所示。

在正常的写操作中,$\overline{SYNC}$ 至少应该在 16 个完整的时钟周期内保持为低电平,因为 AD5320 在第 16 个时钟的下降沿更新 DAC 寄存器的数据,如图 3－69 的右半部分所示。如果在第 16 个时钟的下降沿到来之前,$\overline{SYNC}$ 变为高电平,那么相当于中断了一次写操作,此时数据移位寄存器复位,写操作被认为无效。对 DAC 寄存器内容的更新或芯片工作模式的改变均无效,如图 3－69 的左半部分所示。

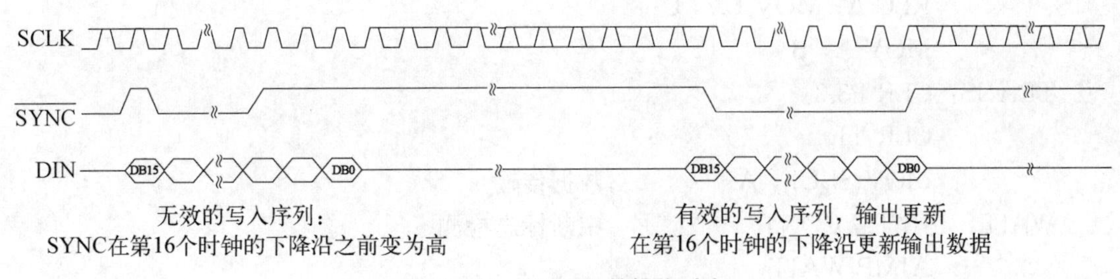

图 3-69　AD5320 的操作时序

AT89C52 与 AD5320 的连接非常简单，只需要三根线即可实现，分别用 AT89C52 的 TXD、RXD 驱动 AD5320 的时钟信号 SCLK 及串行数据线 DIN，用单片机的 P3.3 驱动 AD5320 的控制信号 $\overline{\text{SYNC}}$。AT89C52 与 AD5320 的典型接口电路如图 3-70 所示。

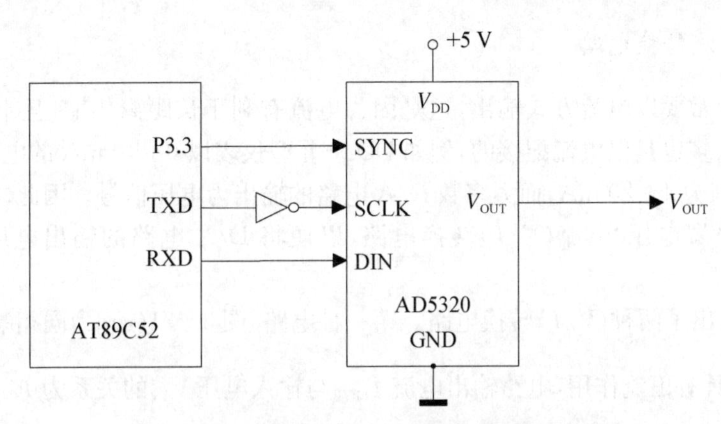

图 3-70　AT89C52 与 AD5320 的典型接口电路

当需要传递数据时，P3.3 变为低电平，因为 AT89C52 是 8 位的，因此一个传输周期只有 8 个时钟，因此要往 AD5320 装载数据时，在装载完一个字节的数据后，P3.3 要保持为低，以便装载第二个字节，当两个字节的数据装载完后，将 P3.3 变为高电平。另外，AT89C52 单片机串行口的数据输出格式是低位在先，而 AD5320 接收数据的格式是高位在先，所以单片机在装载数据之前要对数据进行倒序处理。

基于图 3-70 所示的电路图，假设欲输出的数据存于 31H，30H 中，则调试程序如下。

```
ORIGIN：MOV SCON，#02H      ;设置 MCS—51 的串行口为 0 方式(TI=1)
        MOV IE，#00H        ;关闭所有中断
        SETB P3.3           ;将 P3.3 设置为高电平
        MOV R1，#002H       ;设置要装载数据的字节数
        MOV R0，#031H       ;欲输出数据的起始地址
REARG：MOV A，@R0           ;数据倒序排列
        RLC A
        MOV B.0，C
        RLC A；MOV B.1，C；RLC A；MOV B.2，C；
        RLC A；MOV B.3，C；RLC A；MOV B.4，C；
        RLC A；MOV B.5，C；RLC A；MOV B.6，C；
```

```
        RLC A；MOV B.7，C；
        MOV A，B
TRANS： CLR P3.3
        CLR TI
        MOV SBUF，A          ;数据传输
WAIT：  JB TI，CONT          ;中断标志检测
        AJMP WAIT
CONT：  DEC R0               ;数据存储地址减 1
        DJNZ R1，REARE       ;字节计数器减 1
        SETB P3.3
        RET
```

3. 电压/电流转换电路

智能仪表常常要以电流方式输出，这是因为电流有利于长距离传输，且干扰不易引入。工业上的仪表大多也是以电流配接的，例如 DDZ－Ⅱ型仪表以 0～10 mA 的电流作为联络信号，DDZ－Ⅲ型则为 4～20 mA，而大多数 D/A 电路的输出为电压信号。因此，在仪表的输出通道中通常需设置电压/电流（V/I）转换电路，以便将 D/A 电路的输出电压转换成电流信号。

图 3－71 给出了两种（V/I）转换电路。第一种电路[图 3－71(a)]为同相端输入，采用电流串联负反馈，具有恒流作用，电路输出电流 I_{OUT} 与输入电压 V_{IN} 的关系为 $I_{OUT}=\dfrac{V_{IN}}{R_f}$。该电路结构简单，但输出端无公共接地点。

第二种电路[图 3－71(b)]为反相端输入，采用电流并联负反馈方式，它不仅具有良好的恒流性能和较强的驱动能力，而且输出端通过负载接地。设 $R_1=R_2=100\ \text{k}\Omega$，$R_3=R_4=$

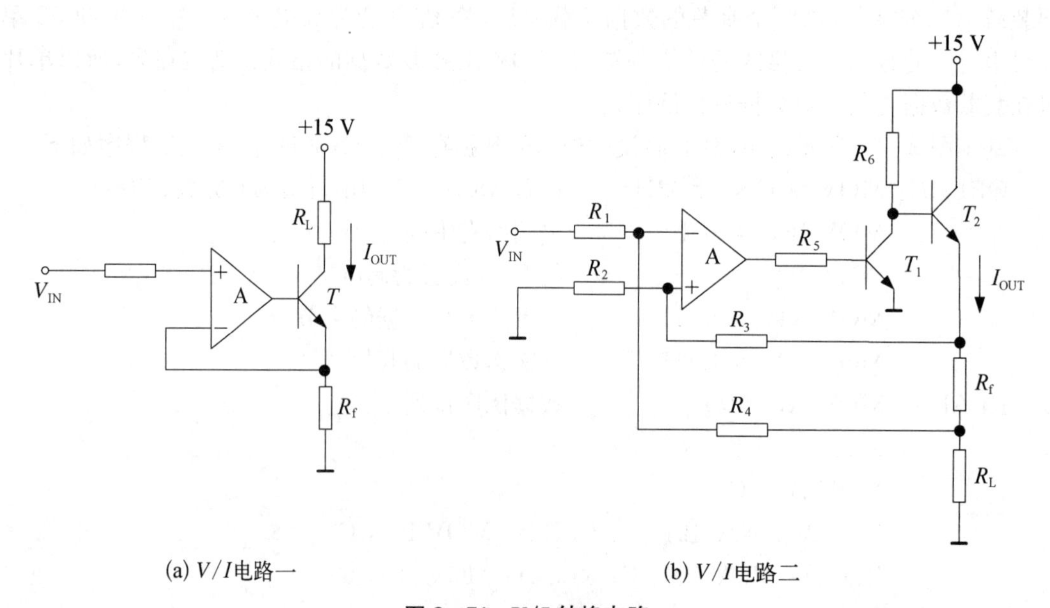

图 3－71　V/I 转换电路

20 kΩ 且 R_f、R_L 的阻值远小于 R_3，则电路输出电流与输入电压之间的关系为

$$I_{OUT} \approx \frac{R_3}{R_2 R_f} V_{IN} = \frac{1}{5R_f} V_{IN}$$

3.2.3　模拟量输出通道设计实例

模出通道的设计步骤与模入通道相同，也应该先根据仪表性能要求，选择合适的器件，接着绘制逻辑电路，再制作印刷电路板。

设计一个具有 8 路模拟量电流输出(0～10 mA)、分辨率为满度 0.5%的模出通道，可采用多路复用方法(即共享 D/A)来实现。D/A 转换器选用 DAC0830(或 AD5724)，多路开关选用 CD4051，保持器由集成运放 LM324 和电容器组成(或采用集成采样/保持器)。由这些器件与 AT89C52 处理器构成的 8 通道模拟量输出电路如图 3－72 所示。

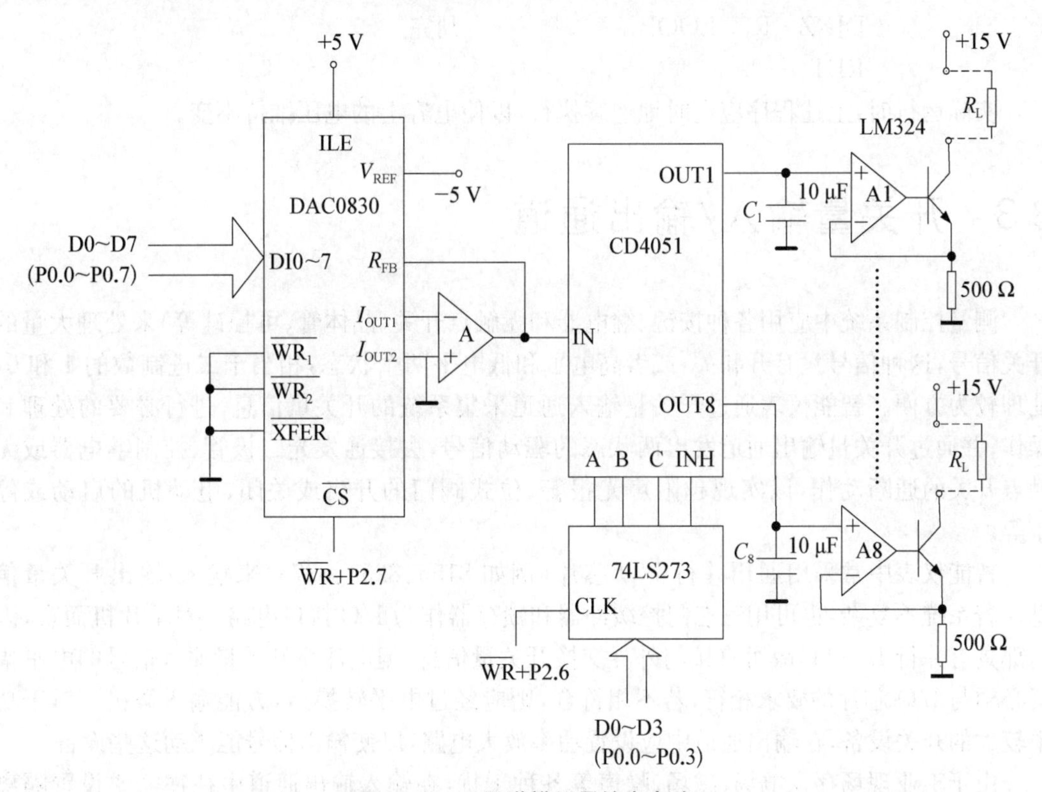

图 3－72　8 通道模拟量输出电路

主机电路输出的数字量信号，由 D/A 电路转换成模拟量电压，再经过多路开关分时地加至保持器运放的输入端，并将电压存贮在电容器中。8 个模拟电压经运放和三极管放大后，在每一路的输出端得到相应的 0～10 mA 的直流电流。为了使保持器有稳定的输出信号，应对保持电容定时刷新，即电路定时循环扫描，使电容上的电压始终与对应的主机电路的输出数据保持一致。动态扫描时，每一回路接通的时间取决于多路开关的断路电阻、运放的输入电阻、保持电容器的容量等，由于保持器输入端的电压不可避免地存在微量泄漏，故这种方案的通道数不宜过多。

设单片机的数据存放在40H～47H单元中，可编制调试程序如下。

```
        MOV   R0, #40H              ;40H → R0
        MOV   R2, #00H              ;00H → R2
        MOV   R7, #08H              ;08H → R7
LOOP: MOV   DPTR, #0BFFFH
        MOV   A, R2
        MOVX  @DPTR, A              ;选通多路开关
        MOV   DPTR, #7FFFH
        MOV   A, @R0
        MOVX  @DPTR, A              ;输出数据
        ACALL  DELAY                ;延时
        INC   R0
        INC   R2
        DJNZ  R7, LOOP              ;判完
        RET
```

实际运行时，上述程序应定时地连续执行，以使电容上的电压维持不变。

3.3 开关量输入/输出通道

测量控制系统中应用各种按键、继电器和无触点开关(晶体管、可控硅等)来处理大量的开关信号，这种信号只有开和关，或者高电平和低电平两个状态，相当于二进制数的1和0，处理较为方便。智能仪表通过开关量输入通道采集系统的开关量信息，进行必要的处理和操作；并通过开关量输出通道发出两状态的驱动信号，去接通发光二极管、控制继电器或无触点开关的通断动作，以实现越限声光报警、位式阀门的开启或关闭、电动机的启动或停止等。

智能仪表中常采用通用并行I/O芯片(例如8155、8255、8279)来输入/输出开关量信息。若系统不复杂，也可用三态门控缓冲器和锁存器作为I/O接口电路。对单片机而言，因内部具有并行I/O口，故可直接与外界交换开关量信息，但应注意开关量输入信号的电平幅度必须与I/O芯片的要求相符，若不相符合，则应经过电平转换后，方能输入微机。对于功率较大的开关设备，在输出通道中应设置功率放大电路，以使输出信号能驱动这些设备。

由于工业现场存在电场、磁场、噪声等各种干扰，在输入输出通道中往往需要设置隔离器件，以抑制干扰的影响。开关量输入/输出通道的主要技术指标是抗干扰能力和可靠性，而不是精度。

习题与思考题

3-1　说明模拟量输入通道有哪些结构形式？并说明各种结构形式的特点。

3-2　说明模拟量输出通道有哪些结构形式？并说明各种结构形式的特点。

3-3　说明模拟多路开关 MUX 在数据采集系统中的作用及其使用方法。

3-4　说明采样/保持电路在数据采集系统中的作用及其使用方法。

3-5　A/D 转换器有哪些品种，其特点是什么？说明其主要参数、输入输出方式和控制信号等。

3-6　A/D 转换器如何与单片机接口？8 位以上的 A/D 转换器如何与 8 位单片机接口？这类接口在设计中的要点是什么？

3-7　D/A 转换器有哪几类？其主要的技术指标有哪些？8 位以上的 D/A 转换器如何与 8 位单片机相连？

3-8　D/A 转换电路如何实现双极性电压输出？

3-9　试画出 ADC0809 与 AT89C52 单片机的接口电路，采用查询法依次巡回采集 8 个通道各 100 个数据，并将数据依次存放在片外数据存储器中，试编写实现该功能的程序。

3-10　掌握双积分型芯片(MC14433、ICL7135)的原理，它们与 AT89C52 的接口电路以及程序编写方法。

3-11　了解串行输出芯片 AD7710 与 AT89C52 的接口电路以及调试程序编写方法。

3-12　试画出利用 DAC0830 与 AT89C52 实现四路模拟量同时输出的电路，并编写相应程序。

3-13　了解串行输入芯片 AD5320 的使用方法，掌握其与 AT89C52 构成的模拟量输出电路以及编程方法。

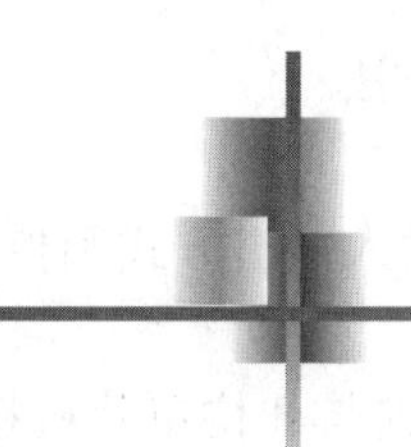

第4章 人机接口电路

智能仪表通过人机联系部件及设备接收各种命令及数据，并且输出运算和处理结果。人机联系部件通常有键盘、显示器、打印机等。这些部件同主机电路的连接是由人机接口电路来完成的。本章将介绍几种典型的人机接口电路硬、软件的设计方法。

4.1 显示器接口

智能仪表常用的显示器有发光二极管(Light Emitting Diode，LED)显示器、液晶显示器(Liquid Crystal Display，LCD)和等离子显示器等。

单个发光二极管常被用作指示灯或报警灯。由若干个发光二极管组合起来，可显示各种字符，常用于工业生产变量的显示。LED的特点是工作电压低、响应速度快、寿命长、价格低。

液晶显示器本身不发光，只是调制环境光。它的特点是低电压、微功耗、薄外形，其被动显示更适合于人眼，不容易引起眼部疲劳；缺点是寿命短，在暗室不能使用，但现在采用背光源使得液晶显示器在暗室也可以使用。

等离子显示器是利用气体放电发光进行平面显示的一种装置。它的特点是视角大、寿命长、响应速度快、具有存储记忆的能力，功能仅次于液晶显示器，可多位数字集成，适宜用作大型屏幕显示。

最常用的几种显示器件是七段LED显示器、点阵式LED显示器、LCD显示器以及点阵式LCD显示器。

4.1.1 七段LED显示器

七段LED显示器由发光二极管构成，是单片机应用系统中最常用的廉价输出设备，常用于对工业过程参数、过程状态、控制状态等的显示。

1. 七段LED显示器结构

七段LED显示器由8段发光二极管显示字段构成，其结构如图4-1所示。每一个显示字段都对应一个发光二极管，7个发光二极管a～g控制7个显示字段的亮暗，剩下的一个发光二极管控制一个小数点的亮暗，通过点亮不同的字段可显示0～9、A～F及小数点等字形。七段显示器能显示的字符较少，字符的形状有些失真，但控制简单，使用方便。故在数字显示和智能仪表中应用较为广泛。

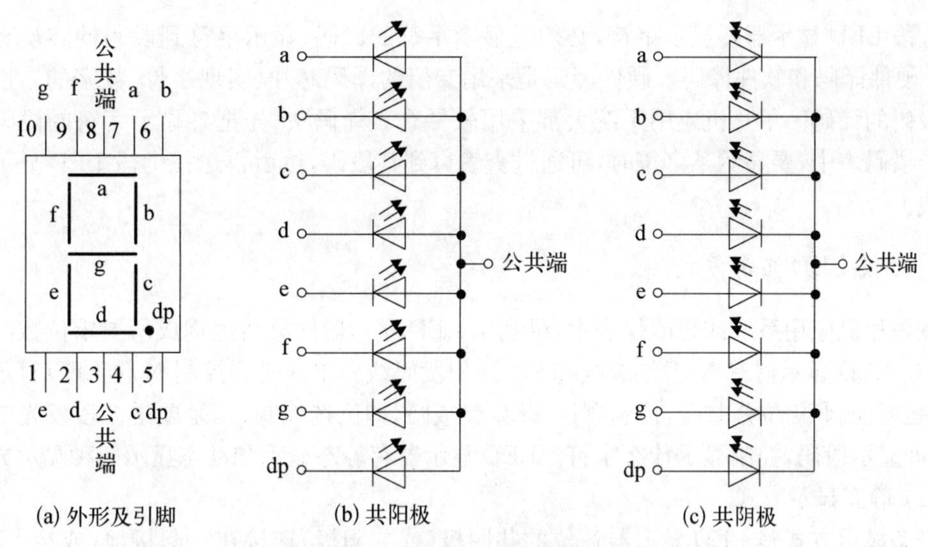

(a) 外形及引脚　　(b) 共阳极　　(c) 共阴极

图 4－1　七段 LED 显示器的结构

七段 LED 显示器有共阳极和共阴极两种，如图 4－1(b)和(c)所示。发光二极管的阳极连在一起称为共阳极显示器，阴极连在一起称为共阴极显示器。对共阳极 LED 显示器，公共端阳极接高电平，当某个发光二极管的阴极为低电平时，此发光二极管点亮，相应的段被显示。对共阴极 LED 显示器，公共端阴极接低电平，当某个发光二极管的阳极为高电平时，此发光二极管点亮，相应的段被显示。

当七段 LED 显示器的字段引线与数据线连接，送入七段 LED 显示器的数据称为段码（或称字形码），它可使 LED 相应的段发光，从而显示不同字符。

当各字段与字节各位有如表 4－1 的关系时，共阴极和共阳极七段 LED 显示器的段码如表 4－2 所示。

表 4－1　各字段与字节各位关系

代码位	D7	D6	D5	D4	D3	D2	D1	D0
显示段	dp	g	f	e	d	c	b	a

表 4－2　七段 LED 显示器的段码

显示字符	共阴极段码	共阳极段码	显示字符	共阴极段码	共阳极段码
0	3FH	C0H	b	7CH	83H
1	06H	F9H	C	39H	C6H
2	5BH	A4H	d	5EH	A1H
3	4FH	B0H	E	79H	86H
4	66H	99H	F	71H	8EH
5	6DH	92H	P	73H	8CH
6	7DH	82H	H	76H	89H
7	07H	F8H	.	80H	7FH
8	7FH	80H	—	40H	BFH
9	6FH	90H	暗	00H	FFH
A	77H	88H	…	…	…

七段 LED 显示器要显示字符,必须送显示字符的段码,显示字符到段码的转换有两种方式:硬件译码和软件译码。硬件译码是采用专门的译码芯片,实现字母、数字的二进制数值到段码的译码。单片机应用系统大都采用软件查表译码法,先把各显示字符的段码存放在一个段码表中,要显示某字符时,可通过查表得到其段码,然后再送往七段 LED 显示器的段码线。

2. 七段 LED 显示方式

在单片机应用系统或智能仪表中,可利用 LED 显示器件灵活地构成所要求位数的显示器,*N* 位 LED 显示器有 *N* 根位选线和 8×*N* 根段码线。单片机要控制 *N* 位 LED 显示器显示,一是要控制 *N* 位公共端,控制哪位 LED 亮或暗,即位选控制;二是要送 8 段发光二极管数据,即显示段码,控制显示什么字符。LED 显示器有静态显示和动态显示两种显示方式。

(1) 静态显示方式

静态显示方式是 LED 显示器各位的共阴极(或共阳极)连接在一起接地(或接+5 V);每位的段码线(a~g、dp)分别与一个 8 位并行 I/O 口相连。图 4-2 为一个 4 位 LED 静态显示电路,每一位可独立显示,只要保证显示数据位的段码线上的电平不变,该位就能保持相应的显示字符。静态显示方式,每一位 LED 接一个独立的 8 位 I/O 口,独立显示,显示稳定,亮度也较高,CPU 工作效率高。但 *N* 位 LED 显示器要求有 *N*×8 根 I/O 线,占用 I/O 资源较多,适用于 LED 显示位数少的情况。当显示位数较多时,可利用 CPU 的串口输出数据,然后采用串—并转换芯片将串行数据转换为并行数据后再进行显示,也可采用动态显示方式。

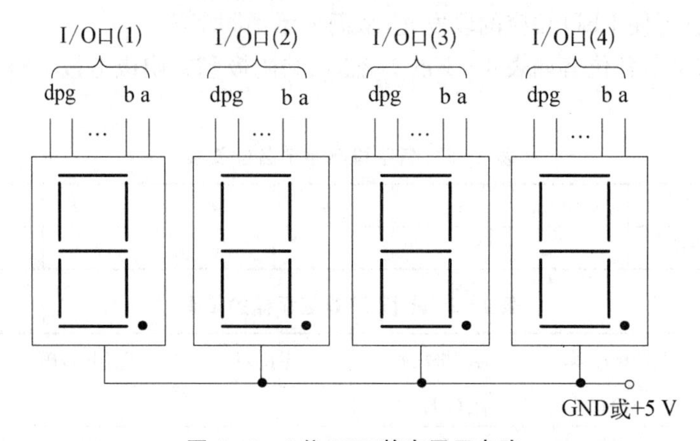

图 4-2 4 位 LED 静态显示电路

图 4-3 为利用 AT89C52 单片机的串行口及采用串—并转换芯片构成的 8 位静态显示器接口电路。AT89C52 的串行口工作在方式 0,然后采用 8 片串—并转换芯片 74HC164 将 ATC89C52 串行口输出的显示数据转换为并行数据,然后输出给八位显示器显示。AT89C52 的 RXD 接 74HC164(0)的数据输入端 1、2,74HC164(0)的最高位(13 脚)接入下一片 74HC164(1)的数据输入端 1、2,依次类推。8 片移位寄存器的 CLR 端(9 脚)接高电平。这样虽然采用了静态显示方式,但利用的 I/O 口线也少。假设片内 RAM 78H 开始的 8 个单元为显示缓冲区,可编写如下所示的静态显示子程序,而对 AT89C52 串行口方式 0 的初始化过程可由主程序完成。

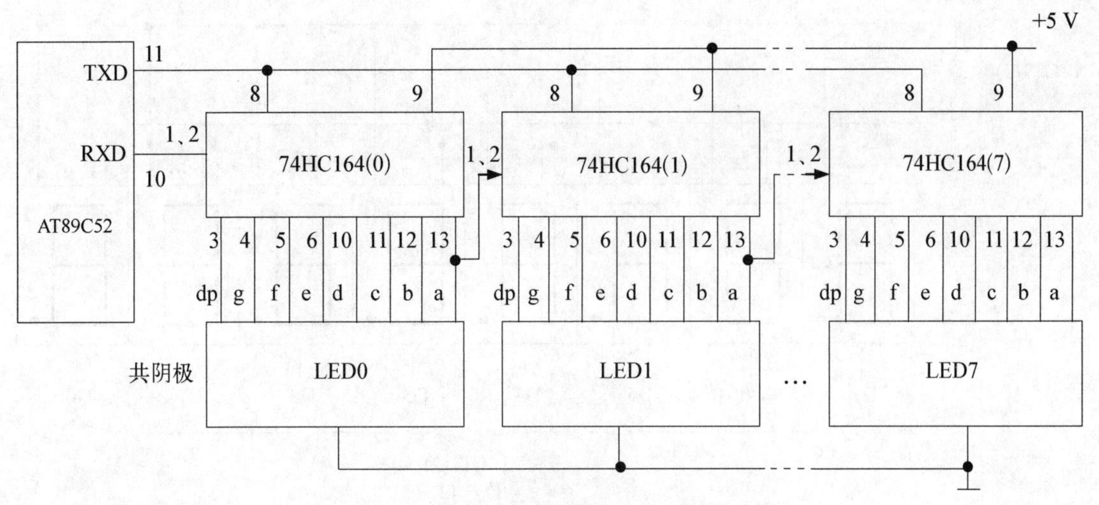

图 4-3 8位静态显示器接口电路

实现静态显示的子程序如下。

```
SDIR：MOV   R7，#8
      MOV   R0，#78H              ;R0为显示缓冲区指针
SDIR0：MOV  A，@R0                ;取出要显示的数
      ADD   A，#(DSEG－SDIR1)     ;加上偏移量
      MOVC  A，@A＋PC             ;查表取出段码
SDIR1：MOV SBUF，A                ;送串行口输出段码
SDIR2：JNB  TI，SDIR2             ;输出完否?
      CLR    TI                   ;完，清中断标志
      INC    R0                   ;指向下一个显示数据
      DJNZ   R7，SDIR0            ;循环8次
      RET                         ;返回
DSEG：DB    3FH，06H，5BH，4FH，66H  ;0，1，2，3，4
      DB    6DH，7DH，07H，7FH，6FH  ;5，6，7，8，9
      DB    77H，7CH，39H，5EH，79H  ;A，b，C，d，E
      DB    71H，73H，76H，40H，00H  ;F，P，H，－，暗
```

(2) 动态显示方式

动态显示方式就是轮流点亮各位显示器，该方法只需要一个扫描输出口和一个段码输出口。动态显示需要较大的驱动电流，所以要在输出口后加驱动器。图4-4是一个8位共阴极LED动态显示电路的示意图，将所有LED显示器的段码线(a～g、dp)并联在一起，接一个8位I/O口，各个显示器的公共端分别由相应的I/O口线控制，形成各位的分时选通。这样，若LED显示器的位数不大于8位，只需有2个I/O口即可控制，一个8位口输出位扫描信号，选择哪位LED工作，即位选口；一个8位口输出七段码，控制各位LED所显示的字符，即段码口。

单片机一位一位地轮流点亮各位LED显示器，以实现动态扫描显示。即在某一时刻，位选口输出位选信号，只让某一位的位选线处于选通状态(共阴LED为"0")，而其他各位的位选线处于关闭状态(共阴LED为"1")，与此同时，在段码口输出相应位待显示字符的段

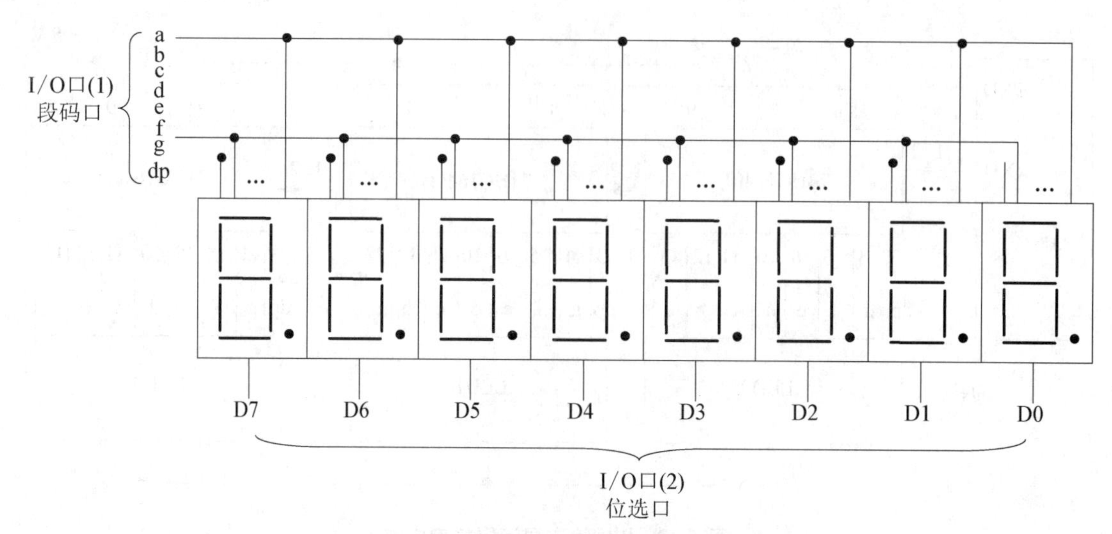

图 4-4　8 位共阴极 LED 动态显示电路示意图

码，只有选通的那一位显示出字符，而其他七位则全暗。同样下一时刻，位选口输出位选信号选中下一位，而其他各位的位选线处于关闭状态，在段码口输出相应位待显示字符的段码。如此不断循环，8 位 LED 依次从左到右(或从右到左)轮流显示，每位保持一段时间(约 1 ms)。由于人眼的视觉暂留作用，尽管各位显示器实际上是分时断续显示的，但只要每位显示间隔足够短，人们看到的就是连续稳定的显示。

LED 动态扫描显示占用 I/O 资源较少，但在使用中需要 CPU 不断循环执行多路扫描显示程序，才会有稳定的显示，这将占用单片机时间，降低 CPU 的工作效率。

3. 可编程接口芯片 8155

单片机的 I/O 口有限，而人机接口电路需要的 I/O 口线较多，所以在设计智能仪表时常用到一些接口器件，使用较广的是功能较强的可编程 I/O 接口芯片 8155、8255 等。8155 是 MCS-51、52 系列中最常用的外围器件之一，它具有 256 字节的 RAM、两个 8 位并行口、一个 6 位并行口和一个 14 位的计数器。下面简要介绍 8155 的接口信号线及工作方式。

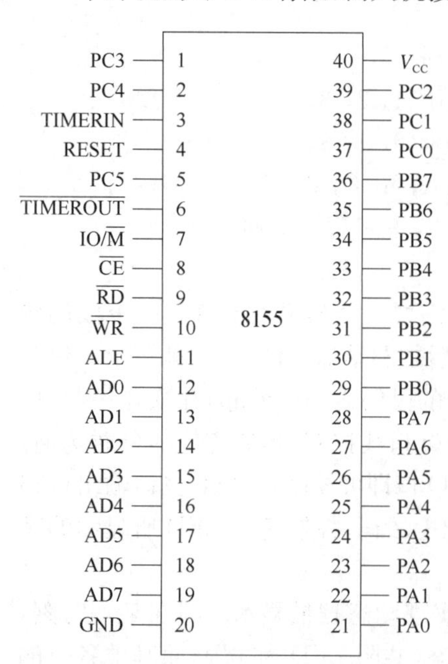

图 4-5　8155 的引脚图

(1) 8155 的接口信号线

8155 的引脚图如图 4-5 所示。

AD0～AD7 为地址数据线。CPU 与 8155 之间的地址、数据、命令、状态信息都通过 AD0～AD7 传送。$\overline{\text{RD}}$、$\overline{\text{WR}}$分别为读选通信号输入线和写选通信号输入线。$\overline{\text{CE}}$、IO/$\overline{\text{M}}$分别为选片信号线和 RAM 及 IO 口选择线。当$\overline{\text{CE}}$=0、IO/$\overline{\text{M}}$=0 时，CPU 对 8155 的 RAM 进行读写，RAM 编址为 00H～0FFH；当$\overline{\text{CE}}$=0、IO/$\overline{\text{M}}$=1 时，CPU 对 8155 的 I/O 口进行读写，I/O 口编址如表 4-3 所示。

表4-3 8155 I/O口编址

A7	A6	A5	A4	A3	A2	A1	A0	I/O口
×	×	×	×	×	0	0	0	命令状态口
×	×	×	×	×	0	0	1	PA口
×	×	×	×	×	0	1	0	PB口
×	×	×	×	×	0	1	1	PC口
×	×	×	×	×	1	0	0	定时器低8寄存器
×	×	×	×	×	1	0	1	定时器高6位和方式寄存器(2位)

ALE为地址锁存信号输入线。ALE的下降沿将CPU输出到AD0～AD7上的地址信息及$\overline{CE}$、IO/$\overline{M}$状态锁存到8155内部寄存器。

TIMERIN、$\overline{TIMEROUT}$分别为计数器的输入线和输出线。

(2) I/O口的工作方式

8155的A口、B口可工作于基本I/O方式或选通I/O方式，C口可作为输入/输出线，也可作为A口、B口选通工作方式的状态控制信号线。命令寄存器用来锁存CPU写入的命令，控制I/O口的工作方式和定时/计数器的运行，8155命令寄存器格式如图4-6所示。CPU将相应的命令写入命令寄存器，实现8155对I/O工作方式的选择。命令寄存器只能写入、不能读出。该寄存器的低4位定义I/O的工作方式，D4、D5为A口、B口的中断控制位，D6、D7为定时器运行控制位。

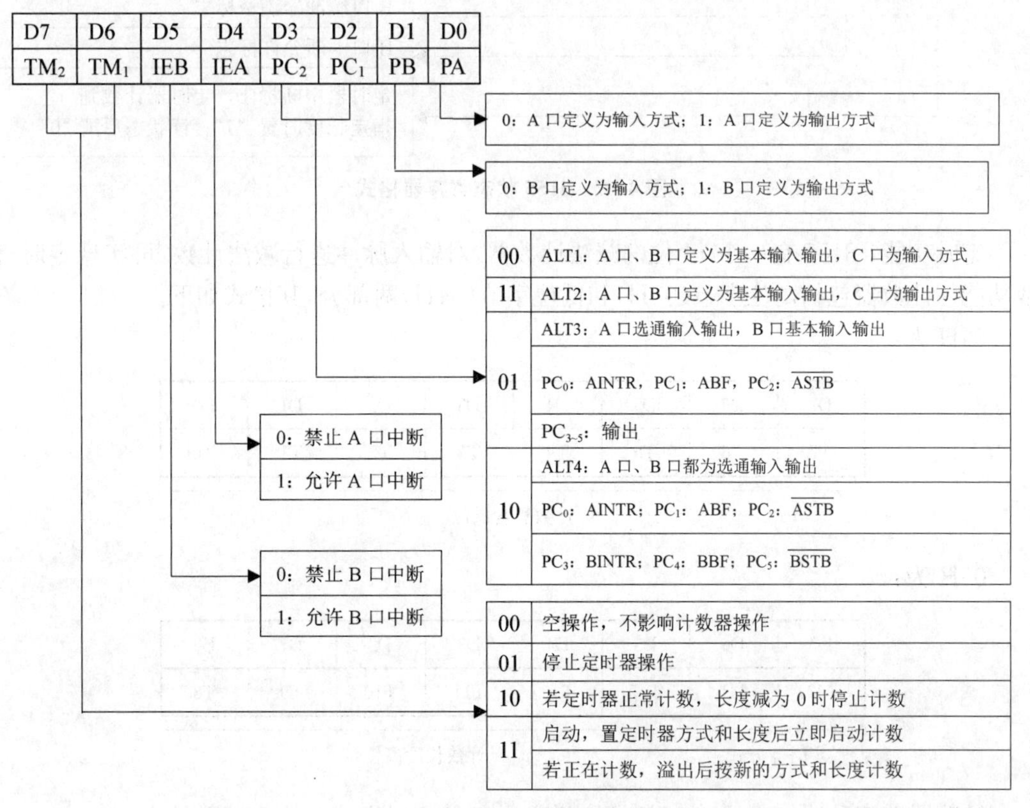

图4-6 8155命令寄存器格式

基本 I/O：当 8155 被编程为 ALT1、ALT2 方式时，A 口、B 口、C 口均工作于基本输入/输出方式。

选通 I/O：当 8155 被编程为 ALT3 方式时，A 口定义为选通 I/O，B 口定义为基本 I/O；当编程为 ALT4 方式时，A 口、B 口均定义为选通 I/O 方式。当 A、B 口工作于选通方式时，C 口的 AINTR、BINTR(PC0、PC3)分别为 A、B 口的中断请求输出线，作为 CPU 的中断源，高电平有效；ABF、BBF(PC1、PC4)分别为 A、B 口的缓冲器满、空标志输出线，缓冲器存有数据时为高电平，否则为低电平；$\overline{\text{ASTB}}$、$\overline{\text{BSTB}}$(PC2、PC5)分别为 A、B 口设备选通信号输入线，低电平有效。

读状态字：8155 有一个状态寄存器，锁存 8155 I/O 口和定时器的当前状态，供 CPU 查询。状态寄存器只能读出、不能写入，而且和命令寄存器共享一个口地址 0，CPU 对 0 地址写入的是命令字，对 0 地址读出的是 8155 的状态。8155 状态寄存器格式如图 4-7 所示。

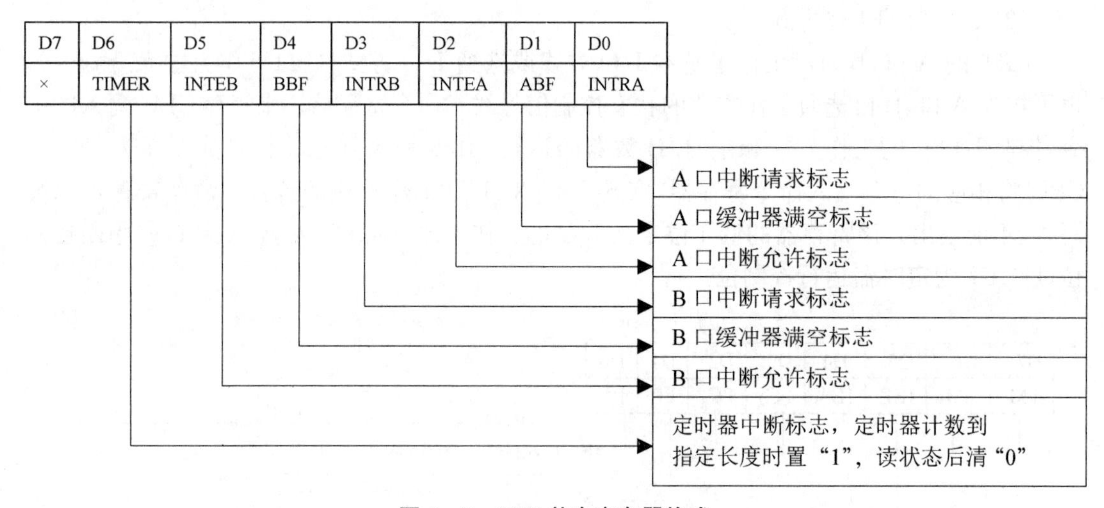

图 4-7　8155 状态寄存器格式

定时功能：8155 有一个 14 位的减法计数器，对输入脉冲进行减法计数，可实现定时/计数功能。计数器包括高位字节(05H)和低位字节(04H)两部分，其格式如下。

04H 为：

D7	D6	D5	D4	D3	D2	D1	D0
T7	T6	T5	T4	T3	T2	T1	T0

计数长度低位

05H 为：

D7	D6	D5	D4	D3	D2	D1	D0
M2	M1	T13	T12	T11	T10	T9	T8

定时器方式（D7～D6）　计数长度高位（D5～D0）

计数器有四种输出方式，由 M1、M2 定义。各种定时方式和输出波形见表 4-4。

表4-4 定时方式和输出波形

M1	M2	方 式	输 出 波 形
0	0	单方波	计数开始 计数结束
0	1	连续方波	
1	0	单脉冲	
1	1	连续脉冲	

编程时,首先把计数长度和定时方式装入计数器中,计数长度为2～3FFFH的任意值。命令寄存器的最高2位(D6、D7)控制计数器的启动和停止计数(图4-6)。

(3) 8155编程

设8155的RAM地址为7E00H～7EFFH,I/O口的地址为7F00H～7F05H。若A口、B口定义为基本输出方式,C口定义为输入方式,定时器作为方波发生器,对输入脉冲进行36分频(注意:8155的最高计数频率约为4 MHz),则I/O口的初始化程序如下。

```
INIT:   MOV   DPTR,#7F04H
        MOV   A,#24H
        MOVX  @DPTR,A                ;24H送计数器低位
        INC   DPTR
        MOV   A,  #40H
        MOVX  @DPTR,A                ;40H送计数器高位
        MOV   DPTR,#7F00H
        MOV   A,#0C3H
        MOVX  @DPTR,A                ;设置工作方式,启动计数
```

4. LED显示器接口实例

图4-8是由AT89C52与8155可编程接口器件构成的一种典型的动态扫描显示器接口电路,共有8个共阴极LED显示器,8155的PA作为位选口,经反相驱动器75452接LED的阴极,PB作为段码口,经同相驱动器7407接LED的各个段。单片机的P2.7接8155的$\overline{CE}$端,P2.0接IO/$\overline{M}$端,其他相应端相连,8155的命令/状态寄存器地址为7F00H,而A口和B口的地址分别为7F01H,7F02H。

AT89C52片内RAM的78H～7FH连续8个单元为显示缓冲区,分别对应8个显示器LED0～LED7,要显示的数据事先存放在显示缓冲区中。显示从最右边一位显示器开始,即78H单元的内容在最右边一位LED0显示。PA口输出只有一位为高电平的位选信号,选中一位LED显示,PB口输出相应位显示数据的段码。依次改变PA中输出为高的位和PB输出的段码,8位显示器就能显示出显示缓冲器中的内容。LED显示字符与PB口中代码的对应关系如表4-5所示。

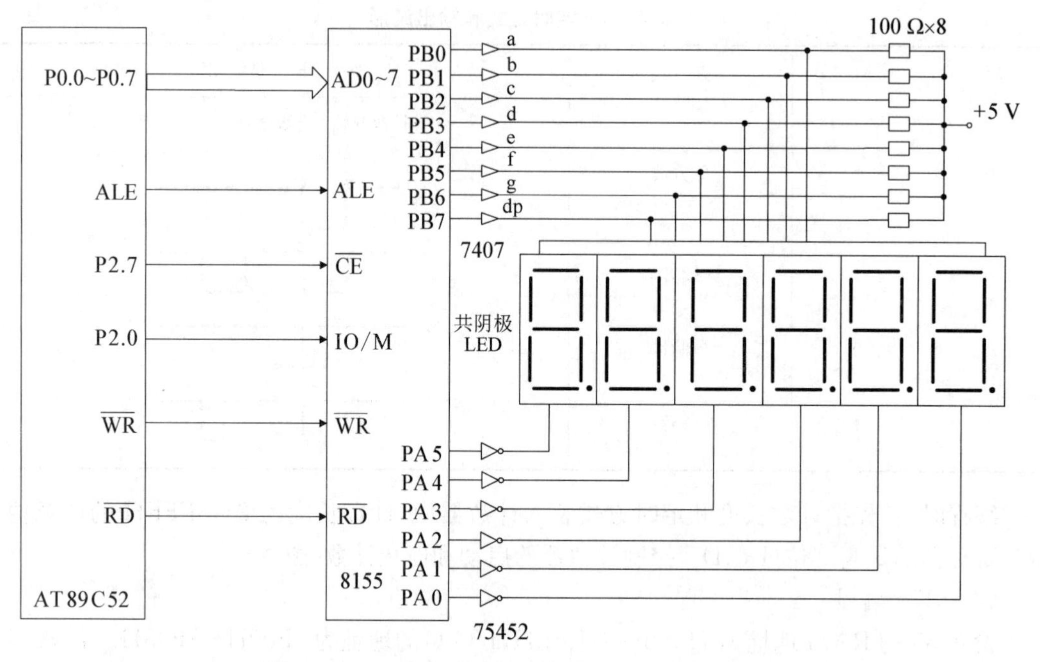

图 4-8　AT89C52 与 8155 构成的显示器接口电路

8 位 LED 多路动态显示子程序流程图如图 4-9 所示。

表 4-5　LED 显示字符与 PB 口中代码的对应关系

显示字符	PB 口中的代码（驱动器反相时）g f e d c b a	十六进制码	PB 口中的代码（驱动器同相时）g f e d c b a	十六进制码
0	1 0 0 0 0 0 0	40	0 1 1 1 1 1 1	3F
1	1 1 1 1 0 0 1	79	0 0 0 0 1 1 0	06
2	0 1 0 0 1 0 0	24	1 0 1 1 0 1 1	5B
3	0 1 1 0 0 0 0	30	1 0 0 1 1 1 1	4F
4	0 0 1 1 0 0 1	19	1 1 0 0 1 1 0	66
5	0 0 1 0 0 1 0	12	1 1 0 1 1 0 1	6D
6	0 0 0 0 0 1 0	02	1 1 1 1 1 0 1	7D
7	1 1 1 1 0 0 0	78	0 0 0 0 1 1 1	07
8	0 0 0 0 0 0 0	00	1 1 1 1 1 1 1	7F
9	0 0 1 1 0 0 0	18	1 1 0 0 1 1 1	67
A	0 0 0 1 0 0 0	08	1 1 1 0 1 1 1	77
B	0 0 0 0 0 1 1	03	1 1 1 1 1 0 0	7C
C	1 0 0 0 1 1 0	46	0 1 1 1 0 0 1	39
D	0 1 0 0 0 0 1	21	1 0 1 1 1 1 0	5E
E	0 0 0 0 1 1 0	06	1 1 1 1 0 0 1	79
F	0 0 0 1 1 1 0	0E	1 1 1 0 0 0 1	71

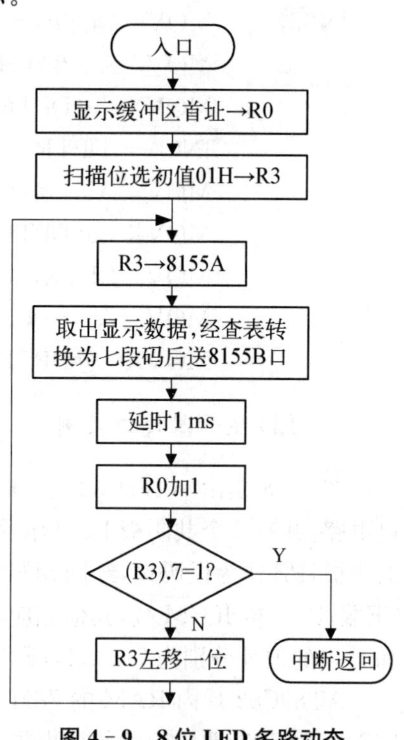

图 4-9　8 位 LED 多路动态显示子程序流程图

实现动态显示的子程序如下。

```
DIR:    MOV   DPTR，#7F01H          ;选择 I/O 口
        MOV   R0，#78H              ;R0 为显示缓冲区指针
```

```
        MOV   R3，#01H              ;R3放扫描位选初值
        MOV   A，R3
DIR0：  MOVX   @DPTR，A             ;位选信号送PA口
        INC      DPTR
        MOV   A，@R0                ;从显示缓冲区取数
        ADD   A，#(DSEG－DIR1)
        MOVC A，@A＋PC              ;查表得到七段码
DIR1：  MOVX @DPTR，A               ;段码送PB口
        ACALLDLlMS                  ;延时1 ms
        INC   R0                    ;修改显示缓冲区指针
        MOV   A，R3
        JB    ACC.7，DIR2           ;8位已显示完，返回
        RL    A                     ;位选字左移一位
        MOV   R3，A
        SJMP  DIR0                  继续显示下一位
DIR2：  RET
DSEG：  DB    3FH，06H，5BH，4FH，66H，6DH ;段数据表
        DB    7DH，07H，7FH，6FH，77H，7CH
        DB    39H，5EH，79H，71H，73H，76H
        DB    40H，00H
DL1MS： MOV    R7，#02H             ;延时1 ms程序
DL0：   MOV    R6，#0FFH
DL1：   DJNZ   R6，DL1
        DJNZ  R7，DL0
        RET
```

4.1.2　点阵式LED显示器

点阵式LED显示器，一般由发光二极管排列成一个$n \times m$的矩阵，一个发光二极管控制点阵中的一个点，这些发光二极管可以显示大/小写字母、数字和文字。这种显示器显示的字形逼真，能显示汉字和图形，但控制比较复杂。

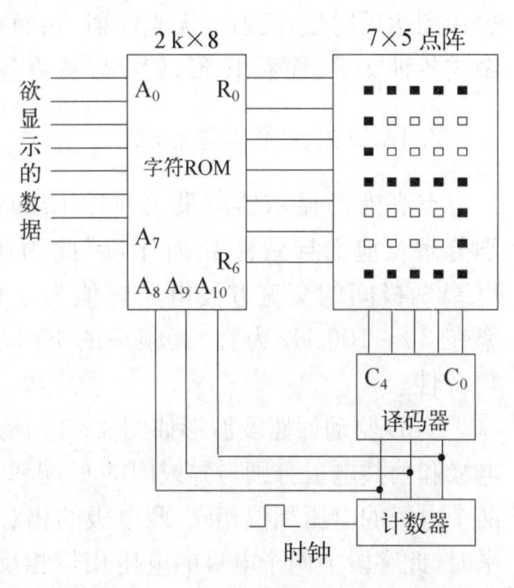

图4-10　7×5点阵式LED显示电路

7×5点阵式LED显示器电路如图4-10所示，该电路采用计数器步进选列。欲显示数据的字符及计数器的输出信号分别从字符ROM的$A_0 \sim A_7$和$A_8 \sim A_{10}$端输入，以确定数据代码所在ROM单元中的地址。假设数据是5，会从图中表示的字符ROM中读出5的代码，并发送给点阵LED。计数器通过译码器送出列信号$C_0 \sim C_4$，当

计数器从 0 起始计数到 4 时,第 0 列至第 4 列的行代码通过 R_0 ~ R_6 依次被读出。然后再重复这一过程。

从 ROM 中读出的第 0 列代码是 1001111,计数器加 1 后读出的第 1 列代码是"1001001…"。按此序列,便可产生字母表中的各种字符。

若要提高点阵式 LED 显示器的分辨率,采用更大的点阵显示结构即可,而字符 ROM 可根据需要选用。

4.1.3 LCD 显示器

1. LCD 显示结构

液晶显示器的结构如图 4-11 所示,单片 $3\frac{1}{2}$ 位的 LCD 的管脚如图 4-12 所示。

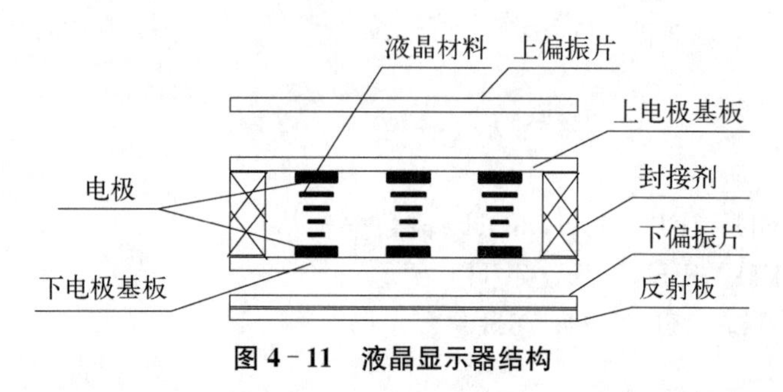

图 4-11 液晶显示器结构

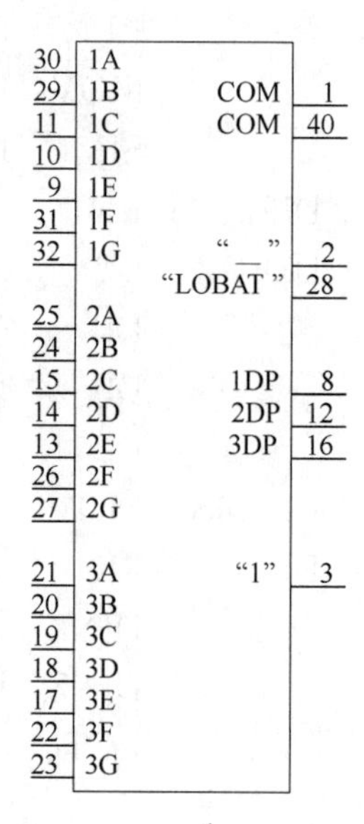

图 4-12 $3\frac{1}{2}$ LCD 的管脚

在上、下玻璃电极之间封入向列型液晶材料,液晶分子平行排列,上、下扭曲 90°,外部入射光通过上偏振片后形成偏振光,该偏振光通过平行排列的液晶材料后被旋转 90°,透过与上偏振片垂直的下偏振片,到达反射板,然后被反射板反射返回,呈透明状态;当上、下电极施加一定的电压后,电极部分的液晶分子转成垂直排列,失去旋光性,从上偏振片入射的偏振光不被旋转,光无法透过下偏振片到达反射板,反射板无光反射,因而呈黑色。根据需要,将电极做成各种文字、数字、图形,就可以获得各种状态显示。

2. LCD 显示器工作原理

点亮液晶显示器可采用前述 LED 的静态显示方式,但直流电压会使液晶发生电化学分解反应而导致液晶损坏,因此为了延长 LCD 的使用寿命,驱动电流应改为交流。LCD 两极间的交流方波电压幅值为 4~5 V。从显示清晰稳定角度考虑,交流电压的频率在 30~100 Hz 为宜,其频率的下限决定于人的视觉暂留特性,上限取决于 LCD 的高频特性。

LCD 驱动回路及波形如图 4-13 所示。图中 LCD 表示某个液晶显示字段,其显示控制电极和公共电极分别与异或门的 C 端和 A 端相连。当异或门的 B 端为低电平时,此字段上两个电极的电压相位相同,两电极的相对电压为零,该字段不显示;当异或门的 B 端为高电平时,此字段上两个电极的电压相位相反,两电极的相对电压为幅值方波电压的两倍,该字段呈黑色显示。

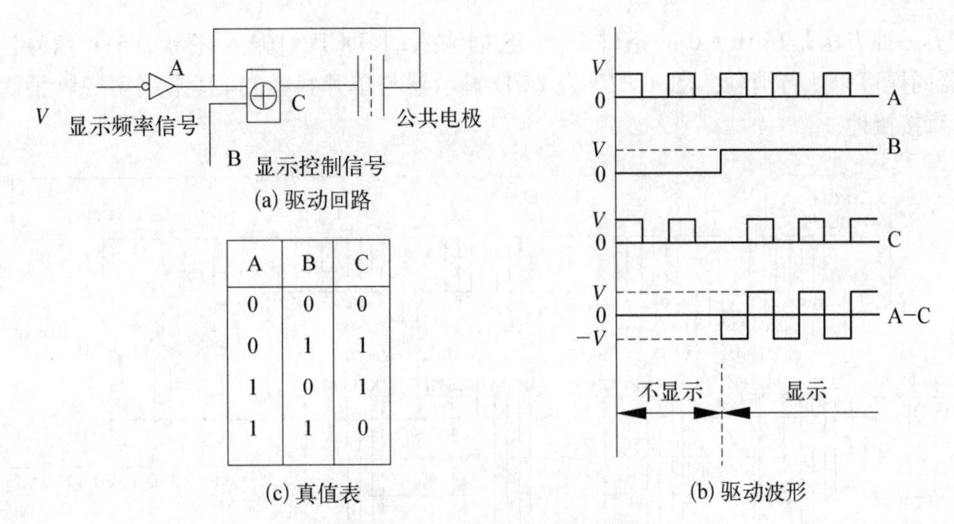

(a) 驱动回路

A	B	C
0	0	0
0	1	1
1	0	1
1	1	0

(c) 真值表　　(b) 驱动波形

图 4－13　LCD 驱动回路及波形

图 4－14 为七段液晶显示器的电极配置和驱动电路。七段译码器完成从 BCD 码到七段代码的转换，作为异或门的显示控制信号。

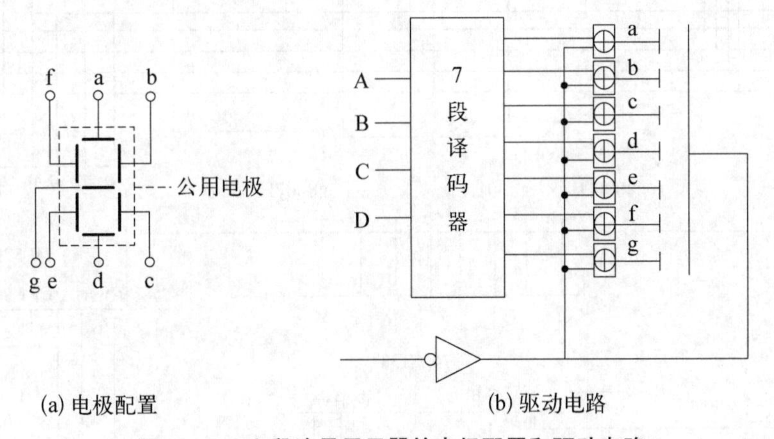

(a) 电极配置　　(b) 驱动电路

图 4－14　七段液晶显示器的电极配置和驱动电路

3. LCD 显示器接口实例

图 4－15 给出一种 LCD 显示电路。主机采用 AT89C52 单片机。显示器件采用 4 位数据和 3 个 DP 显示的 LCD 显示屏 4N07。LCD 静态电路采用 CD4543 和 CD4507。BCD－7 段码锁存译码驱动器 CD4543 用于驱动 LCD 的数据位；四异或门 CD4507 用于驱动 LCD 的小数点。锁存器 74LS373 和 3－8 译码器 74LS138 组成 LCD 静态驱动电路的地址译码电路。控制数据位的地址码是 8000H 和 8001H，控制小数点的地址码是 8007H。为了限制 LCD 电极上的直流分量在最低限度，必须加入 2 分频电路，以保证加到 LCD 显示器的显示频率信号严格对称。

CD4543 锁存译码驱动器的 PH 端接显示频率交流信号，可驱动 LCD 显示器(PH 端接“1”电平，可驱动共阳极 LCD 显示器；PH 端接“0”电平，可驱动共阴极 LCD 显示器)。锁存选通端 LE＝1，表示输入锁存器透明；LE＝0，表示锁存器锁存。由于 CD4543 只能显示 0～9 的数字，不能显示字母，所以可用两种方法消隐。一种方法是令消隐输入端 BI＝1，可执行消隐;另一种方法是在 BI=0 的条件下,由数据输入端(DCBA)输入字母 A~F 信号,LCD 显示器同样可以执行消隐。图 4-15 为 LCD 显示器与单片机接口,其采用第二种消隐,故将 BI 直接接地。

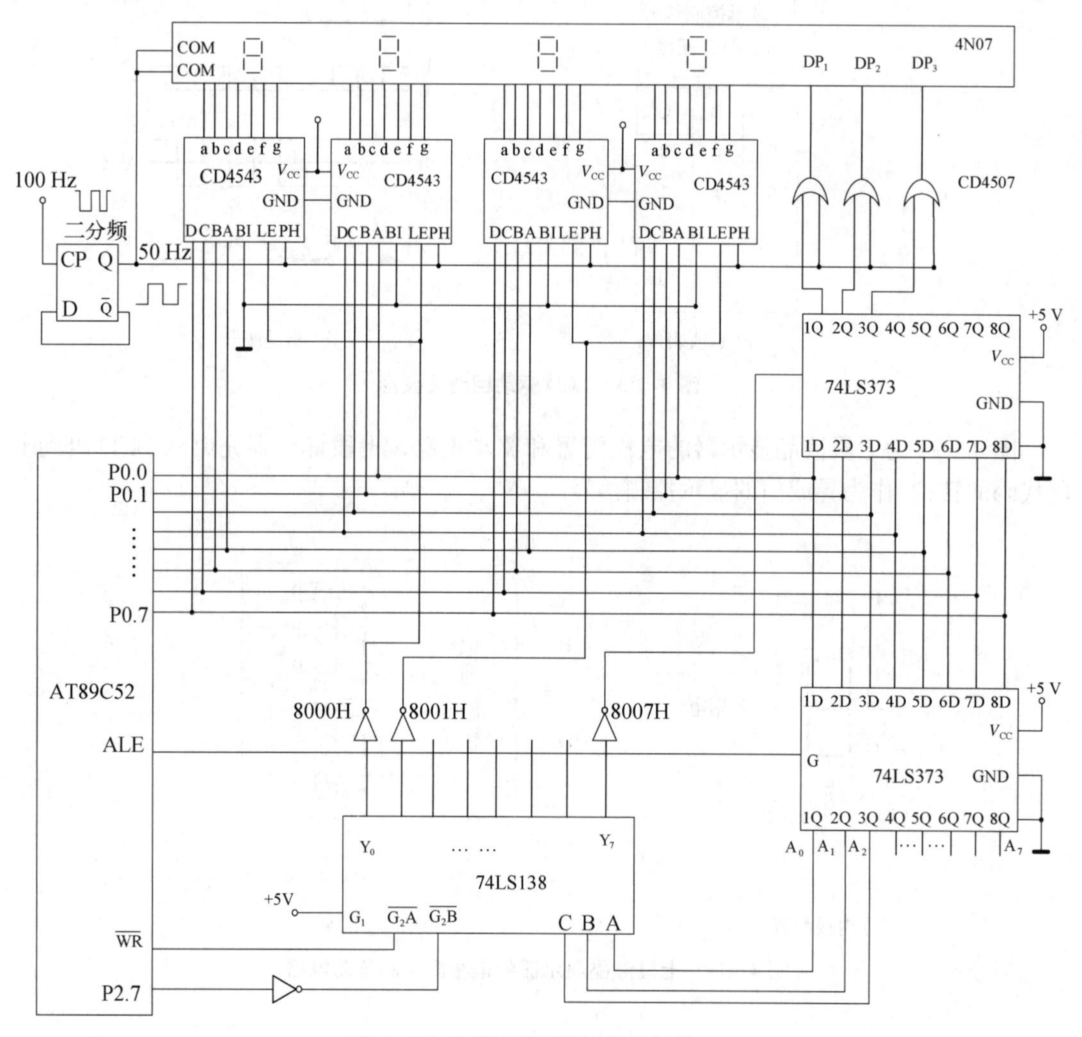

图 4-15 LCD 显示器与单片机接口

为了在 4N07 显示器上显示 23.5 数字,可执行如下程序。

```
MOV     A, #35H
MOV     DPTR, #8001H
MOVX    @DPTR, A
MOV     A, #0F2H
DEC     DPTR
MOVX    @DPTR, A
MOV     A, #20H
MOV     DPTR, #8007H
MOVX    @DPTR, A
```

当要求仪表显示某些物理量的测量值时,如温度值或压力值等,会遇到信号值较小,相应的数字显示值带有 0 作为前缀的情况，如“0889”。考虑到人们的读数习惯，最好能够使前缀自动消隐。为此，可采用如下自动消隐 0 前缀子程序。

```
OTF：MOV     R0，#4DH
     MOV     R1，#02H
OTL：MOV     A，@R0
     ANL     A，#0F0H
     JNZ     OT2
     MOV     A，@R0
     ORL     A，#0F0H
     MOV     @R0，A
     ANL     A，0FH
     JNZ     OT2
     MOV     @R0，#0FFH
     DEC     R0
     DJNZ    R1，OTL
     MOV     4CH，#0F0H
OT2：RET
```

其中，4DH 和 4CH 是子程序的入口和出口条件，同时兼作 LCD 显示缓冲单元。要显示数据时，必须先把显示数据的高位字节放入 4DH 中，低位字节放入 4CH 中，然后调用 OTF 子程序，再把变换后的数字从 4DH 和 4CH 单元中取出送往 LCD 显示器显示。

4.1.4　点阵式 LCD 显示器

点阵式 LCD 显示器以其特有的优势广泛应用于可编程控制器的编程器、计算机显示屏、打印机等各种智能装置。点阵式 LCD 的控制与驱动较复杂，随着大规模集成电路工艺技术的发展，已有驱动电路芯片与控制电路芯片，也有的制作在液晶屏背面的线路板上，使 LCD 显示器的应用简单方便。各种点阵液晶显示控制器芯片的应用方式类似，现以液晶显示模块 OCMJ4×8C 为例予以示例介绍。

1. OCMJ4×8C 概述

OCMJ4×8C 系列中文液晶显示模块可显示字母、数字符号、中文字形及图形，具有绘图及文字、画面混合显示功能。该系列模块提供三种控制接口，分别为 8 位微处理器接口、4 位微处理器接口及串行接口。显示 RAM、字形产生器等所有功能均包含在一个芯片之中，只需一个最小微处理器系统即可方便使用。内置 2M -位中文字形 ROM(CGROM)，共提供 8192 个中文字形(16×16 点阵)；16K -位半宽字形 ROM(HCGROM)，共提供 126 个符号字形(16×8 点阵)；64×16 位字形产生 RAM(CGRAM)；绘图显示画面提供一个 64×256 点的绘图区域(GDRAM)，可以与文字画面混合显示。

2. 模块引脚说明

OCMJ4X8C 系列中文液晶显示模块共有 20 个引脚，模块的外观及引脚排列如图

4-16所示。

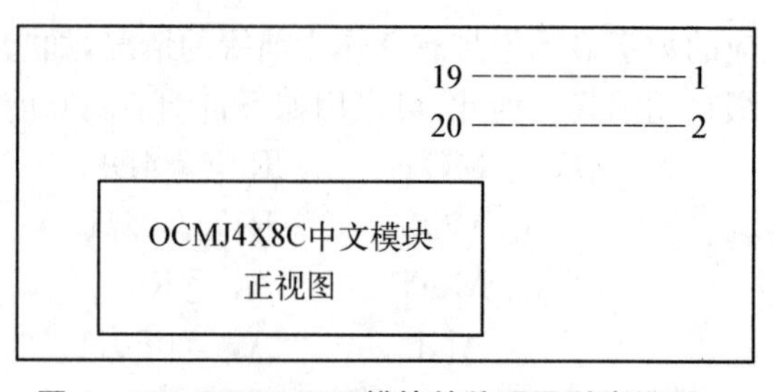

图4-16　OCMJ4X8C模块的外观及引脚排列

各引脚的定义如下。

1-V_{SS}：电源地(0 V)。

2-V_{DD}：工作电压(+5 V)。

3-V_{LCD}：悬空。

4-RS(CS)：当芯片工作于并行模式时，
1表示数据，0表示指令；
当芯片工作于串行模式时，
此引脚为片选控制端，高有效。

5-RW(SDA)：当芯片工作于并行模式时，1表示读操作，0表示写操作；
当芯片工作于串行模式时，此引脚为数据信号输入端。

6-E(SCLK)：当芯片工作于并行模式时，此引脚为使能控制端，高有效；
当芯片工作于串行模式时，此引脚为时钟信号输入端。

7～14-(DB0)～(DB7)：是8位数据线。

15-PSB：串并模式选择端，1表示并行通信，0表示串行通信。

16-NC：悬空。

17-RST：复位信号，低有效。

18-VOUT：悬空。

19-LED－：背光源负极(0 V)。

20-LED＋：背光源正极(+5 V)。

3. 模块信息传输方式

该系列芯片有并行和串行两种数据传输方式，下面分别讨论两种传输方式的传输过程以及传输时序。

(1) 并行传输方式

当串并模式选择端PSB接高电平时，模块进入并行传输模式。在并行传输模式，由指令DL(后面指令部分说明)选择8位传输还是4位传输，然后由主控芯片控制信号RS、RW、E以及8位数据线来完成数据的传输。8位并行传输模式的时序图如图4-17所示。

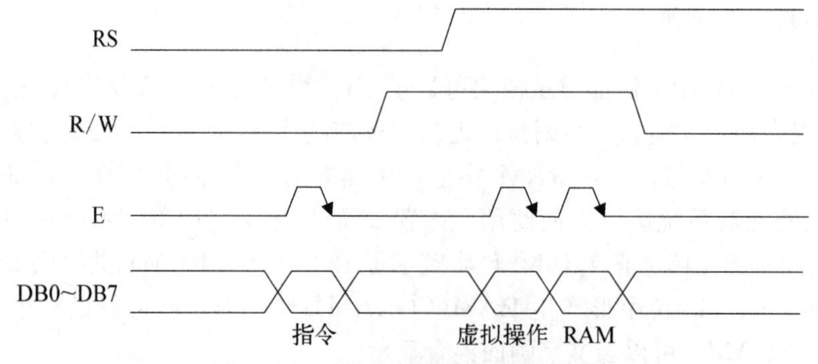

图4-17　8位并行传输模式的时序图

在4位传输模式中，每一个8位的指令或数据都将被分为两个字节动作，高4位(DB7～DB4)将会被放在第一个字节的DB7～DB4部分，低4位则会被放在第二个字节的DB7～

DB4 部分。4 位并行传输模式的时序图如图 4-18 所示。

从一个完整的数据传输流程来看，当设定地址指令后（CGRAM，DDRAM），若要读取数据需要先进行一次虚拟的读操作，才会读取到正确数据，第二次读取数据时则不需要，除非下了设定地址指令，如图 4-17 及图 4-18 所示。

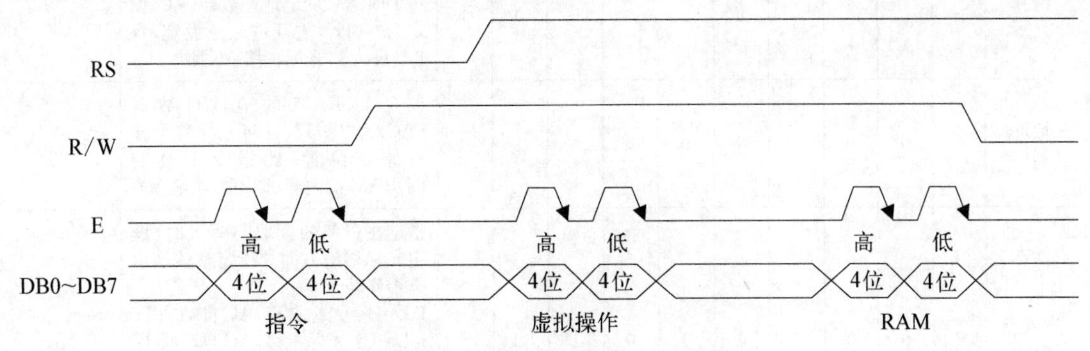

图 4-18 4 位并行传输模式的时序图

（2）串行传输模式

当串并模式选择端 PSB 接低电平时，模块进入串行传输模式。在串行传输模式下，一个完整的串行传输流程为：开始先传输起始字节，起始字节先传输五个连续的“1”（同步位字符串），此时传输计数器将被重置，且串行传输将被同步，接着传输的两个位字符串分别为传输方向位（RW）及寄存器选择位（Register Select，RS），最后的第八位为“0”。在起始字节传输完成后，每一个八位的指令将被分为两个字节传输，高 4 位（DB7～DB4）将会被放在第一个字节的 LSB 部分，低 4 位（DB3～DB0）将会被放在第二个字节的 LSB 部分。串行传输模式的时序图如图 4-19 所示。

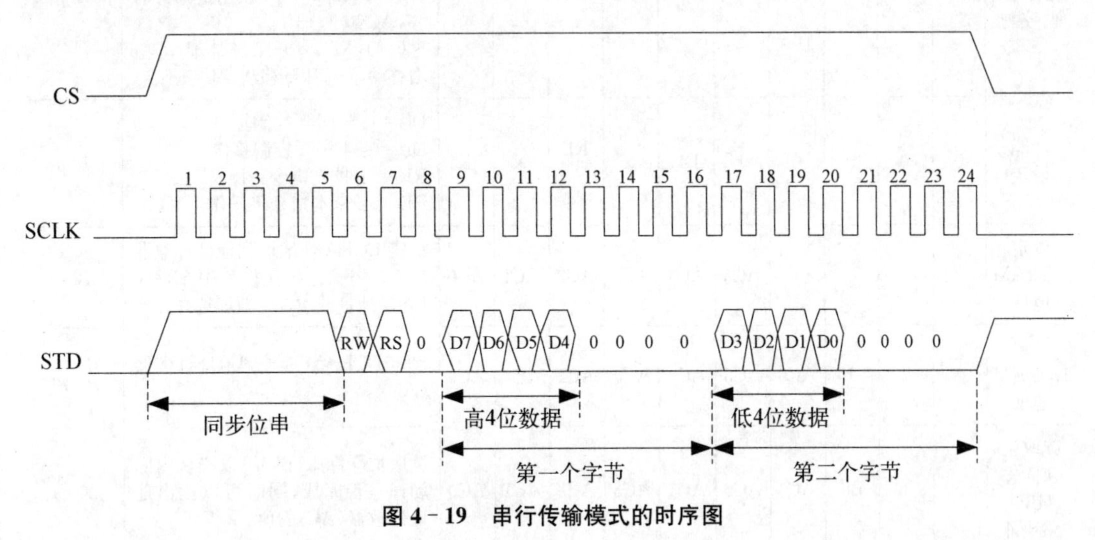

图 4-19 串行传输模式的时序图

4. 模块的用户指令集

OCMJ4×8C 系列模块的用户指令集共有 18 条指令，由基本指令集与扩充指令集构成，其中基本指令集有 11 条指令，扩充指令集有 7 条指令。

基本指令集 11 条指令的指令功能、指令码以及执行时间如表 4-6 所示。

表 4-6 基本指令集(RE=0)

指令功能	指令码										说明	执行时间(540 kHz)
	RS	RW	DB7	DB6	DB5	DB4	DB3	DB2	DB1	DB0		
清除显示	0	0	0	0	0	0	0	0	0	1	将DDRAM填满“20H”(空格),并将DDRAM的地址计数器(AC)设定为“00H”,重新进入点设定,将I/D设为1,光标右移AC加1	1.6 ms
地址归位	0	0	0	0	0	0	0	0	1	X	设定DDRAM的地址计数器(AC)为“00H”,且将光标移到开头原点位置;此指令不改变DDRAM的内容(即不影响显示)	72 μs
进入点设定	0	0	0	0	0	0	0	1	I/D	S	指定在资料的读取与写入时,设定光标移动方向并指定整体显示是否移动。 I/D=1: 光标右移,AC自动加1; I/D=0: 光标左移,AC自动减1; S=1且DDRAM为写状态: 整体显示移动,移动方向由I/D确定; S=0或DDRAM为读状态: 整体显示不移动	72 μs
显示状态开/关	0	0	0	0	0	0	1	D	C	B	D=1: 整体显示ON; D=0: 显示OFF; C=1: 光标ON; C=0: 光标OFF; B=1: 光标位置反白且闪烁; B=0: 光标位置不反白闪烁	72 μs
光标或显示移位控制	0	0	0	0	0	1	S/C	R/L	X	X	设定光标的移动与显示的移位控制位;这个指令并不改变DDRAM的内容。 S/C=0,R/L=0/1: 光标左移/右移,AC减1/加1; S/C=1,R/L=0/1: 整体显示左/右移动,光标跟随移动,AC值不变	72 μs
功能设定	0	0	0	0	1	DL	X	RE(0)	X	X	DL=1: 8-bit控制接口 DL=0: 4-bit控制接口 RE=1: 扩充指令集操作 RE=0: 基本指令集操作	72 μs
设定CGRAM地址	0	0	0	1	AC5	AC4	AC3	AC2	AC1	AC0	设定CGRAM地址到地址计数器(AC),需确定扩充指令中SR=0(卷动地址或RAM地址选择)	72 μs
设定DDRAM地址	0	0	1	AC6	AC5	AC4	AC3	AC2	AC1	AC0	设定DDRAM地址到地址计数器(AC)	72 μs
读取忙碌标志(BF)和地址	0	1	BF	AC6	AC5	AC4	AC3	AC2	AC1	AC0	读取忙碌标志(BF)可以确认内部动作是否完成,同时可以读出地址计数器(AC)的值	0 μs
写资料到RAM	1	0	D7	D6	D5	D4	D3	D2	D1	D0	写资料到内部的RAM(DDRAM/CGRAM/GDRAM),每个RAM地址都要连续写入两个字节的资料	72 μs
读出RAM的值	1	1	D7	D6	D5	D4	D3	D2	D1	D0	从内部RAM(DDRAM/CGRAM/GDRAM)读取数据	72 μs

扩充指令集7条指令的指令功能、指令码以及执行时间如表4-7所示。

表4-7 扩充指令集(RE=1)

指令功能	指令码										说明	执行时间(540 kHz)
	RS	RW	DB7	DB6	DB5	DB4	DB3	DB2	DB1	DB0		
待命模式	0	0	0	0	0	0	0	0	0	1	进入待命模式,执行其他命令都可终止待命模式	72 μs
卷动地址或RAM地址选择	0	0	0	0	0	0	0	0	1	SR	SR=1:允许输入垂直卷动地址;SR=0:允许设定CGRAM地址(基本指令)	72 μs
反白选择	0	0	0	0	0	0	0	1	R1	R0	选择4行中的任一行作反白显示,并可决定反白与否	72 μs
睡眠模式	0	0	0	0	0	0	1	SL	X	X	SL=1:脱离睡眠模式 SL=0:进入睡眠模式	72 μs
扩充功能设定	0	0	0	0	1	DL	X	RE(1)	G	0	DL=1:8-bit控制接口 DL=0:4-bit控制接口 RE=1:扩充指令集操作 RE=0:基本指令集操作 G=1:绘图显示ON G=0:绘图显示OFF	72 μs
设定卷动地址	0	0	0	1	AC5	AC4	AC3	AC2	AC1	AC0	SR=1:AC5~AC0为垂直卷动地址	72 μs
设定绘图RAM地址	0	0	1	AC6	AC5	AC4	AC3	AC2	AC1	AC0	设定GDRAM地址到地址计数器(AC)	72 μs

对于OCMJ4×8C系列模块,当模块在接收指令前,微处理器必须先确认模块内部处于非忙碌状态,即读取到的BF=0,才可以接收新的指令。如果在送出一个指令前不检查BF标志,那么,在前一个指令与这个指令中间必须延迟足够长时间以便指令完成,指令执行时间如表4-6、表4-7所示。RE为基本指令集与扩充指令集的选择控制位,当变更RE位后,往后的指令集将维持其状态直到RE再次变更,即使用相同指令集时,不需每次重设RE位。

5. 显示步骤

1) 字符显示RAM(DDRAM)

字符显示RAM提供64×2个字节空间,最多可以控制4行16个字(共64个字)的中文字形显示,当写入显示字符RAM时,可以分别显示CGROM、HCGROM及CGRAM的字形。本系列模块可以显示三种字形,分别为半宽的HCGROM字形、CGRAM字形及中文CGROM字形,三种字形的选择由在DDRAM中写入的编码选择,在0000H~0006H的编码中选择CGRAM的自定字形,在02H~7FH的编码中选择半宽英文、数字的字形,A1以上的编码自动结合下一个字节,组成两个字节的编码达成中文字形的编码BIG5(A140~D75F)、GB(A1A0~F7FF),各种字形的显示操作详细如下。

(1) 显示半宽字形

将 8 位信息写入 DDRAM,编码范围为 02H～7FH。

(2) 显示 CGRAM 字形

将 16 位信息写入 DDRAM 中,编码有 0000H、0002H、0004H、0006H 四种。

(3) 显示中文字形

将 16 位信息写入 DDRAM 中,BIG5 标准的编码范围为 A140H～D75FH,GB 的编码范围为 A1A0H～F7FFH。将 16 位信息写入 DDRAM 的方式为连续写入两个字节,先写高 8 位字节,再写低 8 位字节。

2) 绘图 RAM(GDRAM)

绘图显示 RAM 提供 64×32 个字节的空间,最多可以控制 256×64 点的二维绘图缓冲空间,在更改绘图 RAM 时,由扩充指令设定 GDRAM 地址,先设定垂直地址再设定水平地址(连续写入两个字节的数据完成垂直与水平坐标地址的设定),再写入两个 8 位的信息到绘图 RAM,地址计数器(Address Counter,AC)会自动加 1,一次完整的写入绘图 RAM 的步骤如下。

(1) 将字符的垂直坐标字节(Y)写入绘图 RAM 地址。

(2) 将字符的水平坐标字节(X)写入绘图 RAM 地址。

(3) 将字符的高位字节(D15～D8)写入 RAM 中。

(4) 将字符的低位字节(D7～D0)写入 RAM 中。

6. AT89C52 与 OCMJ4×8C 的接口电路

1) 并行接口电路及显示程序

AT89C52 与 OCMJ4×8C 采用并行连接方式的接口电路如图 4－20 所示。

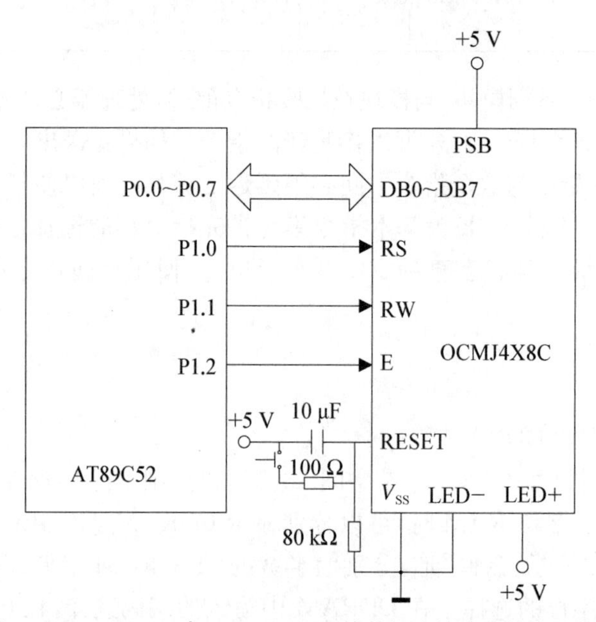

图 4－20　AT89C52 与 OCMJ4×8C 的并行连接方式的接口电路

下面给出基于图 4－20 所示的并行接口电路,AT89C52 操作 OCMJ4×8C 模块的程序示例。

(1) 测试模块忙碌子程序

```
BUSY_CHK:   MOV   P0, #0FFH
            CLR   P1.0            ;RS=0 选择指令寄存器
            SETB  P1.1            ;RW=1 读状态
            SETB  P1.2
            JB    P0.7, $         ;判别模块忙碌标志 BF 位
            CLR   P1.2
            RET
```

(2) 发送指令子程序

```
I_SEND:     LCALL BUSY_CHK        ;检测模块内部工作状态
            CLR   P1.0            ;RS=0 选择指令寄存器
            CLR   P1.1            ;RW=0 写状态
            MOV   P0, A           ;送数据到数据口
            SETB  P1.2
            NOP
            NOP
            CLR   P1.2
            RET
```

(3) 发送数据子程序

```
D_SEND:     LCALL BUSY_CHK        ;检测模块内部工作状态
            SETB  P1.0            ;RS=1 选择数据寄存器
            CLR   P1.1            ;RW=0 写状态
            MOV   P0, A           ;送数据到数据口
            SETB  P1.2
            NOP
            NOP
            CLR   P1.2
            RET
```

(4) 读数据子程序

```
D_READ:     LCALL BUSY_CHK        ;检测模块内部工作状态
            SETB  P1.0            ;RS=1 选择数据寄存器
            SETB  P1.1            ;RW=1 读状态
            SETB  P1.2
            NOP
            MOV   A, P0           ;从数据口读数据
            CLR   P1.2
            RET
```

2) 串行接口电路及显示程序

AT89C52与OCMJ4×8C串行连接方式的接口电路如图4-21。

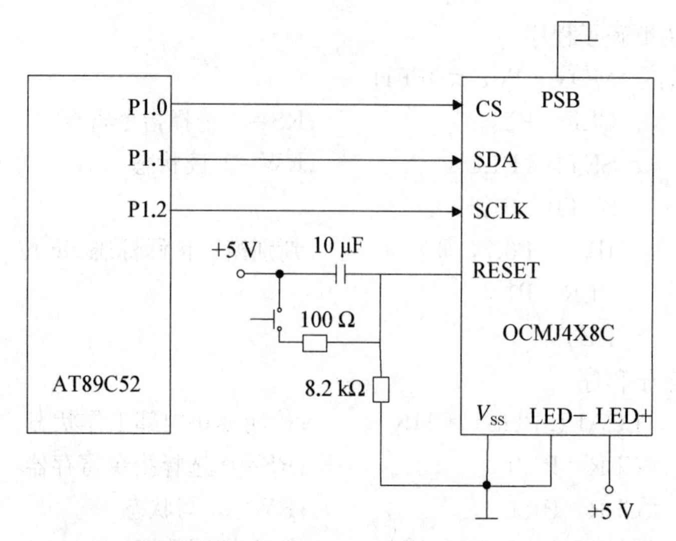

图 4-21　AT89C52 与 OCMJ4×8C 的串行连接方式的接口电路

基于图 4-21 所示的串行接口电路，AT89C52 操作 OCMJ4×8C 模块写指令操作的程序示例如下。

```
;DA_IN:          数据或指令
;RS_CHS:         数据指令选择，1 表示数据，0 表示指令
;COUNT1:         计数器 1
;COUNT2:         计数器 2

WRITE:     PUSH   ACC
           MOV    A, DA_IN
           SETB   P1.0
           MOV    COUNT1, #05H
           SETB   P1.1              ;SDA=1
WRITE1:    CLR    P1.2
           SETB   P1.2
           DJNZ   COUNT1, WRITE1
           CLR    P1.1              ;读写方向选择：RW=1,读;RW=0,写
           CLR    P1.2
           JNB    RS_CHS, CLR_RS
           SETB   P1.1              ;写数据
           SJMP   SETB_RS
CLR_RS:    CLR    P1.1              ;写指令
SETB_RS:   CLR    P1.2
           SETB   P1.2
           CLR    P1.1
           CLR    P1.2
           SETB   P1.2
```

```
            MOV   COUNT1，#02H
WRITE2：    MOV   COUNT2，#04H
WRITE21：   RLC   A
            MOV   P1.1，C
            CLR   P1.2
            SETB  P1.2
            DJNZ  COUNT2，WRITE21
            MOV   COUNT2，#04H
            CLR   P1.1
WRITE22：   CLR   P1.2
            SETB  P1.2
            DJNZ  COUNT2，WRITE22
            DJNZ  COUNT1，WRITE2
            CLR   P1.2
            CLR   P1.0
            LCALL DELAY
            POP   ACC
            RET
```

4.2　键盘接口

键盘是一组按键的集合，操作者可以通过键盘输入数据或命令，实现简单的人机对话。键盘接口必须解决以下一些问题：确定是否有键按下，按了哪个键，消除抖动问题以及同时按键的处理等，这些均可由硬件或软件来完成。

4.2.1　键盘结构和类型

目前常用的按键有三种：机械触点式按键、导电橡胶式按键和柔性按键（又称轻触键盘）。

机械触点式按键是利用金属的弹性使按键复位，具有手感明显，接触可靠的特点。导电橡胶按键则是利用橡胶的弹性来复位，通常采用压制方法把面板上所有的按键制成一整块，体积小、装配方便。柔性按键是近年来得到迅速发展的一种新型按键，它可分为凸球型和平面型两大类。前者动作行程和触感都较明显，富有立体感，但工艺复杂；后者动作行程极微，触感较弱，但工艺简单，寿命也长，它的最大特点是廉价、美观、防尘防潮、耐蚀、装嵌简单，而且外形和面板的布局、色彩、键距都可以按照整机的要求来设计，因此它在家用电器及仪器仪表的键盘上被大量应用。

按照键码识别的方法分类，有编码式和非编码式两种键盘。编码式键盘由硬件逻辑来提供被按键对应的编码，每按一次键，键盘自动提供被按键的编码，而且具有去抖动和多键、串键保护电路的特点。这种键盘使用方便，但需较多硬件，价格较贵。非编码式键盘硬件连接简单，主要工作是靠按键识别软件来完成，比较经济。在实际智能仪表的设计中，应该根据仪表的设计要求灵活选用。

4.2.2 抖动与串键

键盘输入时,存在触点弹跳与同时按下多个键的问题,即抖动与串键。

1. 抖动

从键按下到接触稳定要经过数毫秒的抖动,键松开时也有同样的问题,如图 4-22(a)所示,这会引起一次按键多次读数。解决键抖动的问题可采用硬件或软件的方法。通常键数较少时,可采用 R-S 触发器[图 4-22(b)],或用最简单的 RC 滤波器来克服抖动。键数较多时,往往采用软件延时的方法,即当检出键闭合(或断开)后,执行一个数毫秒的延时子程序,等待抖动消失后,再检测键的状态,这样可以避免抖动所造成的一次按键多次读数的问题。

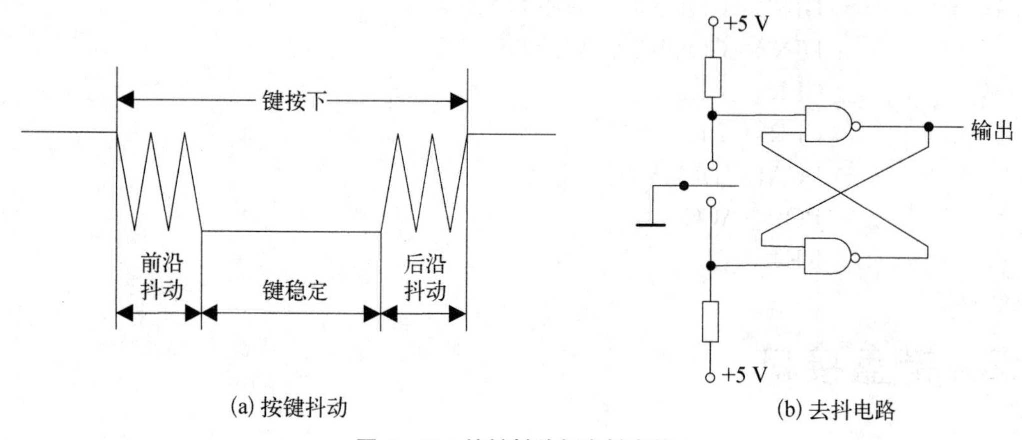

(a) 按键抖动　　(b) 去抖电路

图 4-22　按键抖动与去抖电路

2. 串键

检出串键情况,避免产生错码也是件重要的事,处理串键有三种技术：两键同时按下、n 键同时按下和 n 键锁定技术。

"两键同时按下"技术是在两个键同时按下时产生保护作用。最简单的方法是当只有一个键按下时才读取键盘的输入,最后仍被按下的键是有效的正确按键。当用软件扫描键盘时常采用这种方法。另一种方法是当第一个按键未松开时,按第二个按键不产生选通信号。这种方法常借助硬件来实现。

"n 键同时按下"技术或者不理会所有被按下的键,直至只剩下一个键按下时为止;或者将按键的信息存入内部缓冲器中,这种方法成本较高。

"n 键锁定"技术只处理一个键,任何其他按下又松开的键不产生任何键码,通常是第一被按下或最后一个松开的键产生键码。这种方法最简单也最常用。

4.2.3 非编码式键盘接口电路

1. 非编码式键盘类型

非编码键盘按照按键的连接方式可分为独立式键盘和行列式键盘。

(1) 独立式键盘

独立式键盘如图4-23所示。每个按键各接一条I/O输入线,I/O口线之间无相互影响。所有按键的一端接地,另一端接一个上拉电阻并引出。当按键断开时,相应的I/O口线输入为高电平,当按键被按下时,相应的I/O口线输入为低电平。这样,通过检测I/O输入线的电平状态,即可判断哪个按键被按下。

独立式按键电路配置灵活,硬件结构和软件结构都比较简单,但每个按键必须占用一根I/O口线,通常只在按键数量不多的场合应用。

(2) 行列式键盘

当按键数较多时,通常采用行列式键盘,也称矩阵式键盘,它由行线和列线组成,按键设置于行与列的每个交叉点上。图4-24是4×4的行、列构成的16个按键的行列式键盘,只需要4根行线和4根列线,与独立式键盘相比,可以节省I/O口线。

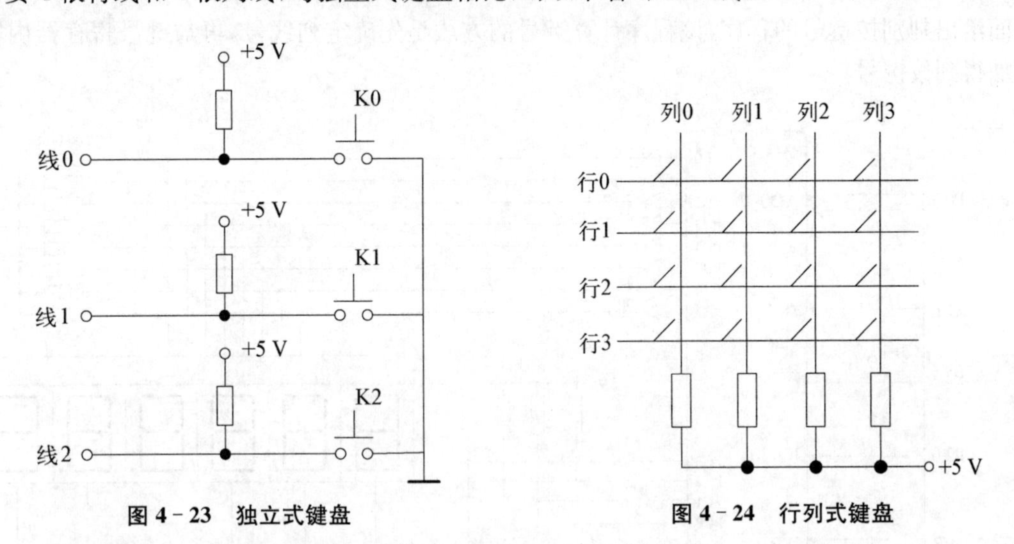

图4-23 独立式键盘　　**图4-24 行列式键盘**

在行列式键盘中,由于行、列线为多键共用,各按键的状态均会影响该键所在行和列的电平,彼此将相互发生影响。因此,对于行列式键盘,必须解决键盘中是否有键按下以及是哪一个键按下的问题,也就是所谓的按键识别技术。

2. 行列式键盘的扫描原理及接口电路

1) 扫描原理

对图4-24所示的行列式键盘,可用单片机的一个输出口接键盘行线,输出扫描信号到键盘的行线;用一个输入口接列线,读入键盘的列线数据。行扫描法分两步:第一步,识别键盘有无键被按下;第二步,如有键被按下,识别出哪个键被按下。

(1) 全扫描

全扫描的目的是判断键盘有无键被按下。输出口输出全为"0",扫描所有行,通过输入口读取键盘的列输入数据,若全为"1",则键盘上没有键被按下;若不全为"1",则键盘上有键被按下。从列线上出现的"0"可以得到按键的列号,但不能确定是哪一行的按键。为了确定行号,进入第二步行扫描。

(2) 行扫描

行扫描的目的是识别出哪个键被按下。在一个时刻输出口只输出1个"0",扫描一行,其余所有行均输出“1”。从扫描行0开始，先使行0为“0”，通过输入口读取键盘的列输出数据，若全为“1”，则该行上没有键按下；若不全为“1”，则为低电平的列线与该行相交处的键被按下。如果行0上没有键按下，接着按上述方法扫描行1，重复以上过程，依次类推，直至所有行扫描完成。这种逐行检查键盘状态的过程被称为键盘扫描，通过行扫描可以得到按键的行号。

2）非编码式键盘接口电路

在智能仪表的设计中，常常需要同时使用键盘与显示器，为了节省I/O口线，常把键盘和显示器电路一并设计，构成实用的键盘和显示器接口电路。图4－25为AT89C52通过接口器件8155连接4×8键盘和6位共阴极LED显示器的接口电路。8155的PA、PB口为输出口，PA口除输出显示器的扫描控制信号外，又是键盘的行扫描口，8155的PC口为键输入口。7407和75452分别为同相和反相驱动器。8155 I/O寄存器地址为7F00H～7F05H。下面给出判别按键号的程序，该程序计算键号的方法是先确定列线号，再与键号寄存器内容相加得到按键号。

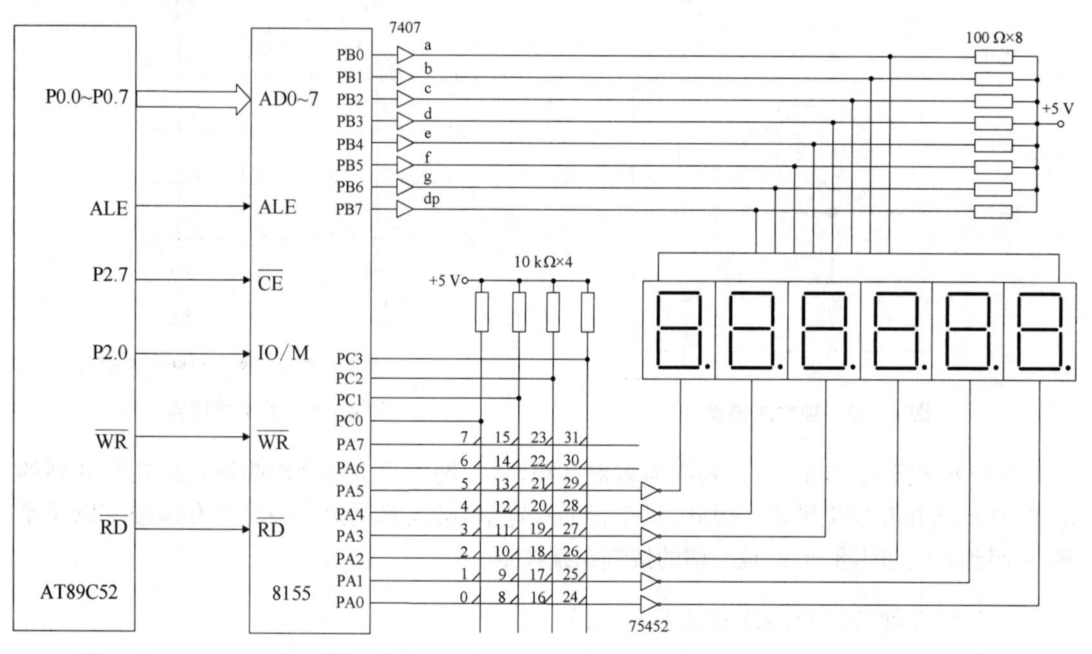

图4－25　AT89C52通过接口器件8155连接4×8键盘和6位共阴极LED显示器的接口电路

键盘识别程序的设计有以下四个方面。

（1）全扫描

全扫描判别键盘有无按键闭合。扫描口PA输出全“0”，扫描所有行，通过PC口读取键盘的列输出数据，若PC0～PC3全为“1”，则键盘上没有键闭合；若PC0～PC3不全为“1”，则键盘上有键闭合。

（2）消抖动

采用软件方法消除按键抖动，在检测到有按键闭合后，执行一个10 ms左右的延时程序后，再判别键盘的状态，若仍有键闭合，则认为键盘上有一个键处于稳定的闭合期；否则，认为是键的抖动。程序中将本章前述的动态显示子程序(DIR)作为消抖动延时子程序，这使得LED显示器进入键输入子程序后始终是亮的。

(3) 行扫描

行扫描识别按键的键号。一旦判断到键盘上有键闭合时，即进入行扫描法的第二步，对键盘的行线逐行进行扫描，扫描口 PA0～PA7 依次输出一个“0”：

PA7	PA6	PA5	PA4	PA3	PA2	PAl	PA0
1	1	1	1	1	1	1	0
1	1	1	1	1	1	0	1
1	1	1	1	1	0	1	1
			……				
0	1	1	1	1	1	1	1

相应地顺序读出 PC 口的状态，若 PC0～PC3 全为“1”，则该扫描行上没有键闭合；否则，这一行上有键闭合。闭合键的键号等于为低电平的行号加上为低电平的列的首键号。例如：PA 口的输出为 11111101 时，读出 PC0～PC3 为 1101，则 1 行 1 列相交的键处于闭合状态，第一列的首键号为 8，行号为 1，闭合键的键号为

$$N = \text{列首键号} + \text{行号} = 8+1 = 9$$

(4) 键释放

为了使 CPU 对按键的一次闭合仅做一次处理，必须要等待按键释放以后再去判别有无新的键输入。

采用行扫描法的按键识别子程序如下。

```
KEYI:   ACALL KS1               ;调用判有无键闭合子程序
        JNZ    LK1
        ACALL     DIR           ;无键闭合，调用显示子程序
        AJMP   KEYI
LK1:    ACALL     DIR           ;延时 12 ms，消抖动
        ACALL     DIR
        ACALL     KS1           ;判有无键按下
        JNZ    LK2              ;有，则确认键按下转 LK2 行扫描
        ACALL     DIR
        AJMP   KEYI
LK2:    MOV     R2, #0FEH       ;首行扫描字送 R2
        MOV     R4, #00H        ;首行号送 R4
LK3:    MOV     DPTR, #7F01H    ;指向 PA 口
        MOV     A, R2
        MOVX @DPTR, A           ;行扫描字送 PA 口
        INC    DPTR
        INC    DPTR
        MOVX A, @DPTR           ;从 PC 口读入键盘列状态
        JB     ACC.0, LONE      ;0 列无键按下，转判 1 列
        MOV     A, #00H         ;0 列有键按下，0 列首键号送 A
```

```
        AJMP   LKP
LONE：  JB     ACC.1，LTWO       ;1列无键按下,转判2列
        MOV    A，#08H          ;1列有键按下,1列首键号送A
        AJMP   LKP
LTWO：  JB     ACC.2，LTHR       ;2列无键按下,转判3列
        MOV    A，#10H          ;2列有键按下,2列首键号送A
        AJMP   LKP
LTHR：  JB     ACC.3，NEXT       ;3列无键按下,转判下一行
        MOV    A，#18H          ;3列有键按下,3列首键号送A
LKP：   ADD    A，R4             ;键号 = 列首键号 + 行号
        PUSH   ACC
LK4：   ACALL  DIR               ;等待键释放
        ACALL  KS1
        JNZ    LK4
        POP    ACC               ;键释放
        RET                      ;键扫描结束,键号在A
NEXT：  INC    R4                ;准备扫描下一行,行号加1
        MOV    A，R2
        JNB    ACC.7，KEND       ;判8行是否扫描完？扫描完则转KEND
        RL     A                 ;行扫描字左移一位
        MOV    R2，A
        AJMP   LK3               ;转扫描下一行
KEND：  AJMP   KEYI
KS1：   MOV    DPTR，#7F01H      ;全扫描
        MOV    A，#00H          ;全“0”送PA口
        MOVX   @DPTR，A
        INC    DPTR
        INC    DPTR
        MOVX   A，@DPTR          ;读入PC口键盘列状态
        CPL    A
        ANL    A，#0FH          ;屏蔽高位
        RET
```

4.2.4 编码式键盘接口电路

前面介绍的非编码式键盘及显示接口电路采用软件方法实现对键盘和显示器的扫描，不但程序比较复杂，而且实时性差。若要简化键盘编码所需的软件和减少占用 CPU 的时间，可以选用供键盘编码用的 LSI 接口电路来构成编码式键盘。

常用的键盘/显示器接口器件有并行和串行两种，这类芯片属于功能较完善的键盘接口电路，它还具备显示接口的功能。一方面接收来自键盘的输入数据并进行预处理，另一方面

实现对显示数据的管理和对数码显示器的控制。下面分别对键盘/显示器并行接口芯片 8279 及串行接口芯片 HD7279,以及由它们构成的接口电路及原理进行介绍。

1. 并行键盘/显示器接口芯片 8279

8279 的管脚功能见图 4-26,它的读写信号$\overline{RD}$、$\overline{WR}$、片选信号$\overline{CS}$,复位信号 RESET,同步时钟信号 CLK,以及数据总线 D0~D7,能与 CPU 相应的管脚直接相连,C/$\overline{D}$(A0)用于区别数据总线上所传递的信息是数据还是命令字。IRQ 为中断请求端,通常在键盘有数据输入或传感器(通断)状态改变时产生中断请求信号。SL_0~SL_3 是扫描信号输入线,RL_0~RL_7 是回馈信号线。$OUTB_0$~B_3,$OUTA_0$~A_3 是显示数据的输出线。BD 为消隐端,在更换数据时,其输出信号可使显示器熄灭。

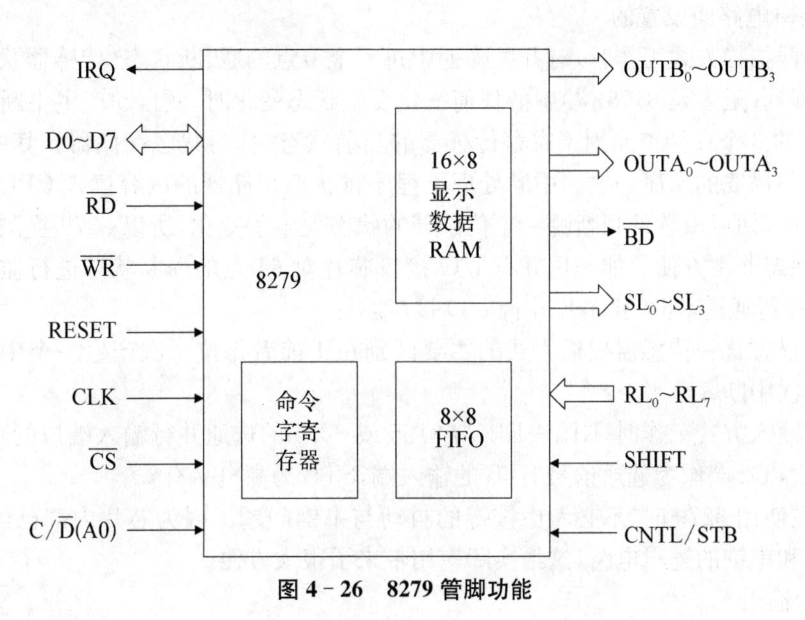

图 4-26 8279 管脚功能

1) 数据输入

数据输入有三种方式:键扫描方式、传感器扫描方式和选通输入方式。

采用键扫描方式时,扫描线为 SL_0~SL_3,回馈线为 RL_0~RL_7。每按下一键,便由 8279 自动编码,并送入先进先出堆栈 FIFO,同时产生中断请求信号 IRQ。键的编码格式如下。

D7	D6	D5 D4 D3	D2 D1 D0
CNTL	SHIFT	扫描行序号	回馈线(列)序号

如果芯片的控制端 CNTL 和上档端 SHIFT 接地,则编码的最高两位均取“0”。例如被按下键的位置在第 2 行(扫描行序号为 010),且与第 4 列回馈线(列序号为 100)相交,则该键所对应的代码为 00010100,为 14H。

8279 的扫描输出有两种方式:译码扫描和编码扫描。所谓译码扫描,即 4 条扫描线在同一时刻只有一条是低电平,并且以一定的频率轮流更换。当用户键盘的扫描线多于 4 条时,则可采用编码输出方式。此时 SL_0~SL_3 输出的是从 0000 至 1111 的二进制计数代码。

在编码扫描时，扫描输出线不能直接用于键盘扫描，必须经过低电平有效输出的译码器。例如将 SL_0～SL_3输入到通用的 3－8 译码器(如 74LS138)得到可用的扫描线(由 8279 内部逻辑所决定，在编码扫描时 SL_3仅用于显示器，而不能用于键扫描)。

暂存于 FIFO 中的按键代码，在 CPU 执行中断处理子程序时取出，数据从 FIFO 取走后，中断请求信号 IRQ 将自动撤销。在中断子程序读取数据前，下一个键被按下，则该键代码自动进入 FIFO,FIFO 堆栈由 8 个 8 位的存储单元组成，它允许依次暂存 8 个键的代码。这个栈的特点是先进先出，因此由中断子程序读取的代码顺序与键被按下的顺序相一致。当 FIFO 中的暂存数多于一个时，只有在读完(每读完一个数据则它从栈顶自动弹出)所有数据时，IRQ 信号才会撤销。虽然按键代码暂存于 8279 的内部堆栈，但 CPU 从栈内读取数据时只能用“输入”或“取数”指令而不能用“弹出”指令，因为 8279 芯片在微机应用系统中是作为 I/O 接口电路而设置的。

在传感器扫描方式工作时，对开关阵列中每一个节点的通、断状态(传感器状态)进行扫描，并且当阵列(最多是 8×8 位)中的任何一位发生状态变化时，便自动产生中断信号 IRQ。此时，FIFO 的 8 个存储单元用于寄存传感器的当前状态，称为状态存储器。其中存储器的地址编号与扫描线的顺序一致。中断处理子程序将状态存储器的内容读入 CPU，并与原有的状态比较后，便可由软件判断哪一个传感器的状态发生了变化，所以 8279 检测开关(传感器)的通断状态非常方便。如采用并行 I/O 接口芯片对 64 点的通断状态进行监测，将占用 8 个 8 位的并行通道，即需要多片并行 I/O 接口芯片。

键盘扫描方式和传感器扫描方式的主要区别在于前者每按一次产生一个中断，而后者则会产生两次中断。

在选通输入方式工作时，RL_0～RL_7与 8155 或 8255 的选通并行输入端口的功能完全一样。此时，CNTL 端作为选通信号 STB 的输入端，STB 为高电平有效。

此外，在使用 8279 时，不必考虑按键的抖动与串键问题。因为芯片内部已经设置了消除按键抖动和串键的逻辑电路，这给实际应用带来了很大方便。

2) 显示输出

8279 内部设置了 16×8 显示数据存储器(RAM)，每个单元寄存一个字符的 8 位显示代码。8 个输出端与存储单元各位的对应关系如下。

D7	D6	D5	D4	D3	D2	D1	D0
A_3	A_2	A_1	A_0	B_3	B_2	B_1	B_0

A_0～A_3，B_0～B_3 分别送出 16 个(或 8 个)单元存储的数据，并在 16 个显示器上显示出来。

显示器的扫描信号与键盘输入扫描信号是共用的，当实际数码显示器多于 4 个时，必须采用编码扫描输出，经过译码器后，方能用于显示器的扫描。

显示数据经过数据总线 D0～D7 及写信号$\overline{WR}$的共同作用($\overline{CS}=0$，$C/\overline{D}=0$)，可以写入显示存储器的任何一个单元。一旦数据写入后，8279 的硬件便自动管理显示存储器的输出及同步扫描信号。因此，对操作者来说，仅需要完成向显示存储器写入信息的操作。

8279 的显示管理电路亦可在多种方式下工作，如：左端输入、右端输入、8 字符显示、16 字符显示等。下面就各种方式的设置加以说明。

3）命令字格式及含义

8279的工作方式由各种控制命令决定。CPU通过数据总线向芯片传送命令时，应使$\overline{WR}=0$，$\overline{CS}=0$及$C/\overline{D}=1$。

(1) 键盘/显示器工作模式设置命令

命令字格式如下。

D7	D6	D5	D4	D3	D2	D1	D0
0	0	0	D_1	D_0	K_2	K_1	K_0

命令字节的最高3位000是本命令的特征码(操作码)。D_1，D_0用于决定显示方式，其定义如下。

D1	D0	显示管理方式
0	0	8字符显示；左端输入
0	1	16字符显示；左端输入
1	0	8字符显示；右端输入
1	1	16字符显示；右端输入

8279可外接8位或16位的LED显示器，每一位显示器对应一个8位的显示RAM单元。显示RAM中的字符代码与扫描信号同步地依次送上输出线$A_0\sim A_3$、$B_0\sim B_3$。当实际的数码显示器少于8位时，也必须设置8字符或16字符显示模式之一。如果设置16字符显示，显示RAM从"0"单元到"15"单元的内容同样依次轮流输出，而不管扫描线上是否有数码显示器存在。

左端输入方式是一种简单的显示模式，显示器的位置(最左边由SL_0驱动的显示器为"0"号位置)编号与显示RAM的地址一一对应，即显示RAM中的"0"地址的内容在"0"号(最左端)位置显示，CPU依次从"0"地址或某一地址开始将字符代码写入显示RAM。地址大于15时，再从0地址开始写入。写入过程如下。

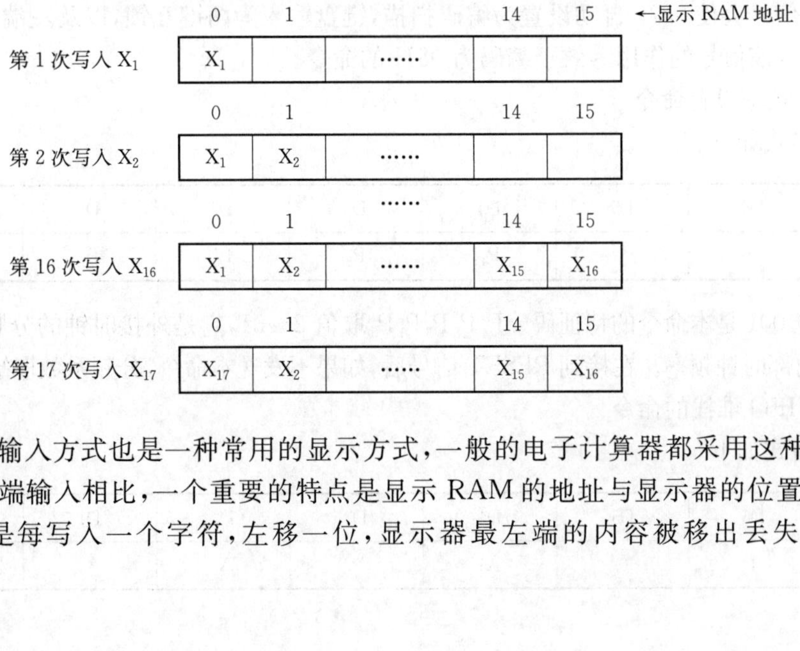

	0	1		14	15
第1次写入X_1	X_1		……		
第2次写入X_2	X_1	X_2	……		
……					
第16次写入X_{16}	X_1	X_2	……	X_{15}	X_{16}
第17次写入X_{17}	X_{17}	X_2	……	X_{15}	X_{16}

←显示RAM地址

右端输入方式也是一种常用的显示方式，一般的电子计算器都采用这种方式。右端输入与左端输入相比，一个重要的特点是显示RAM的地址与显示器的位置不是一一对应的，而是每写入一个字符，左移一位，显示器最左端的内容被移出丢失。写入过程如下。

	1	2		14	15	0 ←显示 RAM 地址
第 1 次写入 X_1			……			X_1
第 2 次写入 X_2			……		X_1	X_2
……						
第 16 次写入 X_{16}	X_1	X_2	……	X_{14}	X_{15}	X_{16}
第 17 次写入 X_{17}	X_2	X_3	……	X_{15}	X_{16}	X_{17}

K_2、K_1、K_0用于设置键盘的工作方式,定义如下。

K_2	K_1	K_0	数据输入及扫描方式
0	0	0	编码扫描,键盘输入,两键互锁
0	0	1	译码扫描,键盘输入,两键互锁
0	1	0	编码扫描,键盘输入,多键有效
0	1	1	译码扫描,键盘输入,多键有效
1	0	0	编码扫描,传感器列阵检测
1	0	1	译码扫描,传感器列阵检测
1	1	0	选通输入,编码扫描显示器
1	1	1	选通输入,译码扫描显示器

键盘扫描方式中,两键互锁是指当被按下的键未释放前,第二键又被同时按下时,FIFO堆栈仅接收第一键的代码,第二键作为无效键处理。如果两个键同时按下,则后释放的键为有效键,而先释放的键作为无效键处理。多键有效方式是指当多个键同时按下,则所有键依扫描顺序被识别,其代码依次写入 FIFO 堆栈。虽然 8279 具有两种处理串键的方式,但通常选用两键互锁方式,以消除多余被按下键所带来的错误输入信息。

RESET 信号会使 8279 自动设置为编码扫描,键盘输入为两键互锁,以及左端输入的 16 字符显示方式,该信号的作用等效于编码为 08H 的命令。

(2) 扫描频率设置命令

命令字格式如下。

D7	D6	D5	D4	D3	D2	D1	D0
0	0	1	P_4	P_3	P_2	P_1	P_0

最高 3 位 001 是本命令的特征码。$P_4P_3P_2P_1P_0$取值 2~31,它是外接时钟的分频系数,经分频后得到内部时钟频率。在接到 RESET 信号后,如果不发送本命令,分频系数取缺省值 31。

(3) 读 FIFO 堆栈的命令

命令字格式如下。

D7	D6	D5	D4	D3	D2	D1	D0
0	1	0	AI	×	A_2	A_1	A_0

最高3位010是本命令的特征码。在读FIFO之前，CPU必须先输出这条命令。只有当8279接收到本命令后，CPU才能通过执行输入指令从FIFO中读取数据，读取数据的地址由$A_2A_1A_0$决定，例如$A_2A_1A_0=0H$，则输入指令执行的结果是将FIFO堆栈顶(或传感器阵列状态存储器)的数据读入CPU的累加器。AI是自动增1标志，当AI=1时，每执行一次输入指令，地址$A_2A_1A_0$自动加1。显然，键盘输入数据时，每次只需从栈顶读取数据，故AI应取"0"。如果数据输入方式为检测传感器阵列的状态，则AI取1，执行8次输入指令，依次把FIFO的内容读入CPU。利用AI标志位可省去每次读取数据前都要设置读取地址的操作。

(4) 读显示RAM的命令

命令字格式如下。

D7	D6	D5	D4	D3	D2	D1	D0
0	1	1	AI	A_3	A_2	A_1	A_0

最高3位011是本命令的特征码。在读显示RAM之前，CPU必须先输出这条命令。8279接收到该命令后，CPU执行输入指令，从而显示RAM读取数据。$A_3A_2A_1A_0$是用于区别该RAM的16个地址，AI是地址自动增"1"标志。

(5) 写显示RAM命令

命令字格式如下。

D7	D6	D5	D4	D3	D2	D1	D0
1	0	0	AI	A_3	A_2	A_1	A_0

最高3位100是本命令的特征码。在将数据写入显示RAM之前，CPU必须先输出这条命令。命令中的地址码$A_3A_2A_1A_0$决定8279芯片接收来自CPU的数据应存放在显示RAM的哪个单元。AI是地址自动增"1"标志。

(6) 清除命令

命令字格式如下。

D7	D6	D5	D4	D3	D2	D1	D0
1	1	0	C_{D2}	C_{D1}	C_{D0}	C_F	C_A

最高3位110是本命令的特征码。C_{D2}、C_{D1}、C_{D0}用来设定清除显示RAM的方式，定义如下。

C_{D2}	C_{D1}	C_{D0}	清 除 方 式
×	0	×	显示RAM所有单元均置"0"
1	1	0	显示RAM所有单元均置"20H"
×	1	1	显示RAM所有单元均置"1"
0	×	×	不清除($C_A=0$时)

$C_F=1$，清除FIFO状态标志，FIFO被置成空状态(无数据)，并复位中断请求输出IRQ。

C_A是总清除特征位，$C_A=1$，清除FIFO状态和显示RAM(方式仍由C_{D1}、C_{D0}确定)。清除显示 RAM 大约需 160 μs,在此期间,CPU 不能向显示 RAM 写入数据。

4) 状态字

8279 的状态字用于数据输入方式,指出堆栈 FIFO 中的字符个数以及是否出错。

状态字格式如下。

D7	D6	D5	D4	D3	D2	D1	D0
DU	S/E	O	U	F	N_2	N_1	N_0

$N_2N_1N_0$表示 FIFO 中数据的个数。

F=1 时,表示 FIFO 已满(存有 8 个键入数据)。

在 FIFO 中没有输入字符时,CPU 读 FIFO,则置 U 为"1"。

当 FIFO 已满时,再输入一个字符就会发生溢出,则置 O 为"1"。

S/E 用于传感器扫描方式,几个传感器同时闭合时置"1"。

在清除命令执行期间 DU 为"1",此时对显示 RAM 写操作无效。

5) AT89C52 与 8279 构成的键盘/显示器接口电路

图 4-27 为 8279 与 4×8 键盘、8 位显示器以及 AT89C52 的接口逻辑。由图 4-27 可知,8279 的命令/状态口地址为 7FFFH,数据口地址为 7FFEH。键盘的行线接 8279 的 $RL_0 \sim RL_3$,$SL_0 \sim SL_2$经 74LS138(1)译码,输出键盘的 8 条列线,$SL_0 \sim SL_2$又由 74LS138(2)译码,并经 75451 驱动后,输出到各位显示器的公共阴极。$\overline{BD}$控制 74LS138(2)的译码,档位切换时,$\overline{BD}$输出低电平,此时译码器输出全为高电平显示器熄灭。在连接 32 键以内的简单键盘时,CNTL、SHIFT 输入端可接地。

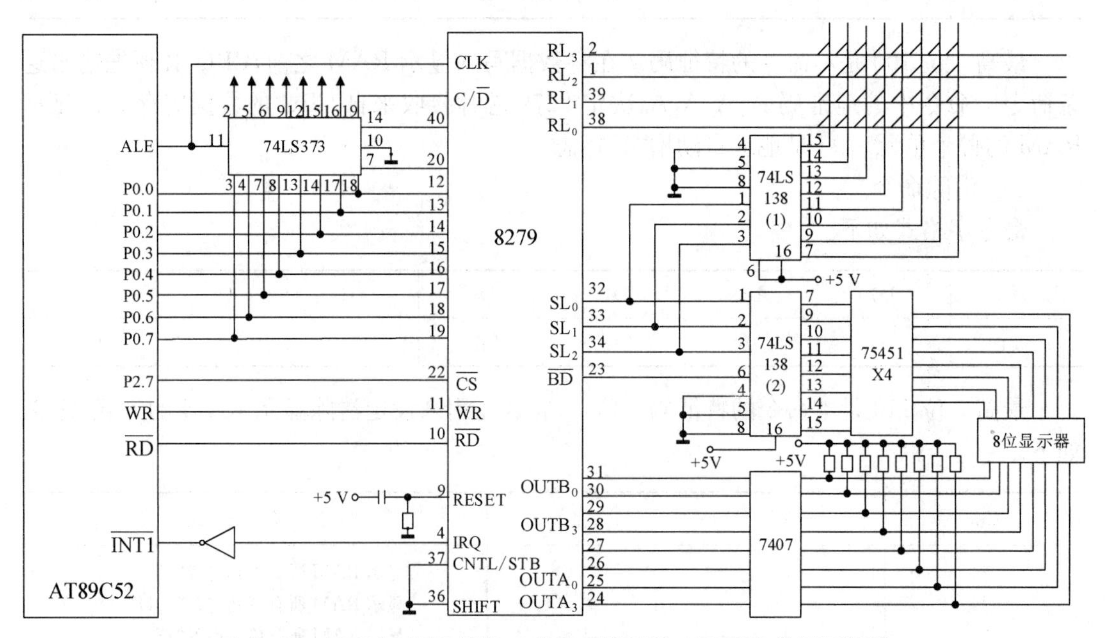

图 4-27　8279 与 4×8 键盘、8 位显示器以及 AT89C52 的接口逻辑

AT89C52 的调试程序如下。

初始化程序

```
INIT:      MOV   DPTR,  #7FFFH
```

```
        MOV   A,  #0D1H
        MOVX  @DPTR,  A             ;清 8279FIFO 堆栈和显示 RAM
        MOV   A,  #00H
        MOVX  @DPTR,  A             ;设置编码扫描、8 字符显示、左端
        MOV   A,  #2AH              ;输入方式
        MOVX  @DPTR,  A             ;设置扫描频率
        SETB  EA
        SETB  EX1
              ……
```

键输入中断服务程序

```
KINT:   PUSH  PSW                   ;现场保护
        PUSH  DPH
        PUSH  DPL
        PUSH  ACC
        MOV   DPTR,  #7FFFH
        MOV   A,  #40H
        MOVX  @DPTR,  A             ;读 FIFO 堆栈命令→8279
        MOV   DPTR,  #7FFEH
        MOVX  A,  @DPTR             ;读键输入值
        MOV   B,  A                 ;暂存 B 中
        POP   ACC                   ;恢复现场
        POP   DPL
        POP   DPH
        POP   PSW
        RETI
```

显示子程序

```
DISPL:  MOV   DPTR,  #7FFFH
        MOV   A,  #90H
        MOVX  @DPTR,  A             ;写显示 RAM 命令→8279
        MOV   R0,  #78H             ;置显示数据指针
        MOV   R7,  #08H             ;置长度计数器初值
        MOV   DPTR,  #7FFEH
DISPL1: MOV   A,  @R0               ;取显示数据
        ADD   A,  #05H
        MOVC  A,  @A+PC             ;取 7 段码
        MOVX  @DPTR,  A             ;写入显示 RAM
        INC   R0
        DJNZ  R7,  DISPL1,
        RET
SEGPT:  DB  3FH, 06H, 5BH, 4FH……
```

2. 串行键盘/显示器接口芯片 HD7279A

1) HD7279A 简介

HD7279A 是管理键盘和 LED 显示器的专用智能控制芯片,该芯片采用串行接口方式,可同时驱动 8 位共阴极 LED 显示器(或 64 位独立 LED 发光二极管)和多达 8×8 键的键盘矩阵,单片即可完成 LED 显示器、键盘接口的全部功能。从而不仅可提高 CPU 的工作效率,而且其串行接口方式又可简化 CPU 接口电路的设计。

(1) 特点

① 与 CPU 间采用串行接口方式,仅占用 4 根口线。

② 内部含有译码器,可直接接收 BCD 码或 16 进制码,同时具有两种译码方式,实现 LED 显示器位寻址和段寻址。

③ 多种控制指令,如消隐、闪烁、循环左移、循环右移指令,编程灵活。

④ 内部含有驱动器,无须外围元件可直接驱动 LED。

⑤ 具有级联功能,可方便地实现多于 8 位显示或多于 64 键的键盘接口。

⑥ 具有自动消除键抖动并识别按键键值的功能。

利用 HD7279A 设计的键盘显示电路,占用口线少,外围电路简单,具有较高的性价比,在仪器仪表、工业控制器、条形码显示器、控制面板的设计中应用广泛。

(2) 引脚说明

HD7279A 为 28 引脚标准双列直插式封装(Dual In-line Package,DIP),单一的+5 V 供电,其引脚功能如图 4-28 所示。

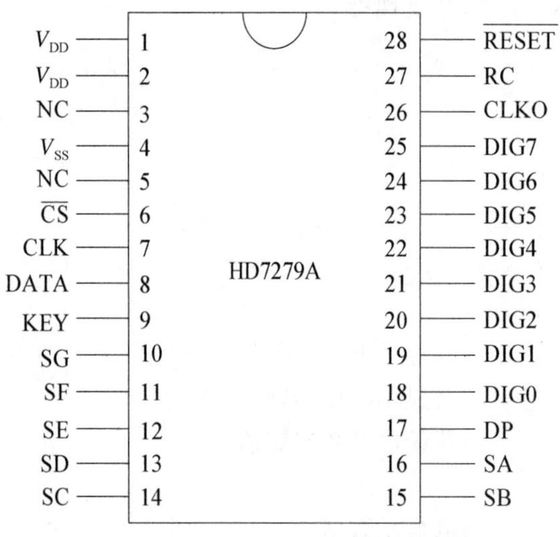

图 4-28 HD7279A 引脚功能图

V_{DD}:正电源+5 V。

V_{ss}:接地端。

$\overline{CS}$:片选信号,低电平有效。

CLK:同步时钟输入端。

DATA:串行数据输入/输出端。

KEY:按键有效输出端。

SA~SG:LED 的 a~g 段驱动输出端。

DP:小数点驱动输出端。

DIG0~DIG7:LED 位驱动输出端。

CLKO:振荡输出端。

RC:RC 振荡器连接端。

$\overline{RESET}$:复位端,低电平有效。

DIG0~DIG7 分别为 8 个 LED 显示器的位驱动输出端,SA~SG 分别为 LED 显示器的 a~g 段的输出端,DP 为小数点的驱动输出端。DIG0~DIG7 和 SA~SG 及 DP 还分别是 64 键键盘的列线和行线,完成对键盘的监视、译码和键码的识别。在 8×8 阵列中每个键的键码可用读键盘指令读出,其范围是 00H~3FH。

HD7279A 与单片机连接仅需 4 条口线:$\overline{CS}$、DATA、CLK、KEY。

$\overline{CS}$为片选信号,低电平有效。

DATA 为串行数据输入/输出端。当向 HD7279A 发送数据时,DATA 为输入端;当

HD7279A输出键盘代码时，DATA为输出端。

CLK为数据串行传送的同步时钟输入端，时钟的上升沿表示数据有效。

KEY为按键信号输出端，在无键按下时为高电平，当检测到有键按下时，此引脚变为低电平，并且一直保持到键释放为止。

RC引脚用于连接HD7279A的外接振荡元件，其典型值为R=1.5 kΩ，C=15 pF。

RESET为复位端。该端由低电平变为高电平，大约经过18～25 ms复位结束，进入正常工作状态。通常，该端接+5 V即可。

2）HD7279A的控制

HD7279A的控制指令由6条纯指令、7条带数据指令和1条读键盘指令组成。

（1）纯指令

所有的纯指令都是单字节指令，如表4-8所示。

表4-8 纯指令

名称	代码	说明
右移	A0H	所有LED显示右移一位，最左边位为空，各位的消隐和闪烁属性不变
左移	A1H	所有LED显示左移一位，最右边位为空，各位的消隐和闪烁属性不变
循环右移	A2H	与右移类似，不同之处在于移动后原最右边1位的内容显示于最左位
循环左移	A3H	与循环右移类似，但移动方向相反
复位(清除)	A4H	将所有的显示和设置的字符消隐、闪烁等属性清除
测试	BFH	使所有的LED全部点亮，并处于闪烁状态

（2）带数据指令

带数据指令均由双字节组成，第1字节为指令标志码(有的还含有位地址)，第2字节为显示内容，如表4-9所示。

表4-9 带数据指令

名称	第一字节								第二字节							
	D7	D6	D5	D4	D3	D2	D1	D0	D7	D6	D5	D4	D3	D2	D1	D0
方式0译码显示	1	0	0	0	0	a2	a1	a0	dp	×	×	×	d3	d2	d1	d0
方式1译码显示	1	1	0	0	1	a2	a1	a0	dp	×	×	×	d3	d2	d1	d0
不译码显示	1	0	0	1	0	a2	a1	a0	dp	A	B	C	D	E	F	G
闪烁控制	1	0	0	0	1	0	0	0	d7	d6	d5	d4	d3	d2	d1	d0
消隐控制	1	0	0	1	1	0	0	0	d7	d6	d5	d4	d3	d2	d1	d0
段点亮	1	1	1	0	0	0	0	0	×	×	d5	d4	d3	d2	d1	d0
段关闭	1	1	0	0	0	0	0	0	×	×	d5	d4	d3	d2	d1	d0

① 方式0译码显示指令

命令由两个字节组成，第1字节为指令，其中a2、a1、a0为LED显示器的位地址，具体分配如表4-10所示。第2字节中的d3～d0为显示数据，收到此指令时，HD7279A按表4-11所示的规则进行译码和显示。小数点的显示由DP位控制，DP=1时，小数点显示；DP=0时，小数点不显示。此时指令中的×××(表4-9)为无影响位。

表 4-10 位地址译码表

a2	a1	a0	LED 显示位
0	0	0	LED1
0	0	1	LED2
0	1	0	LED3
0	1	1	LED4
1	0	0	LED5
1	0	1	LED6
1	1	0	LED7
1	1	1	LED8

② 方式 1 译码显示指令

此指令与上一条指令基本相同,所不同的是译码方式,LED 显示的内容与十六进制相对应,该指令的译码规则如表 4-12 所示。a2、a1、a0 位地址译码如表 4-10 所示。

③ 不译码显示指令

不译码显示指令中 a2、a1、a0 为位地址,位地址译码如表 4-10 所示。第 2 字节仍为 LED 显示的内容,其中,A~G 和 dp 为显示数据,分别对应 LED 显示器的各段和小数点,当取值为"1"时,该段点亮;取值为"0"时,该段熄灭。

表 4-11 译码方式 0 显示表

d3~d0	LED 显示	d3~d0	LED 显示
0H	0	8H	8
1H	1	9H	9
2H	2	AH	—
3H	3	BH	E
4H	4	CH	H
5H	5	DH	L
6H	6	EH	P
7H	7	FH	空(无显示)

表 4-12 译码方式 1 显示表

d3~d0	LED 显示	d3~d0	LED 显示
0H	0	8H	8
1H	1	9H	9
2H	2	AH	A
3H	3	BH	B
4H	4	CH	C
5H	5	DH	D
6H	6	EH	E
7H	7	FH	F

④ 闪烁控制指令

此指令控制各个 LED 显示器的闪烁属性。d0~d7 分别对应 LED1~LED8 显示器,当取值为"1"时,不闪烁;取值为"0"时,闪烁。开机后,各位默认的状态均为不闪烁。

⑤ 消隐控制指令

此指令控制各个 LED 显示器的消隐属性。d0~d7 分别对应 LED1~LED8 显示器,当取值为"1"时,显示;取值为"0"时,消隐。当某一位被赋予了消隐属性后,HD7279A 在扫描时将跳过该位,因此在这种情况下,无论对该位写入何值,均不会被显示,但写入的值将被保留,将该位重新设为显示状态后,最后一次写入的数据将被显示出来。当无须用到全部 8 个 LED 显示的时候,将不用的位设为消隐属性,可以提高显示的亮度。

注意:至少应有一位保持显示状态,如果消隐控制指令中 d0~d7 全部为"0",该指令不被接受,HD7279A 保持原来的消隐状态不变。

⑥ 段点亮指令

该指令的作用是点亮某个 LED 显示器中指定的某一段,或 64 个 LED 矩阵中指定的某一 LED。d5~d0 为段地址,范围为 00H~3FH,所对应点亮段如表 4-13 所示。

⑦ 段关闭指令

该指令作用为关闭(熄灭)LED 显示器中的某一段,d5~d0 为段地址,范围为 00H~3FH,段点亮对应关系如表 4-13 所示,仅将点亮段改为关闭段即可。

表 4-13 段点亮对应关系

LED	LED1								LED2							
d5～d0 取值	00	01	02	03	04	05	06	07	08	09	0A	0B	0C	0D	0E	0F
点亮段	g	f	e	d	c	b	a	dp	g	f	e	d	c	b	a	dp
LED	LED3								LED4							
d5～d0 取值	10	11	12	13	14	15	16	17	18	19	1A	1B	1C	1D	1E	1F
点亮段	g	f	e	d	c	b	a	dp	g	f	e	d	c	b	a	dp
LED	LED5								LED6							
d5～d0 取值	20	21	22	23	24	25	26	27	28	29	2A	2B	2C	2D	2E	2F
点亮段	g	f	e	d	c	b	a	dp	g	f	e	d	c	b	a	dp
LED	LED7								LED8							
d5～d0 取值	30	31	32	33	34	35	36	37	38	39	3A	3B	3C	3D	3E	3F
点亮段	g	f	e	d	c	b	a	dp	g	f	e	d	c	b	a	dp

(3) 读键盘指令

读键盘指令格式如表 4-14 所示。

表 4-14 读键盘指令格式

名 称	第1字节								第2字节							
	D7	D6	D5	D4	D3	D2	D1	D0	D7	D6	D5	D4	D3	D2	D1	D0
读键盘	0	0	0	1	0	1	0	1	d7	d6	d5	d4	d3	d2	d1	d0

该指令从 HD7279A 读出当前的按键代码。与其他指令不同，此命令的第 1 个字节 00010101B(15H)为单片机传送到 HD7279A 的指令，而第 2 个字节 d7～d0 则为 HD7279A 返回的按键代码，其范围是 00H～3FH，如果在收到读键盘指令时没有有效按键，HD7279A 将输出 FFH。当 HD7279A 检测到有效按键时，KEY 从高电平变为低电平，并一直保持到按键结束。在此期间，如果 HD7279A 接收到读键盘数据指令，则输出当前按键的键盘代码。

3) HD7279A 的串行接口及时序

HD7279A 采用串行方式与单片机通信，串行数据从 DATA 引脚输入或输出，并由 CLK 同步。当片选信号 $\overline{CS}$ 变为低电平后，DATA 引脚上的数据在 CLK 脉冲的上升沿被写入或读出 HD7279A 的数据缓冲器。

(1) 纯指令时序

纯指令的宽度为 8 位，即单片机需发送 8 个 CLK 脉冲，向 HD7279A 发送 8 位指令，DATA 引脚最后为高阻态，纯指令时序如图 4-29 所示。

(2) 带数据指令时序

带数据指令的宽度为 16 位，即单片机需发送 16 个 CLK 脉冲，前 8 位向 HD7279A 发送 8 位指令，后 8 位向 HD7279A 传送 8 位数据，DATA 引脚最后为高阻态，带数据指令时序如图 4-30 所示。

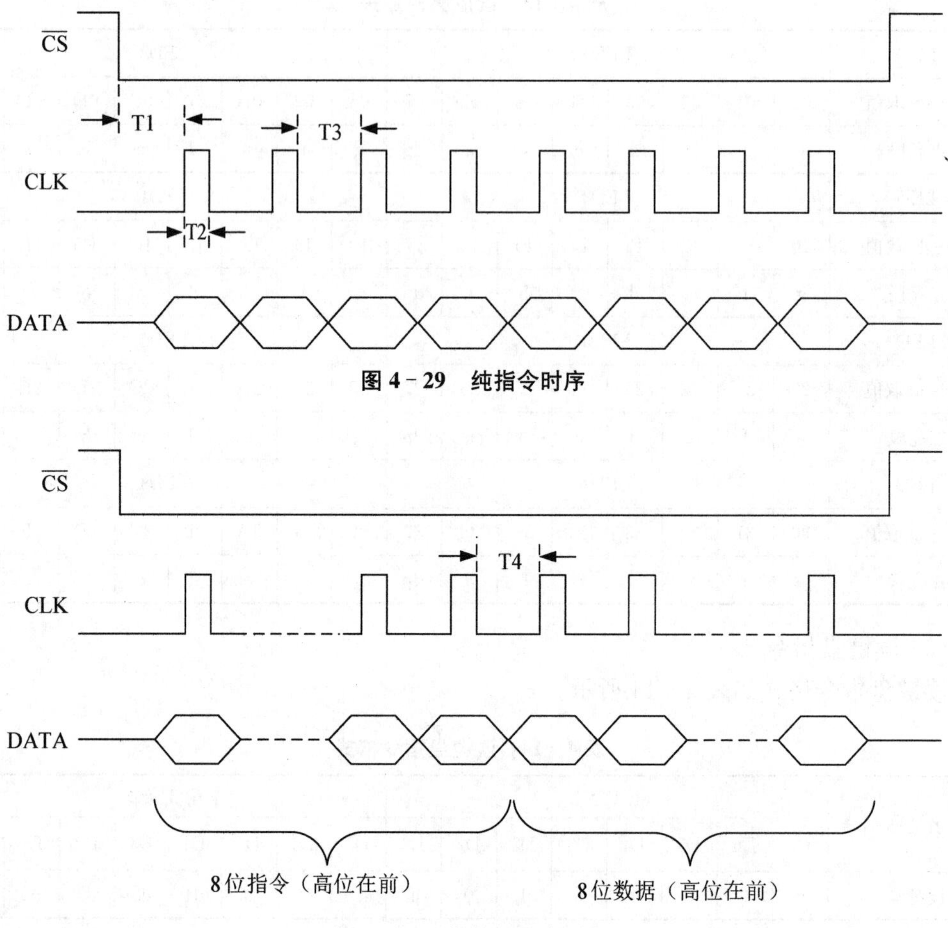

图 4-29　纯指令时序

图 4-30　带数据指令时序

(3) 读键盘指令时序

读取键盘数据指令的宽度为 16 位,前 8 位为单片机发送到 HD7279A 的指令,后 8 位为 HD7279A 返回的键盘代码。执行此指令时,HD7279A 的 DATA 引脚在第 9 个 CLK 的上升沿变为输出状态,而在第 16 个 CLK 的下降沿恢复为输入状态,等待接收下一个指令,读键盘指令时序如图 4-31 所示。

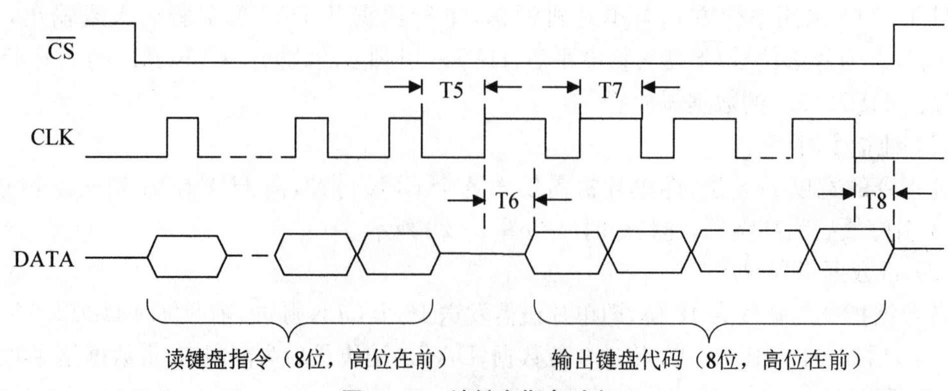

图 4-31　读键盘指令时序

为了保证 HD7279A 正常工作，在选定 HD7279A 的振荡元件 RC 和单片机的晶振之后，应调节延时时间，使时序中的 T1～T8 满足表 4－15 所示的要求。由表中的数据可知，HD7279A 规定的时间范围很宽，容易满足时序的要求。为了提高 CPU 访问 HD7279A 的速度，应调整延时，使运行时间接近最短。

表 4－15　T1～T8 数据值　　单位：μs

符　号	最小值	典型值	最大值	符　号	最小值	典型值	最大值
T1	25	50	250	T5	15	25	250
T2	5	8	250	T6	5	8	250
T3	5	8	250	T7	5	8	250
T4	15	25	250	T8	—	—	250

4）AT89C52 与 HD7279A 构成的接口电路

（1）接口电路

图 4－32 是 AT89C52 与 HD7279A 的典型接口电路，所用时钟频率为 12 MHz。

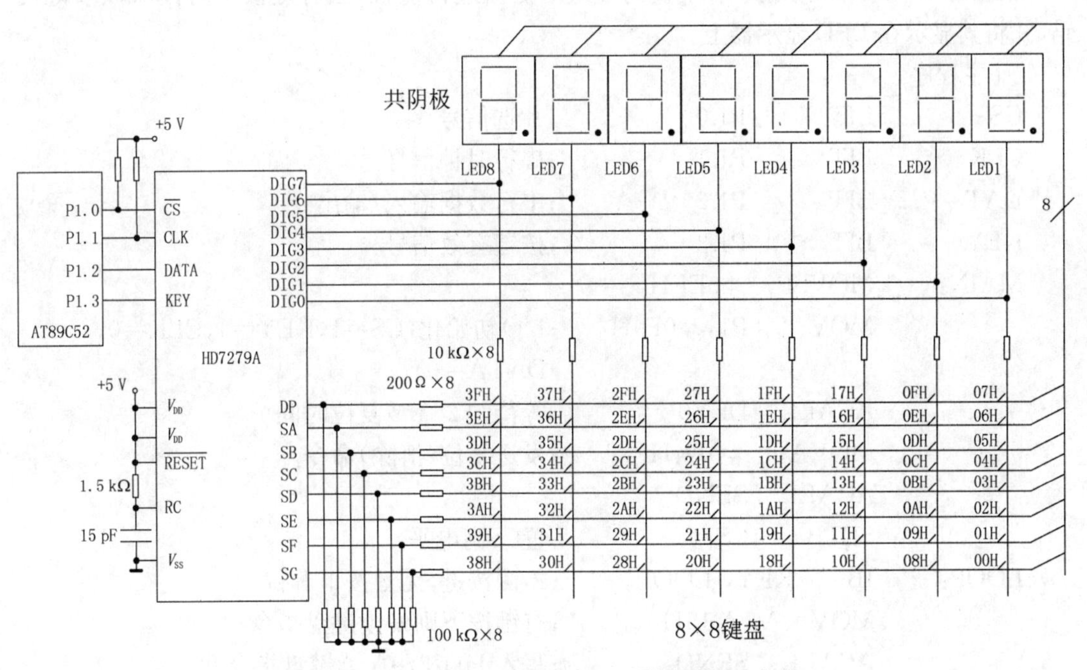

图 4－32　AT89C52 与 HD7279A 的典型接口电路

HD7279A 应连接共阴极 LED 显示器。对于不使用的键盘和 LED 显示器可以不连接，省去显示器或对显示器设置消隐、闪烁属性，且均不会影响键盘的使用。如果不用键盘，则图 4－32 中连接到键盘的 8 只 10 kΩ 电阻和 8 只 100 kΩ 下拉电阻均可以省去。如果使用键盘，则电路中的 8 只 100 kΩ 下拉电阻均不得省略。除非不接入数码管，否则串入 DP 及 SA～SG 连线的 8 只 200 Ω 电阻均不能省去。

HD7279A 采用动态循环扫描方式，如果采用普通的 LED 显示器，亮度有可能不够，则可采用高亮或超高亮的型号。

HD7279A 需要一外接的 RC 振荡电路以供系统工作，外接振荡元件为典型值（$R=$

1.5 kΩ,C=15 pF)。如果芯片无法正常工作,首先检查此振荡电路。在印制电路板布线时,所有元件,尤其是振荡电路的元件应尽量靠近 HD7279A,并尽量使电路连线最短。

HD7279A 的 $\overline{\text{RESET}}$ 复位端在一般应用情况下,可以直接与正电源连接,在需要较高可靠性的情况下,可以连接外部的复位电路,或直接由单片机的 I/O 口控制。在上电或 $\overline{\text{RESET}}$ 端由低电平变为高电平后,HD7279A 经过 18～25 ms 的时间才进入正常工作状态。

上电后,所有的显示均为空,所有显示位的显示属性均为"显示"及"不闪烁"。当有键按下时,KEY 引脚输出变为低电平。此时如果接收到读键盘指令,HD7279A 将输出所按下键的代码。键盘代码的定义如图 4-32 所示,图中的键号即键盘代码。

单片机通过 KEY 引脚电平来判断是否有键按下,在使用查询方式管理键盘时,该引脚接至单片机的 1 位 I/O 口(图 4-32 中为 P1.3);如果使用中断方式,该引脚应接至单片机的外部中断输入端(P3.2 或 P3.3),同时应将该中断触发控制位设置成下降沿有效的边沿触发方式。若置成电平触发方式,则应注意在按键时间较长时可能引起的多次中断问题。

(2) 应用程序设计

根据图 4-32,编写程序,采用查询方式对键盘进行监视,当有键按下时读取该按键代码,并将其显示在 LED 显示器上。

① 主程序

```
CS      BIT     P1.0            ;片选信号
CLK     BIT     P1.1            ;串行时钟信号
DAT     BIT     P1.2            ;串行数据输入/输出
KEY     BIT     P1.3            ;按键有效信号
MAIN:   MOVSP,  #0EFH
        MOV     P1,#0F9H        ;I/O初始化(CS=1,KEY=1,CLK=0,
                                 DATA=0)
        ACALL   DEY0            ;等待约 25 ms 复位时间
        MOVA,   #0A4H           ;发送复位(清除)命令
        ACALL   SEND
        SETB    CS              ;置CS高电平
LOOP:   JB      KEY,LOOP        ;检测按键,无键按下等待
        MOV     A,#15H          ;有键按下则发读键盘指令
        ACALL   SEND            ;写入 HD7279A 读键盘指令
        ACALL   RECE            ;读键值到累加器(A)
        SETB    CS              ;置CS高电平
        MOVB,   #10             ;十六进制键码转换成 BCD 码,以备显示
        DIV     AB
        MOVR0,  A               ;十位暂存在 R0 中
        MOVA,   #0C9H           ;按方式 1 译码显示在数码管的 LED2 位(十位)
        ACALL   SEND            ;指令写入 HD7279A
        ACALL   DEY2            ;延时约 25 μs(T4)
        MOVA,   R0
```

```
        ACALL   SEND           ;显示十位
        SETB    CS             ;置CS高电平
        MOVA,   #0C8H          ;按方式 1 译码显示在数码管的 LED1 位(个位)
        ACALL   SEND
        ACALL   DEY2           ;延时约 25 μs(T4)
        MOVA,   B
        ACALL   SEND           ;显示个位
        SETB    CS             ;置CS高电平
WAIT:   JNB     KEY, WAIT      ;等待按键放开
        AJMP    LOOP
```

② 发送子程序 SEND

将累加器 A 中数据发送到 HD7279A,高位在前。发送的数据可能是指令或显示数据。

```
SEND:   MOVR2, #08H            ;发送 8 位
        CLR     CS             ;CS=0
        ACALL   DEY3           ;延时约 50 μs(T1)
SLOOP:  MOVC, ACC.7
        MOVDAT    ,C           ;累加器(A)的最高位输出到 DATA 端
        SETB    CLK            ;置 CLK 高电平,数据写入 HD7279A
        RL      A
        ACALL   DEY1           ;延时约 8 μs(T2)
        CLR     CLK            ;置 CLK 低电平
        ACALL   DEY1           ;延时约 8 μs(T3)
        DJNZ    R2, SLOOP      ;检测 8 位是否发送完毕
        CLR     DAT            ;发送完毕,DATA 端置低(输出状态)
        RET
```

③ 接收子程序 RECE

从 HD7279A 接收 8 位数据,高位在前。接收的 8 位数据为按键代码,放在累加器 A 中。

```
RECE:   MOV     R2, #08H       ;接收 8 位
        SETB    DAT            ;DATA 输出锁存器为高,准备接收
        ACALL   DEY2           ;延时约 25 μs(T5)
RLOOP:  SETB    CLK            ;置 CLK 高电平,从 HD7279A 读出数据
        ACALL   DEYl           ;延时约 8 μs(T6)
        MOV     C, DAT         ;接收 1 位数据
        MOV     ACC.0, C       ;读入 1 位数据存入 A 的最低位
        RL      A
        CLR     CLK            ;置 CLK 低电平
        ACALL   DEY1           ;延时约 8 μs(T3)
        DJNZ    R2,RLOOP       ;接收 8 位是否完毕
        CLR     DAT            ;接收完毕,DATA 端置低(输出状态)
```

```
        RET
④ 延时子程序
DEY0：   MOV   R7，#50       ;延时 25 ms
DEY01：  MOV   R6，#255
DEY02：  DJNZ  R6，DEY02
         DJNZ  R7，DEY01
         RET
DEYl：   MOV   R7，#4        ;延时 8 μs
DEY11：  DJNZ  R7，DEY11
         RET
DEY2：   MOV   R7，#12       ;延时 25 μs
DEY21：  DJNZ R7，DEY21
         RET
DEY3：   MOV R7，#25         ;延时 50 μs
DEY31：  DJNZ R7，DEY31
         RET
```

习题与思考题

4-1 智能仪表常用的显示器类型有哪些?

4-2 请叙述 LED 显示器的结构,说明七段 LED 显示器(共阴极及共阳极)字段码的形成原理。

4-3 LED 显示器有哪两种显示方式?各有什么优缺点?静态显示与动态显示接口方式有什么不同?

4-4 请叙述 8 位 LED 动态显示原理,并画出其程序流程图。

4-5 说明可编程点阵液晶显示器控制器的工作原理。

4-6 请根据图 4-12 编出能在 4N07 上显示 123.4 的显示子程序。

4-7 常用的键盘类型有哪些?键盘接口的任务是什么?

4-8 如何消除键抖动?常用哪几种方法?

4-9 请叙述行扫描键识别方法的原理,并画出其程序流程图。

4-10 试画出 AT89C52 单片机通过 8279 连接 4 位显示器和 3×8 键盘的接口电路。

4-11 试画出 AT89C52 单片机通过 HD7279A 连接 6 位 LED 显示器和 4×4 键盘的接口电路。

第5章 通信原理与接口设计

随着嵌入式技术、计算机技术、网络技术、通信技术等的快速发展及在工业自动化系统中的广泛应用，智能仪表的通信端口越来越多样化。目前，在各类控制系统中，有线通信方式仍然占据主导地位。有线通信虽然有其优点，但其对通信线路的依赖无疑限制了其应用，无线通信应用的方便性正在使其得到迅速的发展和广泛的使用。本章主要介绍在智能仪表设计中常用的几种有线和无线通信技术及通信接口设计。

5.1 串行总线通信

通信的形式可分为两种：一种为并行通信，另一种为串行通信。串行通信是将数据一位一位地传送，而并行通信一次可传输多个数据位。虽然串行通信传输速度慢，但它抗干扰能力强，传输距离远。因此，仪器、仪表一般都配置有串行通信接口。常用的串行通信有 RS-232C和 RS-485 两种。下面重点介绍 RS-232C 的通信接口标准。

5.1.1 RS-232C

1. RS-232C 概述

RS-232C 是美国电子工业协会(Electrical Industrial Association，EIA)于 1973 年提出的串行通信接口标准，主要用于模拟信道传输数字信号的场合。RS(Recommended Standard)代表推荐标准，232 是标识号，C 代表 RS-232 的最新一次修改，在这之前有 RS-232B、RS-232A。RS232-C 是用于数字终端设备(Data Terminal Equipment，DTE)与数字电路终端设备(Data Circuit-terminating Equipment，DCE)之间的接口标准。RS-232C 接口标准所定义的内容属于国际标准化组织(International Organization for Standardization，ISO)所制订的开放式系统互联(Open System Interconnection，OSI)参考模型中的最低层——物理层所定义的内容。RS-232C 接口规范的内容包括连接电缆和机械特性、电气特性、功能特性和过程特性等 4 个方面。

2. RS-232C 接口规范

(1) 机械特性

RS-232C 接口规范并没有对机械接口做出严格规定。RS-232C 的机械接口一般有 9 针、15 针和 25 针 3 种类型。标准的 RS-232C 接口使用 25 针的 DB 连接器(插头、插座)。

RS-232C 在 DTE 设备上用作接口时一般采用 DB25M 插头(针式)结构;而在 DCE(如 Modem)设备上用作接口时采用 DB25F 插座(孔式)结构。特别要注意的是,在针式结构和孔式结构的插头插座中引脚号的排列顺序(顶视)是不同的,使用时要务必小心。

(2) 电气特性

DTE/DCE 接口标准的电气特性主要规定了发送端驱动器与接收端驱动器的信号电平、负载容限、传输速率及传输距离。RS-232C 接口使用负逻辑,即逻辑“1”用负电平(范围为−5～−15 V)表示,逻辑“0”用正电平(范围为+5～+15 V)表示,−3～+3 V 为过渡区,逻辑状态不确定(实际上这一区域电平在应用中是禁止使用的),在图 5-1 所示 RS-232C 接口电路中,RS-232C 的噪声容限是 2 V。

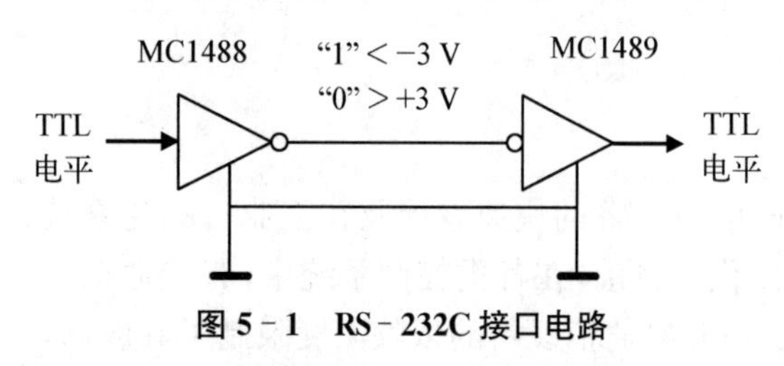

图 5-1　RS-232C 接口电路

(3) 功能特性

RS-232C 接口连线的功能特性,主要是对接口各引脚的功能和连接关系做出定义。RS-232C 接口规定了 21 条信号线和 25 芯的连接器,其中最常用的是引脚号为 1～8 和 20 这 9 条信号线。

实际上 RS-232C 的 25 条引线中有许多是很少使用的,在计算机与终端通信中一般只使用 3～9 条引线。RS-232C 最常用的 9 条引线的信号内容见表 5-1。RS-232C 接口在不同的应用场合所用到的信号线是不同的。例如,在异步传输时,不需要定时信号线;在非交换应用中则不需要某些控制信号;在不使用备用信道操作时,则可省去 5 个反向信号线。

表 5-1　RS-232C 最常用的 9 条引线的信号内容

引脚序号	信号名称	符号	流　向	功　　能
2	发送数据	TXD	DTE→DCE	DTE 发送串行数据
3	接收数据	RXD	DTE←DCE	DTE 接收串行数据
4	请求发送	RTS	DTE→DCE	DTE 请求 DCE 将线路切换到发送方式
5	允许发送	CTS	DTE←DCE	DCE 告诉 DTE 线路已接通可以发送数据
6	数据设备准备好	DSR	DTE←DCE	DCE 准备好
7	信号地	GND		信号公共地
8	载波检测	DCD	DTE←DCE	表示 DCE 接收到远程载波
20	数据终端准备好	DTR	DTE→DCE	DTE 准备好
22	振铃指示	RI	DTE←DCE	表示 DCE 与线路接通,出现振铃

(4) RS-232C 串行接口标准

RS-232C 被定义为一种在低速率串行通信中增加通信距离的单端标准。RS-232C 采用不平衡传输方式,即所谓单端通信。收、发端的数据信号是相对于信号地的,如从 DTE 设备发出的数据在使用 DB25 连接器时是 2 脚相对 7 脚(信号地)的电平。典型的 RS-232C 信号在正负电平之间摆动,在发送数据时,发送端驱动器输出正电平在+5～+15 V,负电平在−5～−15 V。当无数据传输时,线上为 TTL 电平,从开始传送数据到结束,线上电平从

TTL 电平到 RS－232C 电平再返回 TTL 电平。接收器典型的工作电平在＋3～＋12 V 与－3～－12 V。由于发送电平与接收电平的差仅为 2～3 V，所以其共模抑制能力差，再加上双绞线上的分布电容，其最大传送距离约为 15 m，最高速率为 20 Kb/s。RS－232C 是为点对点(即只用一对收、发设备)通信而设计的，其驱动器负载为 3～7 kΩ。所以 RS－232C 适合本地设备之间的通信，其有关电气参数参见表 5－2。

表 5－2　RS－232C 有关电气参数

规　　定		RS－232C	RS－422	RS－485
工作方式		单端	差分	差分
节点数		1 收、1 发	1 发、10 收	1 发、32 收
最大传输电缆长度		50 英尺①	4 000 英尺	4 000 英尺
最大传输速率		20 Kb/s	10 Mb/s	10 Mb/s
最大驱动输出电压		±25 V	－0.25～＋6 V	－7～＋12 V
驱动器输出信号电平(负载最小值)	负载	±5 V～±15 V	±2.0 V	±1.5 V
驱动器输出信号电平(空载最大值)	空载	±25 V	±6 V	±6 V
驱动器负载阻抗/Ω		3 000～7 000	100	54
摆率(最大值)		30 V/μs	N/A	N/A
接收器输入电压范围		±15 V	－10～＋10 V	－7～＋12 V
接收器输入门限		±3 V	±200 mV	±200 mV
接收器输入电阻/Ω		3 000～7 000	4 000(最小)	≥12 000
驱动器共模电压			－3～＋3 V	－1～＋3 V
接收器共模电压			－7～＋7 V	－7～＋12 V

① 1 英尺＝30.48 厘米。

5.1.2　RS－422 与 RS－485 串行接口标准

RS－422 由 RS－232C 发展而来，它是为弥补 RS－232C 的不足而提出的。为改进 RS－232C 通信距离短、速率低的缺点，RS－422 定义了一种平衡通信接口，将传输速率提高到 10 Mb/s，传输距离延长到 1 200 m(速率低于 100 Kb/s 时)，并允许在一条平衡总线上连接最多 10 个接收器。RS－422 是一种单机发送、多机接收的单向、平衡传输规范，被命名为 TIA/EIA－422－A 标准。RS－422 标准全称是“平衡电压数字接口电路的电气特性”，它定义了接口电路的特性。典型的 RS－422 是四线接口，连同一根信号地线，共 5 根线。由于接收器采用高输入阻抗和发送驱动器的驱动能力比 RS－232C 强，故允许在相同传输线上的连接不超过 10 个节点，其中一个为主设备(Master)，其余为从设备(Salve)，从设备之间不能通信，所以 RS－422 支持点对多的双向通信。RS－422 四线接口由于采用单独的发送和接收通道，因此不必控制数据方向，各装置之间任何必需的信号交换均可按软件方式(XON/XOFF 握手)或硬件方式(一对单独的双绞线)实现。RS－422 的最大传输距离为 1 200 m，最大传输速率为 10 Mb/s。其平衡双绞线的长度与传输速率成反比，在 100 Kb/s 速率以下，才可能达到最大传输距离。只有在很短的距离下才能获得最高速率传输。一般 100 m 长的双绞线上所能获得的最大传输速率仅为 1 Mb/s。

为扩展 RS-422 串行通信的应用范围,EIA 又于 1983 年在 RS-422 的基础上制定了 RS-485 标准,增加了多点、双向通信能力,即允许多个发送器连接到同一条总线上,同时增加了发送器的驱动能力和冲突保护特性,扩展了总线共模电压范围,后命名为 TIA/EIA-485-A 标准。由于 RS-485 是从 RS-422 基础上发展而来的,所以 RS-485 许多电气规定与 RS-422 相仿,如都采用平衡传输方式、都需要在传输线上接上终端电阻等。RS-485 可以采用二线或四线方式,二线制可实现真正的多点双向通信。而采用四线连接时,与 RS-422 一样只能实现点对多的通信,即只能有一个主设备,其余为从设备,但它比 RS-422有所改进,无论四线还是二线连接方式,总线上可连接的设备最多不超过 32 个。RS-485 与RS-422的差异还表现在其共模输出电压上,RS-485 在−7～+12 V,而 RS-422在−7～+7 V。RS-485 与 RS-422 一样,其最大传输距离为 1 200 m,最大传输速率为 10 Mb/s。平衡双绞线的长度与传输速率成反比,在 100 Kb/s 速率以下,才可能使用最长的电缆长度。只有在很短的距离下才能获得最高速率传输。一般 100 m 长双绞线最大传输速率为 1 Mb/s。RS-485需要 2 个终端电阻,其阻值要求等于传输电缆的特性阻抗。在短距离传输时不需终端电阻,即一般在 300 m 以下不需终端电阻,终端电阻接在传输总线的两端。

RS-232C、RS-422 与 RS-485 标准只对接口的电气特性做出规定,而没有涉及接插件、电缆或协议,用户可在此基础上建立自己的高层通信协议。

5.1.3 串行通信参数

串行通信中,交换数据的双方利用传输线上的电压变化来达到数据交换的目的,但是如何从不断改变的电压状态中解析出其中的信息,就需要双方共同约定才行,即需要说明通信双方是如何发送数据和命令的。因此,双方为了进行通信,必须要遵守一定的通信规程,通信规程由对通信参数的设置来实现,通信参数的设置也称为通信端口的初始化。串行通信具有以下四个通信参数。

1. 数据的传输速率

RS-232C 常用于异步通信,通信双方没有可供参考的同步时钟作为基准,此时双方发送的高、低电平到底代表几个位就不得而知了。要使双方的数据读取正常,就要考虑到数据的传输速率——波特率(Baud Rate),其代表的意义是每秒所能产生的最大电压状态的改变率。由于原始信号经过不同的波特率取样后,所得的结果完全不一样,因此通信双方采用相同的通信速率非常重要。如在仪器仪表中,常选用的传输速率是 9.6 Kb/s。

2. 数据的发送单位

一般串行通信端口所发送的数据是字符型的,这时一般采用 ASCII 码或日本工业标准(Japanese Industrial Standards,JIS)码。ASCII 码中 8 个位形成一个字符,而 JIS 码则以 7 个位形成一个字符。若用来传输文件,则会使用二进制的数据类型。欧美的设备大多使用 8 个位的数据组,而日本的设备则大多使用 7 个位作为一个数据组。

3. 起始位和停止位

由于异步串行传输中没有使用同步时钟脉冲作为基准，故接收端完全不知道发送端何时将进行数据的发送。为了解决这个问题，就在发送端开始发送数据时，先将传输线的电压由低电位提升至高电位(逻辑 0)，而当发送结束后，再将电位降至低电位(逻辑 1)。接收端会因起始位的触发而开始接收数据，并因停止位的通知而确知数据的字符信号传输已经结束。起始位固定为 1 个位，而停止位则有 1、1.5 和 2 位等多种选择。

4. 校验位

为了预防错误的产生，使用校验位作为检查机制。校验位是用来检查所发送数据正确性的一种校验码，又分为奇校验(Odd Parity)和偶校验(Even Parity)，分别检查字符码中"1"的数目是奇数个还是偶数个。在串行通信中，可根据实际需要选择奇校验、偶校验或无校验。

5.1.4　串行通信工作模式及流量控制

1. 工作模式

计算机在进行数据的发送和接收时，传输线上的数据流动情况可分为三种：当数据流动只有一个方向时，称为"单工"；当数据流动为双向，且同一时刻只能一个方向进行时，称为"半双工"；当同时具有两个方向的传输能力时，称为"全双工"。在串行通信中，同时可以利用的传输线路决定了其工作模式。RS-232C 有两条特殊的线路，其信号标准是参考接地端，分别用于数据的发送和接收，因此是全双工模式。这种以参考接地端为标准电位信号的传输方式称为单端传输。RS-422 也属于全双工。而两线制 RS-485 通信的数据线路虽然也有两条，但这两条线路却是一个信号标准电位的正、负端，真正的信号必须是两条线路相减所得到的，因此在同一时间，只可以有一个方向的数据在传输，也就形成了半双工的工作模式。这种不参考接地端，而由两条信号标准电位相减得到的信号标准电位的传输方式称为差动式传输。

2. 流量控制

在串行通信中，当数据要由 A 设备发送到 B 设备前，会将数据先送到 A 设备的数据输出缓冲区，接着再由此缓冲区将数据通过线路发送到 B 设备；同样，当利用硬件线路发送数据到 B 设备时，会将数据先发送到 B 设备的接收缓冲区，而 B 设备的处理器再到接收缓冲区将数据读取并进行处理。

流量控制的目的是为了保证传输双方都能正确地发送和接收数据而不会丢失数据。如果发送的速度大于接收的速度，而接收端的处理器来不及处理，则接收缓冲区在一定时间后会溢出，造成以后发送来的数据无法进入缓冲区而丢失。解决这个问题的方法是让接收端通知发送端何时发送以及何时停止发送。流量控制又称为"握手(Hand Shaking)"，常用的方式有硬件握手和软件握手两种。以 RS-232 来说，硬件握手使用 DSR、CTS、DTR 和 RTS 四条硬件线路。其中 DTR 和 RTS 指的是计算机上的 RS-232 端；而 DSR 和 CTS 则是指带有 RS-232 接口的智能设备。通过四条线的交互作用，计算机主控端与被控的设备端可以进行数据的交流，而当数据传输太快而无法处理时，可以通过这四条握手线高低电位的变化来控制数据是继续发送还是暂停发送。图 5-2 为设备端要求的握手程序，描述了计算机向设备传输数据时的硬件流量控制。

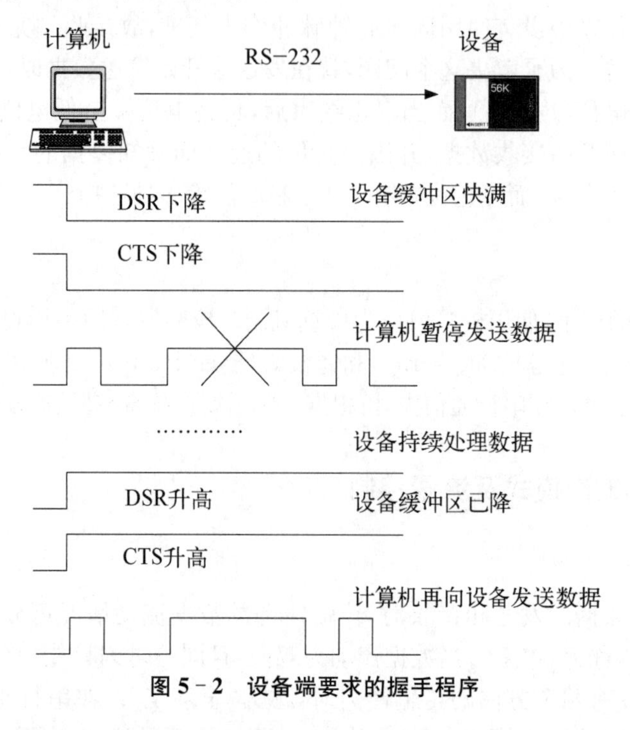

图 5-2　设备端要求的握手程序

软件握手采用数据线上的数据信号代替实际的硬件线路。软件握手中常用的就是 XON/XOFF 协议。在 XON/XOFF 协议中，若接收端欲使发送端暂停数据的发送时，它便向发送端送出一个 ASCII 码 13H；而要恢复发送时，便向发送端送出 ASCII 码 11H，两个字符的交互使用，便可控制发送端的发送操作。其操作流程与硬件握手类似。

5.1.5　基于单片机的智能仪表与 PC 的数据通信

以单片机为核心的测控仪表与上位计算机之间的数据交换，通常采用串行通信的方式。PC 机具有异步通信功能，因此有能力与其他具有标准 RS-232C 串行通信接口的计算机或仪器设备进行通信。而单片机本身具有一个全双工的串行口，因此只要配以一些驱动、隔离电路就可组成一个简单可行的通信接口。

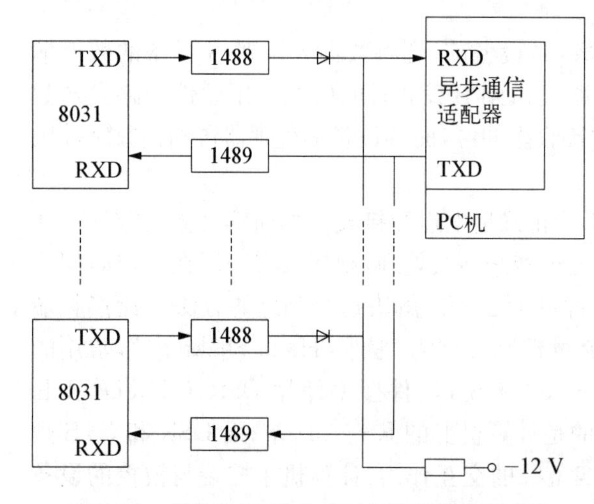

图 5-3　单片机与 IBM-PC 机的通信接口电路

数台单片机(如 8031)与 IBM-PC 机的通信接口电路如图 5-3 所示。图中 1488 和 1489 分别为发送和接收电平转换电路。从 PC 机通信适配器板引出的发送线(TXD)通过 1489 与单片机接收端(RXD)相连。由于 1488 的输出端不能直接连在一起，故它们均经二极管隔离后才并接在PC机的接收端(RXD)上。通信双方所用的波特率必须相同,假设使用10位帧传送,因波特率误差会引起偏移,若在最后1位传送时保证位传送时间的6/8有效,则在一个方向上的偏差允许为1.25%,两个系统的偏差之和不应大于2.5%。这里需注意,异步通信在约定的波特率下,传送和接收的数据不需要严格保持同步,允许有相对的延迟,只要频率差不大于1/16,就可以正确地完成通信。

PC机的波特率是通过对8250内部寄存器的初始化来实现的,即对8250的除数锁存器进行设置。该除数锁存器为16位,由高8位和低8位锁存器组成。若时钟输入为1.843 2 MHz,经分频产生所要求的波特率,分频所要用到的除数分两次处理,即将高、低8位分别写入锁存器的高位和低位,除数(也叫波特率因子)可以根据式(5-1)获得

$$除数=\frac{1.843\,2\ \text{MHz}}{波特率\times 16} \tag{5-1}$$

当对8250初始化并预置了除数之后,波特率发生器方可产生规定的波特率。表5-3列出了IBM-PC获得15种波特率所需设置的除数。

表5-3　IBM-PC获得15种波特率所需设置的除数

要求的波特率	除数		误差	要求的波特率	除数		误差
	十进制	十六进制			十进制	十六进制	
50	2304	0900	—	1 800	64	0040	—
75	1536	0600	—	2 000	58	003A	0.69
110	1047	0417	0.026	2 400	48	0030	—
134.5	857	0359	0.058	3 600	32	0020	—
150	768	0300	—	4 800	24	0018	—
300	384	0180	—	7 200	16	0010	—
600	192	00C0	—	9 600	12	000C	—
1 200	96	0060	—				

注:输入频率为1.843 2 MHz。

8250内部寄存器端口地址:波特率除数锁存器低8位地址为3F8H,波特率除数锁存器高8位地址为3F9H。

下面所列的8086汇编语言程序,用于设置PC机的波特率。这里设定的波特率为9 600 b/s。

```
MOV   AL, 1000000B        ;置8250控制寄存器的第7位DLAB为1
MOV   DX, 3FBH            ;置8250控制寄存的地址
OUT   DX, AL              ;初始化8250
MOV   AL, 0CH             ;置产生9 600 b/s除数低位
MOV   DX, 3F8H
OUT   DX, AL              ;写入除数锁存器的低位
MOV   AL, 00H             ;置产生9 600 b/s除数高位
MOV   DX, 3F9H
OUT   DX, AL              ;写入除数锁存器的高位
```

通信采用主从方式,由 PC 机确定与哪个单片机进行通信。在通信软件中,应根据用户的要求和通信协议来对 8250 进行初始化,即设置波特率(9 600 波特)、数据位数(8 位)、奇偶校验类型和停止位数(1 位)。需要指出的是,这里的奇偶校验位用作发送地址码(通道号)或数据的特征位(1 表示地址),而数据通信的校核采用累加和校验方法。

数据传送可采用查询方式或中断方式。若采用查询方式,在发送地址或数据时,先用输入指令检查发送数据寄存器是否为空。若为空,则用输出指令将一个数据输出给 8250 即可,8250 会自动地将数据一位一位地发送到串行通信线上。接收数据时,8250 把串行数据转换成并行数据,并送入接收数据寄存器中,同时把“接收数据就绪”信号置于状态寄存器中。CPU 读到这个信号后,就可以用输入指令从接收器中读入一个数据了。若采用中断方式,发送时,用输出指令输出一个数据给 8250,若 8250 已将此数据发送完毕,则发出一个中断信号,说明 CPU 可以继续发数;若 8250 接收到一个数据,则发一个中断信号,表明 CPU 可以取出数据。

PC 机通信软件采用查询方法发送和接收数据的程序框图如图 5-4 所示。

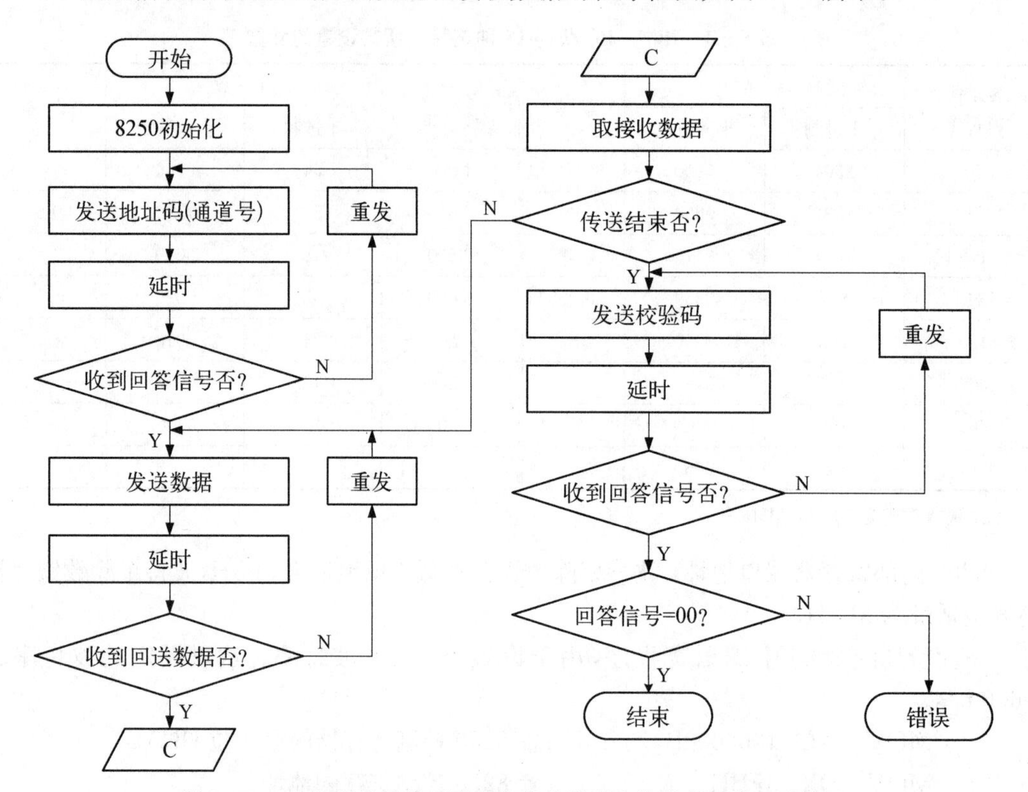

图 5-4　PC 机通信软件采用查询方法发送和接收数据的程序框图

单片机采用中断方式发送和接收数据。将串行口设置为工作方式 3,由第 9 位判断是地址码或数据。当某台单片机的地址与 PC 机发出的地址码一致时,就发出应答信号给 PC 机,而其他几台则不发应答信号。这样,在某一时刻 PC 机只与一台单片机传输数据。单片机与 PC 机沟通联络后,先接收数据,再将机内数据发往 PC 机。

定时器 T1 作为波特率发生器,将其设置为工作方式 2,波特率同样为 9 600。单片机通信软件框图如图 5-5。

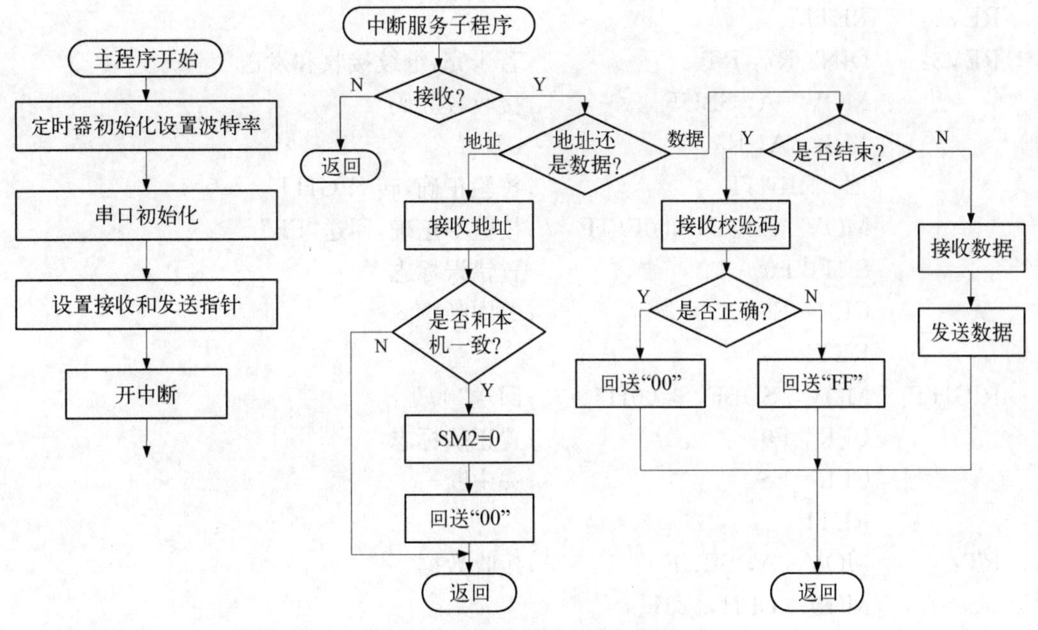

图 5-5　单片机通信软件框图

通信程序如下(设某单片机地址为 03H)。

```
COMMN: MOV   TMOD, #20H       ;设置 T1 工作方式
       MOV   TH1,  #0FDH      ;设置时间常数,确定波特率
       MOV   TL1,  #0FDH
       SETB TR1
       SETB EA
       SETB ES                ;允许串行口中断
       MOV   SCON, #0F8H      ;设置串行口工作方式
       MOV   PCON, #80H
       MOV   23H, #0CH        ;设置接收数据指针
       MOV   22H, #00H
       MOV   21H, #08H        ;设置发送数据指针
       MOV   20H, #00H
       MOV   R5, #00H         ;累加和单元置零
       MOV   R7, #COUNT       ;设置字节长度
       INC   R7
       ……
CINT:  JBC   RI, REV1         ;若接收,转 REV1
       RETI
REV1:  JNB   RB8, REV3
       MOV   A, SBUF
       CJNE A, #03H, REV2     ;若与本机地址不符,转 REV2
       CLR   SM2              ;0→SM2
       MOV   SBUF, #00H       ;与本机地址符合,回送“00”
```

```
REV2:     RETI
REV3:     DJNZ R7, RT           ;若未完,继续接收和发送
          MOV  A, SBUF          ;接收校验码
          XRL  A, R5
          JZ   RIGHT            ;校验正确,转 RIGHT
          MOV  SBUF, #0FFH      ;校验不正确,回送"FF"
          SETB F0               ;置错误标志
          CLR  ES               ;关中断
          RETI
RIGHT:    MOV  SUBF, #00H       ;回送"00"
          CLR  F0               ;置正确标志
          CLR  ES               ;关中断
          RETI
RT:       MOV  A, SBUF          ;接收数据
          MOV  DPH, 23H
          MOV  DPL, 22H
          MOVX @DPTR, A         ;存接收数据
          ADD  A, R5
          MOV  R5, A            ;数据累加
          INC  DPTR
          MOV  23H, DPH
          MOV  22H, DPL
          MOV  DPH, 21H
          MOV  DPL, 20H
          MOVX A, @DPTR         ;取发送数据
          INC  DPTR
          MOV  21H, DPH
          MOV  20H, DPL
          MOV  SBUF, A          ;发送
          ADD  A, R5
          MOV  R5, A            ;数据累加
          RETI
```

5.2 现场总线技术及现场总线仪表

5.2.1 现场总线的体系结构与特点

1. 现场总线的发展与体系结构

随着控制设备的不断数字化,传统的模拟仪表、执行机构与数字控制系统之间的物理连

接方式的局限性表现得越来越突出，采用数字通信及网络技术构建数字化的控制网络变得十分迫切，而现场总线正是顺应这一潮流而产生的。现场总线被誉为自动化领域的计算机局域网。现场总线是过程控制技术、仪表技术和计算机网络技术紧密结合的产物，它解决了数字信号兼容性问题，所以它一出现便展现了强大的生命力和发展潜能。国际电工委员会在IEC 61158中给出了现场总线的定义，即安装在制造或过程区域的现场装置与控制室内的自动控制装置之间的数字式、双向、多点通信的数据总线称为现场总线。在过程控制领域内，现场总线就是从控制室延伸到现场测量仪表、变送器和执行机构的数字通信总线。它取代了传统模拟仪表单一的4～20 mA传输信号，实现了现场设备与控制室设备间的双向、多信息交换。控制系统中应用现场总线，一是可大大减少现场电缆以及相应接线箱、端子板、I/O卡件的数量；二是可为现场智能仪表的发展提供必需的基础条件；三是可大大方便自控系统的调试以及对现场仪表运行工况的监视管理，提高系统运行的可靠性。

数字技术的发展完全不同于模拟技术，数字技术标准的制定往往早于产品的开发，技术标准决定着新兴产业的快速发展。现场总线在发展过程中，最突出的问题就是总线种类多，相互不兼容。2007年的IEC 61158第4版本，已经有20种现场总线国际标准，可见标准之多。2014年5月更新的IEC 61158标准又进一步将现场总线标准扩充到24种类型。

现场总线以ISO的OSI模型为基本框架，并根据工业自动化现场设备的特点和应用需要对体系结构进行了简化，它一般包括物理层、数据链路层、应用层、用户层。物理层向上连接数据链路层，向下连接介质。物理层规定了传输介质(双绞线、无线和光纤)、传输速率、传输距离、信号类型等。在发送期间，物理层对来自数据链路层的数据流进行编码并调制。在接收期间，它用来自介质的控制信息将接收到的数据信息实现解调和解码，并送给链路层。数据链路层负责执行总线通信规则，处理差错检测、仲裁、调度等。为了突出实时性，现场总线没有采用以往一些标准中的分布式物理通道管理，而是采用了集中管理的方式。在这种方式下，物理通道被有效地利用起来，还可有效地减少或避免实时通信的延迟。应用层为最终用户的应用提供一个简单接口，它定义了如何读、写、解释和执行一条信息或命令。用户层专门针对工业自动化领域现场装置的控制和具体应用而设计，它定义了现场设备数据库间互相存取的统一规则。这是使现场总线标准能够超越一般通信标准而成为一项系统标准的关键，也是使现场总线控制系统开放与互操作性的关键。现场总线基金会还为每个设备定义了一个网络管理代理，可提供组态管理、性能管理和差错管理功能。系统管理负责完成设备地址分配、功能块执行调度、时钟同步和标记定位等功能。

2. 现场总线的特点

现场总线除具有一对N结构、互换性、互操作性、控制功能分散、互联网络、维护方便等优点外，还具有如下特点。

(1) 网络体系结构简单：其结构模型一般仅有4层，这种简化的体系结构具有设计灵活、执行直观、价格低廉、性能良好等优点，同时还保证了通信的速度。

(2) 综合自动化功能：把现场智能设备分别作为一个网络节点，通过现场总线来实现各节点之间、节点与管理层之间的信息传递与沟通，易于实现各种复杂的综合自动化功能。

(3) 容错能力强：现场总线通过使用检错、自校验、监督定时、屏蔽逻辑等故障检测方法，可大大提高系统的容错能力。

(4) 系统的抗干扰能力和测控精度高：现场智能设备可就近处理信号并采用数字通信

方式与主控系统交换信息,不仅具有较强的抗干扰能力,而且其精度和可靠性也得到了很大的提高。

在现场总线系统中,人们通常按通信帧的长短,把数据传输总线分为传感器总线、设备总线和现场总线。传感器总线的通信帧长度只有几个或十几个数据位,属于位级的数据总线,典型的传感器总线就是传感器执行器接口总线(Actuator Sensor Interface,ASI)总线。设备总线的通信帧长度一般为几个到几十个字节,属于字节级的总线,如CAN(Controller Area Network)总线就属于设备级总线。现场总线属于数据块级的总线,其通信帧长度可达几百个字节。

5.2.2 过程仪表常用现场总线介绍

1. 基金会现场总线(Foundation Fieldbus,FF)

1) 概述

FF是现场总线基金会推出的现场总线标准。现场总线基金会是由国际上两大现场总线阵营——相互可操作系统协议(Inter Operable System Protocal,ISP)和WorldFIP North America合并而成,1995年WorldFIP欧洲部分也加入FF。其中ISP组织成立于1992年,由Fisher-Rosemount公司发起,以Profibus标准为基础制定现场总线标准;WorldFIP成立于1993年,由Honeywell等公司发起,以法国的FIP标准为基础制定现场总线标准。FF基金会成员由世界著名的仪表制造商和用户组成,其成员生产的变送器、集散控制系统(Distributed Control System,DCS)、执行器、流量仪表占世界市场的90%。

FF总线由低速(FF-H1)和高速(FF-HSE)两部分组成,其中FF-H1网络以ISO/OSI模型为基础,取其物理层、数据链路层和应用层,并在应用层之上增加了用户层,构成了四层结构的通信模型。FF-H1主要用于过程工业(连续控制)的自动化。FF-HSE则采用基于Ethernet(IEEE 802.3)+TCP/IP的六层结构,主要用于制造业(离散控制)自动化以及逻辑控制、批处理等场合。

2) FF-H1现场总线模型结构与协议

FF-H1现场总线协议由物理层、数据链路层、应用层和用户层组成。图5-6是FF-H1总线通信协议结构及其与ISO/OSI模型的关系。

图5-6包含了FF-H1数据报文帧的形成过程,同时也体现了FF网络模型与ISO/OSI模型之间的关系。从该图可以看出,如果两个设备想通过FF总线网络进行通信,首先其中一个设备在用户层形成用户数据,数据被送往应用层的总线报文规范子层进行处理。用户数据报文帧字节数为0~251,用户数据在现场总线报文规范子层(Fieldbus Message Specification,FMS)、现场总线访问子层(Fieldbus Access Sublayer,FAS)、数据链路层(Data Link Layer,DLL)三层分别加上该层的协议控制信息,在数据链路层加上2个字节的帧校验,最后送往物理层对用户数据进行打包处理,并加上用于时钟同步的前导码。前导码为1个或2个字节,一般情况下为1个字节,当加入中继器时,前导码可为2个字节。报文帧形成后,再由物理层转换为符合规范的物理信号,在网络系统的管理控制下,发送到现场总线网段上。

(1) 物理层

FF现场总线的物理层遵循IEC 61158-2标准。物理层规定了传输媒体和传输速率、传输距离、信号编码方式、供电方式、网络拓扑结构等。物理信号波形是携带协议信息的数

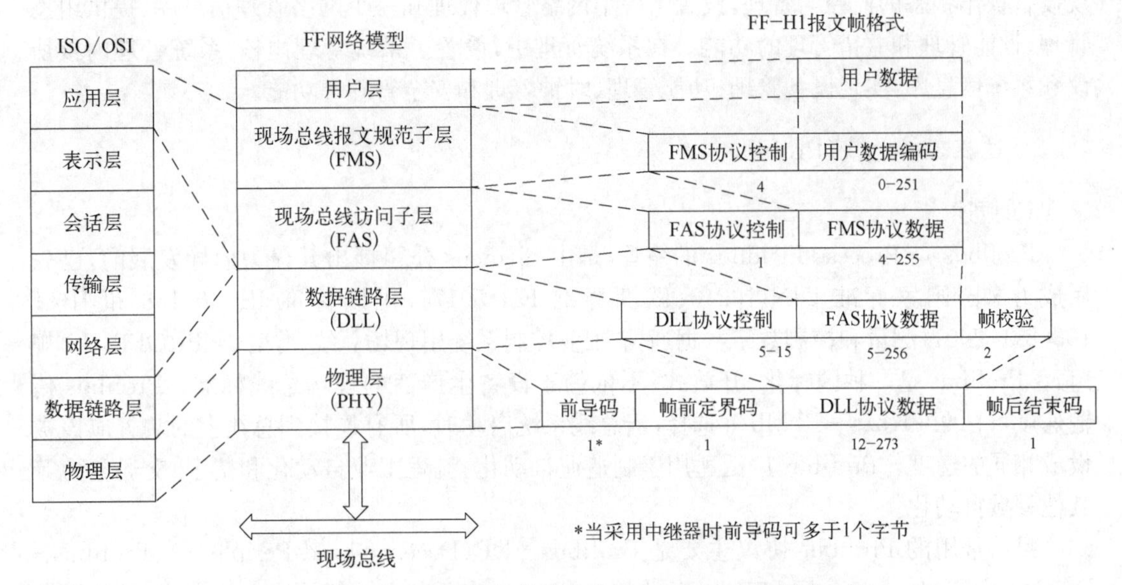

图5-6　FF-H1总线通信协议结构及其与ISO/OSI模型的关系

字信号以31.25 kHz的频率、峰值为0.75～1 V的幅值加载到9-32 VDC的直流供电电压信号上；信号数据帧则由用户数据编码、前导码、帧前定界码和帧结束码组成。

H1总线支持多种传输媒体：双绞线、电缆、光缆和无线媒体。传输速率为31.25 Kb/s，通信距离最大为1 900米。该总线支持供电和本质安全，满足过程工业仪表防爆要求。

(2) 数据链路层

数据链路层最重要的作用是通过链路控制规程，在不太可靠的物理链路上实现可靠的数据传输。具体来说，它包括链路管理、帧同步、流量控制、差错控制、将数据与控制信息区分开、透明传输以及寻址功能。数据链路层的主要任务就是链路活动调度，每个总线网段上都有一个链路活动调度器(Link Active Scheduler，LAS)，对现场总线的访问进行控制。

在过程控制系统内，为了使调用的控制算法能够正确地工作，应将周期性的数据以精确的间隔进行传输。同时它必须确保各种报警、事件或诊断信息能及时地传递，以便操作人员及时掌握仪表的异常情况。为此，FF现场总线协议将所有的报文分为四类：链路维护报文、时间分配报文、周期时间同步数据报文、非周期报文。

(3) 应用层

在OSI参考模型中，会话层、表示层、应用层被称为高层协议。在FF现场总线网络层里没有会话层和表示层，这两层的功能被放在应用层中实现。应用层由现场总线访问子层(FAS)和现场总线报文规范子层(FMS)构成，并将从数据链路层到FAS和FMS的全部功能集成为通信栈。其中报文规范子层FMS里的上下文管理服务用于会话管理。FF协议里用户层的应用进程通过应用层的FMS服务或者FAS服务与远程对象通信。FAS子层提供发布者/预订者、客户机/服务器和报告分发三种模式的报文服务。FMS子层提供对象字典(Object Dictionary，OD)服务、变量访问服务和事件服务等。

(4) 用户层

用户层规定标准的功能模块、对象字典和设备描述，供用户组成所需要的应用程序，并实现网络管理和系统管理。在网络管理中，为了提供一个集成网络各层通信协议的机制，实现设备操作状态的监控与管理，设置了一个网络管理代理和一个网络管理信息库，提供组态管理、性能管理和差错管理的功能。在系统管理中，设置了系统管理内核、系统管理内核协议和系统信息库，实现设备管理、功能管理、时钟管理和安全管理等功能。

2. 过程现场总线(Profibus)

1) 概述

Profibus 是 Process Fieldbus 的缩写，是由 Siemens 公司提出并极力倡导发展的，已先后成为德国国家标准 DIN 19245、欧洲标准 EN 50170、国际标准 IEC 61158 和 JB/T 10308.3 -2001《测量和控制数字数据通信 工业控制系统用现场总线 类型 3：PROFIBUS 规范》。Profibus 是一种国际化、开放式、不依赖于设备生产商的现场总线标准。Profibus 传输速度可在 9.6 Kb/s～12 Mb/s 选择，当总线系统启动时，所有连接到总线上的装置应该被设成相同的速度。Profibus 广泛适用于制造业自动化、流程工业自动化和楼宇、交通电力等其他领域自动化。

目前常用的 Profibus 协议主要是 Profibus - DP(Decentralized Periphery)、Profibus - PA(Process Automation)和工业以太网 ProfiNet。前两者主要使用主—从方式，通常周期性地与总线设备进行数据交换。

(1) Profibus - DP——这是一种高速低成本通信，用于设备级控制系统与分散式 I/O 之间的通信。Profibus - DP 是在欧洲乃至全球应用最为广泛的现场总线系统。Profibus - DP 是一个主站/从站总线系统，主站功能由控制系统中的主控制器来完成。主站在完成自动化功能的同时，通过循环的报文对现场仪表和设备进行全面的访问。Profibus - DP 实时性远高于其他局域网，因而特别适用于工业现场。DP 的功能经过扩展，一共有 3 个版本：DP - V0，DP - V1 和 DP - V2。

(2) Profibus - PA——专为过程自动化设计，可使传感器和执行机构接在一根总线上。其基本特性与 FF 的 H1 总线相同，十分适合防爆安全要求高、通信速率低的过程控制场合，可以提供总线供电。Profibus - PA 能够通过段耦合器或连接器接入 DP 网络。Profibus - PA 是 Profibus - DP 在保持其通信协议的基础上，增加了非循环数据的传输，也就是说 Profibus - PA 是 Profibus - DP 的一种演变，它使 Profibus 可用于本质安全领域，同时保证 DP 总线系统的通用性。

2) Profibus 的协议结构

Profibus 也遵循 ISO/OSI 模型，其通信模型由物理层、数据链路层和应用层三层组成，如图 5 - 7 所示。可以看出，Profibus 只使用了 ISO/OSI 的第一层、第二层和第七层，另外再加上一个用户层(Profile，即行规)，这样做大大简化了协议结构，提高了数据传输效率，符合工业自动化实时性高、数据量小等特点要求。DP 和 PA 的数据链路层是完全相同的，即它们的数据通信基本协议相同，所以它们可以存在于同一网络中；虽然 PA 的物理层使用曼彻斯特编码总线供电(Manchester Code Bus Powered，MBP)技术，与 DP 的物理层不同，但由于 PA 也使用 DPV0 的基本报文协议，所以 DP 和 PA 也可以互相通信。

Profibus - DP 采用 RS - 485 作为物理层的连接接口。网络的物理连接采用屏蔽单对双绞铜线的 A 型电缆。而 Profibus - PA 采用 IEC 61158 - 2 标准，通信速率固定为 31.25 Kb/s。由于在某些情况下，现场传感器、变送器要从现场总线获得电能作为它们的工作电源，因此对总线上数字信号的强度(驱动能力)、传输速率、信噪比以及电缆尺寸、线路长度等都提出

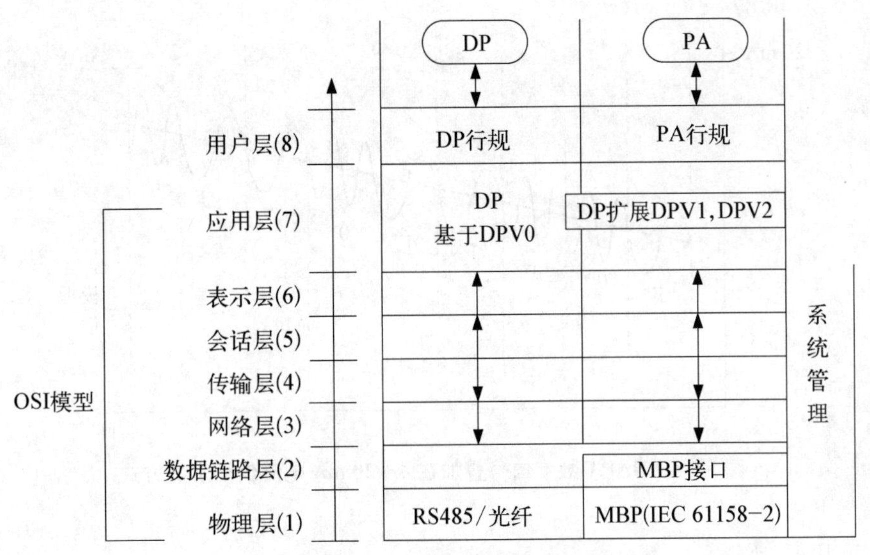

图5-7 **Profibus 协议结构**

了一定的要求。考虑到现场设备的故障比较多,更换比较频繁,数据链路层媒体访问控制大多采用受控访问(包括轮询和令牌)协议。

3) Profibus-PA 相关芯片

Siemens 公司生产了 Profibus-PA 物理层协议专用芯片 SIM1 和链路层协议控制芯片 SPC4 等系列芯片,以支持开发各种 Profibus 接口设备。SIM1(Siemens IEC H1 介质连接单元)与 Profibus-PA 信号兼容,它作为 SPC4 的扩展芯片使用。SIM1 可实现全部的 Profibus-PA 收发功能,利用总线电流供电且自身具有高阻抗的特点。SPC4 是专用于 Profibus-PA 协议通信的从站设计芯片,它可同时支持上述 2 种 Profibus 协议。得益于该芯片特有的低功耗管理系统,其十分适用于本质安全场所。SPC4 可支持的波特率固定为 31.25 Kb/s,内部集成了 1.5 Kbyte 的协议数据存储器,同时还提供了连接总线物理层协议转换芯片(SIM1)的同步接口。

3. HART 与 WirelessHART

HART 是可寻址远程传感器高速公路(Highway Addressable Remote Tranducer)的简称,最早由美国 Rosemount 公司开发并得到八十多家仪表公司的支持。该协议属于模拟系统向数字系统转变过程中的过渡性产品,但由于其实现较为简单,提供相对低的带宽和中等响应时间的通信,具有较强的市场竞争力,得到了较快的发展,即使在现在,也广泛使用。HART 的典型应用包括远程过程变量查询、参数设定与对话、资产管理等。

HART 协议在不干扰 4~20 mA 模拟信号的同时允许传送数字通信。4~20 mA 模拟和 HART 数字通信信号能在一条线上同时传输,主要变量和控制信号由 4~20 mA 传送;而另外的测量变量、过程参数、设备组态、校准及诊断信息在同一线对、同一时刻通过 HART 协议访问。HART 数字信号叠加在 4~20 mA 电流信号上的方式可用图 5-8 表示。HART 协议使用 Bell202 频移键控(Frequency-Shift Keying,FSK)标准,在 4~20 mA 基础上叠加一个低电平的数字信号。数字 FSK 信号相位连续,不会影响 4~20 mA 的模拟信号。图中的逻辑“1”由 1 200 Hz 频率代表,逻辑“0”由 2 200 Hz 代表,信息传输速率是 1 200 波特率。

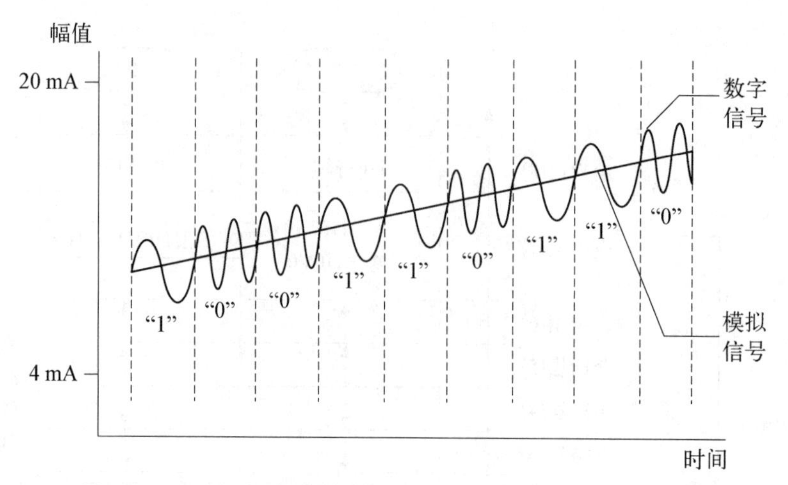

图 5-8　HART 数字信号叠加在 4～20 mA 电流信号上的方式

4. ModBus 协议

(1) 概述

Modbus 是 Modicon 公司(被施耐德公司收购)开发的一种通信协议,最初目的是实现可编程控制器之间的通信。该公司后来还推出 Modbus 协议的增强型 Modbusplus(MB+)网络,可连接 32 个节点,利用中继器可扩至 64 个节点。这种由 Modicon 公司最先倡导的通信协议,经过大多数公司的实际应用,逐渐被认可,成为一种事实上的标准通信协议,只要按照这种协议进行数据通信或传输,不同的系统就可以通信。目前,包括过程仪表、电力仪表等各类仪表设备仍广泛采用 Modbus 协议进行通信。

Modbus 协议簇包括 ASCII、RTU、TCP 等几类协议,并没有规定物理层。此协议定义了控制器能够认识和使用的消息结构,而不管它们是经过何种网络进行通信的。通过 Modbus 协议,不同厂商生产的控制设备和仪器可以连成工业网络,进行集中监控和管理。Modbus 的 ASCII、RTU 协议规定了消息、数据的结构、命令和应答的方式,数据通信采用主从(Maser/Slave)方式,Master 端发出数据请求消息,Slave 端接收到正确消息后就可以发送数据到 Master 端以响应请求;Master 端也可以直接发消息修改 Slave 端的数据,实现双向读写。Modbus 协议需要对数据进行校验,串行协议中除有奇偶校验外,ASCII 模式采用 LRC 校验,RTU 模式采用 16 位 CRC 校验,但 TCP 模式没有额外规定校验,因为 TCP 协议是一个面向连接的可靠协议。另外,Modbus 采用主从方式定时收发数据,在使用中如果某 Slave 站点断开后(如故障或关机),Master 端可以诊断出来;而当故障修复后,网络又可自动接通。因此,Modbus 协议的可靠性较好。

Modbus 协议建立了主设备查询的格式:设备(或广播)地址、功能代码、所有要发送的数据和错误检测域。从设备回应消息也由 Modbus 协议构成,包括确认要行动的域、要返回的数据和错误检测域,主从站协议格式如图 5-9 所示。如果在消息接收过程中发生错误,或从设备不能执行其命令,从设备将建立错误消息并把它作为回应发送出去。功能代码告知被选中的从设备要执行何种功能。数据段包含了从设备要执行功能的任何附加信息。例如,功能代码 03 是要求从设备读保持寄存器并返回它们的内容。数据段必须包含要告知从设备的信息:从何寄存器开始读及要读的寄存器数量。错误检测域为从设备提供了一种验证消息内容是否正确的方法。如果从设备产生正常的回应,在回应消息中的功能代码是在查询消息中的功能代码的回应。数据段包括了从设备收集的数据,即寄存器值或状态。如果有错误发生,功能代码将被修改以用于指出回应消息是错误的,同时数据段包含了描述此错误信息的代码。错误检测域允许主设备确认消息内容是否可用。

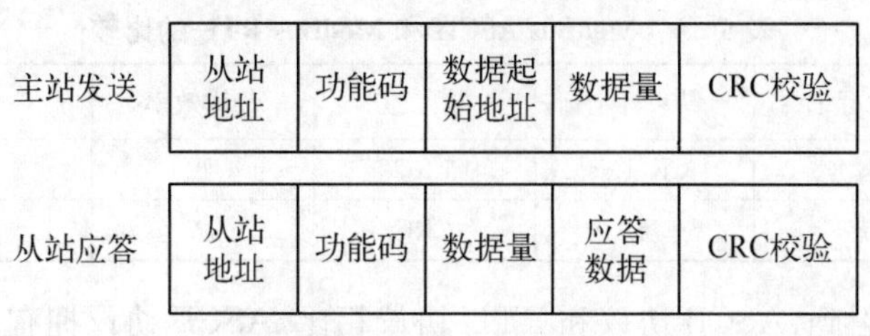

图 5-9 主从站协议格式

在实际的应用过程中,为了解决某些特殊问题,人们喜欢自行修改 Modbus 协议来满足具体的需要。通常将相关的协议格式与软件说明书放在一起,或直接放在帮助中,这样就方便了用户的通信编程或设置。

(2) ModBus RTU

表 5-4 为 RTU 方式数据帧的格式,当控制器设为在 Modbus 网络上以 RTU(远程终端单元)模式通信,在消息中的每个 8 位的字节包含两个 4 位的十六进制字符。这种方式的主要优点是,在同样的波特率下,可比 ASCII 方式传送更多的数据。

表 5-4 RTU 方式数据帧的格式

起始位	设备地址	功能代码	数 据	CRC 校验	结束符
T1-T2-T3-T4	8 个字符	8 个字符	N * 8 个字符	8 个字符	T1-T2-T3-T4

使用 RTU 模式,消息帧的发送至少要以 3.5 个字符时间的停顿间隔开始。当接收到第一个域(地址域)后,每个设备都进行解码以判断是否是发给自己的。在最后一个传输字符之后,至少用 3.5 个字符时间的停顿标定消息的结束。一个新的消息可在此停顿后开始。整个消息帧必须作为连续的流传输。如果在帧完成之前有超过 1.5 个字符时间的停顿,接收设备将刷新不完整的消息并假定下一字节是一个新消息的地址域。同样地,如果一个新消息在小于 3.5 个字符时间内接着前个消息开始,接收的设备将认为它是前一消息的延续。但这将导致一个错误,因为在最后的 CRC 域的值不可能是正确的。

(3) ModBus ASCII

表 5-5 所示为 ASCII 方式数据帧的格式,当服务端设为在 Modbus 网络上以 ASCII(美国标准信息交换代码)模式通信,在消息中的每个 8 位的字节都作为两个 ASCII 字符发送。这种方式的主要优点是字符发送的时间间隔可达到 1 秒而不产生错误。

表 5-5 ASCII 方式数据帧的格式

起始位	设备地址	功能代码	数 据	LRC 校验	结束符
1 个字符	2 个字符	2 个字符	N 个字符	2 个字符	2 个字符

在 ASCII 模式下,消息帧以字符冒号“:”(ASCII 码 3AH)开始,以回车换行符结束(ASCII 码 0DH,0AH)。其他区域可以使用的传输字符是十六进制的 0~9,A~F。在传输

过程中,网络上的设备不断侦测“:”字符,当接收到一个冒号时,每个设备都解码下个域(地址域)来判断是否是发给自己的。

(4) ModBus ASCII 和 ModBus RTU 比较

两种协议的比较如表 5-6 所示。

表 5-6　ModBus ASCII 和 ModBus RTU 的比较

协　议	开始标记	结束标记	校　验	传输效率	程　序　处　理
ASCII	:(冒号)	CR,LF	LRC	低	直观,简单,易调试
RTU	无	无	CRC	高	不直观,稍复杂

通过比较可以看到,ASCII 协议和 RTU 协议相比,ASCII 协议拥有开始和结束标记,因此在进行程序处理时更加方便,而且由于传输的都是可见的 ASCII 字符,所以进行调试时就更加直观,另外它的 LRC 校验也比较容易。但是因为它传输的都是可见的 ASCII 字符,RTU 传输的数据每一个字节 ASCII 都要用两个字节来传输,比如 RTU 传输一个十六进制数 0xF9,ASCII 就需要传输“F”和“9”的 ASCII 码 0x39 和 0x46 两个字节,这样它的传输效率就比较低。所以一般来说,如果所需要传输的数据量较小可以考虑使用 ASCII 协议,如果所需传输的数据量比较大,最好使用 RTU 协议。

5.2.3　现场总线智能仪表与现场总线控制系统

现场总线是连接智能现场设备和自动化系统的数字式、双向传输、多分支结构的通信网络,其基础是现场总线智能仪表。现场总线智能仪表(含执行器)、控制器及通信网络等一起组成现场总线控制系统(FieldBus Control System,FCS),是对传统的控制系统结构和方法的重大改进。现场总线智能仪表与一般智能仪表最重要的区别就是采用标准化现场总线接口,便于构成现场总线控制系统。FCS 用现场总线在控制现场建立一条高可靠性的数据通信线路,实现各现场总线智能仪表之间以及现场总线智能仪表与主控机之间的数据通信,把单个分散的现场总线智能仪表变成网络节点。现场总线智能仪表中的数据处理有助于减轻主控站的工作负担,使大量信息处理就地化,减少了现场仪表与主控站之间的信息往返,降低了对网络数据通信容量的要求。经过现场总线智能仪表预处理的数据通过现场总线汇集到主机上,进行更高级的处理(如系统组态、优化、管理、诊断、容错等),使系统由面到点,再由点到面,提高系统的可靠性和容错能力。这样 FCS 把各个现场总线智能仪表连接成了可以互相沟通信息,共同完成控制任务的网络系统与控制系统,能更好地体现 FCS 中的“管理集中,控制彻底分散”的功能,提高了信息传输的准确性、实时性和快速性。由现场总线仪表构成的现场总线控制系统示意图如图 5-10 所示。系统中,控制站一般都具有现场总线接口模块(典型的是 FF 总线接口与 DP 总线接口模块,PA 总线仪表经过 DP/PA 耦合器后连接到 DP 总线上),每个模块可以支持几个过程现场总线网段以连接现场总线仪表。在现场层,总线仪表能以多种方式组成现场总线网络。

传统的智能仪表/执行器通过配接相应的现场总线接口圆卡也可以接入现场总线控制系统。总线接口圆卡的主要组成通常包括单片机、总线接口芯片、媒体结合单元(Media Attachment Unit,MAU)和显示模块等单元。实际的现场总线接口圆卡通常包括通信圆卡和端口卡两个部分,有些厂家还提供配套仪表卡。总线接口圆卡使用原理示意图如图 5-11

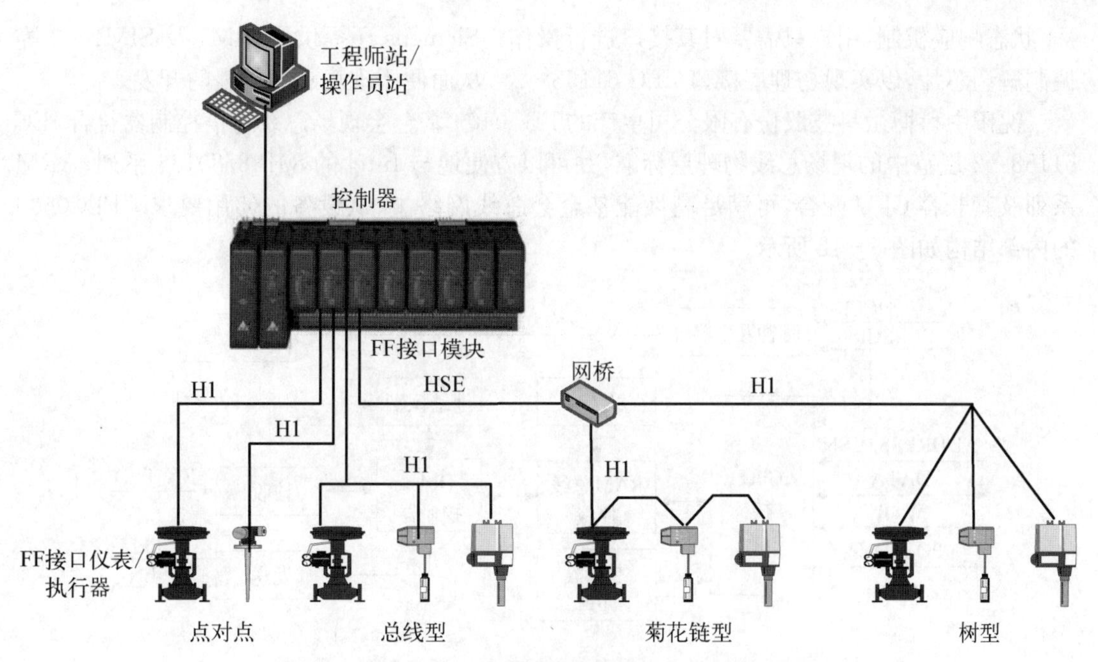

图5-10　由现场总线仪表构成的现场总线控制系统示意图

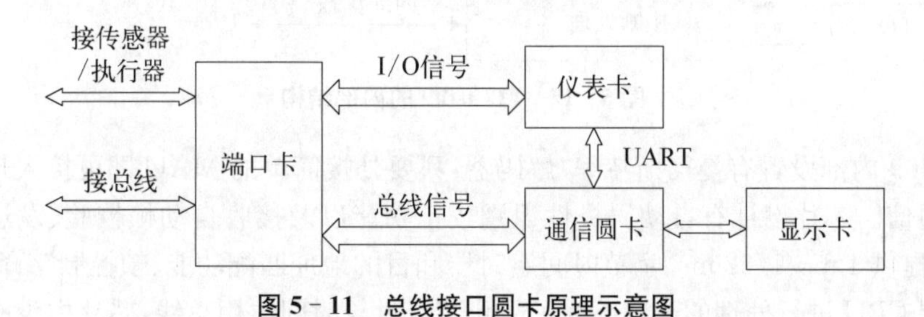

图5-11　总线接口圆卡原理示意图

所示。端口卡一方面可以连接到现场总线上，另外还与传统的仪表/执行器通信或把I/O信息送入仪表卡，通信圆卡通过UART等接口与仪表卡通信，从而实现与传感器/执行器的数据交换。通信圆卡还负责现场总线通信相关的任务。此外，总线接口圆卡还可以给现场仪表供电。

5.2.4　FF总线接口芯片与接口圆卡硬件设计

1. 现场总线接口芯片

如同大多数网络通信一样，现场总线的通信在数据链路层及物理层所需要的总线驱动、数据编码、时钟同步和帧检验等许多工作，单靠软件来完成是十分困难和复杂的。目前可提供FF通信控制器芯片的厂商大多为国外厂商，如日本的横河电机株式会社、富士电机株式会社，美国的Shipstar，巴西的Smar等公司。提供PA现场总线通信控制器芯片的主要厂商是Siemens公司，其产品有SPC4，DPC31等，两者都具有低功耗管理系统，适用于本质安全场合。SPC4仅集成部分DP状态机，所有的数据处理及处理顺序都要由软件完成，并需要完全遵守规范。DPC31可以用于DP或PA从站接口，为集成了C31内核的100针PQFP芯片。芯片内部集成了Profibus-PA物理层和数据链路层的完整协议以及较完善的DP-

V1 状态响应机制,用户只需要对其接口进行操作。Siemens 还提供了 SIM1 及 SIM1-2 等调制解调芯片,以实现物理层接口(IEC 61158-2),从而便于现场总线仪表的开发。

沈阳中科博微科技股份有限公司生产的 FBC0409 基金会现场总线通信控制器符合 IEC 61158-2 规范中的现场总线物理层标准,并可以方便地与 Intel 的 80188/80186 系列、ARM 系列及其兼容 CPU 配合,可满足高性能基金会总线网络主、从设备的使用要求。FBC0409 的内部结构如图 5-12 所示。

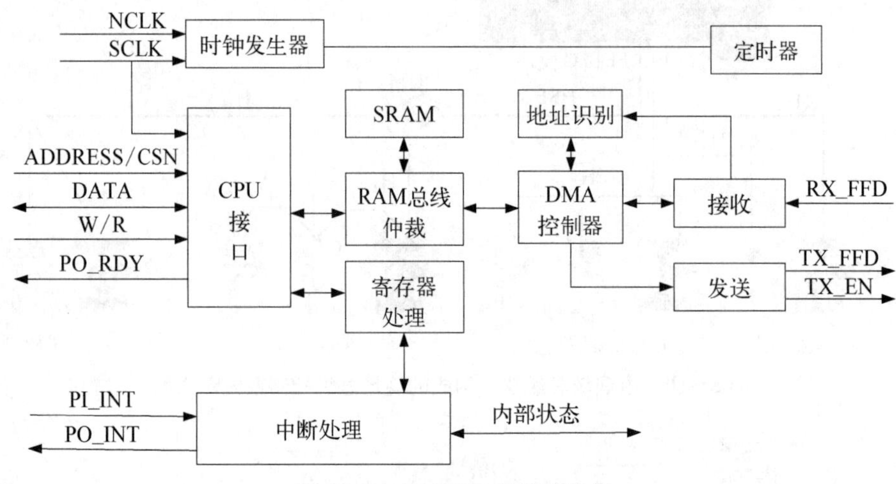

图 5-12 FBC0409 的内部结构

FBC0409 内部设置有曼彻斯特编/解码器,只要外接简单的 MAU 即可接入现场总线系统中进行通信。芯片设计有自动码极性识别校正功能以及接收自动帧校验、发送可选帧校验功能,并提供 1 ms、1/32 ms、字节时间定时器和目的地址匹配功能、帧控制字译码功能,减少在链路层 CPU 进行处理的开销。为了防止节点过长时间占用总线,芯片中设有定时监视器,用以完成发送“闲谈”控制的功能:当发送器占用总线超过 512 字节时间时关闭发送。FBC0409 内置 4 Kb 数据 RAM 和 DMA 控制器,数据的接收、发送、地址表的查找均可不需 CPU 干涉,大大减轻了 CPU 的负担。芯片具有较丰富的线路监测功能,对于线路的发送/接收状态、误码、帧丢失、帧冲突等均可检测。FBC0409 具有一定的链路层功能:发送/接收帧校验 FCS、16 位 1 ms 定时器、16 位 1/32 ms 定时器、16 位字节定时器、帧码译码与地址识别。该芯片的缺点是协议栈全部由软件实现,因此软件开发量比较大。

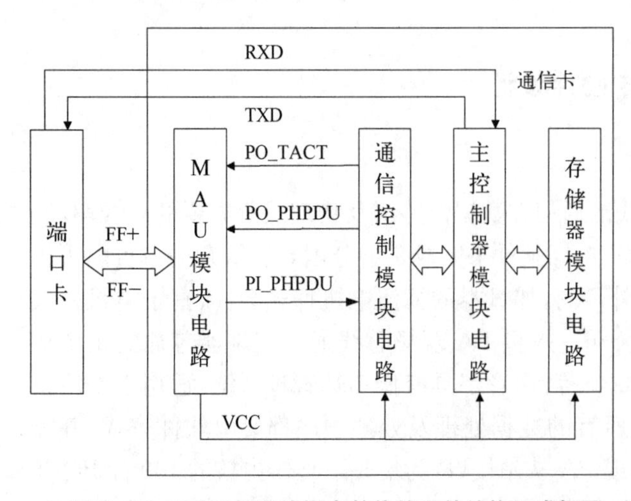

图 5-13 FF 总线通信圆卡整体的硬件结构组成框图

2. 现场总线接口圆卡硬件设计

通信圆卡由通信卡和端口卡两部分组成,整体的硬件结构组成框图如图 5-13 所示。其中,通信卡的整体设计包括存储器模块电路、主控制模块电路、通信控制模块电路和 MAU 模块电路四部分。其中存储器模块电路分成两部分：第一部分为静态数据存储器 SRAM，SRAM 主要用于临时数据的存储，它与主控制模块电路通过微处理器 CPU 的内存接口直接连接；第二部分为外围拓展的 EEPROM 存储器，它主要实现对掉电易失性数据的存储，通过集成电路互联总线 TWI 方式与微处理器 CPU 通信。主控制模块电路由微处理器与一些基本的外围电路构成，它是系统的控制中心，对仪表、传感器采集的数据进行处理。通信控制模块电路以 FBC0409 芯片为核心单元，通过三根信号线与 MAU 模块电路完成通信功能，信号线分别为 PO_TACT（发送控制），PO_PHPDU（发送输出），PI_PHPDU（接收输入）；MAU 模块电路是总线接口驱动电路，它在系统中起驱动作用，通信卡通过 MAU 电路与 FF 总线进行电气连接和数据交互。

端口卡是整个系统的能源所在，通信卡通过端口卡与 FF 总线连接，也通过端口卡与外部传感器或执行器配套的仪表卡进行数据交换（一般通信卡也可直接与仪表卡通信）。FF 支持总线供电方式与非总线供电方式两种，这里的 FF 通信圆卡采用总线供电方式。端口卡包括五部分，即通信圆卡接口（端口卡与通信卡对接接口）电路、总线电源电路、DC/DC 模块电路、光耦隔离电路以及仪表卡的串行通信接口电路。FF 总线端口卡的硬件结构图如图 5－14 所示。可以看出，通信卡通过通信卡接口给端口卡的光耦隔离电路提供了一个 V_{CC} 电压信号和 GND 地信号：DC/DC 模块电路给光耦隔离电路提供了一个隔离后的 3.3 V 电压信号和 GND_GL 地信号，同时也把这两路隔离后的信号提供给仪表卡。光耦隔离电路就是对通信卡的串行接口与仪表卡的串行接口进行隔离，以提高通信的抗干扰能力。

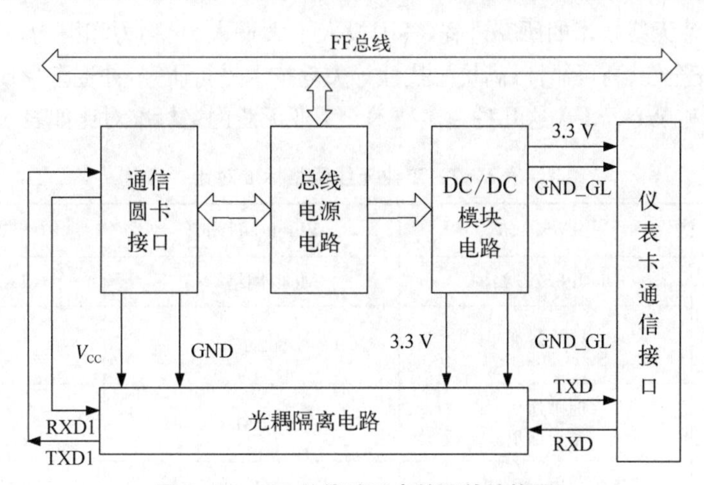

图 5－14　FF 总线端口卡的硬件结构图

5.3　工业无线通信技术与过程工业无线仪表

5.3.1　工业无线通信与技术标准

1. 工业无线通信技术

传感器技术、微系统技术、无线通信技术和计算机技术的进步，推动了无线传感器网络（Wireless Sensor Network，WSN）的快速发展。无线传感器网络由部署在特定区域内的大量廉价微型传感器节点通过无线通信的方式构建而成，能实现协同地采集和处理特定检测区域中的信息。无线传感器网络将信息世界与物理世界融合在一起,改变人类与自然界的交互方式。特别是近年来,在无线传感器网络基础上发展的物联网(Internet of Things, IoT)及工业物联网(Industrial IoT,IIoT),其发展更是将工业无线通信技术的开发和应用推到了一个新的高度。

工业上对无线技术的应用主要是将短距离无线通信技术与无线传感器网络相结合,在传统的传感器网络的基础上满足工业应用对高可靠、强实时和低能耗等的需求,解决传统有线技术的成本高、布线难以及维护困难等问题。工业无线通信是继现场总线之后工业控制领域的又一热点技术,是降低自动化成本、扩大自动化系统应用范围的一种十分有潜力的技术,也是未来自动化仪器仪表非常重要的增长点。目前在一些不方便布线的环境中,无线仪表更是不二的选择。此外,采用工业无线通信还有如下的好处:方便安装,在不影响其他设备的前提下非常方便地把新设备加入无线网络中;方便管理人员的管理,管理人员可以用移动设备进行协助管理;方便设备修护,出现故障的设备可以被具有相同功能的临时设备代替。在技术上,目前很多的工业设备需要一个能自动接入的微型网络环境,同时要保证数据的稳定性、可靠性和安全性以及低能耗性(用电池就可以让无线网络设备长时间工作),而无线网络技术较好地迎合了工业领域的这一需求。

2. 工业无线通信标准

为了加快工业无线技术的研究进程,各国投入了大量人力、物力和财力,对工业无线网络的实时通信、高安全性、高可靠性、高抗干扰性等关键技术进行研究,并逐渐形成了 ISA SP100、Wireless HART 和 WIA-PA 这几种主流技术。工业无线网络标准对比如表 5-7 所示。

表 5-7 工业无线网络标准对比

对比标准	ISA SP100	WirelessHART	WIA-PA
网络拓扑	Mesh+Star 结构	Mesh 网络结构	Mesh+Star 结构
工作频段	Mesh:802.11 Star:802.15.4	802.15.4	802.15.4
通信方式	时隙通信 信道通信	TDMA	TDMA+CSMA
供电方式	电池供电(可充电)	电池供电(可充电)	电池供电(可充电)
兼容性	与 HART、Profibus 兼容	与 HART、Profibus 兼容	与 WirelessHART 兼容
网络管理	集中式与分布式相结合	网关集中管理	集中式与分布式相结合

(1) WirelessHART

HART 基金会在 2007 年 9 月提出了面向工业应用的 WirelessHART 协议。WirelessHART 在兼容现有 HART 设备和应用的基础上,进行了功能补充和应用拓展,能够满足流程工业应用对无线通信技术的可靠、稳定和安全等关键需求,对降低工业测控系统的成本,提高产品质量和生产效率有非常积极的意义。WirelessHART 协议提供了一种低成本、低传输速率且兼容现有 HART 设备的无线解决方案,主要应用在监控设备和过程、能源管理、环境监测、质量监督、资产管理、预测维护、高级诊断和在合适的情况下闭环控制等领域。WirelessHART 协议工作于 2.4 GHz ISM 射频频段,在 IEEE 802.15.4 标准的基础上，针对工厂复杂环境，提供公共频带下的高可靠无线网络通信技术。

2008 年，WirelessHART 向市场投放了第一代产品。2010 年 4 月，WirelessHART 正式被 IEC 确认为国际上第一个工业过程自动化无线通信标准。由于 HART 在世界各地被广泛使用，WirelessHART 具有与原有的 HART 仪表无缝对接的先天性优势，且 WirelessHART 支持产品的开放性和互操作性，能够使得用户在保持现有设备和系统的情况下，实现对 HART 仪表的有线和无线的多样化访问方式，所以 WirelessHART 成为过程工业主流的无线通信标准，得到了非常广泛的应用。

(2) WIA - PA

WIA(Wireless Networks for Industrial Automation)标准是我国以中国科学院沈阳自动化研究所为首的中国工业无线联盟在“863”计划的支持下，于 2007 年开始建立的面向工业自动化应用的无线网络技术标准体系。而 WIA - PA(WIA-Process Automation)标准是中国工业无线联盟针对过程自动化领域的迫切需求而率先制定的 WIA 子标准，定义了用于过程自动化的 WIA 系统结构与通信规范。2011 年 7 月，国家标准化管理委员会批准发布 WIA - PA 为国家标准 GB/T 26790.1 - 2011《工业无线网络 WIA 规范 第 1 部分：用于过程自动化的 WIA 系统结构与通信规范》。同年 10 月，国际电工委员会工业过程测量、控制与自动化技术委员会(IEC/TC65)全票通过并发布 WIA - PA 为国际标准 IEC 62601。

(3) ISA100.11a

国际自动化学会(International Society of Automation，ISA)的 ISA 100 工业无线委员会由终端用户和技术提供者组成。2009 年 9 月，它所提出的工业无线标准 ISA 100.11a 正式发布。2014 年 9 月 ISA 100.11a 标准由 IEC 批准，成为国际标准 IEC 62734。该标准得到 Honeywell、横河电机株式会社、埃克森美孚公司、美国通用电气公司、山武等公司在内的过程控制厂商的支持。

ISA 100.11a 用于向非关键性的预测控制、开环控制、闭环控制、监测、报警提供安全可靠的通信。ISA 100 不局限于过程自动化应用，还包括工厂自动化、过程自动操作、定位与追踪、射频识别(Radio Frequency Identification，RFID)和设备管理等应用。

5.3.2　WirelessHART 协议及仪表

1. WirelessHART 的特点

HART 仪表是工业自动化及控制领域的领跑者，WirelessHART 标准继承了 HART 仪表在工业自动化领域的精髓。作为第一个开放式的可互操作无线通信标准，WirelessHART 能够满足工业自动化应用领域对于实时工厂应用中的可靠、稳定和安全的无线通信的关键需求。

WirelessHART 在通信调度方面采用的是时分多址(Time Division Multiple Access，TDMA)技术。TDMA 中的超帧是周期性的，每个超帧由一组时间槽构成，而时间槽中可以包含多条链路。由于以上技术的使用，WirelessHART 可以实现网内通信的无冲突调度。WirelessHART 还在 ISM 2.4G 波段定义了 16 个可用信道，在使用相邻信道不会产生干扰的情况下，即使相邻的节点仍可以在同一时间使用不同的信道进行通信，所以 WirelessHART 能够成倍地提高网络吞吐量。另一方面，节点在监听信道冲突的情况下可检测冲突以及干扰的发生。另外 WirelessHART 还具有安全性、可靠性、低能耗和使用广泛等特性。

(1) 安全性：WirelessHART网络采用多种策略对传输数据进行安全保护,包括加密、校验以及实施统一的安全认证和密码管理等。

(2) 可靠性：WirelessHART采用了跳频技术(Frequency-Hopping Spread Spectrum, FHSS)、时钟同步和直接序列扩频(Direct Sequence Spread Spectrum, DSSS)等通信技术。能够保证WirelessHART具有可靠的通信功能,并且提供能够与其他的无线网络良好的兼容特性。

(3) 低功耗特性：WirelessHART允许用户自行选择合适的供电模式,同时允许用户使用太阳能。

2. WirelessHART网络结构

WirelessHART采用网状拓扑结构,其网络结构如图5-15所示。该结构能够支持较大规模的网络,并提供冗余的通信路径。一个WirelessHART网络的组成主要包括以下几个部分。

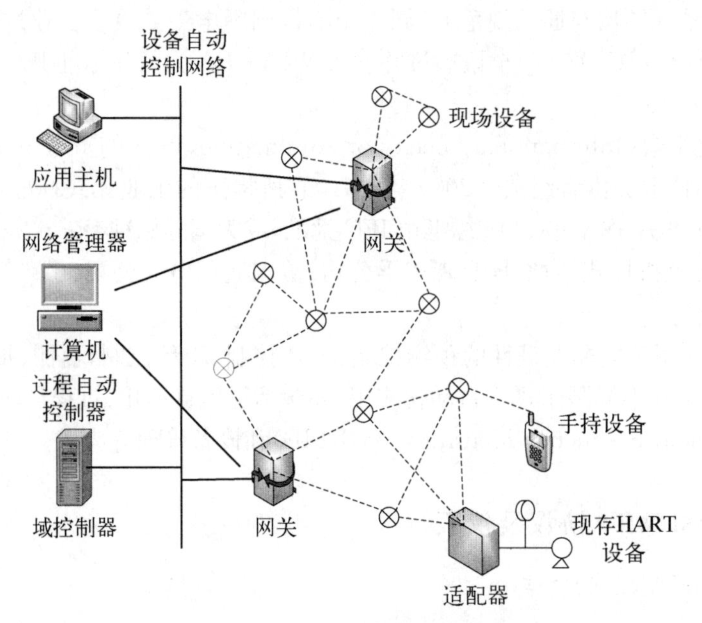

图5-15 WirelessHART网络结构

(1) 现场设备(Field Device)。WirelessHART中最常见的网络设备,所有现场设备必须能够接收和发送数据包,并能够为网络中的其他设备转发数据包。WirelessHART仪表使用电池供电,因此能够实现完全无线。此外,HART仪表的适配器可以加载在有线HART设备上,让WirelessHART网络也能够获取有线HART仪表的相关数据,并通过4~20 mA信号连接DCS系统。WirelessHART仪表属于典型的现场设备,主要包括传感模块、控制模块和RF模块。

(2) 网关(Gateway)。它用于连接主机应用和WirelessHART网络,使两者之间可以进行数据交互。在WirelessHART中可以有一个或多个网关,一个网关可以包含一个或多个网络接入点。所有的节点都要经过网关才能和网络管理器进行通信。

(3) 网络管理器(Network Manager)。它负责管理网络、定义路径、监测网络运行,确保网络安全。还对标准工业协议进行转换，如Modbus转换为HART，以实现远程设备与控制室之间的通信。一个WirelessHART网络有且只有一个网络管理器。

3. WirelessHART的分层结构

表5-8显示了WirelessHART网络结构在OSI七层中的层次，WirelessHART的物理层采用IEEE 802.15.4标准，但是WirelessHART在数据链路层、网络层、传输层和应用层都有新的内容加入。HART和WirelessHART在传输层和应用层是兼容的。WirelessHART对HART是兼容的，因此在现有的系统中使用WirelessHART是很方便的。

表5-8　OSI分层模型与HART、WirelessHART的分层结构对照表

分　层	HART	WirelessHART
应用层	HART命令、数据格式、应用处理	
表示层	未使用	未使用
会话层	未使用	未使用
传输层	对大的数据进行分包可靠传输以及边界对齐	
网络层		可选的，冗余路由
数据链路层	主/从方式通信	时间同步，调频技术
物理层		IEEE 802.15.4-2006

(1) 物理层

WirelessHART通信的调制方式为交错正交相移键控调制方式和直接序列扩频调制方式。它使用10 dBm的发射功率，该发射功率可以分级调整。它的工作频率范围为2.4～2.485 GHz，速率能够达到250 Kb/s。物理层的数据单元兼容IEEE 802.15.4物理层协议数据单元。

物理层采用SP(服务操作原语)来实现其功能，用于描述它所提供的服务和它所要执行的任务。服务原语事件将在服务接入点与对等的相同层建立连接。原语一般分为请求原语、指示原语、响应原语和确认原语。物理层中存在两个服务接入点，物理层数据服务接入点(PHY Data-Service Access Point，PD-SAP)和物理层管理实体服务接入点(Physical Layer Management Entity Service Access Point，PLME-SAP)。物理层通过这两个接入点提供数据服务和管理服务。WirelessHART设备之间的通信范围大概有100 m。

(2) 数据链路层

数据链路层定义了链路层功能的规范，包括地址格式、数据单元格式、总线仲裁等。链路层支持两种地址格式。长地址为唯一的识别标识，短地址为局域网里的标识。链路层为WirelessHART数据链路协议数据单元(Data Link Protocol Data Unit，DLPDU)指定附加位，确定WirelessHART的信息包类型。链路层的总线仲裁方式为TDMA，每秒有100个时间槽。它支持不同时间槽的多种超帧，有快速(1秒)和慢速(1分)两种速率。它支持循环和非循环网络流量，并且可以通过带宽需求激活或关闭超帧。对于特定信息，可以在指定的时间槽和指定的信道进行通信。在整个网络中，从时间信息到连续同步TDMA运行，都要进行信息包确认。链路层的连接指定使用超帧、时间槽和信道偏移，达到使邻近设备间进行通信的目的。链路层采用基于信息要素的报文跳频技术，频率选择基于连接的时间槽和信道偏移量。它支持信道黑名单,根据反应时间管理和流控制确定信息优先权。

(3) 网络层

网络层主要功能为网络拓扑、路由信息选择、信息的传递和网络流量控制等。网络拓扑为全无线网状网络拓扑。所有的网络设备都是全功能的。它的源极和接收极信息报文必须支持经过其他网络设备的路由。因为网络是多重冗余的,所以通信路径是已确定并连续校验的。一般地,结构良好的 WirelessHART 网络可靠性(信度)要好于 3σ,通常达到 6σ。

信息路由选择是为了使传输更可靠和控制时延,为网络提供冗余路径。它可以在上下游图表中进行路由选择。为了点对点(Ad-Hoc)通信,信息路由需要确认路径的可行性,进行信源路由选择。它支持广播、多点传送和单播(Unicast)传输。它提供需求驱动的动态网络带宽管理。如果对加入网络设备已经进行了配置,那么该设备的通信带宽将在加入网络后获得。信息路由通过分配的高带宽传输通道进行信息组传送,完成后对带宽进行释放。

网络层的另外一个功能是对网络性能的持续监控、报告和整理。它包括每个设备与邻近设备间的维护统计数据(例如接收信号电平、数据包数量),统计资料的定期公布,设备监听并报告发现新的网络邻近设备,断开停止邻近设备连接报告,网络管理器管理网络以确保信道备份、减少能耗、扁平化网络等。

(4) 应用层

WirelessHART 应用层主要负责报文的封装与解析,针对不同的命令产生不同的消息并向下层发送。这些命令包括命令请求与命令响应。WirelessHART 命令集使得在一次传输中可以多次读取命令,以更快地上传配置。HART 命令是基于标准数据类型和程序的,一般规定了惯例、设备家族和无线命令。

4. WirelessHART 网络构建

(1) 网络形成与设备入网过程

网关(接入点)在某一时刻创建网络,并设定该时刻的 ASN(绝对时隙号)为 0,网络管理器记录 ASN0 的实际物理时间。网络创建后,发出第一个广告报文,表明 WirelessHART 网络开始运行。WirelessHART 网络不断发送广告报文,报文中含有:当前 ASN、加入优先级、跳信道序列、路由 ID、超帧及能够用来入网的链路(Link)。WirelessHART 设备首先被预配置,主要是写入入网密钥(JoinKey)和网络 ID。设备入网前先监听各个信道,搜集广告报文,并完成时间同步。设备若收到多个不同设备发送的广告报文,可根据信号强度或其他准则选择其中一个设备来发出入网请求。发出广告报文的设备成为代理设备。代理设备将入网请求转发给网络管理器。网络管理器返回入网响应报文,在响应报文中为新设备分配普通链路,代理设备将其转给入网设备,新设备入网完成,不再需要走代理设备的链路。网络管理器通过普通链路对新设备进行超帧、链路、会话、路由、时间信息配置。新设备也可根据自身需要与网络管理器进行联络。

(2) 网络的维持与离网

设备在网的时候,需周期性地将邻居设备的链路状态信息发送给网络管理器。若有需求,设备可主动发送离网报文离开网络;网络管理器也能够发送命令强制设备离网。还有一种情况,设备因为链路断开,被周围的邻居发现并汇报给管理器,网络管理器也会将其从网络中断开。WirelessHART 新标准不支持直接的重新入网命令,设备一旦离网,再次入网时不保留之前的状态,其入网流程和第一次加入网络的流程一样。

5. WirelessHART 适配器设计

1）硬件设计

（1）系统结构设计

WirelessHART 适配器可以将传统的有线 HART 仪表改造为 WirelessHART 仪表，使其能够接入 WirelessHART 网络。这类适配器要能够兼容 HART 和 WirelessHART 两种通信，且能对 HART 命令进行相应的设置和处理。又因为适配器不是一直处于工作状态，且采用的是干电池供电，为了延长电池使用时间，适配器必须进行低功耗设计。

WirelessHART 的硬件部分主要包括 CPU 处理模块、无线收发模块、调制/解调模块和电源模块等。CPU 采用的是主控芯片 EFM32GG230F512，主要负责系统数据的处理和存储。无线模块采用 AT86RF233 作为收发器，FSK 调制解调器选择 AD5700。电源模块以充电管理芯片 TP4057 和稳压芯片 XC6206 为主，可对锂充电电池进行管理。

WirelessHART 适配器的设计结构图如图 5-16 所示。

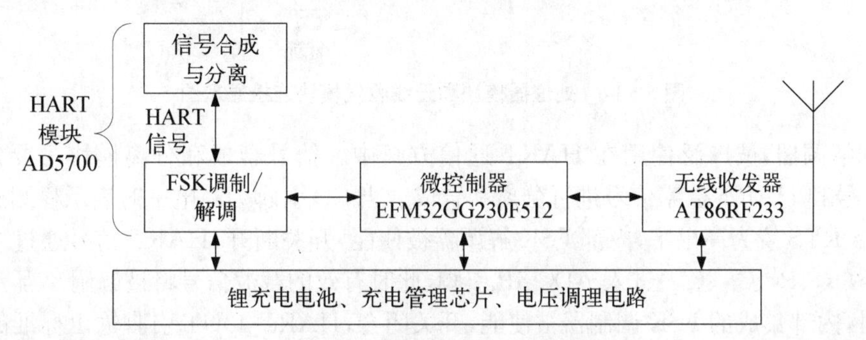

图 5-16　适配器的设计结构图

（2）处理器和无线收发模块

主控芯片 EFM32GG230F512 是一款 32 位的 ARM Cortex-M3 结构微控制器，系统采用 48 MHz 的外部时钟，该微处理器具有多种外扩设备接口和灵活的系统能耗管理能力。该处理器是功耗很低的 32 位微控制器之一，在关断模式下功耗为 20 nA/MHz，在停止模式下为 0.8 μA/MHz，睡眠模式下为 80 μA/MHz，正常模式下为 219 μA/MHz，因此非常适合电池供电的 WirelessHART 适配器。

AT86RF233 是低功耗射频芯片，在 2.4 GHz 频段产生的功耗比其他芯片相对较低，它支持多种通信协议，如 IEEE 802.15.4、ZigBee 和 WirelessHART 等。AT86RF233 的 SRAM 具有 128 字节缓存空间，灵敏度在−101 dBm，工作电压为 1.8～3.6 V；数据传输率最大可达到 2 Mb/s，且 AT86RF233 在深度睡眠时的最低功耗仅有 0.02 μA。

图 5-17 为处理器模块和无线收发模块连接原理图。处理器通过引脚 PE10～PE13 以及引脚 PC12～PC15 分别与 AT86RF233 的 SPI 接口（MOSI、MISO、SCLK、SEL）和控制口（CLKM、IRQ、RST、SLP_TR）相连。AT86RF233 需要外部电压电源和石英晶振，系统通过巴伦（Balun）电路将 AT86RF233 的 RFP 与 RFN 引脚的差分 RF 信号转换为单端 RF 信号。

（3）HART 信号调制解调模块

图 5-18 为 HART 信号调制与解调原理图。采用的调制解调芯片是 AD5700，它具有检测、调制、解调和信号生成等功能。芯片采用标准的串口通信，可以独立使用，也可以禁止

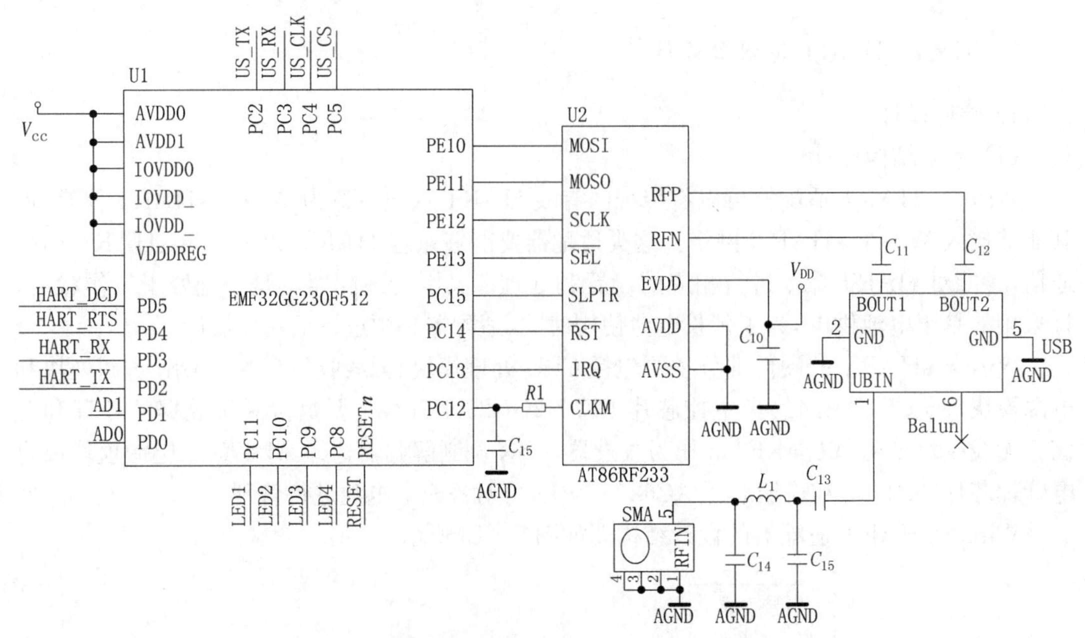

图 5-17　处理器模块和无线收发模块连接原理图

调制器和解调器，被广泛使用在 HART 通信方案中。信号合成和分离模块主要是将 4～20 mA信号和 HART 数字信号进行分离和合成。当 CD 引脚为高电平时表示检测到有效载波，此时 * RTS 置为高电平，内部 FSK 解调器被使能，开关断开，HART 信号通过外部带通滤波电路(R_6、R_7、C_{17}、C_{18})进入 ADC_IP 引脚，此时有效的载波信号将被解调。当 * RTS 为低电平时，内部集成的 FSK 调制器被使能，开关闭合，HART_OUT 引脚输出标准的通信信号，然后再经过 R_{11}、C_{14} 耦合到 4～20 mA 的回路中。

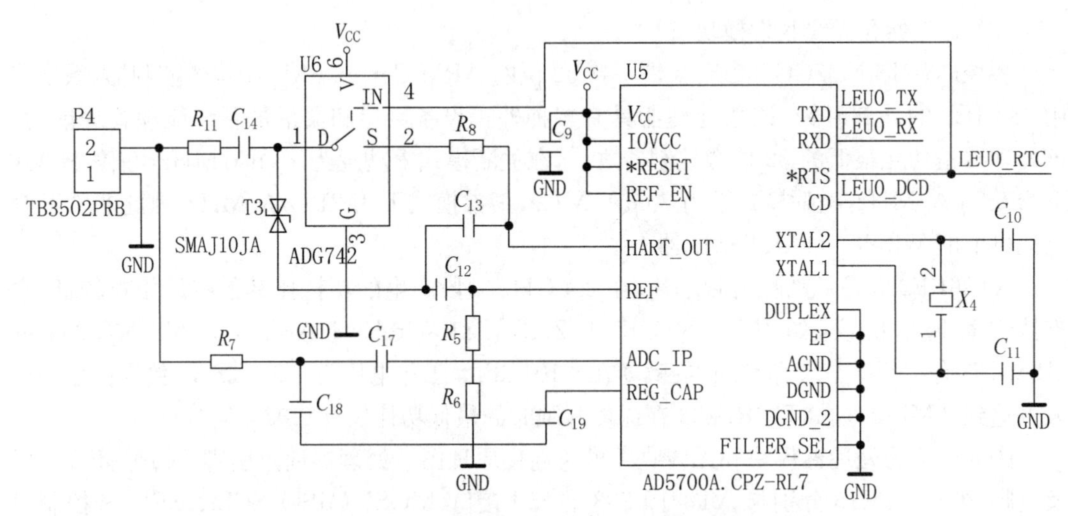

图 5-18　HART 信号调制与解调原理图

2) 软件设计

系统的软件主要根据实际应用中的功能特点进行设计，主要分为 2 个模块：一是根据 WirelessHART 底层的通信协议，实现系统 WirelessHART 的通信功能；二是实现与传统 HART 设备的通信功能，以实现数据的交换。

图5-19为适配器的软件设计流程图，适配器上电后，首先进行硬件初始化配置，包括配置串口、清空接收/发送缓冲区，并通过串口对无线收发模块和HART信号调制解调信号模块进行控制和信号传输。同时，进行WirelessHART协议初始化，并通过AT86RF233无线收发模块开始搜索WirelessHART网络，确认NetworkID后与网关进行握手连接。当适配器加入网络后，为节省用电，适配器进入睡眠模式。在睡眠模式时，适配器监听信道和载波信号。当有无线信号时，唤醒适配器，读取缓冲区的数据然后解析获得命令号，并根据命令号执行相关操作。同样如果检测到有效载波，适配器也被唤醒，然后开始解调HART信号，并将数据包打包，然后通过无线模块建立数据链路并进行无线发送。

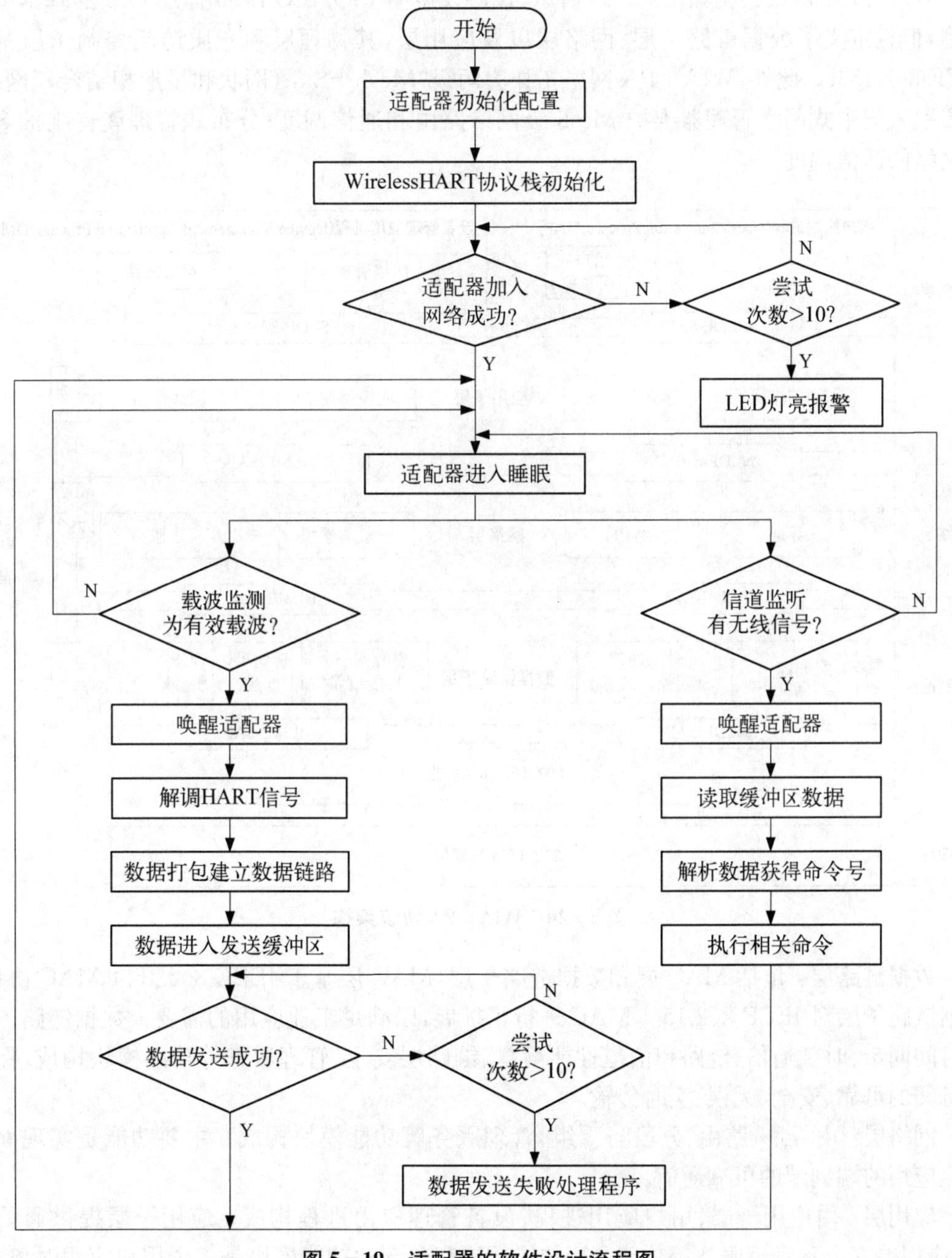

图5-19　适配器的软件设计流程图

5.3.3 WIA-PA仪表及其应用

1. WIA-PA协议及网络结构

1) WIA-PA协议

WIA-PA网络(Wireless Networks for Industrial Automation Process,面向工业过程自动化的无线网络)是一种无须网络基础设施支持的自组织多跳网络,网络设备可以依靠电池供电而长时间工作。设备启动后,无须人工配置,自主形成网络。

WIA-PA协议架构如图5-20所示,该协议遵循ISO/IEC 7498标准OSI的基本参考模型,但只定义了数据链路子层、网络层以及应用层,其物理层和介质访问控制子层基于IEEE 802.15.4。此外,WIA-PA网络拓扑为两级"Mesh+Star(网状和星形相结合)"网络,需要引入集中式网络管理器维护Mesh级网络路由和通信调度;分布式管理簇首维护Star级网络的通信调度。

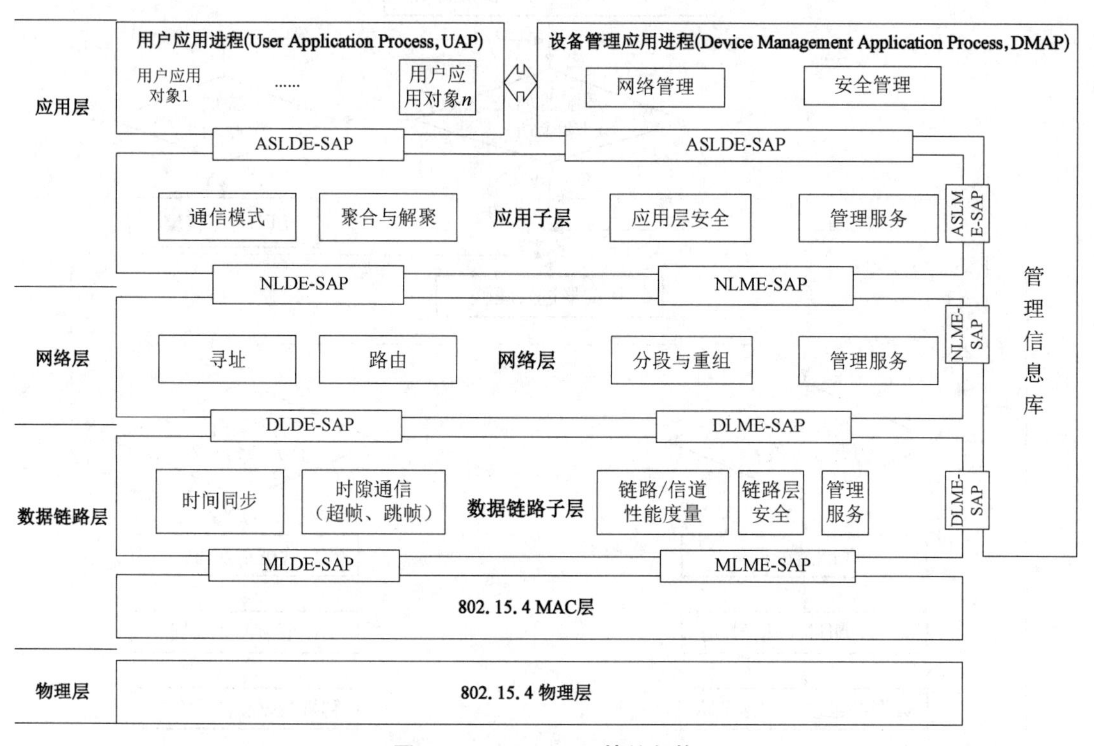

图5-20 WIA-PA协议架构

数据链路层:包括MAC层和数据链路子层,MAC层基于IEEE 802.15.4 MAC协议,数据链路子层对IEEE 802.15.4 MAC进行了扩展,以满足工业应用的需要。数据链路子层由时间同步、时隙通信、链路和信道性能度量、链路层安全、管理服务等功能模块构成,保证设备间的可靠、安全、无误、实时传输。

网络层:由寻址、路由、分段与重组、管理服务等功能模块构成。主要功能是实现面向工业应用的端到端的可靠通信。

应用层:由应用子层、用户应用进程、设备管理应用进程构成。应用子层提供通信模式、应用层安全和管理服务等功能。用户应用进程包含的功能模块是多个用户应用对象,负责与工业应用相关的操作。设备管理应用进程包含的功能模块有网络管理模块、安全管理模块和管理信息库。

2）WIA－PA网络构成

WIA－PA网络由以下物理设备构成。

(1) 主控计算机：供用户、维护人员及管理人员与WIA－PA网络交互的计算机。

(2) 网关设备：包含一个或多个接入点，管理入网设备，连接WIA－PA与其他工厂自动化网络，均衡网络负载，提高网络的可靠性。

(3) 路由设备：负责现场设备管理、报文转发等功能的设备。

(4) 现场设备：装有传感器或执行器、安装在工业现场，直接连接生产过程的设备。

(5) 手持设备：完成主控应用的手持便携设备，用于配置、维护或控制现场设备。

WIA－PA网络还定义了两类逻辑设备。

1）网络管理器：负责网络的管理、调度和优化，设定和维护网络通信参数，统一为网络设备分配通信资源和路由，配置网络、调度路由设备间的通信、管理路由表、监测网络性能。

2）安全管理器：负责整个网络的安全策略配置、密钥管理和设备认证。

3）WIA－PA拓扑结构

WIA－PA网络采用星形和网状相结合的两层网络拓扑结构，其网络拓扑结构如图5－21所示。第一层是网状结构，由网关及路由设备构成，用于系统管理的网络管理器和安全管理器，在实现时位于网关或主控计算机中；第二层是星形结构，又称为簇，由路由设备及现场设备或手持设备构成，WIA－PA网络的路由设备承担簇首功能，现场设备承担簇成员功能。

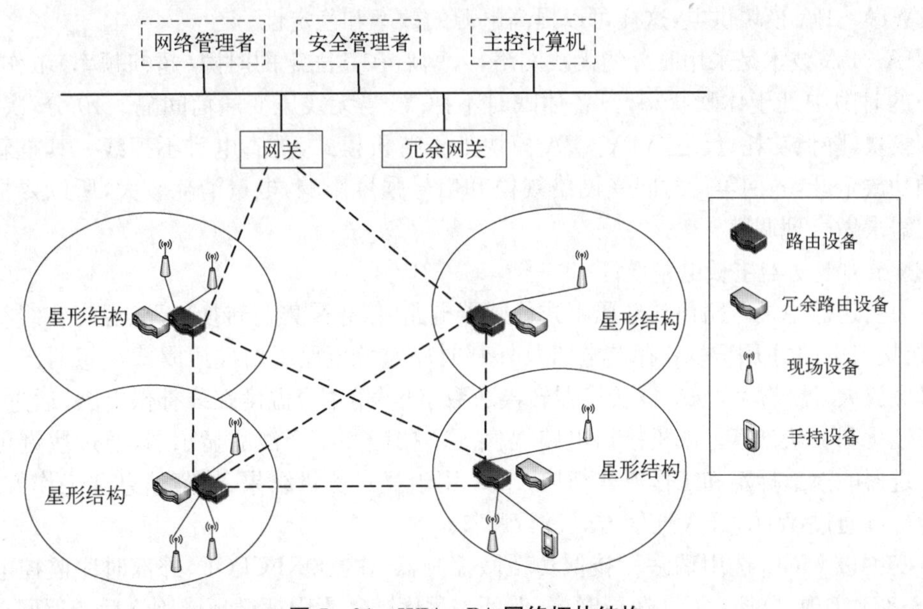

图5－21 WIA－PA网络拓扑结构

2. WIA－PA无线压力仪表设计

1）硬件设计

无线压力变送器硬件电路由3大部分组成，包括低功耗电源管理电路、压力变送器主板电路、无线通信电路，无线压力变送器硬件电路框图如图5－22所示。

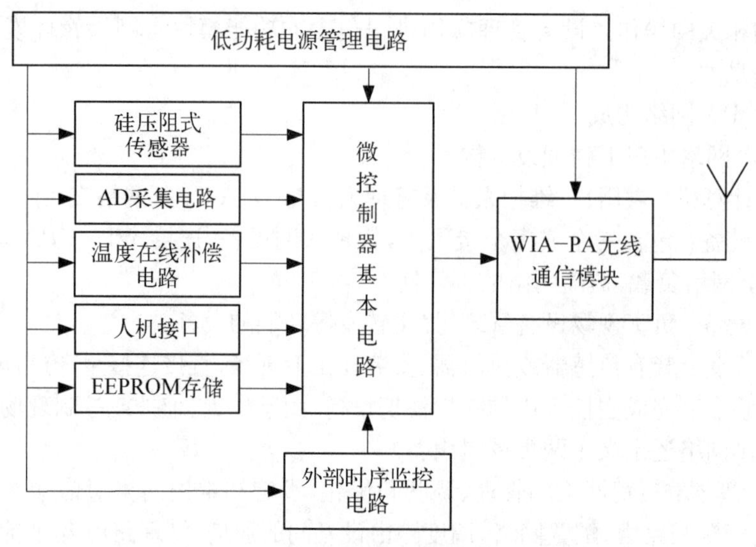

图 5-22　无线压力变送器硬件电路框图

(1) 电源电路设计

系统由 1 节 3.6 V 19 Ah 锂亚硫酰氯电池供电，最大开路电压是 3.76 V，短路电流是 1.86 A，内阻是 2.31 Ω，最大峰值电流是 400 mA，可持续最大输出 230 mA 电流，可以满足本案例应用需求。电源分两部分，分别为仪表主电路和 WIA-PA 模块供电：一路由升压 DC 提供 5 V 电源，经模拟器件搭建恒压源给压变主电路供电；另一路经过 MCU 控制的 PMOS 管①为 WIA-PA 模块供电，这样可以提高电源的效率和稳定性。

WIA-PA 技术是采用时分的无线网络，入网后在其固定的时隙(超帧频率)工作，在其无任务的时隙中处于休眠状态，设备休眠时不掉线；当无线压变通信间隔>10 分/次时，可以关掉模块，降低功耗；反之 WIA-PA 模块处于待机模式，更省电且不掉线。其重新启动时射频功放全开，入网等待时间受网络规模和信号强度影响，电量消耗较大，所以要根据现场应用需求做合理调度。

(2) 压力变送器主板电路设计

压力变送器主板电路包括硅压阻式传感器电路、信号采集与转换电路、温度在线补偿电路、人机接口电路、EEPROM 存储电路及外部时序监控电路。由硅压阻式传感器产生的微弱信号经放大、滤波后，经 A/D 转换器转换成数字信号，结合温度在线补偿电路，通过 MCU 进行线性化和补偿计算。人机接口电路提供 3 个按键和 1 个液晶显示器，通过按键可进行压力变送器的参数标定和工作方式切换，LCD 用于显示测量结果、故障信息和工作方式，按键功能也可通过 WIA-PA 通信方式进行调整。

压变主板 MCU 选用瑞萨科技低功耗微控制器 M3030RFCPGP，外部时序监控电路采用 TPS3824 实现，监控 MCU 运行时序，保证主程序陷入无限死循环或跑飞后能返回正常状态；A/D 采集电路采用 24-bit 转换芯片 ADS1241，具有高精度、宽动态量程、低温漂的特点，多达 8 个输入通道；主板电路还保护若干模拟器件，所有器件的选择要兼顾低功耗、高性价比的特点，符合批量生产的要求。

---

① PMOS 管是指 n 型衬底、p 沟道，靠空穴的流动运送电流的 MOS 管，英文全称为 Positive Channe/Metal Oxide Semiconductor。

(3) 无线通信电路设计

无线通信模块选用沈阳中科奥维科技股份有限公司的ZANW900，是一款符合国家标准、用于过程自动化的WIA系统结构与通信规范(WIA-PA)的高可靠、超低功耗的工业级定点生产(Original Equipment Manufacturer，OEM)无线产品。ZANW900采用符合IEEE 802.15.4标准的无线射频芯片和低功耗32位微控制器，并且在射频前端分别增加功率放大器(Power Amplifier，PA)和低噪声放大器(Low Noise Amplifier，LNA)，提高了发射功率和接收灵敏度，在室外可视通信距离能达到1 600 m，室内达300 m，采用了先进功耗管理技术，在WIA-PA网络中工作的最小电流为55 μA。ZANW900通过串口连接到压力变送器MCU串口进行数据交互，并提供同步时间戳信息、本地配置信息及诊断信息，完成串口数据和无线通信的双向转换，以及外部去耦滤波电路。

2) WIA-PA无线压力变送器软件设计

WIA-PA无线压力变送器应用层软件主要包含两部分，即压力变送器工作流程(采集、控制、LCD显示、按键等)和WIA-PA通信工作流程。

(1) 压力变送器工作流程

该压力变送器软件工作流程如图5-23所示。其工作流程主要包括3个任务：采集任务、控制任务和WIA-PA通信任务。采集任务主要实现对传感器模拟信号的采集、处理、

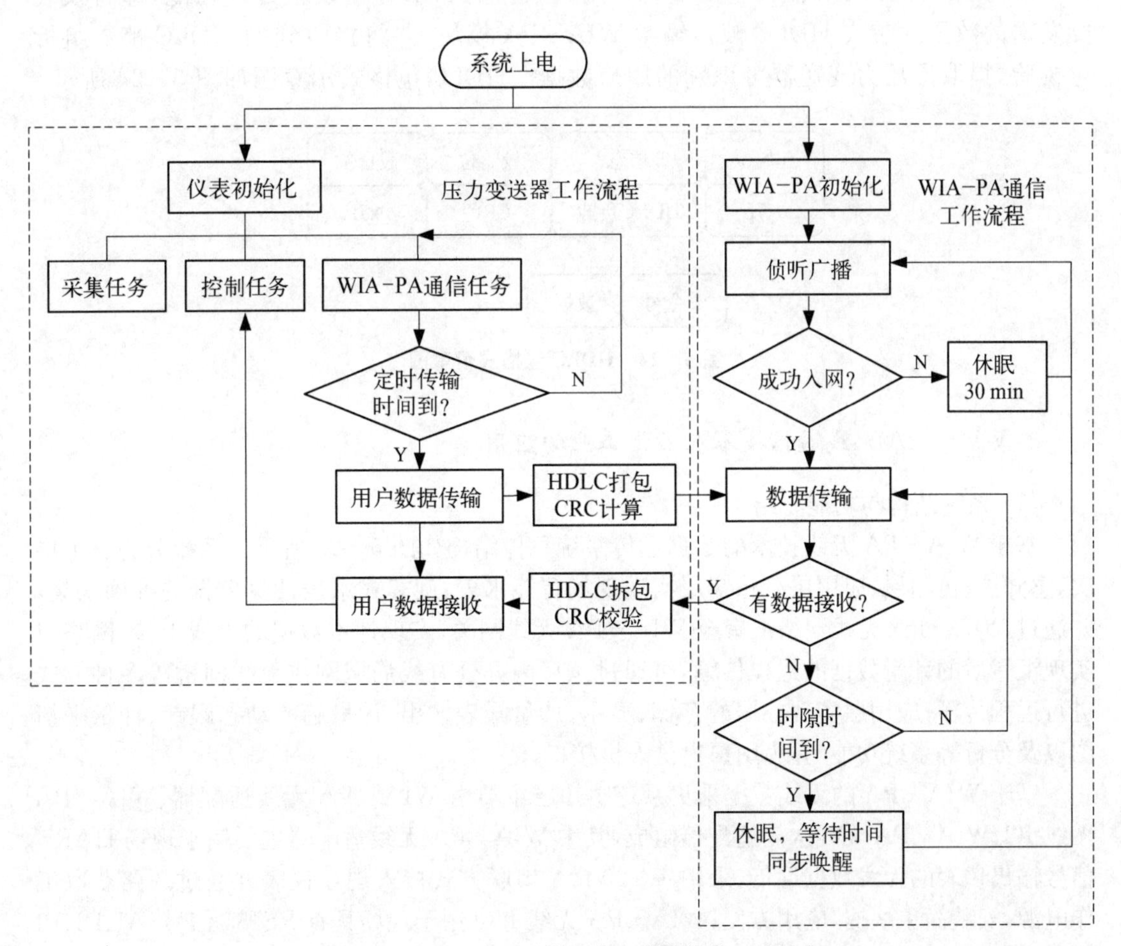

图5-23　WIA-PA无线压力变送器软件工作流程

算法分析，输出当前压力值给控制任务模块和LCD数显模块。控制任务模块完成对仪表的量程上下限、阻尼滤波、压力最小测量范围、零点偏移量及传感器上下限的标定和对比。WIA－PA通信任务主要完成与ZANW900模块的数据交互，不同协议间的数据封装和解析，主要包含两部分，即用户数据传输和用户数据接收，用户数据传输是将用户采集的数据打包成WIA－PA模块可识别的高级数据链路控制(High-level Data Link Control，HDLC)协议帧格式的数组，通过串行通信接口传输到WIA－PA模块，WIA－PA模块在其时间片内通过无线信号发送到网关；当仪表接收到WIA－PA模块的串行数据时，则需对HDLC协议帧格式的数组进行拆包并校验，提取出用户数据。

(2) WIA－PA通信工作流程

上电后WIA－PA模块进行初始化配置信息后，侦听到网关广播后申请加入网络，如加入不成功则休眠30 min后再次侦听。如成功加入网络后，模块就处于时隙工作周期中，这个周期划分为150个时间片，每个时间片对应一个节点的收发时隙。当WIA－PA模块有数据发送时，数据先加入缓冲中，等待此模块的时间片到达后再无线发送出去，同样当网关要向WIA－PA模块发送数据时，也会轮到此模块的时间片到达后再发送。WIA－PA模块的工作时间片过后就进入短暂休眠状态，直到下一个时隙工作周期中它的时间片到达后唤醒。

WIA－PA通信工作流程主要实现对用户数据的HDLC协议帧处理功能，即将仪表要发送的数据封装成HDLC帧传输给WIA－PA模块，并将接收到的HDLC帧数组拆包校验，提取出压力变送器可识别的用户数据。HDLC包格式示意图如图5－24所示。

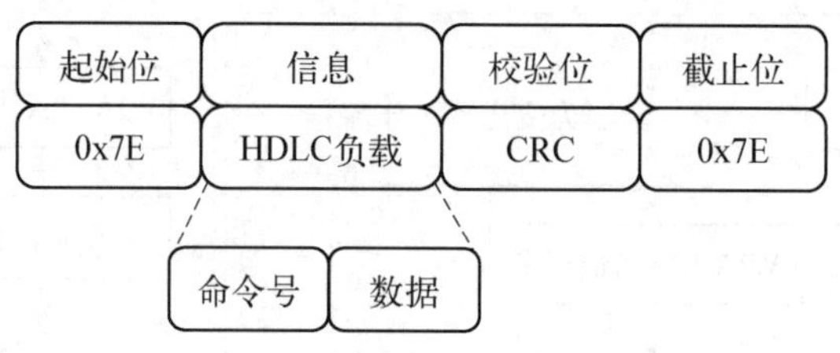

图5－24　HDLC包格式示意图

3. WIA－PA无线通信技术在石化工业的应用

(1) 系统结构与功能介绍

基于WIA－PA无线技术的数据远传系统总体结构如图5－25所示。系统分为三个层次，感知层、传输层、应用层。感知层实现现场智能水表、旋翼式水表计量数据的准确采集，并通过WIA－PA无线网络汇聚至WIA－PA无线网关，实现计量数据的无线上传；网络层实现汇聚后的计量数据的远程传输，可通过工厂内办公有线局域网或无线网桥等多种方式进行远程传输；应用层实现数据的存储、显示、计量报表输出、计量趋势动态跟踪、计量平衡图以及分析等系统功能，并为用户提供人机接口。

基于WIA－PA的无线数据采集系统感知层主要由WIA－PA无线适配器、WIA－PA无线IO、WIA－PA无线水表适配器组成，其中WIA－PA无线适配器主要用于现场HART信号输出仪表的无线数据远传，采用4～20 mA串联方式接入现场仪表并通过环路获取工作电源，安装简单快捷，应用方便；WIA－PA无线I/O用于现场具有RS485信号、AI、DI、PI信号输出仪表的无线数据远传，一体多用，且可实现总线结构；WIA－PA无线水表适配器用

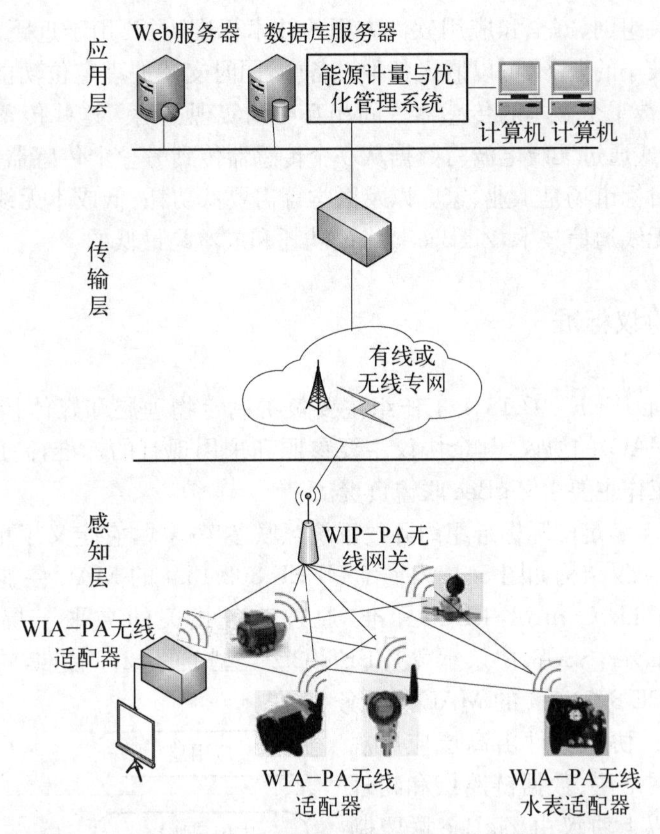

图5-25　基于WIA-PA无线技术的数据远传系统总体结构

于旋翼式水表的无线数据远传，以磁性互感为技术基础，彻底实现了机械信号的数据采集与无线远传。

(2) 无线通信系统在工业现场实施要点

石化企业生产现场仪表分布完全依据工艺需求，具有不规则性，仪表周围环境错综复杂。为依托现场环境，且尽量提高无线通信质量，工程施工中往往在待改造仪表附近选择较高建筑，采用壁挂方式进行无线设备固定，对于固定于地面的仪表多采用抱杆安装，两种方式均采用天线垂直向上外延，提高通信质量。

在工业现场项目实施中，无线网关用于局部区域无线网络管理以及网络内的无线节点采集的数据汇聚，无线网关往往部署在所在网络覆盖区域内的最高建筑顶端，或采用壁挂方式固定在女儿墙内侧，或采用固定架固定在屋顶，无线网关多采用有线方式与所在建筑内部的电源和交换机连接，获取工作电源并接入局域有线网络。无线网关作为区域无线网络的管理中枢，其稳定性与重要性显而易见，正常项目建设中，为保证无线网络运行的可靠性与稳定性，往往在网关天线与机身连接处增加防雷模块，防止处于高处的网关天线导引落雷而造成设备故障。

5.4　ZigBee短程无线通信技术及应用

ZigBee是一种新兴的短距离、低速率无线网络技术，是一组基于IEEE 802.15.4无线标准研制开发的有关组网、安全和应用软件方面的技术标准，主要用于近距离无线连接，适合于承载数据流量较小的业务，可以嵌入各种设备中，同时支持地理定位功能。它有自己的无线电标准，允许在数千个微小的传感器之间相互协调实现通信。这些传感器只需要很少的能量，以接力的方式通过无线电波将数据从一个传感器传到另一个传感器，所以它们的通信效率非常高。其目标市场是工业、家庭以及医学等需要低功耗、低成本无线通信的应用。相对于现有的各种无线通信技术，ZigBee 技术的功耗和成本是最低的。

5.4.1 ZigBee 协议标准

在标准化方面，IEEE 802.15.4 工作组主要负责制定物理层和媒体接入控制层(Media Access Control，MAC)的协议，其余协议主要参照和采用现有的标准，高层应用、测试和市场推广等方面的工作主要由 ZigBee 联盟负责。

IEEE 802.15.4 满足国际标准组织开放系统互联参考模式，它定义了单一的 MAC 层和多样的物理层，其协议结构如图 5-26 所示。IEEE 802.15.4 的 MAC 层能支持多种逻辑链路控制(Logical Link Control，LLC)标准，通过业务相关的会聚子层(Service-Specific Convergence Sublayer，SSCS)协议承载 IEEE 802.2 类型 1 的 LLC 标准，同时允许其他 LLC 标准直接使用 IEEE 802.15.4 的 MAC 层服务。

完整的 ZigBee 协议套件由高层应用规范、应用会聚层、网络层、数据链路层和物理层组成。网络层以上协议由 ZigBee 联盟制定，IEEE 负责物理层和 MAC 层标准。ZigBee 协议结构和分工如图 5-27 所示。

ZigBee Profiles	
网络应用层	
数据链路层	
IEEE 802.15.4 LLC	IEEE 802.2 LLC
IEEE 802.15.4 MAC	
868 MHz/915 MHz	2.4 GHz PHY

图 5-26 IEEE 802.15.4 的协议结构

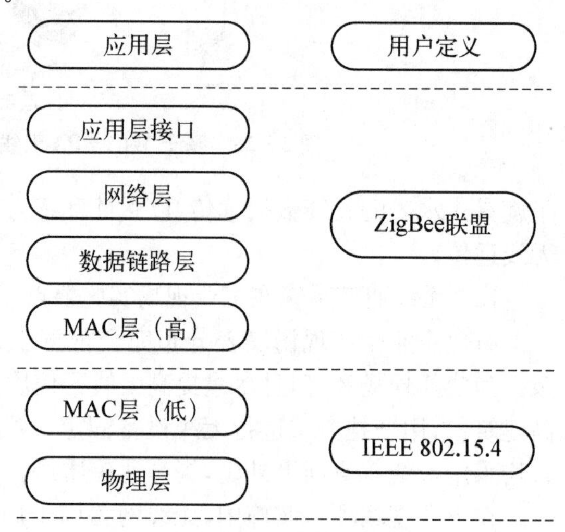

图 5-27 ZigBee 协议结构和分工

1. *物理层*

IEEE 802.15.4 在物理(PHY)层设计中面向低成本和更高层次的集成需求，采用的工作频率均是免费开放的，分为 2.4 GHz、868 MHz/915 MHz，为避免干扰，各个频段都基于 DSSS 技术，可使用的信道分别有 16、1、10 个，各自提供 250 Kb/s、20 Kb/s 和 40 Kb/s 的传输速率，其传输范围为 10～100 m。它们除了在工作频率、调制技术、扩频码片长度和传输速率方面存在差别之外，均使用相同的物理层数据包格式。2.4 GHz 的物理层通过采用高阶调制技术能够提供 250 Kb/s 的传输速率，有助于获得更高的吞吐量、更小的通信时延和更短的工作周期，从而更加省电。868 MHz 是欧洲的 ISM 频段，915 MHz 是美国的 ISM 频段，这两个频段的引入避免了 2.4 GHz 附近各种无线通信设备的相互干扰。868 MHz 的传输速率为20 Kb/s,916 MHz是40 Kb/s。这两个频段上无线信号传播损耗较小,因此可以降低对接收机灵敏度的要求,获得较远的有效通信距离,从而可以用较少的设备覆盖给定区域。

2. MAC层

802.15.4在媒体接入控制(MAC)层方面,主要沿用无线局域网(WLAN)中802.11系列标准的CSMA/CA方式,以提高系统兼容性。这种MAC层的设计,不但使多种拓扑结构网络的应用变得简单,还可以实现非常有效的功耗管理。为此,IEEE 802.15.4/ZigBee帧结构的设计原则定为既要保证网络在有噪声的信道上的可靠传输,而且还要尽可能地降低网络的复杂性,使每一后继的协议层都能在其前一层上通过添加或者剥离帧头和帧尾而形成。IEEE 802.15.4的MAC层定义了如下4种基本帧结构。

(1) 信标帧:供协商者使用。

(2) 数据帧:承载所有的数据。

(3) 响应帧:确认帧的顺利传送。

(4) MAC命令帧:用来处理MAC对等实体之间的控制传送。

IEEE 802.15.4可以工作于信标使能方式或非信标使能方式。在信标使能方式下,协调器定期广播信标,以达到相关器件同步和其他目的;在非信标使能方式下,协调器不定期地广播信标,而在器件请求信标时向它单播信标。在信标使能方式下,使用超帧结构,超帧结构的格式由协调器定义,一般包括工作部分和任选的非工作部分。

MAC层的安全性有3种模式:利用AES进行加密的CTR模式(Counter Mode)、利用AES保证一致性的CBC-MAC模式(Cipher Block Chaining),以及综合利用CTR和CBC-MAC两者的CCM模式。

IEEE 802.15.4的MAC协议包括以下功能:(1) 设备间无线链路的建立、维护和结束;(2) 确认模式的帧传送与接收;(3) 信道接入控制;(4) 帧校验;(5) 预留时隙管理;(6) 广播信息管理。

3. 数据链路层

IEEE 802系列标准把数据链路层分成LLC和MAC两个子层。MAC子层协议则依赖于各自的物理层。IEEE 802.15.4的MAC层能支持多种LLC标准,通过SSCS协议承载IEEE 802.2类型1的LLC标准,同时也允许其他LLC标准直接使用IEEE 802.15.4的MAC层的服务。而LLC子层主要包括以下功能:(1) 传输可靠性保障和控制;(2) 数据包的分段与重组;(3) 数据包的顺序传输。

4. 网络层

IEEE 802.15.4仅处理MAC层和物理层协议,而在ZigBee联盟所主导的ZigBee标准中,定义了网络层、安全层、应用层和各种应用产品的资料或行规,并对其网络层协议和API进行了标准化。

网络功能是ZigBee最重要的特点,也是与其他无线局域网(Wireless Private Area Network,WPAN)标准不同的地方。在网络层方面,其主要工作在于负责网络机制的建立与管理,并具有自我组态与自我修复功能。在网络层中,ZigBee定义了三种角色:第一个是网络协调者,负责网络的建立,以及网络位置的分配;第二个是路由器,主要负责寻找、建立以及修复信息包的路由路径,并负责转送信息包;第三个是末端装置,只能选择加入他人已经形成的网络,可以收发信息,但不能转发信息,不具备路由功能。在同一个 WPAN 上,可以存在 65 536 个 ZigBee 装置,彼此可通过多重跳点的方式传递信息。为了在省电、复杂度、稳定性与实现难易度等因素上取得平衡,网络层采用的路由算法共有 3 种: 以 AODV 算法建立网格网络拓扑结构(Mesh Topology);以摩托罗拉 Cluster-tree 算法的方法建立星形网络拓扑结构(Star Topology);以及利用广播的方式传递信息。因此,人们可以根据具体应用需求,选择适合的网络结构。

为了降低系统成本,定义了两种类型的装置: 全功能设备(Full Function Device,FFD),可以支持任何一种拓扑结构,可以作为网络协商者和普通协商者,并且可以与任何一种设备进行通信;简化功能设备(Reduced Function Device,RFD),只支持星形结构,不能成为任何协商者,可以与网络协商者进行通信,实现简单。它们可构成多种网络拓扑结构,在组网方式上,ZigBee 主要采用图 5-28 所示的 3 种网络拓扑结构。一种为星形网,网络为主从结构,一个网络有一个网络协调者和最多可达 65 535 个从属装置,而网络协调者必须是 FFD,由它来负责管理和维护网络;另一种为簇状网,可以是扩展的单个星形网或互联两个星形网络;再有一种为网状网,网络中的每一个 FFD 同时可作为路由器,根据 Ad-Hoc 网络路由协议来优化最短和最可靠的路径。

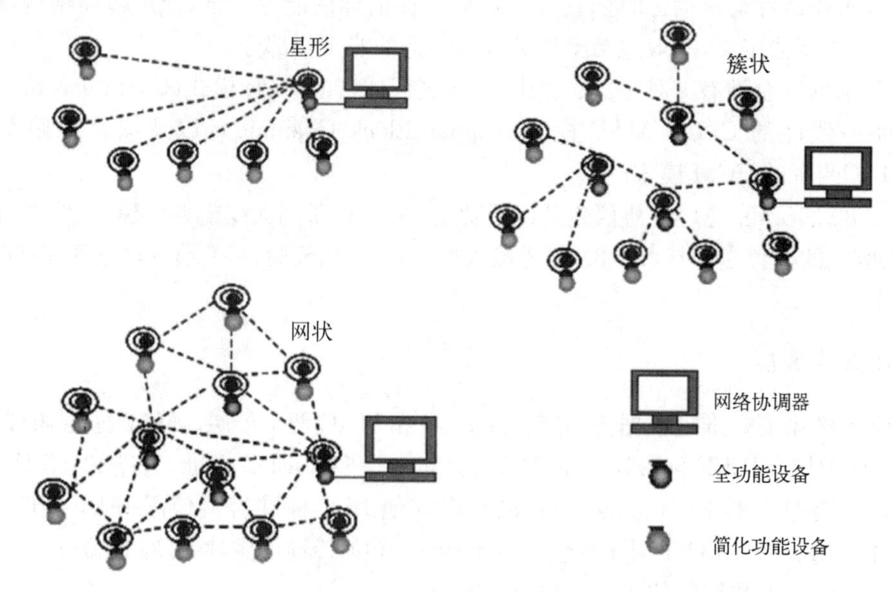

图 5-28　3 种网络拓扑结构

网络层采用基于 Ad-Hoc 技术的网络协议,包含以下功能:

(1) 通用的网络层功能: 拓扑结构的搭建和维护,命名和关联业务,包含了寻址、路由和安全;

(2) 同 IEEE 802.15.4 标准一样,非常省电;

(3) 具有自组织、自维护功能,以最大程度减少消费者的开支和维护成本。

5. 安全层

安全性一直是个人无线网络中极其重要的话题。安全层并非单独独立的协议,ZigBee

为其提供了一套基于128位高级加密标准(Advanced Encryption Standard,AES)算法的安全类软件,并集成了IEEE 802.15.4的安全元素。为了提供灵活性和支持简单器件,IEEE 802.15.4在数据传输中提供了三级安全性。第一级实际是无安全性方式,对于某种应用,如果安全性并不重要或者上层已经提供足够的安全保护,器件就可以选择这种方式来转移数据。对于第二级安全性,器件可以使用访问控制列表(Access Control List,ACL)来防止非法器件获取数据,在这一级不采取加密措施。第三级安全性在数据转移中采用属于AES的对称密码。如ZigBee的MAC层使用AES的算法进行加密,并且它基于AES算法生成一系列的安全机制,用来保证MAC层帧的机密性、一致性和真实性。选择AES的原因主要是考虑到在计算能力不强的平台上实现起来较容易,目前大多数的RF芯片,都会加入AES的硬件加密电路,以加快安全机制的处理。

6. 应用层

对于应用层,主要有三个部分,与网络层连接的应用支持(Application Support,APS)、ZigBee设备对象(ZigBee Device Object,ZDO)以及装置应用Profile。ZigBee的应用层结构,最重要的是涵盖了服务的观念,所谓的服务,简单来看就是功能。对于ZigBee装置而言,当加入一个WPAN后,应用层的ZDO会发动一系列初始化动作,先通过APS做装置搜寻以及服务搜寻;然后根据事先定义好的描述信息,将与自己相关的装置或是服务记录在APS里的绑定表中;之后,所有服务的使用,都要通过这个绑定表来查询装置的资料或行规。而装置应用Profile则是根据不同的产品设计出不同的描述信息以及ZigBee各层协议的参数设定。在应用层,开发商必须决定是采用公共的应用类还是开发自己专有的类。ZigBee V1.0已经为照明应用定义了基本的公共类,并正在制定针对暖通空调(Heating Ventilation Air Conditioning,HVAC)、工业传感器和其他传感器的应用类。任何公司都可以设计和支持与公共类相兼容的产品。

应用会聚层主要负责把不同的应用映射到ZigBee网络上,具体包括以下几点:(1) 安全与鉴权;(2) 多个业务数据流的会聚;(3) 设备发现;(4) 业务发现。

另外,ZigBee联盟也负责ZigBee产品的互通性测试与认证规格制定。ZigBee联盟会定期举办ZigFest活动,让那些从事开发ZigBee产品的厂商有一个公开场合,能够互相测试互通性。而在认证部分,ZigBee联盟共定义了三种层级的认证,第一级(Level 1)是认证PHY与MAC,与芯片厂有最直接的关系;第二级(Level 2)是认证ZigBee栈,所以又称为符合ZigBee的平台认证;第三级(Level 3)是认证ZigBee产品,通过第三级认证的产品才允许贴上ZigBee标志,所以也称为ZigBee标志认证。

5.4.2 ZigBee的特点和组网方式

1. ZigBee的特点

(1) 功耗低、时延短、实现简单。装置可以在使用电池的驱动下,运行数月甚至数年,低功耗意味着较高的可靠性和可维护性,更适合体积小的众多应用;非电池供电的装置同样需要考虑能量的问题,因为功耗关系着成本等一系列问题。ZigBee传输速率低,使其传输信息量也少,所以信号的收发时间短;在非工作模式时,ZigBee处于睡眠模式,这对省电极为有利。另外,在工作与睡眠模式之间的转换时间短,一般睡眠激活时间只需15 ms,而装置搜索时间也不过 30 ms。

(2) 可靠度高。ZigBee 的 MAC 层采用碰撞避免(CSMA/CA)机制，采用完全确认的数据传输机制，每个发送的数据包都必须等待接收方的确认信息，此机制保证了系统信息传输的可靠度；同时，通过为需要固定带宽的通信业务预留专用时隙，还可避免发送数据时的竞争和冲突。

(3) 易扩充性。每个 ZigBee 网络最多可支持 255 个设备，每个 ZigBee 设备又可以与另外 254 台设备相连接。若通过网络协调器，则整体网络最多可达到 65 000 多个 ZigBee 网络节点。这一点对于大规模传感器阵列和控制尤其重要。

(4) 装置、安装、维护的低成本。对用户来说，低成本意味着较低的装置费用、安装费用和维护费用。ZigBee 装置可以工作在标准电池供电条件下(低成本)，而不需要任何重换电池或充电操作(低成本、易安装)。ZigBee 在其内部可自动配置，网络装置等方面的简化更是降低了网络的维护费用。另外电池供电可使装置的体积和面积都得到有效的降低，从而降低一系列与之相关的成本。

(5) 协议简单，国际通用。ZigBee 协议栈只有 Bluetooth 或其他 IEEE 802.11 的 1/4 或更小，这种简化对低成本、可交互性和可维护性非常重要。IEEE 802.15.4 的 PHY 层支持欧洲的 868 MHz 的频段、美洲和澳洲的 915 MHz 的频段和现在已经被广泛使用的 2.4 GHz 的频段，这使得该协议具有旺盛的生命力。

(6) 自配置。IEEE 802.15.4 在媒体接入控制层中加入了关联和分离功能，以达到支持自配置的目的。自配置不仅能自动建立起一个星形网，而且还允许创建自配置的对等网。在关联过程中可以实现各种配置，例如为个域网选择信道和识别符(ID)，为器件指派 16 位短地址，设定电池寿命延长选项等。

2. ZigBee 网络的形成

一个 ZigBee 网络的形成，必须由 FFD 率先担任网络协调器，由协调器进行扫描搜索以发现一个未用的最佳信道来建立网络；再让其他的 FFD 或是 RFD 加入这个网络，需要注意的是 RFD 只能与 FFD 联结。事实上，人们可根据装置在网络中的角色和功能，预先对装置编制好程序。如协调器的功能是通过扫描搜索，以发现一个未用的信道来组建一个网络；路由器(一个网络中的 Mesh 装置)的功能是通过扫描搜索，以发现一个激活的信道并将其连接，然后允许其他装置连接；而末端装置的功能总是试图连接到一个已存在的网络。

5.4.3 ZigBee 技术在无线水表中的应用

1. 无线水表硬件设计

(1) 硬件设计

系统硬件可分为主板部分和无线通信模块。系统主控芯片 MCU 选用 Atmel 公司的 Mega128 AVR 单片机，而无线部分的 RF 芯片选择 TI 公司的 CC2420。主板主要包括 CPU、内存部分、ZigBee 通信模块接口部分、水表脉冲信号采集部分、按键显示部分，无线水表的组成框图如图 5－29 所示。主板设计考虑有串口功能，这样能保证在同一块硬件板上实现所需的其他功能。既可以将它作为无线水表来使用，也可以作为无线水表的监控节点来使用,只需在程序部分作相应的编程即可。脉冲信号采集部分的电路设计需要考虑到信号处理部分。通常,水表一般都基于单簧管或双簧管原理,它提供两个端子,在其一端通上一个高电平。当用水量达到其计量单位时水表的电磁阀将吸合。但是,如果对这种信号不加处理,则很容易引入干扰。所以,在此信号的处理部分可以让其通过逻辑非门,然后接到 CPU 采集端,这样,才能采集到准确的信号。

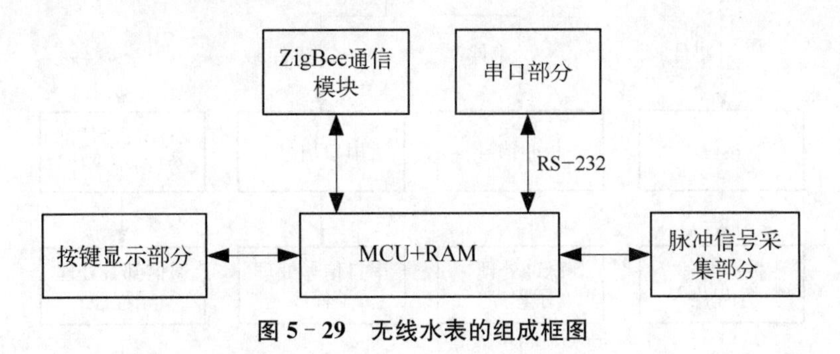

图 5-29 无线水表的组成框图

(2) ZigBee 芯片与 MCU 接口设计

CC2420 是 TI(Chipcon)公司开发的 ZigBee RF 芯片,CC2420 射频芯片是挪威半导体公司 Chipcon 推出的全球首个符合 ZigBee 联盟标准的 2.4 GHz 射频芯片。为了和 ZigBee 标准保持一致,CC2420 支持 250 Kb/s 数据传输率。该器件尺寸为 7 mm×7 mm,为 48 针 QFN 封装。CC2420 提供基于 AES-128 数据加密和验证的硬件支持,并支持数据缓冲(128 byte RX+128 byte TX),短脉冲传送等功能。CC2420 的优势体现在低功耗特性上,接收时消耗电流为 19.7 mA,发送时为 17.4 mA,优于其他 ZigBee RF 芯片。由于 CC2420 支持 SPI 总线的传输方式,ZigBee 系统在硬件上可以采用 CC2420 加上ATmega128的方式,两者之间通过 4 线制的 SPI 总线进行连接,其接口原理图如图 5-30 所示。

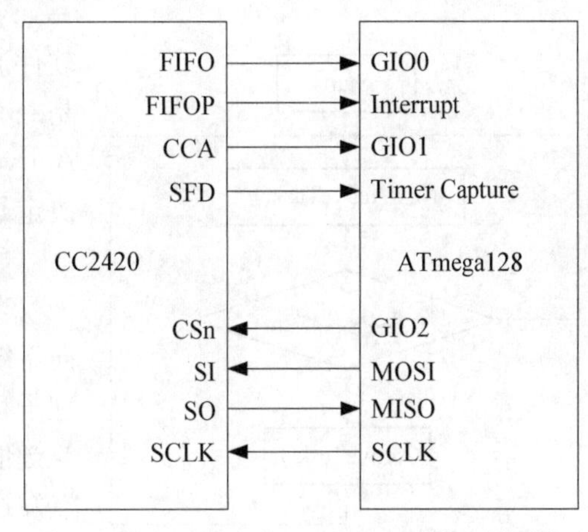

图 5-30 CC2420 与 ATmega128 接口原理图

2. 无线水表软件设计

ZigBee 协议栈运行在操作系统抽象层(Operating System Abstraction Layer,OSAL)上,所以要进行 ZigBee 的应用软件开发必须熟悉 OSAL。OSAL 是一种基于任务调度机制的操作系统,它通过对任务的事件触发来实现任务调度。每个任务都包含有若干个事件,每个事件都对应一个事件号。当一个事件产生时,对应任务的事件就被设置为相应的事件号,这样事件调度就会调用对应的任务处理程序。OSAL 中的任务可以通过任务 API 将其添加到系统中,这样就可以实现多任务机制。OSAL 操作系统任务调度流程如图 5-31 所示。

若将无线水表应用的软件部分分成几个独立的任务,就可通过 OSAL 来统一调度实现。通过 OSAL TaskAdd(),可以将无线水表 Task(任务)添加到系统中。无线水表 Task

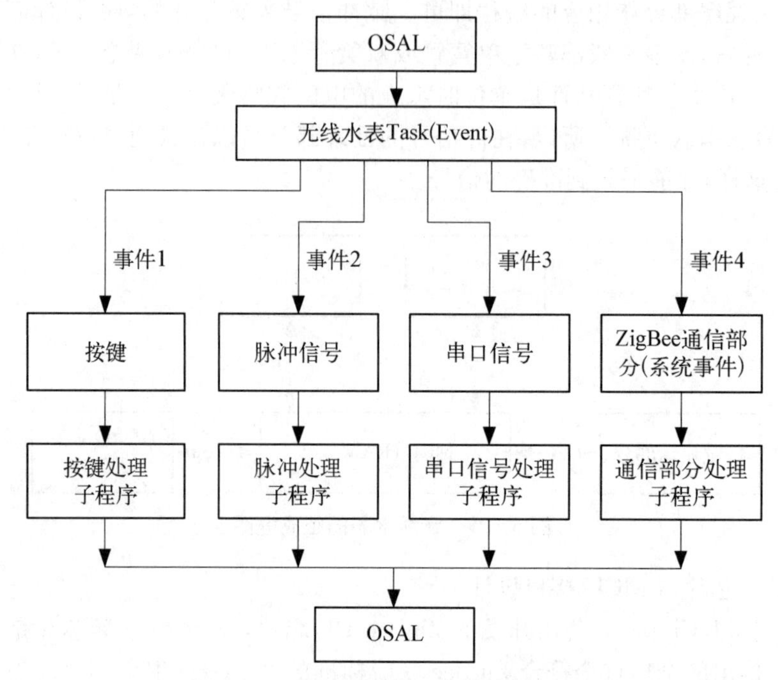

图 5-31　OSAL 操作系统任务调度流程

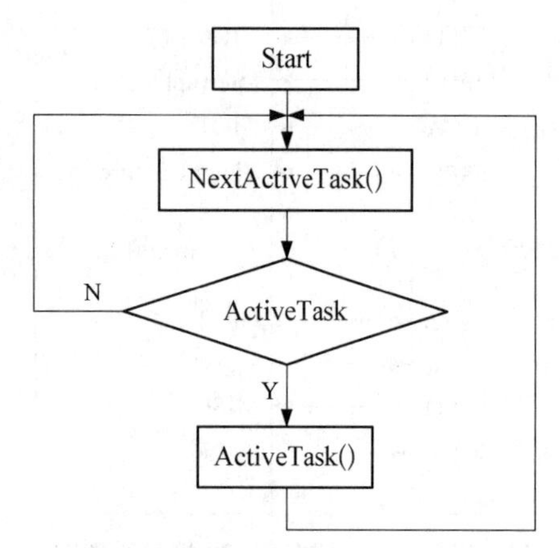

图 5-32　无线水表 Task 软件流程

软件流程如图 5-32 所示，图中的 NextActiveTask()是一个任务事件查询函数，返回任务的事件状态 ActiveTask。软件设计时可以通过 ActiveTask 的值来决定是否执行对应的任务函数 ActiveTask()。

(1) 按键部分

当有按键按下时，中断程序将键值(Key)作为参数向系统发送一个按键事件，由系统调度去执行按键处理子程序。当 Key 值为 KEY_SEND(可以由用户设定与键值对应)时，按键处理子程序将会向对应的绑定节点发送开关信息。当 Key 值为 KEY_BIND(可以由用户设定与键值对应)时，按键处理子程序将会发出 EndDeviceBind.request(终端设备绑定请求)。

(2) 水表脉冲信号采集

当水表采集到用水信息后会向处理器发送脉冲信号，这样硬件就会触发一个中断，调用中断处理子程序。通常在中断处理子程序中只记录事件的发生，然后向系统发送脉冲采集事件，由系统调度执行脉冲信号采集子程序。在脉冲信号采集处理程序中，将脉冲信号累加，转换成用水量信息。

(3) 串口通信

串口通信包括发送和接收两个部分，在发送部分是系统接收到某个发送事件时触发，调用发送子程序。接收部分是采用轮询方法，当串口接收到数据时，会产生一个串口数据接收事件，由系统调度去执行接收数据处理子程序。

串口部分需要考虑将 ZigBee 协议转换为 Meter-Bus 协议的问题。Meter-Bus 是一种协议格式，其各位定义如下所示。

起始码(1)	水表类型(1)	地址(7)	读写命令(1)	数据长度(1)	数据(L)	序列号(1)	校验码(1)	结束符(1)

为了兼容 Meter - Bus，可以定义帧格式如下。

```
MBusFrame {
        Byte StartByte;
        Byte MeterType;
        Byte Addr [CommAddrLengh];
        Byte Cmd;
        Byte Length;
        Byte *Data;
        Byte Check;
        Byte Endbyte ;};
```

可以通过所定义的 MBusFrameIn 和 MbusFrameOut，来对串口消息帧进行适当处理，以实现 ZigBee 协议到 Meter - Bus 协议的转换。

(4) ZigBee 通信部分

ZigBee 通信部分一般通过其他事件来触发，向系统发送 ZigBee 通信事件请求，由系统调度来完成 ZigBee 通信。通信协议部分涉及两种 ZigBee 通信帧格式：KVP(关键信息值)帧格式、Message(消息)帧格式。其中 Message 方式的帧格式可以由用户自己定义，操作方式比较灵活，所以本书选择 Message 方式。所定义的 Message 格式如下所示。

起始码(2)	数据长度(1)	命令(1)	数据(L)	结束符(1)

相应的定义帧格式如下。

```
OTAFrame {
        Uint16 StartWord;
        Byte    Length;
        Byte    Cmd;
        Byte    *Data;
        Byte    Endbyte ;};
```

可以通过定义的 OTAFrameIn 和 OTAFrameOut 来接收和发送消息帧，这样 ZigBee 协议格式就可以和前面串口的 Meter - Bus 协议格式相互转换，实现通信。

习题与思考题

5-1 目前智能仪表常用的通信方式有哪些？你认为哪些因素导致目前智能仪表通信方式的多样性？

5-2 试说出常用的串行通信方式 RS-232C 和 RS-485 的异同点。

5-3 RS-232C、RS-422 与 RS-485 标准不仅对接口的电气特性做出规定，而且还规定了高层通信协议，这种说法对吗？

5-4 目前过程测控仪表主要采用的现场总线接口有哪些？其各自的主要应用领域是什么？

5-5 FF 现场总线和 PA 现场总线的通信结构有何不同？

5-6 工业短距离无线通信主要有哪些？各有什么特点？

5-7 使用 ISM 频段的几种主要无线技术是什么？其各自的应用特点有哪些？

5-8 说出 ZigBee 技术的特点和常用的组网方式。

5-9 试比较 WirelessHART 与 ZigBee 两种无线通信技术。

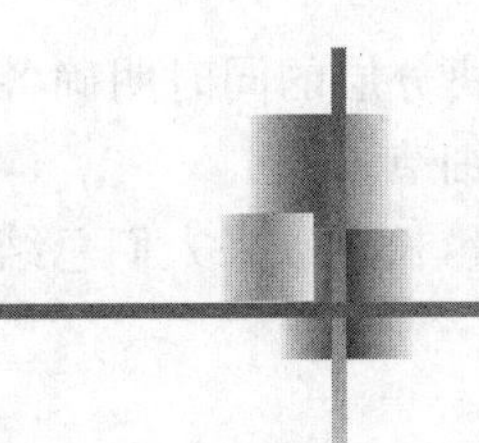

第6章 监控程序

智能仪表由硬件和软件两大部分构成。对于同一个硬件电路,配以不同的软件,可实现不同的功能,而且某些硬件电路的功能可以用软件实现,智能仪表的功能主要依赖于软件。前5章介绍的是智能仪表的硬件设计,从本章开始将介绍智能仪表的软件设计。研制一台功能强大的智能仪表,软件开发的工作量往往大于硬件,因此,智能仪表的软件设计是智能仪表设计工作中的重要环节,设计人员必须掌握软件设计的基本方法。

6.1 软件设计概述

软件开发一般要经历分析、设计、编程、测试以及运行与维护等阶段,智能仪表的软件分析工作(即软件要实现哪些功能),在仪表总体设计时已经完成。

软件设计分为总体设计和详细设计两个部分。总体设计阶段的主要任务是将需求转变为软件的表示形式。即把确定的各项功能需求转换为需求的体系结构,确定由哪些模块组成以及模块之间的接口、调用关系,总体数据结构和数据库结构等,但这些都不涉及模块内部过程的细节。详细设计阶段的主要任务是确定具体实现该系统的方法,即对总体设计阶段得到的软件结构图中的每个模块需要完成的功能进行具体描述,把功能描述转变为精确的、结构化的过程描述,即确定实现模块功能所需要的算法和数据结构,并用相应的详细设计工具表示出来。

软件设计方法是指导软件设计的某种规程和准则,目前广泛采用的设计方法主要是结构化设计(Structure Design,SD)方法。

6.1.1 软件设计过程

1. 总体设计

在智能仪表软件的总体设计阶段采用模块化设计方法,其基本思想来源于模块化及自顶向下、逐步求精等程序设计技术。

模块是软件结构设计的基础,在软件设计中,模块化(模块的划分)非常重要。模块化是使软件能够解决复杂问题应具备的属性,是指解决一个复杂问题时自顶向下逐层把软件系统划分成若干模块的过程。

自顶向下的设计,概括地说,就是从整体到局部再到细节,即先把整体问题划分为若干个大模块,然后将每个大模块划分成若干个小模块,再将每个小模块划分成更小的模块,这样不断将问题进行分解,直到每一个模块都可以方便处理为止。模块分层的同时明确各层次之间的关系,以及同一层次各模块之间的关系,最后拟定出各模块细节。

软件总体设计主要是软件结构的设计,为了提高软件的设计质量,长期以来人们总结出了以下5个软件设计准则。

(1) 降低模块之间的耦合性,提高模块的内聚性

初步设计出软件结构之后,应该对其进行审查及进一步分析,通过对模块的分解和合并降低耦合度,提高内聚度,以提高模块的独立性。

(2) 模块对结构的深度、宽度、扇出和扇入应适当

深度是指软件结构中模块的层次数,表示控制的层数,一定意义上可以反映系统的规模和复杂程度。如果深度太大,则意味着软件结构中控制层数太多,应检查某些模块是否分得过于简单,可考虑合并。

宽度是指同一层次中最大的模块个数,表示控制的总分布。一般地,宽度越大,系统结构越复杂。

扇出是一个模块直接调用的模块数目。经验表明,好的软件结构的平均扇出数一般为3～4,最大不能超过9。扇出太大表明模块过于复杂,缺乏中间层次,可适当增加中间层次来改善;扇出太小也不好,可考虑将下级模块分解为多个子功能,或将该模块并入上级模块。原则是分解与合并操作不影响模块的独立性。

扇入是指一个模块被调用的上级模块数目。一个模块的扇入越大越好,说明共享该模块的上级模块越多。但不能单纯追求高扇入,而违背模块的独立性原则。

设计好的软件结构顶层模块扇出少,中层模块扇出较少,底层模块扇入高。

(3) 模块的作用范围应该在控制范围之内

模块的作用范围是指受该模块内一个判断影响的所有模块的集合,模块的控制范围是指模块本身以及所有直接或间接从属于它的模块集合。设计好的软件结构,所有受判断影响的模块都从属于做出判断的那个模块,这样可以降低模块之间的耦合性,提高软件的可靠性和可维护性。

(4) 模块接口设计要简单

模块接口越复杂,出错概率越高,所以模块接口的设计应尽可能地简单,以降低软件的复杂度和冗余度。

(5) 适当划分模块大小

在划分模块时,为了增加可读性,要考虑模块的独立性,因此,模块设计不宜太大。软件设计的总成本由各模块的成本与模块之间的接口成本两部分构成。模块划分的越小,模块花费的工作量(成本)越少,但模块划分得过小会导致模块总数量增加,进而增加与模块接口有关的工作量。

2. 详细设计

在完成软件系统的总体设计之后,要按照各模块的要求及选择的计算方法,对模块进行详细设计,确定运算及控制的步骤和顺序。详细设计阶段的任务是要设计出程序的“蓝图”,在编码阶段程序员将根据此蓝图编写代码,因此详细设计的结果直接决定最终程序代码的质量。在整个软件的生存周期中,软件测试、诊断程序错误、修改和软件维护等工作是建立在读懂程序的基础上的,而且读程序的时间比写程序的时间要长得多。因此,衡量程序的质

量不仅要看逻辑是否正确,性能是否满足要求,更重要的是看它是否易读、易理解。详细设计的目的不仅仅是逻辑上正确地实现每个模块的功能,更重要的是设计的处理过程应尽可能地简单易懂。结构化程序设计是详细设计的逻辑基础,是达到详细设计目的的关键技术。

在详细设计阶段,要根据每个模块的具体实现方法,制定程序纲要,一般以程序流程图的形式给出。具体实现步骤如下。

(1) 仔细分析每一个模块的实现操作步骤及顺序,用一个方框表示一个操作,按照各操作的先后顺序用带箭头的线段把各方框联系起来,这种图称为模块的功能流程图,表明了模块的具体实现思路。

(2) 随着对各模块的进一步分析了解,逐步对功能流程图进行细化、修改、完善,形成程序流程图。程序流程图中的一个方框对应后面具体编程实现的一条或多条指令。

在软件的详细设计中,每一个模块的算法和数据结构采用结构化程序设计方法。结构化程序设计的思想是:程序的设计采用一种规定的组织方式进行,在设计程序时,只使用基本的逻辑结构,整个程序是各种基本结构的组合。结构化程序设计要求每个程序模块只有一个入口和一个出口。这样可使程序的逻辑明确、可控,便于软件的设计、调试和维护。

结构化程序设计有顺序、选择及循环三种基本结构,尽量避免使用无条件转移语句。

采用结构化设计方法,无论一个程序包含多少个模块,每个模块包含多少个控制结构,整个程序仍能保持结构清晰,从而使所设计的程序具有易读性、易理解性,通用性好且执行时效高等优点。

软件的模块化及结构化设计方法使得智能仪表软件设计工作的复杂度不会因为仪表功能的增强而增加,只不过多分几层、多些模块而已。模块之间相对独立,各模块可以独立地进行编程、测试、排错和修改。模块的相对独立性可有效防止错误在模块之间蔓延,使得设计工作简化,并可提高系统的可靠性、可理解性和可维护性。

6.1.2 程序编写

在完成软件的设计工作后,就需要将设计工作得到的程序流程图的操作译成微处理器能够执行的代码。虽然程序的质量主要取决于程序流程图的质量,但程序设计语言的特点及编程风格也会影响程序的可靠性、可读性、可测试性和可维护性。程序编写前首先要选择编程语言,常用的编程语言有汇编语言与高级语言两种。

1. 汇编语言

汇编语言是一种面向机器的用助记符表示的程序设计语言。这种语言的指令执行速度快、运行效率高,编译出的目标程序占用内存空间小,特别容易实现中断管理及变量的输入、输出。但利用汇编语言编制程序较为烦琐,特别是在编制各种功能算法程序时尤为明显。

2. 高级语言

高级语言是一种面向过程的独立于计算机硬件结构的通用程序设计语言。这类语言接近于人们对一般算法的习惯用语,使设计人员能够在较短的时间内完成程序的编写。这种方法的缺点是编译效率低,编译的结果会使机器执行一些多余的操作,造成时间及存储器的浪费。

在研制一台智能仪表时,到底选用哪种编程语言,要根据设计人员的技术水平、系统程序的复杂程度、仪器的实时性要求等综合评价选择。另外在编写程序时，一定要做好程序的注释，提高程序的可读性，便于调试、维护、优化等。

在具体编程时采用的结构化设计方法的主要思想是自底向上，即从最底层的模块开始编程，然后进行上一层的模块编程，直至最后完成。这样每编完一层便可进行调试，等最顶层的模块编好并调试完后，整个程序设计也就完成了。实践证明，这种方法可大大减少系统调试的反复，而且不易出现难以排除的故障或问题。

6.1.3 软件测试

1. 测试目的

软件测试是保证软件质量的关键，统计资料表明，软件测试的工作量约占整个软件开发工作量的40%，有的甚至更多。关于软件测试的目的没有统一的定义，但可从G.J.Myers给出的关于测试的一些观点中窥见一斑，主要有以下观点。

(1) 软件测试是为了发现错误而执行程序的过程。

(2) 一个好的测试用例能够发现至今尚未发现的错误。

(3) 一个成功的测试是发现了至今尚未发现的错误的测试。

由以上观点可知，软件测试的基本任务是根据软件开发阶段的文档资料和程序内部结构，精心设计一组测试用例，利用这些测试用例执行程序，找出软件中潜在的各种错误漏洞。所以，测试是“为了发现错误和漏洞而执行程序”。这一定义对如何设计测试用例，哪些人员应该参加测试等一系列问题有很强的指导意义。

2. 测试方法

程序测试根据实现方法不同一般分为静态测试与动态测试。静态测试是指被测程序不在机器上运行，通过对模块的源程序进行研读查找错误，或收集一些度量数据，采用人工检测和计算机辅助静态分析手段对程序进行检测。动态测试法是指通过运行程序发现错误。一般所说的测试大多是指动态测试。动态测试的关键是测试用例的设计。根据设计测试用例的不同方法，动态测试分为黑盒测试法和白盒测试法。

1) 黑盒测试法

黑盒测试法又称为功能测试法或数据驱动测试法。该方法并不关心程序的内部逻辑结构和特性，只在接口处进行测试，根据设计需求检查软件是否符合它预定的功能要求。比如每个功能是否都能正常使用，是否满足用户要求，程序是否能适当地接收输入数据并产生正确的输出等。

黑盒测试法的主要目的是发现以下错误。

(1) 是否有不正确的或遗漏了的功能。

(2) 在接口上，是否能正确地接收输入数据，是否能产生正确的输出信息。

(3) 访问外部信息是否有错。

(4) 性能上是否满足要求。

(5) 界面是否有错，是否美观、友好。

采用黑盒测试法测试程序时，必须在所有可能的输入条件和输出条件中确定测试数据。所以如果想用该测试方法来发现一台智能仪表软件中可能存在的全部错误或漏洞，则必须设想出仪表输入以及输出的一切可能情况，从而根据输入以及相应的输出来判断软件功能是否正确。一旦仪表在现场中可能遇到的各种情况都已输入仪表，且仪表的处理都是正确的，则可认为这个仪表的软件是没有错误的。但实际上，由于疏忽或手段不具备，或者仪表使用中的有些情况是随机的，所以要想罗列出仪表可能面临的各种输入情况是不可能的；即使能全部罗列出来，要全部测试一遍，在时间上也是无法实现的。例如要测试一个简单的程序，假设需要输入三个整数值。在微机上，每个整数的取值有 2^{16} 个，三个整数的排列组合数有 $2^{16}\times2^{16}\times2^{16}=2^{48}\approx3\times10^{14}$，假设该程序执行一次需要 1 ms，则完成所有数据的测试需要一万年。因此，使用黑盒测试法测试过的仪表软件仍有可能存在错误或漏洞。

2）白盒测试法

白盒测试法又称为逻辑结构测试法或逻辑驱动测试法，测试人员需了解程序的内部结构和处理过程，检查处理过程的细节，对程序中的所有逻辑路径进行测试，要求对程序中的结构特性做到一定程度的覆盖，检查内部控制结构是否有错，确定实际运行状态与预期状态是否一致。

白盒测试法也不可能进行完全的测试，要遍历所有的路径也是不可能的。例如要测试一个循环 25 次的 IF 嵌套语句，假设循环体中有 4 条路径。测试该程序的可能执行路径为 $4^{25}\approx10^{15}$ 条，假设完成一条路径的测试需要 1 ms，完成该程序的测试大概需要 35 702 年。另外，即使试遍所有路径，也不能保证程序一定符合它的功能要求，因为程序中的有些错误与输入数据有关而与路径无关。

综上所述，黑盒测试法是完全根据软件的功能来设计测试用例的，白盒测试法是根据程序的内部结构来设计测试用例的。由以上描述可知，这两种测试方法各有所长，也存在各自的缺点，实际应用时常将它们结合起来，通常采用黑盒测试法设计基本的测试方案，再利用白盒测试法做必要的补充。

3. 测试原则

既然“彻底的测试”几乎是不可能的，就应考虑怎样来合理组织测试和设计测试用例以提高测试的效果。下面是软件测试应遵循的基本原则。

(1) 应尽早制订测试计划，一般在需求分析完成之后程序设计之前制订大致测试方案，在设计完成后即可设计详细的测试方案。

(2) 应避免设计者本人测试自己的程序，由编程者以外的人来进行测试会获得较好的效果。

(3) 测试用例应包括输入信息和与之对应的预期输出结果两部分。否则，由于对输出结果心中无数，会将一些不十分明显的错误输出当作正确结果。

(4) 设计测试用例时，不仅要选用合理的输入数据，更应选用不合理的输入数据，以观察仪表的输出响应。这样能更多地发现错误，提高程序的可靠性。

(5) 测试时除了检查仪表软件是否做了它该做的工作外，还应检查它是否做了不该做的事情。

(6) 测试完成后，应妥善保存测试用例、出错统计和最终分析报告，以便下次需要时查阅使用，直至仪表的软件被彻底更新为止。

由以上阐述可知，测试不可能发现程序中的所有错误，即使经过了严格的测试，程序中仍可能存在错误或漏洞。

6.1.4 软件的运行、维护和优化

经过测试的软件还有可能存在错误或缺陷,而且,用户在仪表及整个系统未正式运行前,往往不可能把所有的要求都考虑完全。在投入运行后,一些潜在的错误或漏洞会在特定的使用条件下暴露出来;在使用过程中,由于运行环境等条件的变化,用户也常会提出需要改进现有功能、增加新功能等的要求,所以在运行阶段仍需对软件进行纠错、修改和扩充等维护工作。

另一方面,软件在运行中,设计者常常会发现某些程序模块虽然能实现预期功能,但在算法上还不是最优,或在运行时间、占用内存等方面还需要改进,这就需要修改程序以使其更加完善。智能仪表由于受到仪表机械结构空间及经济成本的约束,其ROM和RAM的容量有限,而它的实时性要求又很强,故在保证功能的前提下优化程序非常重要。

6.2 监控程序设计

6.2.1 概述

智能仪表与通用微型计算机系统不同,后者的命令主要来自键盘或通信接口,而智能仪表不仅要处理来自仪表按键、通信接口方面的命令,以实现人—机对话,而且要有实时处理能力,即根据被控对象的实时中断请求,完成各种测量、控制任务。所谓实时处理,是指仪表直接接收过程的输入数据,对其进行处理,并立即送出处理结果。

智能仪表的软件主要包括监控程序、中断服务程序和各种功能算法模块。仪表的功能主要由中断服务程序和功能算法模块来实现。监控程序是软件设计的核心,其主要作用是及时响应来自系统或仪表内部的各种服务请求,有效管理仪表自身软、硬件及人—机联系设备,与系统中其他仪器设备交换信息,并在系统出现故障时,提供相应的处理。

监控程序包括监控主程序和命令处理子程序两部分。监控主程序是监控程序的核心,主要作用是识别命令、解释命令并获得子程序的入口地址。命令处理子程序负责具体执行命令,完成命令所规定的各项实际动作,主要任务包括以下几方面。

(1) 初始化管理:实现对仪表内部各种参数的初始状态、器件工作方式等的设置。

(2) 自诊断:实现对仪表自身的诊断处理。

(3) 键盘和显示管理:定时刷新显示器,分析处理按键命令并转入相应的键服务程序。

(4) 中断管理:接收过程通道或时钟等引起的中断信号,区分优先级,实现中断嵌套,并转入相应的实时测量、控制功能等子程序。

(5) 时钟管理:实现对硬件定时器的处理及由此形成的软件定时器的管理。

监控程序的组成主要取决于测控系统的组成规模,以及仪表和系统的硬件配备与功能,其基本组成如图6-1所示。监控主程序调用各功能模块,并将它们联系起来,形成一个有机整体,从而实现对仪表各项功能的管理。

各功能模块又由各种下层模块(子程序)所支持。智能仪表的常用功能模块如图6-2所示。

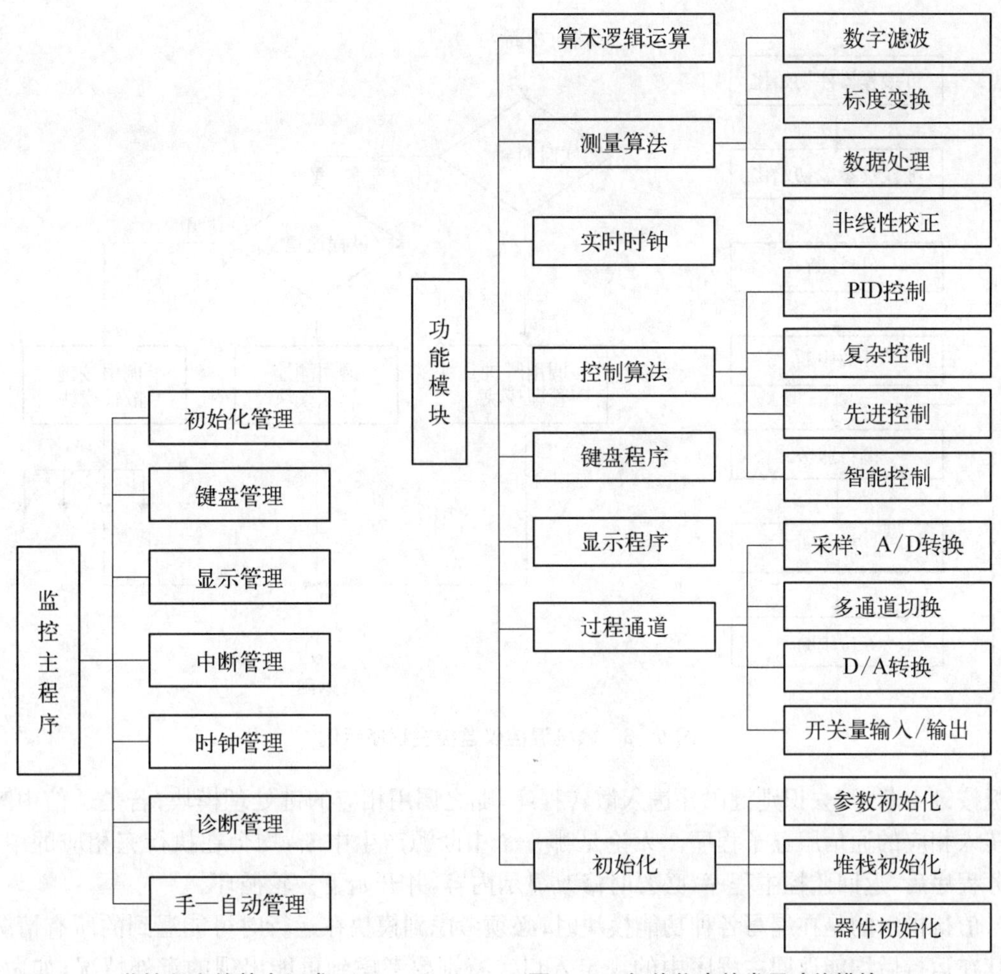

图 6-1 监控程序的基本组成　　图 6-2 智能仪表的常用功能模块

6.2.2 监控主程序

监控主程序是整个监控程序的一条主线，上电复位后仪表首先进入监控主程序。监控主程序引导仪表进入正常运行，并协调各部分软、硬件有条不紊地工作。监控主程序通常调用可编程器件、输入/输出端口、参数初始化、自诊断管理、键盘显示管理，以及实时中断管理和处理等模块，是自顶向下结构化设计中的第一个层次。除了初始化和自诊断外，监控主程序一般总是把其余部分连接起来，构成一个无限循环圈，仪表的所有功能都在这一循环圈中周而复始地或有选择地执行，除非掉电或按复位键，否则仪表不会跳出这一循环圈。由于各个智能仪表的功能不同、硬件结构不同、程序编制方法不同，因而监控主程序没有统一的模式。图 6-3 是一个微机温控仪监控主程序示例。

在该例中，仪表上电或按键复位后，首先进入初始化，接着对各软、硬件模块进行自诊断，自诊断后即开放中断，等待实时时钟、过程通道及按键中断(这里键盘也以中断方式向主机提出服务请求)。一旦发生中断，则判明中断源后进入相应的服务模块。若是时钟中断，则调用相应的时钟处理模块，完成实时计时处理；若是过程通道中断，则调用测控算法；若是

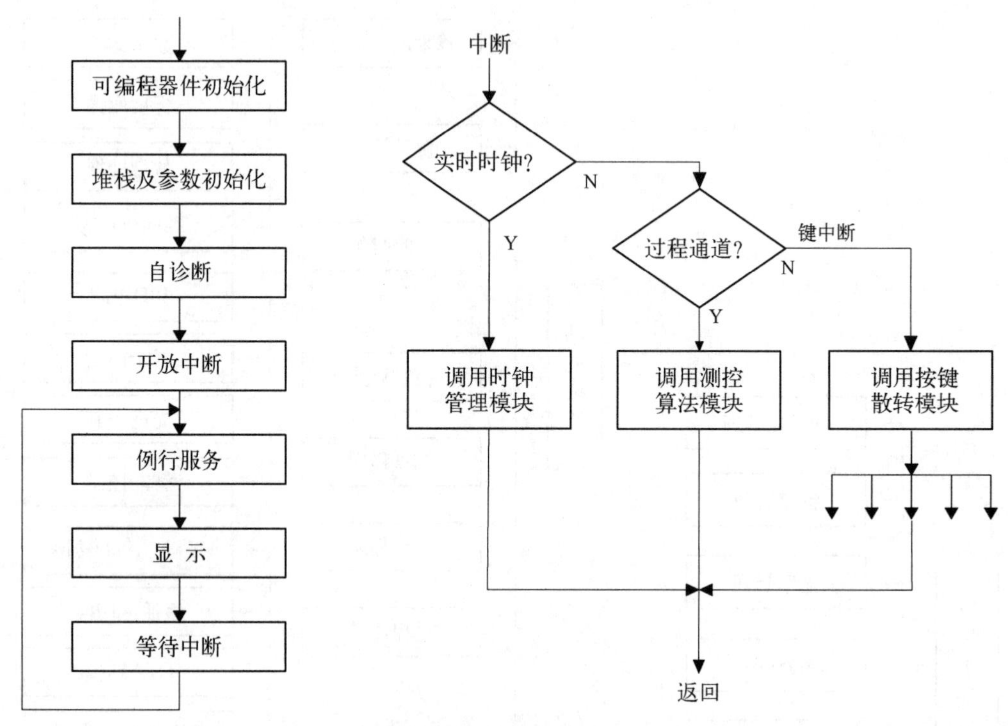

图 6-3 微机温控仪监控主程序示例

面板按键中断,则去识别键码并进入散转程序,随之调用相应的键处理模块;若是通信中断,则转入相应的通信服务子程序。无论是哪一个中断源产生中断,均会在执行完相应的中断服务程序后,返回监控主程序,必要时修改显示内容,并开始下一轮循环。

值得指出的是在编写各种功能模块时,必须考虑到模块在运行时可能遇到的所有情况,使其在运行后均能返回主程序中的规定入口。特别要考虑到可能出现的意外情况,如做乘法时结果溢出,做除法时除数为零等,使程序不致陷入不应有的死循环或进入不该进入的程序段,导致程序无法正常运行。

6.2.3 初始化管理

初始化管理主要包括可编程器件初始化、堆栈初始化和参数初始化三部分。

可编程器件初始化是指对可编程硬件接口器件工作模式的初始化。智能仪表中常用的可编程器件有键盘显示管理接口芯片 8279 和 HD7279A、I/O 和 RAM 扩展接口芯片 8155、并行输入/输出接口芯片 8255、定时/计数器接口芯片 8253 等,这些器件的初始化都有固定的格式,只是格式中的初始化参数随应用方式不同而不同,因此都可编成一定的子程序模块以供调用。

堆栈初始化是指复位后应在用户 RAM 区中确定一个堆栈区域。堆栈是微处理器中一个十分重要的概念,它是实现各种中断处理必不可少的一种数据结构。大多数微处理器允许设计人员在用户 RAM 中任意开辟堆栈区域并采用向上或向下生长的堆栈结构,由堆栈指针 SP 来管理。MCS-51、MCS-52 单片机复位时,SP 的默认初始化值均为 07H,为了方便管理内存空间,一般另外设置堆栈区域。

参数初始化是指对仪表的整定参数(如PID算法参数 K_p、T_i、T_d)的初值、上下限报警值以及过程输入/输出通道数据的初始化。系统的整定参数初值由被控对象的特性确定;对于过程输入通道,数据初值(例如采样初值、偏差初值、滤波初值等)一般由测量控制算法决定;对于过程输出通道,通常都置模拟量输出为0状态或其他预定状态;而对开关量输出一般置为无效状态(如继电器处于释放状态等)。

根据智能仪表软件模块化的设计思想,通常把这些参数的初始化功能放在一个模块中,以便集中管理,有利于实现模块的独立性。初始化管理模块作为监控程序自顶向下的第二层次,通过分别调用上述三类初始化功能模块(第三层次),实现对整个仪表和系统中有关器件的初始化。

6.2.4 键盘管理

智能仪表的键盘可以采用两种方式:其一是采用如8279、HD7279A等接口器件的编码式键盘,其二是采用软件扫描的非编码式键盘。不论采用哪种方法,在获得当前按键的编码后,都要控制程序散转到对应键服务程序入口,以便完成相应的功能。各键所应完成的具体功能,由设计者根据仪表总体要求,兼顾软、硬件配置,从合理、方便、经济等因素出发来确定。

1. 一键一义的键盘管理

一键一义的键盘管理,顾名思义就是一个按键只有一种含义,即一个按键代表一个确切的命令或一个数字,编程时只要根据当前按键的编码把程序直接散转到相应的处理模块的入口,而无须知道在此之前的按键情况。对于功能简单的智能仪表,一般采用一键一义的键盘管理方式。下面以软件扫描式键盘为例,简单介绍一键一义的键盘管理程序。

图6-4表示一键一义的键盘管理程序结构,微处理器周而复始地扫描键盘,当发现有

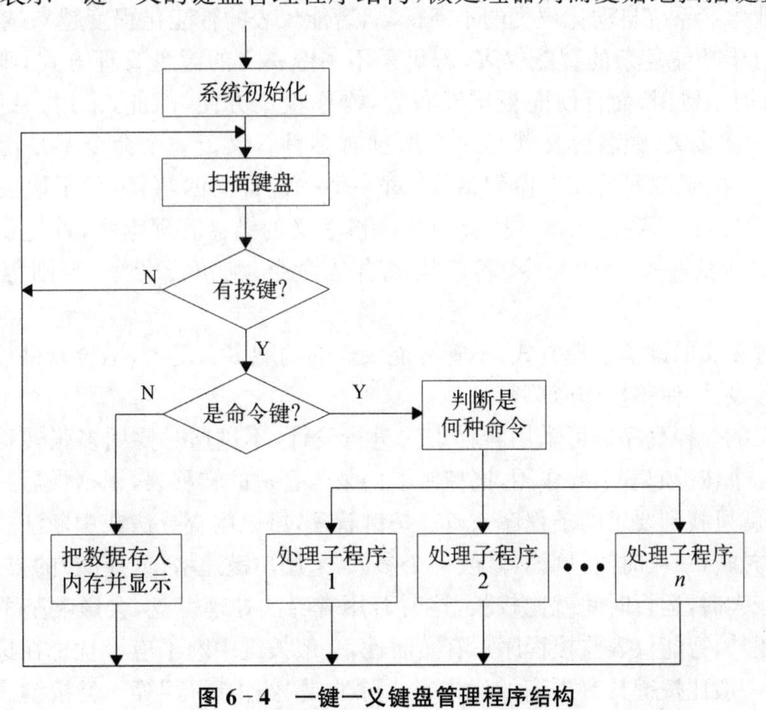

图6-4 一键一义键盘管理程序结构

键按下时，首先判断是命令键还是数字键。若是数字键，则把按键读数存入存储器，并进行显示；若是命令键，则根据按键编码数值查阅转移表；以获得处理子程序的入口。子程序执行完成后继续扫描键盘。一键一义键盘管理的核心是一张一维的转移表，如图 6－5 所示，在转移表内顺序存放着各个处理子程序的转移指令。

下面列出用 MCS－51 汇编语言编写的一键一义的典型键盘管理程序。进入该程序时，累加器 A 内包含了键盘的某按键编码，当按键编码小于 0AH 时为数字键，大于或等于 0AH 时为命令键。

8031 程序如下：

```
       CLR  C
       SUBB  A， ＃0AH       ；判断是何种闭合键
       JC  DIGIT            ；是数字键，转 DIGIT
       MOV  DPTR，＃TBJ1    ；转移表首址送 DPTR
       ADD  A，A            ；键码加倍
       JNC  NADD
       INC  DPH             ；大于或等于 256 时，DPH 内容加 1
NADD： JMP  @A＋DPTR       ；执行处理子程序
TBJ1： AJMP  PROG1          ；转移表
       AJMP  PROG2
       ……
       AJMP  PROGn
DIGIT：……                  ；数字送显示缓冲器，并显示
```

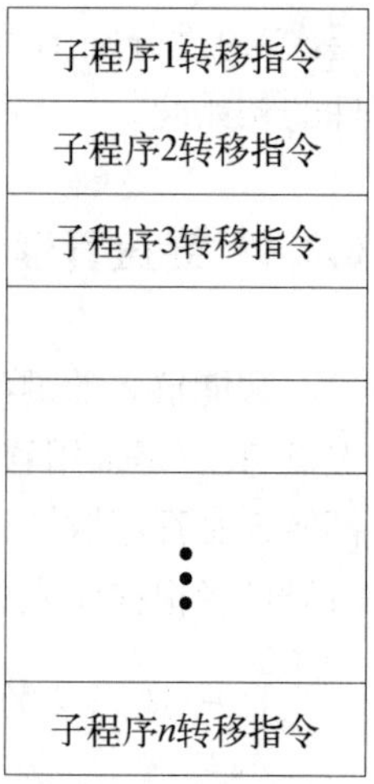

子程序1转移指令
子程序2转移指令
子程序3转移指令
⋮
子程序n转移指令

图 6－5　转移表

2. 一键多义的键盘管理

随着工业生产系统自动化程度的不断提高，智能仪表的智能化程度越来越高，功能也越来越复杂。对于功能复杂的智能仪表，若仍采用一键一义的键盘管理方式，则所需按键过多，这不仅增加了费用，而且使面板难以布置，操作也不方便，因此，采用一键多义的键盘管理方式。一键多义，顾名思义就是一个按键有多种含义。一个命令不是由一次按键完成，而是由一个按键序列组成。换句话说，对一个按键含义的解释，除了取决于本次按键外，还取决于以前按了些什么键。因此对于一键多义的键盘管理程序，首先要判断一个按键序列是否已构成一个合法命令，若已构成合法命令，则执行命令，否则等待新的按键键入。

采用一键多义的键盘管理方式，不管智能仪表的功能多么复杂，结合软件设计都可以简化仪表的面板设计，使得操作简单容易。

一键多义的监控程序仍可采用转移表法进行设计，不过这时要用多张转移表。组成一个命令的前几个按键起着引导作用，把控制引向某张合适的转移表，根据最后一个按键编码查阅转移表，就可找到要求的子程序入口。按键管理，可以用查寻法或中断法。由于有些按键功能往往需执行一段时间，例如，修改一个参数，采用单键递增(或递减)的方法，当参数的变化范围比较大时，运行时间就比较长，这时若用查寻法处理键盘，会影响整个仪表的实时处理功能。此外，智能仪表监控程序具有实时性，一般按键中断不应干扰正在进行的测控运算(测控运算一般比按键具有更高的优先级)，除非是“停止运行”等一类按键。考虑到这些

因素,常常把键服务设计成比过程通道低一级的中断源。下面举一个例子来说明一键多义键盘的管理方法。

设一个微机8回路温控仪有6个按键,包括C(回路号1~8,第8回路为环境温度补偿,其余为温控点)、P(参数号,有设定值,实测值,P、I、D参数值,上、下限报警值,输出控制值等8个参数)、△(加1)、▽(减1)、R(运行)、S(停止运行)。显然,这些按键都是一键多义的。C键对应了8个回路,且第8回路(环境温度补偿回路)与其余7个回路不同,它只有实测值一个参数,没有其他参数。P键对应了每一个回路(第8回路除外)的8个参数。这些参数有的可以修改,如设定值,P、I、D参数,上、下限报警值;有的不能修改,如实测温度值。"△"和"▽"键的功能执行与否,取决于在它们之前按过的C和P键。R键的功能执行与否,则取决于当前的C值。为完成这些功能所设计的一键多义键盘管理程序流程图如图6-6所示。

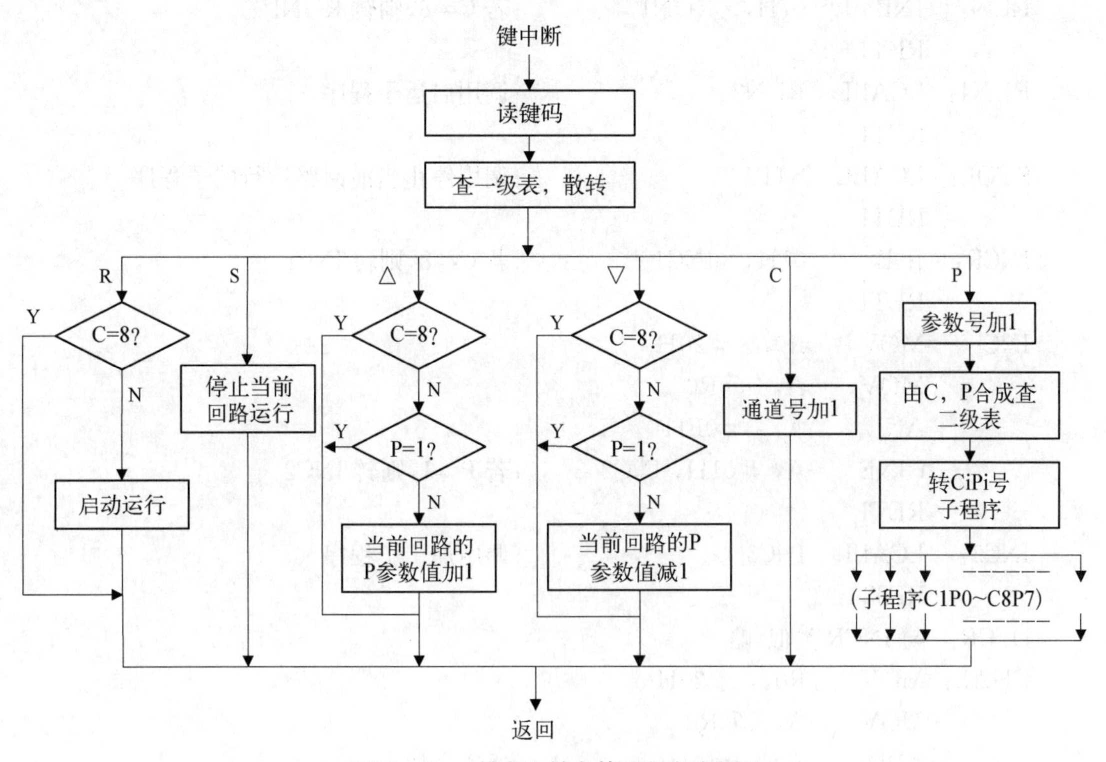

图6-6 一键多义键盘管理程序流程图

根据图6-6,可用MCS-51指令编制如下键盘管理程序,按键服务子程序略。设键编码为R:00H;S:01H;△:02H;▽:03H;C:04H和P:05H。内存RAM 20H中高4位为回路号标记,低4位为参数号标记。假设8279命令口地址为7FFFH,数据口地址为7FFEH。程序中保护现场部分略。

```
KI:     MOV     DPTR,  #7FFFH
        MOV     A,  #40H
        MOVX    @DPTR ,  A            ;读FIFO命令送8279
        MOV     DPTR,  #7FFEH
        MOVX    A,  @DPTR ,           ;读按键编码
```

```
        ADD     A， A
        MOV     DPTR， ＃TBJ1          ;一级转移表入口地址→DPTR
        JNC     KI1
        INC     DPH
KI1：   JMP     @A+DPTR
TBJ1：  AJMP    RUN
        AJMP    STOP
        AJMP    INCR
        AJMP    DECR
        AJMP    CHAL
        AJMP    PARA
RUN：   JNB     07H， RUN1             ;若 C≠8,则转 RUN1
        RETI
RUN1：  LCALL   RUN2                   ;调用启运子程序
        RETI
STOP：  LCALL   STP1                   ;调用停止当前回路运行的子程序
        RETI
INCR：  JNB     07H， INC1             ;若 C≠8,则转 INC1
        RETI
INC1：  MOV     R0， ＃20H
        MOV     A， @R0
        ANL     A， ＃0FH
        CJNE    A，＃01H，INC2          ;若 P≠1,则转 INC2
        RETI
INC2：  LCALL   INC3                   ;调用加 1 子程序
        RETI
DECR：与 INCR 类似,略
CHAL：  MOV     R0， ＃20H
        MOV     A， @R0
        ADD     A， ＃10H              ;通道号加 1
        MOV     @R0， A
        ANL     A， ＃0F0H
        CJNE    A， ＃90H,CHA1         ;判 C 是否大于 8
        SETB    04H                    ;若 C >8,置 C=1
        CLR     07H
CHA1：  RETI
PARA：  JB      07H， C8               ;若 C=8,则转 C8
        MOV     R0， ＃20H
        MOV     A， @R0
        ADD     A， ＃01H              ;参数序号 P+1
```

```
        JB      03H,  PARl          ;若P>7,则转PARl
        MOV     @R0,  A
        AJMP    PAR2
PARl:   CLR     03H                 ;P>7,置P=0
PAR2:   MOV     DPTR, #TBJ2
        ADD     A,  A
        JNC     KI2
        INC     DPH
KI2:    JMP     @A+DPTR             ;转二级表
TBJ2:   AJMP    C1P0                ;以下为各通道号C对应各参数值P的子
                                     程序入口
        ……
        AJMP    C1P7
        AJMP    C2P0
        ……
        AJMP    C2P7
        ……
        AJMP    C7P7
C8:     ……      ;对补偿回路的处理
```

上面的程序只是一键多义按键管理程序的一个示例。按照排列规律,7个回路(1~7),每个回路8个参数,共有56个转移入口,分别由56个键服务功能模块所支持,第8回路无参数,由其独立子程序C8单独处理。但实际上,针对一个具体的仪表,往往不同回路的同一参数服务功能是相同的,只是服务对象的地址(参数地址、I/O地址等)不一样,因此在处理时,并不真的需要56个功能模块,可视实际情况予以合并。

6.2.5 显示管理

显示是仪表实现人—机联系的主要途径,现在的智能仪表主要采用数字显示方式。

对于数字式显示,随着硬件方案的不同,软件显示管理方法也不同。例如,采用可编程显示接口器件与采用一般锁存电路(用静态或动态扫描法),其显示驱动方式大不相同,软件管理方法也不一样,所以不同智能仪表的具体软件管理方式是不一样的,下面给出一般的通用方法。

一般说来,大多数智能仪表显示管理软件的基本任务有如下三个方面。

1. 显示更新的数据

当输入通道采集了一个新的过程参数,或仪表操作人员键入一个参数,或仪表与系统出现异常情况时,显示管理软件应及时调用显示驱动程序模块,以更新当前的显示数据或显示特征符号。

为了使过程信息、按键内容与显示缓冲区相衔接,设计人员可在用户RAM区开辟一个参数区域,作为显示管理模块与其他功能模块的数据接口。

2. 多参数的巡测和定点显示管理

对于一个多回路仪表,每一个回路都有一个实测值,由于仪表不可能为每一个回路的所有参数都设计一组显示器,因此通常都采用巡回显示并辅以定点显示的方法,即在一般情况下,仪表作巡回显示,而当操作人员对某一参数特别感兴趣时,中止巡回方式,进入定点跟踪方式,通过面板上的按键控制方式的切换。

显示管理软件在巡回显示方式时,每隔一定时间更换一个新的显示参数,并显示该值。值得指出的是实现延时一般不采用软件延时的方法,因为在软件延时期间,主机不能做其他事,这将影响仪表的实时处理能力。因此要采用一定的软件技巧来解决这一问题,有关这方面的内容放在实时时钟部分再做介绍。

在定点显示方式时,显示管理软件只是不断地将当前显示参数的更新值送出显示,而不改换通道或参数。

3. 指示灯显示管理

为了使报警或按键操作参数显示醒目,智能仪表常在面板上设置一定数量的指示灯(发光二极管)。指示灯的管理很简单,通常可由与某一指示灯有关的功能模块直接管理,例如上、下限报警模块直接管理上、下限报警指示灯,也可在用户 RAM 中开辟一个指示灯状态映像区,由各功能模块改变映像区的状态,该模块由监控主程序中的显示管理模块来管理。

6.2.6 中断管理

为了使仪表能及时处理各种可能事件,提高实时处理能力,所有的智能仪表几乎都具有中断功能,即允许被控过程的某一状态、实时时钟或键操作中断仪表正在进行的工作,转而处理该过程的实时问题。当这一处理工作完成后,仪表再回到原来的中断点继续执行原先的任务。一般说来,未经事先“同意”(开放中断),仪表不允许过程或实时时钟等申请中断。在智能仪表中能够发出中断请求信号的外设或事件包括:过程通道、实时时钟、面板按键、通信接口、系统故障等。

智能仪表在开机时一般处于自动中断封锁状态,待初始化结束后监控主程序执行一条“开放中断”的命令后才使仪表进入中断允许的工作方式。

在中断过程中,通常包括如下操作要求。

(1) 必须暂时保护程序计数器的内容,以便使 CPU 在中断服务程序执行完时能返回到它在产生中断之前所处的状态。

(2) 必须将中断服务程序的入口地址送入程序计数器。这个服务程序能够准确地完成申请中断的设备或事件所要求的操作。

(3) 在服务程序开始时,必须将服务程序需要使用的 CPU 寄存器(例如累加器、进位器、专用的暂存寄存器等)的内容暂时保护起来,并在服务程序结束时再恢复其内容。否则,当服务程序由于自身的目的而使用这些寄存器后,会改变这些寄存器原来的内容,当 CPU 返回到被中断的程序时就会发生混乱。

(4) 对于引起中断而将$\overline{INT}$变为低电平的设备,仪表或系统必须进行适当的操作使$\overline{INT}$再次变为高电平。

(5) 如果允许继续发生中断,则必须将允许中断触发器再次置位。

(6) 最后,恢复程序计数器原先被保存的内容,以便返回到被中断的程序断点。

以上介绍的是只有一个中断源时的情况。事实上,在实际系统中往往有多个中断源,因此仪表设计者要根据仪表的功能特点,确定多个中断源的优先级,并在软件上做出相应处理。在运行期间,若多个中断源同时提出申请时,主机应能识别出哪些中断源在申请中断,并能辨别和比较它们的优先级,使优先级别高的中断请求被优先响应。另外当仪表在处理中断时,还要能响应更高优先级的中断请求,而屏蔽掉同级或较低级的中断请求,这就要求设计者精心安排多中断源的优先级别及响应时间,使次要工作不致影响主要工作。

中断是一个十分重要的概念,不同微处理器的中断结构不同,处理方法也各不相同。软件设计人员应充分掌握仪表所选用的微处理器的中断结构,以便有针对性地设计适当的中断程序模块。中断模块分中断管理模块和中断服务模块两部分。微处理器响应中断后所执行的具体内容由仪表的功能所决定。与前面的中断过程相对应,中断管理软件模块流程如图 6-7 所示,通常应包括以下功能:断点现场保护;识别中断源;判断优先级;如果允许中断嵌套,则需再次开放中断;中断服务结束后恢复现场。

通常,系统掉电总是作为最高级中断源,至于其他中断源的优先级,则由设计人员根据仪表的功能特点来确定。各类处理器都有自己管理中断优先级的一套方法,下面以 MCS-51 单片机为例,说明多中断源中断管理模块的设计。

MCS-51 单片机有两个外部中断输入端,当有两个以上中断源时,可以采用如下两种方法。

(1) 利用定时/计数器的外部事件计数输入端(T0 或 T1),作为边沿触发的外部中断输入端,这时定时/计数器应工作于计数方式,计数寄存器应预置满度数。

(2) 每个中断源都接在同一个外部中断输入端($\overline{\text{INT0}}$或$\overline{\text{INT1}}$)上,同时利用输入口来识别某装置的中断请求,多中断源识别电路如图 6-8。

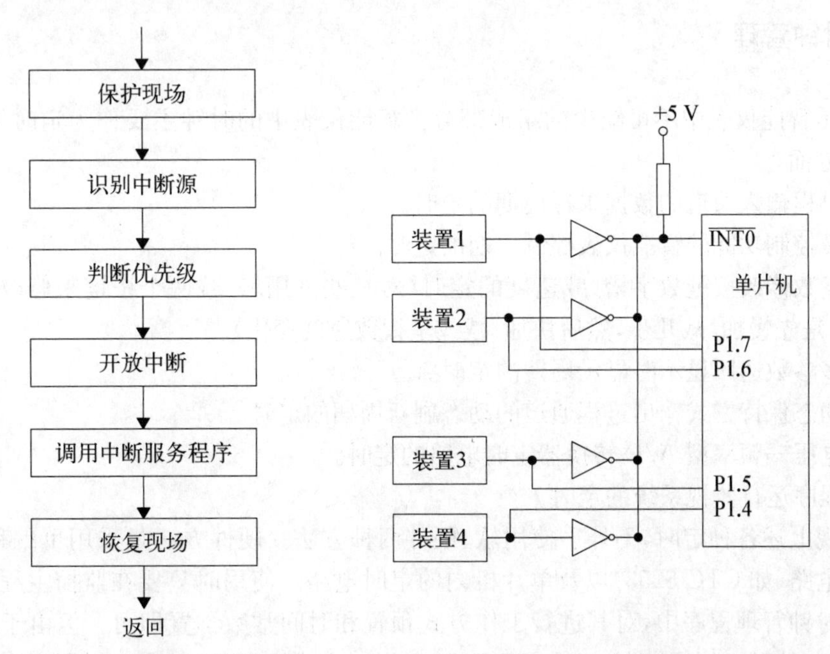

图 6-7 中断管理软件模块流程　　**图 6-8 多中断源识别电路**

在图6-8中,外部中断输入引脚$\overline{INT0}$上接有4个中断源,集电极开路的非门构成或非电路,无论哪个外部装置提出中断请求,都会使$\overline{INT0}$引脚变低。究竟是哪个外部装置申请的中断,可以通过软件查询P1.4~P1.7的逻辑电平获知,这4个中断源的优先级由软件排定。下面是有关的程序片段,中断优先级按装置1至装置4由高到低的顺序排列。

```
            LJMP   INTRPT
            ......
INTRPT:     PUSH   PSW
            PUSH   ACC
            JB     P1.7,  DINTRl
            JB     P1.6,  DINTR2
            JB     P1.5,  DINTR3
            JB     P1.4,  DINTR4
BACK:       POP    ACC
            POP    PSW
            RETI
DINTRl:     ......                ;装置1中断服务程序
            AJMP   BACK
DINTR2:     ......                ;装置2中断服务程序
            AJMP   BACK
DINTR3:     ......                ;装置3中断服务程序
            AJMP   BACK
DINTR4:     ......                ;装置4中断服务程序
            AJMP   BACK
```

6.2.7 时钟管理

时钟是智能仪表中不可缺少的组成部分。智能仪表中的时钟主要作为定时器,应用于以下7个方面。

(1) 过程输入通道的数据采样周期的定时。

(2) 带控制功能的智能仪表控制周期的定时。

(3) 参数修改按键数字增/减速度的定时(对一些采用增/减两个按键来修改参数的仪表,通常总是先慢加/减几步,然后快加/减或呈指数速度变化)。

(4) 多参数巡回显示时显示周期的定时。

(5) 动态保持方式输出过程通道的动态刷新周期的定时。

(6) 电压—频率型A/D转换器定时电路的定时。

(7) 程序运行监视系统的定时。

要实现上述各种定时,不外乎使用软、硬件两种方法。硬件方法是采用可编程定时/计数器接口电路(如CTC 8253)以及单片机内的定时电路。使用时只要在监控主程序的初始化程序或时钟管理程序中,对其进行工作方式预置和时间常数预置即可。但由于受到硬件条件的限制,这种定时方法的定时时间不可能很长,也难以用1~2个定时器实现多种不同时间的定时。软件延时方案简单,仅需编写一段程序,但要占用大量 CPU 时间,且实时性差,定时精度低,是一种不可取的方法。因此,在智能仪表中广泛采用的是软件与硬件相结合的定时方法。这种方案几乎不影响仪表的实时响应,而且能实现多种不同时间的定时。

在软件与硬件相结合的定时方法中,首先由定时电路产生一个基本的脉冲,当硬件定时时间结束时产生一个中断信号,监控主程序随即转入时钟中断管理模块,软件时钟分别用累加或递减的方法计时,并由软件来判断是否溢出或回零(即定时时间到)。在设计仪表软件结构时,可串行或并行地设置几个软件定时器(在用户 RAM 区),若一个定时时间是另一个的整数倍,软件定时器可设计成串行的,若不是整数倍,则可设计成并行的。在软、硬件相结合的定时方法中,软件定时程序一般不会很长,故对仪表的实时性影响很小,同时还可方便地实现多个定时器功能。

时钟管理模块的任务仅是在监控程序中对各定时器预置初值,以及在响应时钟中断过程中判断是否已到定时时间,一旦时间到,则重新预置初值,并建立一个标志,以提示应该执行前述 7 种功能中的某项服务程序。服务程序的执行一般都安排在时钟中断返回以后进行,由查询中断中建立的标志状态来决定该执行哪项功能。

6.2.8 手—自动控制

与常规控制仪表一样,手—自动控制是智能控制仪表必须具备的一个功能。智能控制仪表的基本工作方式是自动控制。但在仪表调试、测试和系统投运时,往往要用手操方式来调整输出控制值。手—自动控制的基本功能如下。

(1) 在手操方式时,能通过一定的手动操作来方便、准确地调整输出值。

(2) 能实现手—自动的无扰动切换。

实现手动操作有硬件和软件两种方法。目前大多数智能仪表采用软件方法,由仪表面板上的几个按键来实现该功能。这几个键分别是:手—自动切换键,手操输出加键和手操输出减键。

监控程序通过判断手—自动切换键的状态来确定是否进入手操方式。在手操方式时,仪表的自动控制功能暂停,改由面板上的输出加、减两键来调整输出值。应当指出的是,在进行手—自动切换时,必须保证无扰动切换,这一点在智能仪表中是很容易实现的。软件设计人员只要在用户 RAM 区中开辟一个输出控制值单元(若输出数字量超过 8 位则用两个单元),作为当前输出控制量的映像,无论是手动控制还是自动控制,都是对这一输出值的映像单元进行加或减,在输出模块程序作用下,输出通道把该值送到执行机构上去。由于手动和自动操作都是针对同一输出控制量单元进行操作,因此当操作方式从自动切换到手动时,手操的初值就是切换前自动调节的结果;而从手动切换到自动时,自动调节的初值就是原来手操时的结果,这样就用极其简单的方法实现了无扰动切换,无须做任何特别的处理。

6.2.9 自诊断

自诊断与故障监控是智能仪表应具有的基本功能之一,也是提高仪器设备可靠性和可维护性的重要手段。仪表进行自诊断时不应影响它的正常操作。

1. 自诊断类型

常见的自诊断可分为以下三种类型。

(1) 开机自诊断:每当电源接通或复位后,仪表进行一次自诊断,主要检查硬件电路是否正常,有关插件是否可靠插入,ROM、RAM 等是否正常,如果自诊断中没有发现任何问题,则自动进入测量程序;如果发现问题,则显示故障代码并报警。

(2) 周期性自诊断:智能仪表除了在开机时需要进行开机自诊断外,为了使仪表一直处于良好的工作状态,还要在仪表运行过程中,不断地、周期性地进行自诊断。由于这种诊断是自动进行的,所以不为操作人员所觉察(除非发生故障而告警)。

(3) 键控自诊断:有些仪表在面板上设计了一个"自诊断按键",可由操作人员控制,当操作人员对测量结果发生怀疑时,通过该键启动一次自诊断过程。

软件设计人员在编制自诊断程序时,可给各种不同的故障设置不同的故障代码。当仪表在自诊断过程中发现故障后,即通过其面板上的显示器显示相应的故障代码,往往还用发光二极管件以闪烁信号或音响报警信号,以示提醒。

仪表自诊断的内容很多,通常包括 ROM、RAM、显示器、插件和过程通道等器件的自诊断。

2. 自诊断方法

1) ROM 自诊断

由于 ROM 中存储着智能仪表的系统程序、各类重要数据以及表格等,ROM 内容是否正确直接关系着整个系统能否正常工作,所以对 ROM 的检测非常重要。目前,ROM 的类型主要有 EPROM、EEPROM 等。使用这些 ROM 时,一旦检测到坏的存储单元就不能使用了。对 ROM 的自诊断一般采用"校验和"的方法。设计思想是:在将编制好的程序固化到 ROM 中的时候,留出一个单元(一般是程序结束后的后继单元)写入"校验字","校验字"应该满足 ROM 中所有单元的每一列都具有奇数个 1。自诊断程序的任务就是对 ROM 中的每一列进行异或运算,如果 ROM 无故障,则各列的运算结果都应该为 1,即校验和为 FFH。当结果不为 FFH 时,说明 ROM 的某单元有故障,应给出故障指示。校验和算法示例如表 6-1 所示。ROM 自诊断程序流程图如图 6-9 所示。

表 6-1 校验和算法

ROM 地址	ROM 中的内容	备 注
0	1 0 0 0 1 1 0 0	—
1	1 0 1 0 0 0 1 0	—
2	0 0 0 1 1 0 0 1	—
3	1 1 0 0 0 0 1 1	—
4	0 0 1 1 0 0 0 0	—
5	1 0 1 1 0 0 0 0	—
6	0 0 0 0 0 0 0 1	—
7	1 0 0 0 1 0 1 0	校验字
	1 1 1 1 1 1 1 1	校验和

2) RAM 自诊断

RAM 是系统工作时中间结果和最终结果的存储单元，所以应该保证任何时刻都能够对 RAM 进行正确的读/写操作，就 RAM 读/写的内容来说，每个字节的每一位不外乎是“0”或“1”。根据对原有存储单元的内容是否被破坏，可将对 RAM 的自诊断分为破坏性自诊断和非破坏性自诊断两种。

(1) 破坏性自诊断

破坏性自诊断的思想是：选择一些有代表性的特征字，分别对 RAM 的每一个单元执行“先写入后读出”的操作，然后通过判断读出内容与写入内容是否相同来判断 RAM 是否有故障，如果相同则判定 RAM 无故障，否则判定有故障。一般选择“55H”和“AAH”为检测特征字，因为检查字“55H”与“AAH”的相邻位电平相反，且互为反码。这样操作一遍即可完成对 RAM 中所有字节的各位写“1”、读“1”和写“0”、读“0”的操作，实现对 RAM 的完全自诊断。智能仪表刚开机时，RAM 被视为无内容，即为空白(即使有内容，也是与系统不相关的内容)，这时对 RAM 的自诊断方法采用破坏性自诊断，其自检程序流程图如图 6-10 所示。

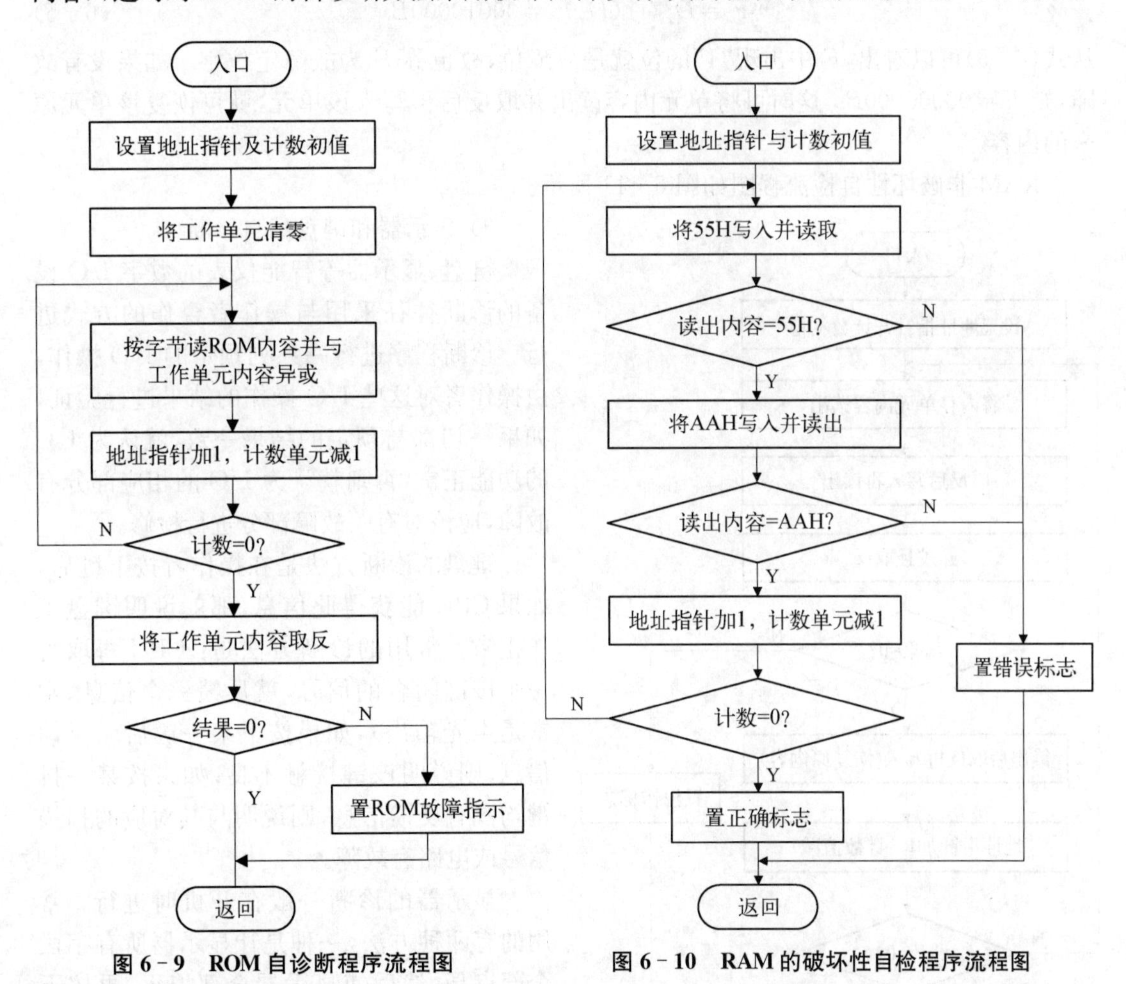

图 6-9 ROM 自诊断程序流程图

图 6-10 RAM 的破坏性自检程序流程图

(2) 非破坏性自诊断

智能仪表开始工作之后，RAM 中已存有系统运行的有用信息，前述对 RAM 中的数据具有破坏性的自诊断方法已不再适用，这时对 RAM 的自诊断应该采用非破坏性的方法，其原理如下。

设 RAM 中某单元原来的内容为

$$D=b_7b_6b_5b_4b_3b_2b_1b_0=10100100B \tag{6-1}$$

假设由于某种原因该单元的 b_4 位发生了“固定 1”故障，当从该单元读取数据时，读出的内容 D_r 为

$$D_r=10110100B \tag{6-2}$$

将读出的内容取反可得

$$\bar{D}_r=01001011B \tag{6-3}$$

再将式(6-3)的内容写入该单元，然后再读出可得

$$(\bar{D}_r)_r=01011011B \tag{6-4}$$

将 D_r 与 $(\bar{D}_r)_r$ 异或后再取反可得

$$F=\overline{D_r \oplus (\bar{D}_r)_r}=00010000B \tag{6-5}$$

从式(6-5)可以看出，F 中出现“1”的位就是故障位，故也称 F 为故障定位字。如果没有故障，则 $F=00000000B$，这时可将单元内容读出并取反后再写入该单元，就可恢复该单元原来的内容。

RAM 非破坏性自检流程图如图 6-11 所示。

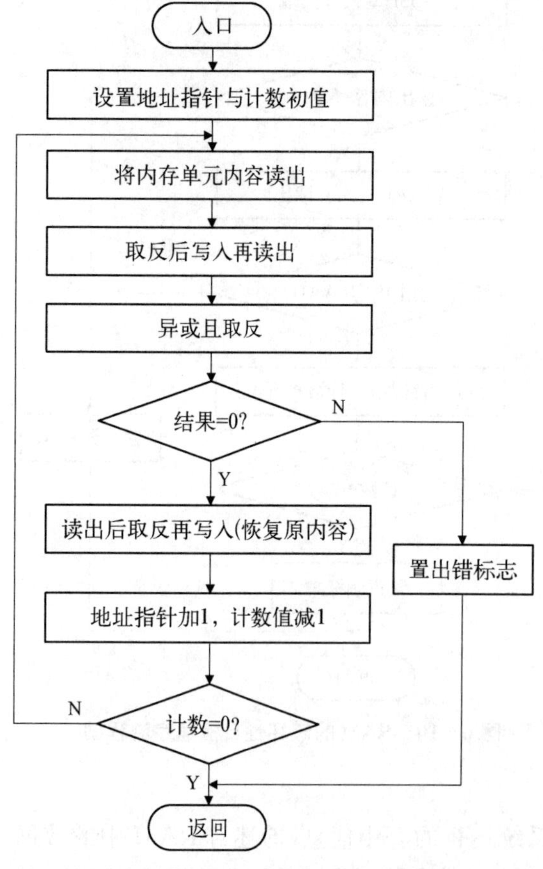

图 6-11　RAM 非破坏性自检流程图

3) 显示器和键盘的自诊断

键盘、显示器等智能仪表的数字 I/O 设备的诊断往往采用与操作者合作的方式进行。诊断程序进行一系列预定的 I/O 操作，由操作者对这些 I/O 操作的结果进行验证，如果一切都与预定的结果一致，就认为 I/O 的功能正常，否则就认为 I/O 的相应部分有故障，应该对有关故障部分进行检修。

键盘的诊断方法是在操作者按下键后，如果 CPU 能获得此信息，那就说明键盘工作正常。常用的诊断方法是：CPU 每取得一个按键闭合的信号，就反馈一个信息(常常是声光输出)，如果按下某一键后无反馈信息，则说明该键接触不良；如果按某一排键均没有反馈信息，则说明与其对应的扫描信号或电路有故障。

显示器的诊断一般在开机时进行。常用的有两种方法，一种是让显示器所有字段全部点亮，然后使显示器全部熄灭，再按下任意键脱离自检方法；另一种是让显示器显示某些特征字符，一般是控制系统的名称或代号，持续几秒钟后自动进入其他操作状态。

4）过程通道的自诊断

智能仪表的过程通道分为输入通道和输出通道，数字量的输入/输出诊断较简单，这里主要讨论模拟输入/输出通道的诊断方法。

模拟量输入通道的自诊断方法是：在输入通道的某一路模拟输入端加一个已知的模拟电压，启动 A/D 转换后读取转换结果，如果读取的转化结果与已知电压相等，则认为模拟量输入通道正常；如果差别很小，则认为 A/D 通道发生了漂移，引入了误差，可通过校正来解决；如果差别太大，则认为 A/D 通道发生故障。比如，采用多路共享 A/D 转换器通道结构的模拟量输入通道的自诊断电路如图 6－12 所示。

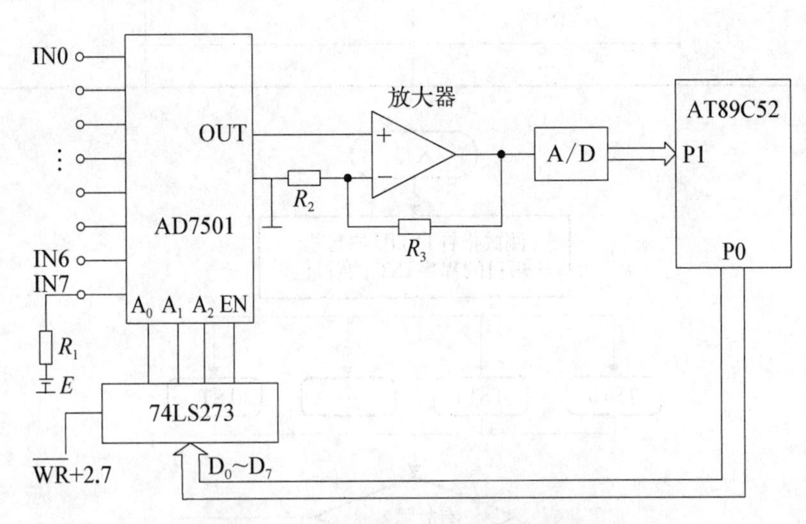

图 6－12 模拟量输入通道的自诊断电路

在图 6－12 中，多路开关有 8 个通道，前 7 个通道用于测量，第 8 个通道用于自诊断，接入已知的标准电压 E。当需要自诊断时，通过主机电路选择自诊断通道，然后读入 A/D 转换后的数据，并与接入的已知电压进行比较，以完成对输入通道的自诊断。

对于模拟量输出通道的自诊断，常常将其与模拟量输入通道的自诊断结合起来，也就是将模拟量的输入通道与模拟量输出通道连接起来构成自诊断环路。方法是：通过主机电路在模拟量输出通道的某一路发出一个数字信号，然后利用模拟量输入通道采集 D/A 通道的转换结果，以实现对 D/A 通道的自诊断。

3. 自诊断软件设计

智能仪表的各自检项目一般分别编成子程序，以便需要自检时调用。开机自检是在智能仪表工作之前对各有关部分进行检测，所以应该进行尽量多的检测项目；而周期性自检是在测量间隙进行的，为了不影响仪表的正常工作，有些项目不宜安排周期性检测，如显示器自检、破坏性 RAM 自检等。由于两次测量循环之间的时间有限，所以每次只插入一项自检内容，如果有故障，就进入故障显示操作，显示故障代码，操作人员得到信息后按下任意键，则脱离故障显示状态，多次测量之后完成仪器的周期性自检。

周期性自检一般这样进行。设各项检测程序的入口地址为 TSTi（i=0，1，2，…），对应的故障代码为 TNUM(0,1,2,…)，这样，相应检测程序的首地址就与 TNUM 相对应。利用测试指针来找寻某一项自检程序的入口,测试指针表如表 6-2 所示,周期性自检程序流程如图 6-13 所示。

表 6-2 测试指针表

测试指针	入口地址	故障代号	地址偏移量
TSTPT	TST0	0	TNUM
	TST1	1	
	TST2	2	
	TST3	3	
	…	…	

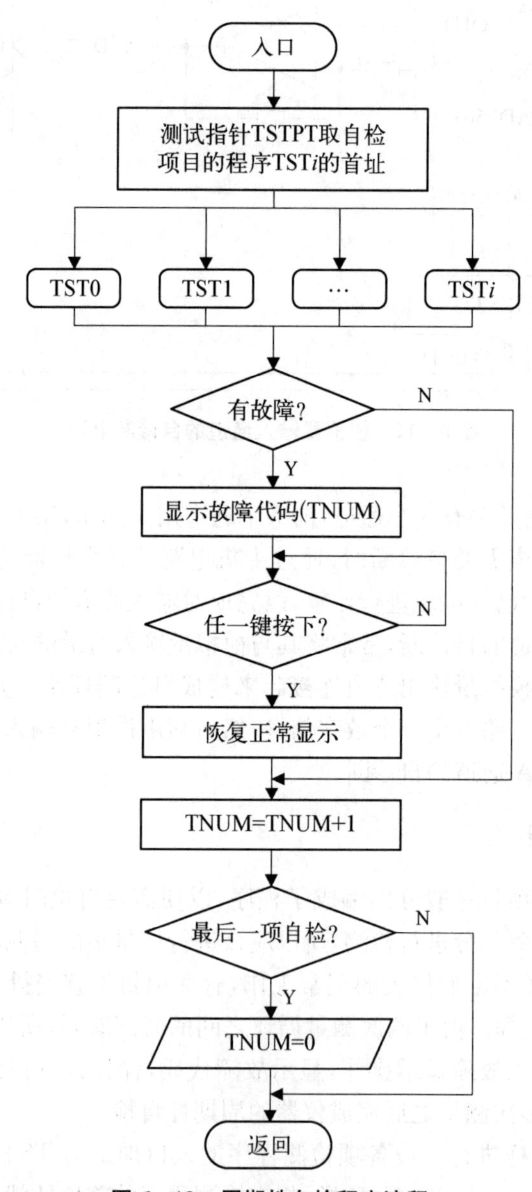

图 6-13 周期性自检程序流程

由于各个仪表的功能、结构不同，具体的自诊断内容也不同，设计人员应根据所设计仪表的具体要求和情况确定自诊断内容和自诊断方法。

习题与思考题

6-1 智能仪表的软件开发一般要经过哪几个阶段?

6-2 简述智能仪表的软件设计思想。

6-3 在智能仪表的设计中，软件测试有哪些方法?并分别说明?

6-4 智能仪表软件的初始化管理一般包括哪些内容?

6-5 软件测试须遵循哪些基本原则?

6-6 智能仪表的监控程序主要包括哪几部分?

6-7 键盘管理有哪几种方式?并说明其原理。

6-8 智能仪表显示管理软件的任务主要有哪些?显示方式有哪些?

6-9 智能仪表的中断过程通常包括哪些操作要求?

6-10 智能仪表的时钟管理任务主要有哪些?一般通过什么方法来实现?

6-11 智能仪表的手—自动控制要实现哪些基本功能?无扰动切换如何实现?

6-12 智能仪表常见的自诊断有哪些类型?

6-13 请阐述智能仪表ROM的自诊断方法。

6-14 智能仪表RAM的自诊断方法有哪几类?并分别说明其原理。

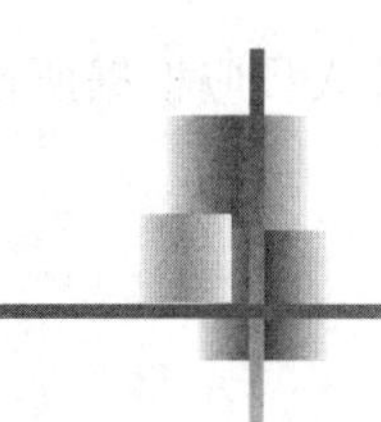

第7章

测量与控制算法

测量与控制算法程序是智能仪表软件系统的重要组成部分，主要用于实现仪表的测量与控制功能，它由描述一种或多种测控算法（如数字滤波、PID算法等）的功能模块构成，通常为实时中断程序所调用。

算法是程序设计的核心，在具体编程前应先确定算法。与监控程序一样，测控算法程序的设计也采用结构化的设计方法，本章重点介绍算法的原理。

7.1 测量算法

测量是智能仪表必不可少的功能之一，也是实现控制的重要前提。对于工业生产变量的测量，最为重要的是保证测量的精确性和可靠性。仪表智能化以后，许多原来靠硬件电路难以实现的信号处理方法，已可以通过软件算法来实现，从而克服或弥补了包括传感器在内的各测量环节硬件本身的缺陷或弱点，提高了仪表的综合性能。

所谓测量算法是指直接与测量技术有关的算法，涉及内容广泛。本节主要介绍测量技术中较为重要、常用的算法，包括：随机误差的消除、系统误差的消除、量程自动切换及工程量变换等。

7.1.1 测量误差的分类

在测量中，存在着多种多样的测量误差，这些误差是由不同的因素造成的。造成误差的不同因素导致误差的性质和特征也不相同。按照误差的特征与性质，测量误差可分为随机误差、系统误差及粗大误差。

1. 随机误差

在相同条件下进行多次测量，单次测量误差呈现无规律的随机变化，但多次测量误差服从统计规律且大多数情况服从正态分布，这种误差称为随机误差。随机误差反映了测量结果的精确度，随机误差越小，测量精度越高。

2. 系统误差

仪表的系统误差是指在相同条件下，多次测量同一变量时，其大小和符号保持不变或按一定规律变化的误差。恒定不变的误差称为恒定系统误差，例如，校验仪表时标准表存在的固有误差、仪表的基准误差等。按一定规律变化的误差称为变化系统误差，例如，仪表零点和放大倍数的漂移、热电偶的参比端随室温变化而引入的误差等。

3. 粗大误差

粗大误差是指测量误差超出规定条件下预期的误差。粗大误差是由操作人员的读数错误，记录错误，测量中的粗心、失误等原因造成的过失性误差，也有外界环境的突然变化等客观原因引入的误差。粗大误差明显地歪曲了测量结果。

要提高仪表的测量精度，必须对上述三类误差采取适当的措施进行防范和处理，以减小或消除这些误差对测量结果的影响。

根据误差理论，粗大误差的消除一般利用拉依达准则或格拉布斯准则，利用这两种方法对粗大误差的剔除比较耗时，对于工业生产中实时性要求高的大多数智能仪表来说，在得到所有测量值后，先剔除粗大误差再对数据进行其他处理不现实，因为这样会大大影响仪表的实时处理功能，所以常常将粗大误差的剔除包含在随机误差的消除中。

7.1.2　随机误差的消除方法

1. 随机误差的处理方法

随机误差是由一些互不相关的独立的、偶然的不可预测的因素引起的，如外界电磁场的变化、大地的微小振动、空气的扰动等。在相同条件下多次测量同一被测参量时，随机误差的大小和符号是没有确定规律的，也不可预见，但在多次测量时服从统计规律。时间平均和总体平均是基本的统计处理方法。

时间平均是对一个不规则的波形在充分长的时间内进行平均，对图 7－1 中所示的波形 $x_1(t)$求时间平均，可得

$$\bar{x}_1=\lim_{T\to\infty}\frac{1}{T}\int_0^T x_1(t)\mathrm{d}t \tag{7-1}$$

式中，t 为时间变量；T 为测量时间；$\bar{x}_1$ 为 $x_1(t)$的平均值。

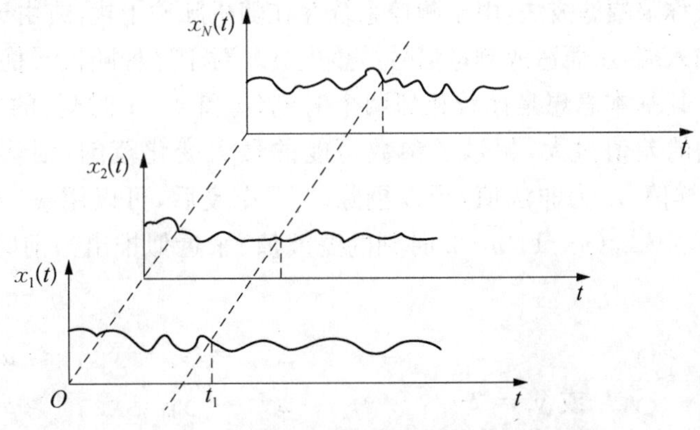

图 7－1　不规则波形的时间平均和总体平均

总体平均是对多个在完全相同条件下重复测量得到的不规则波形在某个时刻进行平均。图 7－1 中所示的波形 $x_1(t)$，$x_2(t)$，…，$x_N(t)$，它们在t_1时刻的总体平均如式（7－2）

所示。

$$\bar{x}(t_1)=\lim_{N\to\infty}\frac{1}{N}\sum_{k=1}^{N}x_k(t_1) \tag{7-2}$$

当对某一被测参量进行等精度测量时，根据时间平均和总体平均法，当测量时间 $T\to\infty$ 或测量次数 $N\to\infty$ 时，其随机误差之和趋于零，也就是测量值的数学期望将等于被测量 x 的真值 x_0。此时，测量结果则不受测量误差的影响。即使测量时间或测量次数不趋于无穷大，取有限时间内的或有限次的测量值的平均值 $\bar{x}$，也远比各次测量得到的值 x_i 逼近于真值。

由于总体平均要进行多次同步测量，操作比较麻烦、速度较慢，所以一般采用时间平均法对随机误差进行处理。

2. 随机误差的消除算法

随机误差是由窜入仪表的随机干扰所引起的，为了克服随机干扰引入的误差，可以采用硬件滤波电路来实现，也可按统计规律用软件算法来实现，克服随机误差的软件算法称为数字滤波算法，也就是说智能仪表可采用数字滤波方法来有效抑制信号中的干扰成分，消除随机误差，同时对信号进行必要的平滑处理，以保证仪表及系统的正常运行。

采用数字滤波算法克服随机误差具有如下优点。① 数字滤波不需要硬件，它只是一个计算过程的软件实现，因此可靠性高，不存在阻抗匹配等问题。能够克服模拟 RC 滤波器由于受电容容量限制导致的滤波截止频率不能太低的问题。所以可对频率很低的信号进行滤波，这是模拟滤波器所不及的。② 滤波特性改变方便，只要适当改变软件滤波器的滤波程序或运算参数即可实现。③ 采用数字滤波算法，多个输入通道可以共用一个软件“滤波器”，从而降低仪表的成本。

常用的数字滤波算法有程序判断、中位值滤波、算术平均滤波、递推平均滤波、加权递推平均滤波、一阶惯性滤波和复合滤波等算法。

1）程序判断法

程序判断法又称限幅滤波法，由于测控系统存在随机脉冲干扰，或由于变送器不可靠而将脉冲干扰引入输入端，从而造成测量信号严重失真。对于这种随机干扰，限幅滤波是一种十分有效的方法。其基本思想是比较相邻两个时刻（n 和 $n-1$ 时刻）的采样值 y_n 和滤波值 $\bar{y}_{n-1}$，如果它们的差值过大，超过了参数可能的最大变化范围，则认为发生了随机干扰，并视后一次采样值 y_n 为非法值，予以剔除。y_n 作废后，可以用 $\bar{y}_{n-1}$ 替代 $\bar{y}_n$，或采用递推方法，由 $\bar{y}_{n-1}$、$\bar{y}_{n-2}$（$n-1$，$n-2$ 时刻的滤波值）来近似推出当前时刻的滤波值 $\bar{y}_n$，其相应算法为

$$\bar{y}_n=\begin{cases}y_n & \Delta y_n=|\ y_n-\bar{y}_{n-1}\ |\leqslant\alpha,\\ \bar{y}_{n-1}\ 或\ \bar{y}_n=2\bar{y}_{n-1}-\bar{y}_{n-2} & \Delta y_n=|\ y_n-\bar{y}_{n-1}\ |>\alpha\end{cases} \tag{7-3}$$

式中，α 为相邻两个采样值之差的最大可能变化范围。

上述限幅滤波算法很容易用程序判断的方法实现，故称程序判断法。其实，该方法包含了对粗大误差的消除。

使用该方法的关键在于阈值 α 的选择。由于过程的动态特性决定了其输出参数的变化速度，因此，通常按照参数可能的最大变化速度 V_{max} 及采样周期 T 确定 α 值，即

$$\alpha = V_{max} \times T \tag{7-4}$$

下面是利用 MCS－51 汇编语言实现式(7－3)给出的程序判断滤波算法的程序。设用 2EH 和 2FH 分别动态存放最近一次的滤波值 $\bar{y}_{n-1}$ 和本次采样值 y_n，计算结束后的滤波值 $\bar{y}_n$ 也存入 2FH 单元中(这里假设所有采样值均为单字节)。据此设计的 MCS－51 程序如下。

```
PRODET：MOV   A， 2FH
        CLR   C
        SUBB  A， 2EH
        JNCP  RODTl                   ;若 yn－ȳn-1≥0 转 PRODTl
        CPL   A                       ;若 yn－ȳn-1<0 则求补
        INC   A
PRODTl：CJNE  A,#α,PRODT2             ;若|yn－ȳn-1|≠α 转 PRODT2
        AJMP  DONE
PRODT2：JC    DONE                    ;若|yn－ȳn-1|<α 转 DONE
        MOV   2FH,2EH                 ;否则 ȳ＝ȳn-1
DONE：  RET
```

2）中位值滤波法

中位值滤波就是对某一被测参数连续采样 n 次(一般 n 取奇数)，然后把 n 次采样值按从大到小(或从小到大)的顺序进行排队，取中间值为本次滤波值。中位值滤波能有效克服因偶然因素引起的波动或采样器不稳定引起的误码等脉冲干扰。对温度、液位等缓慢变化的被测参数采用此法能达到良好的滤波效果，但对于流量、压力等快速变化的参数一般不宜采用中位值滤波算法。

设 30H 为存放采样值(单字节)的内存单元首址，2E 为存放滤波值的内存单元地址，N 为采样值个数。MCS－51 程序如下。

```
FILTER：   MOV   R3， #N－1           ;置循环初值
SORT：     MOV   A，  R3
           MOV   R2， A               ;循环次数送 R2
           MOV   R0， #30H            ;采样值首址送 R0
LOOP：     MOV   A,@R0
           INC   R0
           CLR   C
           SUBB  A,@R0                ;yn－yn-1→A
           JC    DONE                 ;yn<yn-1 转 DONE
           ADD   A，  @R0             ;恢复 A
           XCH   A，  @R0             ;yn≥yn-1，交换数据
           DEC   R0
           MOV   @R0,A
```

```
          INC    R0
DONE:     DJNZ   R2,  LOOP        ;R2≠0,继续比较
          DJNZ   R3,  SORT        ;R3≠0,继续循环
          MOV    A, # N-1
          CLR    C
          RRC    A
          ADD    A,#30H           ;计算中值地址
          MOV    R0, A
          MOV    2EH,  @R0        ;存放滤波值
          RET
```

3) 算术平均滤波法

算术平均滤波法是连续取 N 个采样值进行算术平均。其数学表达式为

$$\bar{y}_n = \frac{1}{N}\sum_{i=1}^{N} y_i \quad (i=1,\ 2,\ \cdots,\ N) \tag{7-5}$$

式中,N 为采样值的个数;$\bar{y}_n$ 为当前 N 个采样值经滤波后的输出;y_i 为未经滤波的第 i 个采样值。

该算法适用于抑制一般的随机干扰,算术平均滤波法对信号的平滑程度取决于采样次数 N。N 越大,平滑度越高,灵敏度越低;N 越小,平滑度越低,灵敏度越高。N 的选取应视具体情况而定,以便既少占用计算时间,又能达到最好的效果。一般地,对于流量测量,通常取 $N=12$;若为压力,则取 $N=4$。

算术平均滤波程序可直接按式(7-5)编制,只是需注意两点。一是 y_i 的输入方法,对于定时测量,为了减少数据的存储容量,可对测得的 y_i 值直接按上式进行计算,但对于某些应用场合,为了加快数据测量的速度,可采用先测量数据,并把它们存放在存储器中,待测量完 N 点后,再对测得的 N 个数据进行平均值计算。二是选取适当的 y_i、$\bar{y}_n$ 的数据格式,即 y_i、$\bar{y}_n$ 是定点数还是浮点数。采用浮点数计算比较方便,但计算时间较长;采用定点数可加快计算速度,但是必须考虑累加时是否会产生溢出。

设 N 为采样值个数。30H 为存放双字节采样值的内存单元首址,且假定 N 个采样值之和不超过 16 位。滤波值存入 2EH 开始的两个单元中。DIV21 为双字节除以单字节子程序,(R7、R6)为被除数,(R5)为除数,商在(R7、R6)中。MCS-51 程序如下。

```
ARIFIL:   MOV   R2, # N         ;置累加次数
          MOV   R0, # 30H       ;置采样值首地址
          CLR   A
          MOV   R6,  A          ;清累加值单元
          MOV   R7,  A
LOOP:     MOV   A,  R6          ;完成双字节加法
          ADD   A,  @R0
          MOV   R6,  A
          INC   R0
          MOV   A,  R7
```

```
ADDC A, @R0
MOV  R7, A
INC  R0
DJNZ R2, LOOP
MOV  R5, # N          ;数据个数送入 R5
ACALL  DIV21          ;除法,求滤波值
MOV  2FH, R7
MOV  2EH, R6
RET
```

本程序在求平均值时,调用了除法子程序 DIV21。应当指出,当采样数为 2 的幂时,可以不调用除法子程序,而只需对累加结果进行一定次数的右移,这样可大大节省运算时间,当采样次数为 3、5 时,同样可以应用下式

$$\frac{1}{3}=\frac{1}{4}+\frac{1}{16}+\frac{1}{64}+\frac{1}{256}+\cdots\cdots$$

$$\frac{1}{5}=\frac{1}{8}+\frac{1}{16}+\frac{1}{128}+\frac{1}{256}+\cdots\cdots \tag{7-6}$$

对累加结果进行数次右移,然后将每次右移结果相加。当然,这样做会造成一定的舍入误差。

4) 递推平均滤波法

前面介绍的算术平均滤波法,每计算一次数据,需测量 N 次。对于要求数据计算速度较高的实时系统,该方法不适用。例如,某 A/D 芯片转换速率为每秒 10 次,而要求每秒输入 4 次数据时,则 N 不能大于 2。下面介绍一种只需进行一次测量,就能得到当前算术平均滤波值的方法——递推平均滤波法。

递推平均滤波法是把 N 个测量数据看成一个队列,队列的长度固定为 N,每进行一次新的测量,把测量结果放入队尾,而扔掉原来队首的一个数据,这样在队列中始终有 N 个"最新"的数据。计算滤波值时,只要把队列中的 N 个数据进行算术平均,就可得到新的滤波值。这样每进行一次测量,就可计算得到一个新的平均滤波值。这种滤波算法称为递推平均滤波法,其数学表达式为

$$\bar{y}_n=\frac{1}{N}\sum_{i=0}^{N-1}y_{n-i} \tag{7-7}$$

式中,N 为递推平均项数;$\bar{y}_n$ 为第 n 次采样值经滤波后的输出值;y_{n-i} 为未经滤波的第 $n-i$ 次采样值。

即第 n 次采样的 N 项递推平均值是 $n, n-1, \cdots, n-N+1$ 次采样值的算术平均,与算术平均法相似。递推平均滤波算法对周期性干扰有良好的抑制作用;但对偶然出现的脉冲干扰的抑制作用差,不易消除由于脉冲干扰引起的采样值偏差,因此它不适用于脉冲干扰比较严重的场合,而适用于高频振荡系统。通过观察不同 N 值下递推平均的输出响应来选取 N 值,以便既少占用计算机时间,又能达到最好的滤波效果。表 7-1 给出了 N 的工程经验参考值。

表 7-1　N 的工程经验参考值表

参　数	流　量	压　力	液　面	温　度
N　值	12	4	4～12	1～4

对照式(7-7)和式(7-5),可以看出,递推平均滤波法与算术平均滤波法在数学处理上是完全相似的,只是这 N 个数据的实际意义不同而已,在程序上与算术平均滤波法没有明显区别。

5) 加权递推平均滤波法

在算术平均滤波法和递推平均滤波法中,N 次采样值在输出结果中所占的权重是均等的,这样的滤波算法,对于时变信号会引入滞后,N 越大,滞后越严重。为了增加最新采样数据在递推平均滤波结果中的权重,以提高系统对当前采样值中所含干扰的灵敏度,可以采用加权递推平均滤波算法。该算法是递推平均滤波算法的改进,它对不同时刻的数据赋予不同的权值,通常越接近现时刻的数据,权值选取的越大。N 项加权递推平均滤波算法的公式为

$$\bar{y}_n = \sum_{i=0}^{N-1} C_i y_{n-i} \tag{7-8}$$

式中,N 为递推平均项数;$\bar{y}_n$ 为第 n 次采样值经滤波后的输出值;y_{n-i} 为未经滤波的第 $n-i$ 次采样值。$C_0, C_1, \cdots, C_{N-1}$ 为常数,且满足如下约束条件

$$C_0 + C_1 + \cdots + C_{N-1} = 1$$

$$C_0 > C_1 > \cdots > C_{N-1} > 0 \tag{7-9}$$

常数 $C_0, C_1, \cdots, C_{N-1}$ 有多种选取方法,其中最常用的是加权系数法。设 τ 为对象的纯滞后时间,且

$$\delta = 1 + e^{-\tau} + e^{-2\tau} + \cdots + e^{-(N-1)\tau} \tag{7-10}$$

则

$$C_0 = \frac{1}{\delta},\ C_1 = \frac{e^{-\tau}}{\delta},\ \cdots,\ C_{N-1} = \frac{e^{-(N-1)\tau}}{\delta} \tag{7-11}$$

由式(7-11)可知,τ 越大,δ 越小,故给予新近采样值的权值系数越大,而给予先前采样值的权系数越小,这样可提高新近采样值在平均值中的贡献度。所以加权递推平均滤波算法适用于有较大纯滞后时间常数 τ 的对象和采样周期较短的系统;而对于纯滞后时间常数较小、采样周期较长、变化缓慢的信号,则不能迅速反应系统当前所受干扰的严重程度,故滤波效果稍差。

6) 一阶惯性滤波法

在模拟量输入通道等硬件电路中,常用一阶惯性 RC 模拟滤波器来抑制干扰,一阶 RC 滤波器的电路如图 7-2 所示。

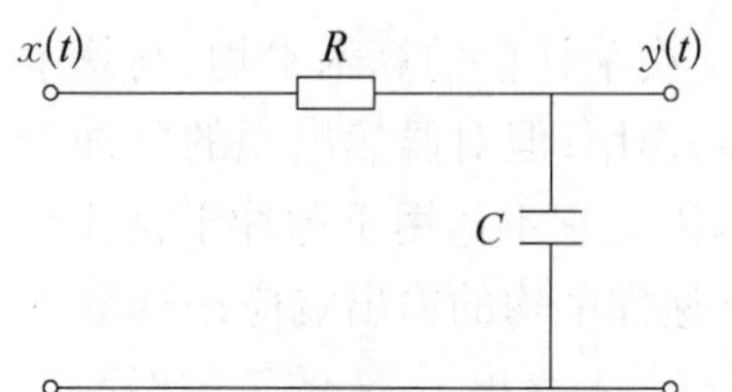

图 7-2　一阶 RC 滤波器的电路

其数学表达式为

$$RC\frac{\mathrm{d}y(t)}{\mathrm{d}t} + y(t) = x(t) \tag{7-12}$$

式中,$x(t)$ 为滤波器的输入信号;$y(t)$ 为滤波器的输出结果,R 为电阻,C 为电容。

当用这种模拟方法来对频率很低的干扰进行滤波时，首先遇到的问题是要求滤波器有大的时间常数和高精度的RC网络。时间常数 T_f 越大，要求 R 值越大，其漏电流也随之增大，从而使RC网络的误差增大，降低了滤波效果。为此，将式(7－12)离散化。

当采样时间 Δt 足够小时，可用 Δt 来代替 $\mathrm{d}t$，而 $\mathrm{d}y(t)$ 可看作是第 n 次与第 $n-1$ 次采样值的差 y_n-y_{n-1}，用第 n 次输入 x_n 代替 $x(t)$，进而可得式(7－12)离散化后的结果为

$$RC\frac{y_n-y_{n-1}}{\Delta t}+y_n=x_n \tag{7-13}$$

对式(7－13)进行整理可得

$$\begin{aligned}y_n&=\frac{\Delta t}{RC+\Delta t}x_n+\frac{RC}{RC+\Delta t}y_{n-1}\\&=\frac{\Delta t}{RC+\Delta t}x_n+\left(1-\frac{\Delta t}{RC+\Delta t}\right)y_{n-1}\end{aligned} \tag{7-14}$$

令

$$a=\frac{\Delta t}{RC+\Delta t}$$

则式(7－14)变为

$$y_n=ax_n+(1-a)y_{n-1} \tag{7-15}$$

式(7－15)就是一阶惯性滤波算法的计算公式，是一种以数字形式通过软件来实现的动态RC滤波算法，它能很好地克服上述模拟滤波器的缺点，在滤波常数要求大的场合，此法更为实用。为了全文符号的一致性，将一阶惯性滤波算法表示为

$$\bar{y}_n=ay_n+(1-a)\bar{y}_{n-1} \tag{7-16}$$

式中，$\bar{y}_n$ 为第 n 次采样值经滤波后的输出值；y_n 为未经滤波的第 n 次采样值；a 为滤波参数，由实验确定，只要使被检测的信号不产生明显的纹波即可。

$$a=\frac{T}{(T+T_f)}$$

式中，T_f 为滤波时间常数；T 为采样周期。

当 $T\ll T_f$ 时，a 远小于1。由式(7－16)可知，本次滤波的输出值 $\bar{y}_n$ 主要取决于上次滤波的输出值 $\bar{y}_{n-1}$，而本次的采样值 y_n 对输出值的贡献很小，这就模拟了具有较大惯性的低通滤波器的功能。调整算法中的参数 a 的大小就可以方便地调整滤波器的特性，也很容易实现高通滤波功能。

一阶惯性滤波算法对周期性干扰具有良好的抑制作用，适用于波动频繁参数的滤波。其不足之处是带来了相位滞后、灵敏度低等缺陷。滞后的程度取决于 a 值的大小。同时，它不能滤除频率高于采样频率二分之一(称为奈奎斯特频率)的干扰信号。即如果采样频率为100 Hz，则它不能滤去50 Hz以上的干扰信号，对于高于奈奎斯特频率的干扰信号，还得采用模拟滤波器。

一阶惯性滤波一般采用定点运算，由于不会产生溢出问题。a 常选用2的负幂次方，这样在计算 ay_n 时只要把 y_n 向右移若干位即可。

设 $\bar{y}_{n-1}$ 存在30H为首地址的单元中，y_n 存在60H为首地址的单元中，均为双字节。取 $a=0.75$，滤波结果存放在R6、R7中。MCS-51程序如下。

```
FOF:  MOV   R0,   # 30H
      MOV   R1,   # 60H
      CLR   C               ;0.5ȳn-1，存入R2,R3中
      INC   R0
      MOV   A,   @R0
      RRC   A
      MOV   R3,A
      DEC   R0
      MOV   A,   @R0
      RRC   A
      MOV   R2,   A
      MOV   A,   @R0        ;yn+ȳn-1
      ADD   A,   @R1
      MOV   R6,   A
      INC   R0
      INC   R1
      MOV   A,   @R0
      ADDC  A,   @R1
      RRC   A               ;(yn+ȳn-1)*0.5存R6,R7中
      MOV   R7,   A
      MOV   A,   R6
      RRC   A
      MOV   R6,   A
      CLR   C               ;(yn+ȳn-1)*0.25
      MOV   A,   R7
      RRC   A
      MOV   R7,   A
      MOV   A,   R6
      RRC   A
      ADD   A,   R2         ;0.25*(yn+ȳn-1)+0.5*ȳn-1，存入R2,R3中
      MOV   R2,  A
      MOV   A,   R7
      ADDC  A,   R3
      MOV   R3,   A
      RET
```

7）复合滤波法

智能仪表在实际应用中所面临的随机干扰往往不是单一的，既有脉冲干扰又有随机干扰，因此，常常需要把前面介绍的两种以上的方法结合起来使用，形成复合滤波，以去除智能

仪表所受到的多种干扰，如去极值平均滤波算法、限幅平均滤波算法等。

(1) 去极值平均滤波算法

将中位值滤波算法与平均滤波算法相结合可得到去极值滤波算法，该算法既可防止脉冲干扰又可防止周期干扰。该算法的特点是先用中位值滤波算法滤掉采样值中的脉冲性干扰，然后把剩余的各采样值进行递推平均滤波。其基本算法如下。

如果 $y_{\min} \leqslant y_2 \leqslant \cdots \leqslant y_{\max}$，其中 $3 \leqslant N \leqslant 14$（$y_{\min}$，$y_{\max}$ 分别是所有采样值中的最小值和最大值)，则

$$\bar{y}_n = (y_2 + y_3 + \cdots + y_{n-1})/(N-2) \tag{7-17}$$

该算法先完成所有数据的采样，将数据存储在智能仪表的 RAM 区，然后按公式(7-17)进行计算。对于变化快的变量，可与递推滤波算法相结合，采用如下的公式(7-18)，边采样边计算，不用在 RAM 中开辟数据缓存区。

$$\bar{y}_n = \frac{1}{N-2}\left(\sum_{i=1}^{N} y_i - y_{\min} - y_{\max}\right) \tag{7-18}$$

(2) 限幅平均滤波法

将限幅滤波法与平均滤波法相结合可形成限幅平均滤波法，其实现方法为：先对采样得到的数据进行限幅处理，再将处理后的数据送入队列进行平均滤波。

该算法融合了两种算法的优点，既可以消除脉冲干扰引起的误差，又可以消除周期性干扰引起的误差。

上面介绍了几种在智能仪表中使用较普遍的消除随机干扰的软件算法。在一个具体的仪表中究竟应选用哪种滤波算法，取决于仪表的应用场合及使用过程中可能受到的随机干扰情况。

7.1.3 系统误差的消除算法

系统误差是由测量系统的内部原因造成的，如仪表内部校准、放大器的零点漂移、增益漂移及非线性等造成的误差。系统误差的特点不同于随机误差，所以不能像抑制随机干扰那样，使用概率统计方法导出一些普遍适用的处理方法来消除，而只能针对某一具体情况，在测量技术上采取一定的措施。本节介绍一些常用且有效的测量校准方法，以消除系统误差对测量结果的影响。

在一定的测量条件下，随机误差的基本特征是随机性，其算法往往是仪表测量算法的一个重要组成部分，实时性很强。而系统误差是恒定的或是按一定规律变化的，因而通常先采用离线方法来确定校正算法和数学表达式，在线测量时只需利用所确定的校正表达式对系统误差做出修正即可。离线处理的算法属于数值计算方法的范畴，大多采用高级语言编程，在系统机上执行，这些算法都有成熟的程序库，所以本节着重介绍这些方法的原理。

1. 系统误差的模型校正法

在某些情况下，对仪表的系统误差进行理论分析和数学处理，可以建立起仪表的系统误差模型。一旦有了模型，就可以确定校正系统误差的算法和表达式。例如，MC14433 双积分型 A/D 转换器是输入通道的常用器件，这种器件在输入信号发生极性变化时，要占用一

次转换周期的时间,从而使信号的有效转换延迟一个周期。当仪表中采用这种A/D转换器作为单极性信号转换时,如果输入信号较小,则一个负脉冲干扰就可能使极性发生变化,从而导致不希望出现的转换延迟,特别是在仪表具有多个输入通道而有些通道又暂时不用(接零信号)时,这种延迟会影响下一个通道的正确转换。为了克服这一现象,通常可以在输入信号端叠加一个小的固定正信号,从而使信号不会由于干扰而变为负极性。假设这一附加信号的转换结果是a,则有效信号转换结果y应是A/D转换器的输出值x减去a,即

$$y=x-a \tag{7-19}$$

式中,a可视为一个固定的系统误差,则式(7-19)就是这一系统误差的校正算式。

上述例子比较简单,实际情况往往要复杂得多。校正系统误差的关键是建立系统误差模型。但在许多情况下,并不知道误差模型,设计者只能通过测量获得一组反映被测变量的离散数据,然后利用这些离散数据来建立一个反映测量值变化的近似数学模型(即校正模型)。建立校正模型的方法很多,本节仅介绍最常用的代数插值法和最小二乘法。

1) 代数插值法

设有$n+1$个离散点,(x_0, y_0), (x_1, y_1), …, (x_n, y_n), $x\in[a, b]$和未知函数$f(x)$,并有

$$f(x_0)=y_0,\ f(x_1)=y_1,\ \cdots,\ f(x_n)=y_n$$

现在要找到一个函数$g(x)$,使$g(x)$在$x_i(i=0, \cdots, n)$处与$f(x_i)$相等,这就是插值问题。满足这个条件的函数$g(x)$称为$f(x)$的插值函数,x_i称为插值节点。有了$g(x)$,在以后的计算中就可以用$g(x)$在区间$[a, b]$上近似代替$f(x)$。

在插值法中,$g(x)$有多种选择方法,比如倒数函数、幂函数、对数函数以及多项式函数等。由于多项式是最容易计算的一种函数,所以一般常选择$g(x)$为n次多项式,并记n次多项式为$P_n(x)$,这种插值方法叫作多项式插值法,也常称为代数插值法。

假设用一个次数不超过n的代数多项式

$$P_n(x)=a_nx^n+a_{n-1}x^{n-1}+\cdots+a_1x+a_0 \tag{7-20}$$

去逼近$f(x)$,使$P_n(x)$在节点x_i处满足

$$P_n(x_i)=f(x_i)=y_i \qquad (i=0, 1, \cdots, n)$$

将$n+1$个离散点代入多项式$P_n(x)$中,可得到系数a_n, …, a_1, a_0应满足的条件方程组为

$$\begin{cases} a_nx_0^n+a_{n-1}x_0^{n-1}+\cdots+a_1x_0+a_0=y_0, \\ a_nx_1^n+a_{n-1}x_1^{n-1}+\cdots+a_1x_1+a_0=y_1, \\ \quad\cdots\cdots \\ a_nx_n^n+a_{n-1}x_n^{n-1}+\cdots+a_1x_n+a_0=y_n, \end{cases} \tag{7-21}$$

这是一个含$n+1$个未知数a_n, a_{n-1}, …, a_1, a_0的线性方程组。可以证明,当x_0, x_1, …, x_n互异时,方程组(7-21)有唯一的一组解,因此可以得到唯一的$P_n(x)$满足所要求的插值条件。

在实际问题中，x_i 和 y_i 总是已知的，所以可先通过离线求出 a_i，然后按所得到的 a_i 编出一个计算 $P_n(x)$ 的程序，在实际测量时就可以对各输入值 x_i 进行近似的实时计算 $f(x) \approx P_n(x)$，实现对系统误差的实时校正。

通常，给出的离散点的数量总是多于求解插值方程组所需要的离散点数，因此，在用多项式插值方法求解插值函数时，必须先根据所需要的逼近精度来决定多项式的次数，然后选择需要使用的合适的离散点。插值函数的具体次数与所要逼近的函数有关，例如函数关系近似线性的，可从中选取两点，此时 $n=1$，即用一次多项式来逼近。接近抛物线的，可从中选取三点，此时 $n=2$，即用二次多项式来逼近，以此类推。同时，多项式次数还与自变量的范围有关，一般来说，自变量的范围越大（即插值区间越大），达到同样精度时的多项式次数也越高。对于无法预先确定多项式次数的情况，可采用凑试法，即先选取一个较小的 n 值，看看逼近误差是否满足所要求的精度，如果误差太大，则将 n 加 1，直到误差接近精度要求为止。在满足精度要求的前提下，n 不应取得太大，以免计算时间过长，影响仪表的实时性。

(1) 线性插值

线性插值是在一组数据 (x_i, y_i) 中选取两个有代表性的点 (x_0, y_0)，(x_1, y_1)，然后根据插值原理，求出插值方程

$$P_1(x) = \frac{(x - x_i)}{(x_0 - x_i)} y_0 + \frac{(x - x_0)}{(x_1 - x_0)} y_1 = a_1 x + a_0 \tag{7-22}$$

式中，待定系数 a_1 和 a_0 的表达式为

$$a_1 = \frac{y_1 - y_0}{x_1 - x_0}, \quad a_0 = y_0 - a_1 x_0 \tag{7-23}$$

当点 (x_0, y_0) 和点 (x_1, y_1) 取在非线性特性曲线 $f(x)$ 两端点 A 和 B（图 7-3）时，线性插值就是最常用的直线方程校正法。

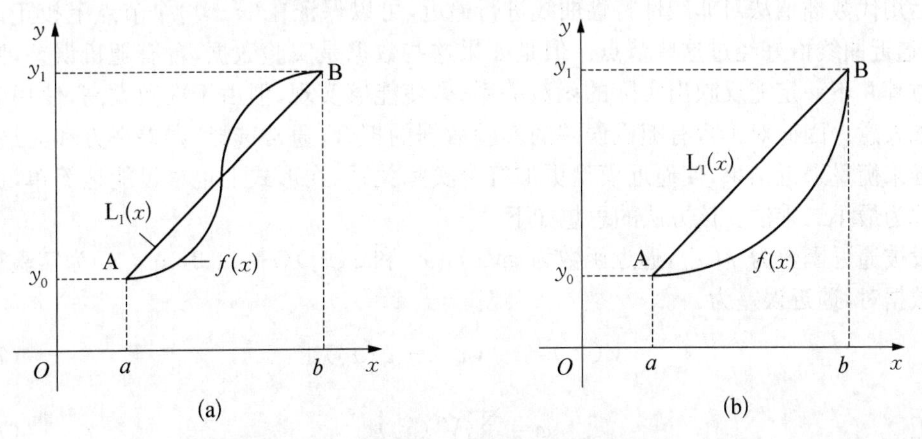

图 7-3　非线性特性曲线的直线方程校正

设 A、B 两点的数据分别为 $[a, f(a)]$ 和 $[b, f(b)]$，则根据式（7-22）和式（7-23）即可以求出其校正方程 $P_1(x) = a_1 x + a_0$，式中 $P_1(x)$ 表示对 $f(x)$ 的近似值。当 $x_i \neq x_0$、x_1

时,$P_1(x_i)$与$f(x_i)$有拟合误差V_i,其绝对值为

$$V_i = | P_1(x_i) - f(x_i) | \quad (i=1,\ 2,\ \cdots,\ n)$$

在全部x的取值区间$[a,\ b]$上,若始终有$V_i < \varepsilon$存在,ε为允许的拟合误差,则直线方程$P_1(x) = a_1 x + a_0$就是理想的校正方程。实时测量时,每采样一个值,就用方程$P_1(x)$对采样数据进行实时校正。

(2) 抛物线插值

抛物线插值的多项式次数为2,是在数据中选取三点$(x_0,\ y_0)$、$(x_1,\ y_1)$、$(x_2,\ y_2)$来建立插值方程,为

$$P_2(x) = \frac{(x-x_1)(x-x_2)}{(x_0-x_1)(x_0-x_2)} y_0 + \frac{(x-x_0)(x-x_2)}{(x_1-x_0)(x_1-x_2)} y_1 + \frac{(x-x_0)(x-x_1)}{(x_2-x_0)(x_2-x_1)} y_2 \tag{7-24}$$

其几何意义如图7-4所示。

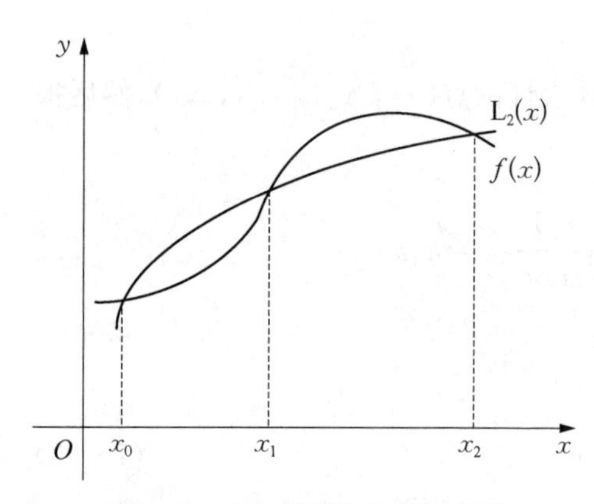

图7-4　抛物线插值的几何意义

多项式插值的关键是决定多项式的次数,这往往需要根据经验、描点观察数据的分布或试凑。在决定多项式次数n后,应选择$n+1$个自变量x和函数值y。由于一般给出的离散数组函数关系的数目均大于$n+1$,故应选择适当的插值节点x_i和y_i。实践经验表明,插值节点的选择与求得的插值多项式的误差大小有很大关系。在同样的n值条件下,选择合适的$(x_i,\ y_i)$值,可减小误差。考虑到实时计算,多项式的次数一般不宜选得过高。对于一些难以靠提高多项式次数来提高拟合精度的非线性特性曲线,应寻求其他方法予以解决。

2) 最小二乘法

运用代数插值法对非线性特性曲线进行逼近,可以保证在$(n+1)$个节点上校正误差为零,即逼近曲线恰好经过这些节点。但是如果这些数据是实验数据,含有随机误差,则这些校正方程并不一定能反映出实际的函数关系;即使能够实现,但由于次数太高,使用效果也不尽如人意。因此对于含有随机误差的实验数据的拟合,通常选择"误差平方和为最小"这一标准来衡量逼近结果,使逼近模型更加符合实际关系,在形式上也尽可能地简单,这种方法也称为最小二乘法。该方法的思想如下。

设被逼近函数为$f(x)$,逼近函数为$g(x)$,x_i和$g(x_i)(i=1,\ 2,\ \cdots,\ n)$为实验得到的离散数据对,逼近误差为

$$V(x_i) = | f(x_i) - g(x_i) | \tag{7-25}$$

记

$$\varphi = \sum_{i=1}^{n} V^2(x_i) \tag{7-26}$$

令$\varphi \to \min$,即在最小二乘意义上使$V(x)$最小化,这就是最小二乘法的原理。为了使逼近函数简单起见,通常选择$g(x)$为多项式。

下面介绍用最小二乘法实现直线拟合和曲线拟合的方法。

(1) 直线拟合

设有一组实验数据如图 7-5 所示。现在要求一条最接近于这些数据点的直线。直线可以有很多条,关键是找一条最佳的。设这组实验数据的最佳拟合直线方程(回归方程)为

$$y = a_0 + a_1 x \tag{7-27}$$

式中,a_0 和 a_1 称为回归系数。

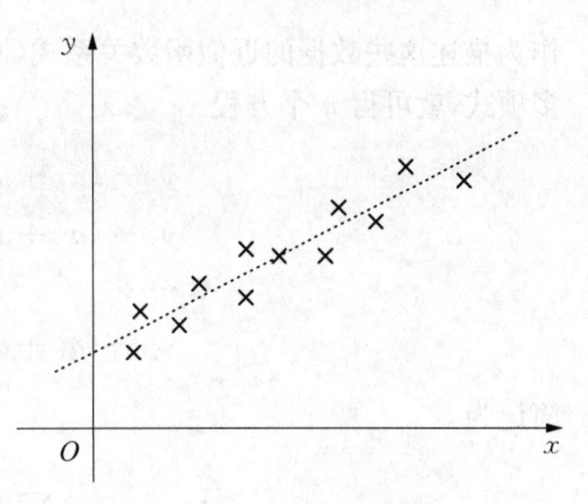

图 7-5 一组实验数据

令

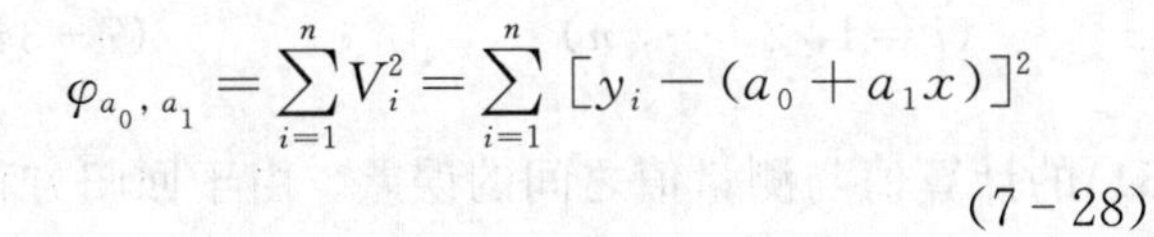

$$\varphi_{a_0, a_1} = \sum_{i=1}^{n} V_i^2 = \sum_{i=1}^{n} [y_i - (a_0 + a_1 x)]^2 \tag{7-28}$$

根据最小二乘法原理,要使 φ_{a_0, a_1} 为最小,就要使式(7-28)对 a_0, a_1 的偏导数为0,故可得

$$\begin{cases} \dfrac{\partial \varphi}{\partial a_0} = \sum\limits_{i=1}^{n} [-2(y_i - a_0 - a_1 x_i)] = 0, \\ \dfrac{\partial \varphi}{\partial a_1} = \sum\limits_{i=1}^{n} [-2x_i(y_i - a_0 - a_1 x_i)] = 0 \end{cases} \tag{7-29}$$

整理上式可得如下正则方程组

$$\begin{cases} \sum\limits_{i=1}^{n} y_i = n a_0 + a_1 \sum\limits_{i=1}^{n} x_i, \\ \sum\limits_{i=1}^{n} x_i y_i = a_0 \sum\limits_{i=1}^{n} x_i + a_1 \sum\limits_{i=1}^{n} x_i^2 \end{cases} \tag{7-30}$$

解之得

$$a_0 = \frac{\left(\sum\limits_{i=1}^{n} y_i\right)\left(\sum\limits_{i=1}^{n} x_i^2\right) - \left(\sum\limits_{i=1}^{n} x_i y_i\right)\left(\sum\limits_{i=1}^{n} x_i\right)}{n\left(\sum\limits_{i=1}^{n} x_i^2\right) - \left(\sum\limits_{i=1}^{n} x_i\right)^2} \tag{7-31}$$

$$a_1 = \frac{n\left(\sum\limits_{i=1}^{n} x_i y_i\right) - \left(\sum\limits_{i=1}^{n} x_i\right)\left(\sum\limits_{i=1}^{n} y_i\right)}{n\left(\sum\limits_{i=1}^{n} x_i^2\right) - \left(\sum\limits_{i=1}^{n} x_i\right)^2} \tag{7-32}$$

只要将各测量数据代入式(7-31)和式(7-32),就可求得回归方程的回归系数 a_0 和 a_1,从而得到这组测量数据在最小二乘意义上的最佳拟合直线方程。

(2) 曲线拟合

为了提高拟合精度,通常对 n 个实验数据$(x_i, y_i)(i=1, 2, \cdots, n)$选用 m 次多项式

$$y = a_0 + a_1 x + a_2 x^2 + \cdots + a_m x^m = \sum_{i=0}^{n} a_i x^i \tag{7-33}$$

作为描述这些数据的近似函数关系式(回归方程)。如果把点$(x_i, y_i)(i=1, 2, \cdots, n)$代入多项式,就可得$n$个方程

$$y_1-(a_0+a_1x_1+\cdots+a_mx_1^m)=V_1$$
$$y_2-(a_0+a_1x_2+\cdots+a_mx_2^m)=V_2$$
$$\cdots\cdots$$
$$y_n-(a_0+a_1x_n+\cdots+a_mx_n^m)=V_n$$

简记为

$$V_i=y_i-\sum_{j=0}^{m}a_jx_i^j \qquad (i=1, 2, \cdots, n) \tag{7-34}$$

式中,V_i为在x_i处由回归方程(7-34)的计算值与测量值之间的误差。由于回归方程不一定通过该测量点(x_i, y_i),所以V_i不一定为零。

根据最小二乘原理,为求取系数a_j的最佳估计值,应使误差V_i的平方之和为最小,即

$$\varphi(a_0, a_1, \cdots, a_m)=\sum_{i=1}^{n}V_i^2=\sum_{i=1}^{n}\left[y_i-\sum_{j=0}^{n}a_jx_i^j\right]^2\rightarrow \min \tag{7-35}$$

由此可得如下正则方程组

$$\frac{\partial\varphi}{\partial a_k}=-2\sum_{i=1}^{n}\left[\left(y_i-\sum_{j=0}^{m}a_jx_i^j\right)x_i^k\right]=0 \qquad (k=0, 1, \cdots, n) \tag{7-36}$$

即得计算$a_0, a_1, \cdots, a_m$的线性方程组

$$\begin{bmatrix} m & \sum x_i & \cdots & \sum x_i^m \\ \sum x_i & \sum x_i^2 & \cdots & \sum x_i^{m+1} \\ \cdots & \cdots & \cdots & \cdots \\ \sum x_i^m & \sum x_i^{m-1} & \cdots & \sum x_i^{2m} \end{bmatrix}\begin{bmatrix} a_0 \\ a_1 \\ \cdots \\ a_m \end{bmatrix}=\begin{bmatrix} \sum y_i \\ \sum x_iy_i \\ \cdots \\ \sum x_i^my_i \end{bmatrix} \tag{7-37}$$

式中,$\sum$为$\sum_{i=1}^{n}$。求解上式可得$(m+1)$个未知数a_j的最佳估计值。

3) 校正方法实现方式

建立系统误差校正函数的方法分为连续函数校正法和分段函数校正法。连续函数校正法的误差函数是连续而平滑的;分段函数校正法的误差函数有不平滑的转折点。在非线性较为严重的情况下,想要得到相同的拟合精度,前者的方程复杂,后者的方程较简单,也较容易实现。

(1) 连续函数校正法

连续函数校正法是在整个拟合区间上,采用一个连续的插值函数来对系统的非线性进行校正,建立系统校正函数的方法采用前述的代数插值法及最小二乘法等理论。

下面以镍铬—镍硅热电偶为例,说明连续函数校正法的具体应用。

例 7-1 表 7-2 是镍铬—镍硅热电偶在 0~490℃的分度表。现要求采用连续函数校正法的直线方程校正法建立该热电偶的非线性校正方程,要求拟合误差小于 3℃。

表7-2 镍铬—镍硅热电偶分度表

温度/℃	0	10	20	30	40	50	60	70	80	90
	热电势/mV									
0	0.00	0.40	0.80	1.20	1.61	2.02	2.44	2.85	3.27	3.68
100	4.10	4.51	4.92	5.33	5.73	6.14	6.54	6.94	7.34	7.74
200	8.14	8.54	8.94	9.34	9.75	10.15	10.56	10.97	11.38	11.80
300	12.21	12.62	13.04	13.46	13.87	14.29	14.71	15.13	15.55	15.97
400	16.40	16.82	17.24	17.67	18.09	18.51	18.94	19.36	19.79	20.21

解: 根据题意,从表中选取A(0, 0)和B(20.21, 490)两个端点,按式(7-23)可求得

$$a_1 \approx 24.245,\ a_0 = 0$$

即可得直线校正方程

$$P_1(x) = 24.245x$$

可以验证,在两端点,拟合误差为0,而在0~490℃除了两端点之外的点上,误差均不为零,当$x=11.38$ mV时,$P_1(x)=275.91$,误差为4.09℃,达到最大值。可以验证,在220~370℃时,拟合误差均大于3℃,可以看出,该直线校正方程不能满足误差要求。

现仍以表7-2所列的数据为例,改用连续函数校正。

例7-2 针对表7-2的数据,现要求用连续函数校正法且采用抛物线方程进行非线性校正,要求拟合误差小于3℃。

解: 根据题意,从表中选择三个节点(0, 0)、(10.15, 250)和(20.21, 490)。根据式(7-24)可求得抛物线校正方程为

$$\begin{aligned} P_2(x) &= \frac{x(x-20.21)}{10.15 \times (10.15-20.21)} \times 250 + \frac{x(x-10.15)}{20.21 \times (20.21-10.15)} \times 490 \\ &= -0.038x^2 + 25.02x \end{aligned}$$

可以验证,用这一方程对前面镍铬—镍硅热电偶的例子进行非线性校正,每一点的误差均不大于3℃,最大误差发生在130℃处,误差值为2.277℃。也就是说,针对同一组数据,利用直线方程校正不能满足要求,而采用抛物线插值就可以满足要求。

从前面两个例子7-1、7-2可以看出,采用连续函数校正法要想提高校正精度,只有提高校正多项式的次数,但多项式次数越高,方程越复杂,计算耗时越长,而且参数也越多,不仅会影响智能仪表的实时性,而且占用智能仪表更多的存储资源,使得仪表成本增加。所以在实际工业生产中,对于系统非线性程度严重或测量范围较宽的非线性特性,采用连续函数校正法校正方程次数较高时,为了以最低的代价获得较高的精度,以满足仪表的精度要求,常常采用分段函数校正法。

(2) 分段函数校正法

分段函数校正法是指将整个拟合区间$[a, b]$分为若干子区间,在每一个子区间上采用一个连续函数进行校正,在整个拟合区间$[a, b]$上,校正函数是不连续的。在实际的仪表算法设计中,考虑到仪表的实时性及成本,常用的分段函数校正法有分段直线校正和分段抛物线校正两种。

① 分段直线校正

分段直线校正是将整个拟合区间分为 N 段,分段以后的每一段非线性曲线用一个直线方程来校正,这是分段拟合中最简单的一种,即校正方程为

$$P_{1i}(x)=a_{1i}+a_{0i}(i=1,\ 2,\ \cdots,\ N) \tag{7-38}$$

式中,下标 i 表示折线的第 i 段。

下面仍以表 7-2 所列数据为例,说明分段直线校正方法的具体应用。

例 7-3 针对表 7-2 的数据,现要求用分段直线校正方法进行非线性校正,并验证误差的大小。

解: 根据题意,从表 7-2 中所列出的数据中取等距的三点(0, 0)、(10.15, 250)和(20.21, 490),现用经过这三点的两段直线方程来近似代替整个表格,可求得对应的校正方程为

$$P_1(x)=\begin{cases}24.63x & 0\leqslant x<10.15,\\ 23.86x+7.85 & 10.15\leqslant x\leqslant 20.21\end{cases} \tag{7-39}$$

可以验证,用式(7-39)对表 7-2 所列的数据进行非线性校正,每一点的误差均不大于 2℃。第一段的最大误差发生在 130℃处,误差值为 1.278℃;第二段的最大误差发生在 340℃处,误差值为 1.212℃。与例 7-2进行比较可以看出,选择同样的三点,采用分段校正法比采用高阶的连续函数校正法的误差大大减小。

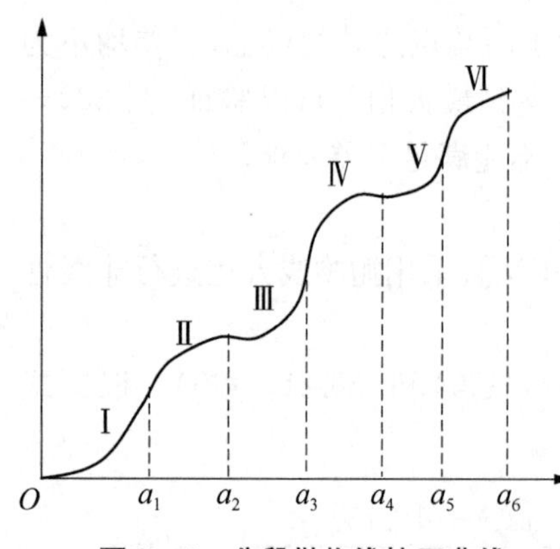

图 7-6 分段抛物线校正曲线

② 分段抛物线校正

分段抛物线校正就是将整个拟合区间分为 N 个子区间,在每一个子区间上,采用一个非线性曲线——抛物线来拟合输入输出特性的非线性曲线。分段抛物线校正曲线如图 7-6 所示。

根据曲线的形状,选用 6 段抛物线来近似代替该曲线所描述的输入输出关系,利用式(7-24),可得校正方程

$$P_2(x)=\begin{cases}a_{21}x^2+a_{11}x+a_{01} & 0\leqslant x\leqslant a_1,\\ a_{22}x^2+a_{12}x+a_{02} & a_1\leqslant x\leqslant a_2,\\ a_{23}x^2+a_{13}x+a_{03} & a_2\leqslant x\leqslant a_3,\\ a_{24}x^2+a_{14}x+a_{04} & a_3\leqslant x\leqslant a_4,\\ a_{25}x^2+a_{15}x+a_{05} & a_4\leqslant x\leqslant a_5,\\ a_{26}x^2+a_{16}x+a_{06} & a_5\leqslant x\leqslant a_6\end{cases} \tag{7-40}$$

每一子区间在所给的数据对中选取 3 点,就可求出该子区间校正抛物线的系数 a_{2i}、a_{1i}、$a_{0i}(i=1,\ 2,\ \cdots,\ 6)$。在设计软件时,将前面所求得的系数以及分界点 0、a_1、a_2、a_3、a_4、a_5、a_6 的值一起存入智能仪表的存储器中,实时测量时,只要根据测量值判断属于哪一个子区间,就可以从存储器中调出相应的系数,根据式(7-40)来对实际值进行校正。

由于直线校正存储的系数少、运算速度快,所以在实际应用中,优先选用连续直线校正

以及分段直线校正，在精度要求比较高，直线校正不能满足要求的情况下才会选择抛物线校正。而且在确定分段数的时候，只要能满足要求即可。

下面仍以表7-2所列的数据为例，说明用最小二乘法来建立校正模型的方法。

例7-4　针对表7-2的数据，现要求用分段直线方程进行非线性校正，并要求用最小二乘法建立校正模型，且验证校正误差的大小。

解：根据题意，从表7-2中选取三个等距节点(0，0)、(10.15，250)和(20.21，490)。设两段直线方程分别为

$$\begin{cases} y = a_{01} + a_{11}x & 0 \leqslant x < 10.15, \\ y = a_{02} + a_{12}x & 10.15 \leqslant x < 20.21, \end{cases}$$

根据式(7-28)和(7-29)，可分别求出 a_{01}，a_{11} 和 a_{02}，a_{12}。

$$\begin{aligned} a_{01} &= -0.122 \quad a_{11} = 24.57, \\ a_{02} &= 9.05 \quad\quad a_{12} = 23.83, \end{aligned}$$

可以验证，第一段直线最大绝对误差发生在130℃处，误差值为0.836℃。第二段直线最大绝对误差发生在250℃处，误差值为0.925℃。与采用代数插值法分段直线校正中的两段折线校正的结果进行对比可知，采用最小二乘法所得的校正方程的绝对误差要小得多。

③ 分段方法

分段校正法节点的选取决定了段数的多少，节点的选取通常有等距与非等距两种取法。

a. 等距节点分段直线校正法：等距分段法就是将拟合区间$[a, b]$等距离地分为若干子区间(若干段)，等距节点的方法适用于非线性特性曲率变化不大的场合，每一子区间采用一个连续函数进行校正。分段数 N 取决于输入输出关系的非线性程度和仪表的精度要求。非线性越严重和仪表的精度要求越高，则 N 越大。为了实时计算方便，常取 $N=2^m$($m=0$，1，……)。式(7-38)中的参数 a_{1i} 和 a_{0i} 以及式(7-40)中的参数 a_{2i}、a_{1i}、a_{0i} 均可离线求得。采用等距分段法，每一段曲线的拟合误差 V_i 一般各不相同。拟合结果应保证各段拟合误差的最大值小于系统的允许拟合误差，即

$$\max[V_{\max i}] \leqslant \varepsilon (i = 1, 2, 3, \cdots, N) \tag{7-41}$$

式中，$V_{\max i}$ 为第 i 段的最大拟合误差。

求得校正方程后，将各节点值以及求得的校正方程参数存入仪表的ROM中。实时测量时只要先用程序判断输入 x 位于折线的哪一段，然后取出该段对应的参数进行计算，即可得到被测量的校正值。

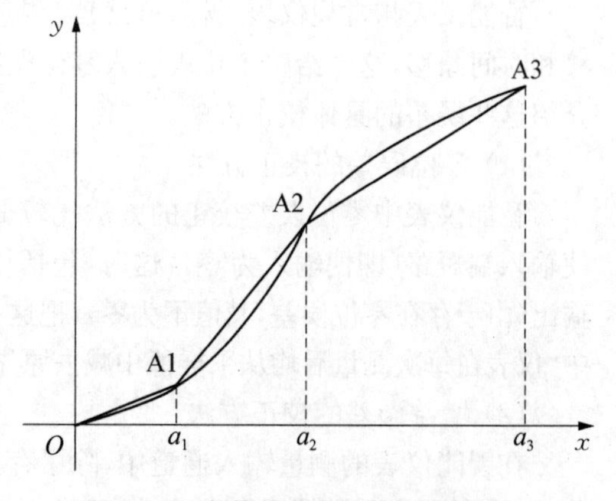

图7-7　非等距节点分段直线校正

b. 非等距节点分段校正法：对于曲率变化大和切线斜率大的非线性特性，若采用等距节点的方法进行校正，欲使最大误差满足精度要求，分段数 N 就会变得很大，而误差分配却不均匀。同时，N 增加会使校正方程的参数数目增加，从而占用更多内存，这时宜采用非等距节点分段校正法。在线性较好的部分，节点间距

离取得大些，反之则取得小些，从而使误差达到均匀分布，非等距节点分段直线校正如图 7-7 所示。图中用不等分的三段折线可达到较好的校正精度，三段直线方程如式(7-42)所示。但是若采用等距节点方法，很可能要用四段、五段折线才能取得同样的精度。

$$P_1(x)=\begin{cases}a_{11}x+a_{01} & 0\leqslant x<a_1,\\ a_{12}x+a_{02} & a_1\leqslant x<a_2,\\ a_{13}x+a_{03} & a_2\leqslant x\leqslant a_3\end{cases} \tag{7-42}$$

在利用非等距节点分段直线校正法时，由于非线性特性的不规则，在两个端点中间取的第三点有可能不合理，导致误差分布不均匀。尤其是当非线性严重，仅用一段或两段直线方程进行拟合无法保证拟合精度时，往往需要通过增加分段数来满足拟合的精度要求，并且应当合理确定分段数和分段节点。

在建立校正模型时，除用多项式函数来拟合外，也可以用其他函数(如指数函数、对数函数、三角函数等)来拟合。另外，拟合曲线还可用这些实验数据点作图，从各个数据点的图形(称之为散点图)的分布形状来分析，选择适当的函数关系和经验公式来进行拟合。

2. 系统误差的数据表校正法

在复杂的仪器中，往往不能充分了解误差的来源，因而难以建立适当的误差校正模型。这时可以通过实验来得到校正数据，然后把数据以表格形式存入仪表内存。一个校正点的数据对应一个(或几个)内存单元，在以后的实时测量中，通过查表来求得校正后的测量结果。

譬如对某一测量仪表的系统误差机理一无所知，但可以在它的输入端逐次加入已知电压 $y_1, y_2, \cdots, y_n$，在它的输出端测出相应的结果 $x_1, x_2, \cdots, x_n$。然后在内存中建立一张校正数据表，把 $x_i(i=1, 2, \cdots, n)$ 作为 EPROM 的地址，把对应的 $y_i(i=1, 2, \cdots, n)$ 作为内容存入这些 EPROM 中。实时测量时，若测得一个 x_i，就令仪表主机去访问 x_i 这个地址，读出它的内容 y_i，这个 y_i 就是被测量的真值。当被测值 x 介于两个校正点 x_i 和 x_{i+1} 之间时，可按其最接近 x_i 和 x_{i+1} 的单元查，但这样显然会引入一定的误差，此时可结合线性插值法，以提高校正精度。

3. 仪表零位误差和增益误差的校正方法

智能仪表与常规仪表一样，传感器、测量电路、信号放大器等不可避免地存在着温度漂移和时间漂移，这会给整个仪表引入零位误差和增益误差，这类误差均属于系统误差。下面介绍这些误差的具体校正方法。

(1) 零位误差的校正方法

智能仪表中零位误差校正的方法比较简单，需要做零位校正时，中断正常的测量过程，使输入端短路(即使输入为零)，这时，包括传感器在内的整个测量输入通道的输出即为零位输出(由于存在零位误差，其值不为零)，把这一零位输出保存在内存单元中。在正常测量过程中，仪表在每次测量后均从采样值中减去原先存入的零位输出值，从而实现零位误差校正。

(2) 增益误差的校正方法

在智能仪表的测量输入通道中，除了存在零位偏移外，放大电路的增益误差及器件的不稳定，也会影响测量数据的准确性，此类误差称为增益误差，这些误差也必须予以校正。校正的基本思想是：在仪表开机后或每隔一定时间去测量一次基准参数，然后利用模型校正法来进行校正。例如，假设某仪表已完成零位误差校正，要做增益误差校正时，测一个标准信号 y_R，设测得的数据为 x_R，当被测输入为 y 时，测得的数据为 x，则可按下式来计算 y。

$$y=\frac{y_R}{x_R}\times x \tag{7-43}$$

如果在校准时，计算并存放 y_R/x_R 的值，则测量时只需一次乘法即可完成增益误差的校准。

在实际工业生产中，为了方便，常常将零位误差校正与增益误差校正结合起来，由仪表自身实现全自动校正，无须人为介入，全自动校正电路如图7-8所示。

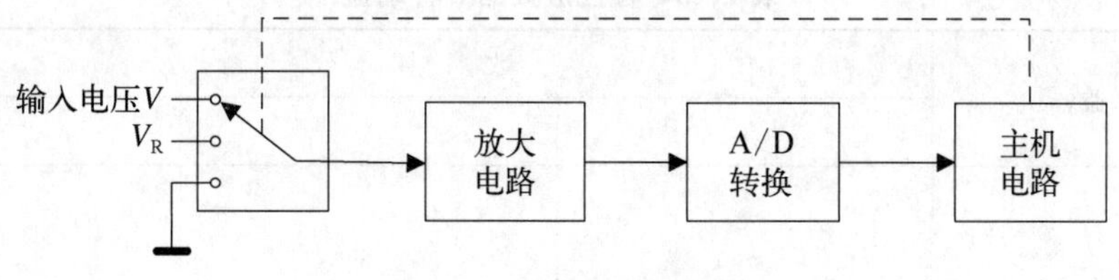

图7-8 全自动校正电路

该电路的输入部分有一个多路开关，由智能仪表内部的主机电路控制。设测量信号 x 与真值 y 是线性关系，即 $y=a_1x+a_0$，为了消除这一系统误差，需校正时，先把开关接到地，测出这时的输出 x_0，然后把开关接到 V_R，测出输出值 x_1，并存放 x_0 和 x_1，由此可获得由两个误差方程构成的方程组，如式(7-44)所示。

$$\begin{cases}V_R=a_1x_1+a_0,\\0=a_1x_0+a_0\end{cases} \tag{7-44}$$

解这个方程组，即可求得

$$a_1=\frac{V_R}{x_1-x_0},\ a_0=\frac{V_Rx_0}{x_0-x_1}$$

从而可得校正算式

$$y=\frac{x-x_0}{x_1-x_0}\times V_R \tag{7-45}$$

仪表在实际测量时，可在每次测量之初先求取现时刻的校正方程系数，然后进行采样，再按式(7-45)进行校正，从而可实时地消除系统误差。

采用这种方法测得的信号与放大器的漂移和增益变化无关，与 V_R 的精度也无关，因而可大大提高测量精度，降低对电路器件的要求。

7.1.4 量程自动切换与工程量变换

1. 量程自动切换

如果传感器和显示器的分辨率一定，而仪表的测量范围又很宽时，为了提高测量的精度，仪表应能自动切换量程。量程的自动切换有选用程控放大器和选用不同量程的传感器两条途径。

(1) 采用程控放大器

当被测信号的幅值变化范围很大时,为了保证测量精度的一致性,可采用程控放大器。通过控制改变放大器的增益,对幅值小的信号采用大增益,对幅值大的信号采用小增益,使A/D转换器信号满量程达到均一化。程控放大器的反馈回路中包含一个精密梯形电阻网络或权电阻网络,使其增益可按二进制或十进制的规律进行控制。一个具有3条增益控制线 A_0、A_1 和 A_2 的程控放大器,具有8种可能的增益,如表7-3所示。如果低于8种增益,则相应减少控制线,不用的控制线接固定电平。用程控放大器进行量程切换的原理图如图7-9所示。图7-9中的放大器采用两种增益,由仪表的主机电路控制。

表7-3 程控放大器8种增益

增益	数字代码		
	A_2	A_1	A_0
1	0	0	0
2	0	0	1
4	0	1	0
8	0	1	1
16	1	0	0
32	1	0	1
64	1	1	0
128	1	1	1

现举例说明这种量程切换方案的适用性。

例7-5 设图7-9中的传感器为一个压力传感器,最大测量范围为0～1 MPa,相对精度为±0.1%,如把测量范围压缩到0～0.1 MPa,其相对精度仍可达到±0.2%。在这种情况下,可采用程控放大器来充分发挥这种传感器的性能。现在,选用 $3\frac{1}{2}$ 位的A/D转换器,仪表量程分为0～1 MPa和0～0.1 MPa两部分。在小量程时,传感器输出较小,可以通过提高程控放大器的增益来补偿,使单位数字量所代表的压力减小,从而提高数字计算的分辨率。

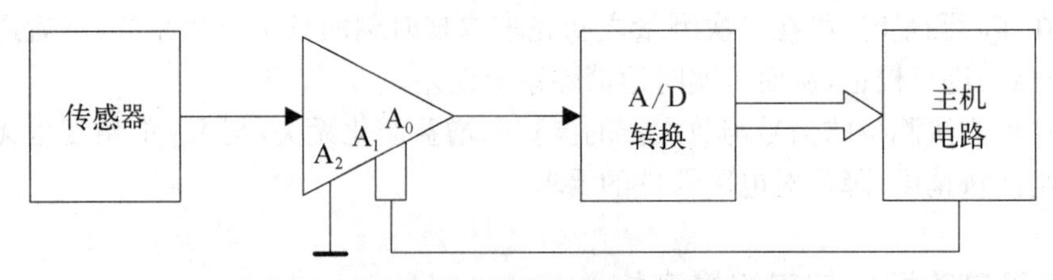

图7-9 程控放大器进行量程切换的原理图

解: 在0～1 MPa量程时,程控放大器的增益为1,控制线 $A_2A_1A_0$ =000B,当被测压力为最大值时,A/D转换器的输出为1999。在这一量程内,一旦A/D转换器的输出小于200,则经软件判断后自动转入小量程挡0～0.1 MPa,并使放大器的增益提高到8,即令控制线

$A_2A_1A_0$=011B。类似地，小量程挡内若A/D转换器的输出大于200×8=1 600时，软件判断后自动转入大量程挡，并使放大器的增益恢复到1。用程控放大器实现量程切换的程序流程如图7-10所示，图中F_0为标志位。

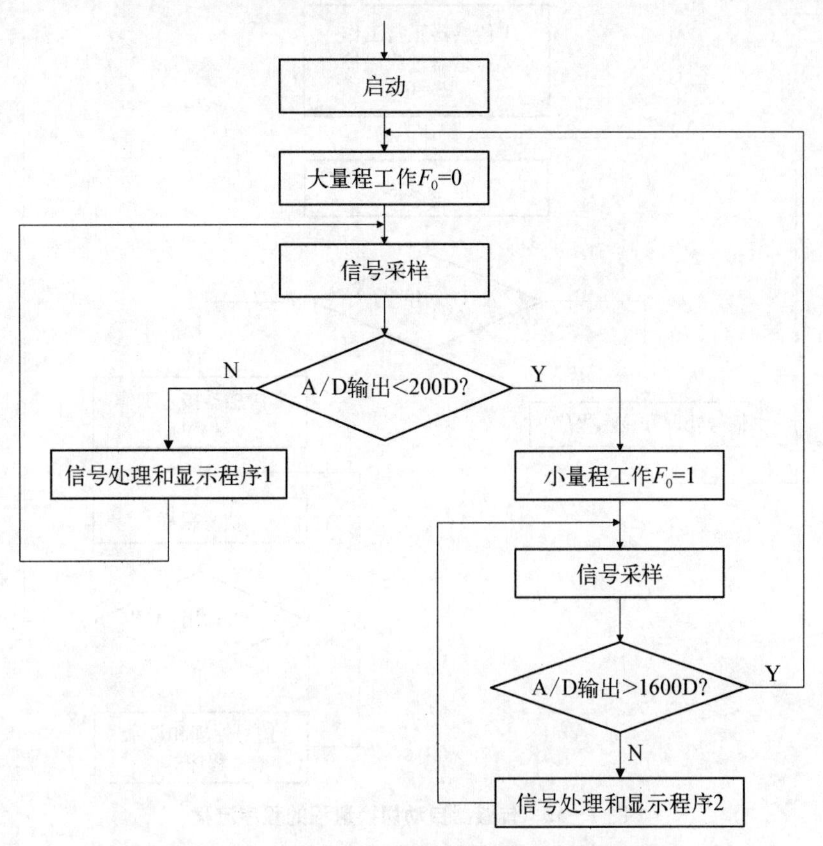

图7-10 用程控放大器实现量程切换的程序流程

(2) 自动切换不同量程的传感器

图7-11为不同传感器的量程切换，由主机电路通过多路转换器进行切换。1#传感器的最大测量范围为M_1，2#为M_2，且$M_1>M_2$，设它们的满量程输出是相同的。

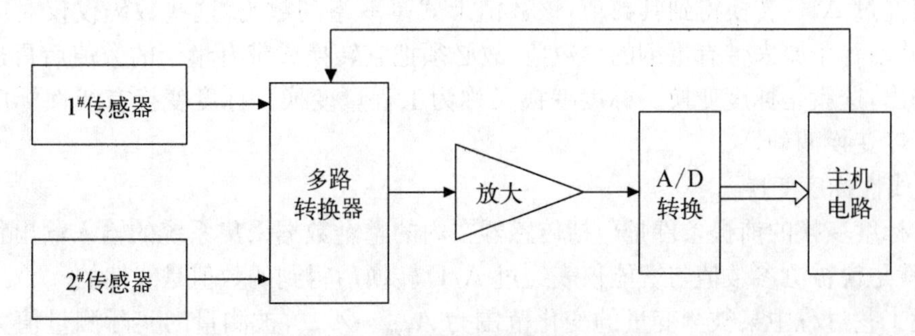

图7-11 不同传感器的量程切换

传感器自动切换量程的程序流程如图7-12所示。启动时，总是1#传感器先接入工作，2#处于过载保护，待软件判别确认量程后，再置标志位，选取M_1或M_2。若传感器价格贵，则用这种方案实现量程切换的成本较高。

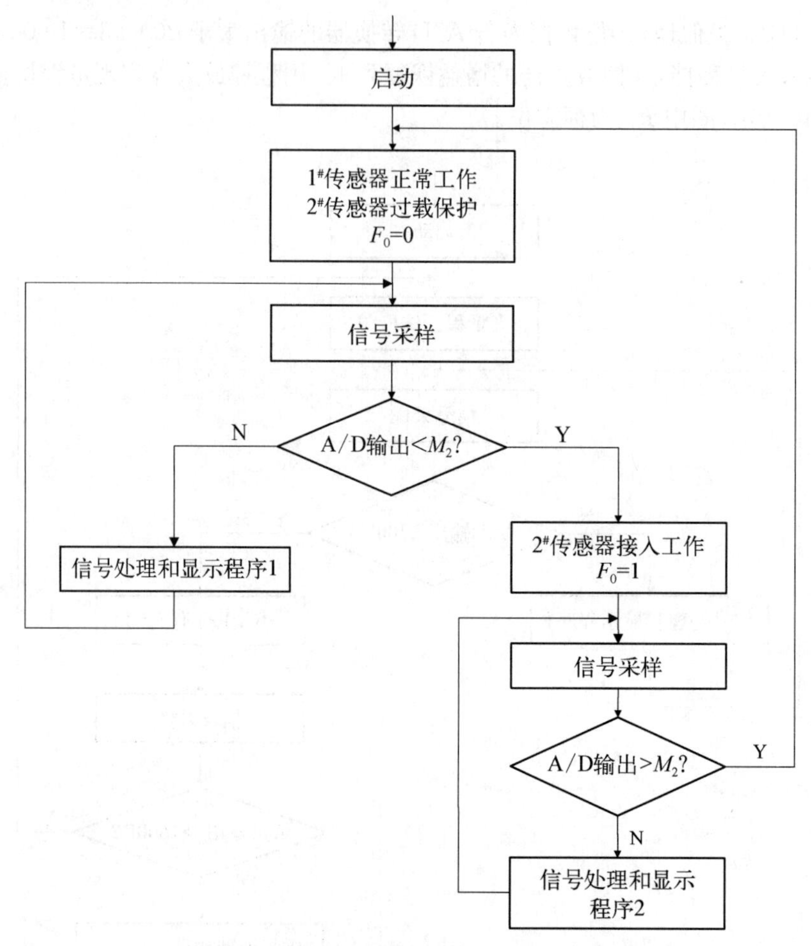

图 7-12　传感器自动切换量程的程序流程

2. 工程量变换

智能仪表在工作时,所测量的工业生产变量都具有量纲,比如,温度的单位为℃,压力的单位为 Pa,等等。智能仪表在测量这些变量时,传感器感应到变量后,由智能仪表的模拟量输入通道经过 A/D 转换得到其数值,该数值形式是一系列数码,这些数码仅仅对应于参数的大小,并不等于原来带有量纲的参数值,故必须把它转换成带有量纲的数值后再进行显示或打印输出,这就是标度变换。标度变换又称为工程量变换。标度变换有线性标度变换和非线性标度变换两种。

(1) 线性标度变换

线性标度变换的前提条件是包括传感器在内的整个数据采集系统的输入输出特性是线性的,也就是说被测参数值与智能仪表经过 A/D 转换后得到的数值是线性的。

假设工艺过程中某被测变量的变化范围为 $A_{min} \sim A_{max}$,被测量的实际测量值为 A_x,被测量的下限值 A_{min} 对应的数字量为 N_{min},被测量的上限值 A_{max} 对应的数字量为 N_{max},A_x 对应的数字量为 N_x,则线性标度变换公式为

$$A_x = (A_{max} - A_{min}) \frac{N_x - N_{min}}{N_{max} - N_{min}} + A_{min} \tag{7-46}$$

例7-6 假设某一数字温度仪的测量系统是线性的，温度测量范围为－50～150℃，ADC的分辨率为12位。如果被测温度对应的ADC的转换值为D5EH，求其标度变换值。

解： 因为数字温度仪的测量系统是线性的，故可利用式(7-46)进行标度变换。由ADC的分辨率为12位可得与温度测量范围对应的ADC转换结果的范围为0～FFFH，则$A_{min}=-50℃$，$A_{max}=150℃$，且当$A_{min}=-50℃$时，$N_{min}=0$；$A_{max}=150℃$时，$N_{max}=4\,095D$，$N_x=D5EH=3\,422D$，则

$$\begin{aligned}A_x&=(A_{max}-A_{min})\frac{N_x-N_{min}}{N_{max}-N_{min}}+A_{min}\\&=[150-(-50)]\times\frac{3\,422-0}{4\,095-0}+(-50)\\&\approx117.1℃\end{aligned}$$

一般情况下，对某一固定被测参数的测量来说，A_{max}、A_{min}、N_{max}和N_{min}都是常数，因此，可将这些参数事先存入智能仪表的内存中，测量时直接调用就可以得到实际被测量标度变换的值。如果是对多参数测量或同一参数的多量程测量，或对不同参数或同一参数进行不同量程测量时，这些参数是不同的。在这种情况下，只要把多组这样的数值存入智能仪表的内存，在进行实际测量时，根据需要调用不同组的参数即可完成被测量的标度变换。

为了使程序设计变得简单，一般通过一定的处理可以使被测参数的下限值A_{min}对应的ADC的转换值N_{min}为0，这样式(7-46)就可简化为

$$A_x=(A_{max}-A_{min})\frac{N_x}{N_{max}}+A_{min}\tag{7-47}$$

在实际测量中，常常仪表的下限值A_{min}也为0。这时，式(7-47)就可变为更简单的形式，如式(7-48)所示。

$$A_x=A_{max}\frac{N_x}{N_{max}}\tag{7-48}$$

(2) 非线性标度变换

如果包括传感器在内的整个数据采集系统的输入输出特性是非线性的，那么就不能使用线性标度变换方法进行被测量的标度变换，这时应该先进行非线性校正，再使用前面的线性标度变换方法。但是如果A/D转换后的数值与被测变量之间有明确的非线性数学关系，则可直接利用该数学关系式进行标度变换。

利用差压式流量传感器系统测量流量时，流量与节流装置两端的压差之间有明确的非线性关系，为

$$q=k\sqrt{\Delta p}\tag{7-49}$$

式中，q为流量；Δp为节流装置两端的压差；k为系数，与流体的状态及节流装置的结构尺寸有关。

由式(7-49)可以看出，流体的流量与流体流过节流装置前后产生的压差的平方根成正比。智能仪表的前向通道对差压变送器的输出信号进行采集，假设采集的结果N_x与压差呈线性关系，即$N_x=c\Delta p$，则被测流量q与采集结果N_x的关系为

$$q = K\sqrt{N_x} \tag{7-50}$$

式中,$K = k/\sqrt{c}$;c 为系数。

这样,可方便地得到利用差压流量传感器系统测量流量时的标度变换公式为

$$q_x = (q_{\max} - q_{\min})\frac{\sqrt{N_x} - \sqrt{N_{\min}}}{\sqrt{N_{\max}} - \sqrt{N_{\min}}} + q_{\min} \tag{7-51}$$

式中,q_x 为被测量的实际流量值;$q_{\max}$ 为被测流量的上限值;$q_{\min}$ 为被测流量的下限值;N_x 为差压变送器测得的压差值(数字量);$N_{\max}$ 为差压变送器的上限所对应的数字量;$N_{\min}$ 为差压变送器的下限所对应的数字量。

对于流量仪表,一般下限为 0,即 $q_{\min}=0$,则式(7-51)简化为

$$q_x = q_{\max}\frac{\sqrt{N_x} - \sqrt{N_{\min}}}{\sqrt{N_{\max}} - \sqrt{N_{\min}}} \tag{7-52}$$

如果在进行 A/D 转换时,差压变送器的下限所对应的数字量 $N_{\min}$ 也为 0,则式(7-52)可进一步简化为

$$q_x = q_{\max}\frac{\sqrt{N_x}}{\sqrt{N_{\max}}} \tag{7-53}$$

通常,测量系统的输出与被测变量之间的非线性关系不能用一个公式来表示,也许能够写出公式,但是计算会非常困难。实际上,测量系统的输出与被测变量之间的非线性关系可以看成是智能仪表的一种系统误差,因此,可以采用前面介绍过的系统误差的校正方法来进行标度变换。

7.2 控制算法

控制算法是智能仪表软件系统的主要组成部分,整个仪表的控制功能由控制算法来实现。智能仪表可以借助编程实现各种控制算法。在智能仪表中,控制算法实际上就是一段软件程序,所以,在同一仪表中,可以配置多种控制算法以适应不同系统的应用需求,从而制成更为通用、功能更强的仪表。

目前可选用的控制算法很多,除常用的数字 PID 控制算法外,还有前馈、纯滞后、非线性、解耦、自适应以及智能控制算法等。

7.2.1 PID 控制算法

由于比例积分微分(PID)控制能够满足工业生产大多数工况的控制要求,所以到目前为止,PID 仍是过程控制中应用最广泛的一种控制规律。一个典型的 PID 单回路控制系统如图 7-13 所示。图 7-13 中 $c(t)$是被控变量,$r(t)$是给定值,$y(t)$是测量值,$u(t)$是控制变量,$q(t)$是操纵变量,$e(t)$为测量值与设定值的偏差。

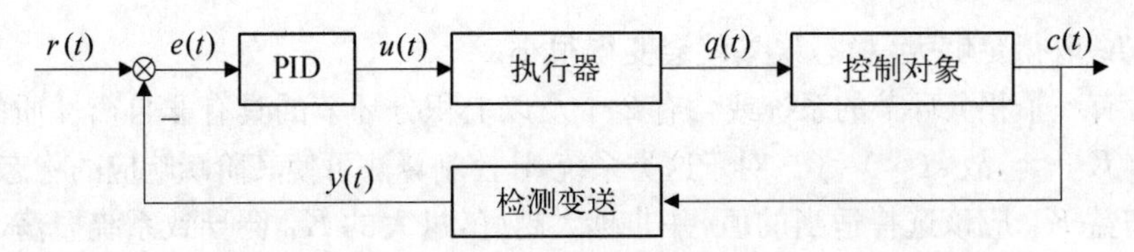

图 7-13 PID 单回路控制系统

模拟 PID 控制器的基本输入输出关系可表示为

$$u(t)=K_{\mathrm{P}}\left[e(t)+\frac{1}{T_{\mathrm{I}}}\int_{0}^{t}e(t)\mathrm{d}t+T_{\mathrm{D}}\frac{\mathrm{d}e(t)}{\mathrm{d}t}\right]+u(0) \tag{7-54}$$

式中，$u(t)$为调节器的输出；$u(0)$为调节器在静态时的输出值；$e(t)$为调节器的输入偏差信号，$e(t)=r(t)-y(t)$；K_{P} 为比例增益；T_{I} 为积分时间；T_{D} 为微分时间。式(7-54)用传递函数形式表示，为

$$G_{c}(S)=K_{\mathrm{P}}\left(1+\frac{1}{T_{\mathrm{I}}S}+T_{\mathrm{D}}S\right) \tag{7-55}$$

由于智能仪表内部处理器的运算方式是数字量，所以需要将式(7-54)离散化。离散化方法为：令 $t=nT$，T 为采样周期，且用 T 代替微分增量 $\mathrm{d}t$，用误差的增量 $\Delta e(nT)$代替 $\mathrm{d}e(t)$，为书写方便，在不致引起混淆的情况下，省略 nT 中的 T，则

$$\begin{gathered}\frac{\mathrm{d}e(t)}{\mathrm{d}t}\rightarrow\frac{e(nT)-e[(n-1)T]}{T}=\frac{e(n)-e(n-1)}{T}=\frac{\Delta e(n)}{T}\\ \int_{0}^{t}e(t)\mathrm{d}t\rightarrow\sum_{i=0}^{n}e(iT)\cdot T=T\cdot\sum_{i=0}^{n}e(i)\end{gathered} \tag{7-56}$$

式中，n 为采样序号；$e(n)$为第 n 次采样的偏差值，$e(n)=r(n)-c(n)$。于是式(7-54)可写成

$$\begin{aligned}u(n)&=K_{\mathrm{P}}\left\{e(n)+\frac{T}{T_{\mathrm{I}}}\sum_{i=0}^{n}e(i)+\frac{T_{\mathrm{D}}}{T}[e(n)-e(n-1)]\right\}+u_{0}\\&=u_{\mathrm{P}}(n)+u_{\mathrm{I}}(n)+u_{\mathrm{D}}(n)+u_{0}\end{aligned} \tag{7-57}$$

式中，$u_{\mathrm{P}}(n)$为比例控制作用；$u_{\mathrm{I}}(n)$为积分控制作用；$u_{\mathrm{D}}(n)$为微分控制作用；u_{0}是偏差为零时的输出值。这三种作用可单独使用或合并使用，而微分作用与积分作用一般不单独使用，所以常用的组合有：P 控制、PI 控制、PD 控制和 PID 控制。

1. P 控制算法

数字 P 控制算法的算式为

$$u(n)=K_{\mathrm{P}}e(n)+u_{0} \tag{7-58}$$

式中，K_{P} 为比例增益。

由控制理论可知，对于没有积分环节的具有自衡性质的系统，静态放大系数 $K=K_{0}K_{\mathrm{P}}$(K_{0} 为对象增益)是个有限值，对于给定值的阶跃响应，稳态误差(静差)$e(\infty)$为

$$e(\infty)=\frac{1}{1+K}\Delta e$$

显然,只要 K 取得足够大,稳态误差就会变得很小。

对于含有一个积分环节的系统或含有 2 个及以上积分环节的具有非自衡性质的系统,稳态放大系数 $K\to\infty$,故 $e(\infty)=0$。对于这类系统,P 控制算法可使其阶跃响应的稳态误差为 0。

比例增益 K_P 应该选择适当的值,并非越大越好,过大的 K_P 会导致系统振荡,破坏系统的稳定性。

2. PI 算法

数字 PI 控制算法的算式为

$$u(n)=K_P\left[e(n)+\frac{T}{T_I}\sum_{i=0}^{n}e(i)\right]+u_0=u_P(n)+u_I(n)+u_0 \tag{7-59}$$

式中,T_I 为积分时间,T_I 越小,则积分作用越强。通常 T_I 的范围为几秒到几十分。

积分作用的引入,有利于消除静差。但是,积分作用也会导致调节器的相位滞后,每增加一个积分环节就会使相位滞后 90°。另外,引入积分作用会引起积分饱和。

3. PD 控制算法

数字 PD 控制算法的算式为

$$u(n)=K_P\left[e(n)+\frac{T_D}{T}\Delta e(n)\right]+u_0=u_P(n)+u_D(n)+u_0 \tag{7-60}$$

式中,T_D 为微分时间,其范围为几秒到几十分。

微分作用是按偏差的变化趋势进行控制的。因此,微分作用的引入,有利于改善高阶系统的调节品质。同时微分作用会带来相位超前,每引入一个微分环节,相位就超前 90°,从而有利于改善系统的稳定性。但微分作用对输入信号的噪声很敏感,因此对一些噪声比较大的系统(如流量控制系统),一般引入反微分作用以消除噪声。

另外,在阶跃偏差信号作用下,模拟理想微分作用的开环输出特性是一个幅度无穷大、脉宽趋于零的尖脉冲,图 7-14 为模拟理想微分作用的开环输出特性。由图 7-14 可知,微分控制规律的输出只与偏差的变化速度有关,而与偏差的存在与否无关,即偏差存在时,无论其数值多大,微分作用都无输出。因此,必须对上述微分作用进行适当地改进。

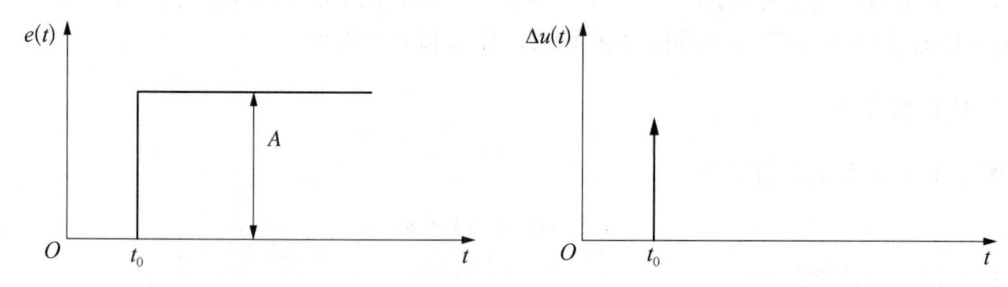

图 7-14　模拟理想微分作用的开环输出特性

4. 理想 PID 控制算法

理想 PID 控制算法又称为完全微分型 PID 算法。根据系统中所采用的执行机构和不同的控制方式，数字理想 PID 算式(7－57)可以有位置型、增量型和速度型三种不同的差分方程形式。

(1) 位置型：位置型的输出值与执行机构的位置(例如阀门的开度)相对应，数学表达式为

$$u(n)=K_P\left\{e(n)+\frac{T}{T_I}\sum_{i=0}^{n}e(n)+\frac{T_D}{T}[e(n)-e(n-1)]\right\}+u_0 \tag{7-61}$$

(2) 增量型：增量型的输出值与执行机构的变化量相对应，即为前后两次采样所计算的位置值之差。根据式(7－61)可得

$$\begin{aligned}\Delta u(n)&=u(n)-u(n-1)\\&=K_P\{[e(n)-e(n-1)]+\frac{T}{T_I}\left[\sum_{i=0}^{n}e(i)-\sum_{i=0}^{n-1}e(i)\right]\\&\quad+\frac{T_D}{T}[e(n)-2e(n-1)+e(n-2)]\}\\&=K_P\left\{\Delta e(n)+\frac{T}{T_I}e(n)+\frac{T_D}{T}[\Delta e(n)-\Delta e(n-1)]\right\}\end{aligned} \tag{7-62}$$

由增量式可得位置输出值为

$$u(n)=u(n-1)+\Delta u(n) \tag{7-63}$$

(3) 速度型：速度型的输出值与执行机构位置的变化率相对应。它由增量式除以 T 得到

$$\begin{aligned}u(n)&=\frac{\Delta u(n)}{T}\\&=K_P\left\{\Delta e(n)+\frac{T}{T_I}e(n)+\frac{T_D}{T}[\Delta e(n)-\Delta e(n-1)]\right\}\end{aligned} \tag{7-64}$$

在位置型、增量型和速度型三种算式中，增量型是最基本的一种。为方便计算，该算式可整理为

$$\Delta u(n)=a_0e(n)+a_1e(n-1)+a_2e(n-2) \tag{7-65}$$

式中，$a_0=K_P\left[1+\frac{T}{T_I}+\frac{T_D}{T}\right]$；$a_1=-K_P\left(1+\frac{2T_D}{T}\right)$；$a_2=K_P\frac{T_D}{T}$。

显然，按增量型 PID 算法计算 $\Delta u(n)$ 只需要保留现时刻及以前两个时刻的偏差值 $e(n)$、$e(n-1)$ 和 $e(n-2)$。初始化程序置初值 $e(n-1)=e(n-2)=0$，由中断服务程序对过程变量进行采样，并根据参数 a_0、a_1、a_2 以及 $e(n)$、$e(n-1)$、$e(n-2)$ 计算出 $\Delta u(n)$。图 7－15 给出了理想增量型 PID 算法的程序流程。

计算 $e(n)$

计算 $a_0e(n)$

计算 $a_1e(n-1)$

计算 $a_0e(n)+a_1e(n-1)$

计算 $a_2e(n-2)$

计算 $\Delta u(n)$

更新 $e(n-1)$, $e(n-2)$

返回

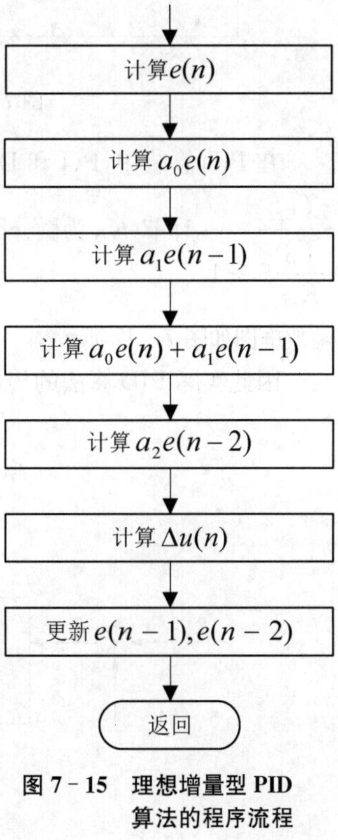

图 7－15　理想增量型 PID 算法的程序流程

应该指出,不论按哪种 PID 算法求取控制量 $u(n)$[或 $\Delta u(n)$],都可能使执行机构的实际位置已达到上(下)极限,而控制量 $u(n)$ 还在增加(减少)。另外,仪表内的控制算法总是受到一定运算字长的限制,如对于 8 位 D/A 转换器,其控制量的最大数值就限制在 0~255。大于 255 或小于 0 的控制量 $u(n)$ 是没有意义的,因此,在算法上应对 $u(n)$ 进行限幅,即

$$u(n)=\begin{cases} u_{\min} & u(n)\leqslant u_{\min}, \\ u(n) & u_{\min}<u(n)<u_{\max}, \\ u_{\max} & u(n)\geqslant u_{\max} \end{cases} \tag{7-66}$$

在有些系统中,即使 $u(n)$ 在 $u_{\min}$ 与 $u_{\max}$ 范围之内,但系统的工况不允许控制量过大。此时,不仅应考虑极限位置的限幅,还要考虑相对位置的限幅。限幅值一般通过仪表盘设定和修改。在软件上,只要用上、下限比较的方法就能实现。

5. 实际 PID 控制算法

理想微分作用对控制过程是无益的,而且这样的控制器在制造上也是很困难的,因此在实际控制系统中,人们对理想微分作用进行了改进,该微分作用称为实际微分或不完全微分作用,模拟实际微分作用的开环输出特性如图 7-16 所示。

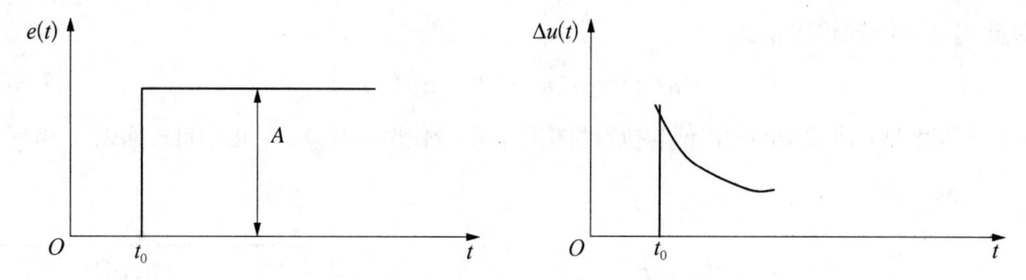

图 7-16 模拟实际微分作用的开环输出特性

在 PID 算法中,P、I 和 D 三个作用是独立的,故可在比例积分作用的基础上串接一个 $\dfrac{T_D S+1}{\dfrac{T_D}{K_D}S+1}$ 环节(K_D 为微分增益,通常取 5~10)构成实际的 PID 作用算法,实际 PID 算法传递函数框图如图 7-17 所示。

因此实际 PID 算法的传递函数为

$$G_C(s)=\left(\frac{T_D s+1}{\dfrac{T_D}{K_D}s+1}\right)\left(1+\frac{1}{T_I s}\right)K_P \tag{7-67}$$

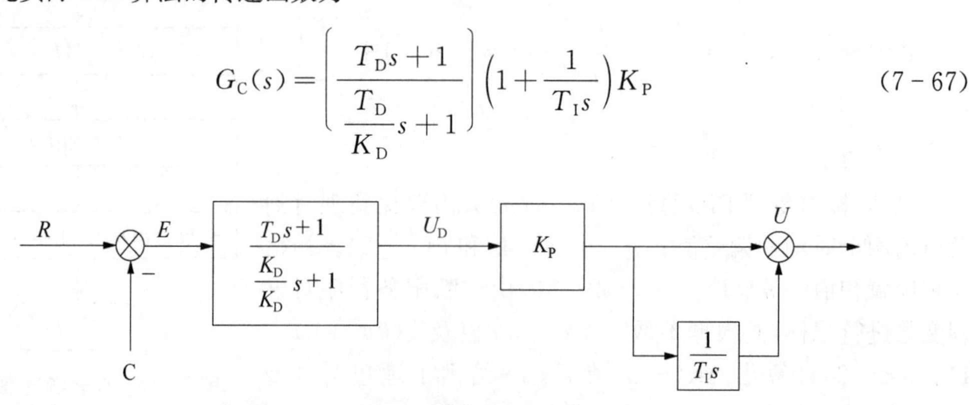

图 7-17 实际 PID 算法传递函数框图

同理想数字PID一样，实际数字PID算式也有位置型、增量型和速度型三种基本形式。下面介绍常用的增量型算式。

实际连续PID算式可用以下两式表示

$$U_D(s)=\frac{T_Ds+1}{\frac{T_D}{K_D}s+1}E(s) \tag{7-68}$$

$$U(s)=K_P\left(1+\frac{1}{T_Is}\right)U_D(s) \tag{7-69}$$

将式(7-68)化为微分方程，为

$$\frac{T_D}{K_D}\frac{du_D(t)}{dt}+u_D(t)=T_D\frac{de(t)}{dt}+e(t) \tag{7-70}$$

再将其差分化，为

$$\frac{T_D}{K_D}\frac{u_D(n)-u_D(n-1)}{T}+u_D(n)=T_D\frac{e(n)-e(n-1)}{T}+e(n) \tag{7-71}$$

化简后得

$$\begin{aligned}u_D(n)&=\frac{\frac{T_D}{K_D}}{\frac{T_D}{K_D}+T}u_D(n-1)+\frac{T_D}{\frac{T_D}{K_D}+T}[e(n)-e(n-1)]+\frac{T}{\frac{T_D}{K_D}+T}e(n)\\&=u_D(n-1)+\frac{T_D}{\frac{T_D}{K_D}+T}[e(n)-e(n-1)]+\frac{T_D}{\frac{T_D}{K_D}+T}[e(n)-u_D(n-1)]\end{aligned} \tag{7-72}$$

设 $K_{d1}=\frac{T_D}{\frac{T_D}{K_D}+T}$，$K_{d2}=\frac{T}{\frac{T_D}{K_D}+T}$，则上式可变为

$$u_D(n)=u_D(n-1)+K_{d1}[e(n)-e(n-1)]+K_{d2}[e(n)-u_D(n-1)] \tag{7-73}$$

同样，将式(7-69)化为微分方程，为

$$T_I\frac{du(t)}{dt}=K_PT_I\frac{du_D(t)}{dt}+K_Pu_D(t) \tag{7-74}$$

再将其差分化，为

$$T_I\frac{u(n)-u(n-1)}{T}=K_PT_I\frac{u_D(n)-u_D(n-1)}{T}+K_Pu_D(n) \tag{7-75}$$

化简后得

$$\Delta u(n)=K_P\frac{T}{T_I}u_D(n)+K_P[u_D(n)-u_D(n-1)] \tag{7-76}$$

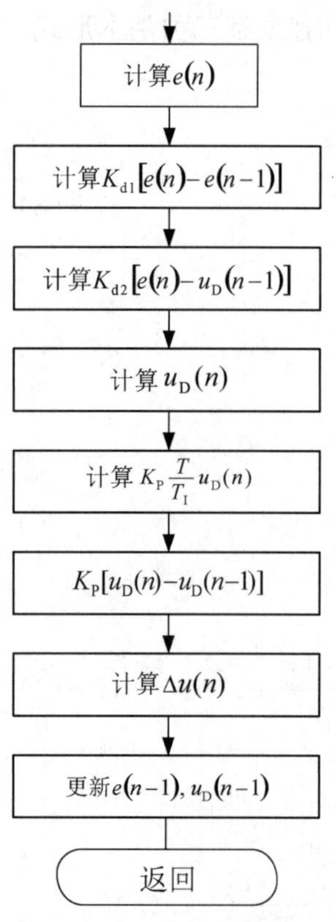

图 7-18　实际 PID 算法程序流程

将式(7-72)的$u_D(n)$值代入上式即可得到实际数字 PID 算式输出的增量值。图 7-18 给出了实际 PID 算法的程序流程。

6. PID 算法的改进

1) 积分饱和及其克服

积分作用虽能消除控制系统的静差,但会引起积分饱和。积分饱和是指一种积分过量现象。在偏差长期存在的系统中,积分作用的存在会使控制器的输出$u(n)$达到上下极限值,此时虽然对$u(n)$进行了限幅,但积分项$u_I(n)$仍在累加,从而造成积分过量。当偏差方向改变后,因积分项的累积值已经很大,超过了输出值的限幅范围,故需经过一段时间后,输出$u(n)$才能脱离饱和区。这样就造成调节滞后,使系统出现明显的超调,控制品质恶化。这种由积分作用引起的过量积分现象称为积分饱和。

下面介绍几种常用的克服积分饱和的方法。

(1) 积分限幅法:消除积分饱和的关键在于不能使积分项过大。积分限幅法的基本思想是当积分项输出达到输出限幅值时,停止积分项的计算,这时积分项的输出值取上一时刻的积分值,其算法流程如图 7-19 所示。

(2) 积分分离法:积分分离法的基本思想是在偏差大时不进行积分,仅当偏差的绝对值小于预定的门限值ε时才进行积分。这样可以有效防止在偏差大时积分过量。其算法流程如图 7-20 所示,由流程图可以看出,当偏差大于门限值时,该算法相当于比例微分控制器,只有偏差小于门限值时,积分部分才起作用,以消除系统静差。

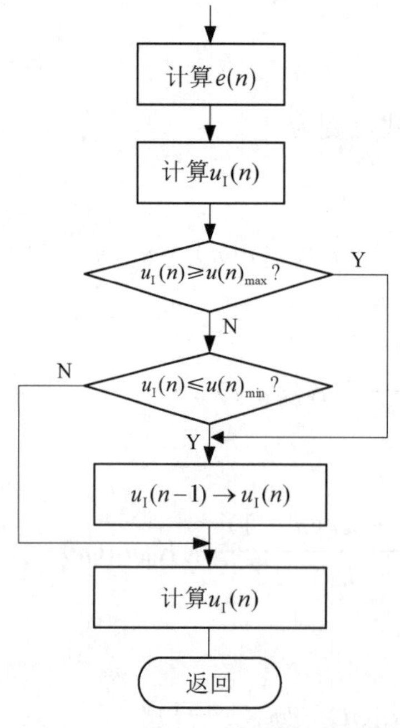

图 7-19　积分限幅法算法流程

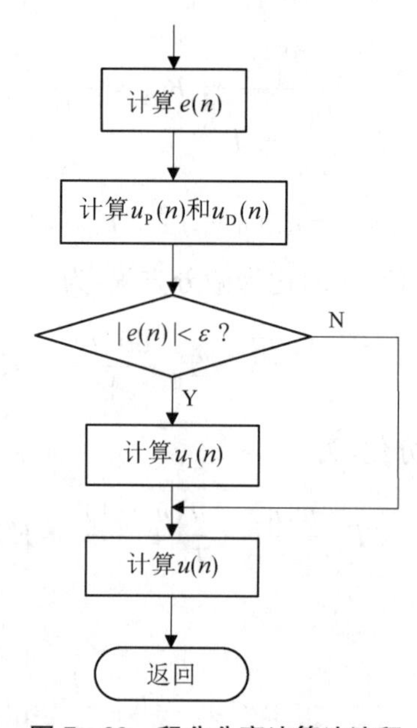

图 7-20　积分分离法算法流程

(3) 变速积分法：变速积分法的思想是，在偏差较大时，减缓积分速度，使积分作用相对弱一些，以免产生积分饱和；而在偏差较小时，加快积分速度，使积分作用强一些，以尽快消除静差。基于这种想法的一种实现方法是对积分项中的$e(n)$进行适当变化，即用$e'(n)$来代替$e(n)$，以根据偏差的大小来调节积分速度。

$$e'(n)=f[|e(n)|]\cdot e(n)$$

$$f[|e(n)|]=\begin{cases}\dfrac{A-|e(n)|}{A} & |e(n)|<A,\\ 0 & |e(n)|>A\end{cases} \tag{7-77}$$

式中，A为预定的偏差限。这种算法实际是积分分离法的改进。

2) 防止积分极限环的产生

智能仪表具有较高的控制精度，只要系统的偏差大于其精度范围，仪表就不断改变控制量。但是为了防止控制产生极限环(小幅度振荡)，应对仪表输出增加一个限制条件，即如果$|\Delta u|<\delta$(δ是预先指定的一个相当小的常数，即所谓不灵敏区)，则不输出。

3) 微分先行和输入滤波

微分先行是把对偏差的微分改为对被控变量的微分，数学表达式为

$$\Delta u_D(n)=\frac{K_P T_D}{T}[\Delta c(n)-\Delta c(n-1)] \tag{7-78}$$

按式(7-78)求取$\Delta u_D(n)$值并不困难，只需对基本PID算式中的变量进行简单替换即可。这样，由于被控量一般不会突变，即使给定值发生改变，也不致引起微分项的突变，导致控制器输出突变。

克服偏差突变引起微分项输出大幅度变化的另一种方法是输入滤波。所谓输入滤波就是在计算微分项时，不是直接应用当前时刻的误差采样值$e(n)$，而是采用滤波值$\bar{e}(n)$，即用过去和当前四个采样时刻的误差的平均值，为

$$\bar{e}(n)=\frac{1}{4}[e(n)+e(n-1)+e(n-2)+e(n-3)] \tag{7-79}$$

然后再通过加权求和近似构成微分项，为

$$\begin{aligned}u_D(n)&=\frac{K_P T_D\Delta\bar{e}(n)}{T}\\&=\frac{K_P T_D}{4}\left[\frac{e(n)-\bar{e}(n)}{1.5T}+\frac{e(n-1)-\bar{e}(n)}{0.5T}+\frac{e(n-2)-\bar{e}(n)}{-0.5T}+\frac{e(n-3)-\bar{e}(n)}{-1.5T}\right]\\&=\frac{K_P T_D}{6T}[e(n)+3e(n-1)-3e(n-2)-e(n-3)]\end{aligned} \tag{7-80}$$

其增量式为

$$\Delta u_D(n)=\frac{K_P T_D}{6T}[\Delta e(n)+3\Delta e(n-1)-3\Delta e(n-2)-\Delta e(n-3)] \tag{7-81}$$

或

$$\Delta u_{D}(n)=\frac{K_{P}T_{D}}{6T}[e(n)+2e(n-1)-6e(n-2)+2e(n-3)+e(n-4)] \tag{7-82}$$

7. PID 调节器的参数整定及采样周期的选择

PID 控制规律及参数选择取决于被控对象的特性,选择的是否合理直接影响控制效果。而在选择调节器的参数之前,应首先确定调节器的控制规律,对于具有平衡性质的对象,应选择有积分环节的调节器;对于具有纯滞后性质的对象,往往应加入微分环节。调节器参数的选择,必须根据工程问题的具体要求来考虑,并通过试验确定,或者通过凑试或按经验公式来选定。下面介绍数字 PID 的参数整定方法以及涉及的控制度概念、采样周期的选择。

(1) 控制度

控制度是反映离散 PID 控制所能达到的最佳控制品质与连续 PID 控制所能达到的最佳控制品质之间差距的指标。

由于离散控制系统是周期地取得测量数据的,在一次测量之后,要经过一个采样周期才能获得新的测量信息,两次采样时刻之间的测量值丢失,获取信息的及时性及完整性不如连续控制系统,控制品质受到一定影响。通常把偏差平方值对时间的积分称为平方积分鉴定(Integral of Squared Error,ISE),数学表达式为

$$ISE=\int_{0}^{\infty}e^{2}\mathrm{d}t \tag{7-83}$$

离散 PID 与连续 PID 算法相比较,具有参数作用独立、可调范围大等优点。但是,理论分析和实际运行表明,如果采用等值 P、I、D 参数,离散 PID 控制的品质往往弱于连续控制。为此,引入控制度的概念。

对同一个过程,离散 PID 控制所能达到的最小 ISE 值与连续 PID 控制所能达到的最小 ISE 值之比称为控制度,数学表达式为

$$控制度=\frac{\left[\min\int_{0}^{\infty}e^{2}\mathrm{d}t\right]_{\mathrm{DDC}}}{\left[\min\int_{0}^{\infty}e^{2}\mathrm{d}t\right]_{\mathrm{ANA}}}=\frac{\min(ISE)_{\mathrm{DDC}}}{\min(ISE)_{\mathrm{ANA}}} \tag{7-84}$$

式中,下标 DDC 和 ANA 分别表示直接数字控制与模拟连续控制;min 项是指通过参数最优整定而能达到的平方积分鉴定值。

对于同一过程,采样周期 T 取得越大,则控制度的值越大,即离散 PID 控制的品质越差。这是因为离散 PID 控制算法的离散作用等效于在连续回路中串接一个 $\tau=T/2$ 的时滞环节,控制度一般应保持在 1.2 以下。控制度为 1.05 的离散控制系统的控制效果较好,控制度只能无限接近 1,但不会等于 1。

(2) 采样周期的选择

数字 PID 控制要求采样周期与系统的时间常数之比充分小。由以上分析可知:采样周期越小,控制效果越好。采样周期的选择受多方面因素影响。根据香农(Shannon)定理,只要采样周期满足

$$T \leqslant \frac{1}{2f_{\max}} \tag{7-85}$$

式中，$f_{\max}$为输入信号的上限频率。

采样信号通过保持环节仍可复原为模拟信号而不会失去任何信息。因此，香农定理给出了选择采样周期的上限，在此范围内，采样周期到底应该如何选取呢？

从控制系统的性能要求来看，一般要求采样周期短些，短的采样周期可以及时获得被控变量的变化信息并及时对其进行校正，从而获得好的控制品质。

从计算机的工作量和每个调节回路的计算成本来看，则要求采样周期大些，特别是当计算机用于多回路控制时，必须使每个回路的控制算法程序都有足够的执行时间。因此，在用计算机对几个不同特性的回路进行控制时，可以充分利用计算机软件设计灵活的优点，分别选用与各路参数相适应的采样周期。

从计算机的精度看，过短的采样周期也是不合适的。在用积分作用消除静差的控制算法中，如果采样周期 T 太小，将会使积分项的系数$\frac{T}{T_{\mathrm{I}}}$过小，当偏差小到一定限度以下时，增量算法中的$\frac{T}{T_{\mathrm{I}}}e(n)$有可能受计算精度的限制而始终为零，导致积分部分不能起到消除静差的作用。

从以上分析可以看出，各方面因素对采样周期的要求是不相同的，甚至是互相矛盾的，因此，必须根据具体情况和性能指标做出折中选择。图 7－21 提供了采样周期的经验选择，表 7－4 列出了常用被控变量的经验采样周期。

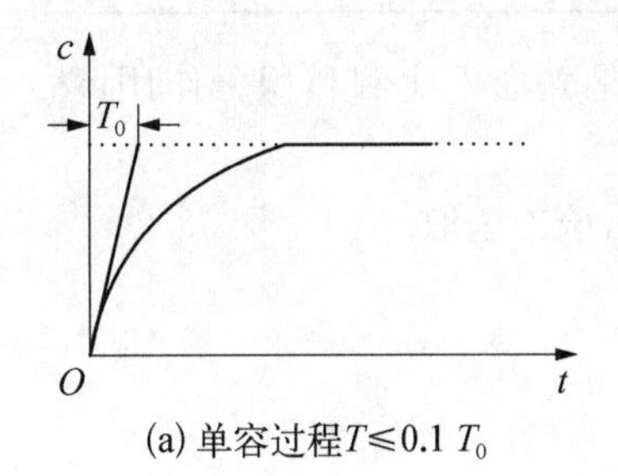

(a) 单容过程$T \leqslant 0.1\ T_0$

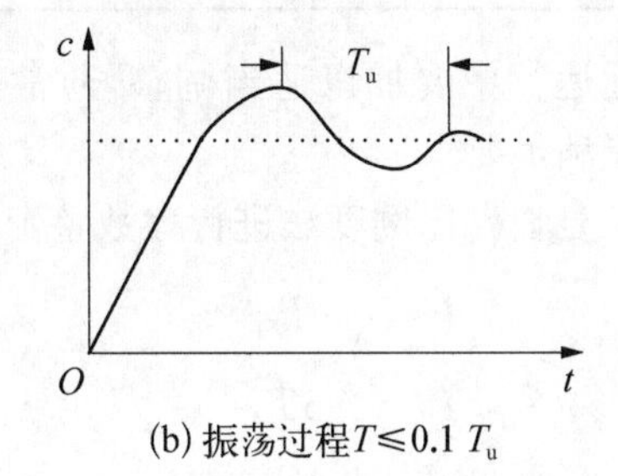

(b) 振荡过程$T \leqslant 0.1\ T_u$

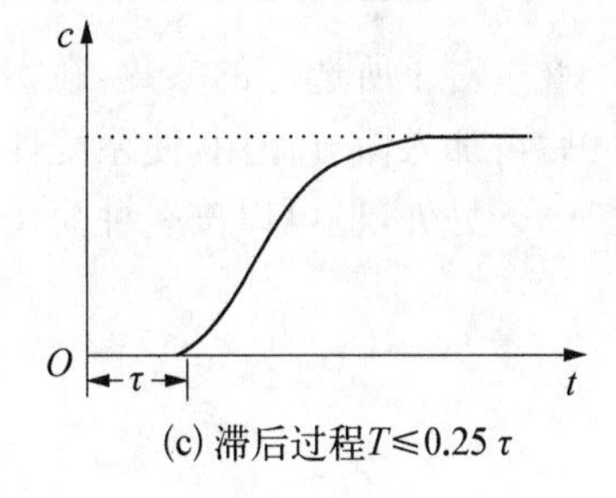

(c) 滞后过程$T \leqslant 0.25\ \tau$

图 7－21　采样周期的经验选择

表 7－4　常见被控量的经验采样周期

被控量	采样周期 T/s	被控量	采样周期 T/s
流量	1	液位	8
压力	5	温度	20

(3) 参数整定

模拟 PID 控制已经积累了不少行之有效的参数整定方法，例如衰减曲线法、临界比例度法、反应曲线法等。当 T 较小时，这些方法原则上都可用于离散 PID 控制器参数的整定。但是，当 T 较大时，就不能简单地使用这些方法，而必须综合考虑采样周期与控制度这两个因素。下面以数字 PID 算法的增量型为例，介绍扩充临界比例度整定方法，具体步骤如下。

① 首先确定采样周期 T，对具有纯滞后的受控对象，T 应小于τ(滞后时间)。对多个控

制回路应保证在 T 时间内所有回路的控制算法均能够完成。

② 确定临界比例增益和临界振荡周期。在纯比例作用下(比例增益由小到大),使系统产生等幅振荡的比例增益称临界比例增益 K_U,这时的工作周期称为临界振荡周期 T_U。

③ 根据式(7-84)确定控制度。

④ 根据控制度,按表7-5确定各参数:T、K_P、T_I、T_D。

表7-5给出了扩充临界比例度参数整定方法的具体参考值。

表7-5 扩充临界比例度参数整定方法的具体参考值

控制度	控制算法	T	K_P	T_I	T_D
1.05	PI	$0.03T_U$	$0.53K_U$	$0.88T_U$	—
	PID	$0.14T_U$	$0.63K_U$	$0.49T_U$	$0.14T_U$
1.2	PI	$0.05T_U$	$0.49K_U$	$0.91T_U$	—
	PID	$0.043T_U$	$0.47K_U$	$0.47T_U$	$0.16T_U$
1.5	PI	$0.14T_U$	$0.42K_U$	$0.99T_U$	—
	PID	$0.09T_U$	$0.34K_U$	$0.43T_U$	$0.20T_U$
2.0	PI	$0.22T_U$	$0.36K_U$	$1.05T_U$	—
	PID	$0.16T_U$	$0.27K_U$	$0.40T_U$	$0.22T_U$
模拟控制器	PI	—	$0.57K_U$	$0.83T_U$	—
	PID	—	$0.70K_U$	$0.50T_U$	$0.13T_U$
临界比例度法	PI	—	$0.45K_U$	$0.83T_U$	—
	PID	—	$0.63K_U$	$0.50T_U$	$0.125T_U$

对于所选定的参数,在实际运行中要加以适当调整,通常是先加入比例和积分作用,然后再加入微分作用,使系统性能满足要求。

另外,也可以按一种简化扩充临界比例度法进行参数整定,该方法取

$$T=0.1T_U$$

$$T_I=0.5T_U$$

$$T_D=0.125T_U$$

于是式(7-62)可以写成为

$$\Delta u(n)=K_P[2.45e(n)-3.5e(n-1)+1.25e(n-2)] \tag{7-86}$$

从而使可调整的参数只有一个 K_P。

7.2.2 智能控制算法

科学技术及工业生产的发展使得被控对象变得越来越复杂,被控对象的非线性、时变性、不确定性等使得建立对象的精确数学模型十分困难,这就出现了基于被控对象精确数学模型的经典控制理论和现代控制理论难以解决的一些问题。为了解决难以建立精确数学模型被控对象的自动控制问题,控制界的学者、专家在深入研究人工控制系统中人的智能决策行为的基础上,将人工智能与自动控制技术相结合,创立了智能控制理论。

"智能控制"中的智能来自计算机模拟人的智能行为。人的智能来自人脑和人的智能器官——视觉、触觉、嗅觉和听觉。人的智能是通过智能器官从外界环境以及要解决的问题中获取信息、传递信息、综合处理信息、运用知识和经验进行推理决策、解决问题过程中表现出来的区别于其他生物的高超的智慧和才能的总和。

智能控制归根结底是要在控制中模拟人的智能决策方式，模拟人的智能实质上就是模拟人的思维方式，人的思维是概念、判断和推理。随着微电子、微处理器、人工智能等技术的迅速发展，在仪表中应用微处理器来模拟人的逻辑思维和判断决策成为可能。正是在这种情况下，借助人工经验和仿人思维的各种智能控制的软件算法应运而生，并受到了高度的重视。

智能控制算法是建立在仪表工程师（专家）和熟练操作人员的控制经验（策略）基础上的软件算法。软件设计的任务，就是把这种用人类自然语言描述的经验和策略转化为仪表中微机能够接受的用计算机语言描述的软件算法，使仪表实时地模仿人的控制作用，完成控制任务。相比于传统控制理论，智能控制对于环境、任务、对象的复杂性具有更高的适应能力，所以能在更广泛的领域中获得应用。

智能控制中的智能是通过计算机模拟人类智能产生的人工智能，计算机模拟人的智能行为有三种途径。

① 符号主义——基于逻辑推理的智能模拟

符号主义是从分析人类的思维过程（概念、判断和推理）出发，把人类的思维逻辑形式化，并用一阶谓词描述问题求解的思维过程。这种基于逻辑的思维模拟是对人脑左半球逻辑思维功能的模拟，而传统的二值逻辑无法表达模糊信息及模糊概念，Zadeh 创立的模糊集合理论为模拟人脑左半球的模糊思维提供了数学工具。把模糊集合理论与控制理论相结合，就形成了模糊控制理论。

② 联结主义——基于神经网络的智能模拟

联结主义是从生物及人脑神经系统的结构和功能出发，认为神经元是其结构和功能的基本单元，人的智能是连接成神经网络的大量神经元协同作用的结果。这种通过网络方式的模拟在一定程度上模拟大脑右半球形象思维的功能。把神经网络与控制理论相结合，就形成了神经网络控制理论。

③ 行为主义——基于感知—行动的智能模拟

行为主义从"人的正确思维活动离不开实践活动"的基本观点出发，认为人的智能是由于人与环境在不断交互作用下，人在不断适应环境的过程中，会逐渐积累经验，不断提高感知—行动结果的正确性。将控制专家的控制知识、经验及控制决策行为与控制理论相结合，就形成了专家控制、仿人智能控制理论。

智能控制算法尚无统一的分类方法，也不具有统一的模式。对象不同，控制要求不同，操作人员的经验也不一样，控制策略也就可能不同，运用的智能控制算法自然也不同。智能算法在设计时需要注意以下几点。

① 有效性：算法必须反映某领域专家正确的思维、正确的决策和操作经验。

② 实时性：算法必须考虑实时性，使仪表能在较短的时间（一般为 ms 级）内完成逻辑推理、判断和实时处理等工作，以便对被控对象实施及时的控制。

③ 易实现性：算法必须能较容易地利用仪表中的微处理器实现。

目前的智能控制算法很多，本节主要介绍专家控制及模糊控制。

1. 专家控制

1) 专家系统

(1) 专家系统的概念

一般将具有某一领域高深理论知识和/或极具丰富实践经验的人称为专家。在某一领域,如果一个问题难以用精确的数学模型描述,专家在解决这一问题时,是将自己拥有的专业理论知识与丰富的经验相结合,应用推理、判断及决策来解决的。

通常将专业知识分为两类:一类是发表在专业书籍与期刊文献中的定义、事实及理论知识;另一类是藏于专家大脑中的"私有"经验知识。人类专家正是凭借这些私有的经验知识,在处理具有不确定性的、模糊的、有错的或不完全的疑难问题时,才能进行合理的预测和决策。

人类专家处理问题之所以能取得显著效果,是因为他们具有宝贵的知识与经验。所以人们通过某种知识获取手段,将人类专家的某个专门领域的知识和经验以计算机能够理解的形式存于计算机中,并使计算机模仿人类专家的推理过程,进而使计算机能够像人类专家一样解决疑难问题。

专家系统是一类包含知识与推理的计算机程序系统,其内部包含某领域专家水平的知识和经验,它能以专家的水平(有时超过专家)解决专业而困难的任务。

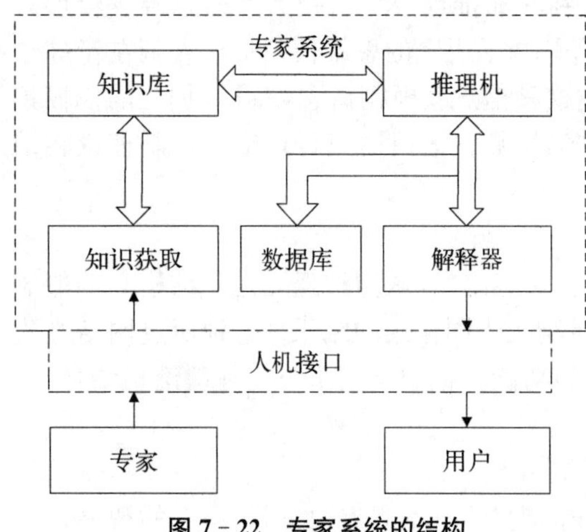

图 7-22 专家系统的结构

(2) 专家系统的结构

一个专家系统一般由知识库、工作存储器、推理机、解释器及知识获取 5 部分构成,其结构如图 7-22 所示。

① 知识库

知识库是领域知识的存储器,储存以适当形式表示从专家那里得到的知识。知识库中的知识包含:用于说明问题的状态、事实和概念及当前的条件和常识等数据;基于专家经验的判断性规则;用于推理、问题求解的控制性规则三类知识。知识库中的知识应该具有可用性、正确性和完备性。

② 数据库

专家系统的数据库是在计算机中确定的一部分存储单元,用于存放系统当前要处理对象的用户提供的一些已知的信息和由推理得到的中间结果。存储器中的内容是随着推理的进行及与用户的对话而变化的。

③ 推理机

推理机的任务是控制、协调整个专家系统的工作。其方法是根据当前的输入数据或信息,利用知识库中的知识,按一定的策略进行推理来得到结论。常用的推理策略有三种方式,包括正向推理、反向推理和双向推理。

正向推理是指从原始数据和已知条件推断出结论。其方法是利用数据库中的事实或数据去匹配规则的前提,若匹配不成功,则自动进行下一条规则的匹配;若匹配成功,则将此规则的结论部分自动地加入数据库。能够判断何时结束，并能将匹配成功的规则记录下来。

反向推理是指先提出假设的结论，然后去寻找支持这个结论的证据。如证据存在，则假设结论成立；若证据不存在，则提出新的假设结论，再去寻找证据。不断重复该过程，直到得到结论为止。

双向推理是指利用正向推理提出假设的结论，再运用反向推理来寻找支持假设结论的证据来证实结论。

④ 解释器

解释器的主要功能是向用户解释专家系统的行为，包括解释推理结论的正确性以及其他候选解的理由。为用户了解推理过程，向系统学习和维护系统提供方便，使用户容易接受。

⑤ 知识获取

知识获取为修改知识库中原有的知识和扩充知识提供手段。知识获取应具有能删除知识库中原有的知识和向知识库加入向专家获取的新知识的功能。还应具有能根据实践结果发现原知识库中不适用的或有错的规则并进行修改的功能，从而不断地修正、完善知识库，提高专家系统的性能。

2）专家控制

专家控制就是将专家系统的理论和技术与自动控制的理论和技术相结合，在未知环境下，模仿专家处理问题的方式，实现对系统的控制。

（1）专家控制的特点

专家系统能完成专门领域的功能，辅助用户决策，其处于离线工作模式。而专家控制系统有别于专家系统，这是由于生产过程本身的连续性和对控制高精度的要求对专家控制系统提出了一些特殊要求，专家控制系统处于在线工作模式，所以专家控制系统具有以下特点。

① 长期运行连续性及高可靠性

工业过程控制常常要求专家控制系统数百、数千小时甚至更长时间连续运行，并且要求有很高的可靠性。

② 实时性

工业过程控制要求专家控制系统在控制过程中能实时采集数据，进行数据处理、推理和决策，对工业过程进行实时控制。

③ 优良的控制性能及抗干扰性

工业控制的被控对象常常具有非线性、时变性、强干扰等复杂特性，这就要求专家控制系统具有很强的应变能力，即具有随工况变化的自适应和自学习能力，以保证在复杂多变的情况下也能获得优良的控制性能。

④ 使用灵活性及维护方便性

用户可以灵活地设置专家控制系统的参数、修改规则等，以便在出现故障或异常情况时，系统能够采取相应的措施或引入必要的人工干预。

（2）专家控制器的结构

随着应用场合和控制要求的不同，专家控制器的结构也可能不同，根据专家系统在控制器中所起的不同作用可将专家系统分为直接专家控制器与间接专家控制器。

① 直接专家控制器

直接专家控制器就是在控制系统中由专家控制器替代常规控制器，直接控制生产过程或被控对象。直接专家控制器内部通常由知识库、控制规则集、推理机构及信息的获取和处理四部分构成,采用直接专家控制器的控制系统结构如图 7-23 所示。

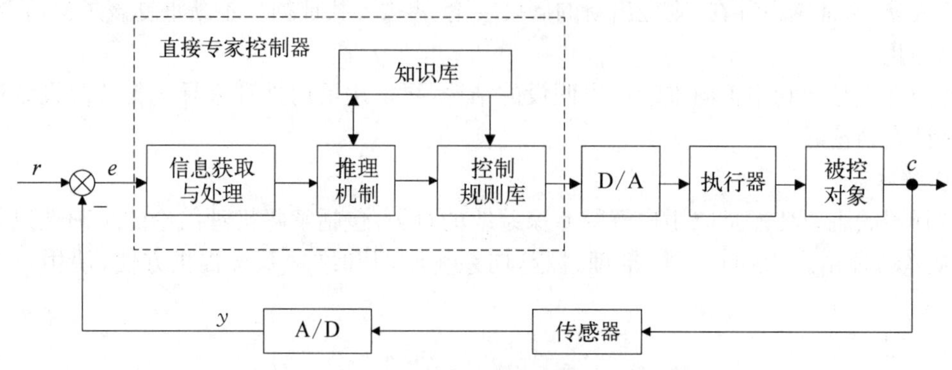

图 7-23 直接专家控制器的控制系统结构

知识库:知识库由事实集、经验数据库及经验公式等构成。事实集包括被控对象的有关知识(如结构、类型及特征等),还包括控制规则的自适应及参数自调整等方面的规则。经验数据库中的数据包括被控对象的参数变化范围,控制参数的调整范围及其限幅值,传感器的静态特性、动态特性、参数及阈值,控制系统的性能指标以及由专家给出的或由实验总结出的经验公式等。

控制规则集:专家根据被控对象的特点及其操作、控制经验,总结出若干条行之有效的控制规则,采用计算机能接受的产生式规则、解析形式等表示,形成控制规则集。控制规则集反映了专家及熟练操作者在某领域控制过程中的专门知识及经验。

推理机构:由于专家控制系统的实时性要求,与专家系统相比,专家控制器的知识库要小很多,控制规则集也少,因此推理机构的搜索空间较小,一般采用前向推理机制,由前向后逐条搜索控制规则进行匹配,直至得到结论。

信息获取与处理:专家控制器的信息获取与处理主要是通过对闭环控制系统的反馈信息及系统输入信息的处理,获得控制系统的误差及误差变化量等有用信息,也包括必要的滤波处理等。

② 间接专家控制器

将专家控制器与其他类型的控制器相结合,可构成间接专家控制器。间接专家控制器控制系统的一般原理如图 7-24 所示。

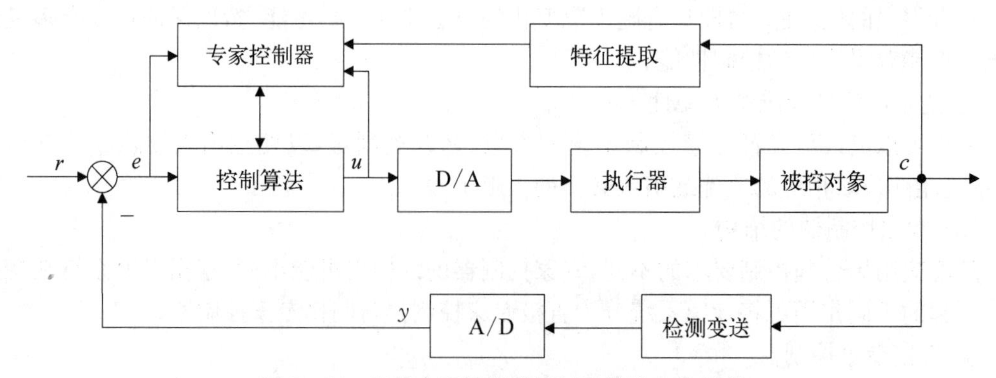

图 7-24 间接专家控制器控制系统的一般原理

图 7 - 24 中，专家控制器的功能是协调各种算法或根据工况的变化对算法的参数进行调整，利用专家控制器的控制规则决定何时启动何种控制算法或怎样调整参数。控制系统工作时，就像一个经验丰富的控制专家一样能够恰当地调度控制算法或调整算法参数，并及时回答用户提出的问题。

下面介绍一种将专家系统与常规 PID 控制算法相结合的间接专家控制器，利用专家系统来自适应地调整常规 PID 算法的参数，称为专家整定 PID 控制器，其结构如图 7 - 25 所示。

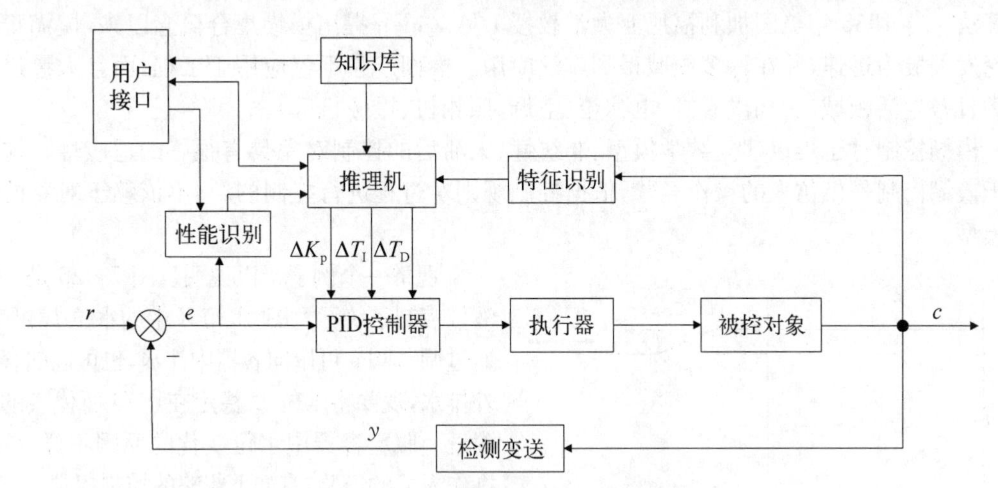

图 7 - 25　专家整定 PID 控制器结构

在图 7 - 25 中，专家控制系统的目的是根据工况变化自适应调整 PID 算法的参数，专家控制系统的作用不是直接作用于被控对象，而是通过 PID 控制器间接作用于被控对象。

特征识别：控制系统的输出随控制输入、系统参数及工作环境的变化而变化，控制系统输出的响应有发散振荡、等幅振荡、单调衰减、衰减振荡等类型，响应特性可由最大偏差、回复时间、超调量、衰减比及上升时间等性能指标变量来描述。专家系统的特征识别就是在线识别这些特征参数。

知识库：把控制系统的参数整定专家通过实践总结出来的参数调整经验用产生式规则表示出来，存于知识库中，规则的前向表示调整规则的适用条件，即控制过程响应曲线的特征描述变量的大小；规则的后项表示调用该调整规则时进行的具体操作，即对 PID 控制器的参数调整方向及大小。

推理机：专家系统的推理机按照特征识别得到的控制系统的响应曲线的当前特征描述，选择适当的规则进行相应的操作，也就是根据输入进行前项条件的匹配，确定使用的规则，得到 PID 参数的调整方向和调整量，改善系统的控制性能。推理机采用前向推理方式。整个专家整定 PID 控制的运行过程如下。

启动整定过程：首先根据用户给定的性能指标函数计算系统性能变量，当系统性能不能满足要求时，启动对 PID 控制器的参数整定过程。

特征识别：获得描述控制系统当前状态的性能特征指标。

推理求解：根据求得的特征指标变量，应用知识库中的调整规则确定 PID 控制器的参数调整方向及调整量。

参数整定：推理得出的 PID 参数经过用户与专家的认可后，修改 PID 控制器参数，然后控制器以更新后的参数运行。

结束整定过程：当系统的控制性能满足要求时，参数整定过程结束；否则，进入新一轮的整定过程。

2. 模糊控制算法

1）概述

模糊控制(Fuzzy Control，FC)算法是在模糊集合理论的基础上发展起来的一种智能控制算法。自1965年美国加利福尼亚大学教授L.A.Zadeh提出模糊集合概念以来，模糊集合理论发展极为迅速，并在许多领域得到广泛应用。模糊产品不仅应用于工程，而且大量进入人类日常生活领域(例如洗衣机、电冰箱、空调、照相机、摄像机等)。

模糊控制对于难以建立数学模型、非线性、大滞后的控制对象具有很好的适应性。这是由于模糊控制是模仿人的操作经验，依据控制规则对过程进行控制的，它不依赖于对象的数学模型。

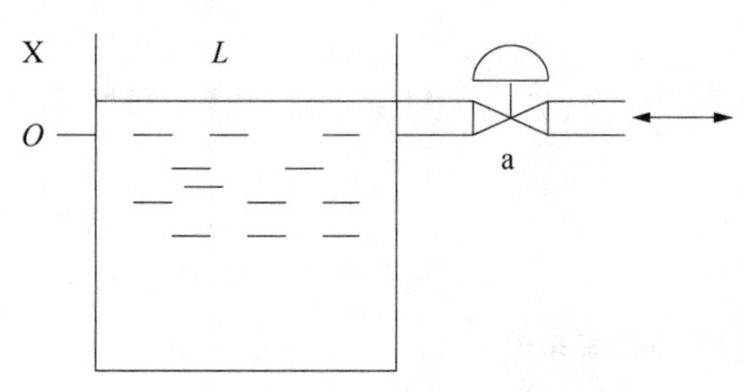

图7-26　液位控制系统示意图

现举一个例子予以说明。图7-26是一种液位控制系统示意图，水箱X中的水位L可变，通过调节阀a可以向容器内注水，也可以向容器外排水，现要将水位L稳定在点O所代表的值附近。假定容器中水位变化的原因不详，按照操作人员的经验，有如下粗略的控制规则。

水面高于O点则排水，高出越多，排水越快；水面低于O点则注水，低得越多，注水越快。

现在将上述一系列控制经验，用模糊集合理论这一工具进行加工，可设计成一个模糊控制器，这一控制系统便是模糊控制系统。

模糊控制系统与一般控制系统在整体结构上没有什么根本的差异，只是把一般控制系统中的控制器换成了模糊控制器。

目前模糊控制器主要有两类：一类是通用模糊控制器，输入、输出均为标准信号(1～5 V，4～20 mA)；另一类是专用模糊控制器，它是为特定的控制对象设计的，可用单片机或PC机实现。

模糊控制器自诞生以来，其控制算法已经有了很大的发展。不少算法在基本模糊控制算法的基础上做了许多改进和提高，例如带修正因子的模糊控制算法、复合型模糊控制算法、自适应模糊控制算法、自学习模糊控制算法等。为了区别于这些改进了的算法，把采用最基本的模糊算法的模糊控制器称为基本模糊控制器。

典型的基本模糊控制器结构如图7-27所示。图中，$e(n)$为偏差，相应的量化因子

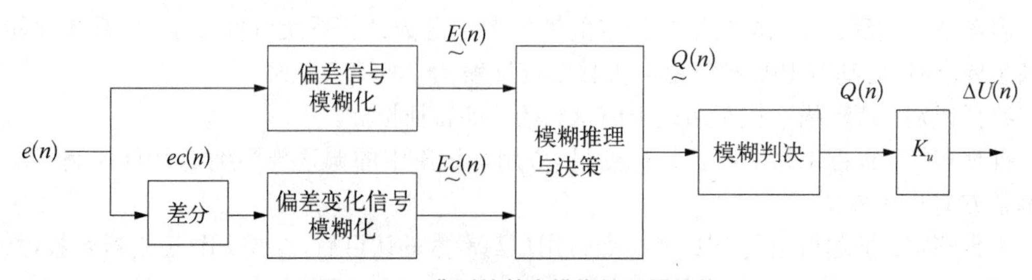

图7-27　典型的基本模糊控制器结构

(Scaling Factor)为 K_e；$ec(n)$为偏差变化，相应的量化因子为 K_{ec}；$Q(n)$为控制的决策值(增量型)，相应的比例因子为 K_u；实际输出控制量为 $u(n)$，其初值为 u_0。

2) 控制算法的结构设计

设计模糊控制算法的关键是确定其算法结构，确定这一算法有以下4步。

(1) 定义描述输入/输出的模糊语言变量

设系统的输入量(n维)和输出量(1维)都是离散的、有限的，并分别定义在($n+1$)个论域上，记作

$$X_1=\{x_1\},\ \{X_2\}=\{x_2\},\ \cdots,\ X_n=\{x_n\},\ X_{n+1}=\{x_{n+1}\}$$

由于人在操作过程中，对一个观测量一般只能做出二阶以下的判断，超过二阶，人是不易感知的。因此，对一个变量，通常选用偏差 $\underset{\sim}{E}$ 和偏差变化 $\underset{\sim}{Ec}$ 作为输入量。为了便于用规范的语言词汇来描述控制规则，使之适合于模糊集合的运算，必须事先规定描述输入量的偏差、偏差变化和输出量的语言变量(模糊状态)。例如，定义“负大(NB)”“负中(NM)”“负小(NS)”“负零(NZ)”“正零(PZ)”“正小(PS)”“正中(PM)”“正大(PB)”8个语言变量描述偏差 $\underset{\sim}{E}$ 的模糊状态。

这里需要指出两点：

① 选择语言词汇不局限于上述8个，要根据实际对象的控制需要进行选择。选择较多的词汇，即对每个变量用较多的状态来描述，规则比较细致，控制作用细腻，控制精度高，但使规则变得复杂，制定起来比较困难；选择较少词汇，规则相应变少，制定规则方便，但过少的规则会使控制作用变得粗糙而达不到预期的效果。因此，在选择模糊状态时要兼顾简单性和灵活性，一般每个变量采用2～10个模糊状态。

② 上述8个词汇中的“零”并非精确数字中的“0”，而是表示极小，接近于“0”。从数轴上看，一个变量既可以从正方向逼近绝对“0”，也可以从负方向逼近绝对“0”，为了区别这两种情况，使所描述的规则更准确，从而有“正零”、“负零”之说。

在本节中，偏差 e 定义为测量值与给定值之差；$e(n)=c(n)-r(n)$，并定义偏差 $\underset{\sim}{E}$ 的论域为 X，

$$X=\{x\}=\{-6,-5,-4,-3,-2,-1,-0,0,1,2,3,4,5,6\} \tag{7-87}$$

共14级。

同样定义描述偏差变化的 $\underset{\sim}{Ec}$ 和决策值 $\underset{\sim}{Q}$ 的模糊状态。偏差变化的模糊状态为 NB、NM、NS、Z、PS、PM 和 PB 7个，其论域为

$$Y=\{y\}=\{-6,-5,-4,-3,-2,-1,0,1,2,3,4,5,6\} \tag{7-88}$$

共13级。

决策值 $\underset{\sim}{Q}$ 的模糊状态为 NB、NM、NS、Z、PS、PM 和 PB 7个，其论域为

$$Z=\{z\}=\{-7,-6,-5,-4,-3,-2,-1,0,1,2,3,4,5,6,7\} \tag{7-89}$$

共15级。

(2) 确定控制策略

在模糊控制器的设计中，控制策略的确定非常关键。确定控制策略就是调查、讨论搜集

经验，并对经验进行分析总结，把有经验的操作人员的控制策略，用上面定义的模糊状态进行描述。为了获得较好的控制效果，既能保证系统响应的快速性，又能保证系统的稳定性，通常控制决策按下面两种形式给出。

当偏差很大时，控制决策以绝对位置形式给出，即满输出或零输出；

当偏差不大时，控制决策以增量形式给出。

对于单输入、单输出，且只考虑输入变量的偏差和偏差变化的系统，描述增量型控制策略(规则)的典型句型如下。

R_1：IF E=$\underset{\sim}{NB}$ AND EC=$\underset{\sim}{NB}$ THEN Q=$\underset{\sim}{PB}$

R_2：IF E=$\underset{\sim}{NZ}$ AND EC=$\underset{\sim}{Z}$ THEN Q=$\underset{\sim}{Z}$

表 7-6 是一个典型的用模糊状态描述的控制策略集合。

表 7-6 典型的用模糊状态描述的控制策略集合

<table>
<tr><th>Q</th><th>NB</th><th>NM</th><th>NS</th><th>Z</th><th>PS</th><th>PM</th><th>PB</th></tr>
<tr><td>NB</td><td colspan="4" rowspan="2">PB</td><td rowspan="2">PM</td><td colspan="2" rowspan="2">Z</td></tr>
<tr><td>NM</td></tr>
<tr><td>NS</td><td rowspan="3">PM</td><td colspan="3" rowspan="2">PM</td><td rowspan="2">Z</td><td colspan="2" rowspan="2">NS</td></tr>
<tr><td>NZ</td></tr>
<tr><td>PZ</td><td>PS</td><td colspan="2">Z</td><td>NS</td><td colspan="2">NM</td></tr>
<tr><td>PS</td><td>PS</td><td>Z</td><td colspan="3">NM</td><td colspan="2"></td></tr>
<tr><td>PM</td><td rowspan="2">Z</td><td rowspan="2">NM</td><td colspan="5" rowspan="2">NB</td></tr>
<tr><td>PB</td></tr>
</table>

(3) 定义各模糊状态的隶属函数

前面描述的控制策略仅是用语言变量描述的，微机无法接受和处理。为了把这些控制策略转化为仪表内微机能接受的软件算法，必须借助模糊集合理论的数学处理。

在经典集合论中，一个元素 x 与一个集合 Y 的关系只有两种，属于或不属于，用简单的特征函数 $\mu_Y(x)$来描述，即为

$$\mu_Y(x)=\begin{cases}1 & x\in Y,\\ 0 & x\notin Y\end{cases} \tag{7-90}$$

$\mu_Y(x)$仅取 0 或 1 两个值。但事实上，当讨论一个状态 x 与一个集合 Y 的隶属关系时，往往不能做绝对的肯定或否定，而只能判断 x 与 Y 的大致符合程度，这一符合程度用[0, 1]闭区间上的一个实数来度量，记作 $\underset{\sim}{\mu}_Y(x)$，表示 x 隶属于 Y 的程度，简称隶属度。这种没有明确外延的概念，称为模糊概念。当 $\underset{\sim}{\mu}_Y(x)$随 x 变化而变化时，$\underset{\sim}{\mu}_Y(x)$即为隶属函数。隶属函数的概念是模糊集合论的基础和核心，模糊子集的运算实际上就是隶属函数的运算。因此在进行模糊集合运算之前，必须先定义各模糊状态对应于其论域的隶属函数。

常用的隶属函数类型有正态分布型、三角形及梯形，下面以应用较为广泛的正态分布型为例进行说明。定义隶属函数时要注意以下几点。

① 隶属函数的形状：图 7-28 给出了两种不同形状的正态分布型隶属函数。图中，模

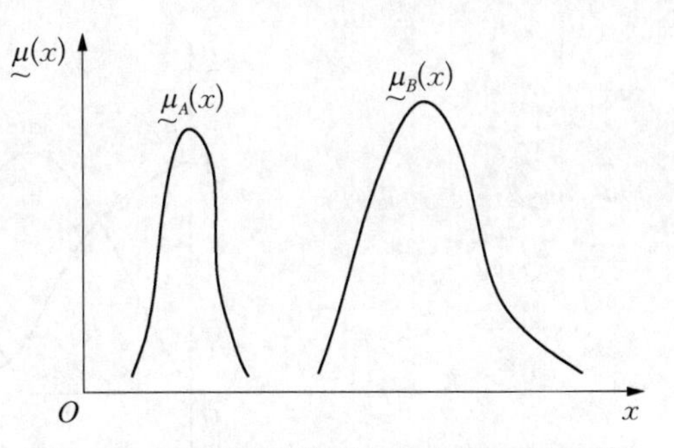

图 7-28 两种不同形状的正态分布型隶属函数

糊子集 $\underset{\sim}{A}$ 为高分辨率的，模糊子集 $\underset{\sim}{B}$ 为低分辨率的，这两种模糊子集将导致不同的控制特性。

当输入偏差在高分辨率的模糊子集上变化时，它所引起的输出变化比较剧烈，控制器的灵敏度较高；而采用低分辨率模糊子集时，情况正好相反，控制特性较为平缓。因此一般在偏差较大时采用低分辨率的模糊子集，其隶属函数的形状比较平坦；而在偏差接近 0 时采用高分辨率的模糊子集，其隶属函数的形状比较陡峭。

② 模糊子集对论域的覆盖度：在确定描述某一变量的各模糊子集时，要考虑它们对整个论域的覆盖程度，即所定义的模糊子集应使论域上的任何一点对这些模糊子集的隶属度的最大值均不能太小，否则在这些点上会导致失控。

③ 模糊子集相互间的影响：在定义模糊子集的隶属函数时，要考虑各模糊子集间的相互影响。通常，用这些模糊子集中任意两个子集之交集的隶属度的最大值 β 来描述这一影响。β 较小时控制较灵敏，β 较大时控制器对对象参数变化的适应性较强，即所谓“鲁棒性”较好，一般取 $\beta=0.4\sim0.7$。β 过大将使两个模糊状态无法区分。

根据以上三点，可以在论域 X 上定义描述 E 的隶属函数。

$$\underset{\sim}{\mu}_{PB}(x)=\begin{cases}1 & x>6,\\ e^{-0.23(x-6)^2} & x\leqslant 6\end{cases} \tag{7-91}$$

$$\underset{\sim}{\mu}_{PM}(x)=e^{-0.4(x-4)^2} \tag{7-92}$$

$$\underset{\sim}{\mu}_{PS}(x)=\begin{cases}e^{-0.6(x-2)^2} & x\geqslant 2,\\ e^{-0.28(x-2)^2} & x<2\end{cases} \tag{7-93}$$

$$\underset{\sim}{\mu}_{PZ}(x)=\begin{cases}e^{-0.5x^2} & x\geqslant 0,\\ 0 & x<0\end{cases} \tag{7-94}$$

$$\underset{\sim}{\mu}_{NZ}(x)=\begin{cases}0 & x>0,\\ e^{-0.5x^2} & x\leqslant 0\end{cases} \tag{7-95}$$

$$\underset{\sim}{\mu}_{NS}(x)=\begin{cases}e^{-0.6(x+2)^2} & x\leqslant -2,\\ e^{-0.28(x+2)^2} & x>-2\end{cases} \tag{7-96}$$

$$\mu_{NM}(x)=e^{-0.4(x+4)^2} \tag{7-97}$$

$$\underset{\sim}{\mu}_{NB}(x)=\begin{cases}1 & x<-6,\\ e^{-0.23(x+6)^2} & x\geqslant -6\end{cases} \tag{7-98}$$

式(7—91)～(7—98)所描述的隶属函数可用图 7-29(纵坐标左右对称，左面略)和表 7-7 表示。

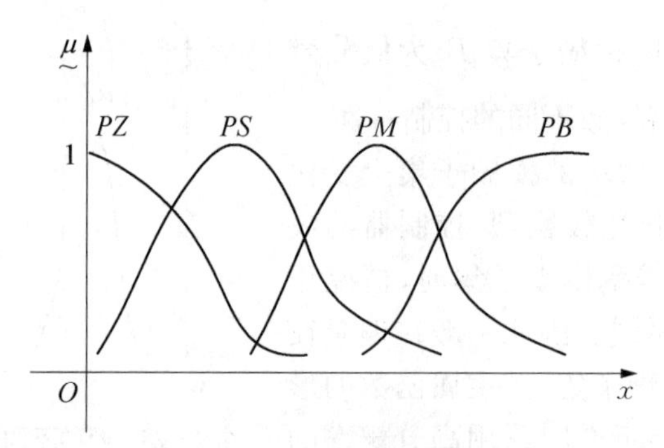

图 7-29　隶属函数图

表 7-7　偏差 E 的赋值表

	−6	−5	−4	−3	−2	−1	−0	+0	+1	+2	+3	+4	+5	+6
PBe	0	0	0	0	0	0	0	0	0	0	0.1	0.4	0.8	1.0
PMe	0	0	0	0	0	0	0	0	0	0.2	0.7	1.0	0.7	0.2
PSe	0	0	0	0	0	0	0	0.3	0.8	1.0	0.5	0.1	0	0
PZe	0	0	0	0	0	0	0	1.0	0.6	0.1	0	0	0	0
NZe	0	0	0	0	0.1	0.6	1.0	0	0	0	0	0	0	0
NSe	0	0	0.1	0.5	1.0	0.8	0.3	0	0	0	0	0	0	0
NMe	0.2	0.7	1.0	0.7	0.2	0	0	0	0	0	0	0	0	0
NBe	1.0	0.8	0.4	0.1	0	0	0	0	0	0	0	0	0	0

用同样方法可以在论域 Y 和 Z 上定义用来描述偏差变化和决策值的隶属函数，偏差变化的隶属函数的赋值表如表 7-8 所示，决策值的隶属函数的赋值表如表 7-9 所示。

表 7-8　偏差变化的隶属函数的赋值表

	−6	−5	−4	−3	−2	−1	0	+1	+2	+3	+4	+5	+6
PBec	0	0	0	0	0	0	0	0	0	0.1	0.4	0.8	1.0
PMec	0	0	0	0	0	0	0	0	0.2	0.7	1.0	0.7	0.2
PSec	0	0	0	0	0	0	0	0.9	1.0	0.7	0.2	0	0
AZec	0	0	0	0	0	0.5	1.0	0.5	0	0	0	0	0
NSec	0	0	0.2	0.7	1.0	0.9	0	0	0	0	0	0	0
NMec	0.2	0.7	1.0	0.7	0.2	0	0	0	0	0	0	0	0
NBec	1.0	0.8	0.4	0.1	0	0	0	0	0	0	0	0	0

表 7-9　决策值的隶属函数的赋值表

	−7	−6	−5	−4	−3	−2	−1	0	+1	+2	+3	+4	+5	+6	+7
PBu	0	0	0	0	0	0	0	0	0	0	0	0.1	0.4	0.8	1.0
PMu	0	0	0	0	0	0	0	0	0	0.2	0.7	1.0	0.7	0.2	0
PSu	0	0	0	0	0	0	0	0.4	1.0	0.8	0.4	0.1	0	0	0
AZu	0	0	0	0	0	0	0.5	1.0	0.5	0	0	0	0	0	0
NSu	0	0	0	0.1	0.4	0.8	1.0	0.4	0	0	0	0	0	0	0
NMu	0	0.2	0.7	1.0	0.7	0.2	0	0	0	0	0	0	0	0	0
NBu	1.0	0.8	0.4	0.1	0	0	0	0	0	0	0	0	0	0	0

(4) 确定算法结构

根据控制策略,通过隶属函数 $\underset{\sim}{\mu}$ 的并交运算求取模糊关系矩阵 $\underset{\sim}{R}$。

$$\underset{\sim}{R}_k = \underset{\sim}{E}_i \times \underset{\sim}{EC}_i \times \underset{\sim}{Q}_{ij} \Leftrightarrow \underset{\sim}{\mu}_{Ri} = [\underset{\sim}{\mu}_{Ei}(x)^T \times \underset{\sim}{\mu}_{Ecj}(y)]^T \times \underset{\sim}{\mu}_Q(z)\ (T\text{ 表示转置}) \tag{7-99}$$

$$\underset{\sim}{R} = \overset{n}{\underset{k=1}{\vee}} \underset{\sim}{R}_k$$

并(∨)、交(∧)、直积(×)运算的定义如下:设给定论域 X,$\underset{\sim}{A}$、$\underset{\sim}{B}$ 为 X 上的两个模糊子集。

$$\vee:\underset{\sim}{C} = \underset{\sim}{A} \vee \underset{\sim}{B} \Leftrightarrow \text{对于 } x \in X,\ \underset{\sim}{\mu}_C(x) = \max[\underset{\sim}{\mu}_A(x),\ \underset{\sim}{\mu}_B(x)]$$

$$\wedge:\underset{\sim}{D} = \underset{\sim}{A} \wedge \underset{\sim}{B} \Leftrightarrow \text{对于 } x \in X,\ \underset{\sim}{\mu}_D(x) = \min[\underset{\sim}{\mu}_A(x),\ \underset{\sim}{\mu}_B(x)]$$

$$\times:\begin{array}{l} \underset{\sim}{R} = \underset{\sim}{A} \times \underset{\sim}{B} \Leftrightarrow \text{对于}[(x_i,\ x_j) \mid x_i \in X,\ x_j \in X] \\ \underset{\sim}{\mu}_R(x_i,\ x_j) = \min[\underset{\sim}{\mu}_A(x_i),\ \underset{\sim}{\mu}_B(x_j)] = \underset{\sim}{\mu}_A(x_i) \wedge \underset{\sim}{\mu}_B(x_j) \end{array} \tag{7-100}$$

R 是一个十分庞大的模糊关系矩阵。基于不同的实际系统,这一关系矩阵有以下几种实现方法。

如果模糊控制系统是一个基于 PC 的控制系统,由于这类计算机具有很快的计算速度和很大的内存容量,关系矩阵 $\underset{\sim}{R}$ 可直接用高级语言编写。

对于以单片机为主的智能仪表,进行大量实时矩阵运算是不切实际的。可以事先把关系矩阵 $\underset{\sim}{R}$ 离线计算好,制成如表 7-10 所示的控制决策表。

表 7-10 控制决策表

$\underset{\sim}{E}$	$\underset{\sim}{EC}$	偏差变化												
		−6	−5	−4	−3	−2	−1	0	1	2	3	4	5	6
偏差	−6	7	6	7	6	7	7	7	4	4	2	0	0	0
	−5	6	6	6	5	6	6	6	4	4	2	0	0	0
	−4	7	6	7	6	7	7	7	4	4	2	0	0	0
	−3	7	6	6	6	6	6	6	3	2	0	−1	−1	−1
	−2	4	4	4	5	4	4	4	1	0	0	−1	−1	−1
	−1	4	4	4	5	4	4	1	0	0	0	−3	−2	−1
	−0	4	4	4	5	1	1	0	−1	−1	−1	−4	−4	−4
	0	4	4	4	5	1	1	0	−1	−1	−1	−4	−4	−4
	1	2	2	2	2	0	0	−1	−4	−4	−3	−4	−4	−4
	2	1	2	1	2	0	−3	−4	−4	−4	−3	−4	−4	−4
	3	0	0	0	0	−3	−3	−6	−6	−6	−6	−6	−6	−6
	4	0	0	0	−2	−4	−4	−7	−7	−7	−6	−7	−6	−7
	5	0	0	0	−2	−4	−4	−6	−6	−6	−6	−6	−6	−6
	6	0	0	0	−2	−4	−4	−7	−7	−7	−6	−7	−6	−7

模糊控制算法也可用硬件实现。近年来,国外一些厂商已推出能实现模糊逻辑推理的芯片。这类芯片具有很强的推理能力和极快的推理速度,用户只需选择适当的隶属函数,用填表方式输入模糊规则集,无须编程就可以完成应用软件的开发,从而节省了大量的软硬件开发时间。

3) 模糊控制算法的实现

模糊控制算法的实现,就是对采样得到的 e 和 ec,根据已经获得的模糊关系矩阵 $\underset{\sim}{R}$,推算出应采取的控制策略。

模糊控制算法的实现过程一般可分为 4 步。

(1) 计算当前的偏差 $e(n)$和偏差变化 $ec(n)$

偏差和偏差变化由下列两式求得

$$e(n)=c(n)-r(n) \tag{7-101}$$

$$ec(n)=e(n)-e(n-1) \tag{7-102}$$

注意,这里的 $e(n)$和 $ec(n)$是清晰量(精确量)。

(2) 模糊化

通常称变量在系统中的实际变化范围为基本论域。当系统中只考虑偏差 e 和偏差变化 ec 时,基本论域就是这两个变量在系统中各自的实际变化范围。而控制器的运算是在模糊论域,所以需要把基本论域的精确量转化为模糊论域的模糊量,该转化过程就称为模糊化,实际变量的模糊化过程可描述如下。

设偏差的基本论域为$[-e_m, e_m]$,偏差变化的基本论域为$[-ec_m, ec_m]$,偏差的模糊状态论域为$[-n, n]$,偏差变化的模糊状态论域为$[-m, m]$,则偏差的量化因子 K_e 和偏差变化的量化因子 K_{ec} 的取值由下列两式决定

$$K_e=\frac{e_m}{n} \tag{7-103}$$

$$K_{ec}=\frac{ec_m}{m} \tag{7-104}$$

有了量化因子 K_e 和 K_{ec},就可将 e 和 ec 按下列两式进行模糊化

$$\underset{\sim}{E}(n)=\frac{e(n)}{K_e} \tag{7-105}$$

$$\underset{\sim}{E}c(n)=\frac{ec(n)}{K_{ec}} \tag{7-106}$$

需要说明的是:经过式(7-105)和(7-106)运算后的值不一定是整数,而模糊化后的输入量是整数,所以取最近的值,下面举例说明模糊化的过程。

例 7-7 假设某一系统的偏差 e 的实际变化范围经过 A/D 转换后为[-15 00, +1 500],而定义的描述偏差模糊状态的论域是[-7, 7];偏差变化 ec 的实际变化范围经过 A/D 转换后是[-60, 60],而定义的描述偏差变化模糊状态的论域是[-6, 6],如果测量系统得到的实际 e 的值为 1 200,ec 的值为 20,要求分别对 e 和 ec 进行模糊化。

解：根据题意，设偏差的量化因子为 K_e，偏差变化的量化因子为 K_{ec}，则根据式(7-103)和式(7-104)可分别得到

$$K_e = \frac{e_m}{n} = \frac{1\,500}{7}$$

$$K_{ec} = \frac{ec_m}{m} = \frac{60}{6} = 10$$

则对于实际变量 $e = 1\,200$，根据式(7-105)可得

$$\underset{\sim}{E}(n) = \frac{e(n)}{K_e} = \frac{1\,200}{\frac{1\,500}{7}} = 5.6$$

对于实际变量 $ec = 20$，根据式(7-106)可得

$$\underset{\sim}{E}c(n) = \frac{ec(n)}{K_{ec}} = \frac{20}{10} = 2$$

由于偏差 e 经过模糊化公式运算后的值为 5.6，不是整数，但它距 6 最近，所以偏差 e 模糊化后的值取 6；而偏差变化 ec 经过模糊化公式运算后的值刚好是整数，所以偏差变化 ec 模糊化后的值取 2，这样就实现了对实际测量数据的模糊化。

(3) 模糊决策

求得$\underset{\sim}{E}(n)$和$\underset{\sim}{E}c(n)$后，就可以根据所求得的模糊关系矩阵 $\underset{\sim}{R}$ 进行实时决策，即根据当前 nT 时刻的$\underset{\sim}{E}(n)$和$\underset{\sim}{E}c(n)$，由模糊控制器根据合成规则矩阵得到模糊控制器输出的过程。具体计算由下列推理合成运算实现

$$\underset{\sim}{Q}(n) = [\underset{\sim}{E}(n) \times \underset{\sim}{EC}] \circ \underset{\sim}{R} \tag{7-107}$$

式中，“$\circ$”为合成运算，即

$$\underset{\sim}{Q}(n) = [\underset{\sim}{E}(n) \times \underset{\sim}{EC}] \circ \underset{\sim}{R} \Leftrightarrow \mu_Q(z) = \bigvee_{\substack{x\in X\\ y\in Y\\ z\in Z}} \mu_R(x,y,z) \wedge \mu_E(x) \wedge \mu_{\underset{\sim}{EC}}(y) \tag{7-108}$$

前面已经指出，关系矩阵 $\underset{\sim}{R}$ 可通过软件实时运算得到(基于 PC 系统)；也可事先离线计算制成决策表，将实时决策简化为简单的查表操作，例如当 $E(n) = -5$，$\underset{\sim}{EC}(n) = -2$ 时，$\underset{\sim}{Q}(n) = 6$。后者的优点是结构简单、决策迅速，缺点是调整控制规则困难。如果采用模糊推理芯片，则整个推理过程在硬件电路中完成，速度更快，使用更方便。

(4) 反模糊化

式(7-108)的运算结果 $\underset{\sim}{Q}(n)$仍是一个模糊子集，它包含决策值的各种信息，是反映控制语言规则不同取值的一种集合。而被控对象只能接收一个确切的控制信号，因此必须从决策值的模糊集合中判决出一个精确量，然后再加到被控对象上去。换言之，反模糊化就是从模糊集合到普通集合的一个映射，是将一个模糊量变换成清晰量的过程，因此也称为清

晰化。

最常用的反模糊化方法是最大隶属度法。最大隶属度法就是在决策值集合中,取隶属度最大的那个元素 Z^* 作为最终决策值,即 $\underset{\sim}{Q}(n)=Z^*$。例如决策值模糊集 $\underset{\sim}{Q}(n)$ 为 $\{0/-7, 0/-6, 0/-5, 0/-4, 0.5/-3, 0.7/-2, 0/-1, 0/0, 0/1, 0.3/2, 0.5/3, 0.7/4, 1/5, 0.7/6, 0.2/7\}$,则 $\underset{\sim}{Q}(n)=5$,即取使隶属度最大的那个元素"5"作为最终决策值。

由 n 时刻 Z 的模糊子集得到清晰量 $\underset{\sim}{Q}(n)=5$ 后,还不能直接加到被控对象上,因为 $\underset{\sim}{Q}(n)$ 在模糊论域,还需要转换到实际论域,才可以经过 D/A 转换后去对工业变量进行控制。因此,需再引入一个比例因子 K_u。

被控制对象实际所要求的控制量的变化范围,称为模糊控制器输出变量的基本论域。假设实际控制量的基本论域为$[-\Delta u_m, \Delta u_m]$,而控制量的模糊子集的论域为$\{-l, -l+1, \cdots, 0, \cdots, l-1, l\}$,则 K_u 可按下式计算

$$K_u=\frac{\Delta u_m}{l} \tag{7-109}$$

有了比例因子 K_u,就可以将控制器的输出量从模糊论域转换到实际论域了,转化公式为

$$\Delta u=\underset{\sim}{Q}(n)K_u \tag{7-110}$$

例 7-8 假设某一系统实际控制量增量范围的数字形式为$[-200, +200]$,模糊控制器输出量的模糊论域为$[-7, 7]$,如果模糊控制器经过运算得到的输出量为 5,试将其转换到实际论域。

解: 根据题意及式(7-109),可得比例因子 K_u

$$K_u=\frac{\Delta u_m}{l}=\frac{200}{7}$$

再由式(7-110)可得

$$\Delta u(n)=\underset{\sim}{Q}(n)K_u=5\times\frac{200}{7}\approx 142.86\text{(因为是数字量,所以取 143)}$$

得到实际论域的控制量 $\Delta u(n)$后,即可控制工业变量。

由前面知
$$u(n)=u(n-1)+\Delta u(n)$$

又
$$u(n-1)=u(n-2)+\Delta u(n-1)$$

于是有
$$u(n)=\sum_{i=1}^{n}K_u * Q(i)+u_0=K_u\sum_{i=1}^{n}Q(i)+u_0 \tag{7-111}$$

同时根据系统实际情况对 $u(n)$做必要的限幅,例如对于 8 位字长的 D/A 转换器,$u_0 \leqslant u(n) \leqslant 255$,所以模糊控制器的最终输出 $u(n)$为

$$u(n)=\begin{cases}\sum\limits_{i-1}^{n}K_u * Q(i) & u_0<u(n)<255,\\ 255 & u(n)\geqslant 255,\\ u_0 & u(n)\leqslant u_0\end{cases} \tag{7-112}$$

在实际应用中，不同系统所选择的D/A转换器的分辨率不同，输出的上、下限值也应做出相应的调整。

习题与思考题

7-1　什么是仪表的系统误差？常用克服系统误差的方法有哪些？它们分别有什么特点？

7-2　什么是仪表的随机误差？克服随机误差的常用方法有哪些？它们分别有什么特点？

7-3　采用数字滤波算法克服随机误差有哪些优点？

7-4　通常，克服随机误差的数字滤波算法有哪些？它们分别有什么特点？分别适用于什么场合？

7-5　什么是积分饱和？它有哪些不良影响？克服积分饱和的方法有哪几种？

7-6　说明P、PI、PD调节规律的特点以及它们在控制系统中的作用。

7-7　某一数字温度计，测量范围为－100～200℃，其对应的A/D转换器输出范围为0～2 000，求当A/D输出为1 000时对应的实际温度值(设标度变换为线性)。

7-8　在仪表中用运算放大器测量电压时，会引入零位和增益误差。设测量信号x与真值y是线性关系。采用模型校正法校正时，常用仪表中这一部分电路分别去测量一标准电压V_R和一短路电压信号，试建立其校正方程。

7-9　什么是控制度？并阐述计算机控制时，应该如何选择采样周期？

7-10　简述专家控制的思想。并阐述其在控制领域的应用有哪些形式。

7-11　简述模糊控制算法的思想。叙述模糊控制器的主要设计步骤。

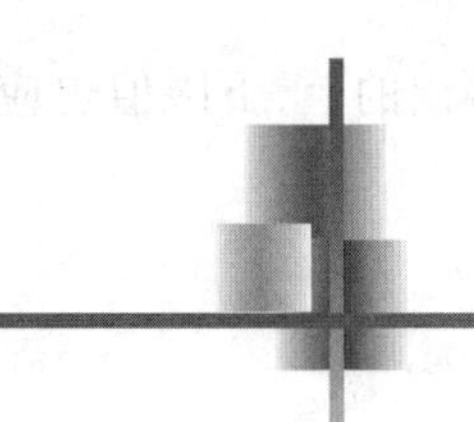

第 8 章

可靠性设计

在设计智能仪表时，除了要考虑仪表的功能要求、性能指标要求外，仪表的可靠性也是一个很重要的指标。使用可靠性不高的仪表会给工业生产带来不可估量的损失，轻则影响企业效益，重则损坏相关生产设备，甚至危及人身安全，所以可靠性设计也是智能仪表设计工作的重要内容之一。

可靠性技术是一门综合性较强的学科，涉及的内容比较广泛，而且贯穿于产品或系统设计开发、生产制造、使用维护等各个环节。本章将重点讨论在智能仪表设计中主要采用的可靠性技术，在介绍主要内容之前，首先对仪表的可靠性设计做一般介绍。

8.1 可靠性设计概述

8.1.1 可靠性的基本概念

产品或系统的可靠性是指在规定的条件下、规定的时间内，产品或系统完成规定功能的能力。要研究产品或系统的可靠性，首先要有一个度量的指标。对于一个产品或系统来说，故障的出现是随机的，所以可采用统计规律来描述。对于不同的故障可修复系统，维修的难易程度不同，需要指标来描述修复时间的长短。下面介绍系统可靠性度量的几个常用指标。

1. 可靠度

可靠度是指在规定的条件下及规定的时间内，产品或系统完成规定功能的概率。假设有 N_0 个相同的产品或系统同时工作在相同的条件下，从开始运行到 t 时刻为止，共有 $N_F(t)$ 个产品或系统发生故障，$N_S(t)$ 个产品或系统工作正常，则可靠度 $R(t)$ 定义为

$$R(t)=\frac{N_S(t)}{N_0}=\frac{N_S(t)}{N_S(t)+N_F(t)} \tag{8-1}$$

不可靠度 $F(t)$ 可定义为

$$F(t)=\frac{N_F(t)}{N_0}=\frac{N_F(t)}{N_S(t)+N_F(t)} \tag{8-2}$$

一个产品或系统正常工作与发生故障是互斥事件，因此有 $R(t)+F(t)=1$，所以公式(8-1)可写为

$$R(t)=\frac{N_S(t)}{N_0}=1-\frac{N_F(t)}{N_0}=\frac{N_0-N_F(t)}{N_0} \tag{8-3}$$

如果把上述可靠度的定义扩展到一个系统内，则可认为 N 是组成整个系统的单元数目，“单元”是指系统内的子系统或部件。因此，一个系统的可靠度取决于内部单元的可靠度，如果一个系统内每一个元件的失效都会造成系统的失效，则系统越复杂，系统的可靠性问题就越复杂。

2. 失效率

失效率又称为瞬时失效率或故障率。假设有 N_0 个相同的产品或系统同时工作在相同的条件下，失效率是指产品或系统运行到 t 时刻后的单位时间内，发生故障的产品或系统数目与时刻 t 时无故障的产品或系统数目之比。假设 N_0 个产品或系统的可靠度为 $R(t)$，在 t 时刻到 $t+\Delta t$ 时刻的失效数为 $N_0[R(t)-R(t+\Delta t)]$，则单位时间的失效数为 $N_0[R(t)-R(t+\Delta t)]/\Delta t$；$t$ 时刻产品或系统正常工作的个数为 $N_0R(t)$，则失效率 $\lambda(t)$ 的数学表达式为

$$\lambda(t)=\frac{N_0[R(t)-R(t+\Delta t)]}{N_0R(t)\Delta t} \tag{8-4}$$

将上式写成微分形式为

$$\lambda(t)=-\frac{1}{R(t)}\times\frac{\mathrm{d}R(t)}{\mathrm{d}t} \tag{8-5}$$

将式(8-5)整理可得

$$\lambda(t)\mathrm{d}t=-\frac{1}{R(t)}\mathrm{d}R(t) \tag{8-6}$$

对式(8-6)从 0～t 进行积分可得

$$R(t)=e^{-\int_0^t\lambda(t)\mathrm{d}t} \tag{8-7}$$

理论与实践证明，对于由电子元器件组成的电子仪表系统，不论其组成元器件的失效率呈何种分布，使用一段时间老化后，$\lambda(t)$ 为一常数。从硬件角度看，这一结论对智能仪表同样成立，故式(8-7)变为

$$R(t)=e^{-\lambda t} \tag{8-8}$$

式(8-8)即为反映产品或系统可靠性的度量指标可靠度 $R(t)$ 与反映系统的故障率大小的指标失效率 λ 的关系，该公式表明，经过一段时间老化后，系统的可靠度符合常指数规律，随着时间的推移，失效率不断变大，系统的可靠度不断变小。

在工程实际应用中，失效率可近似按下式计算

$$\lambda=\frac{r}{T} \tag{8-9}$$

式中，r 为系统失效数；T 为运行系统数与运行时间的成绩。

3. 平均故障间隔时间(MTBF)

由式(8-9)可知,失效率 λ 具有时间倒数的量纲,因此取其倒数来表示可靠性程度,称为平均故障间隔时间(Mean Time Between Failure,MTBF),用于对可修复的产品或系统进行描述。而对于不可修复的产品或系统,常用平均无故障时间(Mean Time To Failure,MTTF)来描述。一般情况下,用 MTBF 来表示,即

$$\mathrm{MTBF}=\frac{1}{\lambda} \tag{8-10}$$

对于一个实际产品或系统来说,可修复性与不可修复性是共存的。如果系统中的一个元器件失效则不可修复,但若找到了失效的元器件并予以更换,则系统可修复。

4. 可维修性及可用性

从可靠性的角度来考虑,不仅要求产品或系统要尽可能少地出现故障,而且希望在出现故障后能及时发现,并在尽可能短的时间内修复。因此,除了使用 MTBF 来描述产品或系统的可靠性之外,还引入可维修性的概念,并用平均修复时间(Mean Time To Repair,MTTR)定量描述,数学表达式为

$$\mathrm{MTTR}=\frac{1}{N}\sum_{i=1}^{N}\Delta t_i \tag{8-11}$$

式中,N 为维修次数;Δt_i 为第 i 次维修所用的时间。

可用性是指产品或系统在某一具体时刻具有维持规定功能的能力,也称有效性。其包括两方面含义:一方面是指系统的故障小,即 MTBF 大;另一方面是指发生故障后能尽快修复,即 MTTR 小,通常可用性 A 可表示为

$$A=\frac{\mathrm{MTBF}}{\mathrm{MTBF}+\mathrm{MTTR}}\times 100\% \tag{8-12}$$

用可用性指标来衡量系统的可靠性比前面其他指标更加全面,提高产品或系统的可靠性不仅是单纯地增加平均故障间隔时间(MTBF),还要减小平均修复时间(MTTR)。

8.1.2 影响智能仪表可靠性的因素

要想提高智能仪表的可靠性,就要在仪表的设计、制造等环节采取一系列提高可靠性的措施,而要能够采取适当的措施,就必须分析影响可靠性的因素,通常将影响仪表可靠性的因素称为干扰,干扰可能来自智能仪表的内部,也可能来自智能仪表的外部。下面具体分析这两方面的干扰。

1. 内部干扰

(1) 元器件失效

一台智能仪表的电路板由若干集成电路及元器件构成,每块集成电路及每个元器件都有其自身的失效率,因此失效不可避免,但可通过改善设计或生产制造工艺降低仪表的失效率。在选择元器件时,可通过一些方法进行筛选,选择可靠性高的元器件。

(2) 内部电磁干扰

智能仪表硬件电路各单元之间、各元器件之间、单元与元器件之间、信号线与电源以及大地之间都存在着电磁干扰。

(3) 电气互联故障干扰

智能仪表的硬件电路将各集成电路模块及电子元器件连接在一起时，各器件之间存在着大量电器上的互联，如焊盘、接插件、信号传输线等，这些连接的松脱存在着较大故障率的可能性，从而直接影响仪表的可靠性。数据统计表明，这类故障是降低智能仪表可靠性的一个主要因素，对这类故障主要通过制造工艺及质量控制来保证。

(4) 软件故障干扰

软件故障干扰主要是指在软件设计中，有些因素未考虑周到，致使智能仪表在某一特殊状态失去正确的处理能力或发生逻辑混乱而不能正确完成仪表功能的情况；或者电磁干扰作用于CPU部位，造成智能仪表软件系统的混乱，不能正确执行仪表功能的情况。

2. 外部干扰

(1) 空间电磁干扰

目前，在工业生产的日常活动中，电场、磁场及电磁波几乎无处不在，这些电磁信号会通过各种耦合途径对在其中工作的仪表系统形成干扰，特别是一些大功率的电气设备。另外，雷电、辐射线等自然现象也是较强的电磁干扰源。

(2) 电网干扰

所有的仪表都需要供电，在工业生产中，大多数仪表采用电网供电，而电网供电电压常常会波动，供电电网也常含有尖峰脉冲、高次谐波，这些因素都会通过仪表电源直接对仪表系统形成干扰。

(3) 环境干扰

仪表所处环境的温度、湿度、压力、腐蚀性气体、风沙尘土、机械振动等对仪表造成的物理或化学上的影响称为环境干扰。如果设计时考虑不周，这些因素造成的后果会比较严重，特别是当环境条件比较恶劣时，如高温、高湿、高腐蚀环境，很可能使仪表无法正常工作。所以在仪表设计时，要分析仪表未来可能的工作环境，在仪表设计时从元器件的选择、方案设计、制造、测试等环节采取相应措施来消除环境因素对智能仪表的干扰，使得所设计的仪表能够满足设计要求。

8.1.3 智能仪表方案的可靠性设计原则

在研制一台智能仪表时，首先要根据仪表的功能要求以及性能指标要求确定仪表的设计方案，设计方案包括硬件、软件的划分，硬件系统的电路具体设计，集成电路以及元器件的选择，软件的总体结构设计，包括监控程序结构，要使用哪些中断功能，功能算法模块包括哪些，等等。所以，系统的方案设计在很大程度上决定了智能仪表的可靠性。为了使得所设计的仪表能够满足仪表可靠性的要求，在方案设计时应遵循以下选择。

1. 方案尽可能简单

如前所述，智能仪表的可靠性由内部的硬件系统及软件系统的可靠性决定。而智能仪表的硬件由若干集成电路及元器件构成,要提高系统的可靠性就要提高每一单元的可靠性。另外,系统的失效率是所有内部组成单元失效率的总和,避免一个元件失效的最好方法就是在系统中省去它,所以在方案设计时,在满足仪表功能及性能指标的前提下应尽可能的简单。

2. 避免片面追求多功能、高性能

工业生产的发展对仪表的功能要求越来越多,对性能要求越来越高,但每一台仪表都有自己的应用背景或设计背景,有自己的功能及性能定位。在设计一台智能仪表时,应避免给仪表制定太多的功能、太高的性能要求。因为功能越多、性能越高,方案就越复杂,这样,一方面硬件系统的电路也就越复杂,元器件增多,可靠性降低;另一方面软件系统也会变得复杂,这会使软件系统的可靠性降低。

3. 合理划分软、硬件

智能仪表的软件设计在其总任务设计中占有很大的分量,设计好的软件在经过测试验证后不存在失效的问题。而且,与硬件相比,软件在数据处理、逻辑分析等方面有着很大优势,所以尽可能用软件实现仪表的功能可以提高仪表的可靠性。但是软件是需要硬件支持的,而且对于仪表的同一功能,硬件实现的速度高、成本高,软件实现的速度低、成本低,所以在方案设计软、硬件划分时要综合考虑,合理划分。

4. 尽可能采用数字电路

与模拟电路相比,数字电路稳定性好、抗干扰能力强、可标准化设计,且易于器件集成制造。数字式集成电路代替模拟式电路是电子技术发展的趋势。另外,集成度越高的芯片密封性越好、机械性能好、焊点少,且失效率比同样功能的分离电路要低得多,所以其可靠性也越高,因此在硬件电路设计时,应尽可能多地采用集成度高的芯片。

5. 多采用主动措施

在智能仪表的可靠性设计中,可以采用的措施分为主动性和被动性。在实际应用中,影响智能仪表可靠性的因素有很多,发生的程度及时间具有很强的随机性,所以在设计时,应尽可能多地采用主动性措施,以提高仪表的可靠性。

由前述分析可知,想要提高智能仪表的可靠性,就要提高智能仪表对各种干扰的抵抗能力,换句话说,智能仪表的可靠性设计就是智能仪表的抗干扰设计。

8.2 智能仪表的抗干扰设计

智能仪表在工业生产中的应用越来越广泛。工业生产的工作环境往往比较恶劣、干扰严重,这些干扰轻则会影响仪表的测量精度,重则使智能仪表程序逻辑混乱,进而使智能仪表产生误动作,导致系统测量和控制失灵,甚至损坏生产设备,造成事故。为了保证智能仪表能够稳定可靠地工作,在智能仪表研制的每个阶段都要考虑仪表的可靠性设计,而设计中采取相应的抗干扰措施是智能仪表可靠性设计的重要内容。本节在介绍智能仪表的硬件抗干扰技术和软件抗干扰技术之前先对智能仪表的干扰进行分析。

8.2.1 干扰分析

一般地，当电磁发射源产生的电磁场信号对其周围环境中的装置、设备或系统产生有害影响时，称该信号为电磁干扰信号，简称电磁干扰。仪表系统在实际使用中，除了环境因素引入的干扰外，遇到的干扰几乎都是电磁干扰。辐射能量大的强电磁干扰，会使电子设备中的半导体器件的结温升高，造成PN结击穿和烧穿短路，导致器件性能降低或失效，从而影响设备的正常工作，使控制失灵，引发事故。对智能仪表来说，环境因素主要有温度、振动、湿度、粉尘、烟雾、冲击等。而有人做过统计，其中温度、湿度、振动、冲击是主要影响因素，对于相应的影响因素，智能仪表在设计时要采取相应的抗环境设计。如对温度影响的防护设计常称为热设计；对潮湿、盐雾和霉菌的防护设计常称为三防设计；还有抗振动、冲击设计等，本章节对此不做详细介绍，主要阐述针对智能仪表在使用中遇到的电磁干扰的抗干扰设计技术，也常称为电磁兼容设计。

所谓电磁兼容，通常是指处于同一电磁环境中的所有电子设备和系统，均能按照设计的功能指标要求满意地工作，互不产生不允许的干扰。从电磁兼容的观点出发，在设计电子设备或系统时，除按要求进行功能设计外，还必须基于设备、系统所在的电磁环境进行电磁兼容设计，一方面使它具有规定的抗电磁干扰的能力，另一方面使它不产生超过限值的电磁干扰。

1. 电磁干扰要素

电磁干扰的形成必须同时具备以下三个因素，常称为电磁干扰三要素，如图8-1所示。

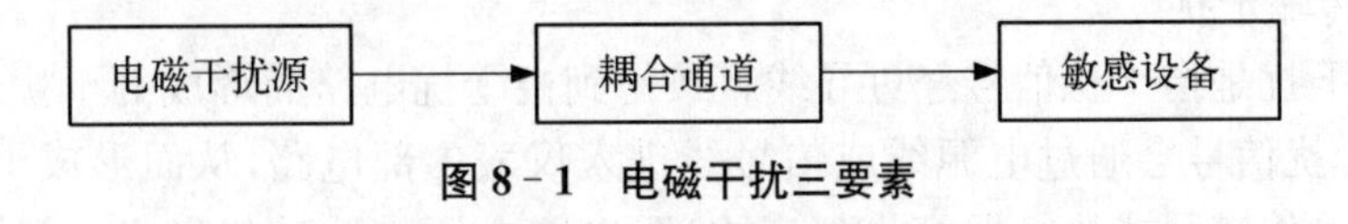

图8-1　电磁干扰三要素

(1) 电磁干扰源：指产生电磁干扰的元件、器件、设备、系统或自然现象。

(2) 耦合通道：指把能量从干扰源耦合(或传播)到敏感设备上，并使该设备产生响应的通路或媒介。

(3) 敏感设备：指对电磁干扰发生响应的设备。

由电磁干扰源发出的电磁能量，经过某种耦合通道传输至敏感设备，导致敏感设备出现某种形式的响应并产生效果，称为电磁干扰效应。

要消除电磁干扰，只要能去掉电磁干扰三要素中的任何一个即可。仪表内部的干扰源可通过合理的电路设计在一定程度上予以消除，而外部干扰源总是存在的。对于接收干扰的敏感设备，在硬件设计时可以从元器件的选取、电路布置等方面预先做一些工作。对于传输通道则可以采取有效措施予以消除或切断。仪表的电磁兼容性设计主要基于以上方面予以考虑，这也是智能仪表设计时要考虑的重要问题之一，直接涉及智能仪表的硬件设计内容，为了统一，以下统称为智能仪表的硬件抗干扰设计。

2. 干扰类型

从干扰源和传播方式的角度来讲，智能仪表受到的干扰大致可分为以下几种类型。

(1) 电场耦合干扰

电场耦合干扰是指通过电容耦合引起的静电场干扰,所以又常称为静电耦合干扰。智能仪表系统内部电路板上的元件之间、导线之间、导线与元件之间都存在着分布电容,一个导体上的信号电压会通过导体间的分布电容使其他导体上的电位受到影响。

(2) 磁场耦合干扰

磁场耦合干扰又称为电磁耦合干扰。任何载流导体都会在其周围空间产生磁场,如果磁场是交变的,则会对其周围的闭合电路产生感应电势,这就是磁场耦合干扰。比如动力线、变压器、电动机、发电机、继电器等附近都存在着工频交变磁场,工作在这种环境中的仪表内部电路就会受到磁场耦合干扰。

(3) 共阻抗耦合干扰

共阻抗耦合干扰是一类广泛存在于仪表内部的干扰,电路各部分的公共连线存在着分布电阻、电容和电感,其上的电流会产生电压降,这种附加的噪声干扰作用于电路,就形成共阻抗耦合干扰。电源线和接地线的电阻、电感在一定条件下会形成公共阻抗。例如,一个电源对几个电路供电时,如果电源不是内阻抗为零的理想电压源,其内阻抗就成为接受供电的几个电路的公共阻抗,其中某一电路的电流发生变化,就会影响其他电路供电电压的变化。

(4) 电磁辐射干扰

电磁辐射干扰是仪表系统所处空间的电磁波引起的干扰。处于电磁波中的导体会感应出一定的电动势,这就是电磁辐射干扰。目前,大气空间中充斥着各种电磁波,有电动设备开关形成的,也有无线通信形成的,还有闪电等形成的,所以,工作在这种环境中的仪表无疑会受到电磁辐射干扰。另外,电磁辐射干扰是一种无规则的干扰,而且很容易通过电源线传到系统中去。

(5) 直接传输干扰

直接传输干扰是指干扰信号经过导线直接传到被干扰电路而形成的干扰。在智能仪表系统中,各种干扰信号会通过电源线或信号线进入仪表内部电路,从而形成干扰。例如,现场的干扰可通过传感器或执行器窜入仪表内部,电网电压的波动与尖峰等都被认为是直接传输干扰。

下面举一个电场耦合的实例。

在数字电路的元件和元件之间、导线和导线之间、导线和元件之间、导线与结构件之间都存在着分布电容。如果某一个导体上的信号电压(或噪声电压)通过分布电容对其他导体上的电位产生影响,这种现象就称为电容性耦合。

图 8-2 为平行导线的电容耦合示意图。图 8-2(a)中,C_{AB}是两导线之间的分布电容;C_{AD}是 A 导线对地的分布电容;C_{BD}是 B 导线对地的分布电容;R 是输入电路的对地电阻。

其等效电路图如图 8-2(b)所示,其中 V_s为等效的信号电压。若 ω 为信号电压的角频率,j 为虚数单位($j^2=-1$),B 导线为受感线,则不考虑 C_{AD}时,B 导线上由于耦合形成的对地噪声电压(有效值)V_B为

$$V_B=\left|\frac{j\omega C_{AB}}{\frac{1}{R}+j\omega(C_{AB}+C_{BD})}\right|\times V_s \tag{8-13}$$

① 当 R 很大时,则有,

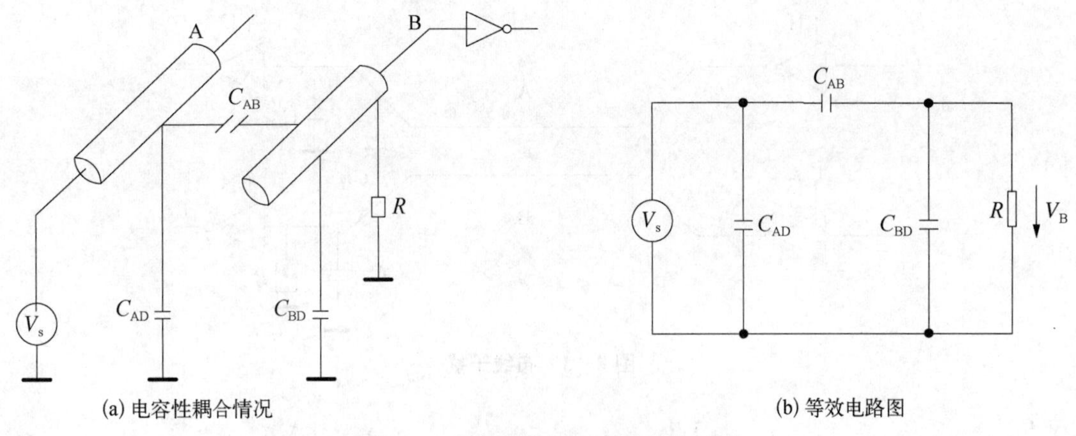

图 8-2 平行导线的电容耦合示意图

$$R \gg \frac{1}{\omega(C_{AB}+C_{BD})}$$

式(8-13)可简化为

$$V_B \approx \frac{C_{AB}}{(C_{AB}+C_{BD})} \times V_s \tag{8-14}$$

可见,此时 V_B 与信号电压频率基本无关,而正比于 C_{AB} 和 C_{BD} 的电容分压比。显然,只要设法降低 C_{AB},就能减小 V_B 值。因此在布线时应增大两导线间的距离,并尽量避免两导线平行。

② 当 R 很小时,则有

$$R \ll \frac{1}{\omega(C_{AB}+C_{BD})}$$

式(8-13)可简化为

$$V_B \approx |\, j\omega RC_{AB}\,| \times V_s \tag{8-15}$$

这时 V_B 正比于 C_{AB}、R 和信号幅值 V_s,而且与信号电压频率 ω 有关。

因此,只要设法降低 R 值就能减小耦合到受感回路的噪声电压。实际上,R 可看作受感回路的输入等效电阻,从抗干扰考虑,降低输入阻抗是有利的。

现假设 A、B 两导线的两端均接有门电路,布线干扰如图 8-3 所示。当门 1 输出一个方波脉冲,而受感线(B 线)正处于低电平时,可以从示波器上观察到如图 8-4 所示的波形。

图 8-4 中,V_A 表示信号源;V_B 为感应电压。若耦合电容 C_{AB} 足够大,使得正脉冲的幅值高于门 4 的开门电平 V_T,脉冲宽度也足以使门 4 的输出电平从高电平下降到低电平时,门 4 就输出一个负脉冲,即干扰脉冲。

在印刷电路板上,两条平行的印刷导线间的分布电容为 0.1～0.5 pF/cm,与靠在一起的绝缘导线间的分布电容有相同的数量级。

除以上所介绍的干扰之外,还有其他一些干扰和噪声,如:由印刷电路板电源线与地线之间的开关电流和阻抗引起的干扰;元器件的热噪声;静电感应噪声等。

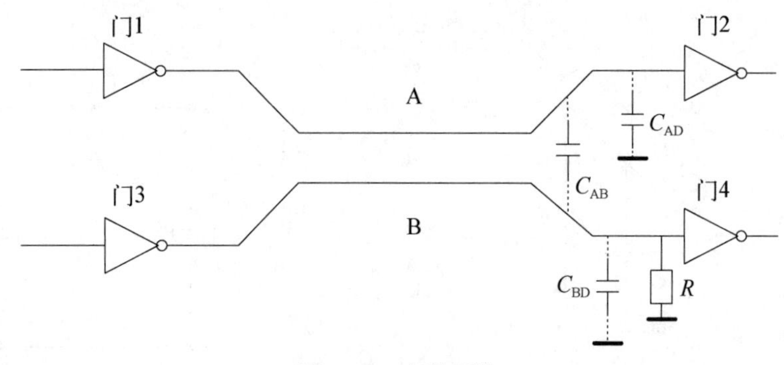

图 8-3　布线干扰

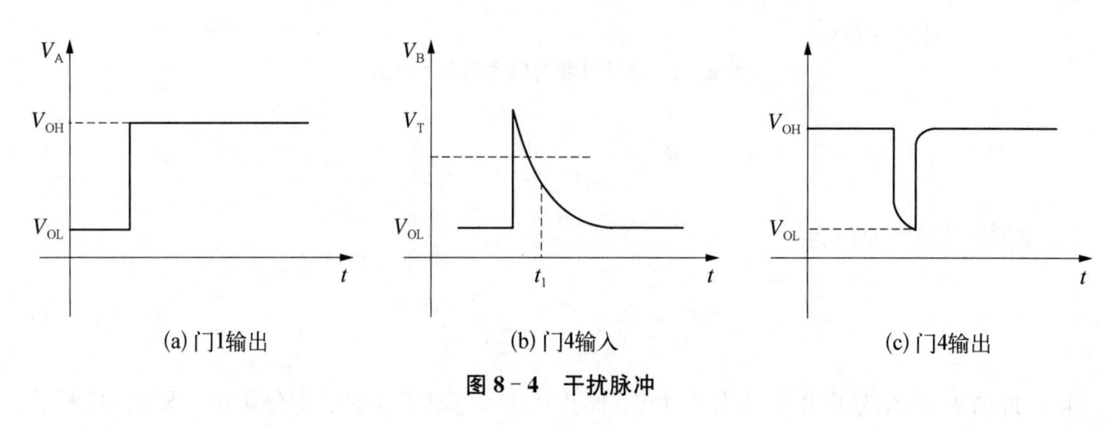

图 8-4　干扰脉冲

3. 干扰进入的途径

干扰进入智能仪表的主要途径有三个：空间电磁感应，传输通道和配电系统。如图 8-5所示。

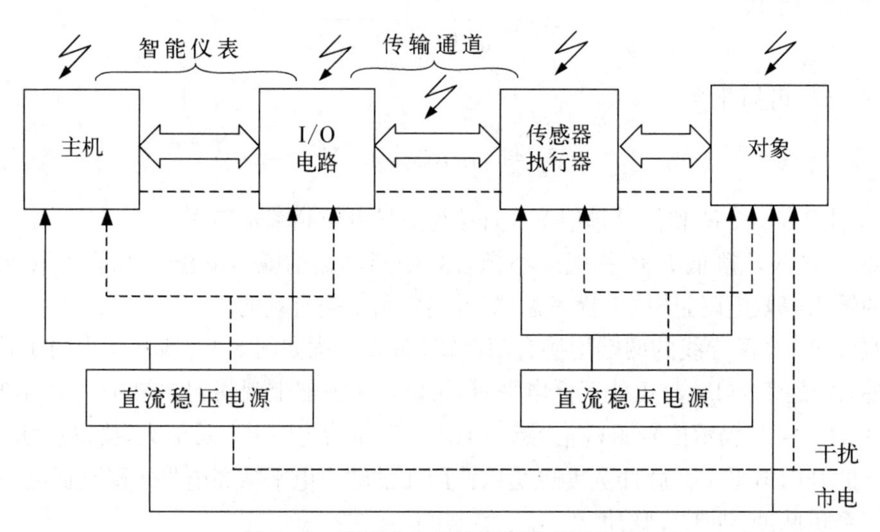

图 8-5　干扰进入智能仪表的主要途径

一般情况下，经空间电磁感应窜入的干扰在强度上都远远小于从另两个途径窜入的干扰，而且空间感应形式的干扰可通过采用良好的“屏蔽”和正确的“接地”加以解决。所以，抗干扰措施主要是尽力切断来自传输通道和配电系统的干扰，并抑制部分已进入仪表的干扰作用。

8.2.2 硬件抗干扰设计

智能仪表的硬件抗干扰设计就是在智能仪表的硬件电路设计、电路布线、结构设计、电源设计时就考虑到仪表的应用环境，考虑到仪表可能受到的各种干扰，从抗干扰的角度来设计硬件或采用合适的硬件技术预先设计一些抗干扰电路。只要对仪表干扰的分析正确，硬件技术采用恰当，电路设计正确，硬件抗干扰技术就可以克服智能仪表受到的大部分干扰。这一节就智能仪表硬件抗干扰设计涉及的常用措施予以介绍。

按干扰进入仪表的方式，可将干扰分为串模干扰、共模干扰、数字电路干扰以及电源和地线系统的干扰等，所以抗干扰措施的介绍也从这几个方面展开。

1. 串模干扰的抑制

1）串模干扰的概念

串模干扰是指干扰电压与有效信号串联叠加后作用到仪表上的干扰，也称为差模干扰，示意图如图 8-6 所示。串模干扰主要来源于高压输电线、与信号线平行敷设的输电线以及大电流控制线所产生的空间电磁场。

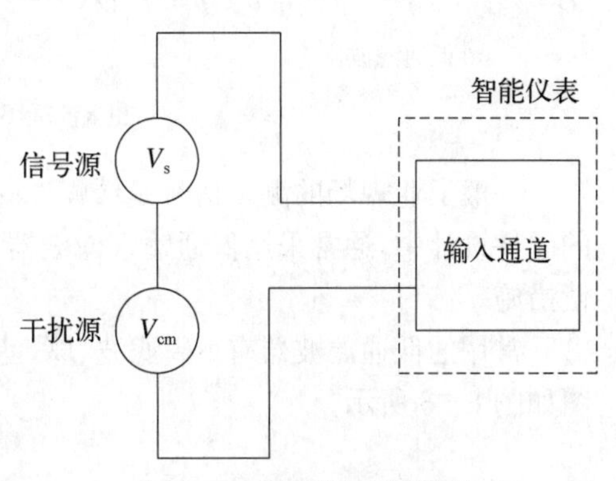

图 8-6 串模干扰示意图

通常，由传感器来的信号线比较长，有时甚至长达一二百米，在信号的传输过程中，干扰源通过磁场和电场耦合会不断在信号线上引入干扰，有时候感应电压数值会较大。例如，一路电线与信号线平行敷设，信号线上的电磁感应电压和静电感应电压分别都可达到毫伏级，而来自传感器的有效信号电压的动态范围通常仅有几十毫伏，甚至更小。

由此可知，由于测量控制系统的信号线较长，通过磁场和电场耦合所产生的感应电压有可能大到与被测有效信号相同的数量级，甚至可能比后者还大；同时，对测量控制系统而言，由于采样时间短，工频的感应电压也相当于缓慢变化的干扰电压，这种干扰信号与有效直流信号一起被采样和放大，造成有效信号失真。

除了信号线引入的串模干扰外，信号源本身固有的漂移、纹波和噪声，以及电源变压器的不良屏蔽或稳压滤波效果不佳等也会引入串模干扰。

2）串模干扰的抑制措施

通常用串模抑制比(Series Mode Rejection Ratio，SMRR)来衡量电路抑制串模干扰的能力。

$$\mathrm{SMRR}=20\lg\frac{V_{sm}}{V_{sm1}} \tag{8-16}$$

式中，V_{sm}为串模干扰信号的电压值；V_{sm1}为由串模干扰在仪表输入端引起的等效电压值。

假设串模干扰信号电压值为 20 mV，测量系统要求串模干扰在仪表输入端引起的电压

不得大于 0.02 mV,则

$$\mathrm{SMRR} \geqslant 20\lg\frac{20}{0.02}=60(\mathrm{dB})$$

对于串模干扰,可以采取以下几种措施进行抑制和消除。

(1) 采用滤波技术。如果串模干扰信号的频率比被测信号频率高,则采用低通滤波器来抑制高频串模干扰信号。如果串模干扰信号的频率比被测信号频率低,则采用高通滤波器来抑制低频串模干扰信号。如果串模干扰信号的频率落在被测信号频谱的两侧,则用带通滤波器较为适宜。3 种滤波器的频率特性如图 8-7 所示,图中,f_c、f_{c1}、f_{c2}为截止频率。

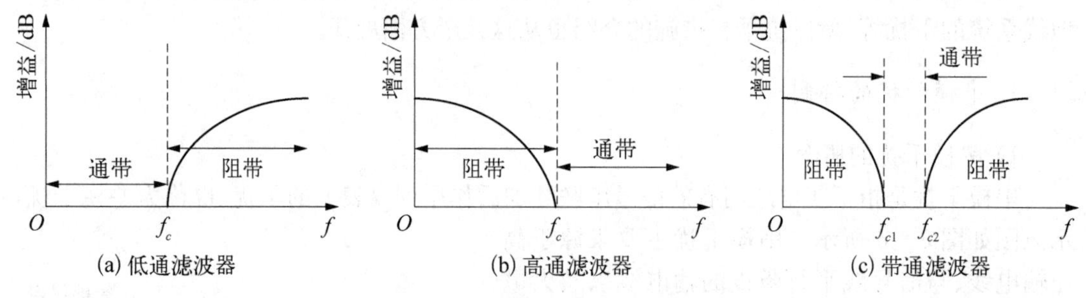

图 8-7　3 种滤波器的频率特性

一般工业现场的测量信号是缓慢变化的,而干扰信号是高频变化信号,所以在智能仪表的硬件设计中,通常采用低通输入滤波器来滤除高频串模干扰,而对直流串模干扰则采用补偿措施。

常用的低通滤波器有 RC 滤波、LC 滤波器、双 T 滤波器以及有源滤波器等,它们的原理图如图 8-8 所示。

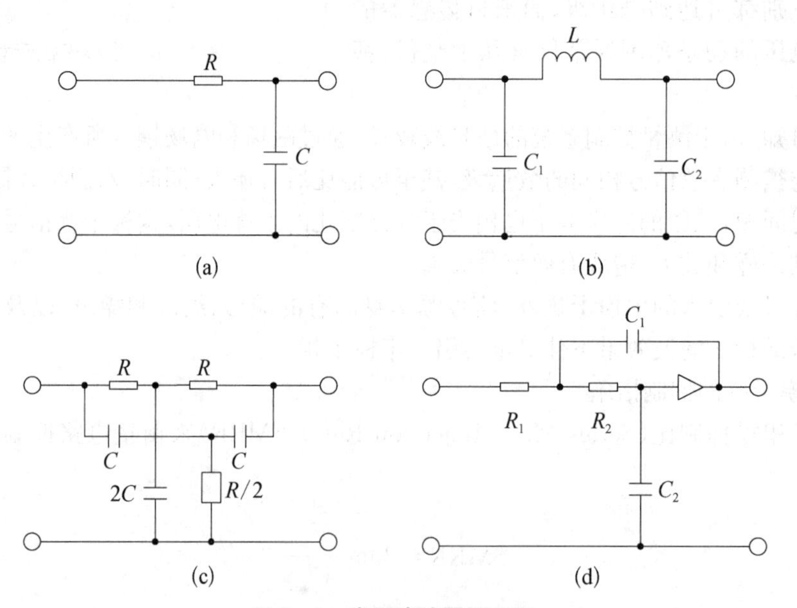

图 8-8　常用滤波器原理图

RC 滤波器的结构简单、成本低,但其串模抑制比不高,一般需 2～3 级串联使用才能达到规定的 SMRR 指标,而且时间常数 RC 较大,而 RC 过大则会影响放大器的动态特性。

LC滤波器的串模抑制比较高，但需要绕制电感，体积大、成本高。

双T滤波器对某一固定频率的干扰具有很高的抑制比，但偏离该频率后抑制比迅速减小。主要用来滤除电源工频干扰，而对高频干扰则无能为力，其结构虽然简单，但调整比较麻烦。

有源滤波器可以获得较理想的频率特性，但作为仪表输入级，有源器件（运算放大器）的共模抑制比一般难以满足要求，其本身带来的噪声也较大。

所以，通常仪表的输入滤波器采用多级RC滤波器，在选择电阻和电容参数时，除了要满足SMRR指标外，还要考虑信号源的内阻抗，兼顾共模抑制比和放大器的动态特性等要求，故常采用多级低通滤波器作为输入通道的滤波器，图8-9为两级阻容低通滤波电路。它可使50 Hz的串模干扰信号衰减至1/600左右。该滤波器的时间常数小于200 ms，因此，当被测信号变化较快时应当相应改变网络参数，以适当减小时间常数。n级滤波器的总特性曲线的切线斜率为$-20\times n$(dB/dec)，级数越多衰减越大。

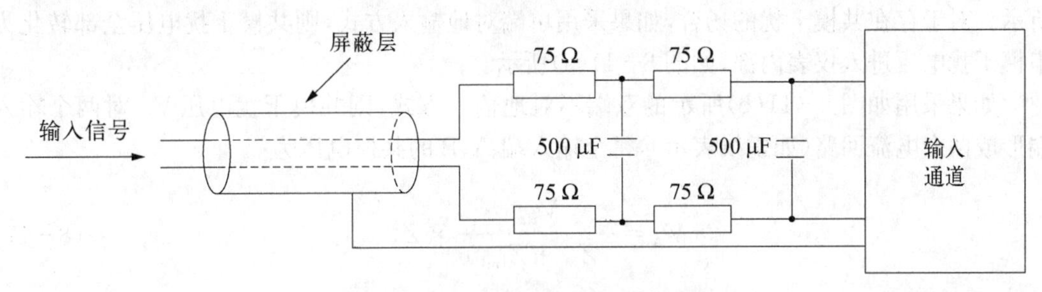

图8-9 两级阻容低通滤波电路

(2) 用双积分式A/D转换器可以削弱周期性串模干扰的影响。因为此类转换器是对输入信号的平均值而不是瞬时值进行转换，所以对周期性干扰具有抑制能力。如果取积分周期等于主要串模干扰的周期或为其整数倍，则通过双积分A/D转换器后，对串模干扰的抑制效果会更好。

(3) 对于主要来自电磁感应的串模干扰，应尽可能早地对被测信号进行前置放大，以提高回路中的信噪比；或者尽可能早地完成模/数转换或采取隔离和屏蔽等措施。

(4) 从选择器件入手，除了如前所述的可以选择抗干扰性能好的双积分型A/D转换器之外，也可以采用高抗扰度逻辑器件，通过提高阈值电平来抑制低噪声的干扰；或者采用低速逻辑器件来抑制高频干扰；此外也可以人为地通过附加电容器，降低某个逻辑电路的工作速度来抑制高频干扰。对于主要由选用的元器件内部热扰动产生的随机噪声形成的串模干扰，或在数字信号的传送过程中夹带的低噪声或窄脉冲干扰，这种方法是比较有效的。

(5) 对测量元件或变送器（如热电偶、压力变送器、差压变送器等）进行良好的电磁屏蔽，同时信号线应选用带有屏蔽层的双绞线或同轴电缆线，并应有良好的接地系统。另外，利用数字滤波技术对已经进入计算机的带有串模干扰的数据进行处理，从而可以较理想地滤掉难以抑制的串模干扰。

2. 共模干扰的抑制

1) 共模干扰的概念

共模干扰是指仪表输入通道两个输入端上共有的干扰电压。这种干扰可以是直流电压，也可以是交流电压，其幅值可达几伏甚至更高，取决于现场产生干扰的环境条件和仪表

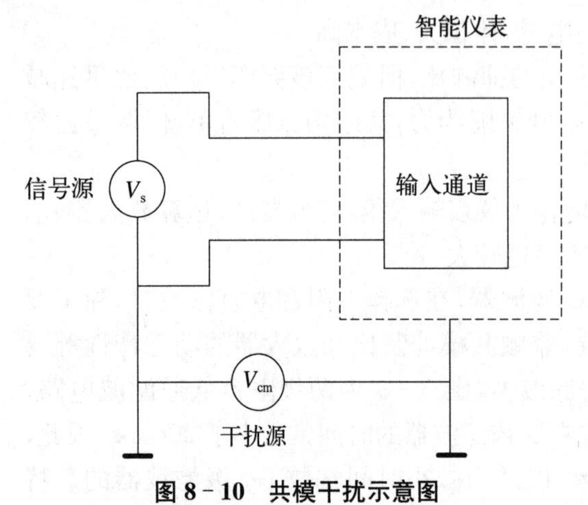

图 8-10 共模干扰示意图

的接地情况。

在测控系统中，由于检测元件和传感器分散在生产现场的各个地方，因此，被测信号 V_s 的参考接地点和仪表输入信号的参考接地点之间往往存在着一定的电位差 V_{cm}，如图 8-10 所示。

由图 8-10 可见，对于输入通道的两个输入端来说，分别有 V_s+V_{cm} 和 V_{cm} 两个输入信号。显然，V_{cm} 是输入通道两个输入端上共有的干扰电压，故称共模干扰电压。

在测量电路中，被测信号有单端对地输入和双端不对地输入两种输入方式，如图 8-11 所示。对于存在共模干扰的场合，如果采用单端对地输入方式，则共模干扰电压全部转化为串模干扰电压进入仪表内部，如图 8-11(a)所示。

如果采用如图 8-11(b)所示的双端不对地输入方式，则共模干扰电压 V_{cm} 对两个输入端形成两个电流回路(如虚线表示)，每个输入端 A、B 的共模电压为

$$V_A = \frac{V_{cm}}{(Z_{s1}+Z_{cm1})} \times Z_{cm1} \tag{8-17}$$

$$V_B = \frac{V_{cm}}{(Z_{s2}+Z_{cm2})} \times Z_{cm2} \tag{8-18}$$

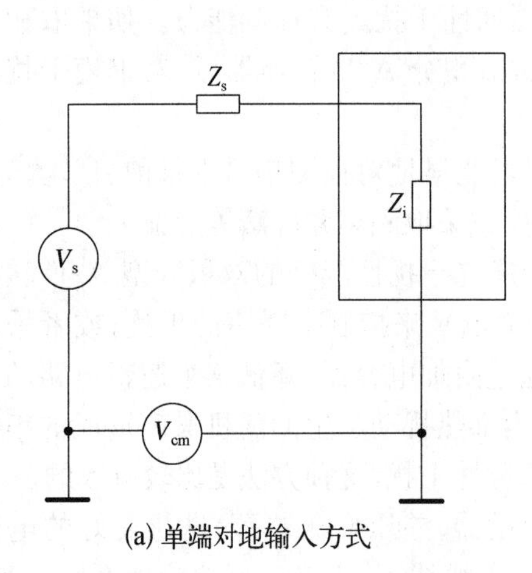

(a) 单端对地输入方式

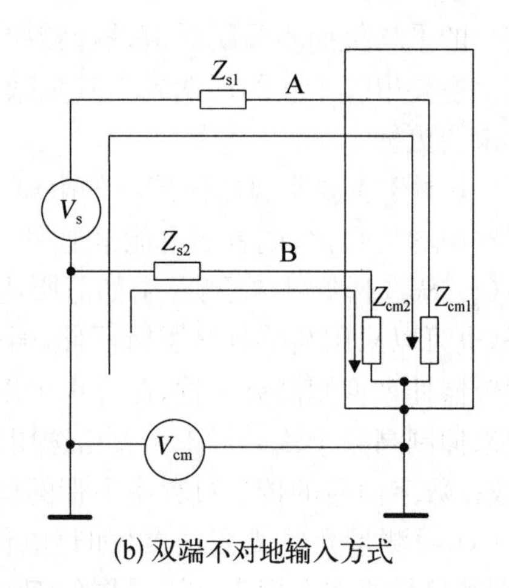

(b) 双端不对地输入方式

图 8-11 被测信号的输入方式

因此，在两个输入端之间呈现的共模电压为

$$\begin{aligned} V_{AB} = V_A - V_B &= \frac{V_{cm}}{(Z_{s1}+Z_{cm1})} Z_{cm1} - \frac{V_{cm}}{(Z_{s2}+Z_{cm2})} Z_{cm2} \\ &= V_{cm}\left(\frac{Z_{cm1}}{Z_{s1}+Z_{cm1}} - \frac{Z_{cm2}}{Z_{s2}+Z_{cm2}}\right) \end{aligned} \tag{8-19}$$

式中，Z_s，Z_{s1}，Z_{s2}为信号源内阻；Z_i，Z_{cm1}，Z_{cm2}为输入通道的输入阻抗。

如果$Z_{s1}=Z_{s2}$和$Z_{cm1}=Z_{cm2}$，则$V_{AB}=0$，表示不会引入共模干扰，但该条件实际上很难满足，往往只能做到Z_{s1}接近于Z_{s2}，Z_{cm1}接近于Z_{cm2}，因此$V_{AB}\neq0$，也就是说实际上总存在一定的共模干扰电压。但很显然，当Z_{s1}、Z_{s2}越小，Z_{cm1}、Z_{cm2}越大，并且Z_{cm1}与Z_{cm2}越接近时，共模干扰的影响就越小。一般情况下，共模干扰电压V_{cm}总是转化为一定的串模干扰进入仪表的输入通道。

输入通道的输入阻抗通常由直流绝缘电阻和分布耦合电容产生的容抗决定。差分放大器的直流绝缘电阻可做到$10^9\ \Omega$，工频下寄生耦合电容可小到几皮法(容抗达到$10^9\ \Omega$数量级)。但共模电压仍有可能造成1%的测量误差。

2) 共模干扰的抑制

通常用共模抑制比(Common Model Rejection Ratio，CMRR)来衡量电路抑制共模干扰的能力。

$$\mathrm{CMRR}=20\lg\frac{V_{cm}}{V_{cm1}} \tag{8-20}$$

式中，V_{cm}为共模干扰电压；V_{cm1}为由共模干扰在仪表输入端引起的等效电压。

常用的抑制共模干扰的方法有以下几种。

(1) 利用双端不对地输入的运算放大器作为输入通道的前置放大器，其抑制共模干扰的原理如图8-11(b)所示。

(2) 用变压器或光电耦合器把各种模拟负载与数字信号源隔离开来，被测信号通过变压器耦合或光电耦合获得通路，而共模干扰由于构不成回路而得到有效抑制，输入隔离如图8-12所示。

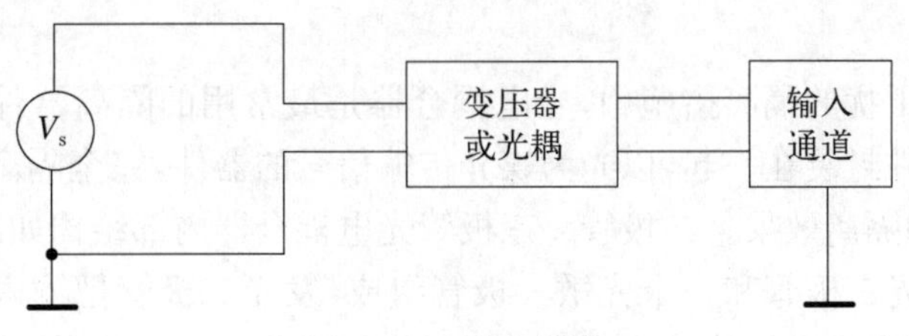

图8-12　输入隔离

3) 采用浮地输入双层屏蔽放大器来抑制共模干扰，如图8-13所示。

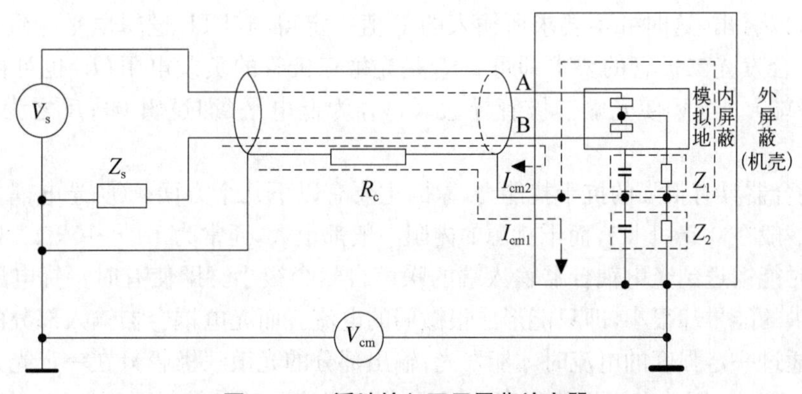

图8-13　浮地输入双层屏蔽放大器

这是利用屏蔽方法使输入信号的“模拟地”浮空,从而达到抑制共模干扰的目的。图中 Z_1 和 Z_2 分别为模拟地与内屏蔽罩之间和内屏蔽罩与外屏蔽层(机壳)之间的绝缘阻抗,它们由漏电阻和分布电容组成,所以此阻抗值很大,图 8-13 中,用于传送信号的屏蔽线的屏蔽层和 Z_2 为共模电压 V_{cm} 提供了共模电流 I_{cm1} 通路。由于屏蔽线的屏蔽层存在电阻 R_c,因此共模电压 V_{cm} 在电阻 R_c 上会产生较小的共模信号,它将在模拟量输入回路中产生共模电流 I_{cm2},此 I_{cm2} 在模拟输入量回路中产生串模干扰电压。显然,由于 $R_c \leqslant Z_2$, $Z_s \geqslant Z_1$,故由 V_{cm} 引入的串模干扰电压是非常微弱的。

然而由于下述原因,实际上往往得不到如上所述的效果。① 放大器的屏蔽罩不可能十分完整。② 在高温高湿度地区,放大器对屏蔽罩、屏蔽罩对机壳以及屏蔽线芯线对屏蔽层的绝缘电阻会大幅度下降。③ 对交流而言,由于系统寄生电容较大,对交流的抗共模干扰能力往往低于直流的抗共模干扰能力。

另外,在方案实施中还要注意。① 信号线屏蔽层只允许一端接地,并且只在信号源侧接地,而放大器侧不得接地。当信号源为浮地方式时,屏蔽层只接信号源的低电位端。② 模拟信号的输入端要相应地采取三线采样开关。③ 在设计输入电路时,应使放大器两输入端对屏蔽罩的绝缘电阻尽量对称,并且尽可能减小线路的不平衡电阻。

采用浮地输入的仪表输入通道结构,虽然增加了一些器件,如每路信号都要用两芯屏蔽线和三线开关,但对放大器本身的抗共模干扰能力的要求大大降低,因此这种方案已获得广泛应用。

3. 过程输入输出通道的隔离设计

信号隔离的目的是从电路上把干扰源和易受干扰的部分隔离开来,使仪表装置与现场仅保持信号联系,而不直接发生电气上的联系。隔离的实质是切断干扰引入的途径。

1) 光电隔离

在智能仪表抗干扰的隔离措施中,光电耦合器是最常用的隔离器件。光电耦合器是把发光器件和光敏器件封装在一起,以光为媒介传输信号的器件,完全隔离了前后通道的电气联系,具有非常好的隔离效果。二极管—三极管光电耦合器内部结构如图 8-14(a)所示,光电耦合器由一个发光二极管和一个光敏三极管组成,发光二极管把输入端的电信号变换成相同规律变化的光,光敏三极管感应到光之后又把光转化成电信号,输入端与输出端没有任何电气上的联系,起到了隔离的作用。

接入光电耦合器的数字电路如图 8-14(b)所示,其中 R_i 为限流电阻,D 为反向保护二极管。可以看出,这时并不要求所输入的 V_i 值一定得与 TTL 逻辑电平一致,只要经 R_i 限流之后符合发光二极管的要求即可。R_L 是光敏三极管的负载电阻(R_L 也可接在光敏三极管的射极端)。当 V_i 使光敏三极管导通时,V_O 为低电平(即逻辑 0);反之为高电平(即逻辑 1)。

光电耦合器具有很强的抗干扰能力,原因主要有以下几个方面。① 光电耦合器的输入阻抗很低,一般在 0.1~1 kΩ,而干扰源的内阻一般都很大,通常为 $10^5 \sim 10^6$ Ω。根据分压原理可知,这时能馈送到光电耦合器输入端的噪声自然会很小。即使有时干扰电压的幅值较大,但所提供的能量却很小,即只能形成很微弱的电流。而光电耦合器输入部分的发光二极管,只有在通过一定强度的电流时才能发光;输出部分的光敏三极管只在一定光强下才能工作[图 8-14(b)]。因此电压幅值很高的干扰,由于没有足够的能量而不能使二极管发光,从

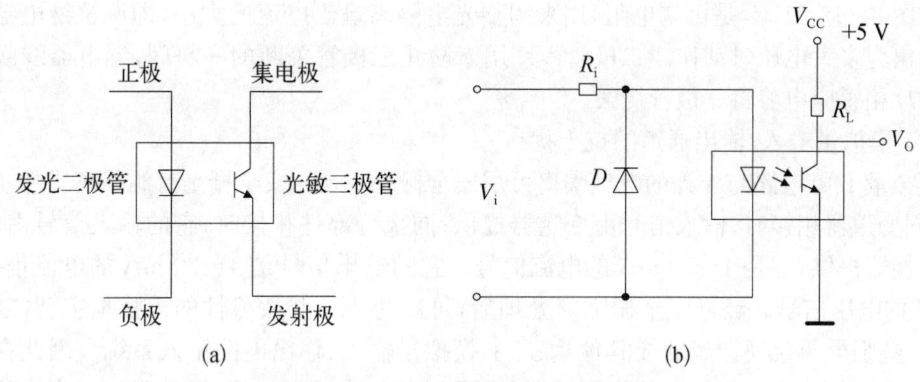

图 8-14 二极管—三极管光电耦合器

而得到有效抑制。② 输入回路与输出回路之间的分布电容极小，一般仅为 0.5～2 pF，而绝缘电阻又非常大，通常为 10^{11}～10^{13} Ω，因此回路一边的各种干扰噪声很难通过光电耦合器馈送到另一边去。③ 光电耦合器的输入回路与输出回路之间是光耦合的，而且又是在密封条件下进行的，故不会受到外界光的干扰。

需要特别注意的是，在光电耦合器的输入部分和输出部分必须分别采用独立的电源，如果两端共用一个电源，则光电耦合器的隔离作用将消失。另外，变压器是无源器件，其性能虽不及光电耦合器，但结构简单，所以在有些情况下，也会使用变压器进行电路隔离。

(1) 开关量输入/输出通道的抗干扰

开关量输入电路接入光电耦合器后，由于光电耦合器的抗干扰作用，夹杂在输入开关量中的各种干扰脉冲都被挡在输入回路的一边。另外，光电耦合器还起到很好的安全保障作用，即使故障造成 V_i 与电力线相接，也不至于损坏智能仪表，因为光电耦合器的输入回路与输出回路之间可耐很高的电压(GO103 为 500 V，有些光电耦合器可达 1 000 V，甚至更高)。

开关量输出电路往往直接控制着动力设备的启停，经它引入的干扰比较强烈。目前，对开关量输出隔离主要是利用继电器隔离方式。但是，继电器隔离的开关量输出电路适合于控制那些对响应速度要求不是很高的启停操作，因为继电器的响应延迟需要几十毫秒。光电耦合器的延迟时间通常都在 10 μs 之内，所以那些对启停操作响应时间要求很高的输出控制应采用光电耦合器。光电耦合器用于开关量输出回路时，由于光电隔离输出的电流较小，不足以驱动固态继电器，需要一些大功率开关接口电路。利用光电耦合器的开关量输出电路原理如图 8-15 所示。

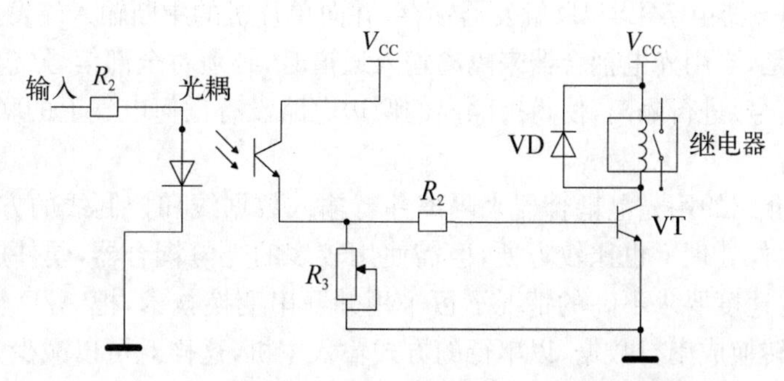

图 8-15 利用光电耦合器的开关量输出电路原理

在图 8-15 中,R_3是可调电阻,用来调整光电隔离输出电流的大小,即调整继电器在单片机输出为多大电压时动作。二极管 VD 用来防止三极管关断的一瞬间,继电器线圈两端过大的反相感应电势将三极管烧毁。

(2) 模拟量输入/输出通道的抗干扰

模拟量 I/O 电路与外界的电气隔离可用安全栅来实现。安全栅是有源隔离式的 4 端网络,它同变送器相接时,输入信号由变送器提供;同执行部件相接时,它的输入信号由电压/电流转换器提供,都是 4～20 mA 的电流信号。它的输出信号是 4～20 mA 的电流信号,或 1～5 V 的电压信号。经过安全栅隔离处理后,可以防止一些故障性的干扰损害智能仪表。但是,一些强电干扰还会经此或其他途径,从模拟量输入、输出电路窜入系统。因此在设计时,为保证智能仪表在任何时候都能工作在既平稳又安全的环境里,需要另加隔离措施加予以防范。

由于模拟量信号的有效状态有无数个,而开关量的状态只有两个,所以叠加在模拟量信号上的任何干扰,都会对有效信号造成干扰。而叠加在开关量信号上的干扰,只有在幅度和宽度都达到一定量值时才会有效。这表明抗干扰屏障的位置越往外推越好,也就是说,最好把光电耦合器设置在 A/D 电路模拟量输入和 D/A 电路模拟量输出的位置上。要想把光电耦合器设置在这两个位置上,就要求光电耦合器必须具有线性变换和传输的特性。目前,由于线性光电耦合器的性能指标在某些方面还达不到要求,另外价格相对较高,所以一般都采用价格较低的逻辑光电耦合器,此时,抗干扰屏障就应设在最先遇到的开关信号的工作位置上。也就是说,对 A/D 转换电路来说,光电耦合器应设在 A/D 芯片和模拟多路开关芯片这两类电路的数字量信号线上。对 D/A 转换电路来说,光电耦合器应设在 D/A 芯片和采样保持芯片以及模拟多路开关芯片的数字量信号线上。对具有多个模拟量输入通道的 A/D 转换电路来说,各被测量的接地点之间存在着电位差,从而会引入共模干扰,故仪表的输入信号应连接成差分输入的方式。为此,可选用差分输入的 A/D 芯片,如 ADC0801 等,并将各被测量的接地点经模拟量多路开关芯片接到差分输入的负端。

图 8-16 是具有 4 个模拟量输入通道的抗干扰 A/D 转换电路(与 8155 接口)。这个电路与 MCS-51 单片机的外围接口电路 8155 相连。8155 的 A 口作为 8 位数据输入口,C 口的 PC0 和 PC1 作为控制信号输出口。4 路信号的输入由 4052 选通,以 MC14433A/D 转换器转换成 $3\frac{1}{2}$位 BCD 码数字量。因为 MC14433 为 CMOS 集成电路,驱动能力小,故其输出通过 74LS244 驱动光电耦合器。数字信号经光电耦合器与 8155 的 A 口相连。4052 的选通信号由 8155 的 C 口发出,两者之间同样用光电耦合器隔离。MC14433 的转换结束信号 EOC 通过光电耦合器由 74LS74D 触发器锁存,并向单片机的中断输入端发出中断请求。

需要注意的是,当用光电耦合器来隔离输入通道时,必须对全部信号(包括数字量信号、控制信号、状态信号)进行隔离,使得被隔离的两边电路没有任何电气上的联系,否则这种隔离就会失去效果。

图 8-16 所介绍的用光电耦合器来隔离并行输入数据线和控制线的方式,逻辑结构比较简单,硬件和软件处理上也比较方便,但需使用较多的光电耦合器,硬件成本较高。为了降低仪表成本,在速度要求不高的情况下可采用并→串变换技术,把 A/D 转换结果和其他必要的标志信号转换成串行数据,以串行的方式输入主机,这样既可以减少光电耦合器的数量,而又能达到仪表输入通道与主机电路隔离的目的。图 8-17 给出以 A/D 转换器

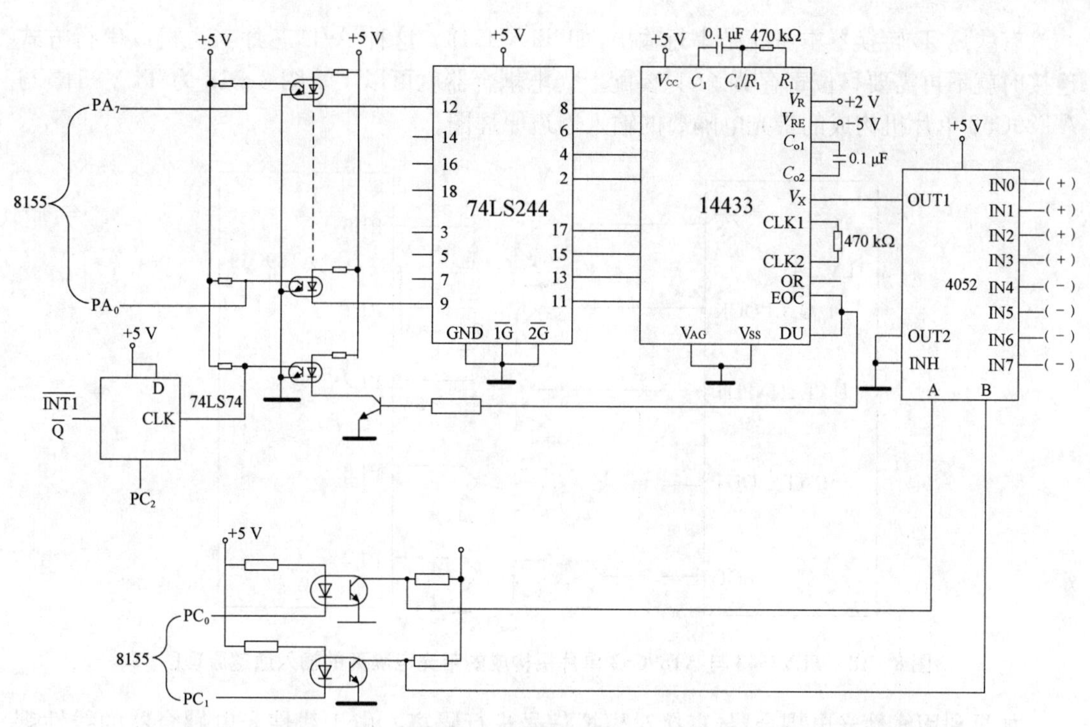

图 8-16 具有 4 个模拟量输入通道的抗干扰 A/D 转换电路(与 8155 接口)

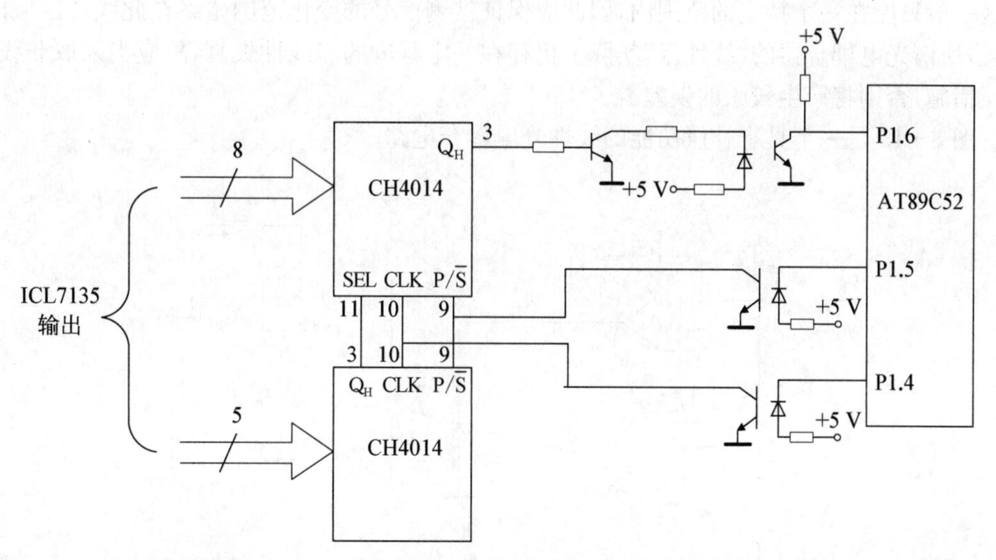

图 8-17 以 A/D 转换器 ICL7135 为主的输入通道与 AT89C52 主机电路串行连接的光电隔离原理图

ICL7135 为主的输入通道与 AT89C52 主机电路串行连接的光电隔离原理图。

ICL7135 是 $4\frac{1}{2}$ 位 BCD 码双积分 A/D 转换器，输入通道中采用的两片 CH4014 是 8 位静态移位寄存器。A/D 转换结果(BCD 码和数字驱动信号)以及 POL、OR、UR、$\overline{STB}$等信号分 8 位和 5 位分别加在 CH4014 上。在 AT89C52 控制下，由它的 I/O 口 P1.5、P1.4 发出控制信号，经光电隔离加至 CH4014 的 P/$\overline{S}$(并、串控制)端和 CLK(移位控制)端，实现并→串变换。串行数据由 CH4014 的引脚 3 输出，经光电隔离送至 AT89C52 的 P1.6。用这样的方法来实现隔离仅需三个光电耦合器。

有些 A/D 转换器本身就是串行输出,如 TLV2543。这种 A/D 芯片与主机以串行方式连接时就不再需要移位寄存器了,只要配上光电耦合器就可以了。图 8-18 为 TLV2543 与 AT89C52 单片机构成的带光电隔离的输入通道原理图。

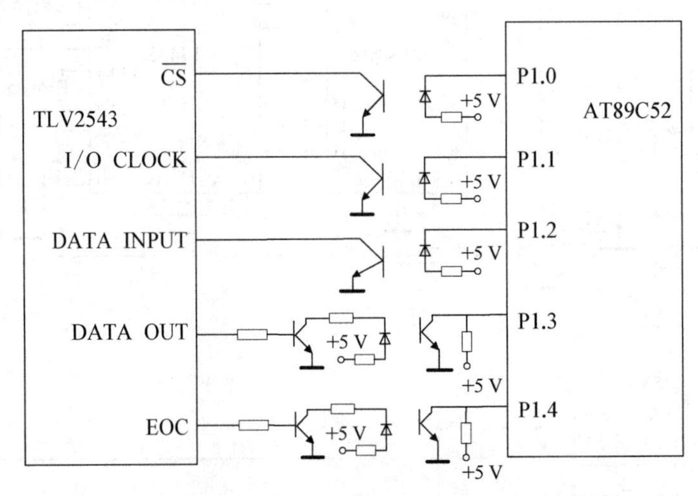

图 8-18　TLV2543 与 AT89C52 单片机构成的带光电隔离的输入通道原理图

如果利用线性光电耦合器,直接对模拟信号进行隔离。由于线性光电耦合器的线性耦合区一般只能在一个特定的范围内,因此应保证被测信号的变化范围始终在此线性区域内。而且,所谓光电耦合器的"线性区"实际上仍存在一定程度的非线性失真,故应当采取非线性校正措施,否则将产生较大的误差。

图 8-19 是一个具有补偿功能的线性光电耦合电路。

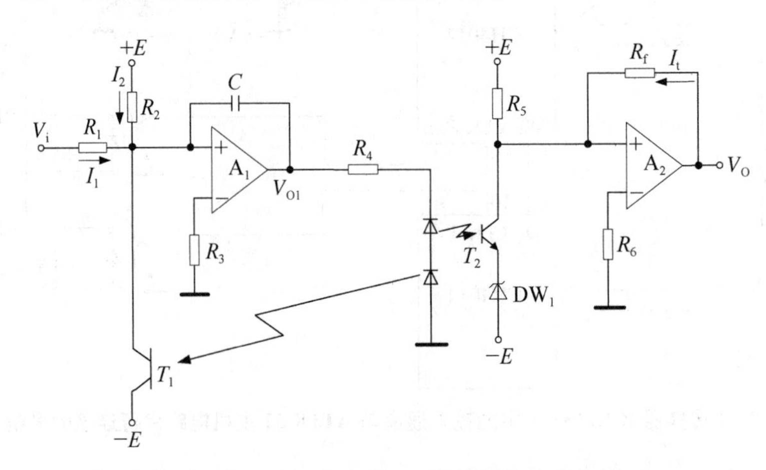

图 8-19　具有补偿功能的线性光电耦合电路

在图 8-19 中,光电耦合器为 TIL117,应配对使用。其中的一只(T1)作为非线性及温度补偿。运算放大器选用 μA741(或 F007),以提高信号传输精度。C 为消振电容。电路的 I/O 关系为

$$V_O=\frac{R_f}{R_1}V_i \tag{8-21}$$

式中,R_f 为运算放大器 A_2 的反馈电阻;R_1 为运算放大器 A_1 的输入电阻。

由图 8－19 可知，该电路可实现模拟信号的光电隔离。只要 T_1、T_2严格配对，从理论上说，可以做到完全的补偿，实现理想隔离传输。但是，由于光电耦合器的非线性放大、完全配对是不可能做到的。因此，图 8－19 介绍的方法，仅适用于要求不太高的大信号的情况。如果信号较小，要求耦合精度较高，则应寻求其他隔离方法。

图 8－20 是具有 8 个模拟量输出通道的抗干扰 D/A 转换电路的逻辑原理图。两片 54HC373 既是锁存器，又是隔离用的光电耦合器的驱动器。D/A 芯片是 12 位的 DAC1210，按图 8－20 所示的接法，它的输出更新完全由$\overline{CS}$信号控制。8 个采样/保持电路 LF398 各输出一路模拟量信号，它们各自的高电平选通信号由 8D 锁存器 74LS273 提供，C_H是它们的保持电容。经光电耦合器输出的 12 位数据信号接到 DAC1210 的 12 个数字输入端上，其中的 8 位信号也连接到 8D 锁存器 74LS273 的输入端上。可利用来自 AT89C52 的 P2.6、P2.7 和$\overline{WR}$经驱动和光电耦合后，分别选通 8D 锁存器 74LS273 和 DAC1210。而 P2.4、P2.5 和$\overline{WR}$可作为两个 54HC373 的输入锁存和输出选通信号。

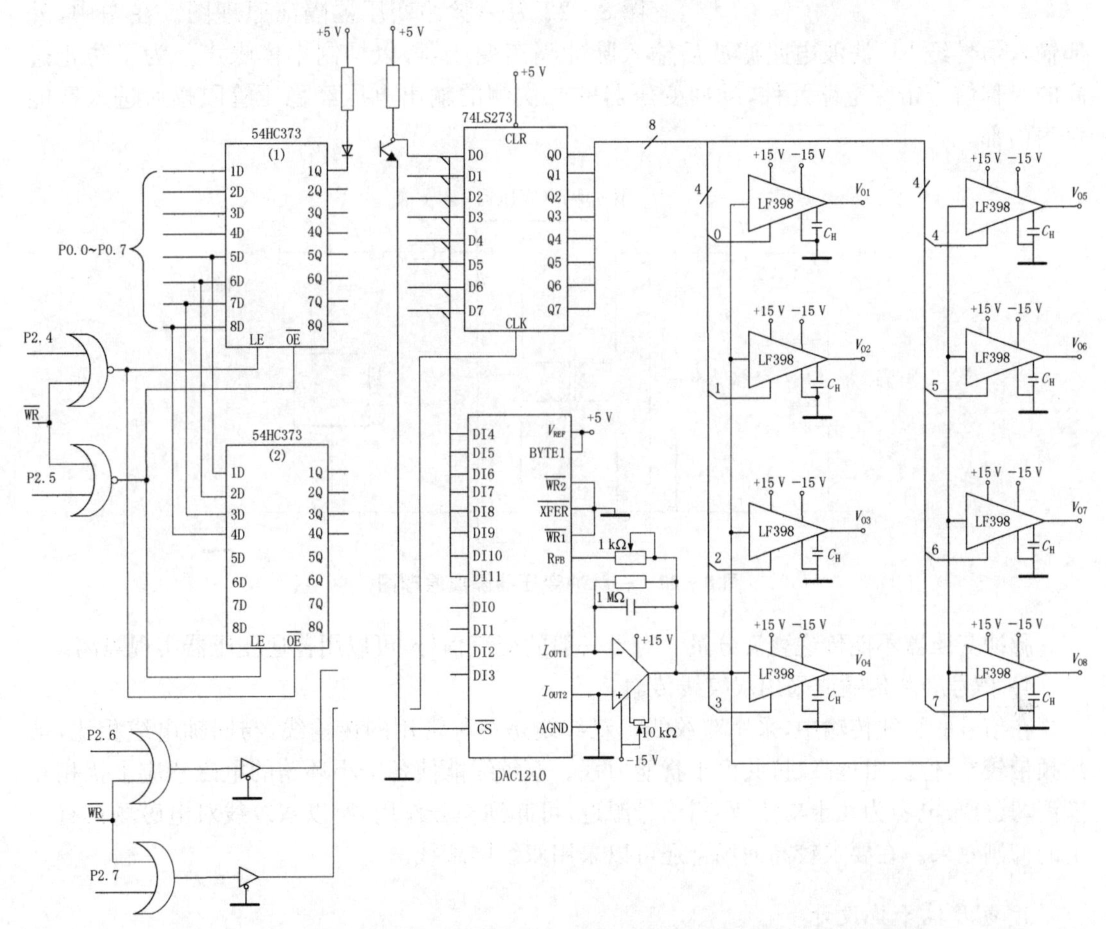

图 8－20 具有 8 个模拟量输出通道的抗干扰 D/A 转换电路的逻辑原理图

2）继电器隔离

继电器的线圈和触点之间没有电气上的联系，因此，可利用继电器的线圈接收电气信号，利用触点发送和输出信号，避免强电和弱电信号之间的直接联系，实现抗干扰隔离。继电器隔离原理图如图 8－21 所示。

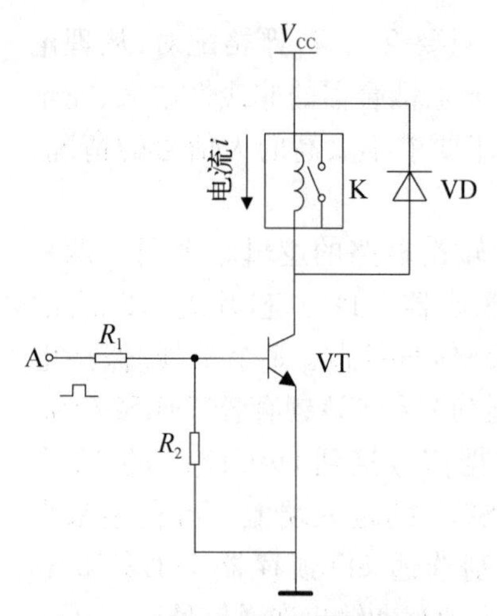

图 8-21　继电器隔离原理图

在图8-21中，当A点输入高电平时，晶体三极管VT饱和导通，继电器K吸合；当A点变为低电平时，VT截止，继电器K释放，完成了信号的传送过程。二极管VD对继电器起保护作用，当VT由导通变为截止时，继电器线圈两端产生很高的反电势，以继续保持电流I_L，该反电势一般很高，容易造成VT击穿，加入二极管VD后，为反电势提供了放电回路，起到了保护VT的作用。

3）变压器隔离

脉冲变压器可以实现对数字信号的隔离。脉冲变压器的匝数较少，一次和二次绕组分别缠绕在铁氧体磁芯的两侧，一次和二次绕组之间的分布电容只有几皮法(pF)，所以可用来对脉冲信号进行隔离。

图8-22为一脉冲变压器隔离原理图。在图中，外部输入信号经RC滤波电路滤波后输入脉冲隔离变压器，以抑制串模噪声。为了防止过高的对称信号击穿电路元件，脉冲变压器的二次侧的输出电压经稳压管限幅后进入智能仪表内部。

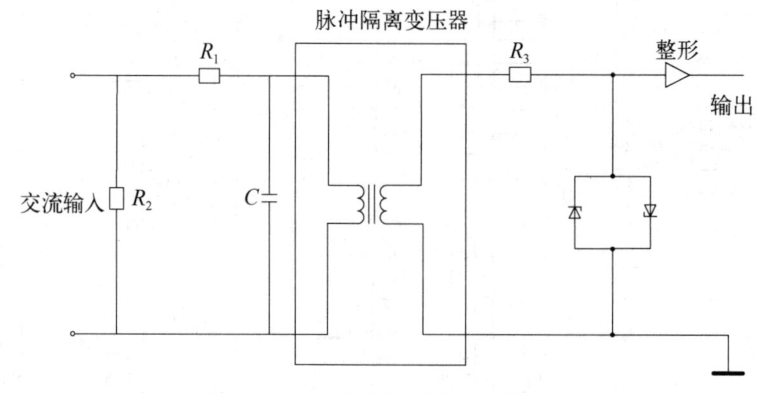

图 8-22　一脉冲变压器隔离原理图

脉冲变压器不能传递直流分量。对于一般的交流信号，可以用普通变压器实现隔离。

4）信号屏蔽传输或采用双绞线传输

在信号的长线传输中，采用双绞线。双绞线是一种常用的传输线，与同轴电缆相比，虽然频带较差，但波阻抗高、抗共模干扰能力强。双绞线能使各个小环路的电磁感应干扰相互抵消，其分布电容为几十皮法，距离信号源近，可起到积分作用，所以双绞线对电磁场具有一定的抑制效果。在要求较高的场合还可以采用双绞屏蔽线。

4. 电源抗干扰设计

智能仪表的供电有交流和直流两种方式，供电线路是干扰侵入的主要途径之一，而且微机系统对这种干扰又特别敏感，所以在智能仪表的设计中，电源抗干扰设计也非常重要。电源干扰一般有以下几种。① 电网受到雷击时，电感应将会产生极高的浪涌电压，其数值一般可达几千伏甚至数万伏，若电网受到直接雷击其电压会更高，这种雷电所产生的浪涌电压会给智能仪表系统造成很大危害。② 同一电源系统中的可控硅器件通断时产生的尖峰，通过变压器的初级与次级间的电容耦合到直流电源中去产生干扰。③ 附近的断电器动作时产生的浪涌电压，由电源线经变压器级间电容耦合产生的干扰。④ 共用同一个电源的附近设备接通或断开时产生的干扰。

针对上述电源干扰的情况，电源抗干扰设计有以下方法。

1）抑制电网干扰的措施

为了抑制电网干扰所造成稳压电源的波动，可以采取以下一系列措施。

(1) 在电源设计中增加防雷电防浪涌的器件，如浪涌电压吸收器(Surge Voltage Absorber，SVA)、瞬变电压抑制器(Transient Voltage Suppressor，TVS)、气体放电管雷击防护器等，也可选择专门的防雷电模块，对交流电源进行保护。这里仅对 TVS 用于抑制干扰的用法进行介绍。图 8-23 是双极性的瞬变电压抑制器 TVS 的特性曲线，其特性曲线表明，其具有齐纳二极管的伏安特性。双极性的 TVS 管由两个单极性的 TVS 管背对背串联构成，在实际使用中，可根据实际情况采用单极性或双极性的 TVS 管。

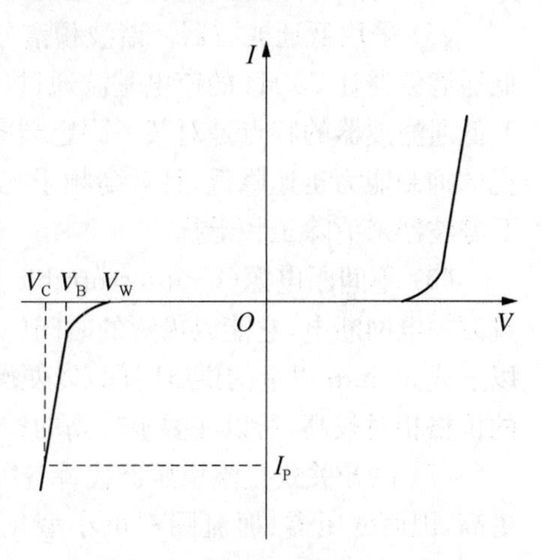

图 8-23 双极性的瞬变电压抑制器 TVS 的特性曲线

如图 8-23 所示，TVS 管的主要技术指标如下。

① 工作电压 V_W，是指 TVS 处于反向关断状态下的最大电压。

② 最小击穿电压 V_B，当 TVS 流过规定的 1 mA 电流时，加在 TVS 两极间的电压。

③ 峰值功率 P_T，当 TVS 击穿且电流达到最大值 I_P，电压为钳位电压 V_C时的功率，即 $P_T = I_P V_C$。

④ 钳位时间 T_C，TVS 管从加上反向电压到达击穿电压 V_B的时间。

TVS 的工作电压 V_W的范围为几伏到几百伏，峰值功率 P_T的范围为数百瓦到数千瓦不等，且有多种系列、多种型号可供选择。图 8-24 是将 TVS 用于交流电源设计中对电源进行保护的典型应用。

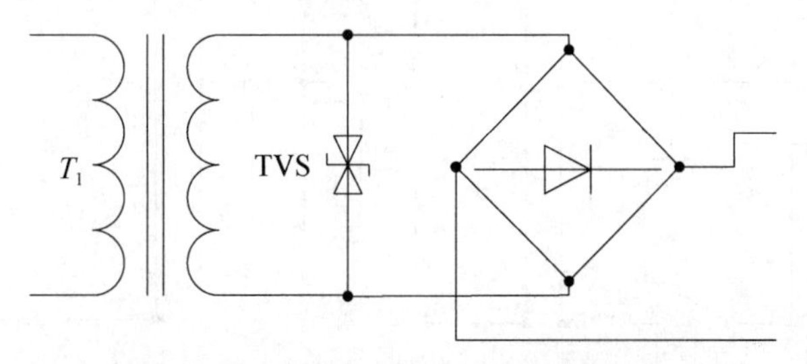

图 8-24 将 TVS 用于交流电源设计中对电源进行保护的典型应用

在图 8-24 中，在变压器 T1 之后采用一个双极性的 TVS 管以抑制电网中的可能存在的瞬态干扰，然后再对电压进行整流等后续处理。

(2) 智能仪表与产生干扰的设备分开供电。大功率设备(如电机、电焊机等)是强电磁干扰源，它们均由动力线供电，所以动力线上的电压波动、尖峰、谐波等干扰因素较多，因此应尽可能地分开供电。比如，可用照明线对智能仪表系统供电。另外，对于小型的智能仪表系统,可设计成低功耗系统,只用电池进行供电。

(3) 采用交流稳压器。交流稳压器可以防止电源系统的过压和欠压,有利于提高整个系统的可靠性。

(4) 采用隔离变压器。电源的高频噪声通过变压器不是靠初、次级线圈的互感耦合,而是靠初、次级之间的分布电容耦合的,所以,隔离变压器利用屏蔽层将初级和次级之间进行隔离,可以大大减小分布电容,以提高其抗共模干扰的能力。

(5) 采用低通滤波器。谐波频谱分析表明,电源系统的干扰大多是高频的,因此可采用低通滤波器让 50 Hz 的市电基波通过,滤除高次谐波,以改善电源供电质量。前面讲过的双 T 低通滤波器的特点是对某一固定频率的干扰有很强的抑制能力,但偏离该频率后,其对干扰的抑制能力迅速降低,且对高频干扰无效,所以在电源设计中,可在整流电路之后采用双 T 滤波器来消除工频干扰。

(6) 不间断电源(Uninterruptible Power Supply,UPS)不仅具有很强的抗干扰能力,而且万一电网断电,它能以极短的时间(<3 ms)切换到后备电源上去,后备电源能维持 10 min 以上或 30 min 以上的供电时间,以便操作人员及时处理电源故障或采取应急措施。但 UPS 的价格相对较高,所以在要求较高的控制场合才会采用。

(7) 以开关式直流稳压器代替各种稳压电源。由于开关频率可达 10 kHz～20 kHz 或更高,因而变压器、扼流圈都可小型化。高频开关晶体管工作在饱和截止状态,效率可达 60%～70%,而且抗干扰性能强。

图 8 - 25 是设计的一个能抑制交流电源干扰的计算机系统电源。图中,电抗器用来抑制交流电源线上引入的高频干扰,让 50 Hz 的基波通过;变阻二极管用来抑制进入交流电源线上的瞬时干扰(或者大幅值的尖脉冲干扰);隔离变压器的初、次级之间加有静电屏蔽层,以进一步减小进入电源的各种干扰。该交流电压再通过整流、滤波和直流稳压后可将干扰抑制到最小。

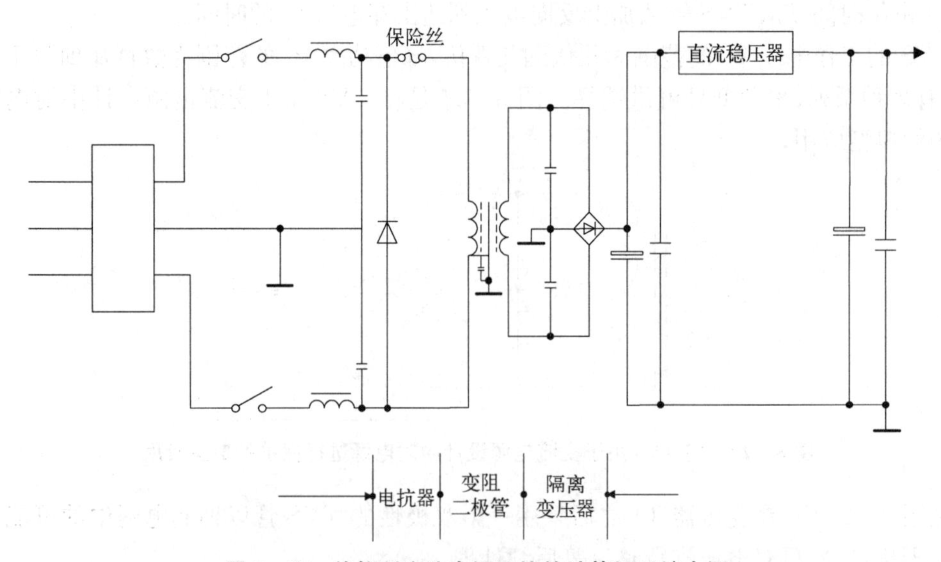

图 8 - 25　能抑制交流电源干扰的计算机系统电源

除以上介绍的方法外,还有不少电源抗干扰技术可以采用,如反激变换器、频谱均衡法等,在设计电源电路时可以根据具体智能仪表的要求选择使用。另外,目前已有许多现成的高抗干扰稳压电源或干扰抑制器的产品，也可直接选用。

2）印刷电路板电源开关噪声的抑制

图8-26为印刷电路板与电源装置的接线状态。由图可看出，从电源装置到集成电路IC的电源—地端子间有电阻和电感。另一方面，印刷板上的IC是TTL电路时，当以高速进行开关动作时，其开关电流和阻抗会引起开关噪声。因此，无论电源装置提供的电压有多么稳定，V_{CC}线、GND线也会产生噪声，致使数字电路发生误动作。

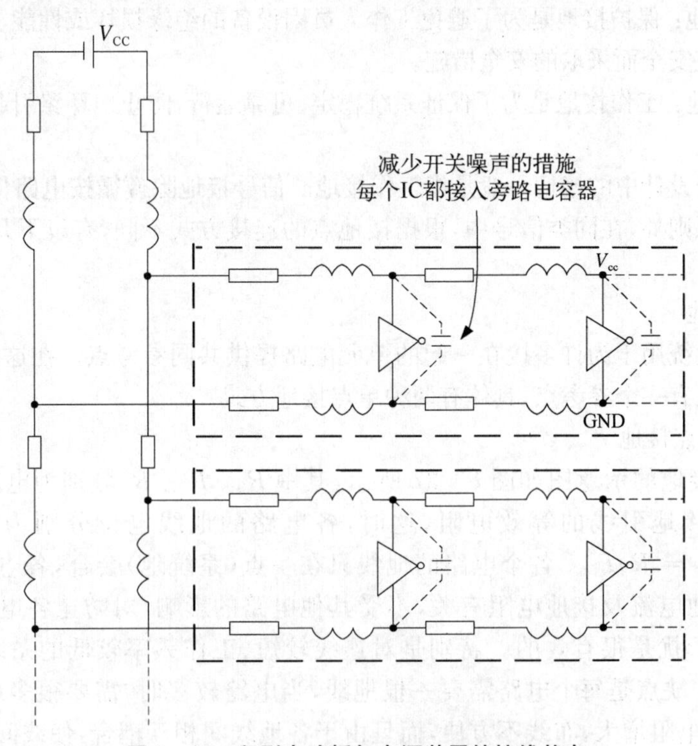

图8-26 印刷电路板与电源装置的接线状态

降低这种开关噪声的方法有两种：一是以短线向各印刷电路板并行供电，而且印刷电路板里的电源线采用格子形状或用多层板，做成网眼结构以降低线路的阻抗。二是在印刷电路板上的每个IC旁都接入高频特性好的电容器，将开关电流经过的线路局限在印刷电路板一个极小的范围内。旁路电容可用0.01～0.1 μF的陶瓷电容器。旁路电容器的引线要短，而且要紧靠在需要旁路的集成器件的V_{CC}与GND端。

若在一台仪表中有多块逻辑电路板，则一般应在电源和地线的引入处附近并接一个10～100 μF的大电容和一个0.01～0.1 μF的陶瓷电容，以防止板与板之间的相互干扰，但此时最好在每块逻辑电路板上装一片或几片“稳压块”，形成独立的供电，防止板间干扰。

5. 接地技术

接地问题是任何电子线路都面临的问题，接地技术是智能仪表抑制噪声干扰的重要手段之一。合理、良好的接地可以在很大程度上抑制内部噪声的耦合，防止外部干扰的入侵，提高仪表的抗干扰能力。反之，若接地不合理或不牢靠，可能会导致噪声耦合，变成干扰源，降低仪表性能甚至损坏仪表。如能把接地与屏蔽结合起来使用，可以解决大部分的干扰问题。

通常,电器设备中的“地”有两种含义。

① 大地:与大地相接,可以提供静电屏蔽通路,降低电磁感应噪声。

② 工作基准地:指信号回路的基准导体,又称为“系统地”。这种接地是指将各单元、装置内部各部分电路的信号返回线与基准导体相连接,目的是为各部分提供稳定的基准电压。

相应地,智能仪表系统的接地分为如下两类。

① 保护接地:保护接地是为了避免工作人员因设备的绝缘损坏或性能下降时遭受触电危险和保护系统安全而采取的安全措施。

② 工作接地:工作接地是为了保证系统稳定、可靠运行,防止地环路引起干扰而采取的抗干扰措施。

在智能仪表设计中的接地一般是指工作接地。信号接地除遵循按电路信号性质不同分类接地的一般原则外,在同类信号中,根据接地点的连接方式不同,有以下几种常用的接地方式。

1) 单点接地

单点接地系统用于为许多接在一起的单元电路提供共同参考点。在这种接地系统中,所有单元电路只有一个参考点,具体有两种单点接地方式。

(1) 并联一点接地

并联一点接地的示意图如图 8-27 所示,其中 R_1、R_2、R_3分别为电路 1、电路 2 和电路 3 的 3 条接地引线的等效电阻,这时,各电路的地线电位分别为:$U_A = R_1 I_1$,$U_B = R_2 I_2$,$U_C = R_3 I_3$。各个电路的地线只在一点(系统地)会合,各电路的对地电位只与本电路的地电流及接地电阻有关,不受其他电路的影响,对防止各电路之间的相互干扰和地回路干扰是很有效的。特别是对连线较短、工作频率较低的系统,这种接地方式更适合。它的缺点是每个电路需要一根地线,当电路较多时,需要很多地线,地线导线加长,导致地线电阻增大,布线不方便,而且由于各地线间相互耦合,使线间电容耦合和电感耦合增大,在高频时反而会引起较大的耦合干扰。所以并联一点接地一般在频率较低时使用。

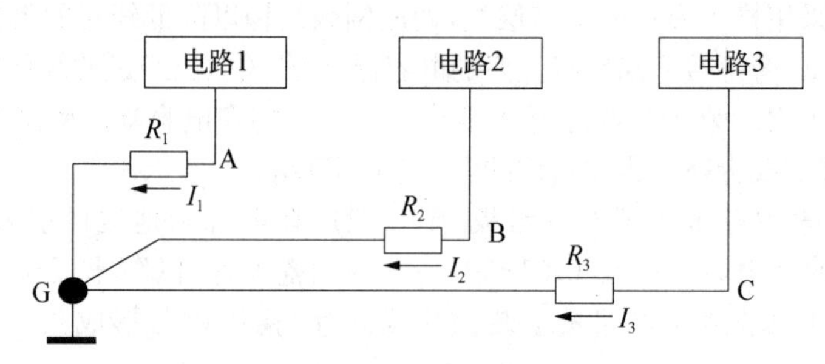

图 8-27 并联一点接地示意图

(2) 串连一点接地

串联一点接地的示意图如图 8-28 所示,其中 R_1、R_2、R_3分别为线段 GA、AB、BC 的等效电阻。由图可以看出:R_1为电路 1、电路 2、电路 3 的公用地线电阻;R_2为电路 2 和电路 3 的公用地线电阻;R_3为电路 3 的专用地线电阻。设电路 1、电路 2、电路 3 的电流分别为 I_1、I_2、I_3,则各电路接地点的地电位分别为

$$\begin{cases} U_A=(I_1+I_2+I_3)R_1, \\ U_B=(I_1+I_2+I_3)R_1+(I_2+I_3)R_2, \\ U_C=(I_1+I_2+I_3)R_1+(I_2+I_3)R_2+I_3R_3 \end{cases} \tag{8-22}$$

由式(8-22)可以看出,各电路接地点的地电位都要受其他任何一个电路电流变化的影响,离工作基准地越远的电路,受到的干扰越大。从抗干扰角度来看,串联一点接地方式不可取,但因为其结构简单,布线简单,所以常用来连接电流较小的低频电路。由于这种接地方式的缺点,在使用时应注意两点。① 各接地线尽可能短而粗,最大限度减小其等效电阻。② 把最低电平、最小电流的单元电路放在离接地点G最近的地方,以避免受大信号电路的干扰。

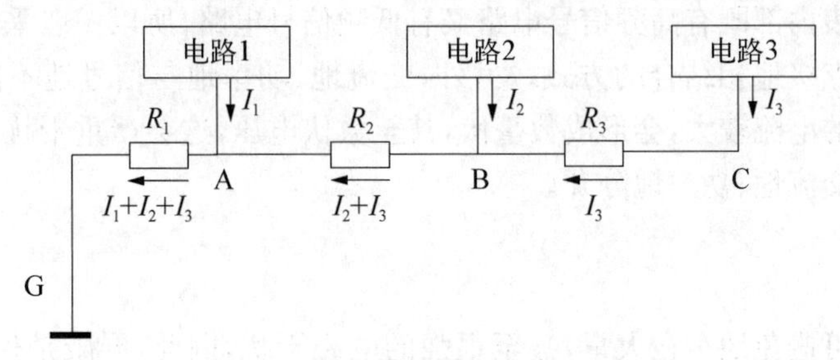

图 8-28 串联一点接地的示意图

2) 多点接地

多点接地是指系统中各单元电路的接地点就近直接连到地平面上,形成多个接地点,多点接地示意图如图 8-29 所示。这里的地平面可以是仪表的底板,也可以是连通整个系统的地导线,还可以是设备的结构框架。

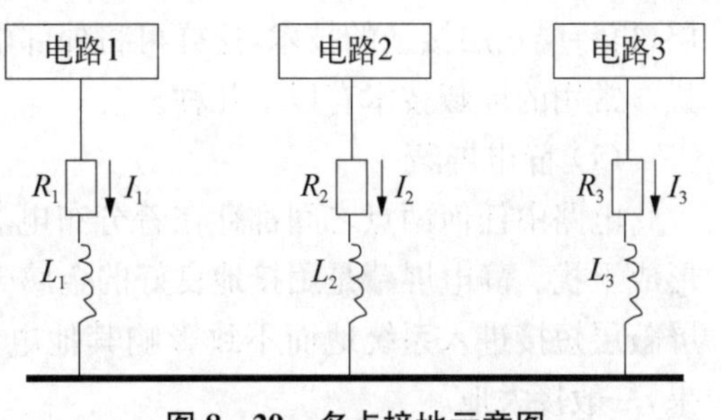

图 8-29 多点接地示意图

多点接地的优点是电路结构简单,接地线短,接地线上可能出现的高频驻波现象显著减小,它是高频电路唯一适用的接地方式。但是多点接地后,仪表内部会增加许多地线回路,它们对低电平的电路会形成传导耦合干扰,因此,提高接地系统的质量就非常重要。

在图 8-29 中,R_i 和 L_i($i=1, 2, 3$)分别为每个单元电路接至地平面的地线电阻和等效电感,I_i 为相应的电流,则各单元电路对地的电位为

$$U_i=(R_i+j\omega L_i)I_i \tag{8-23}$$

为了降低 U_i,应使地线阻抗尽量小。要减小地线阻抗,可尽可能缩短地线长度,或尽可能增大地线截面积。为了提高地线表面的电导率,通常在其表面镀银。

3) 模拟地和数字地

智能仪表系统电路板上既有模拟电路又有数字电路,它们应分别接到仪表电路板上的模拟地和数字地上。因为数字信号波形具有陡峭的边缘,而且数字电路的地电流成脉冲变化。如果模拟电路和数字电路共用一根地线,数字电路的电流会通过公共地阻抗的耦合给模拟电路引入瞬态干扰,特别是电流大、频率高的脉冲信号引起的干扰更大。正确的接法应该是将模拟电路地和数字电路地分开连接,最后模拟地和数字地在一点连接并接到系统地,如图 8-30 所示。

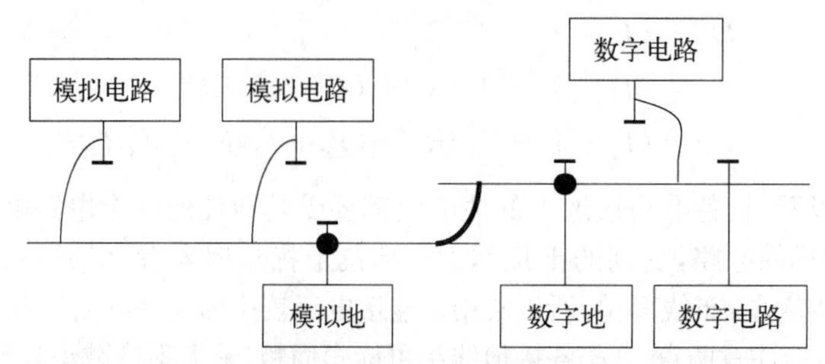

图 8-30　模拟地和数字地在一点连接并接到系统地示意图

由于智能仪表内部既有高频信号电路又有低频信号电路,所以一般采用混合接地方式,即采用单点和多点接地相结合的方式。另外,交流地、功率地与信号地不能共用,因为流过交流地和功率地的电流较大,会形成数毫伏,甚至数伏电压,这会严重干扰低电平信号电路,因此信号地应与交流地、功率地分开。

6. 屏蔽技术

生产现场不可避免地存在大量,甚至很强的电磁干扰,因此,屏蔽是仪表必备的基本抗干扰措施之一。屏蔽是将整个系统或部分单元用导电材料或导磁材料包围起来构成屏蔽层,再将屏蔽层接地的技术,这样可将外部电磁场屏蔽在系统之外而不致对内部电路形成干扰。常用的屏蔽技术有以下几种。

(1) 静电屏蔽

电路中任何两点之间都存在着分布电容,任何一点的电场都会通过分布电容对另一点形成干扰。静电屏蔽是用接地良好的金属壳体将电路隔离,这样,由分布电容泄漏的能量经屏蔽层短接进入系统地而不致影响其他电路。静电屏蔽对高频和低频的静电感应均有效果,一般接大地。

(2) 磁屏蔽

磁屏蔽主要用于消除低频磁场的干扰,一般用来防止磁铁、电机、变压器、线圈等产生的磁感应和磁耦合。磁屏蔽的原理是利用高导磁材料将干扰源或需要屏蔽的器件包围起来,将干扰磁场"短"路掉,从而起到抑制干扰的效果。磁屏蔽要求采用高导磁率材料,一般接大地。

(3) 电磁屏蔽

电磁屏蔽主要用于消除电磁场的辐射干扰。它是利用金属板对电磁场有三种损耗的原理来工作的,这三种损耗是吸收损耗、截面反射损耗和内部反射损耗。电磁屏蔽效果与辐射干扰的频率、波长的特性关系密切,所以必须具体问题具体分析。地线用低阻金属材料做成,可接大地,亦可不接。

屏蔽只有在良好的接地条件下才有效,不合理的屏蔽接地反而会增加干扰。屏蔽接地应注意以下原则。

① 屏蔽外壳的接地要与系统的参考地相接,并只能在一处相接。

② 所有具有相同参考点的电路单元必须装入一个屏蔽层内,有引出线时采用屏蔽线。

③ 接地参考点不同的电路单元应分别屏蔽,不能放在一个屏蔽层内。

④ 屏蔽层与公共端连接时,当一个接地的放大器与一个不接地的信号源连接时,连接

电缆的屏蔽层应接到放大器的公共端，反之应接到信号源的公共端。高增益放大器的屏蔽层应接到放大器的公共端。

另外，在电缆和接插件的屏蔽中应注意。

① 高电平和低电平线不要走同一条电缆，不得已时，高电平线应单独组合和屏蔽，同时要仔细选择低电平线的位置。

② 高电平线和低电平线不要使用同一接插件，不得已时，要将高低电平端子分立两端，中间留出接高低电平引地线的备用端子。

③ 设备上进出电缆的屏蔽应保持完整，电缆和屏蔽体也要经插件连接。两条以上屏蔽电缆共用一个插件时，每条电缆的屏蔽层都要用一个单独接线端子，以免电流在各屏蔽层中流动。

7. 印制电路板的设计

在智能仪表的硬件电路设计完成之后，需要进行印制电路板(Printed Circuit Board，PCB)的设计，为硬件电路元件及器件提供支撑。随着电子技术的发展，PCB的密度越来越高，PCB设计的好坏对电路的抗干扰性能影响很大，进而影响智能仪表的抗干扰性能。要使电路获得最佳性能，除了电子元器件的选择及电路设计之外，PCB布线也是智能仪表电磁兼容设计的一项重要内容。而PCB布线没有严格的规定，也没有一种规则适用于所有的PCB布线，主要依赖于工程师的经验，这里介绍前人总结出来的一些普遍规则，在具体仪表的PCB布线中根据实际情况可予以参考。

1) PCB布局

合理的PCB布局可减少各单元电路之间的相互干扰，提高抗干扰能力。PCB布局的内容包括电路板层的设置、元器件的布局、功能模块电路的有效划分。PCB布局首先要确定PCB的尺寸，尺寸过大，印制线条长，会导致阻抗增加，抗干扰能力下降，成本增加；尺寸过小，邻近线路易受干扰，且散热变差。在确定PCB尺寸后，需要确定特殊元件的位置，然后再根据电路功能单元对电路的所有元器件进行布局。

(1) PCB层数的布局原则

PCB的层数由信号层数、电源层数和地层数组成。信号层、电源层、地层的相对位置及电源、地平面的分割情况直接影响电路板的电磁兼容性能，因此PCB层数的规划至关重要。

电源层数由电源的种类数量决定，对于单一电源供电的PCB，一个电源平面即可。对于多种电源，若互不交错，可采取电源层分割，这样可保证相邻层的关键信号布线不跨分割区。对于多种电源，且互相交错的电路板，则应考虑采用两个或两个以上的电源平面。

信号的层数取决于要实现的功能，从电磁兼容设计的角度需要考虑关键信号(强辐射网络及易受干扰的弱信号)网络的隔离或屏蔽措施。电源线和地线尽量宽，以减小阻抗。数字电路的地尽可能构成闭环以提高抗干扰性能。在电路板层数允许的情况下，应设置独立的电源层和地层，或者通过分割电源、分割地获得较大的电源或地面积。

(2) 元器件的布局原则

PCB元器件的布局是指元器件封装在电路板上的合理位置，元器件的布局应该从PCB的机械结构、散热性能、抗电磁干扰能力及布线的方便性等方面综合考虑。其基本布局原则为：先确定与机械尺寸有关的元器件的位置，然后确定电路系统的核心元器件和规模较大的元器件的位置，最后确定电路板的外围元器件的位置。

电子设备中模拟电路、数字电路及电源电路的元器件布局和布线各不相同,它们产生的干扰及抑制干扰所采取的方法也不相同。另外,低频电路、高频电路由于频率不同,干扰及其抑制方法也不相同。故应将模拟电路、数字电路、电源电路分别放置,高频电路与低频电路分开放置。在布局中还应该特别注意强、弱信号的元器件分布。

(3) 功能模块布局原则

大多数的电子设备中会包含多个功能子模块电路,不同种类的功能子模块的逻辑具有不同的频谱带宽,并且信号频率越高,对应的射频带宽越宽,从而产生不同的射频能量。射频能量主要由高频元器件、数字电路中信号的时钟变化沿及高频模拟电路等产生。为了防止不同功能模块之间的耦合,在PCB设计时一般采用功能划分的方法进行分区。功能分区时应遵循的原则如下。

① 便于信号流通原则

按照电路信号的流向布置各个功能单元的位置,使布局便于信号的流通,并使信号流向尽可能保持一致。

② 核心器件原则

以每个功能电路模块的核心元器件为中心来布局该模块电路的其他元器件,并且,元器件应均匀、整齐、紧凑排列,尽量缩短各元器件之间的引线,减少元器件之间的连接。

③ 平行排列原则

对于高频电路,要考虑元器件之间的分布参数。应尽可能使元器件平行排列。

④ 就近集中原则

实现同一功能的相关电路称为一个功能模块,应按功能模块进行布局,电路模块中的元器件应采用就近集中原则,同时考虑将模拟电路与数字电路分开布置。

2) PCB布线

在PCB设计中,尽可能选用多层板。内层分别作为电源层和地线层,用以降低供电线路阻抗,抑制公共阻抗干扰,对信号线形成均匀的接地面,加大信号线和接地面之间的分布电容,抑制其向空间辐射的能力,减少辐射干扰。电源线、地线、印制电路板走线对高频信号应保持低阻抗。因为在高频情况下,这些线均会成为接收与发射干扰的小天线,要降低此类干扰,除了加滤波电容外,更重要的是减小这些线本身的阻抗。因此,各种PCB走线要短而粗且直,线条均匀,排列恰当,以减小信号线与回线之间所形成的环路面积。时钟发生器尽量靠近使用该时钟的器件,石英晶体振荡器外壳要接地,石英晶体下面及对噪声敏感的器件下面不要走线。用地线将时钟区围起来,时钟线要尽量短。时钟线垂直于I/O线比平行于I/O线引起的干扰要小,时钟元器件引脚需远离I/O电缆。PCB布线的一般原则如下:

① 电路元器件和信号通路的布局要最大限度地减少无用信号的耦合;

② PCB按频率和电流开关特性分区,噪声元件与非噪声元件的距离要远一些;

③ 对噪声敏感的线不要与大电流、高速开关线平行;

④ 高、中、低速逻辑电路要分区布置;

⑤ 低电平信号通道不要靠近高电平信号通道及无滤波的电源线,包括可能产生瞬态过程的电路;

⑥ 低电平模拟电路与数字电路分开布置,以免它们和电源公共回线产生公共阻抗耦合;

⑦ 要使信号线长度最小,且保证相邻板之间不能有过长的平行线;

⑧ EMI 滤波器要尽可能靠近 EMI 源，并放置在同一块电路板上；

⑨ DC/DC 变压器、开关元件和整流器尽可能靠近变压器放置，以使其导线长度最小；

⑩ 调压元件和滤波电容器尽可能靠近整流二极管放置。

8.2.3 软件抗干扰设计

智能仪表在工业现场中的使用越来越广泛，在这样的环境中使用时会受到大量干扰源的干扰，这些干扰虽不能造成硬件系统的损坏，但会影响智能仪表的 CPU、程序计数器 PC 或 RAM 等部件，导致程序运行失常，致使控制失灵，造成重大事故。虽然在设计智能仪表的硬件时已采用了硬件抗干扰技术，但由于干扰的频谱很宽，硬件抗干扰技术只能抑制某些频段的干扰，仍会有干扰侵入仪表系统，所以还需要采用软件抗干扰技术。

1. 干扰的危害

(1) 测量误差增大

干扰侵入智能仪表的前向通道，会叠加在有效信号上，致使采集误差增大，特别当传感器送来的有效信号较小时，此现象更为严重。

(2) 仪表控制状态失灵

控制状态的输出一般是通过智能仪表的后向通道。由于控制信号输出较大，不易直接受到干扰，但在智能仪表系统中，控制状态的输出往往依赖于某些条件状态的输入和条件状态的逻辑处理结果。因此，由于干扰的侵入，会造成条件状态偏差、失误，致使控制误差增大，甚至控制失常。

(3) 数据受干扰发生变化

外界干扰会改变片内 RAM 或外部扩展 RAM 中的内容，以及片内各种特殊功能寄存器的状态。这些信息的改变将使仪表系统受到不同程度的损坏，如改变程序状态，改变某些部件的工作状态，还有可能破坏与中断有关的专用寄存器的内容，从而改变中断设置方式，可能会导致关闭某些有用的中断，打开某些未使用的中断，引起意外的非法中断。中断优先级寄存器内容的改变会导致中断响应次序的混乱，使程序运行异常。

(4) 程序运行失常

干扰侵入智能仪表的核心部位——CPU 时，会使 RAM、程序计数器 PC 或总线上的数字信号错乱，从而导致一系列不良后果。如果 CPU 得到错误的数据信息，会使运行操作失误，导致错误结果，这个错误会一直被传递下去，造成一系列错误。如果 CPU 得到错误的地址信息(如程序计数器 PC 的值发生改变)，则会导致程序运行偏离正常轨道，运行失控，造成程序在地址空间内“乱飞”，或使程序陷入死循环，导致智能仪表失控，这会给工业生产造成十分严重的后果。

鉴于以上原因，在设计智能仪表时采用软件抗干扰技术是很有必要的。软件抗干扰技术是当智能仪表受干扰后使其恢复正常运行或当输入信号受干扰后去伪存真的一种辅助方法。因此，硬件抗干扰是主动措施，而软件抗干扰是被动措施。由于软件设计灵活，参数易于修改，节省硬件资源，所以软件抗干扰技术越来越引起人们的重视。在智能仪表设计中，只要认真分析仪表所处环境的干扰来源及传播途径，采用硬件、软件相结合的抗干扰措施，就能保证智能仪表长期可靠地运行。

2. 软件抗干扰的前提

采用软件抗干扰需要的基本前提条件是智能仪表系统中的抗干扰软件不会因干扰而损坏。因此,软件抗干扰的前提条件可以概括为以下两点。

(1) 在干扰作用下,智能仪表的硬件不会受到任何损坏,因为智能仪表的软件是在其硬件环境的基础上运行的。

(2) 程序区不会受干扰侵害。对于智能仪表系统,程序、表格及常数均固化在 ROM 中,不会因为干扰侵入而变化,这一条件自然满足。

3. 软件抗干扰设计

软件抗干扰设计的任务主要有两个方面,一方面是输入/输出的抗干扰设计,如采用数字滤波。另一方面是 CPU 的抗干扰设计。前者已在第 7 章介绍过,主要是消除信号中的干扰以提高测量精度,本节主要讲述后者——CPU 的软件抗干扰设计。

1) 冗余技术

冗余技术包括指令冗余和数据冗余。CPU 受到干扰最典型的故障是内部程序计数器 PC 的值被修改。当 CPU 受到强电干扰时,PC 的状态会被破坏,使程序将一些操作数误当作操作码来执行,导致程序从一个区域跳转到另一个区域,程序在地址空间内“乱飞”或陷入“死循环”,引起程序混乱或使智能仪表系统瘫痪。MCS－51 系列单片机的所有指令均不超过 3 个字节,且多为单字节指令。当程序“乱飞”到某个单字节指令上时,会自动纳入正轨。当程序“乱飞”到某个双字节指令上时,若恰恰在取指令时刻落到其操作码上,则程序自动纳入正轨,否则程序仍继续错误。当程序“乱飞”到三字节指令上时,由于它有两个操作数,将操作数误当成操作码的概率更大,程序纳入正轨的概率就更小。为使“乱飞”的程序在程序区能迅速纳入正轨,编程时应多用单字节指令,并在关键地方人为插入单字节指令“NOP”,或将有效指令重写,称为指令冗余。另外,当仪表断电时,RAM 中的数据会丢失。当 CPU 受到干扰造成程序“乱飞”时,RAM 中的数据可能会被破坏。RAM 中保存的各种原始数据、标志、变量等如果遭到破坏,会造成整个智能仪表系统出错或无法运行。因此,将系统中重要参数进行备份保留,当系统复位后,立即利用备份 RAM 对重要参数区进行自检和恢复,这就是数据冗余。

(1) 指令冗余

① “NOP”指令的用法

在双字节指令或三字节指令之后插入两个单字节“NOP”指令,就可保证其后的指令不会因为前面指令的“乱飞”而继续。因为“乱飞”程序即使落到操作数上,在执行两个单字节空操作指令“NOP”后,也会使程序回到正轨。为了不降低程序的执行效率,“NOP”指令也不能加得太多,加入“NOP”指令的原则是:在跳转指令(如 ACALL、LJMP、JZ、JC 等)及重要指令之前(如 SETB、EA 等)插入,保证“乱飞”程序迅速回到正轨。根据具体的应用情况,一般在程序中每隔若干条指令插入一条或两条“NOP”指令。

② 重要指令冗余

插入“NOP”指令的缺陷是没有对错误的状态、数据、控制字进行修正,这可能会造成新的错误。因此,对那些对程序流向起决定作用的指令(RETI、RET、LCALL、LJMP、JZ、JC 等)和那些对系统工作状态有重要作用的指令后面,可重复写这些指令,以确保这些指令的正确执行。

采用指令冗余技术使程序纳入正轨的条件是：a. 跑飞的程序必须指向程序运行区；b. 必须执行到所设置的冗余指令。

（2）数据冗余

采用数据冗余技术时，可把 RAM 分为运行存储器和备份存储器两部分，把备份存储器再分为两部分。在存放数据时，分别将它们存放在三个不同的区域内，建立双重备份数据。例如，当选用的处理器有片内 RAM 时，可将其作为运行存储器以加快系统的运行速度，然后将一片外部 RAM 分为两个区域作为备份。如果选用的处理器没有片内 RAM，则可使用两片 RAM 芯片，将其中一片作为运行存储器，将另一片分为两个区域存放备份数据。当需要读取数据时，采用三取二的表决原则，保证数据的正确性。建立备份数据时要遵循以下原则：各备份数据应相互远离、分散设置，减小备份数据同时被损坏的概率；各备份数据应远离堆栈区，避免由堆栈操作错误造成数据被冲毁；备份数据应不少于两份，备份越多，可靠性越高。

2）软件陷阱

当乱飞程序进入程序区时可以采用指令冗余技术，而当乱飞程序进入非程序区或表格区时，使用指令冗余技术的条件便不满足，此时可采用软件陷阱技术。所谓软件陷阱，就是用一条引导指令强行拦截乱飞程序，并将其迅速引向一个指定地址，在那里有一段专门对程序运行出错进行处理的程序。

① 软件陷阱形式

MCS－51 系列单片机的复位入口地址为 0000H，所以对该系列单片机，软件陷阱可采用以下两种形式。

a. 形式一

对应的程序为

NOP

NOP

LJMP 0000H

其对应的入口地址及指令为

0000H：LJMP MAIN

形式一程序对应的机器码为 0000020000。

b. 形式二

对应的程序为

LJMP 0202H

LJMP 0000H

其对应的入口地址及指令为

0000H：LJMP MAIN

0202H：LJMP 0000H

形式二程序对应的机器码为 020202020000。

由以上两种形式可以看出，乱飞的程序如果执行到软件陷阱程序，就可以回归正规。

② 软件陷阱设计

为了能够尽可能捕捉“乱飞的”程序，常常在智能仪表程序中未使用的中断区、未使用的

ROM空间、表格的头尾等地方设置软件陷阱，下面分别阐述在这些地方设置软件陷阱的方法。

a. 程序中未使用的中断区

当干扰使未允许的中断开放，并激活这些中断时，会引起智能仪表程序运行混乱。在这种情况下，常用的方法是在对应的中断服务程序中设置软件陷阱，及时捕捉错误中断。在中断服务程序中设置软件陷阱时，中断返回指令可以用RETI，也可以用LJMP。

```
中断服务程序一
NOP
NOP
POP     direct1      ；将断点弹出堆栈区
POP     direct2
LJMP    0000H        ；转到0000H处
中断服务程序二
NOP
NOP
POP     direct1      ；将原断点弹出堆栈区
POP     direct2
PUSH    00H          ；断点地址改为0000H
PUSH    00H
RETI
```

中断服务程序一、二中的direct1、direct2为主程序中未使用的内存单元。

b. 系统未使用的ROM空间

智能仪表中使用的EPROM空间一般不会全部用完。对于剩余的大片无程序的ROM空间，一般均维持原状(FFH)，FFH在51系列单片机指令中是一条单字节指令(MOV R7，A)，程序跑飞到这一区域将不再跳跃。这时可以每隔一段设置一个陷阱捕捉“跑飞”程序。当然，为了更可靠且简单，也可把这些非程序区用0000020000或020202020000数据填满(最后一个空间填入的数据应为020000，即LJMP 0000)。当跑飞的程序进入该区后，便会迅速自动纳入正轨。

c. 表格的头、尾处

表格数据是无序的指令代码段，在其头、尾设置一些软件陷阱可以减少程序“跑飞”到表格内的可能性。

表格有两类：一类是数据表格，表格中的内容是数据，由“MOVC A，@A+PC”指令或“MOVC A，@A+DPTR”指令查询。另一类是跳转表格，表格中的内容为一系列的三字节指令LJMP或双字节指令AJMP，由“JMP @A+DPTR”使用。由于表格内容和检索值之间有一一对应关系，在表格中间设置陷阱会破坏表格的连续性和对应关系，所以只能设置在表格的末尾，利用前面所述的软件陷阱的形式一或形式二均可。

d. 非EPROM芯片空间

MCS-52系列单片机系统的地址空间为64 K。一般来说，系统所选用的EPROM芯片不会用完全部的地址空间，系统中除了EPROM芯片占用的地址空间外，还会余下大量的地址空间。例如，假设AT89C52单片机构成的系统只选用了一片2764作为外部程序存储器，其地址空间为8K字节，那么将会有56K的地址空间闲置。当PC跑飞到这些闲置的地址空间时，读入的数据为FFH，这是“MOV R7，A”指令的机器码，此代码的执行会修改寄存器R7的内容。因此，当程序跑飞到非EPROM芯片区域后，会破坏R7中的内容。此时可采用图8-31所示的设计加软件陷阱来实现。

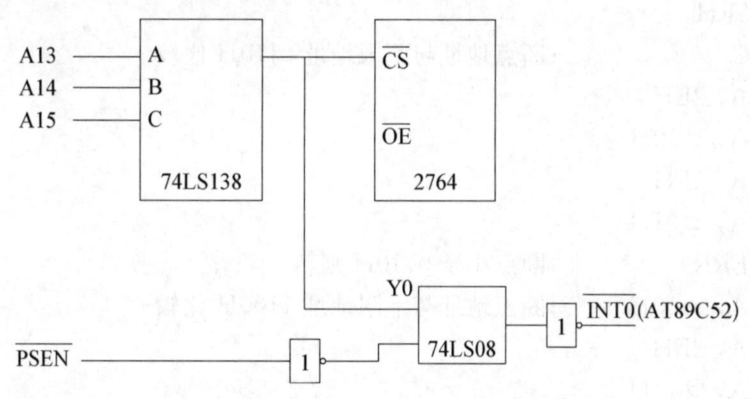

图8-31 非EPROM空间程序陷阱设计

在图8-31中，74LS08是一个四二与门。EPROM 2764的地址空间为0000H～1FFFH，译码器74LS138的输出信号Y0作为2764的片选信号。

空间2000H～FFFFH为闲置空间，当PC落入此空间时，Y0为高电平，且由于执行取指令操作，$\overline{PSEN}$为低，从而引起中断。然后在中断服务程序中设置软件陷阱，就可将“跑飞”的程序迅速拉入正轨。

e. 程序区的“断裂处”

程序区是由一串串有序执行的指令构成的，不能随意在这些指令中间设置陷阱，否则会影响正常程序的执行。但是，在指令串之间常有一些断裂点，断裂点是指程序中的跳转语句(如SJMP、LJMP、RET、RETI等)指令之后，正常运行的程序到这里就不应该再往下执行了，如果还继续往下执行，那一定是程序运行出错了，在此设置软件陷阱就可以有效地捕捉“跑飞”程序。比如，在中断服务程序返回指令后，软件陷阱的形式可如下设置。

```
中断服务程序：……
            ……
            RETI
            NOP
            NOP
            LJMP 0000H
```

f. 中断服务程序区

设用户程序运行区间为ADD1～ADD2，并设定时器产生20 ms的定时中断。当程序跑飞落在ADD1～ADD2区间外，且在此时发生了定时中断，可以在中断服务程序中判定中断断点地址ADDX，设置软件陷阱，拦截跑飞程序。若ADD1＜ADDX＜ADD2，则程序运行正常，应该使程序执行中断任务后正常返回；若ADDX＜ADD1或ADDX＞ADD2，则说明程序发生了“乱飞”，应使程序回到复位入口地址0000H，使“乱飞”的程序回到正轨。

假设ADD1＝0110H，ADD2＝1100H，2FH为断点地址高字节暂存单元，2EH为断点地址低字节暂存单元。则中断服务程序如下。

```
POP     2FH            ;断点地址弹入 2FH,2EH
POP     2EH
PUSH    2EH            ;恢复断点
PUSH    2FH
CLR     C              ;断点地址与下限地址 0110H 比较
MOV     A, 2EH
SUBB    A, #10H
MOV     A, 2FH
SUBB    A, #01H
JC      ERR            ;断点小于 0110H 则转
MOV     A, #00H        ;断点地址与上限地址 1100H 比较
SUBB    A, 2EH
MOV     A, #11H
SUBB    A, 2FH
JC      ERR            ;断点大于 1100H 则转
… …                    ;中断处理内容
RETI                   ;正常返回
ERR:    POP 2FH        ;修改断点地址
POP     2EH
PUSH    00H            ;故障后断点改为 0000H
PUSH    00H
RETI                   ;故障返回
```

g. RAM 数据保存的条件陷阱

单片机的片外 RAM 用来保存大量的数据,这些数据写入时所用的指令是“MOVX @DPTR, A”。当 CPU 受到干扰而非法执行该指令时,就会改写 RAM 中的数据,导致 RAM 中的数据丢失。为了避免这类事件的发生,在 RAM 写操作指令前加入条件陷阱,不满足条件时不允许写,并进入陷阱以保护数据。

例如,要将数据 58H 写入 RAM 单元 2ED1H 中,可编写如下程序。

```
        MOV     A, #58H
        MOV     DPTR, #2ED1H
        MOV     6EH, #55H
        MOV     6FH, #66H
        LCALL   DAWP
DAWP:   NOP
        NOP
        CJNE    6EH, #55H, XJ   ;6EH 中不为 55H 则不允许写,并落入死循环
        CJNE    6FH, #66H, XJ   ;6FH 中不为 66H 则不允许写,并落入死循环
        MOVX    @DPTR, A        ;条件满足,将数据写入 RAM 单元
        NOP
```

```
        NOP
        MOV     6EH, #00H
        MOV     6FH, #00H
        RET
XJ:     NOP                     ;死循环
        NOP
        SJMP    XJ
```

3）程序运行监视系统

如前所述，当程序“跑飞”到一个临时构成的死循环中时，指令冗余和软件陷阱技术都无能为力了，智能仪表将完全瘫痪。此时，可利用人工复位按钮使系统复位摆脱死循环。但是操作者不可能一直监视着系统，即使监视着仪表，也是在已经引起不良后果后才进行人工复位，这会对工业生产造成一定影响。程序运行监视系统是让仪表自己监视自己的运行情况，出现问题自动复位的一种技术，也称为 Watchdog 技术。

(1) Watchdog 技术特性

Watchdog 技术具有以下三点特性。

① 本身能独立工作，基本上不依赖于 CPU。

② CPU 每隔一段固定时间与该系统打一次交道，以表明系统“目前运行正常”。

③ 当 CPU 掉入死循环后，能及时被发现并使系统复位。

在增强型 52 系列单片机中，已经设计了利用 Watchdog 技术的硬件电路，普通型 52 系列单片机中没有设置，必须由用户自己建立，下面阐述硬件“看门狗”的设计。

(2) 硬件 Watchdog 的设计

硬件 Watchdog 是一独立于 CPU 之外的单稳部件，可由单稳电路构成，也可由自带脉冲源的计数器构成。

① 由单稳部件构成的 Watchdog 电路

单稳态电路(Monostable Circuit)是一种具有稳态和暂态两种工作状态的基本脉冲单元电路。单稳态电路的输出波形(稳态为 0，暂态为 1)如图 8-32 所示。没有外加信号触发时，电路处于稳态。在外加信号触发下，电路从稳态翻转到暂态，并且经过一段时间后，电路又会自动返回到稳态。暂态时间的长短取决于电路本身的参数，而与触发信号作用时间的长短无关。

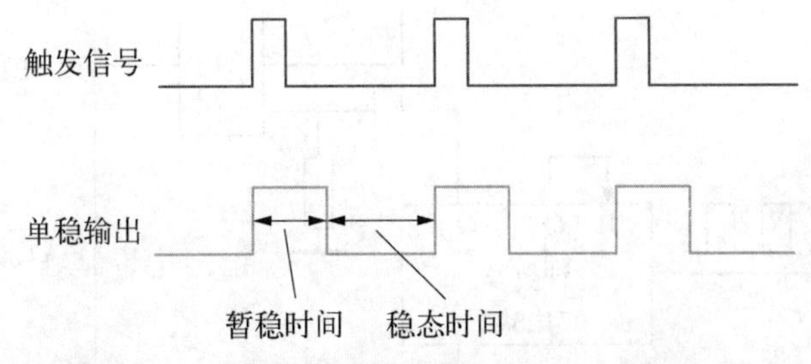

图 8-32 单稳电路输出波形(稳态为 0，暂态为 1)

用单稳部件构成的“看门狗”电路，当 CPU 正常工作时，每隔一段时间就输出一个脉冲，将单稳系统触发到暂稳态，当把暂稳态的持续时间设计得比 CPU 的触发周期长时，单稳系统就不会回到稳态。当 CPU 陷入死循环后，便不能去触发单稳系统，单稳系统就可以顺利返回稳态,用它返回稳态时输出的信号作为复位信号,就能使 CPU 退出死循环。图 8-33 是一种由单稳部件构成的 Watchdog 电路。

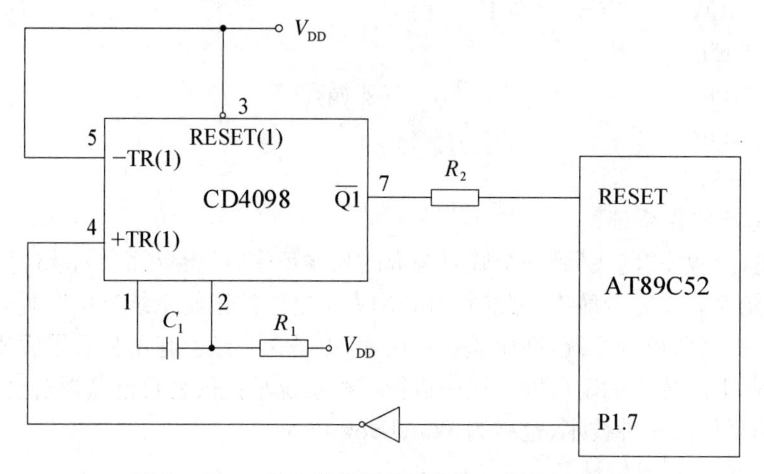

图 8-33　一种由单稳部件构成的 Watchdog 电路

在图 8-33 中,每隔一定时间 Δt,AT89C52 单片机执行指令

CLR P1.7,

SETB P1.7

这样每隔一定时间 P1.7 就输出一脉冲,间隔时间 Δt 可通过图中的 R_1、C_1 对单稳输出脉宽进行调整,该参数的大小取决于仪表的设计要求。当系统正常运行时,每隔一固定时间 Δt,P1.7 就输出一脉冲对单稳电路 CD4098 进行触发,将其触发至暂稳态,系统永远不会被复位。当系统受到干扰、程序发生乱飞、出现异常时,执行不到触发指令,则 P1.7 不会按固定时间 Δt 输出触发脉冲,当时间大于 Δt 时,CD4098 输出一正脉冲,强行使系统复位。

② 计数器型 Watchdog 电路

图 8-34 所示是由通用芯片构成的计数器型 Watchdog 电路。

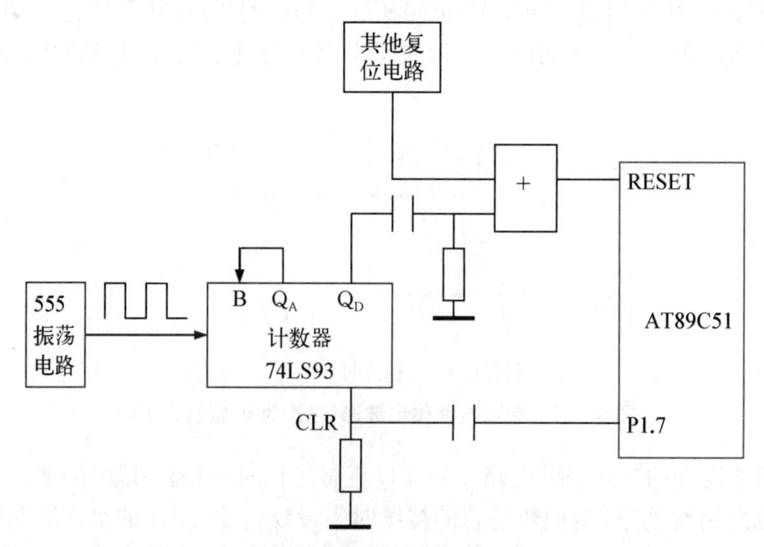

图 8-34　由通用芯片构成的计数器型 Watchdog 电路

将555定时器芯片接成一个多谐振荡器，为16进制计数器74LS93提供独立的时钟 t_c，当计到第8个脉冲时，Q_D端变成高电平，给单片机提供复位信号RESET。单片机用一条输出端口线（如P1.7）输出清零信号，只要每次清零脉冲的时间间隔短于8个脉冲周期，计数器就总也计不到8，Q_D端保持低电平。当CPU受干扰而掉入死循环时，就不能送出复位脉冲了，计数器很快计到8，Q_D端立刻变成高电平，经过微分电路输出一个正脉冲，使CPU复位。

其他复位电路还有上电复位、人工复位，通过或门综合后加到RESET端。

8.2.4 掉电保护设计

掉电保护是一种硬、软件结合的抗干扰措施。电网电压的突然下降或电网的瞬间断电，都将会使智能仪表的微机系统陷入混乱，这会导致系统运行实时数据的丢失，还会造成智能仪表的功能紊乱，影响仪表的可靠性。因此，掉电保护设计在智能仪表的可靠性设计中必不可少。

1. 掉电保护的硬件设计

掉电保护的硬件组成主要有电源电压检测电路、掉电控制信号电路、后备电池及低功耗RAM，掉电保护电路硬件框图如图8－35所示。掉电控制信号的波形如图8－36所示，掉电检测电路检测到供电电压降低后，当电压低于掉电阈值 V_T时，可利用硬件产生PD所示的波形，当电压恢复到 V_T就认为掉电恢复。掉电时，系统产生控制信号NMI及RESET信号，NMI信号用于对系统的信息进行保存，RESET信号用于对系统复位。如图8－35所示，掉电检测控制电路的输出信号NMI、RESET分别连接到AT89C52单片机的外部中断$\overline{INT0}$、RESET，一旦检测到供电电压下降到某一阈值 V_T时，电源电压检测电路就会发出输出掉电信息NMI，引起CPU的中断响应。

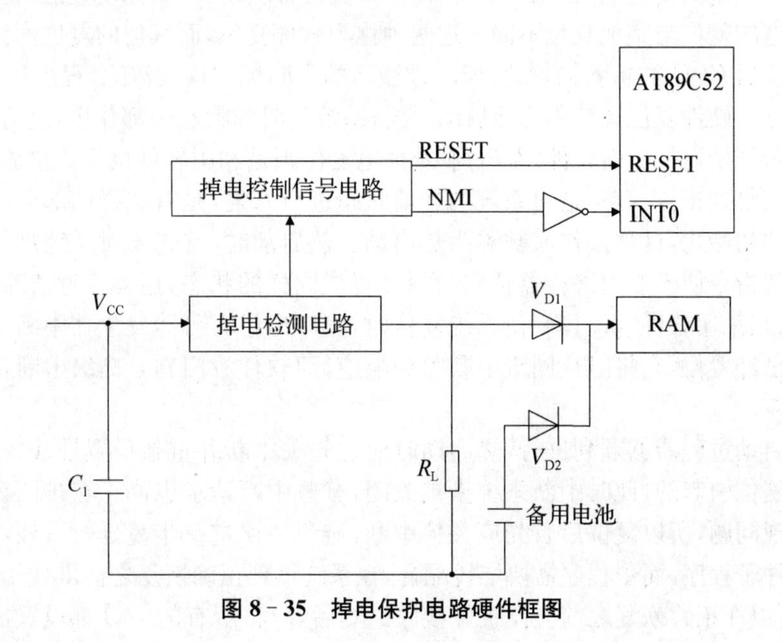

图8－35 掉电保护电路硬件框图

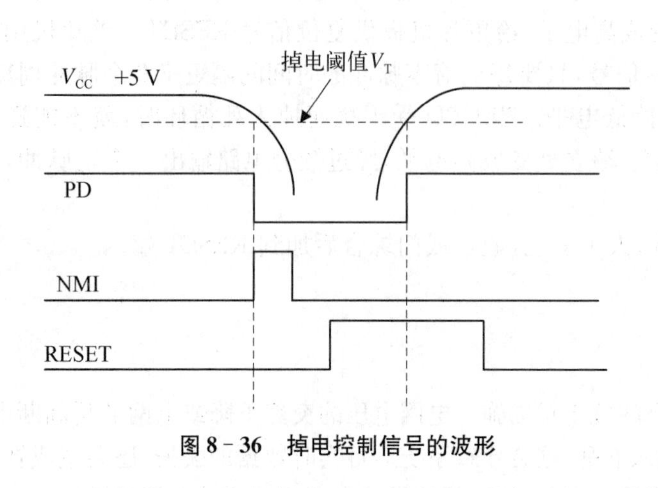

图 8－36　掉电控制信号的波形

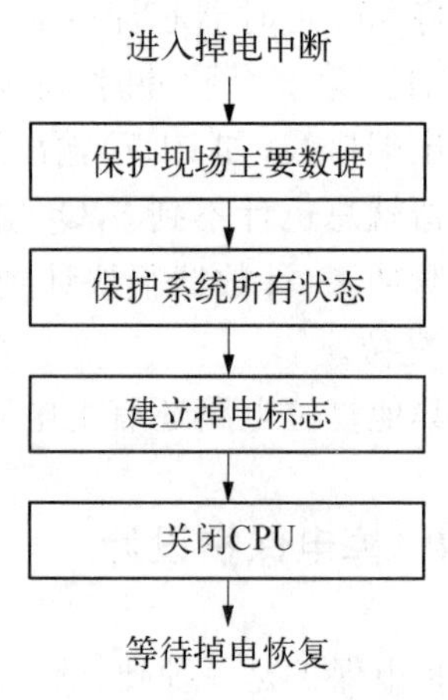

图 8－37　掉电保护中断处理程序流程图

2. 掉电保护的软件设计

在软件设计时，掉电保护中断的优先级要设置成最高级。掉电时，掉电保护中断程序应立即将现场的重要参数以及软件的重要状态送入由后备电池支持的低功耗 RAM 中保存，并设置意外掉电关机标志，最后主动关闭 CPU，这一系列工作应该在电源电压降到 CPU 不能正常工作的电压之前完成。掉电保护中断处理程序流程图如图 8－37 所示。

3. 掉电保护后的系统恢复

当恢复供电后，掉电保护现场的恢复是智能仪表系统软件的一项重要工作。通常，智能仪表系统的复位有多种，包括正常上电复位、按压 RESET 键的人工复位、硬件“看门狗”复位、软件“看门狗”或软硬件结合的“看门狗”复位、掉电恢复复位，这些复位信号通过或逻辑关系加到智能仪表的复位端，也就是说，任何一种复位都会使 CPU 系统复位，但是涉及软件看门狗和掉电的复位与其他复位不同。这两种称为软件复位，而其他的复位称为硬件复位。

硬件复位后 CPU 被重新初始化，所有被激活的中断标志均被清除，程序从 0000H 地址重新开始执行。硬件复位又被称为冷启动，是将系统当时的状态全部作废，进行彻底的初始化使系统重新开始运行。而软件“看门狗”及掉电复位则是利用软件抗干扰措施使进入异常状态的系统恢复到正常状态，是对系统的当前状态进行修复，是有选择的部分初始化，而不是全部彻底的初始化，这种操作又被称为热启动。热启动时，首先要对系统进行软件复位，即执行一系列指令使各专用寄存器达到与硬件复位同样的状态，还要注意清除中断激活标志，这是因为当采用软件“看门狗”使系统复位时，程序出错有可能发生在中断子程序中，中断激活标志已经置位，它将阻止同级中断得到响应；而软件看门狗是高级中断，它将阻止所有的中断响应。

为使热启动过程能够顺利进行，热启动时应首先关中断并重新设置堆栈。因为热启动过程是软件复位引起的，此时中断系统未被关闭，有些中断请求也许正在排队等待响应，而系统已经出现问题，所以复位后首先应关掉中断，避免错误进一步蔓延。另外，在启动过程中要执行各种子程序，而子程序需要堆栈配合，在系统得到正确恢复之前堆栈指针的值是无法确定的，所以在正式恢复之前应设置好栈底。然后，应将所有的 I/O 都设置成安全状态，封锁I/O操作,避免干扰造成的破坏进一步扩大。最后,根据系统中残留的信息对系统进行恢复。系统遭受干扰后,RAM中的信息会受到不同程度的破坏,这些信息包括系统的状态信息,如各种软件标志、状态变量等;预先设置的各种参数;临时采集的数据或程序运行产生的数据。对系统进行恢复实际上就是恢复各种关键的系统状态信息和重要的数据,并尽可能纠正干扰造成的错误信息。关键信息恢复后,还要对各种外围芯片重新进行初始化,才能使系统重新进入正确的工作循环。

每台智能仪表的功能不同、要求不同,热启动恢复工作内容也不同。图8-38是某一智能仪表掉电恢复的程序流程图。

随着集成电路技术的发展以及应用的需求,已有一些公司研究开发出了用于掉电保护的硬件集成电路模块,简化了智能仪表掉电保护系统的电路设计,提高了仪表的可靠性,缩短了仪表的研发周期。比如AD公司的ADM69系列以及IMP公司的IMP70系列掉电保护芯片,将Watchdog技术与掉电保护相结合,集掉电保护功能与程序监视功能于一身,一片芯片可以同时实现两种功能。

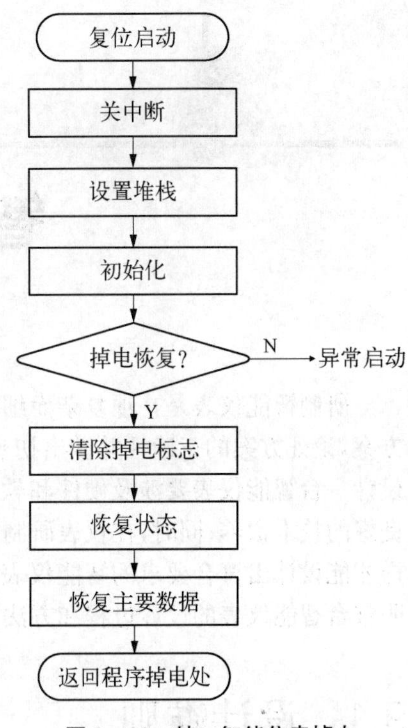

图8-38 某一智能仪表掉电恢复的程序流程图

习题与思考题

8-1 简述系统可靠度的概念。

8-2 简述智能仪表可靠性的设计原则。

8-3 简述常见噪声源的种类及主要特点。

8-4 简述智能仪表系统的干扰来源,它们是通过什么途径进入仪表内部的?

8-5 什么是串模干扰和共模干扰?抑制干扰的主要途径是什么?

8-6 为什么说光电耦合器具有很强的抗干扰能力?在具体使用光电耦合器时应注意那些问题?

8-7 如何抑制地线系统的干扰?接地设计时应注意哪些问题?

8-8 利用逻辑光电耦合器对模拟量输入通道进行隔离时,光电耦合器应放在什么位置?为什么?

8-9 试述指令冗余的概念及方法?

8-10 试述软件陷阱的概念?常用的软件陷阱的方法有哪些?

8-11 如何在未使用的中断区设计软件陷阱?

8-12 如何在开放的中断区设计软件陷阱?

8-13 试说明Watchdog抗干扰措施的原理和具体实施方法。

8-14 智能仪表的掉电保护设计有什么作用?

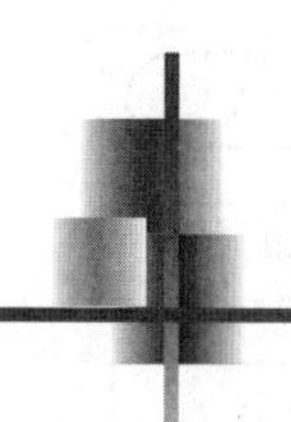

第9章

智能仪表设计实例

研制智能仪表是一项复杂而细致的工作。首先需要按照仪表的功能要求拟定总体设计方案,论证方案的正确性并做出初步评价;然后分别进行硬件、软件的具体设计工作。鉴于设计一台智能仪表要涉及硬件和软件技术,要求设计人员应具备较广泛的知识和技能以及良好的技术素养;同时,在仪表研制中设计者还必须遵循若干准则,提出解决问题的办法,这样才能设计出符合要求的智能仪表。本章先给出若干设计准则,然后通过几个设计实例说明整台智能仪表的设计过程和方法。

9.1 设计准则

设计智能仪表一般应遵循如下准则。

(1) 从整体到局部(自顶向下)的设计原则。在设计硬件或软件时,应遵循从整体到局部,即自顶向下的设计原则,力求把复杂的、难处理的问题,分解为若干个简单的、容易处理的问题,再逐个加以解决。首先,设计人员应根据仪表的功能要求和技术要求完成仪表的总体设计,即完成仪表软、硬件的划分,并绘制硬件和软件总框图;然后,将硬件和软件进行任务分解,分解成若干可以独立表征的子任务,这些子任务还可以进一步细分,直到细分后的每个子任务容易实现为止;接着,就是各硬件模块与软件模块的具体实现,可以采用某些通用化的模块,也可作为单独的实体进行设计和调试,并对它们进行各种测试和改进;最后,将各软、硬件模块有机结合,完成智能仪表的设计任务。

(2) 经济性要求。为了获得较高性价比,设计仪表时不应盲目追求复杂、高级的方案。在满足性能及技术指标要求的前提下,应尽可能采用简单的方案,因为方案简单意味着元器件少、可靠性高、经济性强。

智能仪表的制造成本取决于研制成本和生产成本。研制成本只花费一次,就第一台样机而言,主要花费在于系统设计、调试和软件研制,样机的硬件成本不是考虑的主要因素。当样机投入生产时,生产数量越大,则每台产品的平均研制费用就越低,在这种情况下,生产成本就成为仪表造价的主要因素,显然仪表硬件成本对产品的成本有很大的影响。如果硬件成本低、生产量大,则仪表的造价就越低,在市场上就越有竞争力。相反,当仪表产量较小时,研制成本则成了决定仪表造价的主要因素,在这种情况下,宁可多花费一些硬件开支,也要尽量降低研制费用。

在考虑仪表的经济性时,除制造成本外还应考虑仪表的使用成本,包括使用期间的维护费、备件费、运转费、管理费、培训费等,只有经过综合考虑后才能估算出真正的经济效益,从而采用合理的设计方案。

(3) 可靠性要求。对于智能仪表或系统来说,无论在原理上如何先进、在功能上如何全面、精度有多高,如果可靠性差、故障频繁、不能正常运行,则该仪表或系统就没有实际使用价值,更谈不上经济效益。因此,在智能仪表的设计过程中,对可靠性的考虑应贯穿于研制过程中的每个环节,并采取各种措施提高仪表的可靠性,以保证仪表能长时间地稳定工作。

就硬件而言,仪表所用器件质量的优劣和结构工艺是影响可靠性的重要因素,故应合理地选择元器件以及采用极限情况下的试验方法。所谓合理地选择元器件是指在设计时对元器件的负载、速度、功耗、工作环境等参数应留有一定的安全量和余度,并对元器件进行老化和筛选;极限情况下的试验是指在研制过程中,一台样机要承受低温、高温、冲击、振动、干扰、烟雾和其他试验,以证实其对环境的适应性。为了提高仪表的可靠性,还可采用“冗余结构”的方法,即在设计时安排双重结构(主件和备用件)的硬件电路,这样当某部件发生故障时,备用件自动切入,从而可保证仪表的可靠连续运行。

对软件来说,应尽可能地减少故障发生概率。采用模块化设计方法,易于编程和调试,可减少故障和提高软件的可靠性;同时,对软件进行全面测试也是检验错误、排除故障的有效手段。与硬件类似,也要对软件进行各种“应力”试验,例如时钟速度的提高、中断请求率的增加、子程序的百万次重复等,甚至还要进行一定的破坏性试验。虽然这要付出一定代价,但必须经过这些试验才能验证设计的仪表是否合格。

随着智能仪表在各行各业中的广泛应用,对仪表可靠性的要求越来越高。人们对可靠性的评价不能仅仅停留在定性的概念分析上,而是应该进行科学的定量计算,以此指导可靠性设计,这对较复杂的仪表尤为必要。

(4) 操作和维护要求。在设计仪表的硬件和软件时,应当考虑操作方便,尽量降低对操作人员的专业知识要求,以便于产品的推广应用。仪表的控制开关或按钮不能太多、太复杂,操作程序应简单明了,输入/输出应采用十进制数表示,操作者无须专业训练,便能掌握仪表的使用方法。

智能仪表还应具有很好的可维护性。为此仪表结构要规范化、模块化,并配有现场故障诊断程序,一旦发生故障时,能保证有效地对故障进行定位,以便更换相应的元器件或模块,使仪表尽快地恢复正常运行。为了便于现场维修,近年来广泛使用专业分析仪器,它要求在研制仪表电路板时,在有关结点上注明“特征”,现场诊断时就利用被监测仪表的微处理器产生激励信号。采用这种方法进行检测(直到元器件级),可以迅速发现故障,从而使故障维修时间大为减少。

此外,仪表造型设计也很重要。总体结构的安排、部件间的连接关系、细部美化等都必须认真考虑,最好由专业人员设计,使产品造型优美、色泽柔和、美观大方、外廓整齐、细部精致。

9.2　设计实例

本节通过对智能仪表、现场总线智能仪表、无线智能仪表设计实例的介绍,分析设计中所用到的相关芯片和技术,探讨其硬件设计原理和软件设计方法。

9.2.1 温度程序控制仪

程序升、降温是科研和生产中经常遇到的一类控制。为了保证生产过程正常安全地进行,提高产品质量和数量,减轻工人的劳动强度以及节约能源,往往要求加热对象(例如电炉)的温度按某种指定规律变化。

温度程序控制仪就是这样一种能对加热设备的升、降温度速率和保温时间实现严格控制的面板式控制仪表,它将温度变送、显示和数字控制集合于一体,用软件实现程序升温、保温、降温的PID调节。

1. 设计要求

温度程控仪的设计要求如下。

(1) 实现 n 段($n\leqslant 30$)可编程调节,程序设定曲线如图 9-1 所示,有恒速升温段、保温段和恒速降温段 3 种温控线段。操作者只需设定转折点的温度 T_i 和时间 t_i,即可获得所需温控曲线。

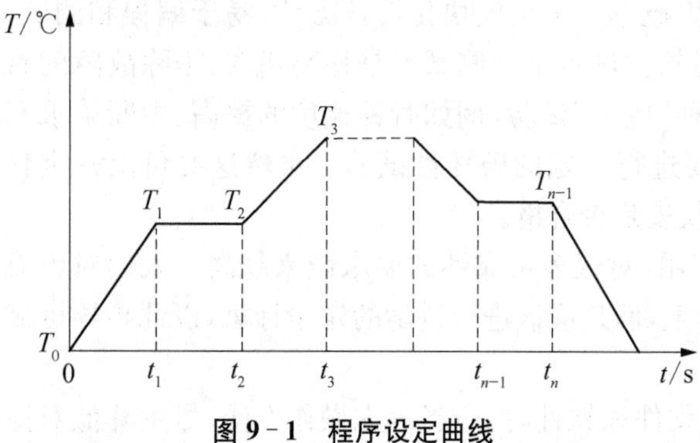

图 9-1 程序设定曲线

(2) 具有 4 路模拟量(热电偶 mV)输入,其中第 1 路用于调节;设有冷端温度自动补偿、热电偶线性化处理和数字滤波功能,测量精度达±0.1%,测量范围为 0～1 100℃。

(3) 具有 1 路模拟量(0～10 mA)输出和 8 路开关量输出,能按时间顺序自动改变输出状态,以实现系统的自动加料、放料,或者用作系统工作状态的显示。

(4) 采用PID调节规律,且具有输出限幅和防积分饱和功能,以改善系统动态调节品质。

(5) 采用6位LED显示,2位用于显示参数类别,4位用于显示数值。任何参数在显示5 s后,会自动返回被调温度的显示。运行开始后,可显示瞬时温度和总时间值。

(6) 具有超限报警功能。超限时,发光管以闪光形式报警。

(7) 输入/输出通道和主机都用光电耦合器进行隔离,使仪表具有较强的抗干扰能力。

(8) 可在线设置或修改参数和状态,例如程序设定曲线转折点温度 T_i 和转折点时间 t_i 值、PID参数、开关量状态、报警参数和重复次数等。并可通过总时间 t 值的修改,实现跳过或重复某一段程序的操作。

(9) 具有 12 个功能键。其中 10 个是参数命令键,包括测量值键(PV)、T_i 设定键(SV)、t_i 设定键(TIME1)、开关量状态键(VAS)、开关量动作时间键(TIME2)、PID 参数设置键(PID)、偏差报警键(AL)、重复次数键(RT)、输出键(OUT)和启动键(START);2 个参数修改键,即递增(△)和递减(▽)键,参数增减速度由慢到快。此外,还设置复位键(RESET)、手/自动切换开关和正/反作用切换开关。

(10) 仪表具有掉电保护功能。

2. 系统组成和工作原理

加热炉控制系统框图如图 9-2 所示。控制对象为电炉，检测元件为热电偶，执行器为可控硅电压调整器(ZK-0)和可控硅器件。图中虚线框内是温度程控仪，它包括主机电路、过程输入输出通道、键盘、显示器及稳压电源。

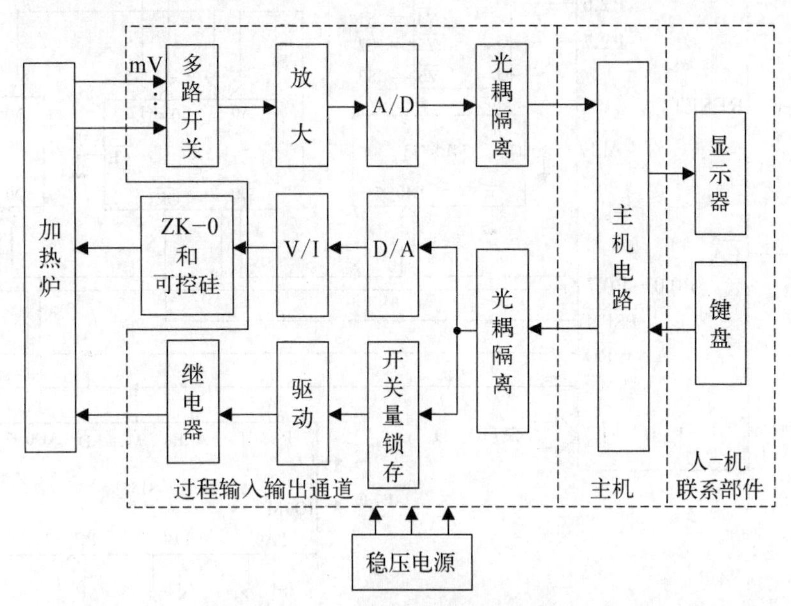

图 9-2 加热炉控制系统框图

控制系统工作过程如下：炉内温度由热电偶测量，测量信号经多路开关送入放大器，毫伏信号经放大后由 A/D 电路转换成相应的数字量，再通过光电耦合器隔离，进入主机电路。由主机进行数据处理、判断分析，并对偏差按 PID 规律运算后输出数字控制量。控制信号经光电隔离，由 D/A 电路转换成模拟量，再通过 V/I 转换得到 0～10 mA 的直流电流。该电流送入可控硅电压调整器(ZK-0)，触发可控硅，对炉温进行调节，使其按预定的温度程控曲线规律变化。另一方面，主机电路还输出开关量信号，发出相应的开关动作，以驱动继电器或发光二极管。

3. 硬件结构和电路设计

硬件结构框图见图 9-2 虚线框内的部分，下面就各部分电路设计分别做具体说明。

(1) 主机电路及键盘、显示器接口

按仪表设计要求，选择 8031 单片机作为主机电路的核心器件。由 8031 单片机构成的主机电路如图 9-3 所示。

主机电路包括单片机及外接存储器、I/O 接口电路。程序存储器和数据存储器容量的大小与仪表数据处理和控制功能有关，设计时应留有余量。本仪表程序存储器容量 8 KB(选用一片 2764)，数据存储器容量为 2 KB(选用一片 6116)。I/O 接口电路的选用与输入输出通道、键盘、显示器的结构和电路形式有关，本仪表选择并行 I/O 扩展芯片 8155。

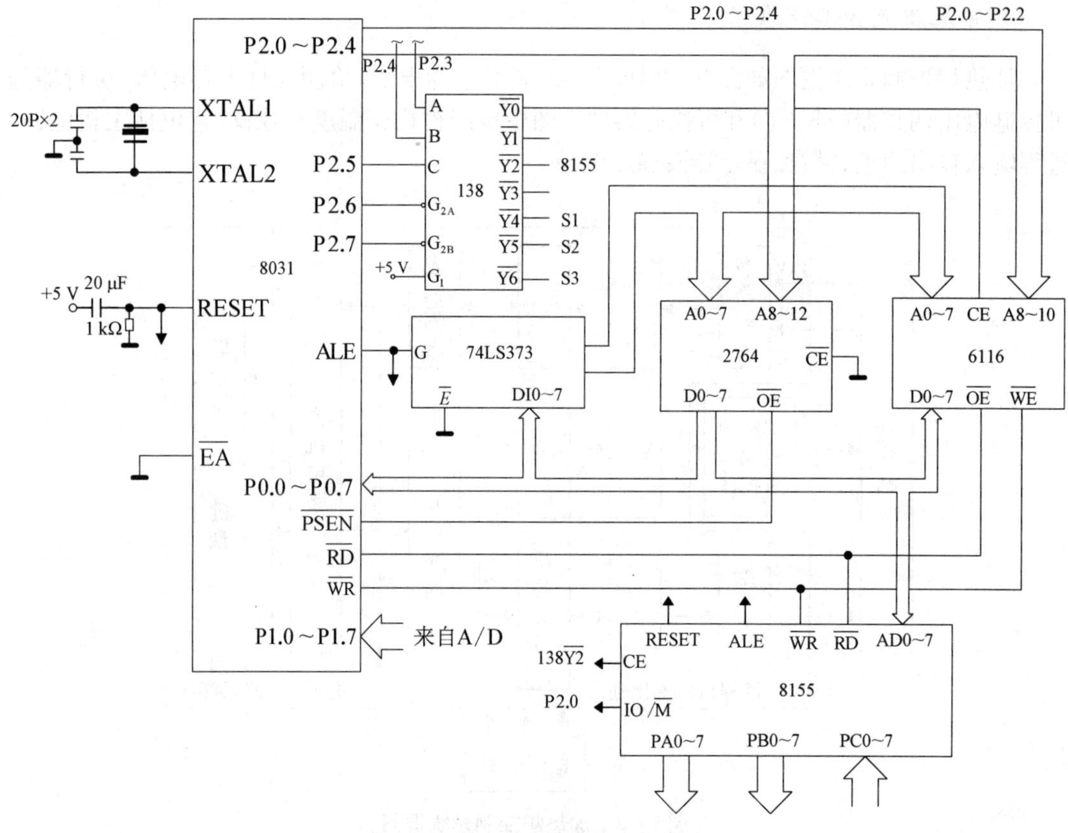

图 9-3　由 8031 构成的主机电路

图 9-3 所示的由 8031 构成的主机电路采用全译码方式，由 3：8 译码器的$\overline{Y_0}$、$\overline{Y_2}$、S_2、S_1和S_3选通存储器 6116、扩展器 8155 以及 D/A 转换器和锁存器Ⅰ、Ⅱ。低 8 位地址信号由 P0 口输出，锁存在 74LS373 中；高位地址(P2.0～P2.4)由 P2 口输出，直接连至 2764 和 6116 的相应端。8155 用作键盘、显示器的接口电路，其内部的 256 个字节的 RAM 和 14 位的定时/计数器也可供使用。A/D 电路的转换结果直接从 8031 的 P1 口输入。

掉电保护功能的实现有两种方案：一是选用 EEPROM(2816 或 2817 等)，将重要数据置于其中；二是添加备用电池。图 9-4 为备用电池的连接和掉电保护电路。稳压电源和备用电池分别通过二极管接于存储器(或单片机)的 V_{CC}端，当稳压电源电压大于备用电池电压时，电池不供电；当稳压电源掉电时，备用电池工作。

仪表内还应设置掉电检测电路(图 9-4)，以便在检测到掉电时，将断点(PC 及各种寄存器)内容保护起来。图中 CMOS555 接成单稳形式，掉电时 3 端输出低电平脉冲作为中断请求信号。

光电耦合器的作用是防止因干扰产生误动作。在掉电瞬间，稳压电源在大电容支持下，仍维持几十毫秒供电，这段时间内，主机执行中断服务程序，将断点和重要数据置入 RAM。

与 8031 连接的键盘、显示器接口及工作原理详见第 4 章。

(2) 模拟量输入通道

模拟量输入通道包括多路开关、热电偶冷端温度补偿电路、线性放大器、A/D 转换器和隔离电路，模拟量输入通道逻辑电路图如图 9-5 所示。

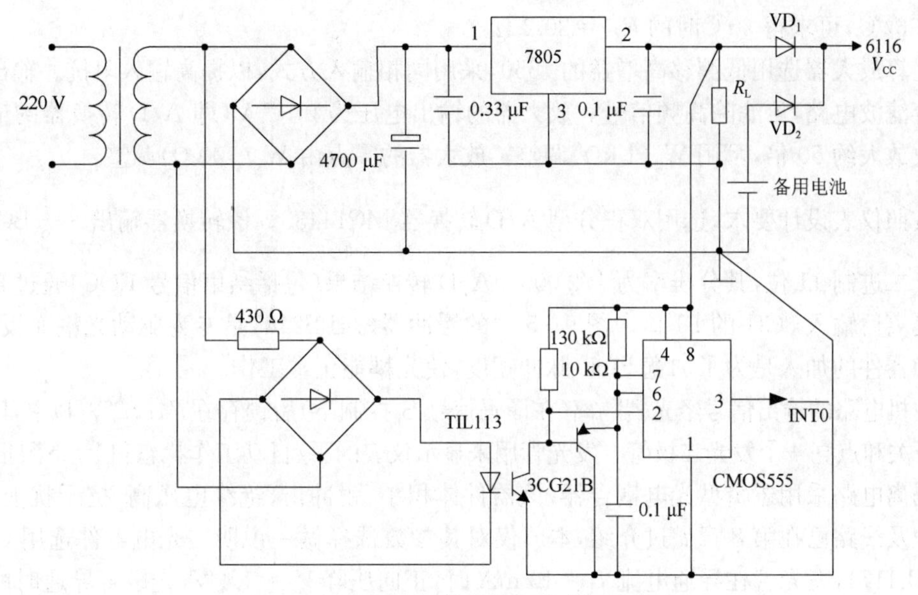

图 9－4　备用电池的连接和掉电保护电路

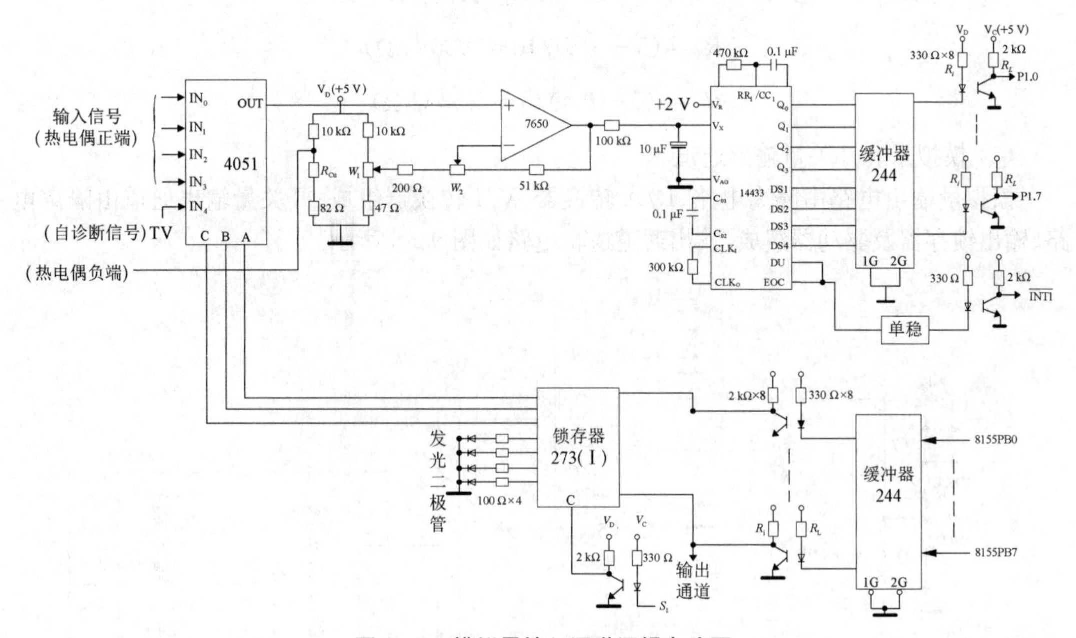

图 9－5　模拟量输入通道逻辑电路图

测量元件为镍铬—镍铝(K)热电偶，在 0～1 100℃内，其热电势为 0～45.10 mV。多路开关选用 CD4051，它将 5 路信号依次送入放大器，其中第 1～4 路为测量信号，第 5 路(TV)信号来自 D/A 电路的输出端，供自诊断用。多路开关的接通由主机电路控制，选择通道的地址信号锁存在 74LS273(Ⅰ)中。

冷端温度补偿电路是一个桥路，桥路中铜电阻 R_{Cu} 起补偿作用，其阻值由桥臂电流(0.5 mA)、电阻温度系数(α)和热电偶热电势的单位温度变化值(K)算得。算式为

$$R_{Cu}=K/(0.5\alpha)$$

例如，镍铬—镍铝热电偶在 20℃附近的平均 K 值为 0.04 mV/℃，铜电阻 20℃时的 α 为

0.003 96/℃,可求得 20℃时的 $R_{Cu}=20.2\ \Omega$。

运算放大器选用低漂移高增益的 7650,采用同相输入方式,以提高输入阻抗。输出端加接阻容滤波电路,可滤除高频信号。放大器的输出电压为 0～2 V(即 A/D 转换器的输入电压),故放大约 50 倍,可用 W_2(1 kΩ)调整。放大器的零点由 W_1(100 Ω)调整。

按照仪表设计要求,选用双积分型 A/D 转换器 MC14433。该转换器输出 $3\frac{1}{2}$BCD 码,相当于二进制 11 位,其分辨率为 1/2 000。A/D 转换结果(包括结束信号 EOC)通过光电耦合器隔离后输入 8031 的 P1 口。图 9-5 中的缓冲器(74LS244)是专为驱动光耦而设置的。而单稳器件的加入是为了加宽 EOC 脉冲宽度,使光耦能正常工作。

主机电路的输出信号经光耦隔离(在译码信号 S_1 控制下)后锁存在 74LS273(Ⅰ)中,以选通多路开关和点亮 4 个发光二极管。发光管用来显示仪表的手/自动工作状态和上/下限报警。

隔离电路采用逻辑型光电耦合器,该器件体积小、耐冲击、绝缘电压高、抗干扰能力强,其原理及线路已在第 8 章做过介绍,本节仅对其参数选择做一说明。光电器件选用 GO103(或 TIL117),发光管在导通电流 $I_F=10$ mA 时,正向压降 $V_F=1.4$ V,光敏管导通时的压降 $V_{CE}=0.4$ V,取其导通电流 $I_C=3$ mA,则 R_i 和 R_L 的计算如下:

$$R_i=(5-1.4)/10=0.36\ (\text{k}\Omega)$$

$$R_L=(5-0.4)/3=1.53\ (\text{k}\Omega)$$

(3) 模拟量和开关量输出通道

模拟量输出电路由隔离电路、D/A 转换器、V/I 转换器组成;开关量输出通道由隔离电路、输出锁存器及驱动器组成,输出通道逻辑电路如图 9-6 所示。

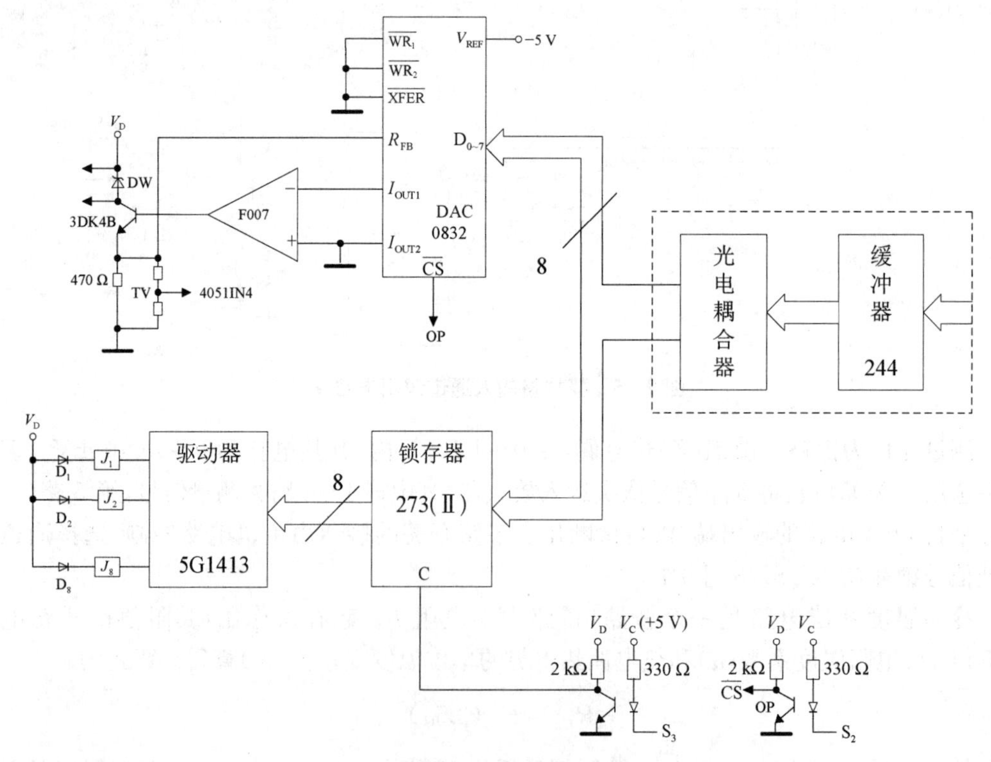

图 9-6 输出通道逻辑电路

D/A 转换器选用 8 位、双缓冲的 DAC0832，该芯片将调节通道的输出转换为 0～5 V 的模拟电压，再经 V/I 电路(3DK4B)输出 0～10 mA 电流信号。

8 位开关量信号锁存在 74LS273(Ⅱ)中，通过 5G1413 驱动继电器 J_1～J_8 和发光二极管 D_1～D_8。继电器和发光二极管分别用来接通阀门和指示阀的启/闭状态。

图中虚线框中的隔离电路部分与输入通道共用，即主机电路的输出经光电耦合器分别连至锁存器 273(Ⅰ)、273(Ⅱ)和 DAC0832 的输入端，信号打入哪一个器件则由主机的输出信号 S_1、S_3 和 S_2(经光耦隔离)来控制。

4. 软件结构和程序框图

温度程控仪的软件设计采用模块化和结构化的设计方法。温控软件分为监控程序和中断服务程序两大部分，每一部分又由许多功能模块构成。

(1) 监控程序

监控程序包括初始化模块、显示模块、键扫描与处理模块、自诊断模块和手操处理模块。监控主程序、自诊断程序以及键扫描与处理程序的框图分别如图 9－7、图 9－8 和图 9－9 所示。

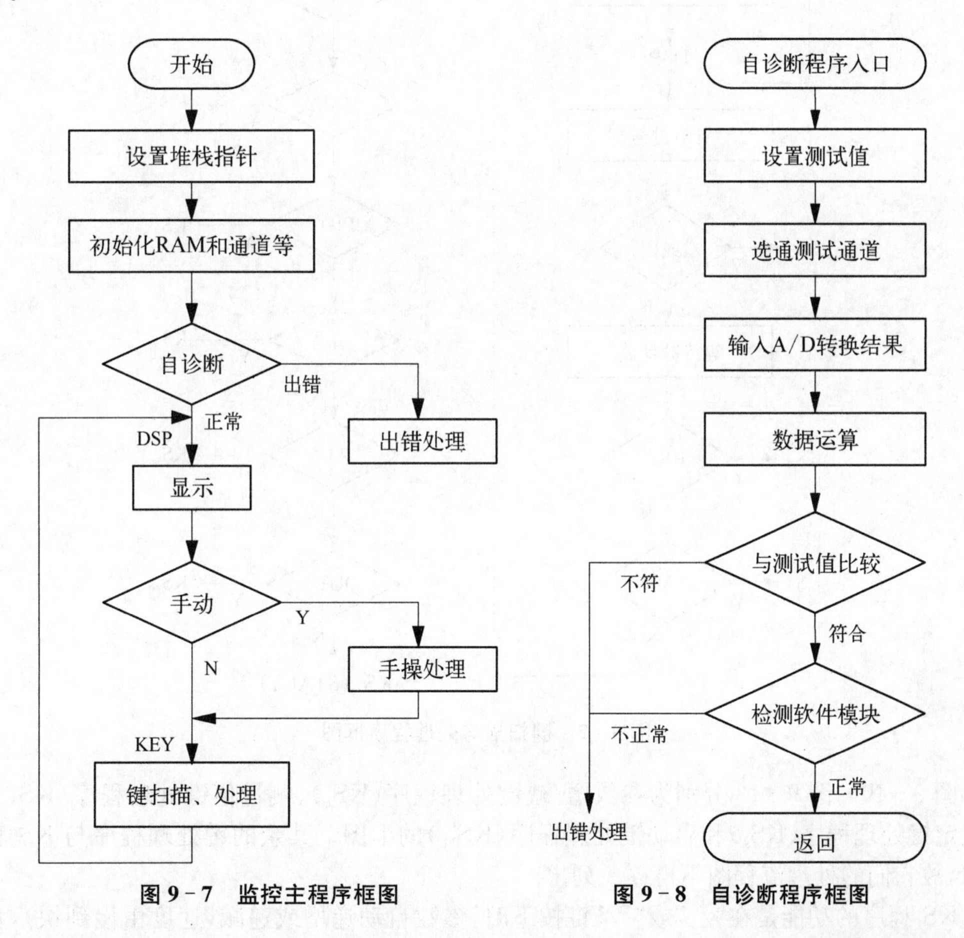

图 9－7 监控主程序框图 **图 9－8 自诊断程序框图**

仪表上电复位后，程序从 0000H 开始执行，首先进入系统初始化模块，完成设置堆栈指针、初始化 RAM 单元和通道地址等任务。接着程序执行自诊断模块，检查仪表硬件电路(输入通道、主机、输出通道、显示器等)和软件部分运行是否正常。在该程序中，先设置一测试数据，由 D/A 电路转换成模拟量(TV)输出，再从多路开关 IN_4 通道输入(图 9-5)，经放大和 A/D 转换后送入主机电路，通过换算，判断该数据与原设置值之差是否在允许范围内，若超出这一范围，表示仪表异常，予以报警，以便及时做出处理。同时，自诊断程序还检测仪表各种软件模块的功能是否符合预定的要求。若诊断结果正常，程序便进入显示模块、键扫描与处理模块、判断手动并进入手操处理模块的循环圈中。

在键扫描与处理模块中，程序首先判断是否有命令键入，若有，随即计算键号，并按键编号转去执行相应的键处理程序(KS_1～KS_{11})。键处理程序用于完成参数设置、显示和启动程控仪控温的功能。按键中除"△"和"▽"键在按下时执行参数增/减命令外，其余各键均在按下又释放后才起作用，如图 9-9 所示。

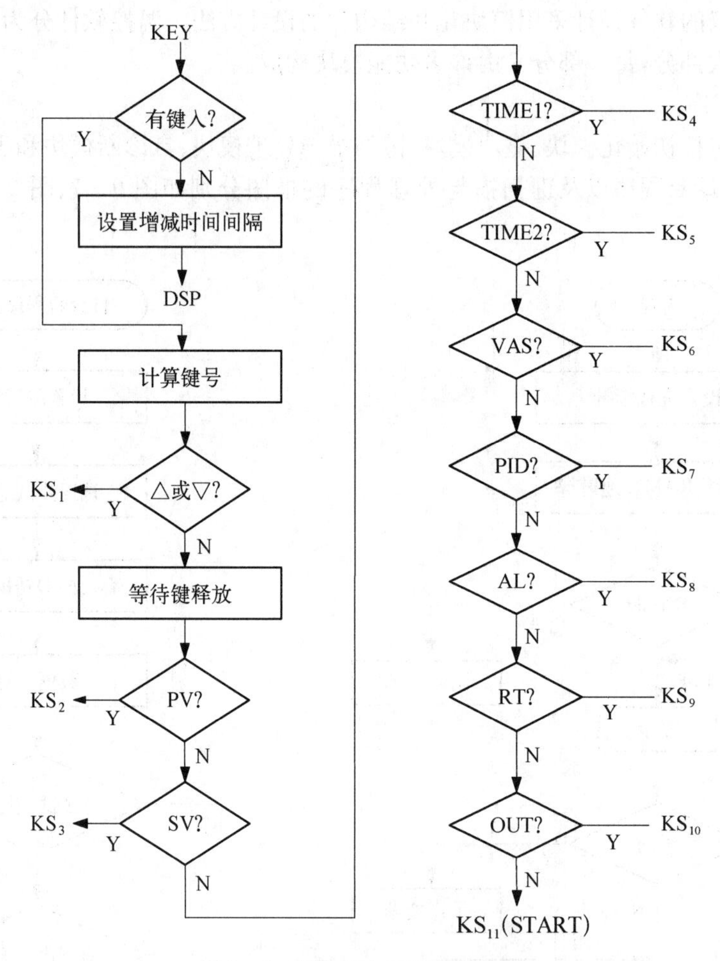

图 9-9 键扫描与处理程序框图

图 9-10～图 9-13 分别为参数增/减键处理程序(KS_1)、测量值键处理程序(KS_2)、温度设定键处理程序(KS_3)和启动键处理程序(KS_{11})的框图。其余的键处理程序与 KS_3 程序类似，故它们的处理流程图不再逐一列出。

KS_1 程序的功能是在"△"或"▽"键按下时，参数自动递增或递减(速度由慢到快)，直至键释放为止。该程序先判断由上一次按键所指定的参数是否可修改，以及参数增、减时间是否达到，然后再根据按下的"△"或"▽"键确定参数加 1 或减 1，并且修改增/减时间间隔，以便逐渐加快参数的变化速度。

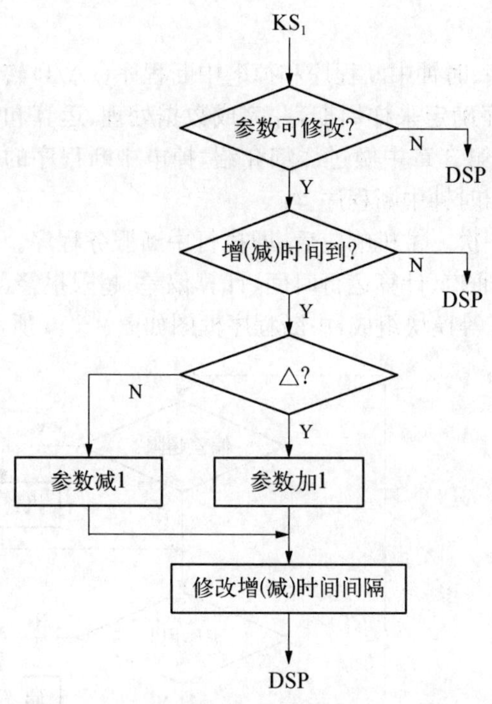

图9-10 参数增、减键处理程序(KS_1)框图

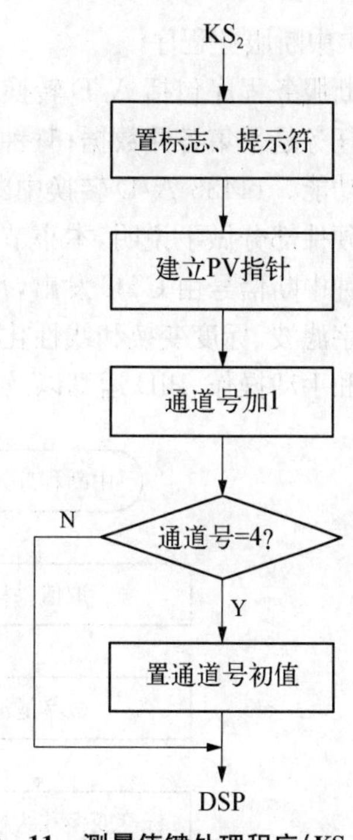

图9-11 测量值键处理程序(KS_2)框图

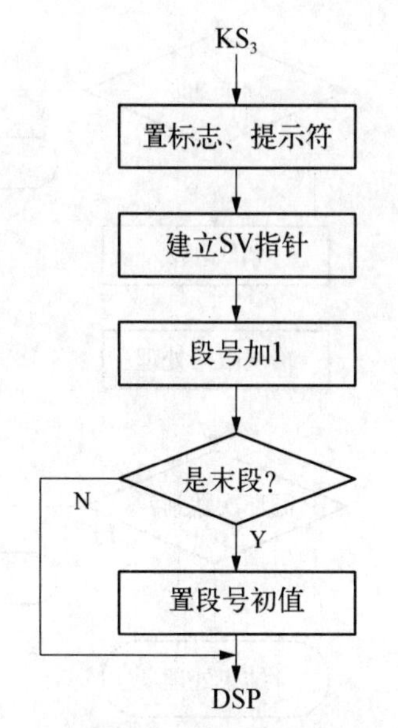

图9-12 温度设定键处理程序(KS_3)框图

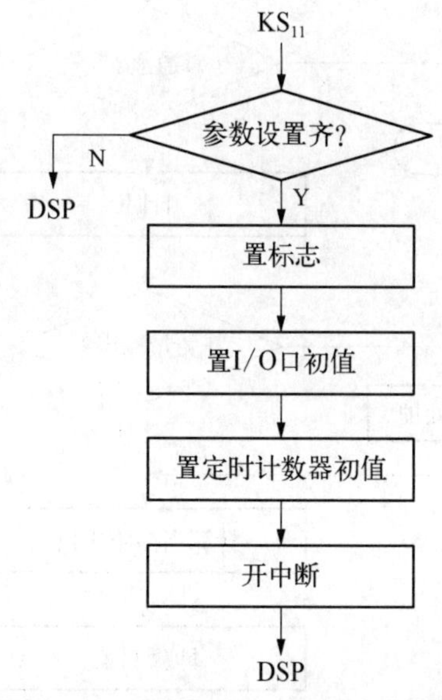

图9-13 启动键处理程序(KS_{11})框图

KS_2和KS_3程序的作用是显示各通道的测量值和设置各段转折点的温度值。程序中的置标志、提示符和建立参数指针用以区分键命令、确定数据缓冲器,以便显示和设置与键命令相应的参数。通道号(或段号)加1及判断是否结束等框,则用来实现按一下键自动切至下一通道(或下一段)的功能,并可循环显示和设置参数。

KS_{11}程序首先判断参数是否置全,置全了才可转入下一框,否则不能启动,需重置参数。程序在设置I/O口(8155)的初值、定时计数器(8031的T1和T2)的初值和开中断之后,便完成了启动功能。

(2) 中断服务程序

中断服务程序包括 A/D 转换中断程序、时钟中断程序和掉电中断程序。A/D 转换中断程序的任务是采集各路数据;时钟中断程序确定采样周期,并完成数据处理、运算和输出等一系列功能。14433 A/D 转换中断程序在第 3 章中做过详细介绍,掉电中断程序的功能也在本节硬件部分做了说明,本小节主要介绍时钟中断程序。

时钟中断信号由 CTC 发出,每 0.5 s 一次。主机响应后,即执行中断服务程序。服务程序由数字滤波、标度变换和线性化处理、判通道、计算运行时间、计算偏差、超限报警、判断正反作用和手动操作、PID 运算以及输出处理等模块组成,中断程序框图如图 9-14 所示。

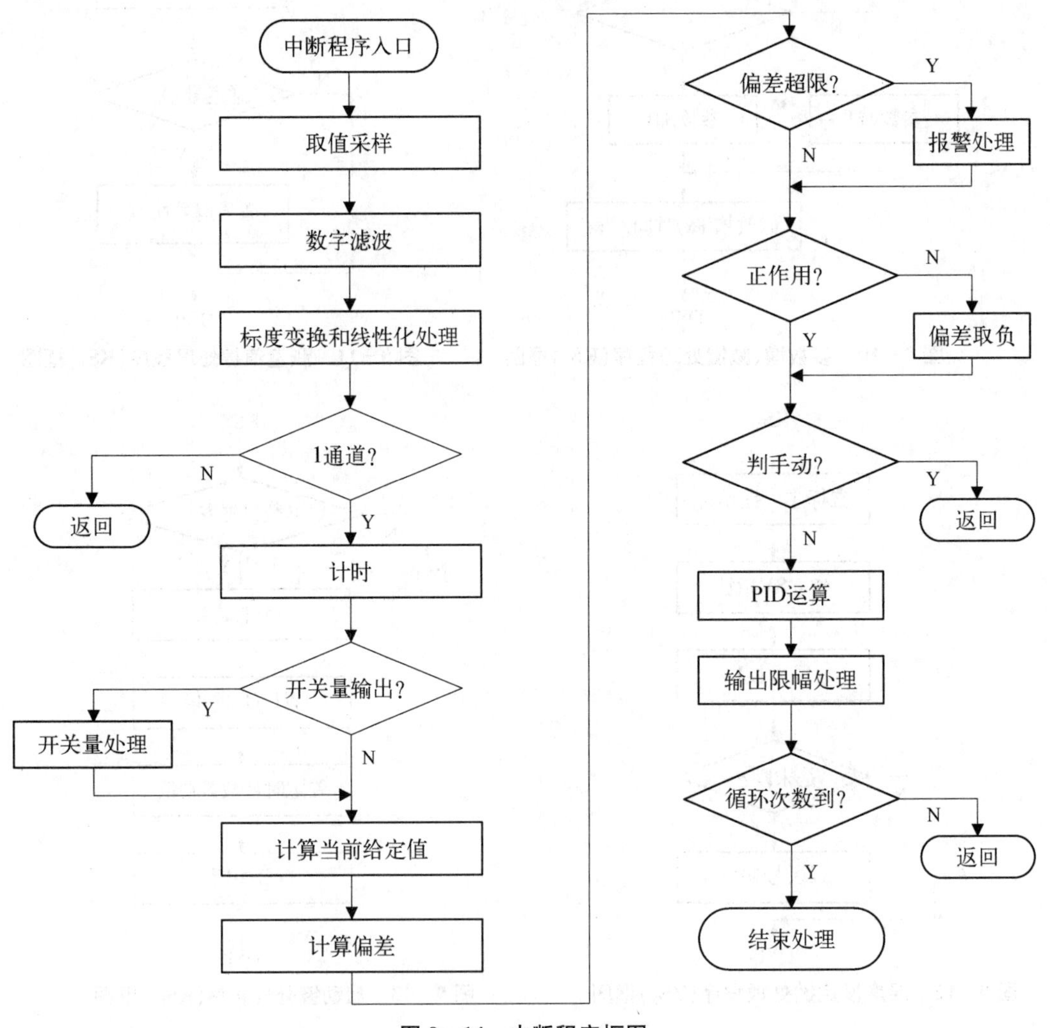

图 9-14 中断程序框图

数字滤波模块的功能是滤除输入数据中的随机干扰分量。采用 4 点递推平均滤波方法。

由于热电偶毫伏信号和温度之间呈非线性关系,因此在标度变换(工程量变换)时必须考虑采样数据的线性化处理。有多种处理方法可供使用,这里采用分段处理的方法,把 K 型热电偶 0～1 100℃内的热电特性分成 7 段折线进行处理,这 7 段分别为 0～200℃、200～350℃、350～500℃、500～650℃、650～800℃、800～950℃和 950～1 100℃。处理后的最大误差在仪表设计精度范围之内。

标度变换公式为

$$T_{PV}=T_{min}+(T_{max}-T_{min})\frac{N_{PV}-N_{min}}{N_{max}-N_{min}}$$

式中，N_{PV}、T_{PV}分别为某折线段 A/D 转换结果和相应的被测温度值；N_{min}、N_{max}分别为该线段 A/D 转换结果的初值和终值；T_{min}、T_{max}分别为该段温度的初值和终值。

图 9-15 给出了线性化处理的程序框图，程序首先判断属于哪一段，然后将相应段的参数代入公式，便可求得该段被测温度值。为区分线性化处理的折线段和程控曲线段，框图中的折线段转折点的温度用T_0'～T_7'表示。

仪表的第 1 通道是控制通道，其他通道不进行控制，故在求得第 2～4 通道的测量值后，即返回主程序。

计时模块的作用是求取运行总时间，以便确定程序运行至哪一段程控曲线，何时输出开关量信号。

由于给定值随程控曲线而变，故需随时计算当前的给定温度值，计算公式如下：

$$T_{sv}=T_i+(T_{i+1}-T_i)\frac{t-t_i}{t_{i+1}-t_i}$$

式中，T_{sv}、t 分别为当前的给定温度值和时间；T_i、T_{i+1} 分别为当前程控曲线段的给定温度初值和终值；t_i、t_{i+1} 分别为该段的给定时间初值和终值。

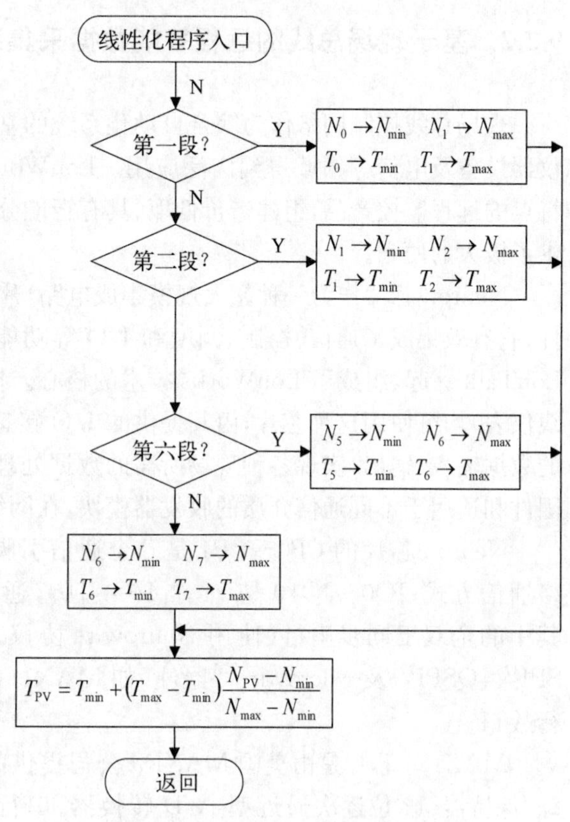

图 9-15 线性化处理的程序框图

T_{sv}计算式虽然与上述线性化处理计算式的参数含义和运算结果不一样，但两者在形式上完全相同，故在计算 T_{sv}时可调用线性化处理程序。

仪表控制算法采用不完全微分型 PID 控制算法，其传递函数为

$$\frac{U(s)}{E(s)}=\left(\frac{T_Ds+1}{\frac{T_D}{K_D}s+1}\right)\left(1+\frac{1}{T_1s}\right)K_p$$

差分化后可得输出增量算式为

$$\Delta u(n)=K_P[u_D(n)-u_D(n-1)]+K_P\frac{T}{T_1}u_D(n)$$

其中

$$u_D(n)=u_D(n-1)+\frac{T_D}{\frac{T_D}{K_D}+T}[e(n)-e(n-1)]+\frac{T}{\frac{T_D}{K_D}+T}[e(n)-u_D(n-1)]$$

上式中各参数的意义及计算输出值的程序框图见第7章。

程控仪的输出值(包括积分项)还可进行限幅处理,以防积分饱和,故可获得较好的调节品质。

9.2.2 基于现场总线的远程智能数据采集装置设计

现场总线控制网络作为综合自动化系统的基础,已在楼宇控制、能源管理、工厂自动化、仪器设备及电信等领域得到广泛应用。LonWorks技术为设计和生产具有低成本、智能化特点的远程监控产品,组建造价低廉、具有智能分布和远程测控功能的现场总线控制网络提供了极大的便利。

Neuron芯片作为一种超大规模集成电路,片上集成有3个CPU、存储器、I/O接口等部件,它有效集成了通信、控制、调度和I/O等功能,与专为LonWorks制定的7层网络协议LonTalk一起,组成了LonWorks技术的核心。控制网络中的每个远程监控装置(或现场总线仪表)均可使用这种芯片,由其提供的I/O接口来实现与传感器、执行器或外部设备之间的数据输入/输出,实现各种现场所需的数据处理和控制算法,并通过嵌入的LonTalk协议固件和适用于不同通信介质的收发器模块,在网络上实现数据通信。

Neuron芯片的CP0~CP4是5个通信引脚,可提供单端、差分和专用模式等多种网络通信方式;IO0~IO10是11个I/O引脚,通过编程可配置成34种不同的I/O对象,其中的全双工同步串行(使用Neurowire协议)I/O接口对象,可方便地支持能直接与SPI™、QSPI™及Microwire™器件(如MAX186串行A/D转换设备等)相连接的4线串行接口。

MAX186芯片是由美国MAXIM公司提供的,它内含8通道多路切换开关、高带宽跟踪/保持器、12位逐次逼近型A/D转换器、串行接口电路等,具有变换速率高(最高可达133 Kb/s)、功耗低等特点。该器件自带4.096 V参考基准源,本身即为一完整的单片12位数据采集系统,其4线串行接口可直接接到SPI™、QSPI™和Microwire™器件而无须外加逻辑电路,与Neuron芯片连接相当方便。

1. MAX186的工作方式和数据采集操作

(1) MAX186的工作方式

MAX186提供了$\overline{SHDN}$引脚和两种软件可选关断模式,使它能通过在两次转换之间处于关断模式而使功耗达到最低。其模拟输入可由软件设置为单极性或双极性、单端或差分工作方式。处于单端方式时,模拟输入端IN+接CH0~CH7,而IN−接AGND;处于差分方式时,在CH0/CH1、CH2/CH3、CH4/CH5、CH6/CH7中选择IN+和IN−。

由于MAX186具有片内时钟电路和外部串行时钟信号输入端,允许用户根据需要选择外部时钟模式或内部时钟模式。选择外部时钟模式,逐次逼近型A/D转换和数据的输入/输出均由外部串行时钟信号完成;选择内部时钟模式,采用内部时钟信号完成逐次逼近型

A/D转换，而数据的输入/输出则由外部串行时钟信号完成。图9－16所示控制字格式中的D1和D0位可用于设定所需的时钟模式。无论MAX186工作于内部或外部时钟模式，对A/D转换控制字的移入和变换结果的移出，均需在外部时钟SCLK的控制下进行。MAX186可使用单＋5 V或双±5 V电源供电，在便携式数据采集、高精度过程控制、自动测试、医用仪器等方面有着广泛的应用。

(2) MAX186的数据采集操作

要启动MAX186进行一次数据采集(即A/D转换)，首先需要把图9－16所示的1个控制字与时钟同步送入DIN。当$\overline{CS}$为低电平时，SCLK的每1个上升沿把1个位从DIN送入MAX186的内部移位寄存器。在$\overline{CS}$变低后第1个到达的逻辑“1”定义控制字节的最高有效位，在此之前与时钟同步送入DIN的任意一个逻辑“0”位均无效。一个8位控制字的格式及意义如图9－16所示。

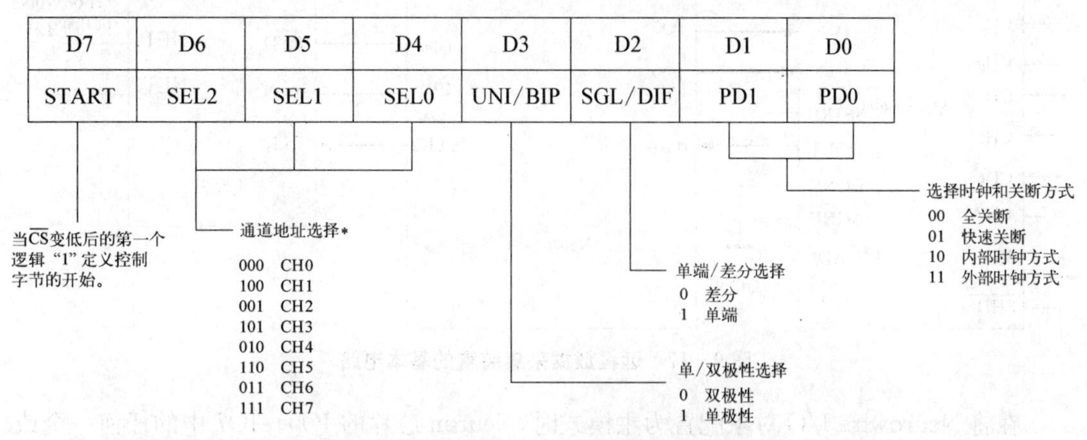

图9－16 控制字格式

一般来说，使用典型电路时的最简单软件接口只需传送3个字节即可完成一次A/D转换，其中传送的第一个8位(A/D转换控制字)用来配置ADC，向MAX186器件发送启动转换命令和通道选择命令，选择单极性/双极性转换模式、单端/差分转换模式，选择内/外部时钟模式等。另外，后续两个8位用来保证与时钟同步，以输出12位变换结果。

2. MAX186与Neuron芯片的接口

基于Neuron芯片的远程数据采集装置，作为分布在现场总线上的远程智能设备，不仅需要接收和处理来自传感器的输入数据，而且还需要执行通信任务。因此，在这种采集装置上，必须考虑通信问题。而利用收发器模块及LonTalk协议固件，可方便地与LonWorks现场总线网络接口。此时，开发者除关心数据采集和处理功能外，还可通过网络变量或显式报文等方式实现数据发送等网络通信功能。

(1) 基本硬件电路结构

图9－17为远程数据采集装置的基本电路。由于Neuron芯片的Neurowire I/O对象，是一个全双工的同步串行接口，它可在IO8脚输出的时钟信号作用下，由IO9和IO10两个引脚同步地实现将A/D通道地址信息移出和把对应通道的转换数据移入的功能。正是这种I/O对象类型能进行同步串行数据格式传输的特点，对提供4线串行接口的外

设特别有用。而 MAX186 这种 12 位、多通道、全双工的串行 A/D 集成芯片正好与其兼容,它在 SCLK 时钟信号的作用下,可同步实现将通道地址信息移入芯片和将转换好的数据移出芯片的功能。因此,Neuron 芯片提供的 Neurowire I/O 对象,可方便地与 MAX186 接口。

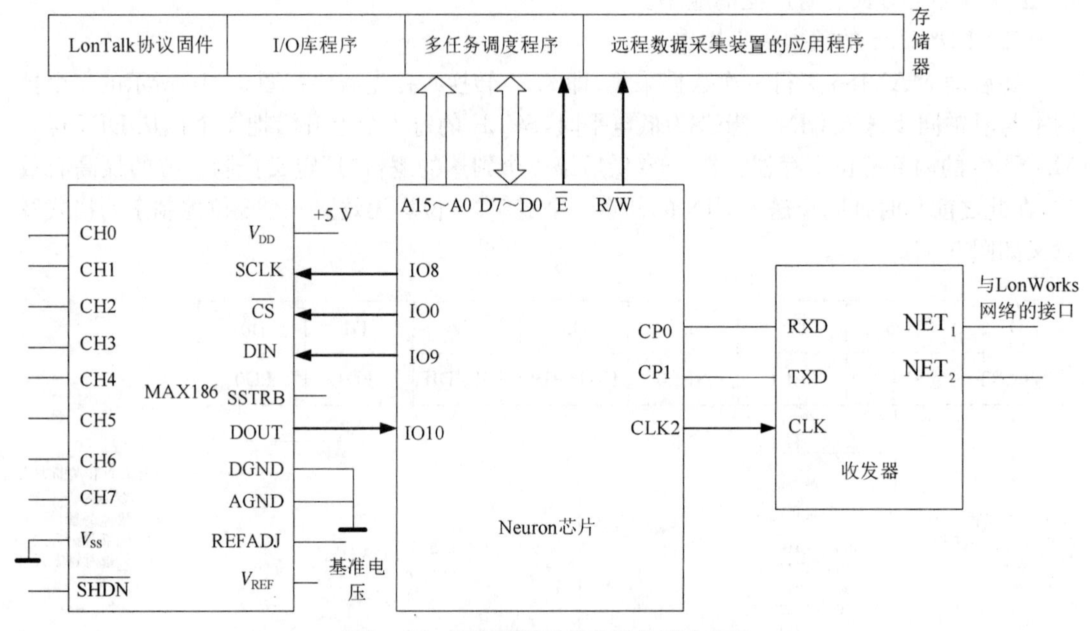

图 9-17 远程数据采集装置的基本电路

在将 Neurowire I/O 对象配置为主模式时,Neuron 芯片的 IO0~IO7 中的任何一个或多个引脚可被用于 MAX186 的片选信号。因此,允许多个这样的设备连在 IO8~IO10 这 3 根线上。在图 9-17 中,Neuron 芯片的 IO0 用于 MAX186 的片选,IO8 提供时钟信号输出,IO9 用于串行数据输出,IO10 用于串行数据输入。

(2) 数据采集程序

用软件方式控制一次数据采集(即 A/D 转换)的操作步骤可归纳为以下几点。

① 设置图 9-16 所示的控制字 TB_1;

② 使 MAX186 的$\overline{CS}$变低;

③ 发送 TB_1,并接收一个需忽略的字节 RB_1;

④ 发送全零字节,同时接收 RB_2;

⑤ 发送全零字节,同时接收 RB_3;

⑥ 将 MAX186 的$\overline{CS}$拉高。

上述过程得到的字节 RB_2、RB_3是 A/D 转换的结果。在单极性输入方式下,得到的是标准二进制数;在双极性输入方式下得到的是模 2 补码。两者所表示的数据均以最高有效位在前的格式输出。由于 RB_2、RB_3两个字节所表示的二进制数据格式中,包含有 1 个前导零和 3 个结尾零,因此实际转换结果为

$$ADV = RB_2 \times 32 + RB_3 \div 8$$

下面所列的 Neuron C 程序,对定时实现数据巡回采集的操作方法做了描述。

```
IO_0 output bit ADC_CS = 1;                       //定义 IO_0 为位输出对象,
                                                    作片选信号
IO_8 neurowire master select(IO_0) ADC_IO;        //定义神经元 I/O 对象,用作
                                                    双向串行接口
unsigned short C[8] = {0, 4, 1, 5, 2, 6, 3, 7};//顺序定义 ADC 的通道选择
                                                    地址
mtimer tmAD = 500;                                //定义毫秒定时器,以 500 ms
                                                    为数据采集的间隔
msg_tag mess_out;                                 //定义报文标签
:
when(timer_expires(tmAD))                         //当达到间隔时间 500 ms
                                                    时,驱动该事件处理程序
{
  int i,temp;
  unsigned int adc_info;
  unsigned long ADH;
  unsigned long ADL;
  unsigned long ADV[8];
  for (i = 0; i < 8 ; i ++)                       //依次对 8 个通道进行数据
                                                    采集
  {                                               //数据采集部分
  adc_info = (C[i] + 8) * 16 + 14;                //设置 A/C 变换控制字 TB1
  io_out(ADC_IO, &adc_info, 8);                   //发送 TB1,忽略第一个字
                                                    节 RB1
  adc_info = 0x00;                                //设置全零字节
  io_out(ADC_IO, &adc_info, 8);                   //发送全零字节
  ADH = adc_info;                                 //接收第二个字节 RB2
  adc_info = 0x00;                                //设置全零字节
  io_out(ADC_IO, &adc_info, 8);                   //发送全零字节
  ADL = adc_info;                                 //接收第三个字节 RB3
  ADV[i] = ADH * 32 + ADL / 8;                    //对本次采集数据进行换算
  }
 tmAD = 500;                                      //设置 500 ms 间隔
}
```

从上述程序中可以看出,利用 LonWorks 提供的核心技术,设计从事数据采集的远程智能装置和数据采集程序比较容易。由于基于 Neuron 芯片的远程数据采集装置,得到了 LonWorks 技术的有效支持。因此,它不仅可像一般的数据采集系统那样独立地承担现场数据的采集和处理任务,而且还能通过收发器模块和内嵌的 LonTalk 协议固件,方便地实现与 LonWorks 现场总线控制网络的接口,其无疑可成为分布在现场的远程智能设备。

9.2.3 无线空气质量检测仪表设计

1. 系统功能

(1) 功能需求

随着人们对健康、安全、环境等因素关注程度的不断提高,需要对石化企业、矿区等场所进行空气质量监测。为此,提出了 HSE 管理体系,HSE 是健康(Health)、安全(Safety)和环境(Environment)三位一体的管理体系。而空气质量监测系统作为此管理体系的“实施和监测”环节,需要考虑以下几方面因素。

① 测量参数多。系统作为对环境空气质量的综合评价,不应该只是针对某一种气体浓度的检测,而是要能够检测出空气中多种气体参数的含量,这样才能较全面地反映周围空气质量的真实状况。

② 测量精度高。系统主要用于有毒、有害气体的监测,空气中微量的有毒气体便会对人体造成伤害,只有精度高的监测系统才能真实地反映周围空气质量微小的变化状况。

③ 响应速度快。系统各模块的处理能力应适应周围空气质量的变化状况,一旦发现空气质量异常,能够快速地做出响应,及时产生报警等有效措施。因此,需要系统的参数检测、数据处理和结果输出满足预定的时限要求。

④ 监测范围广。HSE 管理网络主要用于大型企业的管理,其覆盖面非常广泛,系统作为 HSE 管理体系的“实施和监测”环节,要求能够实现大面积的监测范围,为 HSE 管理网络实时地提供各区域的空气质量状况。

⑤ 网络容量大。在大型石油化工企业中,需要安装大量的检测仪表(或终端节点)才能真实地反映现场各个区域的空气质量状况,因此,要求网络能够容纳大量的检测仪表(或终端节点)并具备较强的承载能力。

⑥ 系统可靠性高。工业现场环境复杂,设备安装不易且设备数量较多,一旦出现问题,解决起来非常麻烦。因此,要求系统正常工作后人为干预少、抗干扰能力强,能够保持长时间稳定可靠的工作。

⑦ 经济实用性强。系统在大范围监测时,需要的设备数量比较多,尤其是检测仪表等终端设备。因此,要求系统在满足质量指标的前提下,综合权衡系统质量和系统造价,提升系统的性价比,使系统具有较强的经济实用性和市场竞争力。

⑧ 使用方便简单。系统的使用者希望系统在符合指定监测要求的前提下,安装方便,操作尽量简单,易于上手和掌握。因此,要求系统在设计阶段就充分考虑到后续使用和维护方面的问题。

(2) 功能分析

影响空气质量状况的气体种类很多,目前,国家对于空气质量监测系统也没有统一的技术标准,因此在参考一些石油化工企业提出的若干种气体测量要求进行系统设计的同时,适当预留一些扩展接口,让用户可根据具体需求添加相应的传感器模块,来实现特定的检测要求。

基于 ZigBee 短程无线通信技术的空气质量监测系统,涉及的主要监测参数为 5 个,包括 CO 含量、CO_2 含量、空气质量等级、温度和湿度值。系统主要完成对这些参数的数据采集、处理和传输,监测结果显示以及气体超限报警等功能。

① 数据采集：用于实时采集空气中的CO含量、CO_2含量、空气质量等级、温度和湿度参数值。

② 数据处理：数据处理包括现场设备（空气质量检测仪表）数据处理和上位机数据处理两部分。现场设备数据处理实现对现场采集到的数据进行工程量转换和数据补偿校正；上位机数据处理实现对数据包中数据信息的解析。

③ 数据传输：数据传输包含ZigBee无线传输和USB有线传输两部分。分布在监测区域的空气质量检测仪表均需要采用ZigBee无线通信方式，将其检测到的空气质量状况通过无线方式传送到监控中心的网关上；USB有线传输完成网关与上位机之间的通信，实现将网关接收到的现场数据上传给PC。

④ 监测结果显示：上位机在接收到现场空气质量参数后，通过图形和文字的方式将结果直观地显示给用户。

⑤ 气体超限报警：当某些现场的空气质量状况出现异常时，系统自动产生有效的报警信号来警示工作人员快速、正确地采取相应解决措施。

(3) 主要技术指标

基于ZigBee的空气质量监测系统的技术指标，主要包括设备供电电源、空气质量参数测量范围和测量精度、无线通信距离、设备工作环境条件等。具体工作参数如下。

供电电源：检测终端AC220 V　功耗<5 W
路由器AC220 V　功耗<2 W
网关USB供电　功耗<2 W

测量范围：一氧化碳0～0.25‰
二氧化碳0～3‰
空气质量“优”“良”“中”“差”共4档
温度为0～100℃
湿度为0～100%RH

测量精度：一氧化碳±2%重复性
二氧化碳±2%满量程
温度为±1℃
湿度为±3.5%RH

通信距离：两点间无线距离≤100 m

工作环境条件：气温为0～100℃，相对湿度为0～100%RH

2. 系统设计

1) 系统总体结构设计

空气质量监测系统作为HSE管理体系的“实施和监测”环节，实时监测所在场所的空气质量状况，并实时传送到工厂的管理网络中，为HSE管理体系提供实时、真实的现场数据。

采用ZigBee树形网络拓扑结构构建的无线空气质量监测系统结构如图9-18所示。系统主要由空气质量检测仪表（简称检测终端）、ZigBee无线路由器、ZigBee无线网关、上位机组成。

系统的工作原理如下。

(1) ZigBee无线网关组建网络，形成本网络特定的网络ID，ZigBee无线路由器和检测终端自动搜索网络，找到与自身匹配的网络ID后加入网络。

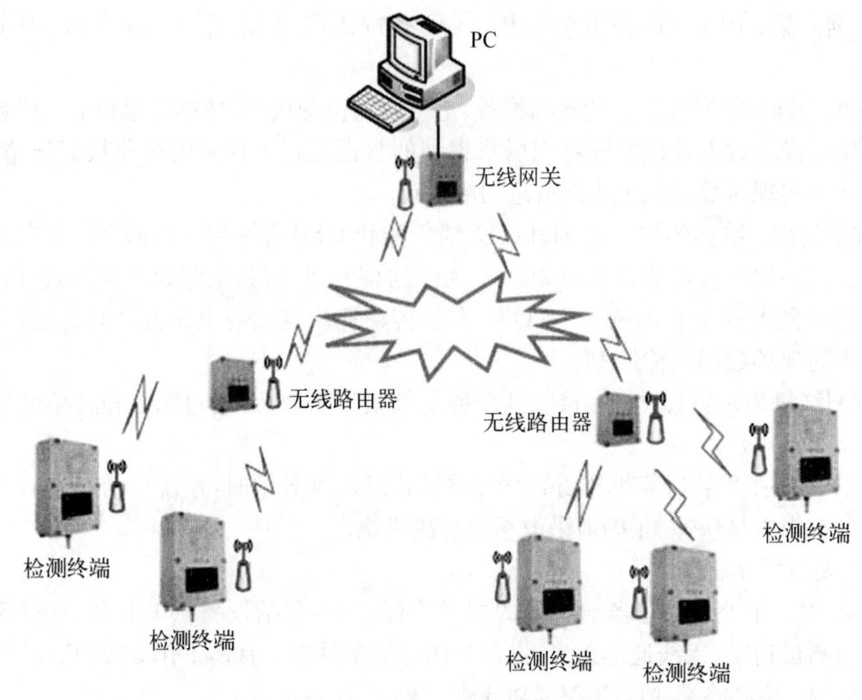

图 9 - 18　采用 ZigBee 树形网络拓扑结构构建的无线空气质量监测系统结构

(2) 检测终端实时检测所处环境的温度、湿度、CO 含量、CO_2 含量以及空气质量等级，并将检测结果通过无线方式直接发送给网关，或通过无线路由器转发给无线网关。

(3) 无线网关接收到各个检测终端发来的数据包后，依次将数据包通过 USB 口上传给 PC。

(4) PC 对接收到的数据做进一步处理，实时显示各个现场的空气质量状况，一旦发现空气质量异常，及时产生报警信号警示现场工作人员。

图 9 - 19 是一个以室内空气质量检测为应用背景的企业 HSE 管理系统。

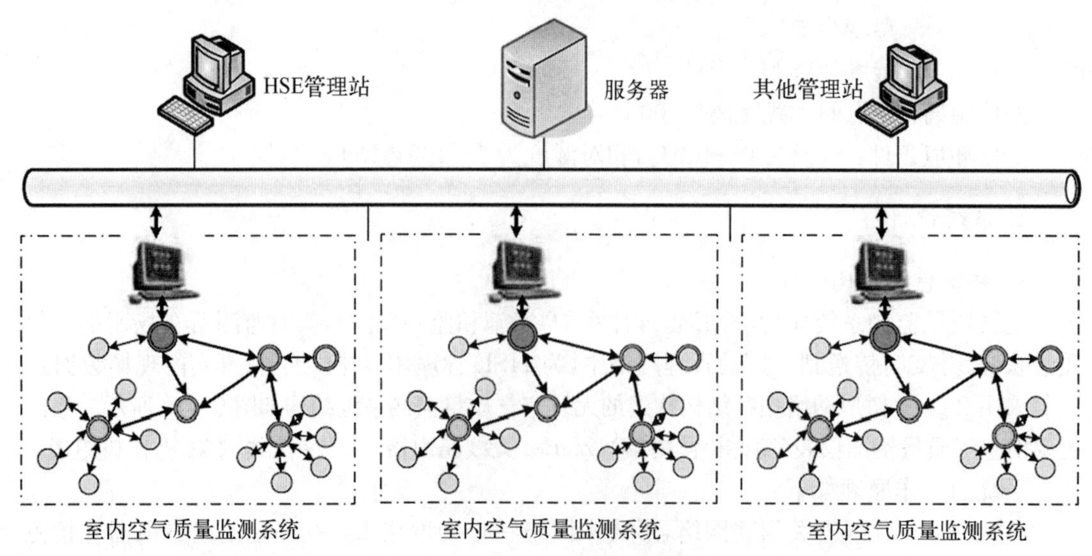

图 9 - 19　企业 HSE 管理系统组成

2）系统硬件设计方案

室内空气质量检测系统由室内空气质量检测仪表、ZigBee 无线路由器和 ZigBee 无线网关三类设备组成。其中的检测仪表实时检测室内的空气质量状况，以无线传输方式，传送给 ZigBee 无线路由器和/或 ZigBee 无线网关，网关再将检测到的空气质量参数上传到 PC。下面分别叙述这三类设备的硬件设计方案。

（1）检测仪表的硬件设计方案

室内空气质量检测仪表的主要功能是检测室内空气中的 CO 含量、CO_2含量、空气质量等级、温度以及湿度值，并将检测到的数据实时地通过 ZigBee 无线传感器网络发送给无线路由器或无线网关设备。检测终端硬件结构如图 9－20 所示。

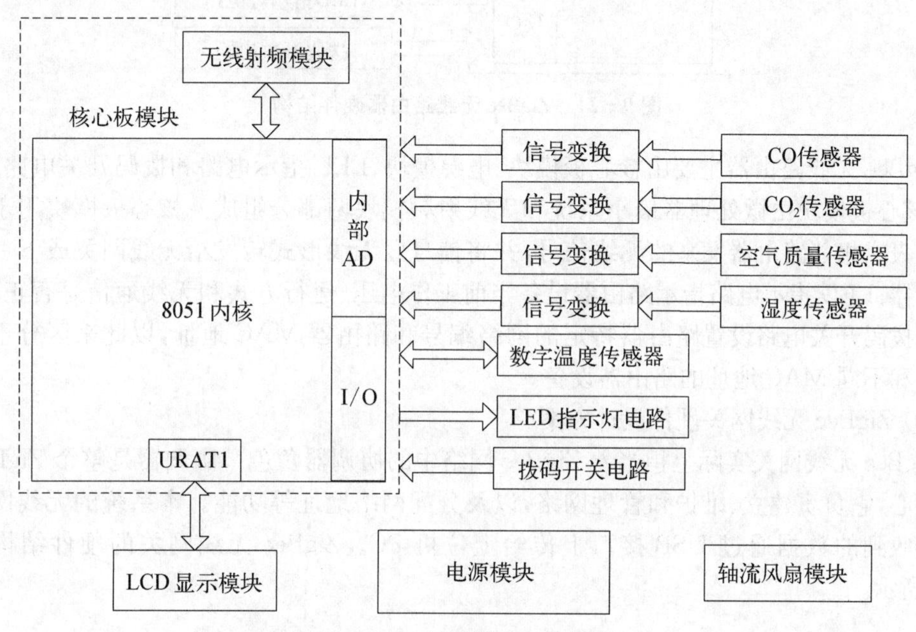

图 9－20　检测终端硬件结构

检测仪表主要由核心板模块、气体传感器采集模块、LCD 显示模块、电源模块、轴流风扇模块、LED 指示电路以及拨码开关电路组成。其中核心板模块中包含有微处理器最小系统和无线射频模块；气体传感器采集模块由各传感器和信号调理电路组成。

检测仪表工作时，各传感器将检测到的 CO 含量、CO_2含量、空气质量等级、温度和湿度等参量经信号变换以及 A/D 转换后，由微处理器读入并进行工程量转换，再通过 ZigBee 无线方式发送给网关；LCD 显示模块可以在线显示当前的空气质量状况；LED 指示电路用于指示设备的电源是否正常工作、通信是否正常、气体超值报警等功能；拨码开关电路用于设置检测仪表的网络编号和仪表本身地址；传感器和电子部件均组装在一个通风的仪表外壳内，为了能更快地与周围空气保持流通，仪表内还装有微型轴流风扇以加强通风。

（2）ZigBee 无线路由器硬件设计方案

由于建筑物结构空间、距离不同，房间之间墙体结构不同，在检测仪表与网关之间，可能存在无线信号一次接收不到的情况，这时就需要增设无线路由器设备。根据室内分布和墙体的具体情况，需要安装 1 台或多台带有 ZigBee 模块的路由器节点。检测仪表中的数据，通过无线通道将数据发送到所属的路由器节点，路由器节点通过路由把数据传送给无线网关。这种传输方式结构简单,形成簇状网络拓扑结构,易于实现。ZigBee 无线路由器硬件结构如图 9-21 所示。

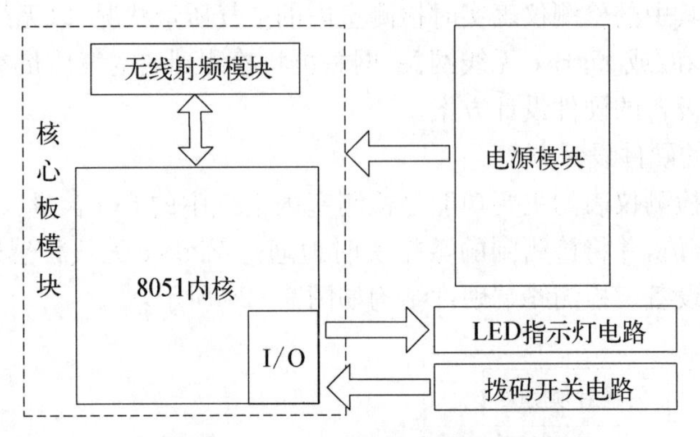

图 9-21 ZigBee 无线路由器硬件结构

ZigBee 无线路由器主要由核心板模块、电源模块、LED 指示电路和拨码开关电路组成。其中,核心板模块由微处理器最小系统和无线射频模块两部分组成。核心板模块用于接收检测仪表或相邻路由器发来的无线信号,并将信号以无线形式转发给无线网关或下一个相邻路由器;LED 指示电路指示路由器设备当前工作电压、运行方式和无线通信是否正常;通过使用拨码开关电路设置路由器特定的网络编号和路由器 MAC 地址,以此来区分不同网络编号和不同 MAC 地址的路由器设备。

(3) ZigBee 无线网关硬件设计方案

ZigBee 无线网关实际上担当着 ZigBee 网络中的协调器角色。协调器是整个 ZigBee 网络的中心,它负责建立、维护和管理网络,以及分配网络地址等功能。本系统的无线网关负责将接收到的数据通过 USB 接口上传给上位机 PC。ZigBee 无线网关的硬件结构如图 9-22所示。

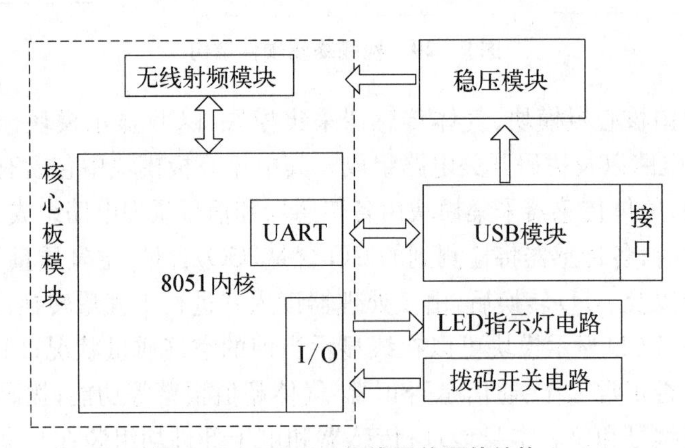

图 9-22 ZigBee 无线网关硬件结构

ZigBee 无线网关主要由核心板模块、USB 模块、电源转换模块、LED 指示电路和拨码开关电路组成。核心板模块由微处理器最小系统和无线射频模块组成。无线射频模块用于接收同一网络编号内检测仪表或路由器发来的无线信号;微处理器最小系统对接收到的无线信号进行处理,通过微处理器自带串口将数据包转发给 USB 模块;USB 模块将串行数据包格式转换为 USB 格式后上传给上位机 PC,同时 USB 接口还提供+5 V 的电源电压;稳压模块将USB电压转换为核心板模块工作所需的电压；LED指示电路用于指示网关电压、系统运行、无线通信的工作状态；使用拨码开关电路设置网关的网络编号，使其在指定的网络编号上组建网络，以避免同一区域多个网关同时工作时相互之间形成干扰，方便检测仪表和路由器加入某个特定的无线网络。

3）系统软件设计方案

系统硬件方案确定后，整个系统的功能要靠软件来实现。软件是整个系统的“灵魂”，一款好的软件程序，不仅能实现系统所需的各种功能，更能提高系统的运行效率和系统稳定性。基于ZigBee的室内空气质量监测系统软件设计，包括检测仪表、路由器、网关等现场设备软件设计和上位机监控软件设计两个部分。现场设备软件完成现场各功能模块的初始化、空气质量参数采集、处理和传输等工作；上位机监控软件接收现场设备发送来的数据后，对其做进一步的处理和分析，将检测结果以直观的形式反馈给用户，方便用户掌握现场的空气质量状况。

(1) 现场设备软件设计方案

系统的现场设备由室内空气质量检测仪表(亦称检测终端)、ZigBee无线路由器和ZigBee无线网关三类设备组成，这三类设备各自实现特定的功能。因此，系统需分别对这三类设备的软件进行方案设计，从而完成整个系统的任务。现场设备软件框图如图9－23所示。

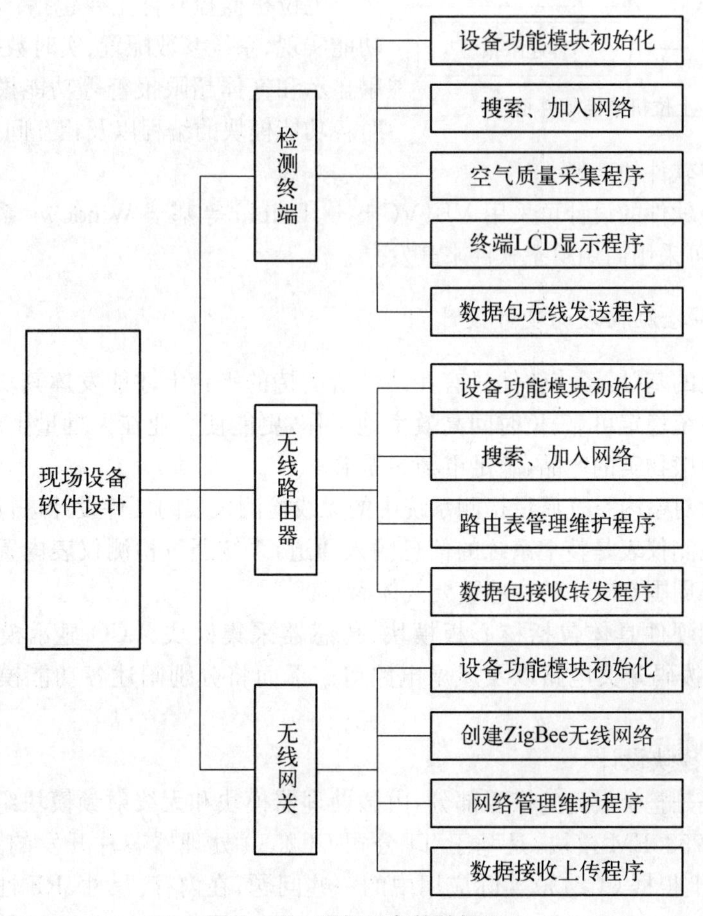

图9－23　现场设备软件框图

检测终端软件主要实现对设备各硬件模块和操作系统的初始化，ZigBee无线网络的自动搜索和可用网络的自动加入，空气质量参数的实时采集和处理，终端LCD结果在线显示和空气质量检测结果无线发送等功能。

无线路由器软件程序实现对设备各外部端口和操作系统的初始化，当前可用网络的搜索和连接，路由表的管理和维护，数据包的无线接收和转发等功能。

无线网关软件主要实现对设备各硬件模块和操作系统的初始化，ZigBee无线网络的建立和维护，接收终端发来的数据包，将数据包上传给PC机等功能。

现场三类设备的软件都可在公开的Z-Stack协议栈基础上开发，通过在Z-Stack协议栈应用层内编写各自的功能模块程序来实现所需的应用。

(2) 上位机监控软件设计方案

上位机监控软件是安装于PC机上的应用程序，用户通过对程序内各功能模块的使用和查看，可直观地了解各个室内的空气质量状况。监控软件通过USB接口与无线网关进行通信，来获得各个室内的空气质量参数，并且通过调用各功能模块函数来显示和监控当前的空气质量状况。上位机监控软件框图如图9-24所示。

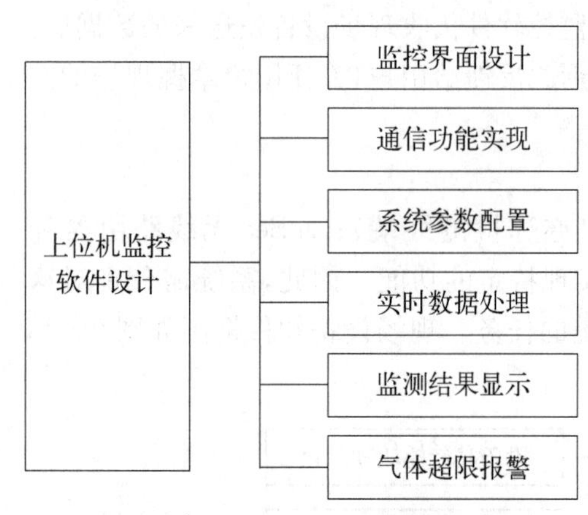

图9-24　上位机监控软件框图

上位机监控软件主要包括：界面设计、通信功能实现、系统参数配置、实时数据处理、检测结果显示和气体超限报警等功能模块。程序通过对各功能模块的编程以及相互间的调用，来实现整个上位机监控软件的功能。

上位机监控软件的设计可采用VB、VC++、Delphi等基于Windows系统的集成开发环境来编写；也可采用商用组态软件来开发。

3. 空气质量检测仪表的硬件设计

硬件是系统的基础，系统软件只有在硬件所支持的平台上才能发挥其功能。好的硬件设计不仅能使系统稳定可靠、长时间高效率地工作，更能使企业在大批量生产时节约成本，使用户能选到价廉物美的产品，满足市场的需求。

下面主要针对室内空气质量检测系统中的无线检测仪表的硬件设计进行具体介绍。

空气质量检测仪表是整个系统的信息输入通道，系统通过检测仪表内置的各个功能传感器模块来获得周围空气中的一些重要气体参量。

检测仪表的硬件具体包括核心板模块、传感器采集模块、LCD显示模块、电源电路、LED指示电路、拨码开关电路以及风扇电路等。下面将分别阐述各功能模块电路的设计原理。

(1) 核心板模块设计

核心板模块是整个设备的核心部分，由微处理器模块和无线射频模块组成。核心板模块选用的是CC2530EM模块，是基于TI公司CC2530处理器芯片开发的。CC2530是在CC2430的基础上根据CC2430实际应用中的一些问题，在内存、尺寸、RF性能等方面做了改进，使得缓存加大，存储容量最大支持256 KB，不用再为存储容量小而对代码进行限制。

CC2530微处理器是QFN40封装，体积很小，功耗非常低，工作频率为2.4 GHz。其特点包括：兼容Z-Stack协议栈，方便后续软件的顺利下载和运行；芯片内部自带8路可配置的12位ADC、8051内核、256 KB在线可编程Falsh、8 KB的RAM内存，因此无须外扩A/D转换电路和存储器芯片，简化了硬件电路，有效节约了成本；芯片内部还自带"看门狗"电路，能够在系统出现故障时自动重启设备，减少人为干预，提高设备运行时的稳定性；此外，芯片还支持CSMA/CA、精确数字化的接收信号强度指示(Received Signal Strength Indication, RSSI)/链路质量指示(Link Quality Indication, LQI)等功能，使无线数据通信稳定可靠。

CC2530EM核心板模块是将CC2530最小系统和射频模块组合起来，引出20个引脚作为外部接口。这20个引脚由P0端口的8个引脚(分别为P0.0、P0.1、P0.2、P0.3、P0.4、P0.5、P0.6、P0.7)、P1端口的6个引脚(分别为P1.2、P1.3、P1.4、P1.5、P1.6、P1.7)、P2端口的3个引脚(分别为P2.0、P2.1、P2.2)、1个RESET以及电源和数字地组成。

检测仪表的核心板模块电路连接如图9-25所示。P0口内的P0.0、P0.1、P0.2、P0.3被配置成12位的A/D转换口，命名为AIN0、AIN1、AIN2和AIN3，分别与传感器采集模块中的CO_2检测电路、湿度检测电路、空气质量检测电路以及CO检测电路相连接；P0.5被定义为I/O口，与数字温度传感器相连接；P0.4和P1.7与LCD显示器相连，作为LCD显示模块的命令口和数据口；P0.6、P0.7、P1.2、P1.3、P1.4、P1.5用作拨码开关电路的输入口；P2.0、P2.1、P2.2作为LED指示电路的控制口；核心板模块的工作电压为+3.3 V。

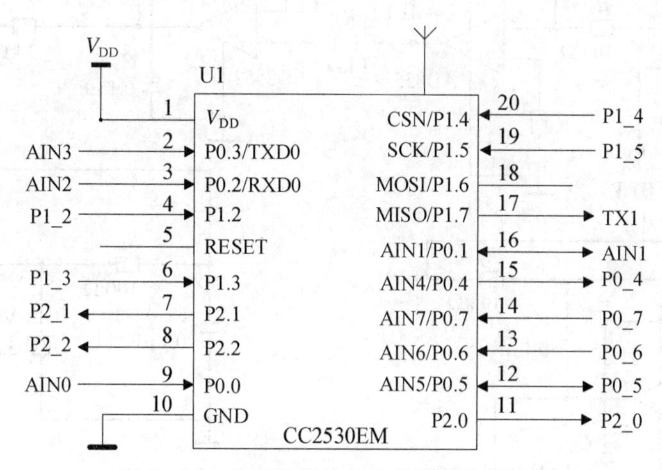

图9-25　检测仪表的核心板模块电路连接

(2) 传感器采集模块设计

传感器采集模块是检测仪表的主要外部电路，用于检测空气中某些气体的成分和含量。传感器采集模块由CO_2检测电路、CO检测电路、空气质量检测电路、温度和湿度检测电路组成。

CO_2检测电路由CO_2传感器模块、运放电路和稳压保护电路组成，其原理如图9-26所示。CO_2传感器选用型号为SH-300-ND的双光束红外二氧化碳传感器模块，其量程范围为0～3‰，经模块内部处理后，对应输出0～3 V的线性直流电压；运放电路相当于一个电压跟随器，稳定传感器模块输出的电压；稳压保护电路由3.3 V的稳压管和电阻构成，如遇某些干扰使AIN0输入端超过微处理器容限的最大阈值时，可以使AIN0端口稳压在3.3 V，保护CC2530微处理器不被烧坏。CO_2传感器使用双光束红外测量技术，比普通的红外测量法具有更高的测量精度和准确度。

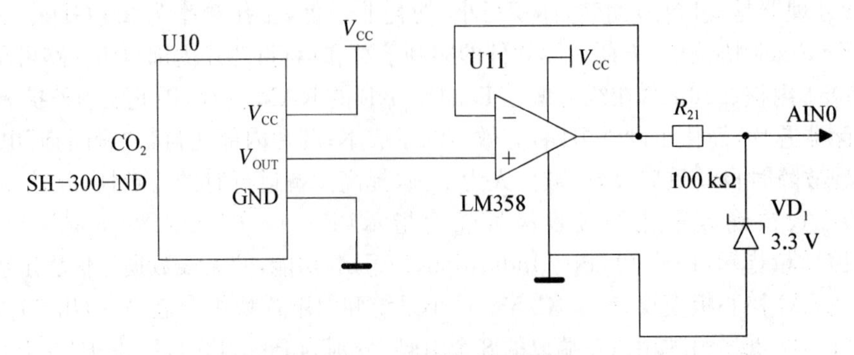

图 9-26 CO_2 检测电路原理

CO 检测电路由 CO 传感器、恒电位电路、二级运放电路以及稳压保护电路组成，其原理如图 9-27 所示。

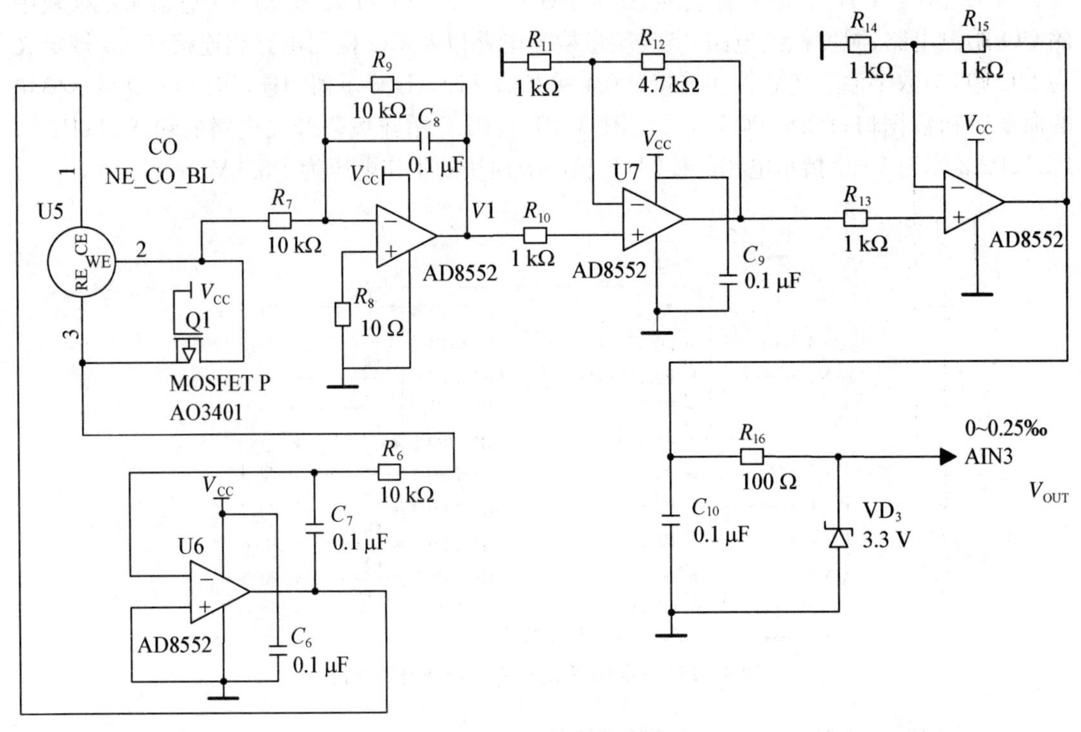

图 9-27 CO 检测电路原理

图 9-27 中的 CO 传感器选用型号为 NE-CO-BL 的一氧化碳电化学传感器。电化学测量法是目前市场上测量有毒气体的主流方法。该款 CO 传感器能将检测到的 CO 浓度值转化为与之成正比的电流值，其公式可表达为

$$I_{\text{sensor}} = \frac{55}{1\,000} \times \rho_{\text{co}} \tag{9-1}$$

式中，I_{sensor} 是 CO 传感器输出的电流值，单位为 μA；ρ_{co} 是检测到的浓度值。

CO 传感器输出电流经恒电位电路处理后，输出与电流成正比的电压信号，其计算公式为

$$V_1 = I_{\text{sensor}} \times R_9 = \frac{55}{1\,000} \times \rho_{\text{co}} \times 10 = 0.55\rho_{\text{co}} \tag{9-2}$$

式中，V_1 为CO传感器经恒电位电路处理后的电压值，单位为mV；R_9 的电阻值为10 kΩ。V_1 输出电压再经过二级同相比例运放电路后，其输出电压值可表示为

$$V_{\text{OUT}} = 0.55\rho_{\text{co}} \times 5.7 \times 4 = 12.54\rho_{\text{co}} \tag{9-3}$$

对于量程为0～0.25‰的CO浓度测量范围，其对应输出电压值为0～3 135 mV。当测量浓度超过量程时，其输出电压将受到稳压保护电路的限制。

空气质量检测电路由空气质量传感器、负载电阻和稳压保护电路组成，其原理如图9-28所示。

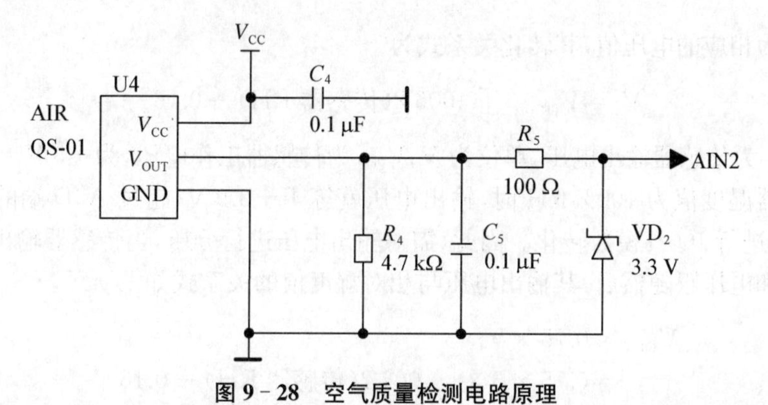

图9-28 空气质量检测电路原理

图9-28中的空气质量传感器是一款半导体气体传感器，其型号为QS-01。该款传感器对空气中的多种有毒或可燃气体都具有一定的灵敏性，如氢气、一氧化碳、甲烷、异丁烷、乙醇和氨气。当空气中这些气体的浓度或成分发生变化时，空气质量传感器感知这些变化后，其内部电阻值将发生改变。通过测量负载电阻R4上的电压值变化，就能计算出空气质量传感器内部电阻值的变化，从而推算空气质量的优劣程度，并对空气质量进行分等级定性判定。

温度检测电路由数字温度传感器和上拉电阻组成，其原理如图9-29所示。

图9-29中的温度传感器选用数字式温度传感器DS18B20。该传感器测量范围为－55～＋125℃，精度为±0.5℃，满足指标要求的测量精度(在0～100℃的量程内，误差允许±1℃)。该款传感器外部电路简单，只需一个3 kΩ的上拉电阻，传感器通过1个单线(1-Wire)接口发送或接收信息，来获得当前的温度值。

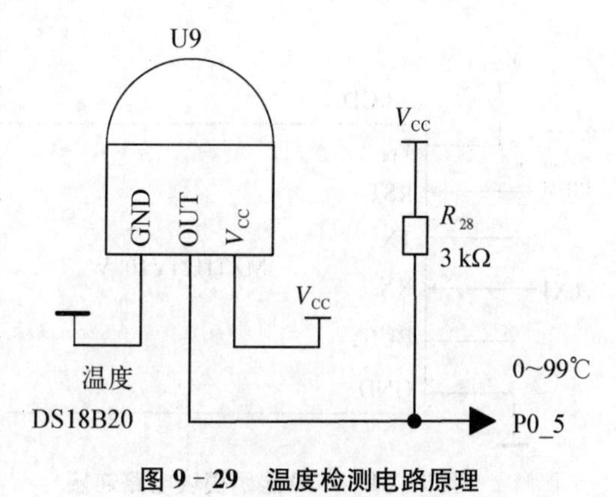

图9-29 温度检测电路原理

湿度检测电路由湿度传感器、分压电路、单个运放电路和稳压保护电路组成，其原理如图9-30所示。

图9-30中的湿度传感器选用型号为HIH-4000-003的集成湿度传感器，其量程为0%～100%RH，在最佳拟合状态下，其精度可达±3.5%RH。该款湿度传感器能将检测到的相对

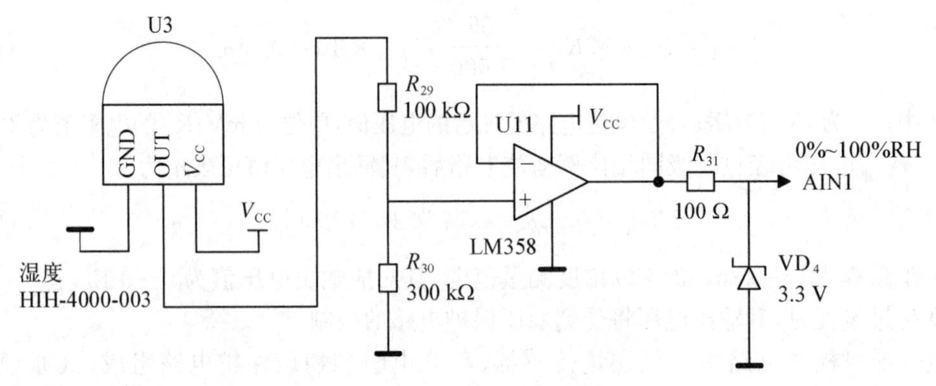

图 9-30 湿度检测电路原理

湿度值转化为相应的电压值,其转化关系式为

$$V_1 = V_{供电} \times [0.006\,2(传感器\ RH) + 0.16] \tag{9-4}$$

式中,V_1 为传感器输出电压,单位为 V;$V_{供电}$ 为传感器工作电压,为+5 V。

当传感器湿度值为 100%RH 时,输出电压就等于+3.9 V,超过 A/D 端的最大输入电压,不能对其进行 100%模数转化。因此,需对输出电压进行分压,当传感器输出电压分别经过分压电路和电压跟随器后,其输出电压与相对湿度值的关系式如下所示。

$$\begin{aligned} V_{OUT} &= 0.75 \times V_1 \\ &= 0.75 \times 5 \times [0.006\,2(传感器\ RH) + 0.16] \\ &= 0.023\,25 \times 传感器\ RH + 0.6 \end{aligned} \tag{9-5}$$

对于量程为 0%~100%RH 的湿度测量范围,其对应输出电压为 0.6~2.925 V,在 A/D 转换电路要求的电压范围内,能进行满量程模数转化。

(3) LCD 显示模块设计

LCD 显示模块选用一款 2.4 英寸(分辨率为 240×320)彩色 TFT 显示模块,型号为 MZTH24 V10。MZTH24 V10 的特点是:与处理器之间通过串口 UART 接口通信,占用处理器端口少;自带 4 种字号的 ASCII 码西文字库;自带基本绘图 GUI 功能,包括画点、直线、矩形、圆形等;自带整形数显示功能,直接输入整形数显示,无须做变换;模块内部有 4 MB 大小的资源存储器,资源存储器支持 GB2312 的二级(包含一级和二级)汉字库、BMP 位图、ASCII 码西文字库。因此,该款 LCD 显示模块使用非常简单,只需对其输入一些控制命令,就能调用库内的汉字、ASCII 码西文、图片和图形等资源,有效地降低了对串口数据传输能力和 CC2530 的数据处理能力的要求,能够满足检测结果实时显示的性能要求。

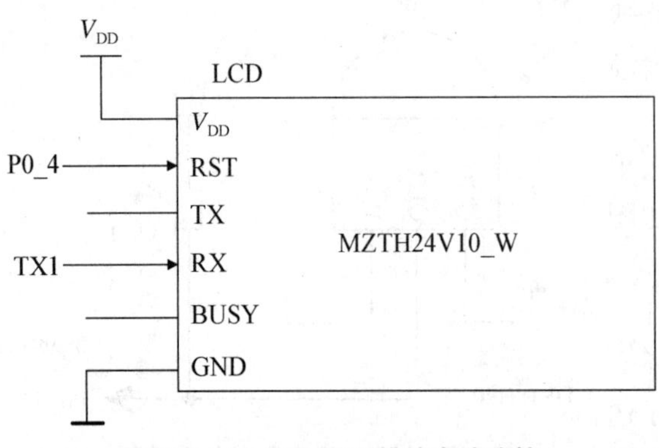

图 9-31 LCD 显示模块电路连接

LCD 显示模块电路连接如图 9-31 所示。显示模块 RST 复位口与 CC2530 处理器的 P0.4 相连接,根据 LCD 显示模块的复位时序,P0.4 提供有效的复位信号;微处理器通过 UART1 的 TX1 口给

LCD显示模块发送控制命令，使其正确地显示CO_2含量、CO含量、空气质量等级、温度和湿度这5个检测参数。

(4) 电源电路设计

电源电路的作用是将外部输入电源转换为内部所需的各类工作电压。检测仪表的电源电路主要由AC/DC稳压电源和稳压芯片等元器件组成。稳压电源选用型号为LB05-10B05的产品；输入为100～240 V的交流电压，输出为5 V/1 000 mA的直流电压，最大输出功率为5 W。选择这款稳压电源的原因主要有两方面：设备内部有+5 V和+3.3 V两种工作电压；设备最大运行功率为4 W多。

电源电路原理如图9-32所示。

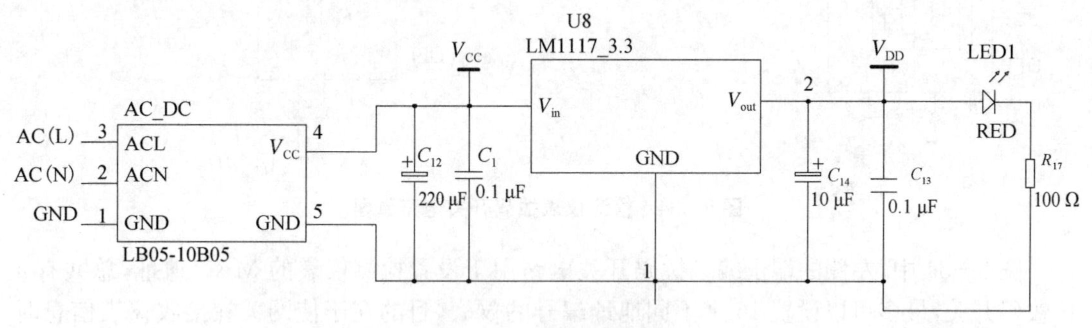

图9-32 电源电路原理

稳压电源输入220 V交流电压后，输出+5 V直流电压，为传感器采集模块提供正常的工作电压；+5 V直流电压经滤波电容和LM1117_3.3稳压芯片后，输出+3.3 V的直流电压，为核心板模块和LCD显示模块提供所需的工作电压。

(5) LED指示电路设计

LED指示灯可以直观地告诉用户设备处于何种状态，工作是否正常等信息。根据仪表需要提供的信息，选择合适的LED灯颜色和数量，使仪表在使用时更加方便。

检测仪表的LED指示电路包含3盏指示灯。其中，一盏红色的LED灯在电源电路里已经给出，用于指示当前设备电源是否正常工作；另外两盏LED指示灯电路如图9-33所示。

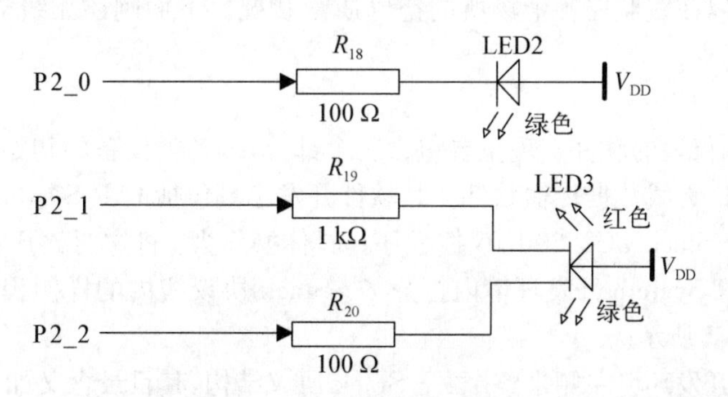

图9-33 LED指示灯电路

图9-33中，LED2是绿色通信指示灯，当终端设备与网关建立无线网络并能正常传输数据时，通信指示灯每隔1s闪烁一次；当终端设备无网络连接时，指示灯熄灭。LED3是红绿双色指示灯，用于气体超限报警功能，当空气质量正常时，指示灯为绿色；一旦空气中某个检测参数超标时，指示灯立刻变为红色，警示现场工作人员及时采取措施。

(6) 拨码开关电路设计

拨码开关电路是设备的人机输入接口,使用它可以控制一些开关量的状态,使仪表以合适的工作方式运行。检测仪表拨码开关电路原理如图 9-34 所示。

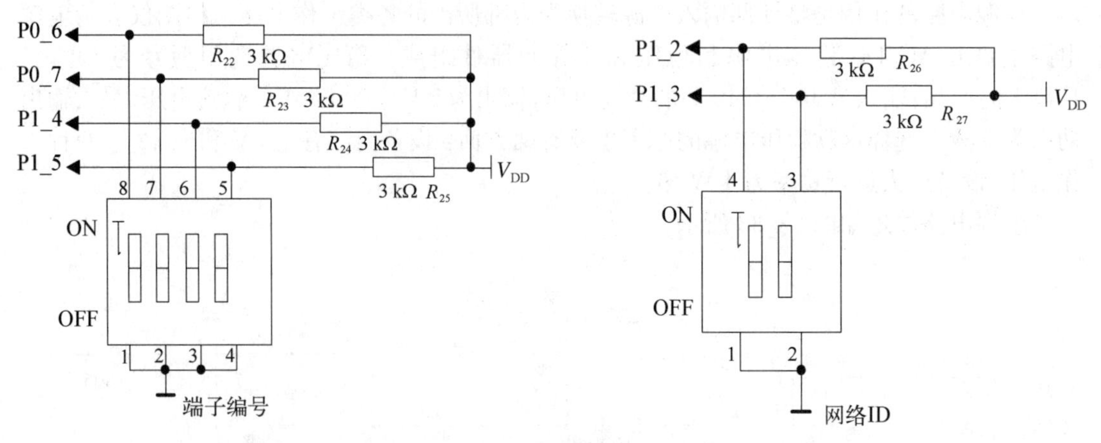

图 9-34 检测仪表拨码开关电路原理

图 9-34 中,左侧的端子编号拨码开关电路用于设置检测仪表的 MAC 地址,总共有 4 位拨码开关,最多可以设置 16 个不同地址编号的仪表,目的在于使网关在接收仪表信息时能区分数据来自哪个仪表;右侧的网络 ID 拨码开关电路用于设置 ZigBee 的网络编号(简称 PANID),总共有 2 位拨码开关,最多可以设置 4 个不同的 PANID,目的在于使同一无线区域内不同 PANID 的仪表等终端设备能够正常通信,不会相互干扰。

4. 空气质量检测仪表的软件设计

整个空气质量监测系统的软件由空气质量检测仪表软件、通信软件和上位机监控软件等构成。其中,空气质量检测仪表软件负责数据采集、处理等功能;通信软件包括检测仪表、无线路由器和无线网关等三类设备之间的通信以及无线网关与上位机的通信;上位机监控软件负责接收来自各场所的空气质量数据,并对数据进行进一步处理,最终将检测结果实时显示在计算机上,以在线监控各个场所的空气质量状况。下面阐述无线空气质量检测仪表的软件设计。

(1) 开发工具

空气质量检测仪表的软件实现主要包含三个部分,即各类设备的初始化软件、检测仪表数据采集模块软件、无线数据传输软件。其软件开发工具包括 IAR System 集成开发环境和 TI 公司开发的 Z-Stack CC2530 协议栈程序。具体操作为:将这两款开发工具分别安装在 PC 上,然后在 IAR System 开发环境内打开 Z-Stack 协议栈内的样例程序,现场设备软件开发环境如图 9-35 所示。

图 9-35 中,开发环境左侧是整个 Z-Stack 协议结构,其目录含义如下。

① APP:应用层目录,创建新项目时用于存放具体任务事件处理函数;

② HAL:硬件层目录,存放系统公用文件、驱动文件和各个硬件模块的头文件;

③ MAC:MAC 层目录,存放 MAC 层参数配置文件和 LIB 库函数接口文件;

④ MT:监控调试层目录,用于调试,通过串口调试各层,与各层进行交互;

⑤ NWK:网络层目录,存放网络层配置文件、网络层和 APS 层库函数接口文件;

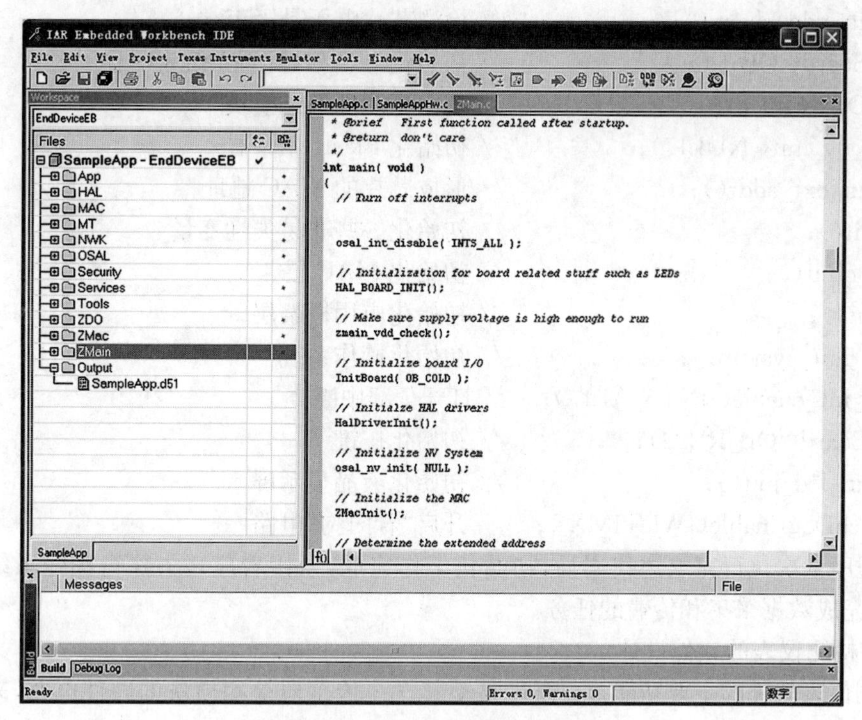

图 9－35　现场设备软件开发环境

⑥ OSAL：操作系统目录，存放协议栈操作系统文件；

⑦ Profile：AF 层目录，存放 AF 层处理函数接口文件；

⑧ Security：安全层目录，存放安全层处理函数接口文件；

⑨ Services：地址处理函数目录，包括地址模式的定义和地址处理函数；

⑩ Tools：工程配置目录，包括空间划分和 Z－Stack 相关配置信息；

⑪ ZDO：ZigBee 设备对象目录，一种公共的功能集；

⑫ ZMac：ZMAC 目录，存放 MAC 导出层接口文件和网络层函数；

⑬ ZMain：Zmain 目录，包含整个项目的入口函数 main( )函数；

⑭ Output：输出文件目录，是 EW8051 IDE 自动生成的执行文件。

通过对样例程序各目录内文件的修改，在协议栈内编写硬件模块驱动函数、任务处理函数以及修改一些配置参数，可完成无线仪表等设备的软件设计，实现其所需的功能。

(2) 初始化过程设计

仪表等设备上电后需要完成硬件平台和软件架构所需各功能模块的初始化工作，为操作系统的运行做准备。程序运行的入口 main( )函数在 Z－Stack 协议栈的 ZMain.c 文件下。

初始化工作主要包括：初始化系统时钟、检测芯片工作电压、初始化堆栈、初始化各个硬件模块、初始化 Flash 存储器、形成芯片的 MAC 地址、初始化一些非易失性变量、初始化 MAC 层协议、初始化应用框架层以及初始化操作系统等。

初始化程序模块的源代码如下：

```
osal_int_disable( INTS_ALL );    // 关闭所有中断
HAL_BOARD_INIT();                // 初始化系统时钟
```

```
zmain_vdd_check();              // 检测芯片电压是否正常
InitBoard( OB_COLD );           // 初始化 I/O 口,配置系统定时器
HalDriverInit();                // 初始化硬件各个模块
osal_nv_init( NULL );           // 初始化 Flash 存储器
zmain_ext_addr();               // 形成芯片的 MAC 地址
zgInit();                       // 初始化一些非易失性变量
ZMacInit();                     // 初始化 MAC 层
afInit();                       // 初始化应用框架层
osal_init_system();             // 初始化操作系统
osal_int_enable( INTS_ALL );    // 打开全部中断
InitBoard( OB_READY );          // 初始化按键
zmain_lcd_init();               // 初始化液晶显示屏
WatchDogEnable( WDTIMX );       // 开启"看门狗"电路
```

当程序依次执行完上述代码后,初始化工作完成,紧接着应转去执行操作系统内的代码,分别完成数据采集和传输的任务。

(3) 检测仪表的软件设计

检测仪表软件的主要功能是:通过驱动其气体传感器检测模块的硬件电路,来采集室内空气中的 CO_2 含量、CO 含量、空气质量等级、温度和湿度值。其数据采集软件由两部分程序组成,即各传感器驱动函数和采集模块任务处理函数。

传感器驱动函数由 CO_2 采集函数[CO_2_sensor(0)]、CO 采集函数[CO_sensor(3)]、空气质量采集函数[AIR_sensor(2)]、湿度采集函数[Humidity_sensor(1)]和温度采集函数[Temperature_sensor( )]这 5 个程序组成。其中,CO_2、CO、空气质量和湿度传感器检测模块的信号输出是模拟量,软件上通过读入 A/D 转换后的数字量,就能算出所测气体的量值,因此,采集函数的格式是类似的。此处以 CO_2 采集函数为例,列出其程序源代码。

```
uint16 CO2_sensor(uint8 channel){
uint8 i,j;                                  // 定义无符号整型变量
uint16 result,collect[20],t;
uint32 adc=0;
float data;
for(i=0;i<20;i++){                          // 连续 20 次读所选通道的 A/D 转换值
    collect[i]=HalAdcRead(channel,HAL_ADC_RESOLUTION_14);
}
for(i=0;i<19;i++){                          // 将上述 20 个转换值进行从小到大排序
  for(j=0;j<19-i;j++){
    if(collect[j]>collect[j+1]) {
        t = collect[j];
      collect[j] = collect[j+1];
      collect[j+1] = t;
  }}}
```

```
for(i=5;i<15;i++){                    // 丢去一头一尾各5个数后,将中间10
                                          个累加
  adc+=collect[i];}
adc/=10;                              // 对累加结果取平均值
data=(adc*3.3/8192-0.5)*5000/4;       // CO2算法,算出CO2含量值
result=data;                          // 对CO2含量值取整
return result;                        // 返回CO2含量值
}
```

上述CO_2采集函数中采用了去极值平均滤波算法的软件滤波方法,使测量结果更加准确。

温度传感器由于输出是数字量,采集函数与模拟量有所不同。下面所列的是温度采集函数的程序源代码清单。

```
uint8 ReadTemperature(void)
{
uint8 a=0,b=0,tem=0;
uint16 t=0;
Init_DS18B20();              // 调用复位函数,使DS18B20处于数据接收状态
WriteOneChar(0xcc);
WriteOneChar(0x44);          // 给DS18B20写一个字节的温度转换命令
Init_DS18B20();
WriteOneChar(0xcc);
WriteOneChar(0xbe);
a=ReadOneChar();             // 读取转换结束后的数字量
b=ReadOneChar();
t=b;
t<<=8;
t=t|a;
if(t>0xfff)
return(0);                   // 最小温度值为0℃
else{
t*=0.0625;                   // 计算温度值
tem=t;
if(tem>99) tem=99;           // 最大温度值为99℃
return(tem);                 // 返回所测的温度值
}
}
```

由于DS18B20温度传感器是单线数字量输出,因此其采集函数可依据其提供的手册,按照其读写工作时序编写。

传感器驱动函数设计完成后,需要采集模块任务处理函数对其进行调用,最后才能真正实现数据采集的任务。

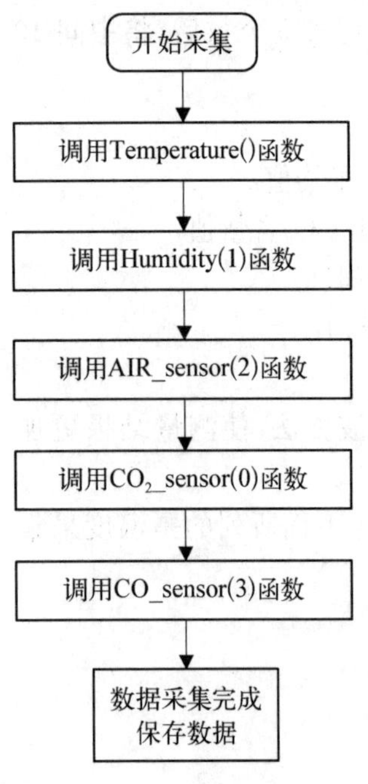

图 9-36 数据采集部分程序流程

采集模块任务处理函数是在应用层任务处理事件函数下执行的,其数据采集部分程序流程如图 9-36 所示。上述提及的 5 个采集函数被依次调用,最后将采集到的结果保存好后等待发送。由于应用层任务事件处理函数是定时(如周期为 5 s)被调用一次,因此采集模块任务处理函数也将定时被调用,空气质量状况将被不停地检测,空气质量参数也将实时更新。

(4) 无线数据传输软件设计

无线数据传输软件,其部分程序模块分别存储在检测仪表、无线路由器和无线网关中,实现由检测仪表发送数据,到无线路由器转发数据,最后到无线网关接收数据的整个无线数据传输过程。其传输线路如图 9-37 所示。

无线数据包可能从检测仪表发出直接到网关接收,也有可能经过一级或多级无线路由器转发后实现。数据要想按照上述线路正常传输,其前提是各类设备必须处在同一无线网络中。使设备同处一个无线网络的配置参数是 PANID。设备的 PANID 值是通过对程序中的 zgConfigPANID 参数设置实现的。无线网关首先以特定的 PANID 参数建立网络,检测仪表和无线路由器需配置成与无线网关相同的 PANID 值,这样在无线网关成功建立网络后,检测仪表和无线路由器就会以这个网络编号加入特定的无线网络中,成功实现系统的组网。

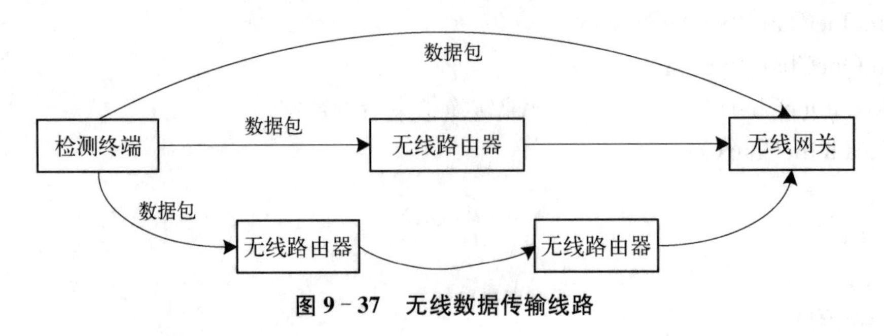

图 9-37 无线数据传输线路

PANID 参数配置程序源代码如下。

```
uint8 NetID1, NetID2, NetID;
P1SEL &= 0XE3;                  // P1_2,P1_3 口为输入口
P1DIR &= 0XE3;
NetID1 = 1^P1_2;                // 读取 P1_2 口的状态值,并对该值取反
NetID2 = 1^P1_3;
NetID= NetID2 * 2+NetID1;       // 获得 P1_2,P1_3 口设置的状态值
zgConfigPANID = NetID;          // 将状态值设置为 PANID 值
```

通过以上程序,就能实现设备由硬件拨码开关电路的设置到软件实现特定的网络编号,设备最多可设置 4 个 PANID 值。

无线网关、无线路由器和检测仪表处于同一个 ZigBee 无线网络后,就可实现数据采集、发送、转发和接收等过程,其软件工作流程如下。

① 在检测终端应用层任务处理函数 HSE_ProcessEvent( )中通过调用函数 osal_start_timerEx(HSE_TaskID, HSE_SEND_MSG_EVT, HSE_SEND_MSG_TIMEOUT)来定时(如周期为 5 s)触发 HSE_SEND_MSG_EVT 事件;

② 在该事件内通过调用 ReNewNodeMessage( )函数,在该函数下分别调用数据采集部分的 5 个采集函数,并将采集的结果保存到 HSE_RfTx.TxBuf[ ]发送缓存器内;

③ 通过调用 HSE_SendTheMessage(HSE_ RfTx.TxBuf, 0x0000, 30)函数将数据包无线发送出去,HSE_SendTheMessage( )函数具有返回值,若该函数内 AF_DataRequest( )值等于 afStatus_SUCCESS,则返回值为 1,说明发送成功;否则返回值为 0,发送失败,需重新发送;

④ 当数据包成功发送出去后,无线网关对数据进行接收,方法是通过在应用层触发 AF_INCOMING_MSG_CMD 事件来实现;

⑤ 在该事件内通过调用 HSE_MessageMSGCB(MSGpkt)函数,对数据进行类型判断和解析;

⑥ 调用 osal_memcpy(&HSE_UartTxBuf.TxBuf[1], &HSE_RfRx.RxBuf[0], 30)函数,将接收到的数据包保存到串口发送缓冲区;

⑦ 通过调用 HalUARTWrite(SERIAL_APP_PORT, HSE_UartTxBuf.TxBuf, 33)函数,将串口发送缓冲区的数据发送给 USB 模块,USB 芯片对数据进行格式转换后,最终将数据以 USB 格式上传给 PC。

系统经过上述步骤,即可实现数据采集和传输,后续工作则是等待上位机对数据包做进一步处理和显示。

9.3 仪表调试

仪表调试的目的是排除硬件和软件的故障,使研制的样机符合预定设计指标。本节就智能仪表研制中常见的故障和调试方法进行简单阐述。

9.3.1 常见故障

在智能仪表的调试过程中,经常出现的故障有下列几种。

(1) 线路错误。硬件的线路错误往往是在电路设计或加工过程中造成的。这类错误包括逻辑错误、开路、短路、多线粘连等。其中短路是最常见且较难排除的故障。智能仪表体积一般都比较小,印制板的布线密度很高,由于工艺原因,经常造成引线与引线之间的短接。开路则常常是由于金属化孔不好或接插件接触不良造成。

(2) 元器件失效。元器件失效的原因有两个方面:一是元器件本身损坏或性能差,诸如电阻、电容、电位器、晶体管和集成电路的失效或技术参数不合格;二是装接错误造成的元器件损坏,例如电解电容、二极管、三极管的极性错误,集成块安装方向颠倒等。此外,电源故障(电压超出正常值、极性接错、电源线短路等),也可能损坏器件,对此须予以特别注意。

(3) 可靠性差。可靠性差的因素有以下几种:焊接质量差、开关或插件接触不良;滤波电路不完善(例如各电路板未加接高、低频滤波电容)等因素造成的仪表抗干扰性能差;器件负载超过额定值引起逻辑电平的不稳定;以及电源质量差、电网干扰大、地线电阻大等原因导致仪表性能的降低。

(4) 软件错误。软件方面的问题往往是由于程序框图或编码错误所造成。对于计算程序和各种功能模块要经过反复测试后,才能验证它的正确性。有些程序,例如输入/输出程序要在样机调试阶段才能发现其故障所在。

有的软件错误比较隐蔽,容易被忽视,例如忘记清"进位位"。有的故障查找起来往往很费时,例如程序的转移地址有错、软件接口有问题、中断程序中的错误等。

此外,判断错误是属于软件还是硬件,也是一件相当困难的事情,这就要求研制者具有丰富的微机硬件知识和熟练的编程技术,才能正确断定错误的起因,迅速排除故障。

9.3.2 调试方法

调试包括硬件调试、软件调试和样机联调,智能仪表调试流程如图 9-38 所示。

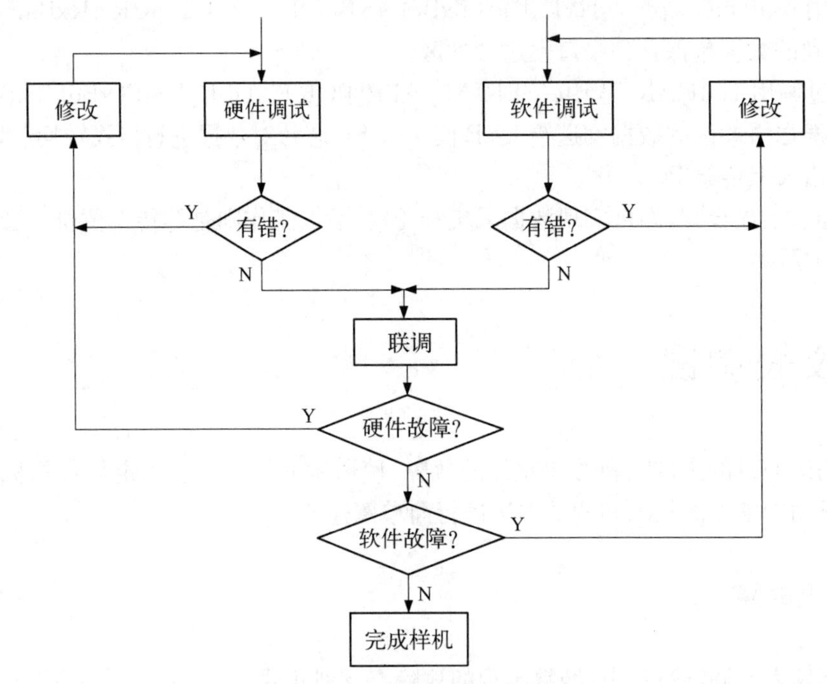

图 9-38 智能仪表调试流程

由于硬件和软件的研制是相对独立、平行进行的,因此软件调试是在硬件完成之前,而硬件也是在无完整的应用软件情况下进行调试的。它们需要借助于另外的工具为之提供调试环境。硬、软件分调完毕,还要在样机环境中运行软件、进行联调。在调试中找出缺陷,判断故障源,对硬、软件做出修改或修正,反复进行这一过程,直至确信没有错误之后,才能进入样机研制的最后阶段:固化软件,组装整机,全面测试样机性能并写出技术文件。

调试可分静态调试和动态调试两个步骤。

1. 静态调试

静态调试流程如图 9-39 所示。集成电路器件未插上电路板之前,应该先利用蜂鸣器或欧姆表仔细检查线路。在排除所有的线路错误之后，再接上电源，并用电压表测试加在各个集成电路器件插座上的电压，特别要注意电源的极性和量程。

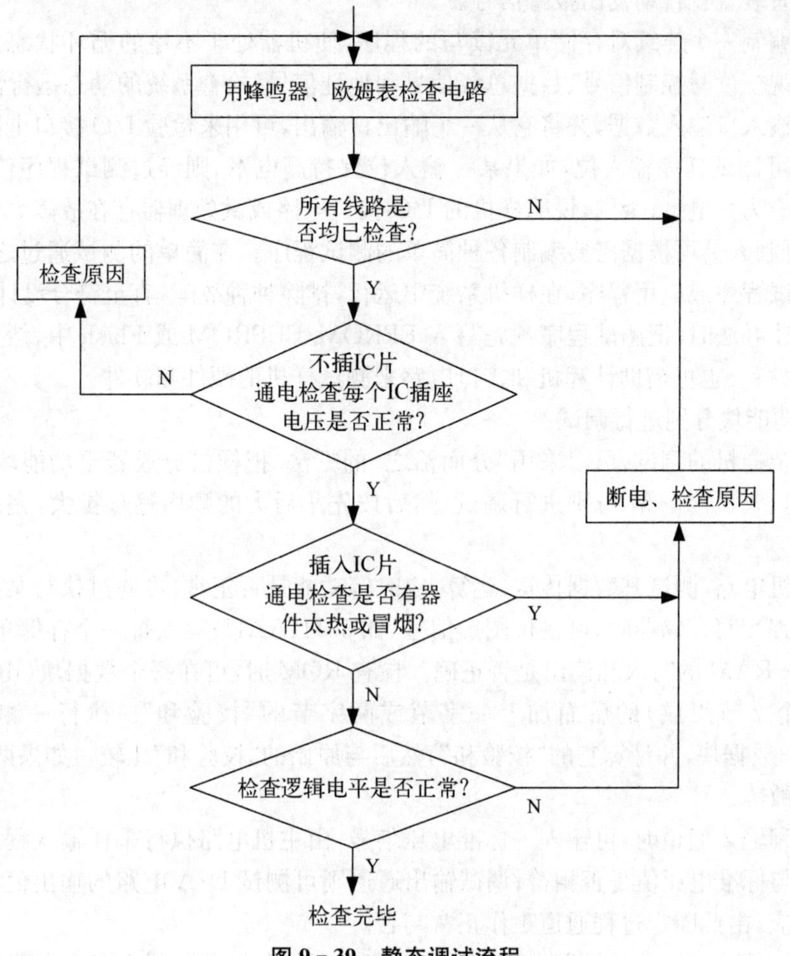

图9-39 静态调试流程

插入集成电路器件的操作必须在断电的情况下进行，而且要仔细检查插入位置和引脚是否正确，然后通电。如果发现某器件太热、冒烟或电流太大等，应马上切断电源，重新查找故障。为谨慎起见，器件的插入可以分批进行，逐步插入，以避免大面积损坏器件。

器件插入电路，在通电之后，便可用示波器检查噪声电平、时钟信号和电路中其他脉冲信号。还可利用逻辑测试笔测试逻辑电平，用电压表测量元器件的工作状态等。如果发现异常，应重新检查接线，直至符合要求，才算完成了静态测试。

通过检查线路来排除故障并不困难，但很浪费时间，必须十分仔细，反复校核，才能查出错误。

2. 动态调试

通过静态调试排除故障之后，就可进行动态调试。动态调试的有力工具是联机仿真器。如果没有这种工具，也可使用其他方法，例如利用单板机或个人计算机进行调试。

(1) 通过运行测试程序对样机进行测试

预先编制简单的测试程序，这些程序一般由少数指令组成，而且具有可观察的功能。就是说,测试者能借助适当的硬件感觉到运行的结果。例如检查微处理器时,可编制一个自检程序,让它按预定的顺序执行所有的指令。如果微处理器本身有缺陷,便不能按时完成操作,此时,定时装置就自动发出报警信号。

也可以编制一个连续对存储单元读写的程序,使机器处于不停的循环状态。这样就可以用示波器观察读写控制信号、数据总线信号和地址信号,检查系统的动态运行情况。

从一个输入口输入数据,并将它从一个输出口输出,可用来检验I/O接口电路。利用I/O测试程序可测试任一输入位,如果某一输入位保持高电平,则经过测试程序传送后,对应的输出位也应为高电平;否则,说明样机的I/O接口电路或微处理器存在故障。

总之,研制人员可根据需要编制各种简单的测试程序。在简单的测试通过之后,便可尝试较大的调试程序或应用程序,在样机系统中运行,排除种种故障,直至符合设计要求为止。

采用上述办法时,把测试程序预先写入EPROM/EEPROM或Flash中,然后插入电路板让CPU执行。也可借助计算机和接口电路来测试样机的硬件和软件。

(2) 对功能块分别进行调试

对较复杂样机的调试,可以采用“分而治之”的方法,把样机分成若干功能块,如主机电路、过程通道、人机接口等,分别进行调试,然后按先小后大的顺序逐步扩大,完成对整机的调试。

对于主机电路,测试其数据传送、运算、定时等功能是否正常,可通过执行某些程序来完成。例如检查读写存储器时,可将位图形信号(如55H、AAH)写入每一个存储单元,然后读出它,并验证RAM的写入和读出是否正确。检查ROM时,可在每个数据块(由16、32、64、128和256个字节组成)的后面加上一字节或两字节的“校验和”。执行一测试程序,从ROM中读出数据块,并计算它的“校验和”,然后与原始的“校验和”比较。如果两者不符,说明器件出了故障。

调试过程输入通道时,可输入一标准电压信号,由主机电路执行采样输入程序,检查A/D转换结果与标准电压值是否相符;调试输出通道则可测试D/A电路的输出值与设定的数字值是否对应,由此断定过程通道工作正常与否。

调试人机接口(键盘、显示器接口)电路时,可通过执行键盘扫描和显示程序来检测电路的工作情况,若键输入信号与实际按键情况相符,则电路工作正常。

(3) 联机仿真

联机仿真是调试智能仪表的先进方法。联机仿真器是一种功能很强的调试工具,它用一个仿真器代替样机系统中实际的CPU。使用时,将样机的CPU芯片拔掉,用仿真器提供的一个IC插头插入CPU(对单片机系统来说就是单片机芯片)的位置。对样机来说,它的CPU虽然已经换成了仿真器,但实际运行工作状态与使用真实的CPU并无明显差别,这就是所谓“仿真”。由于联机仿真器是在开发系统控制下工作的,因此,就可以利用开发系统丰富的硬件和软件资源对样机系统进行研制和调试。

联机仿真器还具有许多功能,检查和修改样机系统中所有的CPU寄存器和RAM单元;能单步、多步或连续地执行目标程序,也可根据需要设置断点,中断程序的运行;可用主机系统的存储器和I/O接口代替样机系统的存储器和I/O接口,从而使样机在组装完成之前就可以进行调试。另外联机仿真器还具有一种往回追踪的功能,能够存储指定的一段时间内的总线信号,这样在诊断出错误时,可方便地通过检查出错之前的各种状态信息,去寻找故障的原因。

习题与思考题

9-1　设计智能仪器应遵循的准则有哪些?

9-2　简单阐述智能仪表设计的主要流程及注意事项。

9-3　说明智能仪器硬件设计时需考虑的主要问题。

9-4　说明仪表调试过程中的常见故障及解决方法。

9-5　分别说明仪表调试的静态及动态调试流程。

9-6　试设计一种采用热电偶为温度检测元件的单片机温度控制装置,给出硬件原理图及主程序流程图。

9-7　某温度控制装置要求温度上升速度为 5℃/min,温度控制误差小于 0.5℃。试问该装置中的 A/D 转换器是否可以采用 14433 组件?简要说明理由。

9-8　现场总线智能仪表与一般智能仪表相比,其主要的异同点体现在哪些方面?

9-9　简述无线智能仪表的基本组成结构,说明其设计过程。

9-10　无线智能仪表与现场总线智能仪表的共性体现在哪些方面?

参 考 文 献

[1] 凌志浩,王华忠,叶西宁.智能仪表原理与设计[M].北京：人民邮电出版社,2013.

[2] 凌志浩.智能仪表原理与设计技术[M].2版.上海：华东理工大学出版社,2008.

[3] 刘大茂.智能仪器原理及设计技术[M].北京：国防工业出版社,2014.

[4] 赵茂泰.智能仪器原理及应用[M].4版.北京：电子工业出版社,2015.

[5] 凌志浩,张建正.AT89C52单片机原理与接口技术[M].北京：高等教育出版社,2011.

[6] 王俊杰,张伟,谢春燕."LonWorks技术及其应用"讲座——第2讲 神经元Neuron芯片[J].自动化仪表,1999,20(8)：41-44.

[7] 凌志浩.Neuron多处理器芯片及其应用[J].单片机与嵌入式系统应用,2001(2)：38-41.

[8] QST青软实训.ZigBee技术开发：CC2530单片机原理及应用[M].北京：清华大学出版社,2015.

[9] 王祁.智能仪器设计[M].哈尔滨：哈尔滨工业大学出版社,2016.

[10] 周亦武.智能仪表原理与应用技术[M].北京：电子工业出版社,2009.

[11] 李昌禧.智能仪表原理与设计[M].北京：化学工业出版社,2005.

[12] 高云红,冯志刚,吴星刚.智能仪器技术及工程实例设计[M].北京：北京航空航天大学出版社,2015.

[13] 吴石林,张玘.误差分析与数据处理[M].北京：清华大学出版社,2010.

[14] 李东生,崔冬华,李爱萍.软件工程——原理、方法和工具[M].北京：机械工业出版社,2009.

[15] 钱政,王中宇,刘桂礼.测试误差分析与数据处理[M].北京：北京航空航天大学出版社,2008.

[16] 李伯成.嵌入式系统可靠性设计[M].北京：电子工业出版社,2006.

[17] 李志全.智能仪表设计原理及其应用[M].北京：国防工业出版社,1998.

[18] 梁开武.可靠性工程[M].北京：国防工业出版社,2014.

[19] 谢少锋,张增照,聂国健.可靠性设计[M].北京：电子工业出版社,2015.

[20] 蔡自兴,余伶俐,肖晓明.智能控制原理与应用[M].2版.北京：清华大学出版社,2014.

[21] 刘金琨.智能控制[M].3版.北京：电子工业出版社,2014.

[22] 李士勇,李巍.智能控制[M].哈尔滨：哈尔滨工业大学出版社,2011.

[23] 曾鹏,赵雪峰,李金英,等.工业无线WIA-PA网络技术特征与应用现状[J].自动化博览,2015：28-31.

[24] 王秋石,曾鹏,赵雪峰,等.基于WIA-PA的工业无线技术在石化领域的应用[J].仪器仪表标准化与计量,2016(04)：16-19.

[25] 何志强,艾军,张皓栋.基于WIA-PA无线压力变送器设计[J].仪器仪表用户,2016,23(8)：19-21.

[26] 李庆勇,周辉,王洪君.基于WirelessHART协议的无线HART适配器设计[J].仪表技术与传感器,2018(1)：56-59,75.

[27] 刘锋.基于FF协议的通信圆卡设计与实现[D].重庆：重庆邮电大学,2010.

[28] 史健芳.智能仪器设计基础[M].北京：电子工业出版社,2007.

[29] 何立民.MCS-51系列单片机应用系统设计——系统配置与接口技术[M].北京：北京航空航天大学出版社,1990.

[30] 王选民.智能仪器原理及设计[M].北京：清华大学出版社，2008.
[31] 易继锴，侯媛彬.智能控制技术[M].北京：北京工业大学出版社，1999.
[32] 阳宪惠.现场总线技术及其应用[M].北京：清华大学出版社，1999.
[33] 凌志浩.ZigBee 无线通信协议的技术支持及其应用前景(上)[J].世界仪表与自动化，2006(1)：44-47.
[34] 林国荣.电磁干扰及控制[M].北京：电子工业出版社，2003.
[35] 焦李成.神经网络的应用与实现[M].西安：西安电子科技大学出版社，1993.
[36] 凌志浩.ZigBee 无线通信协议的技术支持及其应用前景(下)[J].世界仪表与自动化，2006(2)：55-56.